W0256143

DIE
VERUNREINIGUNG DER GEWÄSSER

DEREN SCHÄDLICHE FOLGEN

SOWIE DIE

REINIGUNG VON TRINK- UND SCHMUTZWASSER

MIT DEM EHRENPREIS
SR. MAJESTÄT DES KÖNIGS ALBERT VON SACHSEN
GEKRÖNTE ARBEIT

VON

DR. J. KÖNIG

GEH. REGIERUNGSRATH, O. PROFESSOR AN DER KÖNIGL. AKADEMIE
UND VORSTEHER DER AGRIKULTURCHEMISCHEN VERSUCHSSTATION IN MÜNSTER I. W.

ZWEITE, VOLLSTÄNDIG UMGEARBEITETE UND VERMEHRTE AUFLAGE

ZWEITER BAND

MIT 22 TEXTFIGUREN

SPRINGER-VERLAG BERLIN HEIDELBERG GMBH

1899.

Alle Rechte, insbesondere das der
Uebersetzung in fremde Sprachen vorbehalten.

ISBN 978-3-642-89967-6   ISBN 978-3-642-91824-7   (eBook)
DOI 10.1007/978-3-642-91824-7

Softcover reprint of the hardcover 2nd edition 1899

Inhalts-Verzeichniss.

II. Band.

I. Theil.

Schmutzwässer mit vorwiegend organischen und zwar grösstentheils stickstoffhaltigen Stoffen.

II. Theil.

Schmutzwässer mit vorwiegend unorganischen Bestandtheilen.

I. Theil.

Schmutzwässer

mit vorwiegend organischen und zwar grösstentheils stickstoffhaltigen Stoffen.

I. Städtische Abwässer und Abfallstoffe.

1. Zusammensetzung der städtischen Abwässer.

Unter den Abwässern mit stickstoffhaltigen organischen Stoffen nimmt das Abwasser aus bewohnten Ortschaften und Städten entschieden den grössten Umfang ein. Diese Art Wässer setzen sich zusammen aus Spülwasser, Waschwasser aller Art und auch je nach den örtlichen Einrichtungen aus einem grösseren oder geringeren Theil der festen und flüssigen Entleerungen, selbst dann, wenn keine Schwemmkanalisation vorhanden ist. Denn von dem Harn werden beim Stuhlgang nur etwa $^1/_6$ gelassen und man kann annehmen, dass mindestens $^2/_3$ desselben durch die Bedürfnissanstalten, Nachtgeschirre etc. mit in die Kanäle gelangt. Ebenso fliesst auch ein Theil der Aborte, als Abtrittüberwasser etc. selbst bei sorgfältigstem Abschluss der Abortwässer mit in die Abflusskanäle.

K. v. Langsdorff[1]) weist z. B. darauf hin, dass für Dresden, unter der Annahme, dass auf den Kopf und das Jahr durchschnittlich $^1/_2$ cbm Grubeninhalt kommt, bei einer Bevölkerung von mehr als 200000 Seelen im Jahre 1882 über 100000 cbm Grubeninhalt abgeführt worden sein müssten, während in Wirklichkeit nur 50342 cbm durch die Dünger-Export-Gesellschaft abgeführt worden sind; giebt man auch zu, dass durch die öffentlichen und Gasthofs-Bedürfnissanstalten, die vorhandenen Abtritte und die dort damals vorhandenen Süvern'schen Klärbecken, sowie durch Selbstentleerung seitens der Hausbesitzer für eigenen Gebrauch etc. der Dünger-Export-Gesellschaft viel Grubeninhalt entgangen ist, so reicht dieses doch nicht aus, um den Ausfall der vollen Hälfte des Gesammterzeugnisses zu erklären, sondern nöthigt zur Annahme, dass auch bei der Abfuhr des Abortinhaltes doch noch durch Ueberläufe in die Kanäle oder durch Undichtigkeit der Gruben ein Theil des Abortinhaltes in den Boden bezw. in das Grundwasser gelangen muss.

Was zunächst die Zusammensetzung und Menge der festen und flüssigen Entleerungen anbelangt, so sind dieselben je nach dem Alter,

---

[1]) Die neuesten Erfahrungen auf dem Gebiete der Städte-Reinigung. Vortrag. Dresden 1884, 18.

der Invidualität, der Art und Menge der Nahrungseinnahme sehr verschieden.

O. Kellner und Y. Mori[1] haben z. B. Untersuchungen über den Grubeninhalt (Koth und Harn) in Japan ausgeführt, die deutlich zeigen, welchen Einfluss die Nahrung auf die Zusammensetzung desselben ausübt. Sie fanden für eine grössere Bevölkerungszahl im Vergleich zu europäischen Verhältnissen:

Koth und Harn:	Wasser %	Organische Stoffe %	Stickstoff %	Mineralstoffe %	Kali %	Natron %	Kalk %	Magnesia %	Phosphorsäure %	Schwefelsäure %	Chlor %	Kochsalz %
In Japan a) bei pflanzlicher Kost (Mittel von 3 Proben)	95,0	3,4	0,57	1,6	0,27	0,46	0,02	0,05	0,13	0,05	0,62	1,02
b) bei gemischter Kost	94,4	4,1	0,80	1,5	0,21	0,36	0,03	0,05	0,30	0,07	0,51	0,66
In Europa Bei gemischter Kost	95,3	3,1	0,70	1,6	0,21	0,39	0,09	0,06	0,26	0,05	0,40	0,84
Koth und Harn getrennt: In Japan bei Pflanzenkost Koth	88,58	9,58	1,04	1,84	0,34	0,32	0,05	0,17	0,36	0,05	0,37	0,61
Harn	95,97	1 40	0,43	1,63	0,28	0,56	wenig	wenig	0,06	0,08	0,79	1,30
In Europa bei gemischter Kost Koth	77,20	19,80	1,00	5,00	0,25	0,16	0,62	0,36	1,09	0,08	0,04	0,07
Harn	96,30	2,40	0,60	1,30	0,20	0,46	0,02	0,02	0,17	0,04	0,50	0,82

Bei vorwiegend pflanzlicher Kost sind naturgemäss Koth und Harn, besonders aber Harn für sich allein ärmer an Stickstoff und Phosphorsäure, als bei gemischter, d. h. aus pflanzlichen und thierischen Nahrungsmitteln bestehender Kost; dagegen sind Koth und Harn nach vorwiegend pflanzlicher Kost reicher an Kochsalz, was dadurch bedingt sein dürfte, dass nach Bunge die durch die grösseren Kalimengen in den pflanzlichen Nahrungsmitteln bedingte erhöhte Natronausfuhr aus dem Körper eine erhöhte Aufnahme von Natron in Form von Kochsalz nothwendig macht.

Ebenso ist die Menge der menschlichen Auswürfe sehr verschieden; mit der Menge der pflanzlichen Nahrungsmittel in der Nahrung nimmt im allgemeinen die Menge des Kothes zu, während die Menge des Harns sich wesentlich nach der Einnahme von Wasser in der Nahrung und nach der Wasserverdunstung von der Haut richtet. Je grösser erstere und je geringer letztere ist, desto grösser ist die Harnmenge und umgekehrt. So sind bei mittleren erwachsenen Menschen Schwankungen von 125—175 g Koth und 1050—2150 g Harn für den Tag beobachtet worden.

---

[1] Centrbl. f. Agr.-Chem. 1889, 601.

Für eine gemischte Bevölkerung stellt sich nach E. Heiden[1]) die Menge der festen und flüssigen Auswürfe im Durchschnitt wie folgt:

Bestandtheile	Koth		Harn		Zusammen	
	für 1 Tag g	für 1 Jahr kg	für 1 Tag g	für 1 Jahr kg	für 1 Tag g	für 1 Jahr kg
Im natürlichen Zustand .	133,0	48,5	1200,0	438,0	1333,0	486,5
Trockensubstanz	30,3	11,0	63,0	23,0	93,3	34,0
Organische Substanz . .	25,8	9,4	50,0	18,2	75,8	27,6
mit Stickstoff	2,1	0,8	12,1	4,4	14,2	5,2
Mineralstoffe	4,5	1,6	13,0	4,8	17,5	6,4
mit Phosphorsäure . .	1,64	0,6	1,8	0,66	3,44	1,26
mit Kali	0,73	0,27	2,22	0,81	2,95	1,08

Oder nach Lehmann und Wolff, wenn man die Auswürfe nach den einzelnen Gliedern der Bevölkerung unter der Annahme, dass dieselbe aus 37,6 $^0/_0$ Männern, 34,63 $^0/_0$ Frauen, 14,06 $^0/_0$ Knaben und 13,70 $^0/_0$ Mädchen besteht, für 100000 Einwohner einer Stadt für das Jahr in Tonnen (= 1000 kg) annimmt, ergeben sich folgende Mengen:

	Fäces	Harn
Männer . . .	2059,1 t	20592 t
Frauen . . .	567,9 „	17062 „
Knaben . .	564,5 „	2925 „
Mädchen . .	125,1 „	2250 „
Summa	3316,6 t	42829 t

Nimmt man in den menschlichen Auswürfen nach gegenwärtigen Handelspreisen den Geldwerth von 1 kg Stickstoff zu 1,10 M., von 1 kg Phosphorsäure zu 0,20 M., und von 1 kg Kali zu 0,15 M. an, so berechnet sich der theoretische Düngerwerth derselben für 1 Jahr wie folgt:

	1 Person	1000 Personen
Stickstoff . . .	5,72 M.	5720 M.
Phosphorsäure .	0,25 „	250 „
Kali	0,16 „	160 „
Summa	6,13 M.	6130 M.

oder rund zu 6,00 M. für eine bezw. zu 6000 M. für 1000 Personen.

J. H. Vogel[2]) giebt den Gehalt und Geldwerth von Gruben- und Tonneninhalt im Mittel von vielen Analysen wie folgt an:

---

1) E. Heiden: Die menschlichen Exkremente. Hannover 1882.
2) Deutsche landw. Presse 1895, 66.

	Grubeninhalt		Tonnen- oder Kübelinhalt	
	In 1 cbm	Geldwerth[1]	In 1 cbm	Geldwerth[1]
Organ. Stickstoff . .	2,60 kg	2,08 M.	3,24 kg	2,59 M.
Ammoniak-Stickstoff .	1,07 „	1,28 „	4,26 „	5,11 „
Phosphorsäure . . .	1,58 „	0,47 „	2,66 „	0,80 „
Kali	1,52 „	0,12 „	2,85 „	0,23 „
		Summa 3,95 M.		Summa 8,73 M.

Hiernach hat der Tonnen- oder Kübelinhalt mehr als den doppelten Gehalt und Werth vom Grubeninhalt, was ohne Zweifel daher rührt, dass letzterer noch andere Hausabgänge als Koth und Harn, z. B. Spül- und Waschwässer aufnimmt. Aus dem Grunde ist der Grubeninhalt in seiner Zusammensetzung bedeutenden Schwankungen unterworfen, nämlich nach E. Heiden für 13 verschiedene Sorten:

Wasser	von	90,89 —99,86 %
Organische Substanz . . .	„	0,48 — 6,21 %
Unorganische Substanz . .	„	0,78 — 3,11 %
Kali	„	0,098— 0,225 %
Phosphorsäure	„	0,066— 0,363 %
Gesammtstickstoff	„	0,185— 0,916 %
Stickstoff in Ammoniakform	„	0,080— 0,524 %

Diese Verdünnung und Verschlechterung des Abortinhaltes tritt besonders nach Einführung einer Wasserleitung auf.

Gleichzeitig ergeben sich dann infolge stärkerer Spülung der Häuser und Strassen etc. grössere Mengen Abwasser aus einer Stadt, zumal wenn mit der Wasserleitung eine Kanalisation zur schnelleren Wegschaffung der Schmutzstoffe eingeführt wird.

Dieses Kanalwasser, oder auch die „Spüljauche" genannt, bedarf einer besonderen Berücksichtignng, weil es für die Verunreinigung der Flüsse am meisten in Betracht kommt, während der Grubeninhalt durch direktes Auffahren auf den Acker unschädlich gemacht zu werden pflegt.

Beim Kanalwasser hat man zweierlei Arten zu unterscheiden, nämlich ob es bei noch bleibender Abfuhr des Grubeninhaltes nur die sonstigen Schmutzstoffe, also nicht die menschlichen Auswürfe wegführt, oder ob es bei Anschluss der Spülaborte an das Kanalsystem die Auswürfe mit einschliesst.

Die Zusammensetzung dieser beiden Arten von städtischem Abwasser erhellt aus folgenden Untersuchungen (s. Tabelle S. 8 und 9).

Was die in den städtischen Abgängen vorhandenen Mikroorganismen anbelangt, so sind die Bakterien durchweg in kaum zählbaren Mengen vorhanden und gehören den verschiedensten bald schädlichen, bald unschädlichen Arten an. Ausser den Bakterien finden sich ver-

---

[1]) J. H. Vogel berechnet: 1 kg organ. Stickstoff = 0,80 M., 1 kg Ammoniak-Stickstoff = 1,20 M., 1 kg Phosphorsäure = 0,30 M., 1 kg Kali = 0,08 M.

schiedene Hefepilze; unter den Hyphomyceten konnte S. Bandmann nach einem Bericht von B. Krull[1]) im Breslauer Kanalwasser auf Schwarzbrod gezüchtet — Schwarzbrod als Nährmittel zeigte die reichsten Ergebnisse — unter anderen nachweisen: zuerst Oidium lactis Fres. mit zwischengelagerter weisser und rother Hefe, diesem folgten rasch Mucoraceen, Mucor racemosus Fres., M. Mucedo L., M. stolonifer Ehrb., selten M. spinosus von Tiegh., die alsbald von Chaetocladium befallen werden; nach 3—4 Tagen erscheint Penicillium glaucum Link, welches mitunter den ganzen Nährboden bedeckt und jede andere Pilzbildung unterdrückt; auf diese Kulturen stellen sich nach 2—4 Wochen ein: Dictyostelium mycoroides Bref., Thamnidium elegans Link, verschiedene Aspergillen, Asp. albus, glaucus, fumigatus, elavatus, sehr häufig Pilobolus oedipus und Stysanus stemonites, regelmässig Cylindrosporium paludosum, häufig eine Penicillium ähnliche Acrostalagmusform; oft überwucherte die Kulturen auch Fusisporium solani Mart. und seine Askosporen-Form Nectria solani Reinke; im allgemeinen also bewegten sich die Pilze der Breslauer Kanalabgänge innerhalb eines Kreises bestimmter, weniger Arten bezw. Formen.

Vorstehende Untersuchungen zeigen, dass das städtische Kanalwasser mit und ohne Einschluss des Abortinhaltes für gleiches Volumen (1 l) nicht wesentlich verschieden ist, obschon man für die Kanalwässer, welche mit angeschlossenen Spülabtritten die menschlichen Auswürfe aufnehmen, einen grösseren Gehalt an verunreinigenden Stoffen erwarten sollte.

Der Grund hierfür liegt darin, dass in den Städten, welche mit angeschlossenen Spülabtritten auch die menschlichen Auswürfe in die Kanäle abführen, der Verbrauch an Wasser ein grösserer ist, etwa 25—50 l für den Tag und Kopf der Bevölkerung mehr; wenn z. B. der Wasserverbrauch, im Falle, dass die Aborte nicht an die Kanäle angeschlossen werden, zu 75—100 l veranschlagt werden kann, beträgt derselbe bei angeschlossenen Spülabtritten 100—150 l für den Tag und Kopf der Bevölkerung. Die für die Wegspülung der Auswürfe nothwendige Wassermenge ist allerdings nur gering; sie beträgt nur 4—5 l für jeden Stuhl oder $^1/_{20}$ bis $^1/_{25}$ des Wasserverbrauchs für den Kopf und Tag. Der Mehrverbrauch an Wasser bei vorhandener gemeinsamer Wasserleitung rührt wesentlich daher, dass alsdann überhaupt mehr gespült und gereinigt wird.

Die Stadt Berlin mit 1 193 000 Einwohnern führte im Jahre 1888/89 44 919 165 cbm Wasser oder für den Kopf und Tag 103 l Schmutzwasser (einschl. der menschlichen Auswürfe) ab. Da während dieser Zeit die städtischen Wasserwerke nur 64,5 l für den Kopf und Tag in die Stadt lieferten, so sind 38,5 l durch Regen, Brunnen etc. geliefert worden.

Infolge des Mehrverbrauchs an Wasser bei vorhandener Wasserleitung erfahren die Schmutzstoffe mit Einschluss der menschlichen Auswürfe eine stärkere Verdünnung, als bei bleibender Abfuhr ohne Einschluss derselben.

(Fortsetzung S. 10.)

---

[1]) Jahresbericht der Schlesischen Gesellsch. f. vaterländische Kultur. Sitzung v. 29. Nov. 1894.

1 Liter enthält: Kanalwasser aus Städten	Schwebestoffe				
	un- organische mg	organische mg	Stickstoff in den organischen Stoffen mg	Im ganzen mg	Organ. Sto (Glü verl m.
I. Mit Anschluss der Spülabtritte, also mit Einschluss der menschlichen Auswürfe:					
1. Englisches Kanalwasser im Mittel von 50 Analysen aus 16 Städten[1]	241,8	205,1	?	722,0	(46
2. Pariser Kanalwasser { St. Denis	221,0[9]	—	—	—	1518
{ Clichy	652,0[9]	—	—	—	738
3. Danziger Kanalwasser[2]	226,0	356,0	?	683,0	161
4. Berliner Kanalwasser,[3] Mittel von 30 Analysen	382,6	701,9	?[11]	1088,2	318
5. Breslauer Kanalwasser,[4] „ „ 72 „	204,7	200,0	?	772,8	242
6. Haller a/S. „ „ „ 3 „	188,8	405,2	38,1[11]	2794,4	589
7. Frankfurter a. M. „	387,0	806,0	45,0	898,0	517
Mittel (ausschl. 2):	271,2	445,7	(41,6)	1161,5	364
II. Mit Ausschluss der Abtritte, also ohne menschliche Auswürfe:					
1. Englisches Kanalwasser im Mittel von 50 Analysen aus 16 Städten[1]	178,1	213,0	?	824,0	(44
2. Züricher Kanalwasser,[5] Mittel von 4 Analysen	36,1	91,6	14,5	480,0	182
3. Münchener Kanalwasser[6] { bei Tage	49,0	31,0	—	381,0	160
{ bei Nacht . . .	84,0	77,0	—	342,0	219
4. Breslauer Kanalwasser[7]	210,8		—	729,2	333
5. Dortmunder Kanalwasser, Mittel von 7 Analysen	185,5	244,3	18,1	965,9	283
6. Ottensener Kanalwasser	218,8	442,0	24,1	1817,2	367
7. Essener Kanalwasser	105,2	213,4	19,3	843,2	229
8. Kanalwasser der Arbeiter-Kolonie Kronenberg b/Essen, Mittel von 2 Analysen	961,0	1485,6	39,0	796,1	306
9. Braunschweiger Kanalwasser, 1 Analyse . .	447,5	635,0	54,5	857,5	390
10. Haller a/S. Kanalwasser, Mittel von 5 Analysen	402,0	423,4	23,9	1633,0	329
Mittel (ausschl. 2, 3, 6 u. 8):	263,7	345,8	(28,9)	975,3	313

[1] Von der Englischen Flussverunreinigungs-Kommission: First report of the commissioners appointed in 1868 etc. Vol. I. Report and plans. London 1870. Vol. II. Evidence. Second report. The A. B. C. Process of triding Sewage. London 1870. Third report, London 1871. Sixth report, London 1874.

[2] O. Helm: Arch. d. Pharm., **207**, 513.

[3] Zeitschr. f. angew. Chem. 1889, 122; 1890, 379; 1892, 208.

[4] Jahresbericht d. chem. Untersuchungsamtes d. Stadt Breslau in den Jahren 1890—1898.

[5] Bericht über den Besuch einer Anzahl von Berieselungsanlagen. Zürich 1875, 165.

[6] Deutsche Zeitschr. f. öffentl. Gesundheitspflege 1869, 256.

Fr. Brunner und R. Emmerich fanden für das Münchener Kanalwasser:

	Rückstand	Lösungs- Rückstand	Kalk	Chlor	Organische Stoffe
Am 4. Januar 1875	466,0 mg	—	146,0 mg	38,2 mg	1063,3 mg
„ 13. Juli 1875	472,5 „	216,6 mg	116,0 „	61,3 „	251,5 „

[7] Fr. Hulwa: Beiträge zur Schwemmkanalisation. Bonn 1884.

| | | Gelöste Stoffe | | | | | | | Gesammt- |
| ...kstoff ...rm von ...ischen ...ffen | Stickstoff in Form von Ammoniak | Phosphor-säure | Kali | Kalk | Magnesia | Schwefel-säure | Chlor | Salpeter-säure | Stickstoff |
...g	mg	mg	mg	mg	mg	mg	mg	mg	mg
2,1	55,2	—	—	—	—	—	106,6	0,03	77,3[10]
140,0		40,0	89,0	484,0	56,0	—	—	—	140,0
43,9		17,0	35,0	403,0	18,0	—	—	—	(43,0)?
1,6	53,2	—	44,0	111,0	14,0	24,0	70,0	0	64,8[10]
108,8		31,6	72,9	107,5	20,8	72,6	264,6	0	108,8[10]
8,0	73,8	19,6	60,4	81,8	21,2	77,0	182,8	—	91,8
9,1	89,1	(43,4)	180,5	232,1	—	326,8	715,0	—	182,9
1,0	63,0	—	—	77,0	—	71,0	30,0	—	119,0
4,4	66,9	25,6	89,5	(121,7)[14]	(18,7)[14]	(114,3)[14]	252,3	—	107,4
9,7	44,8	—	—	—	—	—	115,4	0	64,5[10]
8,5	8,8	8,5	89,2	—	—	—	22,7	(89,5)[12]	131,3
—	—	—	—	—	—	—	—	—	—
—	—	—	—	—	—	—	—	—	—
2,6	24,7	—	—	—	—	—	78,7	—	40,5[10]
6,2	27,2	13,2	49,7	127,5	27,0	90,5	134,6	—	73,5
0,7	47,6	23,1	81,2	147,2	—	—	628,1	—	92,4
2,2	38,1	13,1	65,0	76,8	—	—	234,0	—	69,6
1,9	29,5	20,6	94,9	59,0	—	39,1	152,7	—	90,4
92,5		42,2	29,4	122,5	32,4	89,2	213,1	—	147,0
1,3	67,8	27,6	176,0	275,2	—	(354,8)	209,1	—	112,9
6,4	40,5	24,0	80,0	(150,5)[14]	(29,7)[14]	(89,9)[14]	164,1	—	84,6

[8]) Kohlenstoff.

[9]) In Salzsäure unlöslicher Rückstand.

[10]) Ohne den Stickstoff in den Schwebestoffen.

[11]) In den Schwebestoffen waren bei Nr. 4 = 15,0 mg Phosphorsäure, bei Nr. 6 = 7,4 mg; bei letzterem ferner zur Oxydation erforderliches Kaliumpermanganat = 425,0 mg; Natrongehalt = 253,2 mg für 1 l.

[12]) Stickstoff in Form von Nitraten.

[13]) Oder bei Nr. 5 unter I = 125,2 mg zur Oxydation erforderlicher Sauerstoff.
" " Nr. 6 " = 98,7 " " " " "
" " Nr. 5 unter II = 114,5 " " " " "
" " Nr. 6 " = 114,8 " " " " "
" " Nr. 7 " = 86,8 " " " " "
" " Nr. 8 " = 162,0 " " " " "
" " Nr. 10 " = 86,5 " " " " "

[14]) Der Gehalt der städtischen Abwässer an Kalk, Magnesia und Schwefelsäure hängt wesentlich von dem Gehalt des Gebrauchswassers an diesen Bestandtheilen, nicht aber von den menschlichen Auswürfen, ab; aus dem Grunde können die Durchschnittszahlen für diese Bestandtheile in dem Abwasser mit und ohne Einschluss der menschlichen Auswürfe nicht mit einander verglichen werden.

Die absolute Menge Schmutzstoffe ist aber mit der erhöhten Menge Abwasser selbstverständlich eine grössere.

Dieses ist auch bei Einführung der Kanalisation gegenüber der gewöhnlichen oberirdischen Ableitung der Schmutzwässer einer Stadt überhaupt der Fall, selbst wenn die menschlichen Auswürfe ausgeschlossen bleiben. Wenn nämlich die Schmutzwässer einer Stadt nur in oberirdischen Rinnen abgeleitet und feste Abfälle abgefahren werden, so dringt ein Theil der flüssigen Abgänge wegen geringerer Vorfluth leicht in den Boden und gelangt nicht zum Abfluss. Dieses hört aber auf, wenn den flüssigen Abgängen durch einen tieferen undurchlässigen Kanal ein leichterer Abfluss gestattet wird.

Daher kommt es, dass vielfach kleinere Wasserläufe, die früher bei oberirdischer Ableitung städtischer Abwässer die Schmutzstoffe durch Selbstreinigung zu bewältigen vermochten, nach Einführung einer Kanalisation und Wasserleitung vielfach eine hochgradige Verunreinigung zeigen, ganz abgesehen davon, dass trotz polizeilichen Verbots nicht selten heimlich Spülabtritte an das Kanalnetz angeschlossen werden.

Die Art des Wasserverbrauchs im täglichen Leben bewirkt, dass die städtischen Abgänge sowohl täglich wie stündlich in der Menge wie Zusammensetzung sehr grossen Schwankungen unterworfen sind.

Die Menge der Spüljauche hängt zunächst vom Wasserverbrauch im Haushalt und in industriellen Betrieben der einzelnen Städte ab.

So betrug die Menge Spüljauche in den letzten Jahren für den Kopf und Tag:

Berlin,	Breslau,	Frankfurt a. M.,	Leipzig,	Freiburg i. Br.,	London,	Leicester
106 l	126 l	166—200 l	216—253 l	250 l	205 l	191 l

Hiernach ist die abfliessende Menge Spüljauche für die einzelnen Städte sehr verschieden und schwankt auch für dieselbe Stadt von Jahr zu Jahr, ohne bestimmten Regelmässigkeiten zu folgen.[1]

Im Durchschnitt kann man für Reinigungsanlagen 180 l Spüljauche auf den Kopf und Tag rechnen. Dabei sind dann aber ferner die Tages- und stündlichen Schwankungen zu berücksichtigen. Die täglich abfliessenden Spüljauchen-Mengen sind in den frühen Morgenstunden am geringsten, steigen von da bis zum Mittag, wo sie ihre Höhe erreichen, halten sich auf dieser Höhe mehr oder weniger bis gegen Abend, um von da an bis in die frühen Morgenstunden beständig abzunehmen. Ungefähr $50\,^0/_0$ der gesammten Tagesmenge fliessen in 9 aufeinander folgenden Stunden und $33\,^0/_0$ in 6 aufeinander folgenden Stunden ab. Wenn die stündliche Spüljauchenmenge im Durchschnitt $4,17\,^0/_0$ ausmacht, so beträgt die geringste Menge für eine Stunde $3\,^0/_0$, die grösste Menge $7\,^0/_0$ des gesammten täglichen Abflusses.

---

[1] Vergl. H. Alfr. Roechling: Bericht d. 23. Versammlung d. Deutschen Vereins öffentl. Gesundheitspflege in Köln a. Rh. 1898, 165.

Hierzu gesellen sich die monatlichen Schwankungen; durchweg pflegt die grösste Menge Spüljauche in den heissen Monaten abzufliessen und verhält sich diese zu dem täglichen Durchschnitt des ganzen Jahres wie 1,5:1. Man muss daher als grösste stündliche Menge in der heissen Jahreszeit $7\,{}^0/_0 \times 1,5 = 10,5\,{}^0/_0$ oder annähernd $^1/_{10}$ der durchschnittlichen Tagesmenge rechnen. In kleinen Städten sind die Schwankungen naturgemäss bedeutender als in grossen Städten und ebenfalls noch bedeutender, wenn man kleinere Zeitabschnitte als eine Stunde vergleicht.

Diese Verhältnisse verdienen vor allem bei Anlage von Reinigungs- und Klärvorrichtungen für städtische Abwässer berücksichtigt zu werden. Wird z. B. für Klärvorrichtungen eine mittlere Geschwindigkeit des Wassers von 4 mm für die Sekunde in den Klärbecken zu Grunde gelegt, so wird dieselbe während der 9 Stunden, in welchen $50\,{}^0/_0$ der Tagesjauchenmenge abfliessen, auf 6,7 mm steigen, während sie zur Zeit des geringsten Jauchenzuflusses auf 2,9 mm herabgehen wird. Es empfiehlt sich daher beim Entwerfen eines Planes für eine Reinigungsanlage die grösste stündliche Abwassermenge in 24 Stunden zu Grunde zu legen.

Ausser dem verschiedenen Wasserverbrauch bedingt noch der Regenfall eine Verschiedenheit in der Menge der Spüljauche, wobei zu berücksichtigen ist, dass nicht die gesammte Regenmenge zum Abfluss gelangt, sondern ein Theil verdunstet, ein Theil versickert. Im allgemeinen liefern Regenfälle von 1,5—2,0 mm im Tag nach F. W. Büsing[1]) kein Strassenabwasser für die Kanäle, so dass man in Deutschland nur jeden 6. Tag auf einen Regen rechnen kann, welcher Beiträge zum Kanalwasser liefert. Jedoch empfiehlt es sich, die Kanäle so gross zu bemessen, dass sie das Regenwasser in solchen Regenfällen, auf deren Wiederkehr in nicht zu langen Zwischenräumen gerechnet werden kann, abzuführen im Stande sind. Es werden für 1 ha und Sekunde angenommen Liter:

	Berlin	Braunschweig	Chemnitz	Danzig	Karlsruhe	München	Wien	Paris
Regenmenge ..	64	58	70	36	36	45	70	125 l
Abflussmenge ..	10,6—21,2	29	17—50	18	18	9—22	9,2—27	42 l
Dagegen fliessen ab als:								
Brauchwasser ..	0,77—1,54	1,41—1,80	0,4—0,8	0,56—0,83	2,1	0,2—1,8	0,70	—

Für Königsberg wird die für 1 ha und Sekunde abfliessende Menge Brauchwasser zu 1,0 l angegeben, in anderen Städten wieder niedriger. Jedenfalls ist die Menge Regenwasser, die für 1 ha und Sekunde in einem Stadtgebiet zum Abfluss gelangen kann, weit höher, als die der stündlichen Brauchwassermengen. Es entfallen in verschiedenen Städten auf 100 Theile Regenwasser nur 0,2 bis 11,6 Theile Brauchwasser. Wollte man aber die

<hr>

[1]) F. W. Büsing: Die Kanalisation in Th. Weyl's Handbuch d. Hygiene, 2, I. Abth., Jena 1894, 132 u. R. Baumeister: Handbuch der Baukunde. Berlin 1890.

Abflusskanäle ausser dem Brauchwasser und den mittleren kleinen Regenmengen auch den grössten Regenwassermengen anpassen, so müssten dieselben eine aussergewöhnliche Weite haben. Die Kanäle werden daher durchweg kleiner angelegt, nur den mittleren Regenmengen angepasst und mit Nothauslässen versehen, durch welche bei plötzlichen starken Regenfällen das Kanalwasser direkt zu dem benachbarten Flussgebiet abfliessen kann.

Wie die Menge des städtischen Abwassers der Spüljauche, so ist auch die Zusammensetzung derselben sowohl täglich, wie stündlich sehr schwankend.

So fand L. Grandeau[1]) für die Spüljauche von Roubaire für 1 l:

Tage und Stunden	Rückstand	Fett	Organ. Stickstoff	Ammoniak-Stickstoff	Gesammt-Stickstoff	Phosphorsäure	Kali
	mg	mg	mg	mg	mg	mg	mg
1. Wochenwasser							
5 Uhr morgens	7700,0	2421,0	102,0	25,0	127,0	350,0	497,0
11 „ „	5467,0	1232,0	85,0	5,0	90,0	293,0	267,0
5 „ abends	4567,0	1335,0	53,0	16,0	69,0	136,0	282,0
Mittel . . .	5911,0	1663,0	80,0	15,0	95,0	259,0	348,0
2. Sonntagswasser	1300,0	35,0	6,0	1,0	7,0	44,0	108,0

Lubberger[2]) ermittelte die Menge und den Gehalt der Spüljauche des Schwemmsystems der Stadt Freiburg i. Br. für jede Stunde des Tages und fand nicht minder grosse Unterschiede. Es mögen hier nur die Schwankungen für einige Tagesstunden mitgetheilt werden:

Zeit	Wassermenge	Organische Stoffe		Chlor		Salpetersäure		Ammoniak		Phosphorsäure		Kali	
		für 1 l	im ganzen	für 1 l	im ganzen	für 1 l	im ganzen	für 1 l	im ganzen	für 1 l	im ganzen	für 1 l	im ganzen
	cbm	mg	kg	mg	kg	mg	kg	mg	kg	mg	kg	mg	kg
4—5 vormittags . .	196	21	4,12	28	5,48	18	3,50	6	1,20	10	2,00	2	0,40
8—10 „ . .	433	250	108,00	37	16,20	37	16,20	65	28,40	35	15,20	27	11,90
3—4 nachmittags .	365	194	70,80	32	11,70	10	3,65	34	12,40	15	5,50	27	9,65
9—10 „ .	271	143	38,75	33	8,90	2	0,54	31	8,40	14	3,80	13	3,50
Im ganzen Tage .	7093	156	1106,1	32	224,8	18	134,3	40	284,7	17	124,8	20	147,2

Für die Berliner Spüljauche fanden J. H. Vogel[3]) und Th. Weyl[4]) folgende Schwankungen im Gehalt an Gesammt-Stickstoff für 1 l:

---

[1]) Journ. d'Agric. pratique 1878, 584.
[2]) Zeitschr. f. angew. Chem. 1893, 84.
[3]) J. H. Vogel: Die Verwerthung der städtischen Abfallstoffe. Berlin 1896, 226.
[4]) Th. Weyl: Versuch über den Stoffwechsel Berlins. Berlin 1894, 20.

	Vormittags mg	Mittags mg	Nachmittags mg
1. Berliner Spüljauche nach Vogel	63 (8—9 Uhr)	168 (10—12 Uhr)	74 (3 Uhr)
2. desgl. nach Weyl	98 (7 Uhr)	127 (12 Uhr)	87 (5 „)

Wie die Menge der Spüljauche, so nimmt auch der Gehalt an Stoffen, besonders an Stickstoff infolge der in der Frühe entleerten menschlichen Auswürfe bis gegen Mittag zu, um gegen Abend hin wieder abzunehmen.

Diese Schwankungen im Gehalt der Spüljauche werden noch vermehrt, wenn sich in die Schwemmkanäle auch verschiedenartige Fabrikabwässer ergiessen und zu den menschlichen Auswürfen sich auch die Abgänge von Vieh gesellen.

Ein Stück Grossvieh liefert nämlich im Jahr ungefähr 14,5 cbm Auswürfe, d. h. ungefähr 36 mal so viel als 1 Kopf Einwohner (mit 0,4 cbm); bezüglich der Auswürfe entsprechen daher 2000 Stück Grossvieh ungefähr 72 000 Einwohnern.

Nicht minder grossen Einfluss auf die Zusammensetzung der Spüljauche übt der Regen aus.

Für die Zusammensetzung des Regenabflusswassers[1]) im Vergleich zu der gewöhnlich abfliessenden Spüljauche wurde in London[1]) gefunden:

Regenwasser vom	Schwebe-stoffe		Gelöste Stoffe		Stickstoff als		Sauerstoffverbrauch nach		Chlor
	organische mg	un-organische mg	organische mg	un-organische mg	Ammoniak mg	in organischen Stoffen mg	15 Min. mg	4 Stunden mg	mg
Holzpflaster . .	834,3	9805,7	1171,4	4621,4	68,8	42,5	6,8	49,5	540,0
Chaussirt.Strassen	777,1	20205,5	385,7	1785,7	35,4	24,9	3,8	28,1	244,0
Gewöhnliche Spüljauche nach 181 Proben . .	212,0	179,0	276,0	571,0	45,1	5,5	—	—	150,0

Hier hat das abfliessende Regenwasser eine noch ungünstigere Zusammensetzung als die Spüljauche. Die Verunreinigung des Regenabflusswassers richtet sich selbstverständlich wesentlich nach der Art und Menge der durch den Verkehr etc. bedingten Strassenverunreinigung; sie ist in der ersten Zeit des Abflusses und bei starkem Gefälle grösser als später und bei schwachem Gefälle. Im letzteren Falle hält aber die Verunreinigung längere Zeit an.

Zur Reinigung des städtischen Abwassers bei starken Regengüssen werden grosse Filter bezw. Stauteiche angelegt, aus welchen das Wasser

---

[1]) Nach einer Original-Mittheilung von H. Alfr. Roechling. Das Regenwasser wurde beim Einlauf in die Siele vor Vermischung mit dem Sielinhalt aufgefangen.

in Drainröhren versickert. Bei Sandboden genügt einfache Drainage; bei schwerem Boden müssen besondere Filter aus Sand, Kies und Koks hergestellt werden.

2. Die verschiedenen Arten der Abführung des städtischen Abwassers.

Die verschiedenen Abgänge werden jetzt aus allen grösseren Städten durch sogenannte „Schwemmkanalisation" abgeführt. Man versteht darunter die gemeinschaftliche unterirdische Abführung (Wegschwemmung) aller Schmutzwässer, nämlich der menschlichen Auswürfe, der Haus- und Küchenwässer, der Fabrik-, Gewerbe- und Bodenwässer und des Regenwassers. Auch bezweckt die Schwemmkanalisation einen gleichmässigen Stand des Grundwassers.

Die Schwemmkanalisation[1]) lässt sich in Städten auf stark abschüssigem Boden und mit guter Vorfluth naturgemäss leicht und einfach durchführen; in Städten auf ebenen Gebieten bereitet sie dagegen mehr oder weniger Schwierigkeiten, indem hier das an Sammelstellen vereinigte Abwasser mitunter behufs Weiterbeförderung durch Pumpen künstlich gehoben werden muss.

Man unterscheidet bei der Schwemmkanalisation 5 Systeme:

1. Das Perpendikularsystem, bei welchem, um das Abwasser auf dem kürzesten Wege einem Flusslauf zuzuführen, die Kanäle der in einzelne Bezirke getheilten Stadt thunlichst senkrecht zur Thalachse gelegt werden; so sind z. B. kanalisirt die Städte: Wien, Prag, Halle a/S., Lübeck, Würzburg, Ulm, Münster i. W. Das System hat den grossen Nachtheil, dass die Abwässer zum Theil schon innerhalb der Stadt in den Wasserlauf gelangen und daher schon mitunter in der Stadt selbst verunreinigend und schädlich wirken.

2. Das Abfangsystem, welches darin besteht, dass man in gleicher Richtung neben dem Flusslauf sogenannte Abfangkanäle legt, welche die einzelnen Kanäle der Stadt aufnehmen und dadurch der Verunreinigung des Flusslaufes in der Stadt vorbeugen. Das System hat gegenüber dem ersteren Vorzüge, ist aber verhältnissmässig theuer, weil die Kanäle durchweg bei vorhandenem geringen Gefälle einen sehr grossen Durchmesser haben müssen. Dieses System ist z. B. in London und Danzig durchgeführt.

3. Das Fächersystem. Die einzelnen Kanäle verbreiten sich, wie z. B. in Breslau, Dortmund, Wiesbaden und Karlsruhe, fächerförmig in die Stadttheile und münden in Hauptkanäle, die an einem einzigen Auslass-

---

[1]) Ueber die Art der Ausführung der Kanalisation vergl. u. A. R. Baumeister: Handbuch d. Baukunde. Berlin 1890; ferner F. W. Büsing: Die Kanalisation in Weyl's Handbuch der Hygiene, **2**, I. Abth. Jena 1894.

punkt ausmünden. Auch hier müssen die Sammelkanäle mit Rücksicht auf eine spätere Vergrösserung der Stadt verhältnissmässig sehr gross angelegt werden.

4. Das Zonensystem. Die Stadt wird, wie z. B. in Frankfurt a. M., Mainz und Paris, in besondere Bezirke von verschiedener Höhenlage getheilt, und jeder Bezirk entweder nach dem Abfang- oder Fächersystem mit Kanälen durchzogen, welche für jeden Bezirk gesondert in Hauptsammler münden. Diese werden am unteren Ende wieder zusammengeführt, oder man verbindet auch die Hauptsammler von höher gelegenen Bezirken mit denen von niedriger gelegenen Bezirken, um das Abwasser der oberen Kanäle zur Spülung der unteren benutzen zu können.

5. Das Radialsystem. Auch nach diesem System wird die Stadt, wie z. B. Berlin (vergl. Tafel I in Bd. I), in einzelne Bezirke getheilt, von denen jeder sein eigenes Kanalnetz hat. Aber die Kanäle der einzelnen Bezirke stehen nicht mit einander in Verbindung, sondern das Kanalnetz eines jeden Bezirks hat seinen eigenen Auslass und auch wo nöthig seine eigene Pumpstelle. Dieses System hat in grossen und rasch sich ausdehnenden Städten den Vorzug, dass sich die alten Kanalnetze leicht erweitern und bei Vergrösserung des Stadtgebietes zwanglos neue Radialsysteme anlegen lassen.

Wie schon erwähnt, können die Kanäle wegen zu hoher Kosten, besonders in grossen Städten, kaum so gross gebaut werden, dass sie auch alles Regenwasser bei sehr starken Regenfällen mit fortführen können. Es werden Nothauslässe angelegt, aus welchen das Wasser, welches nicht durch die Kanäle fortgeführt werden kann, direkt zum nächsten Fluss abfliesst. Hiermit sind aber unter Umständen schädliche Verunreinigungen für die Flüsse verbunden, wie z. B. das häufige Fischsterben nach starken Gewitterregen in der Spree unterhalb Berlin beweist. Man hat desshalb, wenngleich diese Verhältnisse selten vorkommen, zur Vermeidung auch solcher Uebelstände das Trennsystem vorgeschlagen, wonach durch eine besondere Leitung das Regenwasser grundsätzlich von den Leitungsanlagen für die menschlichen Auswürfe, Haus-, Küchenwasser und auch gewisser Fabrikabwässer getrennt ist. Die Abführung der letzteren Abwässer kann dann eine noch weitere Trennung erfahren, indem die menschlichen Auswürfe für sich und die Haus-, Küchen- und Fabrikabwässer ebenfalls für sich getrennt abgeführt werden, so dass in einer solcherweise kanalisirten Stadt man 3 Leitungssysteme neben einander hätte. Zur Fortführung der menschlichen Auswürfe bedient man sich der Pressluft oder Saugkraft, während die anderen Abgänge durch Spülvorrichtungen selbstthätig entfernt werden.

Das Trennsystem hat ohne Zweifel grosse Vorzüge, weil dadurch die Menge des eigentlichen bedenklichen Schmutzwassers aus den Städten verringert und damit die Reinigungskosten, sei es durch Berieselung oder auf sonstige Weise ebenfalls herabgemindert werden, und wenn die menschlichen Auswürfe auch noch für sich getrennt abgeführt werden, so lassen sich diese zweckmässig zu Poudrette etc. verarbeiten. Für neu zu kanalisirende Städte verdient daher das Trennsystem alle Beachtung; die nachträgliche Einführung in bereits kanalisirten Städten wird aber mit zu grossen Kosten verbunden sein und daher von zwei Uebeln das kleinere (d. h. Schwemmsystem für die Gesammtabwässer mit Nothauslässen) beibehalten werden müssen.

3. Schädlichkeit der städtischen Abgänge.

a) Verunreinigung der Luft durch städtische Abgänge.

Dass durch die städtischen Abgangwässer die Luft in den Städten selbst verunreinigt werden kann, braucht kaum hervorgehoben zu werden. Diese Möglichkeit trifft aber sowohl die Abflusskanäle ohne Abortinhalt als mit Abortinhalt bei der Schwemmkanalisation; denn, wenn letztere auch mehr Unrathmassen mit sich führen, so werden sie doch entsprechend rascher abgeführt. Nach den Untersuchungen Erismann's[1] ist sogar anzunehmen, dass die Verderbniss der Luft bei Einrichtung von Abortgruben mindestens eben so gross sein kann, als bei Einrichtung von Schwemmkanälen; er berechnet nach seinen Versuchen, z. B. die tägliche Ausscheidung für 1 cbm Grubeninhalt wie folgt:

Kohlensäure	0,619 kg oder	0,315 cbm
Ammoniak	0,113 „ „	0,148 „
Schwefelwasserstoff	0,002 „ „	0,001 „
Sumpfgas (Kohlenwasserstoffe, fette Säure etc.)	0,414 „ „	0,579 „

Ueber die Zusammensetzung der Luft in Schwemmkanälen sind bis jetzt noch keine eingehenden Analysen ausgeführt; A. Levy[2] bestimmte nur das Ammoniak und fand in der Pariser Kanalluft für 100 cbm im Jahre 1877 = 3 mg, 1878 = 2,3 mg und 1879 = 1,9 mg Ammoniakstickstoff. Ferner beobachtete F. Cohn, dass Bakterien aus faulenden Flüssigkeiten durch Luft nur selten in andere Medien übergeführt werden; Nägeli konnte eine Uebertragung überhaupt nicht beobachten, und Frankland hat festgestellt, dass bei mässiger Bewegung der Kanalflüssigkeit keine Theilchen aus derselben abgesondert werden, welche durch die Luft fortgeführt werden. Nach vergleichenden Untersuchungen von Laws und Andrewes[3] sind die in der freien und Kanalluft vorhandenen Mikroorganismen im wesentlichen gleich; sie fanden:

---

[1] Zeitschr. f. Biol. 1875, Heft 2.

[2] Compt. rend. T. 91, 94.

[3] Nach einem Vortrage von H. Alfr. Roechling in der XIX. Versammlung des Vereins f. öffentl. Gesundheitspflege, in Dtsche. Vierteljahrsschr. f. öffentl. Gesundheitspflege, **27**, Heft 1.

Freie Aussen-Luft.	Kanalluft.

1. Mikrokokken.

Freie Aussen-Luft.	Kanalluft.

Sarcina rosea,
   „   lutea,
Micrococcus aurantiacus,
   „   caudicans,
Diplococcus citreus conglomeratus,
   „   roseus,
   „   flavus liquefaciens,
Pediococcus acidi lactici,
Micrococcus   „   „
   „   flavus desidens.
	Sarcina aurantiaca,
	   „ lutea,
	Micrococcus caudicans,
	   „ cremoides,
	Diplococcus citreus conglomeratus,
	Pediococcus cerevisiae,
	Staphylococcus cereus albus,
	   „ citreus flavus.

2. Schimmelpilze.

Freie Aussen-Luft.	Kanalluft.

Penicillium glaucum,
Aspergillus glaucus,
   „   albus,
   „   repens,
   „   nigrescens,
   „   nidulans,
Brauner Schimmelpilz.
	Dieselben

3. Bacillen.

Freie Aussen-Luft.	Kanalluft.

Bacillus subtilis,
   „   fluorescens liquefaciens,
   „   ochraceus,
   „   mesentericus fuscus,
   „   arborescens.
	Bacillus subtilis,
	   „ aureus,
	   „ arborescens,
	   „ acidi lactici,
	   „ helvolus,
	   „ nigrescens.

4. Torulae.

Freie Aussen-Luft.	Kanalluft.
Rothe, schwarze, weisse Torula.	Keine

5. Cladothrices.

Freie Aussen-Luft.	Kanalluft.
Cladothrix dichotoma, „ rubra.	Cladothrix dichotoma.

Hiernach sind die Mikroorganismen in der freien Aussen- und Innen-luft im wesentlichen gleich und finden die Ergebnisse von Cohn, Nägeli und Frankland durch diese Untersuchung ihre Bestätigung.

Petri fand die Luft in den Berliner Strassenkanälen sogar ärmer an Bakterien, als die im Freien, und Uffelmann[1]) konnte in der Luft von Hauskanälen nur zwischen 0—500 Keime in 1 cbm nachweisen.

W. Prausnitz[2]) hat ferner durch eine statistische Erhebung über die Erkrankungen Münchener Kanalarbeiter, die den ganzen Tag — zu-weilen auch nachts — in den Kanälen arbeiteten und nur zu den Mahlzeiten und nach beendeter Arbeit dieselben verliessen, nachgewiesen, dass der

---

[1]) Arch. f. Hygiene 1888, **8**, 338.
[2]) Ebendort 1891, **12**, 349.

Gesundheitszustand derselben während 5 Jahren kein schlechterer gewesen ist, als bei anderen Arbeiten. Er fand:

	1886	1887	1888	1889	1890
Angestellte Arbeiter für 1 Jahr = 300 Arbeitstage	13,04	23,07	22,11	25,23	22,48
Auf 1 Arbeiter kamen Krankheitstage	3,5	1,3	3,6	4,1	3,6

Während der 3 letzten Jahre in München entfielen auf je 1 Mitglied Krankheitstage:

	1886	1887	1888	1889	1890
Bei den Ortskrankenkassen	—	—	5,9	6,5	7,6
„ „ Fabrik- und Betriebskrankenkassen	—	—	7,7	8,4	8,5
„ der Innungskrankenkasse	—	—	2,3	5,0	3,5
„ „ Gemeindekrankenversicherung	—	—	4,8	4,2	4,2

Der Gesundheitszustand der Kanalarbeiter ist daher in den drei Jahren im allgemeinen ein besserer gewesen, als derjenige anderer Arbeiter, die bei den Ortskrankenkassen 48910—56284 betrugen.

Auch war unter den Erkrankungen der Kanalarbeiter keine einzige, die auf eine specifische Wirkung des Kanalinhaltes durch Infektion zurückgeführt werden konnte. Zwei Arbeiter waren sogar 8—9 Jahre im Betriebe beschäftigt gewesen, ohne auch nur einen Tag krank gewesen zu sein.[1] Anderswo sind meines Wissens ähnliche Beobachtungen gemacht, d. h. es ist nirgends festgestellt, dass Arbeiter, die mit der Verarbeitung städtischer Abwässer, sei es auf Rieselfeldern oder in Kläranstalten, zu thun haben, mehr von allgemeinen und Infektionskrankheiten befallen werden, als Arbeiter in anderen Betrieben.[1] Ueber die gesundheitlichen Verhältnisse auf Rieselfeldern vergl. weiter unten unter Reinigung durch Berieselung S. 59.

Wenn somit auch eine direkte Uebertragung von ansteckenden Krankheitskeimen durch die Kanalgase nach unseren heutigen Anschauungen über die Verbreitung von ansteckenden Krankheiten nicht anzunehmen ist, so können die in Kanal- und Hausleitungen entstehenden Fäulnissgase bei dauernder Einwirkung doch indirekt schädlich sein, indem sie Ekel erregen und das allgemeine Wohlbefinden sowie damit die Widerstandsfähigkeit des Körpers gegen Krankheiten herabsetzen.[2] Alessi in Rom hat

---

[1] R. Pasquay weist (Forschungsberichte über Lebensmittel und ihre Beziehungen z. Hyg. 1895, 2, 126) als beständige Infektionskeime einen Streptococcus nach, der die grösste Aehnlichkeit mit Streptoccocus pyogenes bezw. erysipelatis hat, und eine Bacillusart, die mit dem in Abscessen bei Menschen nachgewiesenen Bacillus pyogenes foetidus gleich ist. Pasquay erwähnt weiter, dass Arbeiter, welche früher unterhalb des Sielwassereinlaufes in der Isar thätig waren, öfters an Furunkeln und Abscessen erkrankt sein sollen. Hiernach scheint eine sicher erwiesene Thatsache, deren einzige Ursache die Ansteckung durch Kanalwasser ist, nicht vorzuliegen. Auch ist nicht abzusehen, wesshalb diese Erkrankungen nicht noch jetzt vorkommen sollten.

[2] Vergl. die Schädlichkeit d. Kanalgase im Bericht über die 20. Versammlung d. deutschen Vereins f. öffentl. Gesundheitspflege in Stuttgart 1895, 152 u. ff.

z. B. nachgewiesen, dass Thiere (Ratten, Meerschweinchen und Kaninchen), welche längere Zeit Kanalgasen ausgesetzt waren und dann mit Typhusbacillen und Bacterium coli commune geimpft wurden, in grösserer Anzahl den Impfungen erlagen, als solche Thiere, welche den Kanalgasen nicht ausgesetzt gewesen waren.

Jedenfalls soll dafür Sorge getragen werden, dass in den öffentlichen wie in den Hausleitungen weder Sinkstoffe sich ansammeln, noch Schmutzwasser oder Luft stillstehen. Die Leitungen in, unter und neben den Häusern sollen völlig luft- und wasserdicht hergestellt werden, und muss durch eine regelmässige Spülung und Reinigung, sowie durch ausgiebige Lüftung dafür gesorgt werden, dass sich schlechte übelriechende Gase in den Leitungen nicht ansammeln können.

b) Verunreinigung des Bodens und Grundwassers durch städtische Abgänge in den Städten selbst.

Schon oben S. 10 ist gesagt, dass ein erheblicher Theil der menschlichen Auswürfe in den Boden dringt. v. Pettenkofer nimmt für München die Menge sogar zu $^9/_{10}$ an, Reich schätzt sie für Berlin vor der Kanalisation zu $^7/_{10}$ der Gesammt-Auswürfe.

Nimmt man auch nur die Hälfte an, so würden in einer nicht kanalisirten Stadt von 100000 Einwohnern nach obigen Angaben (S. 5) über die Menge menschlicher Auswürfe jährlich 40 Millionen kg derselben in den Boden eindringen.

Der Boden hat nun zwar die physikalische und chemische Eigenschaft (vergl. auch I. Bd. S. 267 u. ff.), diese Fäulnissstoffe aller Art einerseits zu absorbiren, andererseits mit Hülfe des nachtretenden Luftsauerstoffs zu Wasser, Kohlensäure, Schwefelsäure und Salpetersäure zu oxydiren. Falk[1] hat nachgewiesen, dass sich die Absorptionsfähigkeit des Bodens nicht allein auf Kali, Ammoniak und Phosphorsäure erstreckt, sondern auch auf aromatische Basen, z. B. Indol, Thymol, auf Alkaloïde wie Strychnin, Nicotin, auf die nicht organisirten Fermente wie Emulsin, Myrosin, Ptyalin, ja auch auf die geformten Fermente, wie sie sich in faulenden Flüssigkeiten bilden, und J. Soyka[2] zeigt, dass die vom Boden aus den schwefelsauren, salzsauren und essigsauren Salzen absorbirten Basen von Strychnin, Chinin etc. im Boden zunächst in Ammoniak umgewandelt und dann zu salpetriger Säure und Salpetersäure oxydirt werden.

Auffallender Weise wird der ebenfalls als Base anzusehende Harnstoff nach den Untersuchungen von O. Kellner[3] vom Boden nicht absorbirt, sondern er bleibt in Lösung;[4] erst die Umwandlungsform desselben,

---

[1] Vierteljahrsschr. f. gerichtliche Medicin u. öffentl. Sanitätswesen, **27** u. **29**.
[2] Arch. f. Hygiene 1884, **2**, 281.
[3] Preuss. landw. Jahrbücher 1886, **15**, 712.
[4] Da der Harnstoff infolge Wasserverdunstung in der Bodenflüssigkeit ansteigen kann, und bei einer gewissen Koncentration die Diffusion des Wassers in die Wurzeln

das kohlensaure Ammon, tritt in Wechselwirkung mit dem Boden. Die Ueberführung des Harnstoffs in kohlensaures Ammon geht nur in den oberen Bodenschichten vor sich und findet selbst in porösen Bodenarten nur bis zu einer Tiefe von ca. 0,5 m statt. Es ist daher möglich, dass gerade der Bestandtheil, welcher für die Verunreinigung des Bodens in Städten vorwiegend in Betracht kommt, bei fortgesetztem Nachdringen unzersetzt in die tieferen Bodenschichten und damit ins Grundwasser gelangt.

Aber abgesehen hiervon ist auch das Absorptions- und Oxydationsvermögen oder die selbstreinigende Wirkung des Bodens für die Umsetzungsstoffe etc. nicht unbegrenzt; der Boden wird je nach seiner physikalischen Beschaffenheit mehr oder weniger rasch mit denselben gesättigt und kann die Stoffe bei dem fortwährenden Nachtreten derselben nicht mehr bewältigen[1]) bezw. bei ungenügendem Sauerstoff-Zutritt vollständig oxydiren und verarbeiten. Es tritt dann an Stelle des Verwesungsvorganges die Fäulniss auf, bei welcher die Mikroorganismen den nöthigen Sauerstoff den organischen Verbindungen entnehmen und statt Oxydationsstoffe zum Theil Reduktionsstoffe liefern.

Die bei der Zersetzung der organischen Stoffe im Boden sich bildende Menge Kohlensäure löst den Kalk als Calciumbikarbonat; der Schwefel der organischen Stoffe verbrennt zum Theil zu Schwefelsäure, welche Veranlassung zur Bildung von schwefelsauren Salzen (vorwiegend von Calciumsulfat, auch Magnesium- und Alkalisulfat) giebt; ein anderer Theil desselben verbleibt im Zustande von Schwefelwasserstoff als erstem Fäulnisserzeugniss.

Die stickstoffhaltigen Bestandtheile der Fäulnissmasse werden in Ammoniak umgesetzt; ein Theil desselben verwandelt sich durch Oxydation in Salpetersäure, der andere Theil aber verbleibt als Ammoniak. Bei weiterem Sauerstoffmangel werden die gebildeten Nitrate unter dem Einfluss von Bakterien wieder zu Nitriten (salpetriger Säure) desoxydirt, wobei der freigewordene Sauerstoff auf die vorhandenen Kohlenhydrate etc. übertragen wird.

Diese zerfallen unter dem Einflusse des Sauerstoffs zum Theil in Kohlensäure und Wasser, zum Theil bleiben sie auf einer unvollendeten Oxydationsstufe (Humussäuren etc.) stehen.

In welcher Weise der Boden in den Städten durch diesen Vorgang verunreinigt werden kann, hat J. Fodor[2]) für Budapest nachgewiesen; er untersuchte 40 sehr unreine Bodenproben sowie 67 reine Bodenproben und fand im Durchschnitt für 1 kg Boden:

---

beeinträchtigt, die Pflanzen somit zum Welken bringt, so erklärt sich hieraus die oft beobachtete nachtheilige Wirkung einer Düngung mit frischen Auswürfen aller Art.

[1]) Falk giebt l. c. an, dass ein Boden, dessen Absorptionsfähigkeit für Gifte erschöpft war, längere Zeit sich selbst überlassen werden musste, ehe er die absorbirenden Eigenschaften wieder erlangte.

[2]) J. Fodor: Hyg. Untersuchungen über Luft, Boden und Wasser. Braunschweig 1886, 211 u. s. w.

Bodenart	Organ. Stickstoff	Ammoniak	Salpetersäure
1. Verunreinigter Boden	1132,0 mg	33,5 mg	217 mg
2. Reiner Boden	68,6 „	6,9 „	121 „

Hier enthält der stark mit organischem Stickstoff beladene Boden auch naturgemäss mehr Ammoniak und Salpetersäure, als der reine Boden; jedoch von letzterer im Verhältniss zu organischem Stickstoff bezw. Ammoniak bedeutend weniger als der reine Boden. Somit ist die Oxydation im reinen Boden eine vollkommenere als im unreinen.

Dieses erhellt noch deutlicher aus dem Befund von herausgegriffenen 10 Bodenproben dieser Reihe, die im Mittel für 1 kg ergaben:

Bodenart	Organischen Stickstoff	Ammoniak	Salpetersäure
1. Verunreinigter Boden . .	1053,8 mg	137,7 mg	7 mit 0 mg 3 „ 9 „ 19,7 bezw. 83,4 mg
2. Reiner Boden	79,5 „	4,7 „	118,2 „

Der Gehalt an diesen Stoffen ist auch je nach der Tiefe des Bodens verschieden; so wurden im Durchschnitt mehrerer Proben für 1 kg gefunden:

Bodentiefe	Organischer Stickstoff	Ammoniak	Salpetersäure	Salpetrige Säure
1 m Tiefe . . .	403 mg	12,8 mg	140 mg	0,98 mg
2 m „ . . .	321 „	10,2 „	155 „	1,14 „
4 m „ . . .	210 „	7,2 „	177 „	1,14 „

Noch deutlicher treten die Versickerungs-Verhältnisse dieser Bestandtheile im Boden aus folgenden Zahlen hervor, die aus 60 Proben von äusserst stark verunreinigtem, und aus 400 Proben weniger stark verunreinigtem Boden gewonnen wurden; sie ergaben im Mittel:

Bodentiefe	Organischer Kohlenstoff mg	Organischer Stickstoff mg	Ammoniak mg	Salpetersäure mg	Salpetrige Säure mg
1 m Tiefe.					
Im Mittel (aus 400 Bodenproben) .	4670	466,5	16,3	188	0,80
In dem sehr verunreinigten Boden	11340	1178,0	39,3	262	0,34
2 m Tiefe.					
Im Mittel (aus 400 Bodenproben) .	4810	323,6	12,3	223	0,85
In dem sehr verunreinigten Boden	8240	534,9	25,1	246	0,64
4 m Tiefe.					
Im Mittel (aus 400 Bodenproben) .	2900	191,0	7,7	219	0,68
In dem sehr verunreinigten Boden	3670	262,0	14,8	172	0,80

Man sieht hieraus, dass der Boden die organischen Stoffe am kräftigsten an seiner Oberfläche festhält und nur sehr schwer in die tieferen Schichten vordringen lässt. Das absorptionsfähige Ammoniak verhält sich den unlöslichen organischen Stoffen gleich; man findet es in den oberen Schichten in grösserer Menge als in den tieferen. Die Salpetersäure vermag jedoch der Boden nicht zu binden; sie wird in die Tiefe geschwemmt und sammelt sich dort unter Umständen in grösserer Menge an als in den oberen Schichten.

Der weniger verunreinigte Boden hat ferner auch hier verhältnissmässig mehr organischen Stickstoff durch Oxydation in Salpetersäure übergeführt als der stark verunreinigte Boden.

Auch erhellt aus diesen Versuchen, dass die Zersetzungs- und Fäulnissstoffe, sei es direkt durch Regenwasser, sei es durch Grundwasser, welches von höher gelegenen Stellen in diese Bodenschichten eindringt, in immer tiefere Bodenschichten gelangen und sich dort ansammeln. Liegen in diesen Schichten die Brunnenspiegel, so gelangen die Zersetzungs- und Fäulnissstoffe mit der Zeit auch in das Brunnenwasser und verunreinigen dasselbe.

Derartige Brunnenwässer zeigen alsdann einen sehr hohen Gehalt an Abdampfrückstand im ganzen, im besonderen an Calcium-, Magnesium-karbonat und Calcium- oder Magnesium- etc. Sulfat, sie haben einen hohen Gehalt an organischen Stoffen und Salpetersäure, enthalten häufig Ammoniak oder noch unzersetzte Stickstoffverbindungen, salpetrige Säure, mitunter Schwefelwasserstoff, und da die menschlichen Auswürfe und Küchenabfälle reich an Chlornatrium sind, so weisen solche Brunnenwässer auch einen hohen Gehalt an Chlor auf, das in seinen verschiedenen Salzen vom Boden nicht absorbirt wird.

Diese Beziehungen erhellen unter vielen Hunderten von Untersuchungen aus folgenden Analysen von Brunnenwässern der Stadt Münster i. W.:

Brunnen No.		Stadttheil	Abdampf-Rückstand mg	Zur Oxy-dation erforderlicher Sauerstoff mg	Kalk mg	Schwefel-säure mg	Chlor mg	Salpeter-säure mg
1	Nicht verunreinigt	Neuer Stadttheil, bis dahin wenig bewohnt	363,2	4,1	106,0	22,3	18,8	16,2
2			430,4	3,2	139,0	24,0	37,5	35,3
3	Verunreinigt	Alter Stadttheil	862,8	5,6	275,2	103,2	67,3	91,0
4			1151,2	9,5	278,8	123,2	138,3	146,0
5			1996,0	6,4	359,6	190,1	269,6	260,3
6			2740,0	9,7	462,5	219,5	612,4	290,8

Aehnliche Beziehungen sind anderswo gefunden, so von M. Ballo[1]) für Budapest. Durchweg bedingt eine steigende Menge Salpetersäure in

---

[1]) Bericht üb. d. internationalen Kongress f. Hygiene u. Demographie 1894, **4**, 50.

einem städtischen Brunnenwasser gleichzeitig eine steigende Menge an Chlor, Schwefelsäure, Kalk und organischen Stoffen, wenn das Verhältniss auch nicht immer genau parallel geht.

Die vielfachen Untersuchungen der Brunnenwässer in neuester Zeit haben gezeigt, dass dieser Vorgang in allen grösseren und älteren Städten sich bereits vollzogen und über das ganze Stadtgebiet verbreitet hat.

F. Fischer[1]) hat eine übersichtliche Zusammenstellung von dem Gehalt der Brunnenwässer verschiedener Städte gegeben, der ich unter Hinzufügung der Zahlen für die Brunnenwässer Breslau's nach Analysen von Fr. Hulva, für die von Budapest nach Analysen von M. Ballo und für die Münster's nach hiesigen Untersuchungen folgende entnehme:

1 l enthält:

Stadt	Gehalt	Chlor mg	Schwefelsäure mg	Salpetersäure (N_2O_5) mg	Salpetrige Säure mg	Ammoniak mg	Organisches mg	Kalk (CaO) mg	Magnesia mg	Anzahl der Brunnen
Barmen	höchster .	260	—	550	—	stark	150	—	—	51
	niedrigster	10	—	8	—	0	0	—	—	
Berlin	höchster .	342	485	358	—	—	717	612	154	25
	niedrigster	4	41	6	—	—	88	141	13	
Bonn	höchster .	235	122	334	stark	stark	49	—	—	48
	niedrigster	14	30	Spur	0	0	5	—	—	
Breslau	höchster .	596	552	530	10	3	727	462	125	150
	niedrigster	4	9	0	0	Spur	26	34	Spur	
Budapest	höchster .	471	563	918	stark	10	15[2])	855	345	13
	niedrigster	12	8	2	0	0	9[2])	103	52	
Coblenz	höchster .	165	173	229	—	—	1268	—	—	56
	niedrigster	15	13	Spur	—	—	27	—	—	
Darmstadt	höchster .	239	177	380	stark bis schwach	stark bis schwach	105	351	88	36
	niedrigster	9	0	10			7	37	—	
Hamburg	höchster .	433	389	387	Spur	0	243	559	45	10
	niedrigster	21	25	0	0	0	0	33	—	
Hannover	höchster .	838	991	476	sehr stark	104,4	4198	906	172	112
	niedrigster	36	37	7	0	0	Spur	107	10	
Königsberg	höchster .	340	118	114	11,4	5,0	190	313	47	6
	niedrigster	11	9	3	0	0,1	30	26	13	
Leipzig	höchster .	—	—	437	sehr stark		112	480	78	10
	niedrigster	—	—	Spur	Spur		22	160	6	
Magdeburg	höchster .	886	450	1130	stark	0,2	356	647	39	—
	niedrigster	192	253	113	0	0,1	—	240	28	
Münster	höchster .	721	387	580	5	18,9	363	813	—	207
	niedrigster	17	18	11	0	0	33	46	—	

[1]) Die chem. Technologie des Wassers. Braunschweig 1876, 106.
[2]) Zur Oxydation erforderlicher Sauerstoff.

Dass die grössere oder geringere Verunreinigung des Brunnenwassers direkt mit der des Bodens in Zusammenhang steht, hat J. Fodor (l. c., dadurch nachgewiesen, dass er Brunnenwässer von 38 solchen Häusern in Budapest, deren Boden weniger als 200 mg organischen Stickstoff in 1 bis 4 m Tiefe auf 1 kg enthielt, mit Brunnenwässern von 68 Häusern verglich, deren Boden mehr als 200 mg organischen Stickstoff für 1 kg ergab; er fand im Mittel für 1 l Wasser:

Bodenart	Festen Rückstand mg	Organische Stoffe mg	Chlor mg	Salpeter- säure mg	Salpetrige Säure mg	Ammoniak mg
1. Reiner Hausboden . .	2403	58,5	314	549	0,24	1,15
2. Unreiner „ . .	2419	90,5	353	562	0,27	3,69

In welcher Weise mitunter ein Brunnenwasser durch städtische bezw. häusliche Abgänge verunreinigt werden kann, mögen auch folgende Analysen von drei untersuchten Brunnenwässern Münster's zeigen; dieselben ergaben für 1 l:

Probe	Abdampf- Rückstand mg	Organ. Stoffe mg	Kalk mg	Magnesia mg	Kali mg	Natron mg	Chlor mg	Schwefel- säure mg	Salpeter- säure mg
No. 1 . .	722,0	363,4	20,0	4,5	254,5	49,0	149,1	108,0	142,5
No. 2 . .	2017,6	135,8	417,5	—	—	—	301,7	331,6	241,3
No. 3 . .	3577,6	169,1	813,5	—	—	—	592,8	387,2	579,1

Das erstere Wasser enthielt Ammoniak, sehr viel salpetrige Säure und reagirte alkalisch, die beiden letzten hatten ebenfalls einen hohen Gehalt an salpetriger Säure. Wir sehen, dass der normale Bestandtheil des ersten Brunnenwassers, nämlich der Kalk, fast ganz durch Kali ersetzt ist, und lässt sich dieses nur so erklären, dass die Bodenschichten in der Nähe des Brunnens entweder durch Seife-(Wasch-)Wasser oder durch Potasche verunreinigt worden sind.

Diese Zahlen könnten noch um eine ganze Reihe vermehrt werden; sie sind aber mehr als ausreichend, zu beweisen, dass die Brunnenwässer grosser Städte mehr oder weniger Stoffe enthalten, welche direkt oder indirekt nur durch den beschriebenen Zersetzungsvorgang in dieselben hineingelangt sein können.

Denn vergleichen wir diese Zahlen mit denen des Gehaltes reiner Quellen oder von Brunnenwasser in Boden irgend welcher Art, welcher bis dahin nicht bewohnt war, so finden wir ganz erheblich weniger an diesen Stoffen.

Ebenso wie das Brunnenwasser wird auch die Bodenluft umsomehr verunreinigt, je stärker der Boden mit den Abgängen durchtränkt ist.

So fand v. Pettenkofer[1]) im Alpenkalkgeröllboden von München in 4 m Tiefe in der Bodenluft:

	1871	1872	
Januar—März	3,91	5,74	Vol. Kohlensäure für 1000 Vol. Luft
April—Mai	5,54	12,76	„ „ „ 1000 „ „
Juni—September . .	12,74	21,04	„ „ „ 1000 „ „

In derselben Weise giebt H. Fleck für 2 Stellen in Dresden für 1000 Bodenluft-Vol. Kohlensäure bezw. Sauerstoff an.:

Zeit:	Botanischer Garten:				Rechtes Elbufer (Sandiger Waldboden):	
	Sauerstoff		Kohlensäure		Kohlensäure	
	2 m	4 m	2 m	4 m	2 m	4 m tief
Januar—April . .	189	173	5,2—20,2	15,7—28,5 (Mai)	3,92	3,90
Juni—September .	162,5	162,5	28,9—48,2	40,0—55,6	5,32—8,50	4,94—7,11
Oktober—November	186—197	156—167	22,1—29,1	43,2—54,6	2,28—4,00	2,45—3,66

Ferner ergab Bodenluft aus kompaktem Wüstensand (Farafreh) nach v. Pettenkofer und Zittel in $\frac{1}{2}$ m Tiefe 0,793 und die aus 1 m Tiefe eines Palmengartens ebendort nur 3,152 Vol. Kohlensäure für 1000 Thle. Bodenluft.

Hiernach ist die Bodenluft in dem mit organischen Stoffen durchsetzten Boden kohlensäurereicher als im pflanzenlosen Boden; der Kohlensäuregehalt ist in der wärmeren Jahreszeit grösser als in der kälteren und der Sauerstoffgehalt entsprechend geringer. Nach v. Pettenkofer wird die durch Oxydation der organischen Stoffe sich bildende Kohlensäure mehr von der Bodenluft als vom Grundwasser aufgenommen und fortgeführt. Nun steht die Bodenluft in fortwährender Wechselbeziehung zur atmosphärischen Luft und der Luft unserer Wohnungen. Ist die Temperatur der Luft und der Wohnungen, wie es meistens der Fall ist, höher als die der Bodenluft, so haben wir einen aufsteigenden Luftstrom, infolgedessen an einer Stelle die Bodenluft in die Höhe steigt, um an anderen und kälteren Stellen durch neue Luft ersetzt zu werden, so dass ein fortwährender Austausch zwischen atmosphärischer und Bodenluft statthat.

Die Grösse der Bodenverunreinigung durch die städtischen Abwässer hängt einzig davon ab, in welchem Grade die Aborte oder Abfuhrkanäle dicht sind. Aus dem Grunde kann die Bodenverunreinigung sowohl in Städten mit Abfuhr als in solchen mit Schwemmkanälen gleich gross sein.

J. Fodor untersuchte (l. c. S. 291) in Budapest eine Reihe von Brunnen, welche nicht weiter wie 10 Schritt und solche, welche mehr als 10 Schritt vom Abort entfernt lagen und fand im Mittel für 1 l:

Lage des Brunnens	Anzahl der Brunnen	Ammoniak mg	Organische Stoffe mg	Salpetersäure mg	Chlor mg
Nahe beim Abtritt	196	3,09	80,5	538,0	376
Entfernter vom „	122	1,61	79,5	528,0	362

---

[1]) Zeitschr. f. Biologie 1875, **11**, 392.

G. Wolffhügel[1]) unterwarf den Boden in München an nicht inficirten
Stellen (Normalboden), ferner in der Nähe von Sielen, Abtritt- und Dünger-
gruben einer vergleichenden Untersuchung und fand den Grad der Boden-
Verunreinigung im Mittel für 1 cbm in kg wie folgt:

Lage des Bodens	Boden-probe aus einer Tiefe von m	In kaltem Wasser lösliche Stoffe:					In kaltem Wasser unlösliche Stoffe:	
		Ge-sammt-menge kg	Glüh-verlust kg	Organ. Stoffe kg	Chlor kg	Salpe-ter-säure kg	Glüh-verlust kg	Stick-stoff kg
Normalboden	3,7	0,211	0,052	0,118	0,010	0,012	1,504	0,014
Boden in der Nähe von Sielen, Mittel von 9 Proben . . .	3,6	0,217	0,091	0,093	0,021	0,018	3,356	0,055
Boden in der Nähe von Abtritten, Mittel von 6 Proben . . .	2,4	0,603	0,185	0,257	0,110	0,019	5,461	0,060
Boden 4,5 m von einer Dünger-grube entfernt	2,3	4,710	1,500	2,230	0,330	0,460	39,772	0,056

Hiernach ist der Boden in der Nähe der Dünger- und Abortgruben
stärker verunreinigt als der Boden in der Nähe der Siele und ist letzterer
nur wenig unreiner als der Normalboden. Auch hat F. Wiebel[2]) auf Grund
seiner Versuche über Exosmose ruhender und strömender Kochsalzlösungen
durch Membrane und poröse Platten nachgewiesen, dass die strömende
Bewegung der Sielflüssigkeiten in den Kanälen die Exosmose (Aus-
schwitzung) in sehr erheblichem Maasse vermindert oder fast ganz aufhebt.
Eine Bodenverunreinigung durch die Schwemmkanäle ist daher um so weniger
vorhanden, je grösser die Stromgeschwindigkeit in den Sielen ist.

Aus dem Grunde ist für die Reinhaltung von Boden wie
Trinkwasser in den Städten die wichtigste Aufgabe, die menschlichen Auswürfe sowie sonstigen Unrath sobald wie möglich aus
der Stadt zu entfernen.

Denn ebenso sehr, wie die Verunreinigung des Bodens mit häuslichen
Abgängen schliesslich eine Verunreinigung des Grundwassers und damit
eine solche entweder des Wassers in den Brunnen oder in öffentlichen
Wasserläufen herbeiführt, muss auch gleichzeitig die Bodenluft und damit
die der menschlichen Wohnungen verunreinigt werden. Beide aber, Grundwasser oder Bodenluft, sind auf irgend eine Weise von Einfluss auf die
Gesundheit, indem sie in irgend welcher Beziehung auch zu den Infektionskrankheiten stehen (vergl. I. Bd. S. 57—80).

Thatsächlich ist durchweg in allen den Städten, in welchen man durch
Kanalisation und Wasserleitung für reine Bodenluft und reines Trinkwasser
gesorgt hat, der allgemeine Gesundheitszustand ein besserer oder treten
doch wenigstens die ansteckenden Krankheiten nicht mehr so bösartig
und verheerend auf, wie vor Einführung dieser gesundheitlichen Massregeln.

---

[1]) Zeitschr. f. Biol. 1875, **11**, 459.
[2]) Abhandl. d. naturw. Vereins Hamburg-Altona 1883, **7**, Abth. 2.

c) Verunreinigung der Flüsse durch städtische Abwässer.

Die Verunreinigung der natürlichen Wasserläufe durch Aufnahme der städtischen Kanalwässer hängt ganz davon ab, in welchem Verhältniss die Menge des Kanalwassers zu der des Baches bezw. Flusses steht, welche Stromgeschwindigkeit der Bach oder Fluss besitzt, wie das Flussufer und Flussgebiet beschaffen ist, sowie die Quellen, aus welchen die Wassermassen kommen (vergl. I. Bd. S. 217—266).

Selbstverständlich wird die Verunreinigung bei niedrigem Wasserstande im Sommer durchweg grösser als im Winter bei hohem Wasserstande sein und bei höheren Temperaturen sich mehr geltend machen als bei niederen; sind die Wassermengen des die Abwässer aufnehmenden Flusses sehr gross und ist eine hinreichende Stromgeschwindigkeit vorhanden, so lässt sich unter Umständen kaum eine Verunreinigung nachweisen; so fanden F. R. Brunner und R. Emmerich,[1] dass die Isar, welche eine niedrigste Wassermenge von 41,5 cbm und eine höchste Wassermenge von 1500 cbm für 1 Sekunde führt und eine mittlere Stromgeschwindigkeit von 1,05 m in der Sekunde besitzt, durch Aufnahme sämmtlicher Stadtbäche und verunreinigender Zuflüsse von München (mit ca. 175000 Einwohnern und mit Abfuhrsystem) im Mittel von 4 Analysen ungefähr 300 m unterhalb der letzten Einmündungsstelle nur in folgender Weise für 1 l zugenommen hatte:

Rückstand mg	Lösungs-Rückstand mg	Kohlen-säure mg	Kalk mg	Chlor mg	Salpeter-säure mg	Organische Substanz mg	Suspendirte Stoffe mg
38	1,8	0	0	0	0	3,4	5,3

Später berechnet v. Pettenkofer,[2] dass bei einer Einwohnerzahl von 280000, die täglich 351120 kg Harn und 46680 kg Koth mit 20440 kg organischen Stoffen liefern, das Wasser der Isar, die selbst bei niedrigstem Wasserstande täglich 3450 Millionen Liter Wasser an München vorbeiführt, durch die Aufnahme dieser sämmtlichen Abgänge nur um 6,0 mg organische Stoffe für 1 l zunehmen würde. Auch sei an ein Niederschlagen der Schwebestoffe nicht zu denken, da die Isar eine Stromgeschwindigkeit von 1,2 m, das Abwasser in den Sielen dagegen nur eine solche von 0,6 m in der Sekunde habe.

Im Winter 1891 zeigte das Wasser der Isar bei sehr niedrigem Wasserstande, trotzdem massenhaft Unrath aus München in den Fluss abgeführt wurde, folgenden Gehalt für 1 l:

	Abdampf-rückstand	Zur Oxydation erforderlicher Sauerstoff
Oberhalb München	243 mg	1,4 mg
Unterhalb „ (bei Freising)	252 „	1,6 „

---

[1] Zeitschr. f. Biol. 1878, **14**, 190.

[2] Verhandlungen d. Gesellsch. deutscher Naturforscher u. Aerzte in Halle **1891**, I. Th., 433.

Also war eine kaum nennenswerthe Zunahme eingetreten.

In derselben Weise fand H. Fleck[1]) für das Elbewasser bei einem kleinen Wasserstande von 1000 cbm Wasser in der Elbe für die Sekunde am 1. December 1883 für 1 l:

	Vor Dresden geschöpft	Hinter Dresden geschöpft
Schwebestoffe	7,3 mg	7,2 mg
Gelöste Stoffe	136,8 „	136,5 „
Organische Stoffe . . .	18,4 „	17,6 „
Salpetersäure	3,9 „	2,5 „
Chlor	8,9 „	8,7 „
Ammoniak	0,3 „	0,3 „

In diesem Falle kommen nach den Ausführungen Fleck's 3,57 cbm Dresdener Kanalwasser auf 1000 cbm Elbwasser, und wenn man für das Kanalwasser 2 g feste Stoffe auf Tausend = 7,15 kg feste Stoffe für 3,57 cbm annimmt, so hätte das Elbewasser eine Zunahme von 7 mg festen Stoffen für 1 Liter nach Aufnahme des Kanalwassers zeigen müssen oder anstatt 136,8 mg für 1 Liter 143,8 mg gelöste Bestandtheile. Die durch das städtische Abwasser dem Elbewasser zugeführte Menge Stoffe ist im Verhältniss zur Wassermenge so gering, dass sie sich chemisch kaum mehr mit Sicherheit nachweisen lässt, andererseits hat im vorliegenden Falle diese Wahrnehmung darin ihren Grund, dass die Elbe zwischen Dresden und der Schöpfstelle auch noch erhebliche Mengen Grundwasser aufnimmt, welches nur verhältnissmässig wenig feste Stoffe enthält.

Ohlmüller[2]) ermittelte die Verunreinigung, welche die Nebel durch die Abwässer der Stadt Güstrow mit 12000 Einwohnern erfährt, im Mittel zweier Probenahmen (15.—16. Sept. und vom 16.—18. Okt. 1890) mit folgendem Ergebniss für 1 l:

	Abdampf-Rückstand mg	Glühver-lust mg	Oxydir-barkeit mg	Chlor mg	Kalk mg	Keime für 1 ccm		
						feste	verflüs-sigende	Schimmel
Kanalwasser von Güstrow ohne Abortjauche .	2094,5	629,5	230,5	307,5	67,3	56670	600 bis unzählige	400
Nebelwasser oberhalb Güstrow .	286,3	90,0	5,8	37,0	59,5	1570	85	10
desgl. unterhalb bei Bützow . .	339,0	137,0	6,1	46,0	65,3	16885	70	0

Dazu enthielt das städtische Kanalwasser (ohne Abortjauche) noch grosse Mengen Schwebestoffe, nämlich in den beiden Probenahmen 3,800

---

[1]) 12. und 13. Jahresbericht der chem. Centralst. für öffentl. Gesundheitspflege in Dresden 1884, 25.

[2]) Arbeiten a. d. Kaiserl. Gesundheitsamte 1891, 7, 255.

bezw. 16,270 g für 1 l. Die Menge des Kanalwassers ist leider nicht angegeben, die der Nebel wird bei niedrigstem Wasserstande zu 1,3 cbm für 1 Sekunde aufgeführt. Hier lässt sich eine gewisse Einwirkung des Abwassers aus Güstrow nicht verkennen; dennoch glaubt Ohlmüller, dass dem städtischen Kanal auch der Abortinhalt zugeführt werden dürfe, ohne dass wesentliche Belästigungen zu befürchten seien und die unterhalb gelegene Stadt Rostock das Wasser der Warnow, in welche sich die Nebel ergiesst, mit demselben Erfolge als Leitungswasser nach der Filtration verwenden könne, wie jetzt. Denn die Menge des täglichen Abwassers im höchsten Falle (150 l Verbrauchswasser und 150 l Regenwasser für den Kopf und Tag), also gleich 300 l $\times$ 12000 $=$ 3600 cbm werden durch 112330 cbm Flusswasser (beim niedrigsten Wasserstande) eine 31,2fache Verdünnung erfahren, welche die von v. Pettenkofer geforderte 15fache Verdünnung um das Doppelte übertrifft. Dazu kommt auf der 70 km langen Wegestrecke von Güstrow bis Rostock die selbstreinigende Kraft des Flusswassers, die sich besonders in der Abnahme der Bakterienkeime zeigte, indem diese von 31500 bezw. 950 auf 12970 bezw. 60 heruntergegangen waren.

Renk[1]) ermittelte die Verunreinigung, welche die Seeen um die Residenzstadt Schwerin herum durch die Aufnahme der Strassen- und Spülabwässer dieser Stadt erfahren. Diese giebt sich mehr äusserlich durch das schlechtere Aussehen des Wassers an den Rändern der Seeen gegenüber der Mitte zu erkennen, als durch den wirklichen Gehalt des Wassers an Mineral- und organischen Stoffen, indem die Schmutzstoffe sich grösstentheils niederschlagen, auf dem Boden der Seeen Fäulnissvorgänge hervorrufen, die sich in dem Aufsteigen von Gasblasen zu erkennen geben.

Ad. Heider[2]) verfolgte die Verunreinigung der Donau durch die Abwässer Wiens. Die Donau führt täglich an Wien 1600000 cbm Wasser vorüber, von denen 1400000 cbm in der grossen Donau und 200000 cbm im Donaukanal fliessen, welcher die ganze Stadt in einem Bogen von 16,8 km durchzieht, auf diesem Laufe die sämmtlichen Kanäle der Stadt, etwa 120 an der Zahl, aufnimmt und unterhalb wieder in die Donau einmündet. Der Gehalt des Donau-Wassers für 1 l betrug:

Stelle der Probenahme	Abdampf-Rückstand mg	Chamäleon-verbrauch mg	Chlor mg	Ammoniak mg	Bakterienkeime für 1 ccm
1. Oberhalb Wien	181,0	7,8	3,0	—	2000
2. Unterhalb im Donaukanal nach Aufnahme des letzten Sammelkanals	198,5	Etwas vermehrt			21000—1200000

---

¹) Arbeiten a. d. Kaiserl. Gesundheitsamte 1889, **5**, 395.

Nach Oesterr. Sanitätswesen 1893. Beilage zu Nr. 31 in Hyg. Rundsch. 1894, **4**, 505.

Vorwiegend erfahren also die Bakterienkeime durch Aufnahme der städtischen Abwässer eine Vermehrung, nämlich um das 10—60 fache. In der Ablagerung des Donaukanals nach Aufnahme der städtischen Kanäle gelingt es unschwer, Kothbestandtheile in Form gallig gefärbter, quergestreifter Muskelfasern nachzuweisen.

Nach Einmündung des Donaukanals in die Donau erfährt das Wasser eine 7 fache Verdünnung und werden die chemischen Unterschiede fast vollständig aufgehoben. Die Bakterienkeime halten dagegen noch einige Zeit an, indem sie bei Hainburg, 40 km unterhalb der Einmündungsstelle, 4200 für 1 ccm gegenüber 2000 oberhalb Wien betragen.

Klas Soudén[1]) berechnet, dass, wenn die Gesammtschmutzwässer Stockholms, wo jetzt Aborte mit Tonnenabfuhr bestehen, nach Einführung von Spülabtritten in die umliegenden Gewässer, den Mälarsee etc. abgeführt würden, und sich darin gleichmässig vertheilten, die zugeführte Schmutzmenge nur 5,0 mg für 1 l ausmachen würde, wovon 1,3 mg organische Stoffe wären; der Stickstoff würde etwa 0,13 mg, Kohlenstoff 0,9 mg ausmachen. Soudén ist der Ansicht, dass sich derartige geringe Verunreinigungen kaum mehr chemisch bestimmen lassen und dass sie sicherer durch Rechnung als durch die chemische Analyse gefunden werden.

In anderen Fällen können die Verunreinigungen der Flüsse durch städtische Abgänge erheblichere sein.

G. Wolff[2]) theilt z. B. über die Verunreinigung der Slitrig durch die Abwässer von Hawick und des Bradfordbaches durch die Abwässer der Stadt Bradford, in welchen beiden Fällen die Abwässer neben denen aus der Stadt auch die von Fabriken einschlossen, folgende Analysen mit:

1 l enthält:	Schwebestoffe			Gelöste Stoffe				
	Im ganzen	Organische	Unorganische	Im ganzen	Organischer Stickstoff	Organischer Kohlenstoff	Ammoniak	Chlor
	mg	mg	mg	mg	mg	mg	mg	mg
1. Verunreinigung der Slitrig:								
a) Kanalwasser von Hawick .	440,0	235,0	205,3	390,0	31,9	12,9	41,7	66,0
b) Slitrig oberhalb der Stadt unvermischt	—	—	—	147,0	1,6	0,01	Spur	Spur
c) Slitrig unterhalb der Stadt vermischt	—	—	—	207,0	14,1	0,87	0,40	11,1
2. Verunreinigung des Bradfordbaches (1869):								
a) Abwasser der Stadt Bradford	865,0	648,0	217,0	950,0	9,3	95,1	27,2	68,0
b) Bradfordbach oberhalb „	Spur	—	—	440,0	0,8	3,5	1,0	18,7
c) desgl. unterhalb „	520	—	—	755,0	3,9	40,2	12,2	54,5

Verfasser fand ferner für die Emscher, dass dieselbe nach Aufnahme des Abwassers der Stadt Dortmund, das sogar durch chemische Fällungs-

---

[1]) Gesundh.-Ing. 1890, **13**, 282.
[2]) Eulenberg's Vierteljahresbericht N. F., **39**, Nr. 1 u. 2.

mittel (Kalk und Thonerdesulfat) und Tiefbrunnenklärung von den Schwebestoffen gereinigt wurde, folgenden Gehalt für 1 l annahm:

| | Glühverlust (organische Stoffe) | Zur Oxydation erforder-licher Sauerstoff | | Stickstoff (organischer und Ammoniak-) | Keime von Mikrophyten |
| | | in alkalischer Lösung | in saurer Lösung | | |
	mg	mg	mg	mg	
Gereinigtes städtisches Abwasser	166,7	88,0	90,1	23,0	73[1])
Emscher-Wasser:					
Vor } Aufnahme des Abwassers	134,0	7,4	6,6	9,4	33 448
Nach }	171,7	12,2	11,9	17,0	1 453 000

Ueber sonstige Verunreinigungen von Flüssen durch städtische Abgänge vergl. unter „Selbstreinigung der Flüsse" I. Bd. S. 218—230.

d) Schädlichkeit der städtischen Abwässer für Vieh und Fische.

Was von der Schädlichkeit der städtischen oder häuslichen Abwässer
für die Vieh- und Fischzucht gilt, das kann auf alle fäulnissfähigen oder
fauligen Abwässer angewendet werden.

Inwieweit die Abgänge aus Häusern und Ortschaften für die Vieh-
zucht nachtheilig sein können, ist schon zur Genüge in dem Abschnitt:
„Ist das Wasser die Ursache der Verbreitung bezw. der Träger anstecken-
der Krankheiten" I. Bd. S. 57—80 erläutert worden. Was die Fischzucht
anbelangt, so nimmt man für gewöhnlich an, dass nur die Schwebestoffe
den gefährlichen Bestandtheil dieser Art Wasser bilden. Diese Annahme ist aber in vielen Fällen nicht richtig, denn mitunter
bedingen nicht die schwebenden Schlammtheilchen den gefährlichen Bestandtheil dieser Wasser, sondern auch die gelösten
Fäulnissstoffe. Können doch erstere für die Fische unter Umständen als
Nahrungsmittel gelten und ist z. B., wie v. Lavalette St. George[2]) hervor-
hebt, bekannt, dass frische, unverweste Abgangsstoffe, einschliesslich menschlicher und thierischer Auswürfe für manche Fische (Cyprinoïden) sogar ein
gesuchtes Nahrungsmittel bilden; Karpfen, Barsche und Schleie gedeihen
vorzüglich an den Kanal-Ausflüssen des Rheins und in den Schlossgräben
oder Grachten der Landgüter, in welche Auswürfe sich mehr oder weniger
frisch entleeren.

---

[1]) Wenn fauliges Abwasser, wie hier mit überschüssigem Kalk gefällt wird, so
werden die Bakterien entweder getödtet oder mit niedergeschlagen oder in der Entwickelung gehemmt. Sobald der freie Kalk aber durch das das Abwasser aufnehmende
Bachwasser neutralisirt wird, stellen sich die Keime wieder in grösster Anzahl ein. Die
Probe Wasser aus der Emscher nach Aufnahme des städtischen Abwassers wurde etwa
1 km unterhalb der Einmündung entnommen.

[2]) Deutsche Vierteljahrsschr. f. öffentl. Gesundheitspflege 1881, 197.

„Wer einmal, sagt G. Jäger,[1]) in Kissingen war, wird wissen, welche Masse von Fischen durch die Brillen der Kuraborte am Saaleufer zu sehen sind, und wie sie sich dort gleichfalls um jeden fallenden Bissen raufen; und grade so, wie der Bauernjunge oder Zigeuner die kothfressenden Fische am sichersten zu fangen weiss, wenn er den Köder an seiner Angel mit Menschenkoth verwittert, benutzt der Fischreiher seinen Koth als Fischköder; denn falls der Fisch, auf welchen er lauert, für seinen Stoss zu tief steht, so dreht sich der Reiher und spritzt seine Exkremente aufs Wasser, worauf der Fisch in die Höhe kommt."

Würden die Schwebestoffe ausschliesslich den für Fische gesundheitsschädlichen Bestandtheil dieser Massen bilden, so müssten die schädlichen Wirkungen in der kälteren wie wärmeren Jahreszeit ziemlich gleich stark hervortreten. Denn der Gehalt an Mikroorganismen, die den Schwebestoffen anhaften, ist im Winter und Sommer nicht so verschieden, dass hieraus allein das vollständig verschiedene Verhalten der verunreinigten Wässer im Sommer und Winter erklärt werden kann.

Durchweg aber beobachtet man, dass die nachtheilige Wirkung nur in der wärmeren Jahreszeit hervortritt und dieses lässt sich nur so erklären, dass in der kälteren Jahreszeit bei niedriger Temperatur des verunreinigten Wassers, die Fäulniss nur langsam oder kaum von statten geht, dass sie erst mit Eintritt einer wärmeren Temperatur so stark verläuft, dass eine schädliche Wirkung hervortritt. Durch die alsdann eintretende lebhafte Fäulniss werden nicht nur giftige Fäulnissstoffe erzeugt, sondern auch der im Wasser gelöste Sauerstoff verbraucht, so dass den Fischen alle Lebensbedingungen genommen sind. Hiermit steht vollständig im Einklange, dass die Fische, wie man häufig beobachten kann, an einem Tage in Bächen und Flüssen, welche derartige Abflusswasser aufnehmen, sämmtlich zu Grunde gehen und dass an den Ufern derselben mit einem Male ein übler Geruch auftritt.

Das „grosse Fischsterben" tritt besonders häufig nach heftigem Gewitterregen ein. Das lässt sich wohl nur so erklären, dass infolge starker Regengüsse viele in den Städten abgelagerte Schmutzstoffe mit fortgespült werden oder auch menschliche Auswürfe in den Nothauslässen mit austreten, wodurch das Flusswasser mit einem Male eine andere, den Fischen nicht zusagende Beschaffenheit annimmt. Sie kommen nach oben, schnappen nach Luft, aber können diese nicht verwerthen. Denn nur die Grundeln (Cobitis) haben die Fähigkeit, in mangelhaftem Wasser auch den Sauerstoff der Luft zu verwerthen, indem sie die Luft verschlucken, und aus dem Körper wieder herausdrücken, während sie die Kiemen immer feucht halten. Andere Fische versuchen dieses auch unwillkürlich, blasen sich aber nur mit Luft auf und ersticken, weil sie vielleicht durch die plötzliche Einwirkung des Schmutzwassers in gewisser Hinsicht gelähmt und an der Verwendung der Kiemen verhindert werden. Ueber die Erklärung, welche Berg und Knauthe für diesen Vorgang geben, vergl. I. Bd. S. 244.

---

[1]) Die Seele der Landwirthschaft von G. Jäger, Leipzig 1884, 51.

Bei der Fäulniss organischer Stoffe bilden sich eine Menge Umsetzungsstoffe, die bald von schädlicher, bald von unschädlicher Natur sind. Aus den Kohlenhydraten entstehen durch die Gährung verschiedene Alkohole und die entsprechenden Säuren; die Fette zerfallen in Glycerin und freie Fettsäuren; aus den Eiweissstoffen bilden sich die Spaltungserzeugnisse: Peptone, Amidoderivate von ein- und zweibasischen Säuren der Fettreihe (Leucin, Asparaginsäure, Glutaminsäure etc.), Säuren der Fettreihe (Buttersäure Valeriansäure etc.), ferner Verbindungen der aromatischen Reihe (Phenol, Kresol, Indol, Skatol, Tyrosin, Hydroparacumarsäure, Paroxyalphatoluylsäure, Alphatoluylsäure, Hydrozimmtsäure etc.), desgl. Trimethylamin, Ammoniak, Schwefelwasserstoff und dergl.

Mögen auch nicht alle diese Stoffe in faulenden Gewässern entstehen, so ist doch oft beobachtet, dass letztere schädlich für Fische wirken können.

Die ersten direkten Versuche über die giftige Wirkung von fauligen Hausabflusswässern auf Fische hat C. Weigelt[1] angestellt.[2] Er sammelte

---

[1] Landw. Versuchsstationen 1883, **28**, 321 und Arch. f. Hygiene 1885, **3**, 70.

[2] Zu diesen Versuchen wählte C. Weigelt eine längere auf einige Tage beschränkte Aussetzungdauer unter theilweiser Zufuhr neuen Wassers. Alle anderen, weiter unten erwähnten Versuche von demselben Verfasser wurden in grossen Glascylindern in der Weise vorgenommen, dass die Fische in 5 l Wasser von bekanntem Gehalt gesetzt und mit der Uhr in der Hand der Zeitabstand bis zur dauernden Seitenlage des Thieres, welchen Weigelt „Widerstandsdauer" nennt, gemessen wurde. Zu den Vergiftungsversuchen dienten 1878: Forellen (5—20 g), 1879/80 Forellen (20 bis 60 g), Lachse (6—8 g), Schleien (40—60 g), 1881 Forellen, Lachse, Salmonidenbastarde (30—60 g), californische Lachse (6—9 g), Saiblinge (1—3 g), eben der Eihaut entschlüpfte Forellen (1—30 Tage alt) und Aeschen (1—15 Tage alt), sowie Forellen- und Aescheneier wenige Tage vor dem Ausschlüpfen der Embryonen. Die ersten umfangreichen und sehr mühsamen Versuche C. Weigelt's brachten nur Anhaltspunkte für die „akute" Wirkung eines Schädlings. Weigelt hat aber auch Dauerversuche angestellt, indem er die Versuchsthiere unter Anwendung kleinster scheinbar wirkungsloser Mengen — wirkungslos in Bezug auf akute Vergiftung — auf ihre Widerstandsfähigkeit bei tage- und wochenlanger Dauer des Einflusses des Mittels prüfte, indess nach diesem Verfahren wenig verwerthbare Ergebnisse erhalten können. Die Versuche wurden in einem Steintrog von 100 l Inhalt angestellt; durch denselben strömte in der Minute ca. 1 l Wasser. Das Mittel (Salzsäure, Schwefelsäure, Soda etc.) floss entweder beständig oder in Zeitabschnitten ein, indem es sich mit dem eintretenden Wasser zu dem gewünschten Gehalt mischte. Die verwendeten Fische (Forellen, Karpfen) gingen aber aus unbekannten Gründen frühzeitig ein, sodass es nicht möglich war, auf diese Weise einen Ausdruck für die „chronische" Vergiftung durch einen Schädling in starker Verdünnung zu gewinnen. Weigelt ist der Ansicht, dass zu solchen Versuchen Fischgewässer verwendet werden müssen, welche den normalen Anforderungen der Versuchsthiere entsprechen.

Zum Schlusse warnt Weigelt noch davor, seine gewonnenen Zahlen als „feststehende" Werthe bei etwaiger gutachtlicher Aeusserung über die Schädlichkeit von Abwässern für die Fischzucht heranzuziehen; sie können nach Weigelt einstweilen nur als Anhaltspunkte dienen.

Die Widerstandsdauer (d. h. der Zeitabstand vom Beginn des Einflusses des Schädlings bis zur Seitenlage, bezw. bis zum Tode) ist in erster Linie, wie nicht anders zu erwarten ist, von dem Gehalt der Lösung an dem Schädling abhängig, dann aber auch von der Temperatur, indem die Widerstandsdauer im allgemeinen mit dem die Hausabwässer seines Hausstandes (5 Erwachsene und 3 Kinder) und erhielt in 7 Tagen 175 l Küchenspülwasser, 180 l Waschwasser, 190 l Zimmerspülwasser und 220 l Wäschewasser, wobei die Nachspülwässer nicht in Betracht kamen, also im ganzen 765 l für die Woche oder 11,5 l für den Kopf und Tag.

Unter Berücksichtigung, dass sonst für den Kopf und Tag 100 l Hausspülwasser oder einschl. Abtrittspülung 150 l gerechnet werden, verdünnte C. Weigelt entsprechend die Hausabwässer und setzte denselben nämlich 11,5 l für den Kopf und Tag einmal 100 l Wasser und dann 155 l Wasser mit 125 g Koth und 700 g Harn zu. Beide Flüssigkeiten kamen nach 8 tägiger Fäulniss (im Monat August 1881) zur Verwendung und brachten unverdünnt selbst erwachsene Forellen fast augenblicklich an die Widerstandsgrenze, während bei einer Verdünnung mit 4 Theilen Wasser californische Lachse und Saiblinge 2 Stunden lang in stehendem Wasser ohne Gefährdung aushielten. Die Versuchsthiere erlitten keine dauernde Schädigung; auch die Forellen erholten sich vollständig. In Verdünnungen[1] von 1 (Spüljauche) : 5 trat nach 13 Stunden Seitenlage (kleiner californischer Lachs), nach 18 Stunden (Saibling) der Tod ein. Zwei andere annähernd ebenso grosse Versuchsthiere befanden sich nach 18 Stunden im Hausspülwasser scheinbar ganz wohl, wurden aber einige Tage später in fliessendem Wasser verendet vorgefunden.

Es wurde ferner mit Verdünnungen von 1 : 10, 1 : 20 und 1 : 40 gearbeitet. Bei Abtrittjauche starben californischer Lachs bezw. Saibling selbst in der verdünntesten Jauche nach 3 Tagen und 4 Stunden bezw. 4 Tagen und 3 Stunden; in den beiden gehaltreicheren entsprechend früher, während die Fische in den Hausspülwässern scheinbar durchaus munter blieben; es gingen indess von den letzteren Versuchsthieren bei der Verdünnung 1 : 10 die einen in frischem Wasser nach einigen Tagen ein, die andern blieben sichtbar im Wachsthum zurück, ohne dass sie scheinbar an Munterkeit eingebüsst hatten. Noch nach 4 Wochen waren sie an der dunkleren Färbung von den andern nicht benutzten Fischen leicht zu unterscheiden.

Die beiden Jauchen erwiesen sich demnach als durchaus schädlich, Beigabe menschlicher Auswurfstoffe erhöhte die schädigende Wirkung überdies sehr erheblich.

Ueber die verderbliche Wirkung von Kanalwasser auf die Austern hat Charles A. Cameron[2] in der Bay von Dublin folgende Beobachtung gemacht:

Sinken der Temperatur steigt und umgekehrt; weiter aber spielt die Fischart und das Körpergewicht einer und derselben Art eine hervorragende Rolle; je schwerer, d. h. je älter im allgemeinen der Fisch ist, um so kräftiger vermag er die schädlichen Einflüsse zu überdauern; die Schädlinge wirken unter den jugendlichen Thieren am stärksten, und wenn auch nach C. Weigelt noch nicht erwiesen, so sind sie doch wahrscheinlich den Embryonen und Eiern verhältnissmässig am gefährlichsten.

[1] Die Lösungen wurden alle 2 Stunden unter fortwährendem Zulauf frischen Wassers erneuert.

[2] Chem. News, **44**, 52.

„Die Austern werden gewöhnlich von der Küste von Weseford nach der Dubliner Bay geschafft, und verbleiben dort bis zu ihrer vollständigen Entwickelung. Früher gediehen dieselben sehr gut, seit aber die Unrathwässer von Dublin in die Bay geführt werden, stirbt ein grosser Theil schon bald nach der Ueberpflanzung. Zur Zeit der Fluth sind die Austern von ungefähr 10 Fuss Wasser bedeckt, zur Zeit der Ebbe liegen sie fast trocken oder in seichten Tümpeln, deren Wässer deutlichen Kanalwassergeruch besitzen. Auch die chemische Analyse dieser Wässer ergab einen hohen Gehalt an stickstoffhaltigen Stoffen. Das Wasser in den Austern selbst riecht gleichfalls faulig und ist von niederen Lebewesen, wie solche in Unrathwässern vorkommen, erfüllt." Die Krankheitserscheinungen, welche nach dem Verschlucken von Austern an vielen Personen beobachtet werden, glaubt Cameron auf die in den Thieren vorhandene faulige Flüssigkeit zurückführen zu sollen.

Hiernach kann an der Schädlichkeit fauliger Wässer für die Fische nicht gezweifelt werden. Es fragt sich nur weiter, welcher der bei der Fäulniss gebildeten Stoffe übt vorwiegend die schädliche Wirkung aus.

C. Weigelt prüfte in dieser Richtung die folgenden bei der Fäulniss auftretenden Stoffe: Schwefelwasserstoff, freie Kohlensäure, Ammoniak und kohlensaures Ammon.

Verf. hat an der hiesigen Versuchsstation in Gemeinschaft mit E. Haselhoff[1]) ähnliche Versuche über die Schädlichkeit dieser Stoffe angestellt, denen ich gleich Versuche über die Schädlichkeit von Chlorammonium und Ammoniumsulfat hinzufügen will, obschon letztere bei der Fäulniss kaum entstehen.

Das hier angewendete Verfahren ist folgendes:

Eine grössere Anzahl Fische wird in einem grösseren Behälter von reichlich 1 qm Grundfläche vorräthig gehalten; für den Versuch kommen zwei oder mehrere Fische in kleine Behälter von 50 cm Länge, 40 cm Breite und 30 cm Tiefe, die erst mit demselben Wasser gefüllt sind, wie der grössere Behälter. Nach einem oder mehreren Tagen, wenn sich die Versuchsfische an den neuen Aufenthalt gewöhnt haben, wird dasselbe Wasser, aber mit dem zugesetzten Schädling von unten allmählich eingeführt und das Verhalten der Fische beobachtet. Auf diese Weise werden die störenden Einflüsse vermieden, die entstehen, wenn Fische, wie in den Versuchen von C. Weigelt, plötzlich in ein ihnen fremdartiges Wasser übergeführt werden. Der Gehalt des Behälter-Wassers an dem schädigenden Bestandtheil wurde erst nach längerem Durchleiten ermittelt, wenn angenommen werden konnte, dass dasselbe eine gleichmässige Beschaffenheit angenommen hatte. Die Proben wurden mittelst eines Stechhebers an verschiedenen Stellen aus der ganzen Wasserschicht der Tiefe nach entnommen und der Gehalt während der Dauer des Versuchs bei den Bestandtheilen, die sich leicht zersetzen, mehrmals kontrollirt.

---

[1]) Landw. Jahrbücher 1897, **26**, 75.

Unsere Ergebnisse weichen aber in etwas von den von C. Weigelt erhaltenen ab.

1. Während C. Weigelt[1]) von 1 mg Schwefelwasserstoff (H_2S) in 1 l Wasser schon eine deutliche schädigende Wirkung bei Forellen beobachtete, trat hier dieselbe bei Karpfen und Schleien erst deutlich bei 8,0—12,0 mg Schwefelwasserstoff in 1 l auf, und konnten sich Fische, wenn sie nur vorübergehend solchem Wasser ausgesetzt wurden, wieder erholen.

2. Freie Kohlensäure blieb hier bei 65,9 mg, nach Weigelt bei 75,0 mg für 1 l Wasser ohne Wirkung, 200 mg waren aber schädlich, während C. Weigelt schon 100 mg in 1 l als schädlich gefunden hat.

3. 10—17 mg Ammoniak (NH_3) in 1 l Wasser schienen die Fische, und grosse Fische sogar 30 mg freies Ammoniak für 1 l Wasser einige Zeit unbeschadet vertragen zu können; mehr wie 30 mg und bei kleineren Fischen noch geringere Mengen wirkten aber entschieden schädlich.

4. Die nachtheilige Wirkung von Ammoniumkarbonat begann nach hiesigen Versuchen bei 176,0 mg $CO_3(NH_4)_2 + 2CO_3HNH_4 = 38,0$ mg NH_3 in 1 l Wasser, war aber sicher bei 458,7 Ammoniumkarbonat = 98,9 mg Ammoniak für 1 l Wasser vorhanden, während C. Weigelt von der nahezu 10 fachen Menge, nämlich 3 g Ammoniumkarbonat, bei $^1/_2$ stündiger Einwirkung keine Schädigungen einer Forelle beobachtet hat. Mir will letztere Annahme aber sehr wenig wahrscheinlich erscheinen, weil das Ammoniumkarbonat nur ein sehr locker gebundenes Salz ist, welches in seinen Eigenschaften dem freien Ammoniak sehr nahe steht.

5. Selbst bei Chlorammonium und Ammoniumsulfat fing die schädliche Wirkung mit geringeren Mengen, nämlich mit 0,5 g, sicher aber mit 0,8—1,0 g dieser Salze für 1 l an.

Verf. nahm früher mit C. Weigelt an, dass ausser den bei der Fäulniss auftretenden Fäulnissstoffen der Mangel an Sauerstoff[2]) im Wasser für die Fische verderblich sei (vergl. auch I. Bd. S. 244).

---

[1]) Prof. Nitsche in Tharand (vergl. C. Weigelt: Schädigung der Fischerei in Arch. f. Hygiene 1885, **3**, 82) ermittelte den Einfluss des kohlensauren Ammoniums auf die Befruchtung; dieselbe erfolgte mit Sperma eines frischen Fisches: die eben abgestrichenen Eier laichreifer Forellen erhielten 100 ccm eines Wassers mit 1,0 g Ammoniumkarbonat für 1 l und unmittelbar darauf den Samen. Nach 10 Minuten wurde das samenhaltige Wasser abgegossen, mehrfach mit frischem Wasser nachgespült und die Eier bald darauf in einen nach dem Grundsatz der Eierbrutvorrichtungen gebauten Kasten gebracht, in welchem dieselben auf Rahmen von durchlochtem Zinkblech zwischen Flanelllappen gebettet und von Bachwasser durchströmt waren. Die abgestorbenen Eier wurden alle 2 Tage entfernt.

Von 100 Eiern starben ab: nach 121 Tagen 84, nach 132 Tagen 93 Eier; dagegen bei einem Kontrollversuch mit gewöhnlichem Wasser nach 121 Tagen 22 und nach 132 Tagen nur 43 Eier.

[2]) C. Weigelt fand in den Gasen der Spüljauche (unter Zusatz von Koth und Harn) ein Gesammtvolum von 76$^0/_0$ Kohlensäure bei einem Verhältniss von Sauerstoff zu Stickstoff wie 1 : 27; in den Gasen der Hausjauche (ohne Zusatz von Koth und Harn) waren diese Werthe wesentlich günstiger; die Kohlensäure der Gase machte höchstens 39$^0/_0$ aus, das Verhältniss von Sauerstoff zu Stickstoff war 1 : 10.

In der That hat auch Wilh. Thörner[1]) bei einem grossen Fischsterben in der Hase in der Stadt Osnabrück gefunden, dass das Hasewasser neben viel organischen Stoffen, die theils in gelöstem, theils in schwebendem Zustande vorhanden waren, ausser dem vollständigen Mangel an Sauerstoff keine sonstigen direkt schädlichen Bestandtheile für Fische enthielt. Er fand z. B. in dem Wasser mit stark fauligem Schlammgeruch:

Verbrauch an Kaliumpermanganat in 1 l . . . . . 300,0 mg   581,0 mg

Aus 1 l erhaltene Menge Gas . . . . 57,2 ccm   60,7 ccm

Darin Kohlensäure . . . . 60,0 Vol. $^0/_0$ 67,2 Vol. $^0/_0$

Sauerstoff 0   „   0   „

Stickstoff 40,0   „   32,8   „

Wir prüften die Frage, bei welchem Sauerstoffgehalt die Fische in einem Wasser noch fortkommen können, in der Weise, dass wir das Wasser in den Behältern, worin sich die Fische befanden, durch ein sauerstoffarmes Wasser ersetzten, welches in der Weise zubereitet war, dass in demselben eine bestimmte Menge Ferrosulfat aufgelöst und letzteres durch eine äquivalente Menge Kalk gefällt wurde. Das mit dem Ferrohydroxyd mehrere Tage unter wiederholtem Umschütteln gestandene Wasser enthielt nur mehr wenig Sauerstoff. Wir fanden so in 2 Versuchen, dass bei einem Gehalt des eingeleiteten Wassers von 2,95 ccm und 1,38 ccm Sauerstoff für 1 l die Fische keinen Schaden litten bezw. keine krankhaften Erscheinungen zeigten.

Freilich sind diese Versuche nicht ganz massgebend, da das sauerstoffarme Wasser in den offenen Behältern rasch Sauerstoff anzieht.

F. Hoppe-Seyler und C. Duncan[2]) haben diese Frage in anderer und richtigerer nämlich der Weise geprüft, dass sie Fische in ein an beiden Enden offenes, birnförmiges bis auf 200 ccm mit Wasser gefülltes Glasgefäss von 15 l Inhalt brachten und von Zeit zu Zeit das Wasser des Gefässes auf Gase untersuchten. Die Anordnung des Apparates gestattete nämlich, dass dem Fischbehälter, ohne dass die Anordnung einer Veränderung bedurfte, sowohl frisches Wasser und frische Luft zugeführt, als auch eingeschlossenes Wasser und eingeschlossene Luft entnommen werden konnte. Damit die zugeführte Luft thunlichst sauerstoffarm zutrete, wurde dieselbe erst durch eine Glasglocke geleitet, in welcher sich ein Kaninchen behufs Verbrauches des Sauerstoffs befand.

Aus den Versuchsergebnissen seien nur folgende hervorgehoben (s. hierzu Tabelle umstehend):

---

[1]) Forschungsberichte über Lebensmittel etc. 1897, **4**, 172.

[2]) Zeitschr. f. physiol. Chem. 1893, **17**, 147.

Anzahl der Versuche	Fischart	Barometer-stand mm	Tempera-tur des Wassers °C.	In 1 l Wasser, auf 0° und 760 mm Druck berechnet		Sauerstoff-druck in Proc. einer Atmo-sphäre[1]) im Wasser	Verhalten der Fische
				Sauerstoff ccm	Stickstoff ccm		
4	5 Schleien	756,3—765,0	10,9—13,0	2,8—4,0	14,3—16,9	7,9—11,1	Befinden sich alle stets wohl
5	2—5 Forellen	734,0— 762,0	7,0—8,0	0,8—1,7	16,8—18,4	2,1—4,4	Entweder unruhig, heftig athmend oder Seitenlage.
3	5 Schleien	741,0—755,0	7,7—13,0	0,001—0,71	14,9—19,8	0,02—8,6	Heftig athmend an der Oberfläche.
1	Desgl.	767,0	5,8	0,00—0,07	17,4—17,7	— —	Liegen ganz matt auf der Seite.

Hiernach können Fische bei einem Sauerstoffgehalt von 2,2 ccm in 1 l Wasser d. h. von $^1/_3$ der für gewöhnlich in einem fliessenden Wasser vorkommenden Sauerstoff-Menge noch unbeschädigt fortkommen. Da in diesem Falle das Wasser noch durch die eigenen Ausscheidungen der Fische verunreinigt und zum Aufenthalt weniger geeignet wurde, so liegt die Grenze, bei welcher Sauerstoffmangel im Wasser schädlich wirkt, wahrscheinlich noch niedriger.

4. Reinigung der städtischen Abwässer.[2])

a) Reinigung durch Berieselung.

Ueber die Art und das Wesen der Rieselung, sowie über Anlage und Behandlung von Rieselfeldern vergl. I. Bd. S. 266—337.

Hier erübrigt es nur die wirklichen Ergebnisse mitzutheilen, welche mit Rieselfeldern für städtische Abwässer erzielt worden sind.

α) Der Grad der Reinigung des Wassers.

Wie das erste Rieselfeld, nämlich das von Edinburg, welches bereits seit 150 Jahren besteht, in England angelegt ist, so sind auch die ersten Untersuchungen über die Wirkung der Berieselung zuerst in England ausgeführt, nämlich von der bereits erwähnten englischen Kommission (bestehend aus Denison, Frankland, John und Morton), welche u. A. fand:

---

[1]) $D = \dfrac{V \cdot 21}{C}$.

[2]) Nach einem Gutachten der wissenschaftlichen Deputation für das Medicinalwesen von 1877 war in Preussen jegliche direkte Einführung von ungereinigter städtischer Spüljauche in einen Flusslauf untersagt. In den letzten Jahren ist man von diesem grundsätzlichen Standpunkt abgewichen und hat unter Umständen eine solche Einführung von ungereinigter städtischer Spüljauche in einen Flusslauf gestattet. Dass dieses unter Umständen, wenn die Spüljauche durch einen grossen Flusslauf eine genügende Verdünnung erfährt, die Stromgeschwindigkeit des Flusses gross genug ist, auf dem Flusse keine Schiffahrt betrieben wird und an den Ufern desselben sich mehrere Kilometer unterhalb keine menschlichen Wohnungen befinden, unbedenklich sein mag, ist schon in dem Abschnitt „Selbstreinigung der Flüsse“ Bd. I. S. 215—266 gezeigt worden.

Ort wo?	Kanalwasser von Anzahl Einwohner (ungefähr)	Grösse der berieselten Fläche und Bodenart (ha)	Aufrieselnde Wassermenge für 1 Tag (cbm)	Bewachsen mit	Zeit der Untersuchung	Berieselung (vor u. nach der)	Schwebestoffe für 1 l: Organische Stoffe (mg)	Un-organische Stoffe (mg)	Gelöste Stoffe Gesammt-gehalt (mg)	Organischer Kohlenstoff (mg)	Organischer Stickstoff (mg)	Ammoniak (mg)	Stickstoff in Form von Nitraten oder Nitriten (mg)	Gesammt-Stickstoff (mg)	Chlor (mg)
1. Rugby	8000	26 ha (sandiger Boden, thoniger Untergrund)	900	Italien. Raygras	13. Juli	vor	89,6	34,8	526	55,05	23,22	72,76	0	83,14	82,5
						nach	3,6	8,8	682	15,26	1,64	4,20	0	5,10	105,5
						Ab- od. Zunahme	86,0	26,0	(+) 156	39,79	21,58	68,56	0	78,04	(+)23
2. Warwick	9000	40 ha (dichter Thonboden)	2700	Raygras	14. Juli	vor	33,6	26,4	669	51,33	16,80	24,39	0	36,89	63,0
						nach	Spur	Spur	661	14,54	1,75	8,39	1,37	10,03	81,5
						Ab- od. Zunahme	33,6	26,4	8	36,79	15,05	16,00	(+)1,37	26,86	(+)18,5
3. Nordwood	4000	12 ha (tiefer Thonboden)	?	do.	12. März	vor	149,6	40,8	1178	54,07	22,94	89,70	0	96,81	88,7
						nach	Spur	Spur	831	12,94	1,84	9,65	3,81	13,60	88,7
						Ab- od. Zunahme	149,6	40,8	347	41,13	21,10	80,05	(+)3,81	83,21	0,0
4. Penrith	8000	ha? (drainirter sandiger Lehmboden)	?	Gras	24. Sept.	vor	118,8	58,8	535	51,11	18,99	103,95	0	104,6	—
						nach	0	0	219	3,20	1,08	0,01	0	1,09	26,8
						Ab- od. Zunahme	118,8	58,8	316	47,91	17,91	103,94	0	102,51	?
5. Aldersshot	7000	33 ha (magerer Sandboden)[1]	700	Gras und Gemüse	16. Juli	vor	142,8	67,2	466	58,78	20,52	90,25	0	94,84	94,5
						nach	6,6	6,8	186	6,65	1,32	4,88	11,52	16,84	35,5
						Ab- od. Zunahme	136,2	60,4	280	52,13	19,20	85,37	(+)11,52	78,00	59,0
6. roydon	30—40000	100 ha (Kiesboden)[2]	20000	do.	30. Decbr.	vor	108,8	35,2	480	28,82	12,69	27,00	0	34,93	43,0
						nach	Spur	Spur	450	7,72	0,76	5,30	6,78	11,90	29,5
						Ab- od. Zunahme	108,8	35,2	30	21,10	11,93	21,70	(+)6,78	23,03	13,5

[1] Mit 95 % Quarz, 3 % Eisenoxyd und 2 % organischer Substanz.
[2] Seit 8 Jahren berieselt.

In Procenten der aufgerieselten Mengen sind daher durch die Berieselung verschwunden:

Bodenart:	Von den organischen Schwebestoffen %	Von den gelösten Stoffen			
		Im ganzen %	Organischer Kohlenstoff %	Organischer Stickstoff %	Ammoniak %
1. Rugby, sandiger Boden mit thonigem Untergrund	96,0	(+) 29,6	72,3	90,3	92,2
2. Warwick, dichter Thonboden	100	1,2	71,7	89,6	65,6
3. Nordwood, tiefer „	100	29,4	65,0	92,0	89,2
4. Penrith, drainirter, sandiger Lehmboden	100	59,1	75,0	94,3	100
5. Aldersshot, magerer Sandboden	93,7	60,1	80,9	93,5	94,5
6. Croydon, Kiesboden	100	6,3	67,4	94,0	80,0

Aehnliche Ergebnisse erhielten Reinh. Klopsch[1]) auf dem Breslauer Rieselfelde und E. Salkowski[2]) auf dem Berliner Rieselfelde; 1 l der natürlichen Spüljauche und des abrieselnden Drainwassers ergab im Mittel von mehreren Analysen:

	Glüh-rückstand mg	Glühverlust mg	Zur Oxydation erforderl. Sauerstoff mg	Gesammt-Stickstoff mg	Stickstoff als				Kalk mg	Magnesia mg	Kali mg	Natron mg	Phosphorsäure mg	Schwefelsäure mg	Chlor mg
					Ammoniak mg	Albumnoid-Ammoniak mg	Salpetersäure mg	Salpetrige Säure mg							
1. Breslau:															
Spüljauche . .	650,6	510,9	—	94,6	56,6	38,0	0,0	0,0	77,8	21,8	60,4	115,6	23,1	67,4	137,0
Drainwasser .	461,4	100,1	29,4	30,5	3,0	0,8	24,8	1,8	102,7	19,1	15,8	95,6	Spur	80,8	97,3
2. Berlin:															
Spüljauche . .	562,4	292,1	50,9	87,3	77,3	9,4	Spur		107,5	20,8	79,6	142,7	18,5	27,1	167,5
Drainwasser .	732,9	109,9	4,1	31,6	2,9	0,5	28,2		167,8	21,5	21,1	170,1	Spur	81,8	145,6

Die oxydirenden Wirkungen des Bodens treten hier vorwiegend in der Abnahme der organischen Stoffe (Glühverlust und Sauerstoffverbrauch), dann auch in der im Drainwasser erhöhten Menge Salpetersäure und Schwefelsäure hervor.

Diese Untersuchungen sind in den späteren Jahren in Breslau von B. Fischer[3]) und in Berlin[4]) fortgesetzt. Indem ich aus den Ergebnissen für den Sommer (Apr. bis Sept. einschl.) und für den Winter (Okt. bis März

[1]) Preuss. landw. Jahrbücher 1885, **14**, 109.
[2]) Wochenschr. der Ver. d. Ing. 1883, 261.
[3]) Jahresberichte d. chem. Untersuchungsamtes d. Stadt Breslau in den genannten Jahren. Breslau, bei E. Morgenstern. Von 1889 an bis 1898.
[4]) Zeitschr. f. angew. Chem. 1889, 122; 1890, 379 u. 1892, 208.

einschl.), ferner bei dem Berliner Rieselfelde für die verschiedenen Beetanlagen das Mittel nehme, wurde (in Breslau im Mittel von 8 Jahren, in Berlin im Mittel von 4 Jahren für 1 l gefunden:

| Art des Wassers | Schwebestoffe | Gelöste | | Verbrauch an Kaliumpermanganat | Ammoniak | Kalk | Magnesia | Phosphorsäure | Schwefelsäure | Chlor | Salpetersäure | Härte |
| | | unorgan. Stoffe (Glührückstand) | organische Stoffe (Glühverlust) | | | | | | | | | |
	mg	mg	mg	mg	mg	mg	mg	mg	mg	mg	mg	mg
1. Breslau: [1]												
a) Sommer.												
Spüljauche . .	358,2	501,8	222,1	220,5	78,8	81,1	21,0	16,2	73,9	140,9	—	9,1
Drainwasser . .	24,1	466,6	73,7	22,3	4,8	92,4	19,8	—	99,0	99,5	17,8	10,0
b) Winter.												
Spüljauche . .	441,4	628,6	240,9	246,8	94,3	83,6	21,1	22,1	86,0	188,9	—	9,2
Drainwasser . .	48,9	443,7	83,7	22,8	7,6	98,8	19,0	—	101,2	101,2	16,3	10,6
2. Berlin.						Kali	Natron					Salpetrige Säure
a) Sommer.												
Spüljauche . .	—	786,2	366,1	371,8	103,3	67,7	241,5	(70,2)	53,2	246,4	—	—
Drainwasser . .	—	948,7	145,2	32,0	2,8	22,0	170,5	1,5	47,0	233,0	121,8	3,0
b) Winter.												
Spüljauche . .	—	866,1	360,9	454,6	158,2	79,0	262,3	32,3	85,5	282,2	—	—
Drainwasser . .	—	964,0	127,1	30,3	4,0	39,0	223,0	1,1	20,0	215,8	137,6	4,0
c) Verschiedene Beetanlage.												
Spüljauche--Gesammtmittel . .	983,0	825,0	363,5	425,6	131,4	72,9	253,9	31,6	72,6	264,6	0	0
Drainwasser von:												
Beetanlagen . .	—	1012,8	134,2	27,7	3,1	11,6	184,1	1,5	97,3	205,6	142,7	2,9
Wiesen	—	962,1	128,1	26,1	2,1	21,0	184,0	5,0	(47,0)	220,8	145,4	3,2
Staubecken . .	—	1084,8	241,7	57,2	11,3	26,2	204,3	2,8	94,6	223,0	(248,9)	16,8

An Bakterienkeimen wurden für 1 ccm Drainwasser der Berliner Rieselfelder gefunden:

Von Beetanlagen	Wiesen	Staubecken
9222	14391	26076

Die auf die Berliner Rieselfelder aufgebrachte Spüljauche beträgt nach dem letzten Verwaltungsbericht des Berliner Magistrats für 1897/98:

Für 1 ha u. Jahr	Oder für 1 ha u. Tag	Oder für 1 qm u. Tag
12381 cbm	33,92 cbm	3,39 mm oder l

Aus den Untersuchungsreihen auf beiden Rieselfeldern geht zunächst hervor, dass die städtische Spüljauche im Winter durchschnittlich für gleiches

---

[1] In Breslau wurde das ungereinigte und gereinigte Wasser in jedem Monate des Jahres untersucht.

Volumen etwas stärker verunreinigt ist, als im Sommer, was mit dem geringeren Wasserverbrauch und der hierdurch bedingten geringeren Verdünnung im Winter zusammenhängen dürfte. In beiden Fällen zeigt sich eine erhebliche Abnahme an organischen Stoffen, während die Phosphorsäure fast vollständig aus dem Wasser nach der Berieselung verschwunden ist. Sonst weisen beide Untersuchungsreihen einige Unterschiede auf. Während auf dem Breslauer Rieselfelde im Drainwasser eine Zunahme an Schwefelsäure — ohne Zweifel infolge der Oxydation von in der Spüljauche vorhandenen Schwefelverbindungen — und nur eine geringe Menge Salpetersäure auftritt, findet auf den Berliner Rieselfeldern (Sommer- und Winter-Drainwasser) eine bedeutende Abnahme an Schwefelsäure und eine erhebliche Zunahme an Salpetersäure statt.

Der Verwaltungsbericht des Berliner Magistrats für 1897/98 bestätigt die starke Salpetersäurebildung auf den Berliner Rieselfeldern, indem die weiteren Untersuchungen von E. Salkowski für 1 l ergaben:

	Organischer und Ammoniak-Stickstoff	Salpetersäure	Verbrauch an Kaliumpermanganat
1. Aufrieselndes Kanalwasser	204,0 mg (Grossbeeren)	0 mg	537,2 mg
2. Abfliessendes Drainwasser	2,3—6,4 „	64,9—215,0 „	56,0 „

Es mag dieses verschiedene Verhalten mit der Beschaffenheit der Böden beider Rieselflächen zusammenhängen, indem der der Breslauer Rieselfläche genügend Schwefelsäure, aber noch wenig Stickstoff enthält, während der Boden der Berliner Rieselfläche arm an Schwefelsäure und reich an Stickstoff sein mag und dementsprechend die Pflanzen beide Oxydationserzeugnisse in verschiedenem Grade aus dem Wasser aufnehmen.

Unerklärlich aber ist die grosse Abnahme an Chlor bezw. Chlornatrium im Drainwasser; da die Pflanzen so grosse Mengen Kochsalz ohne Zweifel nicht aufnehmen und verwerthen können, andererseits der Boden für Kochsalz kein Absorptionsvermögen besitzt, so könnte diese Abnahme nur durch eine starke Verdünnung des Sickerwassers durch Regenwasser verursacht sein, was aber bei der Berliner Rieselfläche um so unwahrscheinlicher ist, als hier die Gesammtmineralstoffe im Drainwasser sowohl im Sommer wie im Winter zugenommen haben.[1]

---

[1] Nach dem Verwaltungsbericht des Berliner Magistrats für 1897/98 enthält das Berliner Abwasser überhaupt viel Kochsalz, z. B. 294,0 mg für 1 l in Sputendorf und 681,0 mg für 1 l in Osdorf. Der hohe Salzgehalt rührt in Berlin einmal von salzreichen Brunnen, dann von Fabriken, besonders von Anilinfabriken her, von denen eine einzige im Jahre 4 Millionen kg Kochsalz gebraucht.

Da das Drainwasser weniger Kochsalz enthält als das ursprüngliche Kanalwasser, z. B. in Sputendorf 226,0 mg, in Osdorf 508,0 mg für 1 l, und da, wenn man annimmt, dass alles Kanalwasser in den Drains zum Abfluss gelangt, 5,2—27,2% des Kochsalzes im Drainwasser fehlen, also im Rieselboden verbleiben, so müssen ausser der Aufnahme

Wenn die Spüljauche für die Staubecken, Beetanlagen und Wiesen auf den Berliner Rieselfeldern annähernd gleiche Zusammensetzung gehabt hat, so hat auf den Wiesenanlagen eine etwas grössere Reinigung, d. h. Oxydation der organischen Stoffe, stattgehabt, als auf den Beetanlagen; das Drainwasser direkt von den pflanzenlosen Staubecken enthält naturgemäss mehr organische und unorganische Stoffe als das von bewachsenen Flächen, weil hier die durch die wachsenden Pflanzen bewirkte Reinigung, d. h. direkte Aufnahme der oxydirten Stoffe wegfällt.

Otto Korn[1]) hat eingehende Untersuchungen über die Reinigung der Kanalflüssigkeit der Stadt Freiburg i. Br. durch Berieselung bebauter Landflächen angestellt und ferner zu ermitteln gesucht, welchen Einfluss Temperatur, Regenmenge und Jahreszeit auf den Reinigungsvorgang ausüben, sowie ob und in welchem Grade eine Wechselwirkung zwischen den in der Kanalflüssigkeit vorhandenen chemischen und den gleichzeitig vorhandenen Bakterienmengen stattfindet, bezw. ob dieses Verhältniss bei dem abfliessenden durch die Berieselung gereinigten Wasser (dem Drainwasser) ein anderes ist, als in der Kanalflüssigkeit selbst. O. Korn fand im Mittel für 1 l Wasser:

Art des Wassers	Anzahl der Proben	Gesammt-rückstand	Glührück-stand	Verbrauch an Kaliumpermanganat	Ammoniak	Salpeter-säure	Salpetrige Säure	Schwefel-säure	Phosphor-säure	Kali	Chlor	Härte	Anzahl der Keime in 1 ccm
	mg	mg	mg	mg	mg	mg	mg	mg	mg	mg	mg	mg	mg
Ungereinigte Kanal-flüssigkeit	12	350,5	155,8	146,1	66,7	—	—	Spur	15,1	20,4	42,6	18,3	726 267
Drainwasser:													
1896	57	101,0	65,1	12,5	1,8	6,3	0,9	—	4,9	4,6	16,0	17,2	25 341
1897	108	121,7	88,8	12,7	0,7	8,9	Spur bis 0,04	Spur	Spur	Spur	20,7	23,4	20 326

Diese Zahlen erscheinen zum Theil eigenthümlich, so z. B. die starke Abnahme des Chlors und Glührückstandes, d. h. der Mineralstoffe bei gleichbleibender oder gar zunehmender Härte (1897), das spurenweise Vorhandensein von Schwefelsäure; aber die Kanalflüssigkeit ist infolge des starken Wasserverbrauchs — es entfallen in Freiburg auf den Kopf und Tag 250 l Wasser — an sich sehr verdünnt und weicht von derjenigen anderer Städte erheblich ab.

---

durch die Pflanzen noch andere Abfuhrwege (wie Eindringen in das Grundwasser) bestehen. Es wird sich empfehlen, für so grosse Mengen Kochsalz andere Abfuhrwege als durch die Kanäle zu suchen.

[1]) Arch. f. Hygiene 1898, **32**, 173; vergl. auch Zeitschr. f. angew. Chem. 1893, 84.

O. Korn bestimmte auch die im Drainwasser auftretenden Bakterien und fand unter den häufiger vorkommenden folgende 32 Arten:

1. Micrococcus cereus albus (Passet)	17. Bacillus carneus (Tils)
2. „ candidus (Cohn)	18. „ fluorescens non liquefaciens
3. „ ureae (Flügge)	19. „ superficialis (Jordan)
4. „ candicans (Flügge)	20. „ vulgatus (Flügge)
5. „ roseus (Bumm)	21. „ filiformis (Tils)
6. „ agilis (Ali-Cohen)	22. „ megatherium (De Bary)
7. Sarcina lutea (Flügge)	23. Bacterium coli commune
8. „ aurantica (Flügge)	24. „ vulgare (Hauser)
9. Bacillus fluoresc. liquef. (Flügge)	25. Bacillus mesentericus (Flügge)
10. „ janthinus (Zopf)	26. „ nubilis (Frankland)
11. Wurzelbacillus	27. „ pyocyaneus (Flügge)
12. Bacillus prodigiosus (Ehrenberg)	28. „ vermicularis (Frankland)
13. „ cuticularis (Tils)	29. „ ureae (Leube)
14. „ aquatilis communis (Flügge)	30. „ fluorescens putridus (Flügge)
15. „ subtilis (Cohn)	31. „ albus (Eisenberg)
16. „ aquatilis radiatus (Flügge)	32. Oospora chromogenes (Lehmann u. Neumann).

O. Korn hebt mit Recht, um zufriedenstellende Erfolge zu erzielen, eine gute Durchlüftung des Bodens und eine unterbrochene Rieselung hervor, indem letztere bei undurchlässigem Boden früher und öfter nothwendig ist, bei leicht durchlässigem Boden später und weniger oft erfolgen kann. Weiter schliesst O. Korn aus seinen Untersuchungen:

1. Aeussere Einflüsse, wie Regenmenge, Temperatur, Wechsel der Jahreszeiten sind bei dem Reinigungsvorgang nur von untergeordneter Bedeutung.[1]

2. Eine Abnahme der filtrirenden und chemisch wirkenden Kraft des Bodens zwischen alten und neuangelegten Flächen konnte nicht festgestellt werden.

3. Eine Wechselwirkung zwischen den vorhandenen chemischen Bestandtheilen und der Bakterienmenge findet nur in der Kanalflüssigkeit selbst statt, nicht aber in den Drainwässern, bei denen der Gehalt an chemischen Bestandtheilen und Bakterien von einander unabhängig sind.

Nach Untersuchungen des Reichsgesundheitsamtes[2] entprachen auf den Berliner Rieselfeldern bei Falkenberg die in 100 000 Theilen der Kanalflüssigkeit gelösten organischen Stoffe vor der Ueberrieselung 22,12, nach der Ueberrieselung 4,46 Theilen übermangansaurem Kali. In Danzig sanken die organischen Stoffe von 19,4 auf $8,5\,^0/_0$, und in Breslau betrug die im Drainwasser vorhandene Menge des organisch gebundenen Stickstoffs nur $2\,^0/_0$ des in der Kanalflüssigkeit vorhandenen.

---

[1] Dieses mag für die sehr verdünnte Freiburger Kanalflüssigkeit und den dortigen Boden der Fall sein, unter anderen Verhältnissen werden sich jedoch diese Verhältnisse naturgemäss mehr oder weniger stark geltend machen.

[2] Die Verunreinigung der Gewässer von Jurisch. Berlin 1890.

Zu ähnlichen Ergebnissen kommen Anatol Anekcandrowitsch Fadejeff[1]) und P. A. Gregorieff durch ihre Versuche über die Reinigung der Spüljauche durch Berieselung.

Diese Versuche wurden an der land- und forstwissenschaftlichen Akademie Petrowsky bei Moskau mit den sämmtlichen Abgängen aus 20 Gebäuden ausgeführt, in welchen beständig 304 Erwachsene und 107 Kinder wohnten. Der Abortinhalt gelangte durchweg nur im Sommer ganz in die Schwemmkanäle, während er im Winter in den Aborten einfror.

Die gesammten Schmutzwässer werden in einen Behälter von ca. 45 cbm Inhalt gepumpt und gelangen von hier auf eine Rieselanlage, welche behufs vergleichender Versuche nach verschiedenen Systemen angelegt sind, nämlich einerseits in gewöhnlicher Weise oder nach Petersens System[2]) ferner in verschiedener Tiefe und bei verschiedener Entfernung der Drainröhren entwässert sind. Einige Vergleichsabtheilungen wurden gar nicht gerieselt, andere nur mit reinem Teichwasser. Der Boden ist bis 30 cm Tiefe ein leichter Lehmboden, von da an besteht er bis zu 3 m Tiefe aus Thon und Sand.

Im allgemeinen wurde eine Flüssigkeitsschicht von 4—10 cm Höhe auf die Flächenabtheilungen gebracht; das aufgebrachte Wasser erschien meistens $^1/_2$ bis 1 Stunde nach dem Beginn der Rieselung im Drainrohr und erreichte 2—4 Stunden nach Beendigung der Rieselung die grösste Höhe darin. Die Menge des durch den Boden filtrirten, aus den Drains ausfliessenden Drainwassers betrug während des Sommers 0—20% des aufgebrachten Schmutzwassers.

Die Temperatur des Drainwassers von den beiden Versuchsflächen II und III mit flacher Drainage schwankte nach den Beobachtungen von 1882 in den einzelnen Monaten der Wachsthumszeit im Vergleich zu der der Kloakenflüssigkeit und des Grundwassers von Versuchsfläche X wie folgt:

| | | Drainwasser | | Grundwasser von |
Zeit	Kloaken- flüssigkeit ⁰C.	Fläche II Gewöhnliche Drainage (1,3 m tief) ⁰C.	Fläche III Petersen's ⁰C.	Fläche X mit 2,0 m tiefer Drainage ⁰C.
April	3,4—12,0	0,2— 4,8	0,3— 4,8	1,1— 3,8
Mai	6,4—12,4	4,7—11,7	5,0—14,0	5,9— 9,8
Juni	9,6—14,0	9,8—14,9	9,8—14,0	8,1—11,0
Juli	12,4—14,2	9,9—18,0	6,7—16,6	5,0—14,8
August	12,7—14,8	14,1—14,8	13,4—16,0	13,0—14,4
September	10,1—13,3	9,7—10,6	6,0—13,6	9,2—13,3
Oktober	8,0—12,6	5,0— 6,6	3,3—10,7	4,5— 9,5

[1]) Die Unschädlichmachung der städtischen Kloakenauswürfe durch den Erdboden von Anatol Anekcandrowitsch Fadejeff; aus dem Russischen übersetzt von Paul Otto Josef Menzel. Leipzig, Karl Scholtze, 1886.

[2]) Bei der Petersen'schen Drainage liegen bekanntlich in dem Hauptsammeldrainrohr Absperrventile, welche behufs starker Durchlüftung des Bodens beliebig geöffnet und geschlossen werden können.

Mitunter ging die Temperatur des Drainwassers um ein Bedeutendes herunter, wenn das Feld mit Abortflüssigkeit berieselt wurde, obschon die letztere eine höhere Temperatur hatte, als das Drainwasser. Einen Grund hierfür vermögen die Versuchsansteller nicht anzugeben. Im allgemeinen schwankte die Temperatur des Drainwassers in der Zeit von April bis November zwischen $0{,}2 - 18{,}0^0$ C.; bei vollständig hinreichender Bewässerung stieg sie nicht höher als bis $14{,}9^0$ C.

Die chemischen Veränderungen, d. h. die Reinigung, welche das Schmutzwasser bei der Filtration durch den Boden auf den einzelnen Abtheilungen erleidet, erhellt aus folgenden Analysen des Drainwassers, welche für die einzelnen Versuchsflächen das Mittel aus mehreren Einzelanalysen bilden:

Art des Wassers	Aufgebrachte Spüljauchenschicht 1882 m	Aufgebrachte Spüljauchenschicht 1883 m	Anzahl der Berieselungen 1882	Anzahl der Berieselungen 1883	Anzahl der Analysen	Abdampf-Rückstand mg	Chlor mg	Ammoniak mg	Salpetersäure mg	Organ. Stickstoff[1] mg	Verbrauchtes Chamäleon[1] mg
Aufgebrachte Spüljauche (Abortflüssigkeit)[2] . . .					50	692,3	97,5	90,0	17,0	14,9	284,3
Drainwasser[2]: Versuchs-Fläche II, gewöhnliche Drainage 1,3 m tief .	0,941	0,599	19	8	6	439,0	86,7	1,2	47,7	0,26	10,2
-Fläche III, Petersensche Drainage, 1,3 m tief, 5 m entfernt	2,033	2,824	35	30	13	568,9	73,2	3,4	127,6	0,39	29,0
-Fläche IV desgl., 7 m entfernt	0,684	—	10	—	6	424,0	44,8	1,7	79,7	0,75	21,5
-Fläche V, ohne Drainage	0,749	0,599	15	10	2	728,0	63,0	4,3	124,0	1,98	39,0
-Fläche VI, Petersensche Drainage, 1,3 m tief, 10 m entfernt	0,107	1,070	?	?	5	426,0	32,2	3,6	25,0	0,88	30,0
-Fläche X, Petersensche Drainage, 2,0 m tief	0,941	2,889	14	26	6	496,0	34,0	0,7	62,7	0,44	22,2
-Fläche XII, mit gewöhnlichem Teichwasser berieselt, Petersens Drainage .	—	—	—	—	4	271,0	7,8	0,95	27,0	0,28	11,3
Reines Grundwasser von -Fläche I, gewöhnl. Drainage .	—	—	—	—	2	288,5	3,8	0,5	19,5	0,14	8,8
desgl. von -Fläche X, Petersens Drainage	—	—	—	—	3	444,0	26,8	0,7	71,3	0,09	14,0
desgl. von -Fläche XIII, Petersens Drainage	—	—	—	—	1	332,0	11,0	2,4	17,7	0,28	11,0

[1]) Für den Gehalt an organischem Stickstoff und verbrauchtem Chamäleon geben die Versuchsansteller nach Ausschluss der zweifelhaften Analysen folgende korrigirten Mittelzahlen für 1 l: (Fortsetzung s. nebenstehend)

Aus vorstehenden Zahlen erhellt, dass die Abortflüssigkeit in diesem Falle selbst bei Aufbringung grosser Mengen in hohem Grade durch die Berieselung gereinigt worden ist.

Aus allen angeführten Untersuchungen sehen wir, dass aus dem Wasser beim Berieseln am vollkommensten die Schwebestoffe auf oder in dem Boden niedergeschlagen werden, dass die Abnahme an gelösten Stoffen eine viel geringere ist, ja letztere mitunter sogar eine Zunahme erfahren. Auch Ammoniak kann unter Umständen bei fehlerhafter Handhabung der Rieselung in das abrieselnde Wasser übergehen. Der grösste Theil desselben wird aber unter normalen Verhältnissen in Salpetersäure übergeführt und erscheint als solche im Abrieselwasser. Auch der Schwefel in Form von Schwefelwasserstoff oder Schwefelverbindungen erfährt eine Oxydation zu Schwefelsäure.

Gleichzeitig pflegt dem jauchehaltigen Wasser bei der Filtration durch den Boden wieder freier Sauerstoff zugeführt zu werden. So fand ich Sauerstoff für 1 l:

Reines Wasser	Jauche-haltiges Wasser	
	vor der Berieselung	nach der Berieselung
		oberirdisch abfliessend Drain-Wasser
4,9 ccm	2,9 ccm	4,7 ccm 4,6 ccm

Diese Anreicherung der Spüljauche mit Sauerstoff durch Berieselung ist gewiss nicht ohne Belang für die weitere Reinigung des Drainwassers.

Die Reinigung zur Winterzeit. Zur Winterzeit kann mitunter wegen Frostes nicht gerieselt werden; auch verläuft die Reinigung wegen

---

(Fortsetzung der Anmerkung von S. 46)

Bestandtheile	Versuchs-Fläche II.	-Fläche III.	-Fläche IV.	-Fläche V.	-Fläche VI.	-Fläche X.
Organischer Stickstoff . .	0,14 mg	0,18 mg	0,14 mg	1,97 mg	0,10 mg	0,54 mg
Verbrauchtes Chamäleon .	9,0 „	19,0 „	14,0 „	36,0 „	14,0 „	14,0 „

[2]) Die Kloakenflüssigkeit enthielt ferner im Mittel 385,0 mg Schwebestoffe mit 1,7 mg Stickstoff, also 96,5 mg Stickstoff im ganzen; ihre Zusammensetzung und die des Drainwassers schwankte während der Untersuchungszeit in folgenden Grenzen:

Art des Wassers		Abdampf-Rückstand mg	Chlor mg	Salpetersäure mg	Ammoniak mg	Organischer Stickstoff mg	Verbrauchtes Chamäleon mg
Kloakenflüssigkeit	Min. .	333,0	66,0	4,1	17,0	3,9	153,0
	Max. .	1008,0	136,0	31,5	139,0	27,1	370,0
Drainwasser von sämmtlichen Flächen	Min. .	202,0	8,0	17,0	0,0	0,0	7,0
	Max. .	758,0	108,0	205,0	11,6	2,82	101,0

des ruhenden oder beschränkten organischen Lebens selbstverständlich weniger vollkommen als im Sommer. Man bedient sich dann der Einstaubecken bezw. Beetfurchen, und lässt das Abwasser einfach durch den Boden filtriren.

Ueber die Grösse der Reinigung zur Winterzeit hat Fadejeff in Petrowsky ebenfalls einige Versuche angestellt.

Hierüber sei kurz Folgendes angeführt:

Die in Petrowsky nach dem Vorgange in Osdorf bei Berlin angelegten 5 Staubecken hatten im ganzen eine Fläche von 1521 qm und eine Tiefe von 1,70 m. Der Erdboden unter den Becken war von annähernd gleicher Beschaffenheit mit dem der Versuchsflächen. Jedes Becken hat sein eigenes, von den anderen unabhängiges Drainagenetz, welches in einer Tiefe von 0,80—1,21 m und einer Entfernung von 4,0—5,5 m eines Drainagestranges gelegt ist. Sämmtliche Sammeldrains eines jeden Beckens werden durch ein gemeinschaftliches Ableitungsdrain in einen Sammelbrunnen abgeleitet.

Im Mittel floss von der in die Becken gepumpten Kloakenflüssigkeit 36% durch die Drains ab; das Drainwasser von den Becken hatte aber, wie nach den früheren Ausführungen nicht anders erwartet werden kann, eine viel schlechtere Reinigung erfahren, als bei der Filtration durch einen mit Pflanzen bestandenen Boden in der wärmeren Jahreszeit. So ergab im Mittel mehrerer Analysen 1 l Wasser:

Drainwasser	Anzahl der Analysen	Schwebe-stoffe mg	Abdampf-rückstand mg	Chlor mg	Organ. Stickstoff mg	Verbrauchtes Chamäleon mg
1. Aus den Staubecken	6	215,0	461,9	119,0	8,7	220,4
2. „ „ Drains . .	15	—	632,0	82,8	4,3	148,2

Bei der einfachen Bodenfiltration wird man daher zur Winterzeit durchweg nur die Beseitigung der Schwebestoffe erreichen; die der gelösten organischen Stoffe kann nur eine geringe sein, weil die, die Zersetzung bezw. Oxydation derselben verursachende Thätigkeit der Mikroorganismen ruht oder doch nur eine beschränkte ist.

Dazu wird die Durchsickerung der Flüssigkeit durch die sich zu Boden setzenden Schwebestoffe wesentlich vermindert. Um dieses zu vermeiden, zog Fadejeff in einem Staubecken 0,983 m breite und 0,428 m tiefe Furchenrücken, die bewirkten, dass der Niederschlag in die Furchen herabglitt und die Seiten- und Längsflächen der Rücken mehr durchdringungsfähig für die Flüssigkeit blieben.

In der That hatte diese Einrichtung den Erfolg, dass das Auffangen der durchsickernden Flüssigkeit vermittelst der Drains fast vollständig vor sich ging, so dass in Monaten, in welchen die Verdunstung sehr unbedeutend war, die ganze Ausgabe an Flüssigkeit aus dem Staubecken das in die Drainstränge durchsickernde Wasser darstellte.

Dieser Umstand veranlasste Fadejeff weiter, die Versuchsfläche VI in Kämme mit tiefen Furchen zu legen und die Abortflüssigkeit während des Winters in diese tiefen Furchen unter eine Eis- bezw. unter Schneeschichten zu pumpen, damit dieselbe durch die Eis- und Schneeschicht vor

Wärmeausstrahlung geschützt werde und frei in das Erdreich filtrire. Diese Versuche waren trotz mancher Störungen von gutem Erfolge. Das Drainwasser war allerdings von sehr wechselnder und theilweise schlechter Beschaffenheit; es enthielt in 1 l:

Gehalt	Abdampf-rückstand mg	Chlor mg	Organ. Stickstoff mg	Verbrauchtes Chamäleon mg
Niedrigstgehalt . .	313,0	15,0	Spur	15,0
Höchstgehalt . . .	831,0	144,0	11,41	298,0
Mittel	664,1	96,3	2,79	82,9

Trotzdem glaubt Fadejeff, dass sich in besagter Weise im Winter eine Flüssigkeitsschicht von 0,428 — 0,749 m auf die Rieselfelder aufbringen lässt.

Die beim Aufthauen in den Furchen sich sammelnde Flüssigkeit enthielt nach einer am 16. März 1882 entnommenen Probe für 1 l:

Abdampf-rückstand mg	Chlor mg	Organ. Stickstoff mg	Verbrauchtes Chamäleon mg
373,0	35,0	2,26	169,0

Diese und andere Winterversuche führten zu folgenden Schlüssen:

1. Durch die Filtration aus den Winterstaubecken wird die Abortflüssigkeit nicht unschädlich gemacht.

2. Auf bekannte Weise kann ein geeignetes Feld zur Winterzeit bewässert werden, jedenfalls bis zum 15. Januar oder 1. Februar. In der grossen Mehrzahl der Fälle kann dies auch immer geschehen; ausführbar ist die Berieselung während des ganzen Winters.

3. Die Abortmasse, welche man bei der Winterbewässerung aufpumpen kann, darf betragen 0,43—0,75 m.

4. Staubecken mit gefrorenem Bodengrunde und nach und nach mit Flüssigkeit angefüllt, filtriren durch den Boden sehr wenig oder filtriren auch ganz und gar nicht.

5. Solche Staubecken, welche bis zum Eintritt des Frühlings 1,07—1,28 m bei Aufthauung des Grundbodens angefüllt werden, lassen die Flüssigkeit äusserst schnell durch das Erdreich hindurchlaufen, wobei man eine vollständig genügende Unschädlichmachung der Abortflüssigkeit erreicht.

6. Die Abortflüssigkeit kann gleichfalls, ohne den geringsten Schaden zu verursachen, auf Feldern mit gefrorenem Boden aufbewahrt werden, welche entweder in Furchen gepflügt, oder auf andere Weise hergerichtet werden, wenn sie nur dem Endzweck entsprechen.

7. Die Ergebnisse, welche bei diesem Verfahren erreicht werden, sind noch besser, als bei der Anhäufung von Abortflüssigkeit in den Staubecken mit gefrorenem Boden.

8. Die Abortwassermenge, welche man auf solche Weise auf den Feldern im Laufe des Winters vertheilen kann, stellt eine Höhe von 0,535—0,749 m, im Mittel ungefähr von 0,642 m dar.

Selbstverständlich haben die vorstehenden Ergebnisse und Schluss-folgerungen Fadejeffs in ihren Einzelheiten nur für die dortigen Boden-verhältnisse und für eine Rieselzeit von 2—3 Jahren Gültigkeit.

Die geringere Reinigung des städtischen Abwassers zur Winterzeit hat aber durchweg keine nachtheiligen Wirkungen in Bezug auf Verunreinigung von Flussläufen im Gefolge, weil letztere alsdann viel Wasser zu führen pflegen, das Drainwasser von den Rieselfeldern daher eine mehr oder weniger starke Verdünnung erfährt, bei welcher es nicht mehr nachtheilig wirkt, und weil andererseits auch die Zersetzungs-(Fäulniss-)vorgänge zur Winterzeit langsam verlaufen und sich äusserlich nicht geltend machen.

β) Die Menge des zu reinigenden Abwassers, die Düngung der Rieselfelder und die Schlickbildung.

Im I. Bd. S. 273—284 und S. 290—294 habe ich auseinandergesetzt, dass man 1 ha Rieselfeld nur so viel städtisches Abwasser zuführen soll, als Stickstoff darin vorhanden ist, um den Höchstbedarf einer angebauten Nutzpflanze zu decken. Das sind etwa 350 kg Stickstoff für 1 ha, und diese haben wir in den Abgängen von 60—80 Kopf der Einwohner. Da aber ein grosser Theil des Stickstoffs durch Verflüchtigung von Am-moniak oder bei der Nitrifikation im Boden als freies Stickstoffgas ver-loren geht, so kann man auf 1 ha Rieselfläche die Abgänge von je 100 Ein-wohnern zulassen. Rechnet man für den Tag und Kopf 100 l Abwasser und in 1 l desselben 100 mg Stickstoff, so würden auf 1 ha kommen:

	Im Tage	Im Jahre
Abwasser	10 cbm	3650 cbm mit 365 kg Stickstoff

Oder bei einer Abwasser-Menge von 180 l für den Kopf, wobei selbst-verständlich das Abwasser entsprechend weniger Stickstoff für 1 l, nämlich nur 60—70 mg, enthält:

	Im Tage	Im Jahre
Abwasser	18 cbm	6650 cbm mit 365 kg Stickstoff

Es hat sich aber herausgestellt, dass der Boden in den meisten Fällen eine grössere Menge städtisches Abwasser zu verarbeiten imstande ist, ohne dass das Drain- bezw. oberirdisch abfliessende Wasser zu Verun-reinigungen des Vorfluth-Wasserlaufs Veranlassung giebt. So werden z. B. durch den Boden (vorwiegend Sandboden) der Berliner Rieselfelder 36 cbm städtisches Abwasser im Durchschnitt täglich durch 1 ha wirklich berieselte Fläche in befriedigender und für die dortige — sogar mangelhafte — Vor-fluth genügender Weise gereinigt.

Man wird daher, wenn man keine vollständige, sondern nur eine ge-nügende Reinigung des städtischen Abwassers anstrebt, und wenn man (einschliesslich mittlerer Regenmengen) etwa 180 l Abwasser für den Kopf und Tag annimmt, auf 1 ha und Tag die Abgänge von 200 Einwohnern (nämlich 180 l × 200 = 36 cbm) zulassen können. Kann der wirklich berieselte Boden täglich 45 cbm städtisches Abwasser im Durchschnitt reinigen, so würde das Abwasser von 250 Einwohnern (180 l × 250 = 45 cbm) für 1 ha zulässig sein.

Sehen wir nun zu, wie sich gegenüber diesen grundsätzlichen Forderungen die Verhältnisse auf verschiedenen städtischen Rieselfeldern stellen (s. hierzu Tabelle S. 52 u. 53):

Man sieht aus nachstehender Zusammenstellung, dass das manchen Rieselfeldern überwiesene städtische Abwasser die allenfalls behufs genügender Reinigung zulässige Menge um das 3 bis 5 fache übersteigt; wenn trotzdem in solchen Fällen nicht über eine mangelhafte Wirkung geklagt wird, so mag das darin seinen Grund haben, dass das Abwasser vielleicht nicht die menschlichen Entleerungen einschliesst, oder durch mechanisch-chemische Klärung vorgereinigt wird, oder aber, dass das auf den Rieselfeldern gereinigte Abwasser eine günstige Vorfluth hat, d. h. durch einen verhältnissmässig grossen Wasserlauf von guter Stromgeschwindigkeit genügend verdünnt wird, wie das z. B. in Breslau der Fall ist, wo das Drainwasser in die Oder fliesst und infolgedessen der Reinigungsgrad nicht so hoch zu sein braucht, als in Berlin, dessen Rieselfelder nur eine sowohl in Bezug auf die Wassermenge als die Stromgeschwindigkeit der Bachläufe mangelhafte Vorfluth haben.

Selbstverständlich haben die Städte kein direktes Interesse daran, die in dem Abwasser vorhandenen Pflanzennährstoffe thunlichst vollständig und volkswirthschaftlich richtig auszunutzen, sie verfolgen bei den durchweg theuren Grunderwerbskosten nur die Aufgabe, das städtische Abwasser genügend zu reinigen, ein Standpunkt, gegen den sich schwer etwas einwenden lässt.

Im allgemeinen wird es aber, wenn das städtische Abwasser auch alle menschlichen Auswürfe einschliesst, nicht zulässig sein, dem Boden mehr als die Abwässer von 200 Personen = rund 36 cbm für den Tag = 1310 cbm (oder 1,310 m Stauhöhe) für das Jahr und 1 ha zuzuführen.

Die Folgen sind dann unzweifelhaft: eine ungenügende Reinigung des Wassers, eine Verunreinigung des Vorfluth-Wasserlaufs oder des Grundwassers, ferner eine Uebersättigung des Bodens und abnorme Ernteerzeugnisse.

Anfänglich kamen auf die Berliner Rieselfelder die Abwässer von mehr Personen, als jetzt, nämlich die von 300—500 Kopf der Bevölkerung auf 1 ha. Die Folge davon war eine zeitweilige ungenügende Reinigung des Wassers.

Alex. Müller[1]) fand z. B. auf den Berliner Rieselfeldern, dass bei einer starken Staufiltration das Drain- und Grundwasser fast ebensoviel (100 mg für 1 l) Ammoniak und Kali (40 mg für 1 l) enthielt, als die

(Fortsetzung S. 54)

____

[1]) Landw. Versuchsstationen 1873, **16**, 254.

Name der Stadt	Art des Rieselbodens	Zahl der Einwohner	Grösse der Rieselfelder ha	Auf 1 ha kommen die Abgänge von Einwohnern	Auf 1 ha kommen bei 180 l Abwasser (einschl. Regenwasser) auf den Kopf		
					Im Tage cbm	Im Jahre cbm	Stauhöhe im Jahre m
Deutschland:							
1. Berlin	Sandboden mit stellenweise etwas Lehm	1 800 000	9582[1])	rund 200	36,0	13 140	1,314
2. Danzig	Dünensand	125 000	500	250	45,0	15 425	1,543
3. Breslau	Durchlässige lehmige Ober-schicht von 0,5 m und dar-unter Sand	360 000	800[2])	450	81,0	28 365	2,837
4. Magdeburg . .	Sandboden und sandiger Lehmboden	230 000	1000[3])	230	41,4	15 111	1,511
5. Braunschweig .	Sand und lehmiger Sand (Thon und Moor)	115 000	450[4])	255	45,9	16 754	1,675
6. Freiburg i. Br. .	Sand-Kiesboden, stellen-weise mit Letteschichten	55 000	254	216	38,9	14 198	1,419
Frankreich:							
Paris	Sand und Schotter	2 500 000	6200[5])	403	72,5	26 462	2,646
England:							
1. Bedford	Kiesboden	28 023	.100	280	50,4	18 396	1,839
2. Birmingham . .	Sand und Kiesboden	700 000	500	1400	—	—	—
3. Burton upon Trent	Kiesboden	50 000	230	217	39,1	14 020	1,409
4. Croydon	a) Sand-Kiesboden in Beddington b) Schwerer Thonboden in South Norwood	110 000	{ 212 45	{ 428	77,0	28 105	2,811
5. Lamington . .	Schwerer Thonboden	30 000	152	198	35,6	12 994	1,299
6. Leicester . . .	Sehr schwerer Thonboden	200 000	668	300	540	19 710	1,971
7. Nottingham . .	Sand und Kies	230 000	404	569	102,4	37 376	3,738
Zulässige Menge:							
	a) Für eine thunlichst voll-kommene Reinigung . .	—	1	100	18,0	6 570	0,6570
	b) Für eine durchschnittlich genügende Reinigung .	—	1	200	36,0	13 140	1,3140

[1]) Von den 9582 ha Rieselfeldern waren bis dahin nur 5585 ha aptirt. Nach dem Verwaltungsbericht der Stadt Berlin für 1897/98 entwässerten in die Kanäle 1 744 148 Ein-wohner; die Jahres-Abwassermenge betrug 73 180 728 cbm; die Grösse der Rieselfelder 9683,3 ha, wovon 5729 ha aptirt waren. Im Durchschnitt gelangte auf 1 ha und Tag 33,92 cbm Abwasser zur Reinigung.

Bemerkungen:

Deutschland:

Berlin: Vergleiche über die Einrichtung I. Bd. S. 313, sowie Tafel I und II daselbst und über
Erfolge weiter unten S. 61 u. ff.
Danzig: Seit 1869 im Betrieb, die Rieselung hat noch zu keinen Schwierigkeiten geführt.
Breslau: Mit der Berieselung wurde 1878 begonnen; die Erfolge sind günstige gewesen; über
die nähere Einrichtung vergl. I. Bd. S. 315, sowie Tafel IV und V daselbst.

Magdeburg: Seit 1894 mit der Anlage begonnen.

Braunschweig: Seit 1894 in Angriff genommen, Erfolge bis jetzt günstig.

Freiburg i. Br.: Ueber die Einrichtung vergleiche I. Bd. S. 319 sowie Tafel III daselbst, über die
Erfolge weiter unten.
    Ferner haben die Städte Dortmund und Bremen die Anlage von Rieselfeldern in An-
griff genommen und sind solche für Hannover und Münster i. W. geplant.

Frankreich:

Paris: Ueber die Einrichtung vergleiche I. Bd. S. 317 sowie Tafel VI und VII daselbst.

England:

Bedford: Die Berieselung ist seit 1870 angefangen und wirkt bis heute noch tadellos.
Birmingham: Eine bedeutende Anzahl Häuser ist noch mit Tonnensystem versehen. Das
Abwasser schliesst viel säurehaltiges Fabrikwasser ein; es wird vorher mit Kalk geklärt.
Der Schlamm dient zur Düngung der Felder.
Burton: Das Abwasser schliesst viel Brauereiwasser ein.
Croydon: Seit 30 Jahren im Betrieb. Auch auf dem schweren Thonboden hat sich die Be-
rieselung bewährt. Das Rieselfeld ist ringsum von Häusern umgeben.

Lamington: Seit 25 Jahren mit Erfolg berieselt. Auf dem Rieselfeld befindet sich anstands-
los ein Hospital für infektiöse Krankheiten.
Leicester: Seit 6 Jahren mit gutem Erfolg in Betrieb.
Nottingham: Der 20jährige Betrieb hat noch zu keinen Schwierigkeiten geführt.

    In England sind gegen 100 Rieselfelder grosse und kleine im Betrieb, von denen die
Craigentinny-Wiesen bei Edinburg nach 150jährigem Betrieb jetzt noch gerade so gute
Erfolge aufweisen wie früher.

Zulässige Menge:
    Ueber die Begründung dieser zulässigen Menge vergl. vorstehend S. 50 und 51 sowie
I. Bd. S. 273—284 und S. 290—294.

---

[2]) Es wird beabsichtigt noch 450 ha hinzuzufügen.
[3]) Hiervon sind zur Zeit erst 400 ha aptirt.
[4]) Angekauft sind 498 ha; davon aber erst 254 ha aptirt.
[5]) Hiervon umfasst das Rieselfeld von Genevilliers 800 ha, das zu Achères 1000 ha, das zu
Méry und Grésillons 2400 ha, während 2000 ha von Privatbesitzern in Aussicht genommen sind.

Spüljauche, dass ferner bei einer schnell filtrirten Spüljauche sogar von 26 mg Phosphorsäure noch 2,5 mg ins Grundwasser übergingen.

Alex. Müller[1]) untersuchte ferner 1876 das Brunnenwasser der Windmühle de la Galette östlich von dem überstark belasteten Rieselfelde Gennevilliers bei Paris mit folgendem Ergebniss für 1 l:

Abdampf-rückstand mg	Glührück-stand mg	Glühver-verlust mg	Am-moniak mg	Salpeter-säure mg	Schwefel-säure. mg	Chlor mg	Natrium mg	Kali mg	Kalk mg	Magnesia mg
778,0	536,0	242,0	139,0	125,0	317,0	86,0	93,0	34,0	63,0	30,4

Das Wasser hatte eine alkalische Reaktion und glich schon mehr der Spüljauche selbst; der Umstand, dass es nur wenig Kalk enthält, deutet darauf hin, dass das Ammoniak ursprünglich als kohlensaures Ammonium in das Grund- bezw. Brunnenwasser gelangt sein muss, und infolge Umsetzung mit dem schwefelsauren und salpetersauren Calcium letzteres als kohlensaures Calcium ausgeschieden hat.

Orsat[2]) fand für einen durch die Spüljauchenrieselung verunreinigten Brunnen von Poisson père in Gennevilliers im Vergleich zu einem nicht verdorbenen Brunnenwasser folgende Mengen Gips und Chlor für 1 l:

	Gips ($CaSO_4$)	Chlor
1. Verunreinigtes Brunnenwasser	1910,0 mg	290,0 mg
2. Nicht verunreinigtes Brunnenwasser .	1550,0 „	230,0 „

Dass die Abflüsse (d. h. das Drainwasser) der Rieselfelder unter Umständen noch die Flüsse verunreinigen können, hat Alex. Müller[3]) durch eine Untersuchung ebenfalls bei dem Berliner Rieselfelde gezeigt.

Letzteres umfasste damals 2 grosse Gelände von rund 5373 ha[4]), die eine Hälfte südlich, die andere nördlich von Berlin. Die Abwässerung der südlichen Rieselfelder erfolgt nach der Havel, die der nördlichen an der Ostseite in die Wuhle, an der Westseite in die Panke. Da die Aptirung der Rieselfelder mit der Durchführung der Kanalisation nicht gleichen Schritt hielt und aus sonstigen Gründen geriethen dieselben und besonders die nördlichen in einen bedenklichen Zustand der Versumpfung, infolgedessen auch die Abflüsse von schlechter Beschaffenheit waren. Alex. Müller untersuchte das Wasser der Panke vor und nach Aufnahme der Rieselabwässer im Blankenburger Fliess und konnte nicht unerhebliche Unterschiede feststellen.

Nach einer Probenahme vom 12. August 1883 war das Wasser der Panke oberhalb der Mündung des Blankenburger Fliesses klar und fast farblos, das des Blankenburger Fliesses grünlichgrau und von muffigem Geruch; das erstere gab in der Ruhe nur einen geringen bräunlichen Bodensatz von verschiedenen Desmidien und Bacillarien nebst Humussubstanz, das Abwasser der Rieselfelder dagegen einen reichlichen Boden-

---

[1]) Berichte der deutschen chem. Gesellschaft 1876, **9**, 1014.

[2]) Landw. Versuchsstationen 1879, **23**, 46.

[3]) Gesundh.-Ing. 1885, **8**, 475.

[4]) Von diesen gelangen aber nur ca. $^2/_3$ zur wirklichen Berieselung für die Abgänge von ca. 1 Million Menschen.

satz von verschiedenartigen Desmidien, Infusionsthierchen nebst Leptothrixarten, d. h. solchen Organismen, welche im Schmutzwasser gegen den Schluss des Selbstreinigungsvorganges regelmässig vorkommen; das sonst durchsichtige und klare Wasser der Panke wurde durch die Zuflüsse von den Rieselfeldern im Blankenburger Fliess getrübt, während sich die Oberfläche mit Schaum bedeckte. Das Wasser der Panke erschien in der Badeanstalt Schlossstrasse 6 zu Pankow als eine starke Verdünnung des Abwassers von den Rieselfeldern.

Am 23. September 1884 entnahm Alex. Müller nochmals Proben an den besagten Stellen und fand für die chemische Beschaffenheit des Wassers folgende Zahlen für 1 l:

Art des Wassers	Ammoniak	Salpetrige Säure	Salpeter- säure	Chlor	Härte (natürliche)	Zur Oxy- dation erford. Sauerstoff	Abdampf- Rückstand
	mg	mg	mg	mg	°C.	mg	mg
1. Reines Panke-Wasser vor Aufnahme des Blankenburger Fliesses . . .	0	0	0 (?)	18,0	17,5	4,8	243,0
2. Aus dem Blankenburger Fliess (Abwasser der Rieselfelder)	0,66	sehr viel	63,0	139,0	36,7	6,9	777,0
3. Aus der Panke nach Aufnahme des letzteren, in der Bagan'schen Badeanstalt	0,25	viel	39,0	99,0	31,1	5,7	622,0

Für die einzelnen Mineralstoffe in dem reinen Pankewasser und dem Abwasser von den Rieselfeldern wurden folgende Zahlen für 1 l gefunden:

Art des Wassers	Eisenoxyd und Thonerde	Kalk	Magnesia	Kali	Natron	Chlor	Schwefel- säure	Salpeter- säure	Kiesel- säure	Kohlen- säure (berechnet)
	mg	mg	mg	mg	mg	mg	mg	mg	mg	mg
1. Reines Pankewasser	0,5	97,5	8,9	3,4	14,2	17,5	12,1	0	9,0	80,3
2. Abwasser der Rieselfelder . .	2,4	220,3	18,9	6,5	99,3	139,2	75,5	63,0	12,2	114,0

Weitere Untersuchungen von Alex. Müller[1]) über den Einfluss der Berliner Spüljauchenrieselung auf die Vorfluthgewässer, welche infolge eines Rechtsstreites über die Befugniss der Stadt Berlin, die Abwässer von den Rieselfeldern Osdorf und Heinersdorf in den Teltower See zu leiten, ausgeführt wurden, führten zu dem Ergebniss, dass bei grossen Mengen Spüljauche — im vorliegenden Falle 12000 cbm für das Jahr und Hektar — es sich nur um eine Klärung und Oxydation durch Bodenfiltration mit theilweiser Absorption von Kali und Phosphorsäure im Erdboden und theilweiser Ausnutzung der Nährstoffe durch die Pflanzen handeln konnte, dass

---

[1]) Gesundh.-Ing. 1887, **10**, 529.

die geklärten und oxydirten Abwässer, deren Gesammtmenge nur wenig hinter derjenigen der ursprünglichen Spüljauche zurückblieb, noch reich an Pflanzennährstoffen, besonders an Salpetersäure waren, welche in den sie aufnehmenden Wasserläufen ein üppiges organisches Leben mit allen guten und üblen Folgen beförderte.

Nach der Zeit haben sich diese Verhältnisse auf den Berliner Rieselfeldern infolge vernünftigerer Handhabung der Berieselung wesentlich gebessert und haben die Beschwerden über mangelhafte Reinigung aufgehört. Für die Unschädlichkeit des jetzigen Drainwassers spricht z. B. auch die Thatsache,[1] dass in 5 Fischteichen auf den Rieselfeldern in Malchow bei Berlin, welche ausschliesslich mit drainirtem Rieselwasser gespeist werden, Bachforellen, Regenbogenforellen, Felchen und Karpfen vortrefflich gedeihen (vergl. auch I. Bd. S. 337).

Die Zunahme des Bodens an organischen Stoffen bei zu starker Aufbringung von Spüljauche stellte Alex. Müller[2] für das Rieselfeld von Gennevilliers bei Paris wie folgt fest:

| | | Oberfläche | | In 0,5 m Tiefe | | In 1,0 m Tiefe | | In 1,5 m Tiefe | |
		Kohlenstoff %	Stickstoff %	Kohlenstoff %	Stickstoff %	Kohlenstoff %	Stickstoff %	Kohlenstoff %	Stickstoff %
1. Alluvialboden	berieselt	2,2	0,23	0,83	0,11	0,61	0,10	—	—
	nicht berieselt .	1,9	0,19	0,57	0,07	—	0,06	—	—
2. Kiesboden	berieselt	1,63	0,15	0,32	0,035	—	—	0,040	0,006
	nicht berieselt .	1,25	0,10	0,16	0,027	—	—	0,022	0,004

Reinh. Klopsch[3] untersuchte den Boden des Breslauer Rieselfeldes von mehreren Stellen (nämlich 12) und fand in demselben gegenüber nichtberieseltem Boden (von 6 Stellen) im Mittel für 10000 Theile Boden:

Bodenart	Gesammt-Stickstoff mg	Ammoniak-Stickstoff mg	Salpetersäure-Stickstoff mg	Kali mg	Magnesia mg	Kalk mg	Phosphorsäure mg
1. Obergrund:							
a) Berieselt	12,14	0,51	0,3310	25,62	27,30	14,17	15,36
b) Nicht berieselt	(17,16)	0,51	0,0482	19,45	20,29	12,97	13,90
2. Untergrund:							
a) Berieselt	7,690	0,60	0,1833	25,60	25,12	12,89	12,61
b) Nicht berieselt	6,573	0,56	0,0313	17,82	19,82	8,07	10,68

In beiden Fällen ist die Zunahme an den Bestandtheilen der Spüljauche, an Kohlenstoff und Stickstoff etc. im Boden infolge der Spüljauchen-

---

[1] Gesundh.-Ing. 1891, **14**, 33.
[2] Landw. Versuchsstationen 1879, **23**, 22.
[3] Landw. Jahrbücher 1885, **14**, 109.

rieselung allerdings nur eine geringe; indess handelt es sich in beiden Fällen um einen Zeitraum von nur wenigen Jahren der Berieselung und können bei einer langjährigen Rieselzeit sich die Verhältnisse ganz anders gestalten. Auch wird der in Salpetersäure übergeführte und als solcher überschüssige Stickstoff leicht durch das Drainwasser weggeführt, wie dieses thatsächlich die Analysen der Drainwässer des Breslauer Rieselfeldes und die sonstigen Analysen S. 40 — 42 zeigen. Jedenfalls hat nach obigen Analysen selbst nach 3 jähriger Rieselzeit der berieselte Boden des Breslauer Rieselfeldes an allen den Stoffen, wie Kalk, Magnesia, Kali und Phosphorsäure, die theils mechanisch, theils im chemisch absorbirten Zustande vom Boden festgehalten werden, gegenüber dem nicht berieselten Boden nicht unerheblich zugenommen.

Die übermässige Zuleitung von städtischem Abwasser hat ferner zur Folge, dass die Ernteerzeugnisse von den angebauten Nutzpflanzen zu reich an Stickstoff werden und damit eine abnorme Beschaffenheit (eine geringere Haltbarkeit und einen schlechten Beigeschmack) annehmen (vergl. I. Bd. S. 282 u. 283).

Aus dem Grunde, also um das einseitige Vorwalten des Stickstoffs auszugleichen und um normalere Ernteerzeugnisse zu erhalten, ist vorgeschlagen, gleichzeitig Phosphorsäure (in Form von Thomasphosphatmehl) und Kali (in Form von Kainit) beizudüngen.

Wenn für die Berliner Rieselfelder geltend gemacht wird,[1] dass Beidüngung von Phosphorsäure und Kali keinen Erfolg gehabt habe, dass vielmehr eine allmähliche Anreicherung an Phosphorsäure und Kali im Boden stattfinde, so mag dieses für die dortigen Bodenverhältnisse und bei Zuleitung von grossen Mengen Abwasser, z. B. von etwa 13500 cbm für 1 ha und Jahr zutreffen. Denn hierin sind rund enthalten:

1215 kg Stickstoff, 337 kg Phosphorsäure, 891 kg Kali.

Das ist von Kali und Phosphorsäure allerdings etwas mehr denn doppelt so viel, als eine Frucht (Rüben) aufzunehmen vermag, und mögen sich hierbei beide Bestandtheile im Boden etwas vermehren; aber die zugeführte Menge Stickstoff ist, selbst unter Berücksichtigung von Verlusten, 3—4 mal so gross, als eine Pflanze (z. B. Raygras) verarbeiten kann, und es ist einleuchtend, dass dieser doppelte Ueberschuss an Stickstoff nur in besagter Weise wirken kann. Darauf deutet auch die weitere Mittheilung hin, dass die Zugabe von Kalk für das Gedeihen der Pflanzen von grossem Nutzen gewesen ist. Die meisten Rieselfelder werden von Zeit zu Zeit mit Erfolg entweder gekälkt oder gemergelt.

Die Beidüngung von Kalk oder Mergel auf Rieselfeldern ist auch unbedingt nothwendig, einerseits um die Nitrifikation im Boden zu unterstützen, andererseits um den Verlust an Basen (besonders an Kalk) zu

---

[1] Bericht d. Deputation f. d. Verwaltung d. Kanalisationswerke f. d. Zeit vom 1. April 1887 bis 31. März 1888.

decken, welche durch die gebildete, überschüssige Salpetersäure fortgesetzt aus dem Boden ausgeführt werden (vergl. I. Bd. S. 274 und S. 279).

Ein weiterer Uebelstand der Rieselung mit städtischem Abwasser ist die Schlickbildung[1]) auf den Rieselfeldern.

Unter „Schlick" versteht man alle festen Ausscheidungen, welche sich auf den Rieselfeldern bilden; derselbe entsteht einerseits aus den Schwebestoffen der Spüljauche (Papier etc.), andererseits durch einfaches Verdunsten derselben; er scheint das Erzeugniss einer Art Celluloselösung zu sein. Der Schlick legt sich in flachen Schichten über die Felder, schliesst die Ackerkruste fast hermetisch ab und erstickt jedes Wachsthum (besonders von jungen Pflanzen). In den Winter-Staubecken der Berliner Rieselfelder hat sich der Schlick oft 10 bis 20 cm hoch angesammelt.

Die Beseitigung des Schlickes ist mit nicht geringen Schwierigkeiten verbunden. Eine mechanische Beseitigung ist nicht allgemein durchführbar, ein Verbrennen nur dann möglich, wenn er trocken und in gewissen Mengen vorhanden ist. Dem Verbrennen desselben steht überhaupt entgegen, dass er zu viel Asche, nämlich 70%, hinterlässt. Man hat versucht, den Schlick unterzupflügen, aber er bildet im Boden Ballen einer torfartigen Masse, welche schwer verwest, den Boden hohl macht und zur Verbreitung von Ungeziefer beiträgt. Nach Versetzen mit Staubkalk ist zwar das Wachsthum der Pflanzen ein besseres, aber auch so werden die Ballen noch nicht völlig zersetzt. Auf den Wiesen schadet der Schlick mehr als auf den Ackerflächen.

Zur Vermeidung bezw. Verminderung der Schlickbildung wird das städtische Abwasser in Stauteichen vorgeklärt oder einer Vorfiltration unterworfen, wodurch die faserigen Stoffe abgeschieden und für sich auf nicht aptirten Feldern zur Düngung (30 — 60 cbm für 1 ha) verwendet werden können (vergl. I. Bd. S. 308).

Denn die auf diese Weise ausgeschiedenen Schwebestoffe (der Schlamm) besitzen nach Meissl[2]) nicht unwesentliche Mengen Düngstoffe, nämlich im Mittel von 6 Analysen für den lufttrocknen Zustand:

$$2{,}86\,\% \text{ Stickstoff, } 1{,}64\,\% \text{ Phosphorsäure und } 0{,}87\,\% \text{ Kali.}$$

E. Frankland hält sogar eine vorherige chemische Behandlung, eine Fällung der Schwebestoffe, die sich wie 1 : 1200 bis 2500 Rohabwasser, verhalten, mit Kalk für wünschenswerth. Andererseits wird man die Menge Schwebestoffe unter Umständen nach dem Dibdin-Schweder'schen Verfahren durch eine Vorfäulniss des Rohabwassers wesentlich vermindern können (vergl. die Ausführungen über dieses Verfahren im I. Bd. und weiter unten).

---

[1]) Tageblatt der 59. Versammlung Deutscher Naturforscher und Aerzte in Berlin 1886, **436**.

[2]) Bericht d. landw. Verwerthung d. Wiener Abfallwässer. Wien 1895.

γ) Die gesundheitlichen Verhältnisse auf Rieselfeldern.

Man hat den Rieselfeldern häufig vorgeworfen, dass sie ebenso, wie sie mitunter das Grund- oder Flusswasser verunreinigen und dadurch in gesundheitlicher Hinsicht nachtheilig wirken, so auch direkt die Ursache von ansteckenden Krankheiten seien. Diese Behauptungen müssen als irrige bezeichnet werden.

So konnte E. Frankland[1]) für England mittheilen, dass er eine Schädigung der Gesundheit der Arbeiter auf den Rieselfelder bis jetzt noch nicht beobachtete.

Es kann, wie er sagt, kein Ort genannt werden, wo Typhus, Darm-katarrh, Ruhr oder andere, auf Fäulniss- oder sonstige Keime zurückführ-bare Infektionskrankheiten aus dieser Quelle hätten abgeleitet werden können. Hiermit stimmen auch die Erfahrungen in Deutschland und anders-wo überein (vergl. auch S. 17 u. 18).

Th. Weyl[2]) hat über die Gesundheitsverhältnisse auf den Berliner Rieselfeldern eingehende Erhebungen angestellt und die Sterblichkeit auf 10 000 Lebende bezw. die Erkrankungen an Typhus (einzelne Fälle) wie folgt gefunden:

	Von 10000 Lebenden aller Altersklassen Todesfälle		Von 0—15 Jahre alten Kindern auf 10 000 Lebende		Erkrankungen an Typhus abdominalis auf den Riesel-feldern im ganzen
	auf den Rieselfeldern	in Berlin	auf den Rieselfeldern	in Berlin	
1884/85	15,0	25,4	35,5	52,0	5
1885/86	14,1	25,0	29,1	50,7	2
1886/87	10,3	23,7	33,4	47,4	2
1887/88	13,1	21,1	48,5	40,3	1
1888/89	6,5	20,5	22,2	42,2	0
1889/90	8,8	22,3	15,6	44,7	3
1890/91	6,7	21,3	15,4	41,9	0
1891/92	11,5	20,4	32,0	39,6	0
1892/93	6,9	20,5	17,3	41,0	2
1893/94	5,5	?	25,7	?	0

Die Sterblichkeit aller Altersklassen wie auch die der Kinder von 0—15 Jahren war daher in den 10 Jahren 1884—1894 auf den Riesel-feldern geringer als in Berlin selbst. In den 10 Jahren kamen im ganzen nur 15 Erkrankungen an Abdominaltyphus mit nur einem tödtlichen Aus-gang (1886/87) vor, obschon während dieser Zeit (besonders 1888—1898) in Berlin umfangreiche Typhusepidemien geherrscht hatten.

---

[1]) VI. Internat. Kongress f. Hygiene u. Demographie in Wien 1887, III. Heft, 35.
[2]) Th. Weyl: Beeinflussen die Rieselfelder die öffentliche Gesundheit? Vortrag gehalten am 27. November 1895 in der Berliner medicin. Gesellschaft, mit Diskussion. Berlin 1896 u. Berliner klin. Wochenschr. 1896, Nr. 1.

In derselben günstigen Weise äussert sich R. Virchow[1]) über die gesundheitlichen Verhältnisse der Arbeiter auf den Berliner Rieselfeldern und bezeichnet z. B. die Erkrankungen (Morbidität) nach einer Statistik vom Jahre 1894/95, wenn man von ein paar Epidemien von Masern, Scharlach, Influenza etc., die mit den Rieselfeldern nichts zu thun haben, absieht, als eine unglaublich geringe.

In dem Verwaltungsbericht des Magistrats der Stadt Berlin für 1897/98 wird der Gesundheitszustand der Bevölkerung auf und in der Nähe der Rieselfelder als ein recht befriedigender bezeichnet. Von im ganzen 38048 Personen starben in dem Jahre 41 und erkrankten 1083 Menschen. Unter den Erkrankungen entfielen auf:

	Magen-katarrh	Influenza	Akute Bronchitis	Augen-krankheiten	Neuralgie	Blut-mangel
Fälle . .	95	87	76	43	37	35

Auch nach den Ermittelungen von A. Bernstein[2]) fällt ein Vergleich der Sterblichkeit auf den Rieselfeldern mit der Sterblichkeit in den dazu gehörigen Gemeinden zu Gunsten der Rieselfelder aus. Zwar sind auf den Rieselfeldern, wie Schäfer in Pankow berichtet, einige schwere Erkrankungen, so an Typhus, vorgekommen, aber diese mussten auf den Genuss von Drainwasser zurückgeführt werden. Das Drainwasser von den Einstaubecken ist besonders ungünstig und sollten Einstaubecken, wie Th. Weyl fordert, möglichst schnell beseitigt werden. Auch bei starkem Regen und Frost kann die reinigende Wirkung des Bodens eine unvollkommene sein. Unter normalen Filtrationsverhältnissen und bei geordnetem Betriebe werden aber die Wasser derartig gereinigt, dass sie ohne Bedenken den Flussläufen übergeben werden können; eine Gefahr für die Anwohner der Rieselfelder und noch weniger natürlich für die Anwohner derjenigen Theile der öffentlichen Wasserläufe, die von den Rieselfeldern weiter entfernt liegen, ist nicht vorhanden. Auch für das Grundwasser haben sich keine Nachtheile ergeben.

Es ist nicht abzustreiten, dass sich üble Gerüche auf den Rieselfeldern bemerkbar machen und diese vorübergehende schädliche Folgen haben können; jedoch werden dadurch für entferntere Orte gesundheitliche Bedenken nicht hervorgerufen; in dem 2000—3000 m von den Berliner Rieselfeldern in Osdorf entfernten Giesendorf konnte selbst bei starkem Uebelgeruch auf dem Rieselfelde und ungünstigem Winde kein Geruch wahrgenommen werden. Ob infektiöse Keime von den trockenen Rieselfeldern aus durch die Luft verbreitet werden können, ist fraglich; genaue Untersuchungen dieser Art sind bis jetzt nicht angestellt worden.

Die vorstehenden Erhebungen zeigen, dass die auf städtischen Rieselfeldern ebenso wie an und in den städtischen Kanälen beschäftigten Arbeiter

---

[1]) Vergl. (Anm. 2 S. 59) Diskussion zu vorstehendem Vortrage, 18.
[2]) Aerztl. Sachverständigen-Ztg. 1898, **4**, 47.

nicht mehr von allgemeinen und Infektionskrankheiten befallen werden, als Arbeiter in anderen Betrieben, vorausgesetzt, dass erstere nicht etwa in leichtfertiger Weise das Wasser, bezw. Drainwasser trinken. Man muss daher wohl annehmen, dass die pathogenen Bakterien, die ohne Zweifel regelmässig in städtischen Abwässern vorkommen, einerseits aus dem Wasser nicht versprengt werden, andererseits, sei es infolge grosser Verdünnung, sei es infolge alsbaldiger Vernichtung durch das Sonnenlicht oder durch die ihnen an Zahl und Widerstandsfähigkeit überlegenen Saprophyten im Wasser und Boden[1]) im Kampf ums Dasein alsbald zu Grunde gehen und keine Krankheiten mehr zu erzeugen vermögen (vergl. auch I. Bd. S. 262 u. 263).

δ) Die Ernteerträge von den Rieselfeldern.

Naturgemäss müssen die Rieselfelder bei einigermaassen richtiger Handhabung der Rieselung gute Ernteerträge liefern.

Die eingehendsten Erhebungen hierüber sind wieder auf den Berliner Rieselfeldern angestellt und mögen aus diesen folgende hier aufgeführt werden:[2])

Fruchtart	1886/87			1887/88			1890/91				
	Gesammt-Durchschnittsernte von 1 ha		Brutto-Ertrag für 1 ha	Gesammt-Durchschnittsernte von 1 ha		Brutto-Ertrag für 1 ha	Gesammt-Durchschnittsernte von 1 ha		Brutto-Ertrag für 1 ha	Un-kosten für 1 ha	Somit Nutzen für 1 ha
	Körner bezw. Frucht kg	Stroh kg	ℳ	Körner bezw. Frucht kg	Stroh kg	ℳ	Körner bezw. Frucht kg	Stroh kg	ℳ	ℳ	ℳ
Winterweizen .	1968	4034	428,00	2637	4319	495,16	2141	4109	456,57	125,56	331,01
Winterroggen .	1783	3347	336,83	2308	3150	329,14	2523	5497	417,89	138,68	279,21
Sommerweizen .	1818	4786	411,00	1851	2875	338,74	2032	4318	378,25	123,80	255,45
Sommerroggen .	1283	2995	253,99	990	2210	143,20	973	2986	312,52	122,16	190,36
Gerste	2025	3366	363,00	2362	3010	320,10	1888	3277	317,44	115,97	201,47
Hafer	1635	3550	305,00	1856	3413	274,87	2059	5085	261,15	126,19	134,96
Bohnen bez. Erbsen	1068	2335	171,40	—	—	—	4350	1365	397,37	151,66	245,71
Winterraps . . .	975	1920	200,14	1940	2810	435,50	2229	6039	587,00	139,66	447,34
Winterrübsen .	834	2367	175,06	1521	2147	342,67	1312	1989	401,40	124,05	277,35
Sommerraps . .	1445	3405	301,38	1003	2046	150,44	—	—	—	—	—
Sommerrübsen .	523	1450	113,87[3])	542	1391	104,35	—	—	—	—	—
Senf	745	2453	252,50	845	1092	222,17	—	—	—	—	—
Hanfstengel . .	6332	—	189,97	—	—	—	—	—	—	—	—
Cichorien (grüne Wurzeln) . .	7218	—	223,76	20475	—	573,36	—	—	—	—	—
Zuckerrüben . .	31888	—	513,71 }	32664	—	509,56	—	—	—	—	—
Futterrüben . .	39796	—	505,41 }				53433	—	859,50	251,69	607,81
Pferdemöhren .	12522	—	244,81	33689	—	680,52	19178	—	643,85	256,35	387,50
Kartoffeln . . .	10137	—	277,96	14398	—	475,13	18897	—	451,22	245,00	206,22
Kohl	18381	—	523,31	31800	—	744,12	1200	—	192,00	196,99	4,99
Mais	als Grünfutter verwerthet		160,00	—	—	—	—	—	—	—	—
Gras	56278	—	291,91	57364	—	307,93	—	—	—	—	—

---

[1]) Vergl. Ohlmüller: Die Errichtung von Rieselfeldern f. d. Stadt Braunschweig, Anlage III, 44.

[2]) Vergl. Zeitschr. f. angew. Chem. 1889, 122; 1890, 381 u. 1892, 208.

[3]) Hier stellte sich ein Verlust von 45,80 M. für 1 ha heraus.

Für die Osdorfer und Falkenberger Rieselfelder bei Berlin mögen aus dem Betriebsjahre 1896/97 noch folgende Ernteergebnisse mitgetheilt werden:

Osdorfer Rieselfelder.

Fläche ha	Fruchtgattung	Ernte Frucht für 1 ha kg	Ernte Stroh für 1 ha kg	Brutto-Ertrag für 1 ha ℳ	Unkosten für 1 ha ℳ	Anbau-Nutzen bei Ausserachtlassung der allgemeinen Kosten und der Kosten der Gespannleistungen. Nutzen für 1 ha ℳ
9,74	Winterraps . .	1478	2800	277,78	107,36	170,42
30,02	Winterweizen .	1767	2210	304,70	140,96	163,64
72,76	Sommerweizen .	1431	1930	245,75	122,87	122,88
141,90	Winterroggen .	1799	3012	288,17	139,01	149,16
17,13	Gerste	1755	1740	203,95	135,50	68,45
102,54	Hafer	955	1325	114,17	159,97	—[1])
0,37	Pferdebohnen .	2500	2500	312,16	204,16	108,00
0,25	Erbsen	1600	1600	200,00	163,96	36,04
4,73	Peluschken . . .	1705	2430	237,12	151,21	85,91
57,33	Runkeln	35309	—	330,99	254,63	76,36
42,14	Kartoffeln . . .	9162	—	191,59	135,05	56,54
9,57	Möhren	34235	—	683,77	347,39	336,38

Falkenberger Rieselfelder.

Fläche ha	Fruchtgattung	Ernte Frucht für 1 ha kg	Ernte Stroh für 1 ha kg	Brutto-Ertrag für 1 ha ℳ	Unkosten für 1 ha ℳ	Anbau-Nutzen. Nutzen für 1 ha ℳ
12,55	Winterraps . . .	1290	2580	245,38	126,13	119,25
45,50	Winterrübsen .	1514	3029	309,91	82,38	227,53
23,81	Winterweizen .	1680	3360	339,39	119,65	219,74
67,03	Sommerweizen .	1651	3302	229,38	118,99	110,39
149,45	Winterroggen .	1830	3660	330,00	106,73	223,27
3,23	Gerste	1455	2910	193,96	118,27	75,69
77,91	Hafer	1924	3848	276,42	100,66	175,76
51,00	Gemenge	1706	3412	239,18	96,85	152,34
53,89	Runkeln	40180	—	401,80	288,32	113,48
27,77	Kartoffeln . . .	12099	—	232,72	186,91	45,81
9,77	Möhren	17917	—	543,69	387,76	155,93

Die Obstbäume auf allen Rieselfeldern brachten im Jahre 1896/97 folgenden Ertrag:

Bestände in den Alleen Obstbäume Stück	Werth ℳ	Wildbäume Stück	Werth ℳ	Bestände in den Baumschulen Obstbäume Stück	Werth ℳ	Wildbäume Stück	Werth ℳ	Ertrag aus der Pacht der Obstbäume ℳ	aus dem Verkauf von Obstbäumen ℳ	Zusammen: ℳ
113556	440920	7059	22977	116500	48650	152000	7134	8585,50	12721,18	21306,68

während die Viehwirthschaft (bestehend aus ca. 308 Pferden, 718 Ochsen und 70 Kühen) im Jahre 1896/97 durch Verkauf von Milch, Dünger und Jauche im ganzen eine Einnahme von 94805,62 M. brachte.

Ueber die Ernteerträge der Breslauer Rieselfelder liegen für das Jahr 1892 folgende Angaben für 1 ha vor:

Körner		Körner		Wurzeln bezw. Knollen	
Raps	1300 kg	Gerste	2600 kg	Zuckerrüben	30 000 kg
Roggen	2000 „	Gemenge . .	1200 „	Cichorien . .	10 000 „
Winterweizen .	2400 „	Pferdebohnen	2400 „	Futterrüben	60 000 „
Sommerweizen .	2200 „	Mais	1400 „	Kartoffeln .	12 000 „
				Gras, grün	40—50 000 „

Was die Beschaffenheit der Früchte der Breslauer Felder in dem genannten Jahre und ihre Verwerthung betrifft, so hatte bei den Halmfrüchten die übermässige Stickstoffdüngung und das häufige Lagern vielfach eine schlechte Ausbildung der Körner zur Folge. Weizen war nur von mässiger Güte, dagegen konnten Roggen, Raps und Bohnen als gut entwicktelt zu den höchsten Preisen auf dem Breslauer Markt abgesetzt werden. Die Zuckerrüben ergaben einen nur mässigen Zuckergehalt, und die Kartoffeln, welche nur 15,5 $^0/_0$ Stärke enthielten, konnten nur als Viehfutter Verwendung finden.

Auf dem Freiburger Rieselfelde wurden im Jahre 1896 folgende Erträge von 1 ha erzielt:

Winterweizen .	670,0	kg Frucht	1192,5	kg Stroh
Winterroggen	724,5	„ „	1450,0	„ „
Gerste	778,0	„ „	908,0	„ „
Hafer	883,5	„ „	1723,0	„ „
Winterrübsen .	708,0	„ „	1651,5	„ „
Runkelrüben .	7927,5	„ Wurzeln	—	
Mohrrüben . .	10366,0	„ „	—	
Kartoffeln . .	7328,0	„ Knollen	—	
Rieselgras . .	2866,5	„	—	

Wenn diese Erträge bedeutend geringer als z. B. die der Berliner Felder erscheinen, so ist zu berücksichtigen, dass die Berliner Felder zum Theil schon über 20 Jahre alt sind, während das Freiburger Rieselfeld noch ganz jung und auf früherem Waldboden angelegt ist.

ε) Der Gewinn aus Rieselfeldern.

Man nahm und nimmt jetzt noch vielfach an, dass in der städtischen Spüljauche ein sehr bedeutender Reichthum verborgen liege, und dass daher von Rieselfeldern grosse Einnahme-Erfolge zu erwarten seien; derartige rosig gefärbte Erwartungen haben sich in der Wirklichkeit nicht erfüllt. Dies hat hauptsächlich seinen Grund darin, dass alle Berechnungen über die Werthe der in der Jauche enthaltenen Düngstoffe einseitig auf theoretischen Erwägungen beruhen und den praktischen Bedingungen, unter welchen die Jauchenrieselung stattfinden muss, nur zu geringe und in manchen Fällen gar keine Rechnung getragen haben. Jetzt, nach mancher

64 Städtische Abwässer und Abfallstoffe.

schlechten Erfahrung ist dieser schöne Traum zerronnen und heute wissen
wir, dass Rieselfelder hygienisch nothwendige Einrichtungen sind, welche
sowohl in der Anlage wie im Betrieb viel Geld erfordern, und von denen
man einen Ueberschuss sämmtlicher Einnahmen über die Ausgaben einschliesslich der Verzinsung und Schuldentilgung für die verausgabten
Kapital-Summen in den meisten Fällen nicht erwarten darf. Daher können
wir jetzt die Aufgaben derjenigen Behörden, welche den Betrieb von Riesel-
gütern zu überwachen haben, dahin zusammenfassen, dass sie in erster
Linie darauf sehen müssen, dass bei einer geregelten Rieselung die Jauche
weitgehend gereinigt werde, und dass noch in zweiter Linie diese Reinigung
so billig als möglich sich vollziehe.

Es sind schon im I. Bd. S. 294 verschiedene Angaben über Kosten
des Bodenerwerbs, der Aptirung und ferner vorstehend über die Erträge
S. 61—63 gemacht worden.

Es mögen hier noch folgen zwei Tabellen, 1. über die Anlage- und
Betriebskosten der Rieselfelder von Berlin und Breslau (S. 64 u. 65), 2. über
die Bilanz der Berliner Rieselfelder im Jahre 1896/97 (S. 66 u. 67):

Anlage- und Betriebskosten d

Berechnet auf den Kopf der angeschlossenen Bevölkerung u

Name der Stadt	Kosten, berechnet auf den Kopf der angeschlossenen Bevölkerung.															
	Anlagekosten (Gesammtschuld)				Strassenleitungen			Pumpstation und Druckrohr			Rieselfeld			Zusammen jährliche Kost		
	Strassenleitungen	Pumpstation und Druckrohr	Rieselfeld	Zusammen	Betriebskosten	Verzinsung und Schuldentilgung	Zusammen	Betriebskosten	Verzinsung und Schuldentilgung	Zusammen	Betriebskosten	Verzinsung und Schuldentilgung	Zusammen	Betriebskosten	Verzinsung und Schuldentilgung	Zusammen
	ℳ	ℳ	ℳ	ℳ	ℳ	ℳ	ℳ	ℳ	ℳ	ℳ	ℳ	ℳ	ℳ	ℳ	ℳ	ℳ
Berlin .	24,22	12,10	16,18	52,50	0,23	1,25	1,48	0,44	0,62	1,06	0,008	0,88	0,89	(0,45) 0,68	(1,50) 2,75	(1, 3
Breslau .	—	2,55	7,55	10,16	—	—	—	0,09	0,12	0,21	+0,14	0,35	0,21	+0,03	0,47	0

Anmerkungen:

1. Die Zahlen in Klammern bedeuten, zur Vergleichung mit den Breslauer
Zahlen, die Kosten ausschliesslich der Kosten für die Strassenleitungen.
2. Die Zahlen für Berlin sind Durchschnittszahlen für die 10 Jahre, welche mit
dem 31. März 1897 abschliessen.
3. Die Zahlen für Breslau sind die Durchschnittszahlen für die 2 Jahre, welche
mit dem 31. März 1897 abschliessen.
4. Das Zeichen + bedeutet einen Ueberschuss im Betrieb der Anlage.
5. Für Freiburg im Breisgau lassen sich noch keine endgültigen Zahlen angeben,
da die Kanalisation und das Rieselfeld noch zu stark in der Entwickelung

Aus umstehender Tabelle ersehen wir, dass die Berliner Rieselfelder im Jahre 1896/97 einen Zuschuss von 1 608 419,41 M. erforderten. Lassen wir aber die Verzinsung und Schuldentilgung und weiter solche Ausgaben, welche nicht in den eigentlichen Betrieb gehören, ausser Betracht und fassen wir nur die Einnahmen Titel I—V und die Ausgaben C I und II ins Auge, so ergiebt sich ein Ueberschuss von 131 682,19 M. der eigentlichen Betriebs-einnahmen über die eigentlichen Betriebsausgaben; dies ist immerhin sehr erfreulich! Hierzu sollten eigentlich noch die Mehr-Werthe der Bestände und Vorräthe am Ende des Betriebsjahres in der Höhe von 52 703 M. hinzu-zählt werden, so dass der Gesammtüberschuss der Felder die Höhe von 184 385,19 M. erreicht.

Unter gleichen Verhältnissen weist das Wirthschaftsergebniss der Jahre vom 1. April 1884 bis 31. März 1897 einen Gesammtüberschuss von 1 317 300 M. auf, ein Ergebniss, welches gewiss als günstig bezeichnet werden muss. Dasselbe stellt also die Differenz zwischen den laufenden Einnahmen und Ausgaben dar, und zwar einschliesslich der Differenz in dem Werthe der Bestände, welche am Anfang und Ende der einzelnen Verwaltungsjahre

(Fortsetzung auf S. 68)

Rieselfelder von Berlin und Breslau.

auf den Kubikmeter der in einem Jahr gereinigten Jauchenmenge.

Kosten, berechnet auf den Kubikmeter der im ganzen Jahr behandelten Jauche.

Anlagekosten (Gesammtschuld)				Strassenleitungen			Pumpstation und Druckrohr			Rieselfeld			Zusammen jährliche Kosten		
Strassenleitung	Pumpstation und Druckrohr	Rieselfeld	Zusammen	Betriebskosten	Verzinsung und Schuldentilgung	Zusammen	Betriebskosten	Verzinsung und Schuldentilgung	Zusammen	Betriebskosten	Verzinsung und Schuldentilgung	Zusammen	Betriebskosten	Verzinsung und Schuldentilgung	Zusammen
ℳ	ℳ	ℳ	ℳ	ℳ	ℳ	ℳ	ℳ	ℳ	ℳ	ℳ	ℳ	ℳ	ℳ	ℳ	ℳ
0,60	0,30	0,40	1,30	0,01	0,03	0,04	0,01	0,01	0,02	+0,002	0,02	0,018	0,018	0,06	0,08
—	0,06	0,16	0,22	—	—	—	0,002	0,002	0,004	+0,003	0,008	0,005	+0,001	0,010	0,009

begriffen sind. Bis jetzt hat die Kanalisation 2 250 000 M. und das Rieselfeld 1 266 000 M. gekostet. Was die Erträge des letzteren anbelangt, so betrugen die Betriebseinnahmen im Jahre 1897 136 500 M. und die Betriebsausgaben 119 500 M.; es verblieb hiernach also eine Einnahme von 17 000 M.

6. Was den Unterschied in den Anlagekosten der Berliner und Breslauer Riesel-felder anbelangt, so erklärt sich derselbe hauptsächlich aus der Fläche für den Kopf der angeschlossenen Bevölkerung, welche für Berlin 2,82 mal so gross ist als für Breslau.

Bilanz der Berliner Rieselfelder

Sämmtliche Einnahmen und

Einnahmen	Einzeln ℳ	Zusammmen ℳ
Titel I. Aus der Riesel- und Feldwirthschaft.		
Rieselwiesen	300 730,59	
Beete und Staubecken	916 307,13	
Schlick	10 858,50	
Grasnutzung aus den Wegen und Dämmen . .	1 676,00	
Plantagenweiden	4 883,00	
Grabenweiden	8 312,53	
Naturwiesen	38 277,18	
Acker einschl. Hausgarten	191 211,30	
Weide	—	
Rohr und Schilf	108,00	
Brache, Kies, Steine	144,70	
Pferdepension	16 091,05	1 488 600,08
Titel II. Aus der Viehnutzung.		
Milch	29 717,58	
Viehverkauf und Viehnutzung	124 542,98	
Dünger und Jauche	50 834,93	
Gespannleistungen	14 177,79	219 273,28
Titel III. Obstbaumanlagen, Forstwirthschaft	22 172,66	
Titel IV. Pächter	228 774,01	
Titel V. Verschiedene Einnahmen	47 901,64	298 848,31
Titel VI. Erlös für veräusserte Grundstücks- theile, Waldungen etc.	36 740,45	36 740,45
Titel VII. Verschiedene Einnahmen	25 163,00	25 163,00
Titel VIII. Werth der Bestände und Naturalien 31. März 1897	1 254 408,00	1 254 408,00
Titel IX. Unterschuss im Betriebsjahr, ge- deckt durch Zuschuss	1 608 419,41	1 608 419,41
Zusammen:		4 931 452,53

für das Betriebsjahr 1896/97.

Ausgaben sind verrechnet.

Ausgaben	Einzeln $\mathcal{M}$	Zusammen $\mathcal{M}$
A. Kosten der Centralverwaltung	91 846,97	91,846,97
B. Allgemeine Kosten der Rieselfelder.		
Bureau für Hochbauten	15 365,00	
„ „ Drainage	10 737,87	
Chemische Untersuchungen von Rieselwasser und Drainwasser etc.	5 645,30	
Agrikultur-chemische Bodenuntersuchungen . .	20,00	
Fernsprechleitungen	5,222,83	
Verschiedenes (Desinfektion etc.)	709,49	37,701,10
C. Bewirthschaftung.		
I. Allgemeine Kosten.		
Gehälter für die Beamten	76 661,73	
Abgaben und Lasten	69 944,37	
Bauliche Unterhaltung der Wohnungen etc., Gebäude	45 537,24	
Unterhaltung des Hausinventars, Brenn- und Beleuchtungsstoffe etc.	18 476,10	
Neubeschaffung und Unterhaltung der Maschinen, Ackergeräthe etc.	73 893,69	
Unterhaltung der Wege, Gräben, Dämme, Drainage, Vertheilungs-Druckrohr etc.	55 562,12	
Verschiedene Ausgaben, Arzt, Thierarzt etc.	15 731,87	355 807,12
II. Besondere Kosten.		
Besoldung der Rieselmannschaft und Unterhaltung der Kasten	192 109,27	
Gesinde- und Tagelöhne	136 417,54	
Bestellung der Riesel- und Feldwirthschaft .	589 064,94	
Viehhaltung (Umsatz, Futter, Löhne)	545 475,20	
Obstbaumanlagen, Baumschulen, Erlen, Pflanzungen etc.	56 225,41	1 519 232,36
D. Beträge aus Verkäufen von Grundstücken etc.	55 477,28	55 477,28
E. Verschiedene Ausgaben	4 332,31	4 332,31
F. Schuldentilgung	640 525,35	640 525,35
G. Verzinsung.		
Hypothek-Zinsen	3 750,00	
Anleihe-Zinsen	1 021 075,08	1 024 825,08
H. Werth der Bestände und Naturalien 31. März 1896	1 201 705,00	1 201 705,00
Zusammen:		4,931 452,53

vorhanden waren, jedoch ausschliesslich der Anleihezinsen, der Amortisations-
beträge sowie der allgemeinen Kosten für die Rieselfelder; man muss dies
klar im Auge behalten, um Missverständnisse zu vermeiden. Berechnet
man unter gleichen Voraussetzungen die Grundrente für die einzelnen Rieselfelder Berlins, so stellt sich dieselbe in den letzten 10 Jahren wie folgt:

Rieselfeld:	1887 %	1888 %	1889 %	1890 %	1891 %	1892 %	1893 %	1894 %	1895 %	1896 %	1897 %
Osdorf . . .	− 0,32	+ 0,77	+ 1,05	− 0,37	+ 0,40	+ 0,37	−0,21	−1,43	−1,21	−0,82	+0,07
Grossbeeren	+ 0,96	+ 0,67	+ 0,91	+ 0,42	+ 2,62	+ 1,61	−0,80	−1,23	−0,20	−0,46	+0,48
Falkenberg	+ 1,96	+ 2,42	+ 2,88	+ 3,15	+ 3,18	+ 2,54	+2,26	+2,76	−0,18	+1,55	+1,36
Malchow . .	+ 1,37	+ 1,27	+ 1,11	+ 1,43	+ 2,32	+ 1,34	+0,92	+0,86	+0,56	+1,19	+1,59
Blankenfelde	—	—	—	—	—	—	−2,73	−3,87	−1,44	−0,75	−0,13
Mittel:	+ 0,98	+ 1,25	+ 1,48	+ 1,17	+ 2,05	+ 1,39	−0,07	−0,67	−0,45	+0,19	+0,13

Das Gesammtmittel der Grundrente aus allen 10 Jahren und von allen
Rieselfeldern beträgt somit $+ 0{,}68\,^0/_0$.

Wir sehen aus diesen Zahlen, dass die Grundrente je nach den Wachs-
thums- und Marktverhältnissen in den einzelnen Jahren naturgemäss grossen
Schwankungen unterworfen ist; die wenig erfreulichen Ergebnisse in den
Jahren 1892/96 hängen ohne Zweifel auch mit dem allgemeinen Preisnieder-
gange landwirthschaftlicher Erzeugnisse zusammen, während die schlechten
Erfolge auf dem Rieselfeld Osdorf neben anderen örtlichen Verhältnissen
vermuthlich davon herrühren, dass dieses Rieselfeld bei weitem die grössten
Jauchemengen zu verarbeiten gehabt hat. Bei den anderen Rieselfeldern,
wie dem in Blankenfelde, werden die ungünstigen Erfolge zum Theil auch
in der Neuheit der Anlage und dem schlechten Boden ihren Grund haben.

Die Ergebnisse des Rieselfeldes Falkenberg zeigen uns aber, was eine
Rieselung mit städtischem Abwasser unter günstigen Verhältnissen bei geregeltem Betriebe zu leisten imstande ist. Hier hat sich im Jahre 1892
das Bodenanleihekapital zu sogar $3{,}18\,^0/_0$ verzinst.

In dem günstigen Wirthschaftsjahr 1890/91 betrug der Ueberschuss
der gesammten Berliner Rieselfelder 333 985 M.

Für die Breslauer Rieselfelder wird unter den gleichen Voraussetzungen
wie in Berlin die landwirthschaftliche Bodenrente, soweit die Stadt in Frage
kommt, wie folgt angegeben:

1892/93	1894/95	1896/97
$1{,}46\,^0/_0$	$1{,}71\,^0/_0$	$1{,}55\,^0/_0$

während sich für Freiburg i. Br. das Anleihekapital für das Rieselfeld
im Jahre 1895 zu $2{,}20\,^0/_0$ verzinst haben soll.

In Breslau wurde im Jahre 1896/97 aus den Erträgen der Rieselfelder von 682,6 ha ein Reinertrag von 44 716,73 M. an die Kämmerei-
kasse abgeführt, was einem Reinertrag von 65,5 M. für 1 ha entspricht.

Im allgemeinen wird man daher die Bodenrente von Rieselfeldern unter einigermassen günstigen Verhältnissen zur Zeit, die bezüglich der Verwerthung landwirthschaftlicher Erzeugnisse noch als schlecht bezeichnet werden muss, zu $2\,^0/_0$ veranschlagen können, und hätten die Städte, da sie das Kapital zu $3^1/_2\,^0/_0$ zu verzinsen haben, nur 1—$2\,^0/_0$ Zinsen als Zuschuss zu leisten.

Nach der vorstehenden Tabelle S. 64 erfordern die Berliner Rieselfelder, einschliesslich sämmtlicher Einnahmen und Ausgaben, für Strassenleitungen, Pumpstationen, Druckrohrleitungen und Rieselfelder nur einen Zuschuss von 3,43 M. und für den Betrieb der Rieselfelder einen solchen von 0,89 M. für das Jahr und den Kopf der Bevölkerung, während sich in Breslau ausser Strassenleitungen der erstere Zuschuss auf 0,44 M., der für den Rieselbetrieb auf nur 0,21 M. für das Jahr und den Kopf der Bevölkerung berechnet, alles Zahlen, welche man gewiss als klein bezeichnen darf gegenüber den Vortheilen, welche in gesundheitlicher Hinsicht mit diesen Einrichtungen für die Städte verbunden sind.

Diese Vortheile, welche die Berieselung bietet, treten aber dann erst recht hervor, wenn man die durch den Rieselbetrieb jährlich entstehenden Kosten mit denen vergleicht, welche durch andere Reinigungsverfahren, besonders durch das chemische Reinigungsverfahren, den Städten, welche ihre Abwässer zu reinigen gezwungen sind, erwachsen.

So stellt sich ein Vergleich der Anlage- und Betriebskosten für chemische Klärung und Berieselung wie folgt:

Bezeichnung der Kosten	Chemische Klärung					Rieselung ohne Pumpen	
	Frankfurt a. M.	Wiesbaden	Halle ohne menschliche Auswürfe	Essen ohne menschliche Auswürfe	Dortmund ohne menschliche Auswürfe	Berlin	Breslau
Angeschlossene Einwohnerzahl	150 000	60 000	10 000	68 000	90 000	1715527	393 027
Anlagekapital . . . . ℳ	825 000	200 000	35 000	230 000	—	29937372	3046812
Anlagekapital für 1 Kopf der Bevölkerung . . . . ℳ	5,5	3,3	3,5	3,30	—	16,18	7,55
Jährliche Betriebskosten . ℳ	150 000	33 000	6 600	29 000	45000	31 483	Nutzen 47 948
Jährliche Betriebskosten für 1 Kopf der Bevölkerung ℳ	1,00	0,55	0,66	0,43	0,50	0,008	Nutzen 0,14
Zinsen 4 % und Schuldentilgung für 1 Kopf der Bevölkerung . . . . ℳ	0,22	0,13	0,14	0,13	—	0,88	0,35
Jährliche Kosten für 1 Kopf der Bevölkerung . . . . . ℳ	1,22	0,68	0,80	0,56	—	0,89	0,21
Kosten für die Reinigung von 1 cbm Jauche . . . . . ℳ	0,19	0,19	0,26	0,09	—	0,018	0,005

Diese Zahlen sprechen aus sich selbst.

In Halle, Essen und Dortmund enthält die Jauche keinen Abortinhalt, mithin dürfte die Entfernung derselben aus der Stadt weitere Kosten erfordern bezw. erfordert haben; da in sämmtlichen Städten mit Klärung eine Hebung der Jauche nicht nöthig ist, sind auch, um einen genauen Vergleich zu gestatten, für Berlin und Breslau die Kosten für die Hebung der Jauche weggelassen worden. Aus dem Grunde ist Frankfurt a/M. eigentlich die einzige Stadt, welche einen Vergleich mit Berlin und Breslau gestattet und hier betragen die jährlichen Kosten der Abwasser-Reinigung 1,22 M. für den Kopf der Bevölkerung, während sie sich für Berlin nur auf 0,89 M. und für Breslau gar nur auf 0,21 M. belaufen; mithin kostet die Berieselung in diesen Städten für den Kopf und das Jahr weniger als die Klärung in Frankfurt a/M. Bedenkt man noch weiter, dass bei der Klärung von einer eigentlichen Reinigung der Jauche nicht die Rede sein kann, und die Städte die Beschwerden über Flussverunreinigung wie z. B. in Dortmund, Essen und Wiesbaden nicht los werden, dass der Grund und Boden der Rieselfelder nicht nur seinen Werth behalten wird, sondern sogar im Werth steigt, während der Werth einer Kläranlage von Jahr zu Jahr herabgeht und für sonstige Zwecke gleich Null ist, und dass schliesslich auch in volkswirthschaftlicher Hinsicht die Rieselfelder nicht ohne Bedeutung sind, indem sie, wie die Erfahrung in der Nähe von fast allen Rieselfeldern ergeben hat, die Wohlhabenheit der Umgegend heben, so wird man ohne weiteres der Berieselung den Vorzug vor chemischen Behandlungsverfahren geben müssen.

ζ) Schlussergebniss.

Rieselfelder sind hygienische Einrichtungen von der allergrössten Wichtigkeit; sie weisen unter irgendwie günstigen, wenigstens unter nicht durchaus schlechten Bodenverhältnissen, bei richtiger Flächenbemessung, bei zweckmässiger Anlegung, und vor allem bei gut geregeltem und gut überwachtem Rieselbetrieb durchaus gute Ergebnisse auf; dabei treten nach jahrelangen Erfahrungen gesundheitsgefährliche oder gesundheitsschädliche Wirkungen nicht zu Tage.

Im Vergleich mit anderen bisher im grossen Maassstab geprüften Reinigungsverfahren — und hier kommen hauptsächlich nur die chemischen Klärverfahren in Betracht — ist die Reinigung der Jauche auf Rieselfeldern eine viel weitergehende als bei diesen, sowohl was die Beseitigung der anorganischen als der organischen Stoffe (einschliesslich Bakterien) anbelangt; weiter sind auch die Kosten der Rieselanlagen geringer als die der chemischen Klärung, und wenn man schliesslich noch erwägt, dass bei dem Rieselverfahren die Städte nach einer Reihe von Jahren einen schuldenfreien Besitz von Grund und Boden erlangen, welcher meistens den gezahlten Werth nicht nur behalten, sondern einen höheren Werth annehmen wird, und dass die Rieselfelder auch volkswirthschaftlich von Bedeutung sind, indem sie den Wohlstand ihrer Umgebung erhöhen, so wird man zugestehen müssen, dass die Bodenrieselung von allen bis jetzt bekannten und geprüften Reinigungsverfahren für städtische Abwässer das beste ist. Damit soll aber nicht gesagt sein, dass die Berieselung in einem jeden einzelnen Fall zur Anwendung gelangen muss; darüber, d. h. über das im gegebenen Fall anzuwendende Verfahren kann allein die nähere Untersuchung der örtlichen Verhältnisse entscheiden.

Wenn man aber bedenkt, dass die Reinigung der städtischen Abwässer auf Rieselfeldern durch kleinste Lebewesen und durch höhere unter dem Einfluss von Sonnenlicht und Sonnenwärme vollzogen wird, dass wir es also hier mit Naturkräften zu thun haben, welche sich von uns bis zu einer gewissen Grenze wohl regeln, aber nicht vollständig ersetzen lassen, so wird man von allen anderen Reinigungsverfahren von vorneherein nicht zu viel erwarten dürfen.

Dass Rieselfelder nicht durchaus vollkommen sind, besonders dann nicht, wenn denselben zu viel Abwasser behufs Reinigung zugeführt wird, oder der Boden ungeeignet ist, oder die Rieselung nicht richtig gehandhabt wird, ist natürlich und vorstehend wie im I. Bd. S. 273 u. ff. genügend begründet. Ihre Mängel lassen sich aber auf ein geringes Maass herabmindern.

b) Reinigung der städtischen Abwässer durch Sedimentation und Filtration.

α) Reinigung durch Sedimentation.

Unter Umständen kann schon durch einfache Sedimentation eine gewisse Reinigung des städtischen Abwassers bewirkt werden, indem es in Klärbecken geleitet und dessen Stromgeschwindigkeit verlangsamt wird, wodurch sich dann die specifisch schwereren Schwebestoffe von selbst auf den Boden der Klärbecken niederschlagen.

So werden die Abwässer der medicinischen Institute und Kliniken der Universität Halle a/S. durch 4 Klärbecken geleitet, von denen ein grösseres 7 m lang und 1,9 m breit ist und 3 kleinere, nebenanliegende je 1,9×1,9 m Grundfläche haben; die Tiefe von sämmtlichen 4 Becken beträgt 1,9 m.

W. Hübner[1]) ermittelte die Wirkung dieser Klärung — über die Menge des durchgeleiteten Wassers sind leider keine Angaben gemacht — im Mittel einer grösseren Anzahl Einzelversuche mit folgendem Ergebniss:

---

[1]) Arch. f. Hygiene 1894, **18**, 373.

	Schwebestoffe in 1 l:			Keime von Mikrophyten in 1 ccm	
	Versuchsreihe 1	2	3	1	2
Wasser:	mg	mg	mg		
Zufliessendes	630,9	424,9	145,1	1 602 673	1 150 520
Abfliessendes	27,6	57,3	127,1	1 133 663	1 730 420
Abnahme	602,7	367,6	18,0	469 010	+579 900
Oder in Procenten	—95,6 %	—86,5 %	—12,6 %	—29,26 %	+50,4 %

Aehnliche Ergebnisse wurden von B. Lepsius[1]) im grossen bei der einfachen mechanischen Reinigung des Abwassers der Stadt Frankfurt a. M. in der dortigen Kläranlage (vergl. I. Bd. S. 383) erzielt. Er fand in 1 l:

Sielwasser:	Schwebestoffe			Gelöste Stoffe						
	unorgan. mg	organ. mg	Stick-stoff mg	unorgan. mg	organ. mg	Stickstoff als organ. Stickstoff mg	Ammoniak mg	Sauerstoff-verbrauch mg	Kalk mg	Schwe-felsäure mg
1. Einfliessendes, ungeklärt . .	220,0	644,0	41,4	515,0	316,0	2,5	28,3	12,5	138,0	155,0
2. Ausfliessendes, geklärt . . .	63,0	92,0	10,1	375,0	308,0	3,9	30,3	9,5	131,0	120,2
Ab- (—) bezw. Zunahme (+) in Procenten . .	% — 71,4	% — 85,7	% — 75,6	% — 27,2	% — 2,5	% + 56,0	% + 7,1	% — 24,0	% — 5,1	% — 22,4

Hiernach haben die Schwebestoffe sich in erheblicher Menge zu etwa $^3/_4$ durch einfache mechanische Klärung niedergeschlagen und zeigen auch die gelösten Stoffe theilweise eine geringe Abnahme.[2]) In diesem Falle hatte sich die einfache mechanische Klärung besser bewährt, als die unter Zusatz von Kalk.

Der Stadt Köln a/Rh. ist neuerdings gestattet worden, die Abwässer durch einfache mechanische Klärung zu reinigen. Selbstverständlich müssen die Klärvorrichtungen entsprechend gross sein, um dem Wasser genügend Zeit und Ruhe zum Absetzen der Schwebestoffe zu gewähren; auch muss das Wasser stets mit derselben Menge und Geschwindigkeit durch die Kläranlage fliessen; denn wenn z. B. bei starken Regengüssen grössere Wassermassen in die Kläranlage treten, so werden die niedergeschlagenen Schmutzstoffe wieder aufgerührt und mit fortgeschwemmt. Eine 3. Massregel, welche die Wirkung der einfachen Klärung einigermassen sichert, besteht darin, dass der niedergeschlagene Schlamm thunlichst oft entfernt

---

[1]) B. Lepsius: Mittheilungen aus d. chem. Laboratorium d. physik. Vereins in Frankfurt a/M. 1889.

[2]) Es ist nicht recht verständlich, dass organische Stoffe und Sauerstoff-Verbrauch eine Abnahme, organischer und Ammoniak-Stickstoff dagegen eine Zunahme zeigen.

wird. Denn, wenn das nicht geschieht, geht derselbe, besonders in der wärmeren Jahreszeit, alsbald in Fäulniss über und bewirkt, dass das abfliessende Wasser — abgesehen von dem übelen Geruche — mit noch schlechterer Beschaffenheit — in einer der vorstehenden Versuchsreihe hatten die Bakterien um $50,4\,\%$ zugenommen — abfliesst, als das zugeleitete Wasser.

Im Gegensatz zur Reinigung der städtischen Schmutzwässer durch mechanische Abklärung in Klärbecken bei **Ruhe** hat man vorgeschlagen, dieselben bei heftiger **Bewegung** durch **Centrifugiren** von den Schwebestoffen zu befreien.

Robert Punchon in Brigton, leitet z. B. die Schmutzwässer in 18 Fuss lange (hohe) Cylinder von 6 Fuss Durchmesser, welche aus durchlöchertem Eisenblech oder Kupferdrahtgewebe bestehen und deren Innenwand mit einem Gewebe ausgekleidet ist. Die Cylinder drehen sich schnell auf ihrer Längsaxe; wenn das Wasser ausgeschleudert ist, wird die Masse mittelst einer mit Kautschuk versehenen Scheibe aus dem Cylinder gepresst.

Auch **Margueritte** und **Gustav Böckel** schlagen Centrifugalapparate vor. Wirkliche Versuchsergebnisse aber sind bis jetzt von diesen Verfahren nicht bekannt geworden.

β) Reinigung durch Filtration.

Sicherer als die einfache Sedimentation wirkt die **Filtration**, welche der Bodenberieselung am nächsten kommt.

Zur Filtration dient entweder natürlicher Boden oder eine künstliche Filtrirschicht. Auch über dieses Verfahren sind die ersten Erfahrungen in England gemacht worden.

1. *Die Filtration durch Sand.*

Die oben erwähnte englische Kommission liess Kanalwasser einmal **aufsteigend** durch Sand bezw. Thon und Kohle filtriren und dann **absteigend** von oben nach unten, so dass die Flüssigkeit in kurzen Zwischenräumen aufgegeben wurde und die atmosphärische Luft in die Poren der Filtermasse eindringen konnte. Die Ergebnisse sind folgende (s. hierzu Tabelle umstehend S. 74):

Hieraus ist ersichtlich, dass eine aufsteigende Filtration bei weitem nicht so günstig wirkt, als eine absteigende unterbrochene Filtration. Dieses hat offenbar darin seinen Grund, dass in letzterem Falle Sauerstoff der Luft in das Innere der Filter gelangen kann und eine Oxydation der organischen Stoffe zu Wasser, Kohlensäure und, wie wir sehen, zu Salpetersäure herbeiführt.

Art der Filtration (1 l Wasser enthält):	Organ. Kohlen- stoff mg	Organ. Stick- stoff mg	Am- moniak mg	Stick- stoff in Form von Nitraten und Nitriten mg	Ge- sammte lösliche Stoffe mg
A. Aufsteigende Filtration					
1. Londoner Kanalwasser durch eine 4,5 m Sand-schicht, für 1 cbm und 24 Stunden 21,5 l Wasser:					
a) vor der Filtration	43,8	24,8	55,6	0	—
b) nach derselben im Mittel	35,5	14,3	44,6	4,6	—
2. Ealinger Kanalwasser durch Thon und Kohle:					
a) vor der Filtration	278,48	29,30	70,00	0	—
b) nach derselben	60,93	27,85	42,50	0,76	—
B. Absteigende Filtration.					
I. Versuch:					
a) Vor der Filtration	43,86	24,84	55,57	0	645
b) Nach derselben durch Sand (für 1 cbm und 24 Stunden 16,6 l)	9,37	1,51	0,21	42,54	868,2
c) do. do. (für 1 cbm und 24 Stunden 33,2 l)	7,34	1,08	0,12	39,25	786,0
d) do. durch Sand und Kreide	5,82	0,92	0,15	34,78	913
II. Versuch:					
a) Vor der Filtration	43,86	24,84	55,51	0	645
b) nach derselben durch Torferde . . . . (für 1 cbm und 24 Stdn. 23,8 l Flüssigkeit)	23,12	13,89	48,31	16,58	762,8

Die Schwebestoffe bleiben in bezw. auf den Filtern vollständig zurück; von den gelösten Stoffen soll nach E. Frankland[1]) ein Filter von 1 cbm für 24 Stunden nach einem Versuch im kleinen zurückhalten:

a) bei einem Filter aus kieselhaltigem Sand:

Filtrirende Menge . .	16,7	24,8	33,3	66,6 l
Zurückgehalten . . .	84,7	84,3	87,7	65,4 %

b) bei einem aus Sand und Kreide bestehenden Filter:

Zurückgehalten . . .	87,3	86,7	90,2	— %

So lange die filtrirende Flüssigkeitsmenge 33,3 l für 24 Stunden nicht übersteigt, soll das Drainwasser der Filter nicht bemerkenswerth den Fluss verunreinigen. Wenn die Filter für den Tag 6 Stunden mit Jauche begossen, dann 18 Stunden für die Lüftung ruhen gelassen wurden, bewährten sich die Filter und stieg die Aufnahmefähigkeit sogar bis zu 94,5 %. Die Tiefe der Drains betrug 5—7 Fuss.

Ueber die Verhältnisse einiger Wechselfilter in England geben folgende Zahlen Aufschluss:

---

[1]) VI. Internat. Kongress f. Hygiene u. Demographie in Wien 1887, Heft III, 35.

Name der Ort-schaft	Bevölkerung Köpfe	Grösse der Filterländereien ha	Anlagekosten für Maschinen etc. ℳ	Rohe Spüljauche für 1 Tag cbm
Merthyr Tydfil .	100 000	136	9040	—
Kendal	13 500	2,0	—	3408—22 723
Dewsbury . . .	30 000	20,2 (4,05 benutzt)	5437 für 1 ha	—
Withington . . .	33 000	19,8	257740	4544
Hitchin	8—9000	8,09	46000	1818

Die Betriebskosten stellen sich für den Kopf und das Jahr auf 0,40 bis 2,00 M.

Zur Reinigung der städtischen Kanalwässer durch Filtration sind eine ganze Anzahl von Vorschlägen gemacht. Curror und Dewar filtriren z. B. durch Torf; Robey durch kohlehaltigen, geglühten Thon; Banks und Walker filtriren die Kanalwässer und leiten dann durch die ablaufende Flüssigkeit Luft hindurch etc.

2. Die Filtration durch Torf.

F. R. Petri hat auf dem Rieselfelde der Strafanstalt in Plötzensee Versuche über Reinigung der Spüljauche in der Weise angestellt, dass er dieselbe zunächst durch Kies und dann durch Torfgrusfilter filtrirte; das filtrirte Wasser wurde darauf mit Kalkmilch gefällt und in Klärbecken absetzen gelassen. Nach den Untersuchungen von Bischoff[1] ergab 1 cbm Spüljauche unter anderem:

	Vor der	Nach der
	Reinigung	
	g	g
Gesammt-Trockensubstanz	4491,60	364,16
Schwebestoffe	4000,00	—
Glühverlust der in Lösung befindlichen Bestandtheile .	131,66	3,56
Kalk in Lösung	91,28	80,36
Ammoniak in Lösung	45,00	15,00
Phosphorsäure in Lösung	9,60	7,50
Gesammtstickstoff in Lösung	58,80	15,80
Zur Oxydation der organischen Stoffe verbrauchte Theile Kaliumpermanganat	113,00	34,76

Später[2] scheint Petri das Verfahren abgeändert zu haben, indem er auf 100 cbm städtisches Abwasser zuerst 75 Pfd. Kalk und 10 Pfd. Magnesiumsulfat oder Magnesiumchlorid zusetzte, den Niederschlag absetzen liess, und das abfliessende Wasser mit Phosphaten behandelte, die bewirken sollten, dass der Stickstoff bei der folgenden Filtration fast vollständig zurückbehalten würde.

Das so behandelte Wasser wurde dann durch ein Filter filtrirt, welches vorwiegend aus Torfgrus bestand. In 1 l der filtrirten Jauche wurden durchschnittlich nur 8 mg Stickstoff gefunden. Die Kosten der ersten Anlage,

---

[1] Bericht über Untersuchungen von Spüljauchen vor und nach der Behandlung in dem Petri'schen Reinigungsverfahren. Berlin, Wilh. Baensch 1882.

[2] Landw. Versuchsstationen 1887, **33**, 471.

welche die von 10000 Menschen täglich erzeugten Abwässer zu reinigen im stande wäre, werden zu 6000 M. angegeben.

Eine praktische Verwendung des Petri'schen Torffilters ist jedoch dem Verfasser bis jetzt nicht bekannt geworden.

G. Frank[1]) redet indess wiederum der Torffiltration das Wort, indem er behauptet, dass der natürliche Torf deshalb keine Filtrationswirkung äusserte, weil er Luft einschliesst; wird letztere durch Verreiben des Torfes unter Wasser verdrängt, so erlangt derselbe eine hohe Filtrationsfähigkeit und bewirkt eine vollständige Zurückhaltung der Schwebestoffe in den städtischen Abwässern. Die zurückgehaltenen Schwebestoffe schliessen viel Stickstoff, Kali und Phosphorsäure ein und liefern eine werthvolle Düngmasse; sie geben bei der Aufbewahrung, weil sie Torf einschliessen, ohne Stickstoff zu verlieren, keine üblen Gerüche.

Auch können, wie G. Frank behauptet, die Abwässer hierdurch wegen der baktericiden Wirkung der Humussäure mehr oder weniger keimfrei gemacht werden; sollte das nicht der Fall sein, so soll ein Nachbehandeln mit Kalk (oder Ozon?) oder dem elektrischen Strom die Reinigung ergänzen.

Dann kann man aber auch von vorneherein letztere Verfahren anwenden und die gewiss nicht billigen Torffilter, die oft erneuert werden müssen, ganz umgehen.

Jedenfalls ist die keimtödtende Wirkung der Torfstreu nach den Untersuchungen von Fränkel, Gärtner, Löfler und Stutzer[2]) nur gering und hält, weil die wirksame Humussäure durch das in städtischen Kanalwässern reichlich vorhandene kohlensaure Ammon alsbald neutralisirt wird, nur kurze Zeit an.

Steuernagel (Köln)[3]) prüfte auch die Filtrationsfähigkeit des Frank'schen Torfbrei-Filter-Verfahrens und fand, dass dieselbe wegen Bildung einer dichten fetten Schlammschicht auf der Oberfläche des Filters und wegen Verfilzung des letzteren schnell abnimmt. Er berechnet, dass 1 qm Torffilterfläche bei einem Filtrationsüberdruck von 0,60 m im Filter und bei einem Kanalwasser mittlerer Verdünnung täglich nur 800 l Filtrat liefert bezw. Kanalwasser durchtreten lässt, dass somit für eine Stadt von 80000 Einwohnern — mit einem Wasserverbrauch von 100 l für den Kopf und Tag — eine Filterfläche von 1 ha nothwendig wäre.

Eine Hauptwirkung der Filtration beruht aber auch auf der Luftzuführung und der durch Luftzutritt bewirkten Oxydation; nach dieser Richtung kann Torfmasse keine Wirkung äussern, weil sie der Luft kaum Zutritt gestattet, aber erst recht nicht, wenn man derselben nach Frank die Luft noch entzieht.

Ausserdem presst sich eine Torfschicht leicht zusammen oder verschiebt sich leicht, durch welche beiden Umständen eine geregelte Filtration unmöglich oder doch sehr beeinträchtigt wird.

---

[1]) Gesundh.-Ing. 1896, **19**, 345 u. 461; Centbl. f. allgem. Gesundheitspflege 1897. **16**, 380; 1898, **17**, 421.

[2]) Arbeiten d. Deutschen Landw. Gesellschaft 1894, Heft I.

[3]) Centrbl. f. allgem. Gesundheitspflege 1897, **16**, 155; 1898, **17**, 253.

Es können daher von Torffiltern für grosse Mengen städtischer Abwässer keine günstigen Erfolge erwartet werden (vergl. auch unter c ϱ, das Schwartzkopf'sche Reinigungs-Verfahren).

A. Tschupiatow und M. Glasenapp[1]) verwenden den Torfmull als Filtrationsmittel für das Abwasser einer Glacéledergerberei und fanden hierfür eine gute absorbirende Wirkung (vergl. unter Abwasser aus Gerbereien).

3. Die Filtration nach dem Polarite-Verfahren.

W. Naylor[2]) berichtet über die Wirkung der Filtration nach dem Polarite-Verfahren, welches darin besteht, dass das städtische Abwasser auf dem Wege zum Klärbecken mit Ferrozone — bestehend aus $20\,^0/_0$ Wasser, $16,28\,^0/_0$ Ferrosulfat, $6,07\,^0/_0$ Ferrisulfat, $22,20\,^0/_0$ Aluminiumsulfat und $4,47\,^0/_0$ Kohle — versetzt und nachher durch eine Schicht von Sand und Polarite — letzteres bestehend aus $54,52\,^0/_0$ Fe_3O_4, $6,21\,^0/_0$ Al_2O_3, $7,24\,^0/_0$ MgO, $24,92\,^0/_0$ SiO_2, $6,13\,^0/_0$ Wasser und $0,98\,^0/_0$ Kalk, Alkalien, Kohle — filtrirt wird (vergl. I. Bd. S. 340).

Das Albuminoid-Ammoniak soll von 0,54 Theilen auf 0,08 Theile für 100000 Theile Abwasser heruntergehen, die organischen Stoffe bis zu $80\,^0/_0$ entfernt werden. Die Ursache dieser guten Wirkung soll in den äusserst feinen, Sauerstoff enthaltenden Poren liegen, die energisch oxydirend wirken. Dies zeigt sich auch bei der Filtration von Schwefelwasserstoffwasser durch Polarite, wobei viel Schwefelsäure gebildet wird.

Eine Filtration der Abwässer durch Koks oder die Rückstände der Müllverbrennung hält Naylor für gänzlich werthlos.

J. H. Vogel[3]) hat das Verfahren in den Städten Hendon (16000 Einwohner), Akton (30000 Einwohnen) und Royton (13500 Einwohner) einer eingehenden Beobachtung und Untersuchung unterworfen und für die Abwässer dieser Städte, in denen die Regenwässer ausgeschlossen waren — der getrennten Abführung des Regenwassers wird jetzt in England allgemein der Vorzug gegeben — als sehr wirksam gefunden.

Die Abwässer wurden zunächst auf je 5—10000 l mit 1 kg Ferrozone versetzt; das Ferrozone ist nicht überall von derselben Zusammensetzung. In Akton und Royton bestand es aus einem Gemenge von $60\,^0/_0$ schwefelsaurer Thonerde und $40\,^0/_0$ Eisensulfaten; in Hendon wurde nur schwefelsaure Thonerde verwendet.

Nach inniger Durchmischung mit dem Ferrozone wird das Abwasser in grosse Klärbecken geleitet, worin es bei vierstündiger Ruhe den Schlamm bezw. gebildeten Niederschlag absetzt. Das geklärte Wasser wird dann durch obige Polarite-Filter filtrirt, die in folgender Weise (vergl. auch I. Bd. S. 342) hergestellt sind:

---

[1]) Chem.-Ztg. 1898, **22**, Repertorium 75.
[2]) Nach Journ. Soc. Chem. Ind. **13**, 340; in Chem. Centrbl. 1894, I, 1086.
[3]) Nach einem mir vom Verf. gütigst überlassenen Reisebericht.

In Gruben von 20—30 m Länge, 10—15 m Breite und 1 m Tiefe sind Drainrohre von 7 — 10 cm Weite gelegt; der Zwischenraum zwischen den Drainrohren ist mit grossen Feldsteinen ausgefüllt, die Rohre werden zunächst mit einer 10 — 15 cm hohen Schicht von kleinen Feldsteinen und grobem Kies bedeckt; hierauf folgt eine 10 cm hohe Schicht Sand, dann Polarite in erbsengrossen Stücken in 30 cm hoher Schicht und zuletzt scharfer Sand in 25 — 30 cm hoher Schicht. Durch ein derartiges Filter, wovon in jeder Anlage 6—8 vorhanden waren, filtriren im Durchschnitt 30—45 hl Abwasser für 1 qm und Tag; auf je 1 qm Filter kommen 200 kg Polarite; nach vierwöchentlichem Betriebe arbeitet ein Filter nicht mehr, es muss dann 8 Tage unbenutzt stehen bleiben, damit es angeblich durch den Sauerstoff der Luft neubelebt und wieder gebrauchsfähig wird. Die Anlage in Akton ist bereits seit 8 Jahren im Betriebe, ohne dass die Filter erneuert wurden.

Der auf den Filtern sich ansammelnde Schlamm, der unter Wasserspülung mit einem Besen abgefegt wird, dient in Royton zur Düngung einer Obstplantage, während er in Hendon und Akton in die Klärbecken zurückgeleitet und dort mit dem anderen Schlamm niedergeschlagen wird.

Das Wasser läuft von den Filtern vollständig klar, farb- und geruchlos ab; indess findet nach J. H. Vogel die behauptete Oxydation von Ammoniak zu Salpetersäure nicht statt.

Die sonstige Wirkung der Reinigungsanlage auf den Stickstoff-Gehalt des Abwassers für 1 l findet J. H. Vogel wie folgt:

	Ungereinigtes Abwasser	Nach der Klärung	Nach der Filtration
Hendon . . ⎫		84,6 mg	34,6 mg Stickstoff
Akton . . . ⎬	250—300 mg[1]	34,6 „	19,4 „ „
Royton . . ⎭		40,0 „	36,7 „ „
Mittel	275 mg	53,1 mg	30,2 mg
Abnahme an Stickstoff in Proc.		80,7 %	8,3 %

Nach einem andern Versuch nahm in Hendon durch die Klärung und Filtration der Abdampfrückstand um $86\,^0/_0$, der Glührückstand um $72\,^0/_0$ ab. Das sind äusserst günstige Ergebnisse, die aber, wenigstens zum Theil, auf die starke Koncentration des Abwassers zurückzuführen sind; bei einem durch Spül- und Regenwasser stark verdünnten Wasser dürfte die procentige Abnahme an Stickstoff etc. nicht so hoch sein; denn durch das Fällungsmittel kann Ammoniak nicht gefällt werden, und durch das Polarite-Filter wird, Ammoniak nicht oder nicht mehr zu Salpetersäure oxydirt werden als bei der Bodenberieselung (vergl. I. Bd. S. 343).

Der in den Klärbecken abgelagerte Schlamm wird entweder durch natürliches Gefälle oder durch Schlammpumpen entfernt, mit Aetzkalk — auf 100 Theile halbflüssigen Schlamm ca. 6 Theile gebrannter Kalk —

---

[1] In dem Abwasser von Hendon fand Vogel einmal 359 mg, ein zweites Mal 285,1 mg Stickstoff für 1 l. Das obige Mittel entspricht einem städtischen Abwasser ohne Regen.

vermengt, dann mit Hilfe von Filterpressen vom grössten Theil des Wassers befreit und in Akton wie Southampton mit Kehricht gemischt oder kompostirt. Die Untersuchung dieser Schlammproben ergab:

Bestandtheile	Hendon			Royton.	Akton.	Southampton.	
	1.Frischer Schlamm	2. Gepresst. Schlamm		Frischer Schlamm	Mit Kehricht kompostirt	Gepresst und mit Kehricht vermengt	
		Probe a)	Probe b)			Probe a)	Probe b)
	%	%	%	%	%	%	%
Wasser	37,19	4,18	4,85	36,81	53,29	26,67	23,30
Organische Stoffe .	24,42	30,03	25,50	27,67	16,06	nicht bestimmt	
Mit Stickstoff . .	0,68	1,32	1,08	0,62	0,78	0,45	0,43
Mineralstoffe . . .	38,37	65,79	69,65	35,52	30,65	nicht bestimmt	
Mit Phosphorsäure	0,46	1,02	0,61	0,46	0,39	0,27	0,29
„ Kali	—	—	—	—	—	0,49	0,24
„ Kalk	11,67	28,98	28,75	3,60	11,27	nicht bestimmt	
Düngergeldwerth für 100 kg . . .	0,75 ℳ	1,50 ℳ	1,20 ℳ	0,70 ℳ	0,85 ℳ	0,52 ℳ	0,50 ℳ

Da der Schlamm in diesen Fällen zu 0,50—1,00 M. für 100 kg verkauft wurde, so verwerthet er sich ziemlich hoch, in anderen Fällen ist er umsonst nicht los zu werden.

Der Zusatz von Kalk verringert an sich den Gehalt, bewirkt aber gleichzeitig noch einen Verlust an Stickstoff, indem in dem so behandelten und gepressten Schlamm 0,048—0,125 % freies Ammoniak gefunden wurden.

Nach vorstehenden Untersuchungen von J. H. Vogel kommt die Hauptwirkung des vorstehenden Reinigungsverfahrens, welches auch das internationale Reinigungs-Verfahren genannt wird, der Fällung mit Ferrozone zu; nach einem früheren Bericht von H. Alfr. Roechling[1]) über Versuche in Salford dagegen übt die Hauptwirkung die Filtration durch die Polarite-Schicht aus:

Spüljauche	Stündl. Filtrationsgeschwindigkeit in Millimetern	Ammoniak	Organisch gebundenes Ammoniak	Sauerstoffverbrauch nach drei Stunden	Gelöste Stoffe		Schwebestoffe	
					Glühverlust	Glüh-Rückstand	Glühverlust	Glüh-Rückstand
		mg	mg	mg	mg	mg	mg	mg
Ungereinigt	—	12,2	6,8	40,5	327,2	1018,4	217,0	117,0
Gereinigt, vor der Filtration .	—	11,9	5,3	36,3	361,0	1017,0	175,0	95,0
Gereinigt, nach der Filtration	243	2,1	0,7	6,8	256,7	1162,0	34,7	7,7

Hiernach hätte allerdings die Filtration die grösste Wirkung geäussert und hätte auch eine Oxydation des Ammoniaks zu Salpetersäure in den Filtern stattgehabt, was von J. H. Vogel geleugnet, von uns aber bei

---

[1]) Gesundh.-Ing. 1892, **15**, 585.

Versuchen im kleinen bestätigt wurde. Indess muss die grössere Wirkung der Filtration wohl darauf zurückgeführt werden, dass man dem Schmutzwasser nach Zusatz von Ferrozone nicht genügend Zeit zum Absetzen des Niederschlages in den Vorklärbecken gelassen hat.

Metzger[1]) hat das Ferrozone-Polarite-Verfahren im kleinen in Bromberg geprüft; im Mittel von 18 Einzelversuchen in den Tagen vom 13. Oktober bis 4. November 1896 wurde gefunden:

Rohe Jauche		Geklärte Jauche		Filtrat	
Organische Substanz	Keime	Organische Substanz	Keime	Organische Substanz	Keime
665,6 mg	535194	275,1 mg	152483	184,1 mg	38995

Die Versuche zeigen eine grössere oder geringere Abnahme an organischen Stoffen und Keimen; Metzger glaubt aber, dass in Zeiten von Epidemien das filtrirte Wasser noch mit Kalk (0,5 Promille) versetzt werden müsse, um die pathogenen Keime zu tödten. Dadurch wird aber das Verfahren schon an sich fragwürdig (vergl. I. Bd. S. 364 und weiter unten unter Kalkklärung).

Was die Kosten des Verfahrens anbelangt, so giebt Roechling an, dass in Salford auf 1 cbm Spüljauche 100 g Ferrozone gegeben wurden und letzteres für jede Tonne ungefähr 50 M. kostete.

Die Polarite-Menge wird man so zu bemessen haben, dass auf jedes Quadratmeter Filterfläche 195—200 kg dieses Stoffes kommen, welcher in England nach den damaligen Preisen ungefähr 100 M. für 1 Tonne kostete. Was die Filtrirfläche anbelangt, so wird man gut thun, dieselbe so zu bemessen, dass auf das Quadratmeter nicht mehr als 2700 l Spüljauche in 24 Stunden kommen; dies entspricht einer Filtrationsgeschwindigkeit von 113 mm in der Stunde, bei welcher eine grössere Wirkung erzielt wurde, als bei einer schnelleren Filtrationsgeschwindigkeit.

Metzger berechnet die Kosten des Verfahrens zu 67 Pf. für das Jahr und den Kopf der Bevölkerung.

Nach den hiesigen Versuchen im kleinen (Bd. I. S. 344) findet bei unterbrochener Filtration in dem Polarite-Filter allerdings eine Oxydation des Ammoniaks zu Salpetersäure statt, aber hierbei ist der gebundene Sauerstoff des Eisenoxyds ohne Zweifel unbetheiligt; Koks und Ackererde wirken in gleicher Weise. Wie mir H. Alfr. Roechling mittheilt, ist das Verfahren in England auch bereits wieder aufgegeben.

M. Knauff[2]) tritt wiederum für Filtration — und zwar der abwärts steigenden Wechselfiltration — ein und weist z. B. darauf hin, dass nach den früheren englischen Untersuchungen durch 1 cbm Filtermasse verschiedener Art folgende Mengen Spüljauche täglich gereinigt werden können:

1 cbm:	Torferde,	leichter Sandboden,	poröser Kiesboden,	Lehmboden,	Mittel
Jauche:	24 l	25 l	45 l	58 l	33,3 l

---

[1]) Gesundh.-Ing. 1897, **20**, 1.
[2]) Ebendort 1887, **10**, 643 u. 687.

Nimmt man nur die Hälfte jener Jauchemengen an und berechnet auf 1 Einwohner 120 l Spüljauche, so kommen bei der Filtration auf 1 cbm leichten Sandboden 0,1, Kiesboden 0,2, leichten Lehmboden 0,24 Einwohner. Entsprechend kommen auf 1 ha 1 m tief drainirten Bodens 1000, 2000 bezw. 2400 Einwohner oder bei 1,3 m tief drainirtem Boden 1300, 2600 bezw. 3100 Einwohner. Die englische Kommission berechnet sogar für 1 ha entsprechend: 3333 (Sir Rawlinson), 1666 (Robinson), 7500 (Frankland), 7500 (Birch), 2500 (Bayley-Denton) Einwohner.

Um die Thätigkeit der Mikroorganismen im Boden nicht zu verhindern, muss die Spüljauche mit Unterbrechungen auf denselben Boden aufgelassen werden, und um die Ansammlung der festen Auswurfstoffe an der Oberfläche des Bodens zu vermeiden, soll der Filtration eine Entschlammung der Jauche vorhergehen.

4. Die Kosten der Reinigung durch Filtration.

Die Kosten der Reinigung städtischer Abwässer durch Filtration müssen hiernach ausserordentlich schwanken, sowohl was die erste Anlage wie den Betrieb anbelangt. Die Betriebskosten dürften mindestens 0,40 bis 2,00 M. auf das Jahr und den Kopf der Bevölkerung betragen.

Ueber die sonstige Leistung der Filtration im Vergleich zur Rieselung vergl I. Bd. S. 339—345.

c) Reinigung der städtischen Abwässer durch das sogenannte biologische Verfahren (verbunden mit Filtration).

Im I. Bd. S. 346 habe ich bereits darauf hingewiesen, dass schon öfters der Vorschlag gemacht ist, die städtischen Abwässer statt durch Abtödtung der Bakterien gerade durch Begünstigung des Wachsthumes derselben zu reinigen.

Als Versuche dieser Art können das Verfahren von Scott-Moncrieff und das von Dibdin und Schweder bezeichnet werden.

α) Das Scott-Moncrieff'sche Verfahren.

Dasselbe ist nach einem Privatbericht von H. Alfr. Roechling[1]) in mehreren Orten Englands versucht worden und zerfällt in zwei Vorgänge, nämlich eine aufsteigende Filtration durch Lüftungsfilter und in eine Nitrifikation.

Für einen Haushalt von 10—12 Personen sind zwei Filter von je 90 cm Tiefe, 75 cm Breite und 3 m Länge erforderlich; in das erste tritt die Spüljauche von unten ein, steigt durch den durchlöcherten Boden in die Filtermasse, welche aus aufeinanderfolgenden Lagen von Feuerstein, Koks und Kies besteht und eine Gesammtstärke von 35 cm hat; das oben zum Ab-

---

[1]) Vergl. auch Hyg. Rundsch. 1893, **3**, 311.

fluss gelangende Abwasser gelangt in ein zweites Filter und von diesem in den Nitrifikationskanal, der mit Koks ausgefüllt ist und eine der Beschaffenheit des Wassers anzupassende Länge besitzt.

Infolge der aufsteigenden Filtration soll eine genügende Lüftung stattfinden und das Wachsthum von aëroben Mikroorganismen begünstigt werden, welche eine schnelle Oxydation der organischen Stoffe bewirken sollen. Ein altes, an Mikroben reiches Filter arbeitet angeblich besser, als ein neues; letzteres soll mit der Masse eines alten, bereits einige Zeit im Betrieb befindlichen Filters geimpft werden.

An Mikroben sind in den Filtern vorwiegend beobachtet: Bacillus fluorescens liquefaciens, B. subtilis, B. fugurans, B. luteus, B. Mycoides, Proteus vulgaris, Cladothrix dichotoma.

Die Untersuchung des solcherweise gereinigten häuslichen Abwassers lieferte im Mittel mehrerer Proben folgendes Ergebniss für 1 l:

A. Das Abwasser von den Züchtungsfiltern.

No.	Art des Abwassers	Anzahl der untersuchten Proben	Geruch	Reaktion	Klarheit. Tiefe in Millimetern, bis auf welche Buchstaben, 1 mm gross, gelesen wurden.	Gelöste Stoffe						Nitrate und Nitrite berechnet als KNO$_3$	Keime in 1 ccm
						Chlor	Trocken-Rückstand	Ammoniak Freies	Albuminoid- (Wanklyn)	Sauerstoffverbrauch nach ¼ Std.	nach 3 Std.		
					mm								
1	Ashtead Züchtungsfilter (25./11.—3./12. 1892)	11	meist unangenehm	.meist schwach alkalisch	51	111,6	1030,0	41,2	23,6	—	—	—	793750
2	Ashtead Züchtungsfilter, erwärmt (9./2. bis 13./2. 1893)	2	unangenehm	schwach alkalisch	58	78,0	800,0	32,0	8,0	11,9	28,7	—	1900000
3	Durchschnittswerth	13	—	—	55	94,8	915,2	36,6	15,8	11,9	28,7	—	1346875

B. Das Abwasser aus dem Nitrifikationskanal.

No.	Art des Abwassers	Anzahl der untersuchten Proben	Geruch	Reaktion	Klarheit Tiefe	Chlor	Trocken-Rückstand	Ammoniak Freies	Albuminoid- (Wanklyn)	nach ¼ Std.	nach 3 Std.	Nitrate und Nitrite berechnet als KNO$_3$	Keime in 1 ccm
4	Nitrifikationskanal, 9 m lang (20./12.92—26./1. 1893)	14	sehr schwach unangenehm	schwach alkalisch	71	87,3	798,2	36,0	9,5	15,5	35,2	6,7	2562500
5	Nitrifikationskanal, 25 m lang, (9./2.—21./2. 93)	5	meist geruchlos	schwach alkalisch	122	78,5	662,5	29,9	4,5	5,6	10,9	8,1	275000
6	Durchschnittswerth	19	—	—	97	82,9	730,3	32,9	7,0	10,5	23,0	7,4	1418750

Hiernach lässt sich eine gewisse Wirkung, bestehend in Beseitigung der Schwebestoffe und Oxydation der organischen Stoffe nicht verkennen; ja die Schwebestoffe sollen in den Filtern infolge Oxydation alsbald verschwinden. Indess ist die Wirkung gegenüber der Berieselung nur gering; so enthält 1 l gereinigtes Wasser im Mittel:

	Freies Ammoniak	Albuminoid-Ammoniak
1. Nach dem Scott-Moncrieff'schen Verfahren . . .	29,9 mg	4,5 mg
2. Nach der Berieselung in Berlin	1,1 „	0,4 „

Auch ist beobachtet worden, dass das Wasser von den Filtern oder aus dem Nitrifikationskanal immer alkalisch reagirte, meist unangenehm roch und häufig nicht farblos war, also durchweg noch die Eigenschaften besass, wegen derer städtische Abwässer unangenehm und schädlich sind.

β) Das Dibdin-Schweder'sche Verfahren.

Im Gegensatz zu vorstehendem Verfahren wird nach dem Vorschlage von dem Chemiker Dibdin in London und dem Ingenieur V. Schweder in Gross-Lichterfelde bei Berlin das Abwasser nicht erst gelüftet, sondern zunächst in einem thunlichst vor Luftzutritt geschützten Raum einer starken Fäulniss und dann in Kies-Koks-Filtern der Oxydation (Nitrifikation) unterworfen. Die Anlage ist einfach und erhellt aus der Beschreibung im I. Bd. S. 346.

Die ersten Anlagen dieser Art wurden von Dibdin in Sutton und Exeter ausgeführt. Die im Monat Januar aus diesen Anlagen entnommenen Proben, die allerdings erst 3 Tage nach der Entnahme zur Untersuchung gelangten, ergaben im Mittel für 1 l:

Jauche:	Schwebe-stoffe		Gelöste Stoffe		Zur Oxydation erforderl. Sauerstoff		Stickstoff in Form von			Schwefelsäure	Phosphorsäure	Chlor	Kalk
	organische	un-organische	organische (Glüh-verlust)	unorga-nische(Glüh-rückstand)	in saurer Lösung	in alkalischer Lösung	organischen Ver-bindungen	Ammoniak	Salpeter-säure				
	mg	mg	mg	mg	mg	mg	mg	mg	mg	mg	mg	mg	mg
1. Rohe Jauche	255,3	212,5	183,5	455,0	30,2	33,6	11,7	76,0	10,6	83,9	19,4	74,4	180,0
2. Gefaulte „	36,8	44,6	149,5	461,0	21,9	22,1	4,7	34,0	16,6	70,1	8,9	79,7	155,0
3. Gelüftete und oxyd. Jauche	33,0	33,9	212,5	462,5	9,8	15,5	3,9	7,0	20,5	94,3	4,8	76,1	190,0

Die in Gross-Lichterfelde erbaute Anstalt verarbeitete täglich 100 cbm Rohjauche und war hier zur vollständigeren Oxydation der organischen Stoffe ein zweiter Oxydationsfilterraum eingerichtet; die hier erzielten Ergebnisse waren im allgemeinen nach 8 verschiedenen Untersuchungen (4 in der kälteren und 4 in der wärmeren Jahreszeit) noch günstiger, nämlich im Mittel für 1 l:

Jauche. Mittel:	Schwebe-stoffe		Gelöste Stoffe											
	organische	unorganische	organische	unorganische	Zur Oxydation erforderl. Sauerstoff in saurer Lösung	in alkalischer Lösung	Stickstoff in Form von organ. Verbindungen	Ammoniak	Salpetersäure	Gesammtstickstoff	Schwefelsäure	Phosphorsäure	Chlor	Kalk
	mg	mg	mg	mg	mg	mg	mg	mg	mg	mg	mg	mg	mg	mg
von Rohjauche	1574,9	1327,6	418,9	601,5	45,0	53,2	33,6	79,1	6,7	119,4	45,3	34,5	305,5	301,2
„ gefaulter Jauche	161,1	70,7	266,6	500,8	34,3	41,0	12,1	77,0	6,1	95,2	45,9	20,3	305,3	122,8
von Drain-wasser I. Oxydations-Filterraum	Spur	Spur	268,5	918,3	12,9	17,3	9,5	22,0	30,5	62,0	68,9	3,8	355,5	229,6
II. Oxydations-Filterraum	Spur	Spur	352,5	884,4	11,9	14,9	8,9	7,2	40,2	56,3	108,8	0,6	345,2	196,7

Ganz ähnliche Ergebnisse lieferte eine Reinigungsanlage nach dem Schweder'schen Verfahren in Landeck i. Schl. für die dortige Militär-kuranstalt.

Nach 5 Untersuchungen von anderen Versuchsanstellern[1]) wurde im Mittel gefunden für 1 l:

	Ammoniak	Salpetrige Säure	Salpetersäure	Schwefelsäure	Kalk
	mg	mg	mg	mg	mg
1. Rohe Jauche	82,9	0	4,3	46,7	183,9
2. Gefaulte Jauche . .	85,0	0—viel	7,7	49,3	136,9
3. Oxydirte „ . .	15,9	2,2	84,9	79,4	200,1

Diese Versuche lassen die Wirkung des Verfahrens deutlich hervor-treten. Zunächst nimmt bei denselben, wie oben bei anderen Filtrations-Versuchen, die Menge der gesammten gelösten Stoffe besonders an un-organischen Stoffen (Glührückstand) mehr oder weniger zu, was darauf zurückgeführt werden muss, dass die durch die Oxydation bewirkte Bildung von Kohlensäure, Salpeter- und Schwefelsäure lösend auf mineralische Be-standtheile (kohlensauren Kalk) der Filtermasse wirkt. Die Abnahme von Phosphorsäure muss auf eine durch Calciumkarbonat oder Eisenoxyd be-wirkte Bindung zurückgeführt werden.

In dem vor Luftzutritt geschützten Faulraum, in welchem das frisch zutretende Kanalwasser durch Berührung (gleichsam Impfung) mit dem stark in Fäulniss begriffenen zu verdrängenden Wasser während 24 Stunden in eine erhöhte Fäulniss versetzt wird, nimmt der Stickstoff in Form von organischen Verbindungen ebenso wie die Schwebestoffe erheblich ab, einer-seits infolge mechanischer Niederschlagung, andererseits infolge Zersetzung, Spaltung durch die Fäulnissbakterien. Wenn durch letzteren Vorgang

---

[1]) Vergl. V. Schweder in „Gesundheit" 1898, 218.

das Ammoniak nicht wie die gelösten organischen Stoffe in demselben Masse in dem aus dem Faulraum auftretenden Wasser zunimmt, sondern im Durchschnitt eher eine Abnahme erfährt, so scheint auch bei diesem Vorgange schon eine theilweise Vergasung der organischen Stoffe und ein Freiwerden von Stickstoff stattzufinden.

Für gewöhnlich erfährt indess, wie es auch naturgemäss ist, das Ammoniak eine Zu- und der organische Stickstoff eine Abnahme.

Aus dieser spaltenden und zersetzenden Wirkung der Fäulnissbakterien auf die organischen Schwebestoffe erklärt sich auch die verhältnissmässig geringe Schlammablagerung in dem Fäulnissraum.

Dass diese aber, wie vielfach behauptet wird, nicht gleich Null sein kann, geht schon daraus hervor, dass die Fäulnissbakterien die unlöslichen unorganischen und auch gewisse organischen Bestandtheile der Jauche nicht zu zerlegen und aufzulösen vermögen.

Wenigstens ergab eine aus dem Fäulnissraum in Exeter von Ingenieur H. Alfr. Roechling eingesandte Schlammprobe eine nicht unerhebliche Menge noch vorhandener stickstoffhaltiger Stoffe, nämlich in der Trockensubstanz:

Organische Stoffe	mit: Stickstoff	Mineralstoffe	mit: Kalk	Phosphorsäure	Schwefelsäure	Kali	Sand und Thon
32,37 %	2,86 %	67,63 %	4,69 %	0,79 %	2,38 %	1,47 %	39,75 %

Um eine genügende Wirkung zu erzielen, muss städtisches Abwasser mindestens 24—48 Stunden in dem Faulraum verweilen; für andere Abwässer wird sich die Zeit des Aufenthaltes im Fäulnissraum nach dem Grad der Fäulnissfähigkeit richten, und muss letztere unter Umständen durch künstliche Impfung mit stark fauligen Flüssigkeiten unterstützt werden.

Der Schwerpunkt des Verfahrens liegt aber in dem Oxydationsfilterraum, wo infolge von vorhandenen Oxydationsbakterien eine erhebliche Bildung von Kohlensäure, Schwefelsäure und Salpetersäure statt hat, ähnlich wie bei der Bodenberieselung. Als günstigste Aufenthaltsdauer in diesem Raum hat sich im allgemeinen die Zeit von zwei bis drei Stunden erwiesen. Ein einstündiger Aufenthalt genügt nicht, ein mehr als dreistündiger Aufenthalt kann unter Umständen Rückbildungen verursachen. In dem nach hiesigen Versuchen im Mai und Juli untersuchten Wasser aus dem zweiten Oxydationsfilterraum konnten wir für vier verschiedene Tage qualitativ kein Ammoniak mehr nachweisen.

Schmidtmann, Proskauer, Elsner, Wollny und Baier[1]) fanden in der Gross-Lichterfelder Anlage eine Abnahme der Oxydirbarkeit um 70 %, des Ammoniakstickstoffes um 75 %, eine Neubildung von Nitrit- und Nitrat-Stickstoff um 20—25 %. Die Bildung der Nitrate und Nitrite gehen nach diesen Versuchsanstellern nicht im gefüllten Filter, sondern erst nach Leerung desselben, also in den Ruhepausen vor sich. Auch bezeichnen

---

[1]) Vierteljahrsschr. f. gerichtl. Med. u. öffentl. Sanitätswesen, 3. Folge, **16**, 157.

sie es noch als zweifelhaft, ob der Faulraum durchaus nothwendig sei; sie wollen ihm nur als Sedimentirraum Bedeutung beilegen, um die Filter vor Verschlammung zu schützen. Diese Annahme hat sich inzwischen schon wohl dadurch widerlegt, dass in einem nicht genügend gefaulten Abwasser die Oxydation und Nitrifikation überhaupt nicht, oder nur in beschränktem Maasse eintritt.

Auch Schumburg[1]) hält auf Grund von Versuchen im kleinen die vorherige Fäulniss der Jauche bei einer gewissen genügenden Verdünnung für wesentlich. Er fand in Gemeinschaft mit Cieslewitz und Guichard[2]) im Mittel von 14 verschiedenen Analysen[2]) für 1 l:

Jauche	Lösliche Stoffe (bei 100° getr.) mg	Glührückstand mg	Kaliumperman-ganat-Verbrauch mg	Albuminoid-Ammonniak mg	Ammoniak mg	Salpetrige Säure mg	Salpetersäure mg	Schwefelsäure mg	Phosphorsäure mg	Kalk mg	Chlor mg	Keime von Mikrophyten
Rohe	695,6	448,5	294,4	97,3	73,5	0	Spur	40,6	18,4	86,1	164,4	2 602 787
Gereinigte[3]) .	1080,3	669,6	121,1	17,9	15,1	1,7	89,3	63,2	9,7	201,3	174,8	423 610

Diese Ergebnisse entsprechen vollständig den an hiesiger Versuchsstation gefundenen.

Die noch verhältnissmässig hohe Anzahl von Bakterien in dem sedimentfreien Abwasser lässt sich nicht durch Filteranlagen, auch nicht durch künstlich erzeugte Schlammschichten von zugesetzten mineralischen Sedimentirstoffen beseitigen; sehr empfehlenswerth dafür sind nach Schumburg entweder Berieselung oder Aufstauen in flachen Klärbecken mit Ueberfall unter gleichzeitiger Einsaat von Algen, weil letztere ebenfalls den Bakteriengehalt alsbald vermindern.

Unter den Bakterien spielt ohne Zweifel das Bact. coli commune eine besondere Rolle; dasselbe ist anscheinend sowohl bei den Fäulniss- wie Oxydationsvorgängen sowie bei der Nitritbildung betheiligt und durchläuft unbeschädigt alle Räume der Anlage. Da die Typhusbakterien dem Bact. coli nahe verwandt sind und sich ähnlich verhalten, so ist nicht mit Sicherheit anzunehmen, dass pathogene Keime in der Schweder'schen Kläranlage abgetödtet werden.

Nitrificirende Bakterien liessen sich in dem Klärwasser sowohl bei Sauerstoff-Anwesenheit als -Abwesenheit nachweisen.

---

[1]) Vierteljahrsschr. f. gerichtl. Med. u. öffentl. Sanitätswesen, 3. Folge, **17**, Heft 1.

[2]) Die Rohjauche wie die gereinigte Jauche wurden zu gleicher Zeit entnommen; aus dem Grunde entsprechen sich die Proben nicht, weil die Rohjauche mindestens 24 Stunden in der Reinigungsanlage verblieb. Die Zahlen geben aber die allgemeine Beschaffenheit der rohen und gereinigten Jauche wieder.

[3]) Das von dem Oxydationsfilterraum abfliessende Wasser.

Wenn daher Th. Weyl[1]) aus Versuchen mit vorstehendem Verfahren im kleinen schliesst, dass das Filter seine oxydirende Wirkung verhältnissmässig schnell und zwar vorwiegend durch Verschlammung verliert und durch Ausruhen nicht vollständig wieder erlangt, dass ferner das Filter den Abbau organischer stickstoffhaltiger Verbindungen auch ohne Bildung von Salpetersäure und salpetriger Säure bewerkstelligt, so trifft diese Behauptung für die obigen Versuche im grossen nicht zu und müssen diese Ergebnisse wohl in der unrichtigen Anordnung und Durchführung der Versuche im kleinen ihren Grund haben; denn die obigen über ein Jahr fortgesetzten Versuche lassen nach den vielseitigen Untersuchungen stets eine starke Nitrifikation erkennen, die zeitweise das gesammte Ammoniak beseitigt.

Wesentlich aber dabei wird stets die unterbrochene Filtration sein, d. h. dass man den Filtern nach jeder Benutzung eine entsprechende Ruhezeit behufs völliger Durchlüftung gewährt.

Bei der Oxydation des Stickstoffs geht aber, wie ersichtlich, eine grosse Menge freien Stickstoffs verloren, wie es nach anderweitigen Versuchen erwartet werden muss. Offenbar haben wir es bei diesem Verfahren mit einem überraschenden Erfolge zu thun, der in seinem Endverlauf dem der Bodenberieselung mehr oder weniger gleichkommt. Das Verfahren wird daher überall da Beachtung verdienen, wo es sich um Unschädlichmachung geringer Mengen leicht faulender Abwässer handelt oder wo bei einem mangelhaft filtrirenden Boden oder bei einer geringen Bodenfläche die Zersetzung der organischen Stoffe unterstützt werden soll; man wird dann unter Anwendung des vorstehenden Verfahrens mit einer geringeren Bodenfläche auskommen und auch einen weniger gut durchlässigen Boden für die Rieselung verwenden können.

Denn an sich empfiehlt sich für das nach diesem Verfahren erhaltene Abwasser eine weitere Verwendung zur Berieselung oder für die Teichwirthschaft, weil dadurch wenigstens ein kleiner Theil der noch vorhandenen werthvollen organischen Stoffe ausgenutzt und eine Verunreinigung der Flussläufe abgeschwächt wird. Ob nämlich das von dem Oxydationsfilterraum abfliessende Drainwasser ohne weiteres in die Flüsse abgelassen werden darf, ob es nicht wenigstens eine nennenswerthe Verdünnung erfahren muss, bleibt noch festzustellen.

Ebenso muss noch festgestellt werden, ob sich das Verfahren für grosse Mengen Abwasser, z. B. aus Städten von 30000 Einwohnern und mehr eignen wird. Ueber sonstige Bedingungen für die Wirkung dieses Verfahrens vergl. I. Bd. S. 351.

γ) Die Kosten dieses Reinigungsverfahrens.

anlangend, so liegen darüber bis jetzt noch keine sicheren Angaben vor. Anfänglich hat V. Schweder angegeben, dass die Anlagekosten 6 M. und

---

[1]) Deutsche medic. Wochenschr. 1898, Nr. 38.

die jährliche Unterhaltung 40—50 Pf. für den Kopf der Bevölkerung betragen.

In einer späteren Veröffentlichung[1]) glaubt V. Schweder, dass für solche Anlagen ausschliesslich von Hofstellen, Teichen und Rieselland auf 1 cbm Jauche 2—2,5 qm oder für 30000 Einwohner mit 1500 cbm Jauche rund 3500 qm erforderlich seien und dass sich der Faulraum sowie die Oxydations-Filterräume für die Reinigung der Abwässer von 30000 Einwohnern zu rund 120000 M. herstellen lassen würden. Dieses Anlagekapital würde mit $7\,^0/_0$, also mit 8400 M. jährlich, Verzinsung, Tilgung und Instandhaltung gedeckt werden müssen. Hierzu kämen noch für die Bedienung der Anlage etwa 2000 M. (Gehalt für einen Aufseher) und 1600 M. für unvorhergesehene Unkosten, so dass 30000 Einwohner im Jahr 12000 M. oder für den Kopf 40 Pf. zur Deckung aller Aufwendungen für die Anlage zahlen müssten.

Diese Veranschlagung ist aber wohl erheblich zu niedrig gegriffen; denn zunächst sind auf 30000 Einwohner nicht 1500 cbm, sondern wie überall durchschnittlich 3000 cbm Abwasser zu rechnen, so dass schon hiernach allein eine Anlagefläche von 6000—7000 qm bedingt wäre. Auch muss, wenn nicht der ganze Oxydations-Filterraum, so doch der Faulraum für die Auswechselung behufs Reinigung doppelt gerechnet werden, so dass einschliesslich der Hofstelle für den Wärter auf 30000 Einwohner ein Reinigungsflächenraum von 10000 qm oder 1 ha entfallen würde, dessen Herstellung auch ohne Bodenerwerbskosten mindestens doppelt so hoch, nämlich zu 240000 M. veranschlagt werden muss.

Dazu kommen aber noch die Bodenerwerbskosten behufs Nachrieselung oder Anlage von Fischteichen, welche weitere Behandlung V. Schweder selbst bei diesem Verfahren für wünschenswerth hält.

Jedenfalls wird man in den Fällen, wo man geeigneten Boden in genügender Ausdehnung zu angemessenen Preisen haben kann, zweckmässiger die Bodenberieselung anwenden. Denn bei richtiger Ausführung der Berieselung, besonders bei richtig ausgeführter unterbrochener Berieselung wird man nicht nur dieselbe oxydirende Wirkung oder eine noch höhere Oxydation der organischen Stoffe, sondern auch eine wenn auch nicht volle, so doch annähernde Verzinsung des Anlagekapitals erzielen.

d) Reinigung der städtischen Abwässer durch chemische Fällungsmittel und Klärung.

Im allgemeinen hat man dort, wo eine Reinigung der städtischen Abwässer durch Berieselung oder Filtration nicht möglich ist oder beliebt wird, chemische Fällungsmittel zur Reinigung angewendet, indem man den entstandenen Niederschlag durch Verlangsamung der Wasserbewegung

---

[1]) Gesundheit 1898, 219.

bald in einfachen Klärvorrichtungen mit wagerechter Bewegung, oder in Tiefbrunnen bezw. in Vacuumapparaten (Rothe-Roeckner) mit aufwärtssteigender Bewegung des Wassers zu entfernen sucht. Bereits in Bd. I S. 353 habe ich eine Uebersicht über die grosse Anzahl der chemischen Fällungsmittel gegeben; von diesen mögen hier diejenigen näher aufgeführt werden, deren Wirkungen bei städtischen Abwässern geprüft worden sind.

<h3 style="text-align:center">α) Reinigung durch Kalk.</h3>

Die zugesetzten Mengen Kalk schwanken je nach der Beschaffenheit des Wassers zwischen 0,1—0,5 g für 1 l Abwasser. Die Wirkung desselben beruht, wie schon bemerkt, darauf, dass sich entweder aus dem doppelt-kohlensauren Calcium der Wässer, sowie aus der freien Kohlensäure derselben unlösliches, einfach kohlensaures Calcium, oder aus Phosphorsäure, Eiweiss, Seifen, Fett etc. und dem Kalk unlösliche Verbindungen bilden, welche sich niederschlagen und die schwebenden Schlammtheilchen mitniederreissen. Die auf diese Weise mit Kalk gereinigten Kanalwässer von Blackburn, von Leicester und von Frankfurt a/M.[1] ergaben z. B. auf 1 l:

Kanalwasser	Schwebe-stoffe			Gelöste Stoffe							
	Un-organische	Organische	Organischer Stickstoff	Im ganzen	Organischer Kohlenstoff	Organischer Stickstoff	Ammoniak	Gesammt-Stickstoff	Sauerstoff-Verbrauch	Kalk	Schwefel-säure
	mg	mg	mg	mg	mg	mg	mg	mg	mg	mg	mg
1. Von Blackburn.											
Ungereinigt	133,8	283,0	—	597,0	41,03	4,6	14,26	16,34	—	—	—
Gereinigt	63,4	69,0	—	660,0	26,19	4,12	19,59	20,12	—	—	—
2. Von Leicester.											
Ungereinigt	185,0	295,8	—	1120,0	35,36	7,47	18,00	22,29	—	—	—
Gereinigt	19,0	9,4	—	900,0	26,08	3,40	18,00	18,22	—	—	—
3. Von Frankfurt a/M.					Organ. Stoffe mg						
Ungereinigt	510,0	980,0	55,4	?	380,0	10,03	45,9	111,4	10,2	105,0	82,1
Gereinigt	20,0	99,0	4,0	503,0	333,0	23,4	45,1	72,3	3,7	208,0	223,5

Eine Reinigung mit Kalk allein haben in England auch die Städte Hawick und Bradford, in Deutschland die Stadt Wiesbaden eingeführt.

---

[1] B. Lepsius: Mittheilungen d. physik. Vereins in Frankfurt a. M. 1889.

Ueber erstere berichtet G. Wolff,[1]) dass die Stadt Hawick Mitte der 80er Jahre täglich ca. 2300 cbm Hausabwasser — darunter von etwa 3000 Abtritten — und 3000 cbm Fabrikabwasser aller Art zu reinigen hatte. Die Reinigung geschah mittelst Zusatzes von Kalk und durch Klärung in einfachen Klärbecken, worin die Geschwindigkeit 0,45 (?) mm in 1 Sekunde betrug. Säure und viel Fett enthaltende Flüssigkeiten aus Fabriken durften dem städtischen Kanal nicht zugeführt werden; die Walkbrühen wurden darum vorher mittelst des Säureverfahrens entfettet. Analysen des ungereinigten und gereinigten Abwassers wurden nicht mitgetheilt, sondern wurde nur erwähnt, dass das schmutzige Wasser nach dem Kalkzusatz bald eine klare Beschaffenheit annahm und klar zum Flusse Slitrig bezw. Peviot abfloss. Der wöchentlich etwa 120 t ausmachende Schlamm aus dem Klärbecken wurde mit ca. 580 t fester Haus- und Strassenabfällen vermengt und von Landwirthen mit 1—5 M. für 1 Tonne bezahlt; die Reinigungskosten betrugen 220—240 M. für 1 Woche, von denen nach Abzug der Abfuhrkosten für Strassen- und Hauskehricht 80—100 M. aus dem verkauften Dünger gedeckt wurden.

Das Abwasser der Stadt Bradford betrug (Mitte der 80er Jahre) täglich 36—40000 cbm und bestand zur Hälfte aus Abwässern von Wollwäschereien, Shoddy-, Tuch- und Stofffabriken, Färbereien etc. Nachdem es in Stromgerinnen und durch Siebe zunächst von den gröbsten Bestandtheilen, vorwiegend Fasern, gereinigt war, wurde es mit 200—220 kg gebranntem Kalk auf 1000 cbm Schmutzwasser versetzt, in 1,8 m tiefen und 81 cbm fassenden Klärbehältern behufs Absetzen des Schlammes der Ruhe überlassen und nach der Klärung noch durch Koksfilter filtrirt.

Kanalwasser (in 1 l)	Schwebestoffe			Gelöste Stoffe						
	Im ganzen mg	Organische mg	In letzteren Stickstoff mg	Im ganzen mg	Organische mg	Organischer Stickstoff mg	Ammoniak mg	Kalkphosphat mg	Chlor mg	Freier Kalk mg
1. Ungereinigt (in trockener Jahreszeit) .	16610,0	9049,2	265,0	5700,0	3454,0	16,5	132,9	246,0	100,0	—
2. Gereinigt und filtrirt . . .	57,0	—	—	872,0	106,0	1,4	6,0	—	52,0	211,0

Es handelt sich hier um ein ausserordentlich stark verunreinigtes Wasser; der günstige Erfolg der Kalkklärung muss wohl wesentlich dem Umstande zugeschrieben werden, dass die Schmutzstoffe der einzelnen Abwässer selbstreinigend (fällend) aufeinander einwirkten, oder wie Ammoniak durch den freien Kalk verflüchtigt wurden. Für den Schlamm wurde von A. Völcker folgende Zusammensetzung gefunden:

---

[1]) Eulenberg's Vierteljahresbericht N. F., **39**, Nr. 1 u. 2.

Schlamm	Wasser %/₀	Organische Stoffe %/₀	Darin Stickstoff %/₀	Thonerde und Eisenoxyd %/₀	Calciumphosphat %/₀	Calciumkarbonat %/₀	Calciumsulfat %/₀	Alkalisalze und Magnesia %/₀	Darin Chlorkalium %/₀	Sand %/₀
1. Aus den Stromgerinnen (Fähren etc.) .	15,00	41,88	0,77	4,61	1,21	7,11	0,73	2,24	0,82	27,52
2. Von der Kalkfällung . . .	15,00	36,44	0,67	3,77	3,24	27,36	2,36	3,52	0,77	8,21

Die Betriebskosten betrugen ohne Anrechnung des Anlagekapitals (1 260 000 M.) jährlich 800 000 M. oder 2,00—2,25 M. für 1 cbm Abwasser und Jahr oder 0,41 M. auf den Kopf der Bevölkerung. Für den Schlamm wurden 2,50 M. für 1 t erhalten.

Auch die Stadt Wiesbaden klärt ihre Abwässer bis jetzt ausschliesslich unter Zusatz von Kalk.

Angewendet werden in der Nacht von 2—5 Uhr 20—30 g, morgens von 10—11 Uhr bis 500 g, im Durchschnitt 200 g Kalk für 1 cbm.

Nach einem mir gütigst vom Magistrat der Stadt Wiesbaden übersandten Bericht fand R. Fresenius im Mittel von 2 Probenahmen (27. Juni und 12. Sept. 1894):

Abwasser:	Schwebestoffe im ganzen	Gelöst:		Zur Oxydation erforderlicher Sauerstoff
		Organische Stoffe (Glühverlust)	Unorganische Stoffe (Glührückstand)	
Ungereinigt	814,6 mg	212,0 mg	1871,6 mg	104,7 mg
Gereinigt	78,0 „	128,4 „	2157,8 „	68,2 „

An Mikrophyten-Keimen wurde für 1 ccm Wasser gefunden:

Zeit der Probenahme	Ungereinigtes Abwasser	Gereinigtes Abwasser:	
		beim Einlauf in den Mühlengraben	400 m unterhalb des Einlaufs
Nov. 1892 (2 Probenahmen)	4 550 000	26 000	420 006
Juni 1893	16 100 000	5 250 000	12 650 000

Nicht so günstige Ergebnisse für die chemische Reinigung erhielten wir nach einer vom Stadtbauamt in Wiesbaden im April 1895 bewirkten Probenahme; die übersandten Proben Wasser ergaben für 1 l:

Abwasser:	Schwebestoffe			Gelöste Stoffe													Keime von Mikrophyten für 1 ccm
	Unorganische	Organische	Stickstoff	Unorganische (Glührückstand)	Organische (Glühverlust)	Zur Oxydation erf. Sauerstoff in alkal. Lösung	in saurer Lösung	Stickstoff Gesammt-	als Ammoniak	Kalk	Magnesia	Kali	Phosphorsäure	Chlor	Schwefelsäure	
	mg	mg	mg	mg	mg	mg	mg	mg	mg	mg	mg	mg	mg	mg	mg	
1. Ungereinigt	1710,0	471,0	22,8	1054,5	153,0	38,7	40,0	39,9	37,0	145,0	38,7	72,2	16,8	350,0	92,4	2610000
2. Gereinigt: a) beim Ausfluss aus den Klärteichen	26,0	13,0	1,3	1662,5	210,5	43,5	45,4	40,6	31,3	133,0	19,4	78,5	Spur	859,0	60,8	378000
b) aus dem Mühlengraben, 400 m unterhalb .	116,0	38,0	2,1	1208,5	170,0	28,8	31,0	24,9	22,8	136,0	31,6	62,2	2,6	626,0	40,9	630000

Alle 3 Wasserproben reagirten neutral, ein Beweis, dass ein Ueberschuss von Kalk nicht zugesetzt war. Hieraus erklärt sich auch wohl, dass das aus den Klärvorrichtungen abfliessende Wasser noch verhältnissmässig viel Keime von Mikrophyten enthielt.

Auch entsprechen sich offenbar wegen des schwankenden Chlorgehaltes ungereinigte und gereinigte Proben nicht. Wenn man hiervon absieht, so könnte man für das 400 m im Mühlengraben geflossene Wasser (2b) eine schwache Selbstreinigung von organischen Stoffen annehmen, während es eine erhöhte Menge an Mikrophyten zeigt. Im übrigen werden von der Kalkfällung vorwiegend, wie man sieht, nur die Schwebestoffe betroffen.

Die täglich zu reinigende Menge Abwasser der Stadt Wiesbaden beträgt nach einem Bericht von Winter[1]) durchschnittlich 24000 cbm bei 60000 Einwohnern — das zu reinigende Wasser schliesst noch Bachwasser etc. ein. Die Menge des eigentlichen Kanalwassers beträgt 7500 cbm täglich, der Kalkzusatz durchschnittlich 2400 kg für 1 Tag. Das Wasser hat in den Kläranlagen bei Regenwetter eine mittlere Geschwindigkeit von 4,3 mm und eine Aufenthaltszeit von 3 Stunden, bei Trockenwetter eine mittlere Geschwindigkeit von 2,2 mm und eine Aufenthaltszeit von 6 Stunden. Die Betriebskosten berechnen sich auf 33000 M. für 1 Jahr oder für 1 cbm Abwasser auf 0,38 Pf. oder für 1 Kopf und Jahr auf 55 Pf.; dazu kommen für Verzinsung des Anlagekapitals (von im ganzen 400000 M.) noch 14400 M. für 1 Jahr, sodass die Gesammtkosten der Reinigung 55 + 24 = 79 Pf. für 1 Jahr und Kopf Einwohner betragen.

Eine Verwerthung des Schlammes zu Düngezwecken findet bis jetzt nicht statt; er dient zur Aufhöhung des Geländes in der Nähe der Kläranlage, woraus sich Unzuträglichkeiten und Gesundheitsschädigungen bis jetzt nicht ergeben haben (vergl. I. Bd. S. 393).

---

[1]) Bericht über d. 14. Vers. d. Deutschen Vereins f. öffentl. Gesundheitspflege in Frankfurt a. M. 1888, 87.

In dem **Krankenhaus** in **Epperndorf** bei Hamburg[1]) wird die Spüljauche durch $2\,^0/_0$ ige Kalkmilch gefällt bezw. sterilisirt. Hierdurch werden alle Krankheitskeime durchweg in 1, mindestens in 2 Stunden getödtet. Das Krankenhaus hat bei voller Belegung (320 Betten) im Tage 41,600 cbm Abwasser; dasselbe wird durch Fällen mit Kalk in 4 Gruben von je 5,200 cbm Inhalt in der Weise gereinigt, dass zunächst 3 Gruben und dann die 4. mit dem Abwasser gefüllt und nach dem Füllen der 3 ersten Gruben Kalkmilch von obigem Gehalt[2]) zugesetzt und diese mittelst eines in jeder Grube befindlichen einfachen Rührwerks gehörig mit dem Spülwasser vermischt wird. Während die 3 Gruben der Ruhe überlassen werden, damit sich der gebildete Niederschlag absetzen kann, wird die 4. Grube in derselben Weise gefüllt und behandelt und so fort, so dass die 4 Gruben bei voller Belegung 2 mal im Tage gefüllt und entleert werden. Die Fällung und Sterilisirung der Abwässer in mehreren kleinen Gruben hat sich als zweckmässiger und wirksamer erwiesen, wie die Behandlung in einem einzigen grossen Klärbecken.

Die Kosten dieser Reinigung betragen einschl. Arbeitslohn etwa 14,4 Pf. für 1 cbm Abwasser oder 6,84 M. für 1 Bett und Jahr.

In ähnlicher Weise klärt die Stadt **Sheffield** ihre 45400 cbm Abwässer durch Fällen mit Kalk und durch Vertheilen des mit Kalkmilch versetzten Abwassers in 30 Klärteichen von je 227 cbm Inhalt. Das Abwasser wird dabei vorher in 4 Teichen vom gröbsten Schlamm befreit und erhält dann erst den Zusatz von Kalk in einem Abflusskanal. Die Klärung erfolgt angeblich in 25 Minuten.

Das mit Kalk geklärte Wasser geht behufs Lüftung d. h. Anreicherung mit Sauerstoff in dünner Schicht über ein Wehr von 85 qm Fläche und dann in 60 Filterkammern (je 2 für einen Teich), von denen je zwei 75 qm haben. Der entwässerte Schlamm wird zur Düngung verwendet. Die Anlagekosten — ohne Boden von 5110 qm — betragen 640000 M., die jährlichen Betriebskosten 100000 M.

Die Klärung von Abwässern in einer grösseren Anzahl kleinerer Behälter hat auch **G. Alsing** bezw. **M. Knauff**[3]) in dem „intermittent praecipitation" genannten Verfahren vorgeschlagen. Dasselbe zerfällt in 3 Abschnitte, und besteht 1. in einer mechanischen Entschlammung durch Roste, Siebe, Kies, Ziegelsteinstücke oder Stroh oder in Behältern, 2. in einer Fällung mit den dem einzelnen Abwasser angepassten Chemikalien und Klärung bezw. Nachklärung in einer entsprechenden Anzahl Einzelgruben, 3. in einer darauffolgenden Filtration durch natürlichen Erdboden (nur 1 ha für 60000 Einwohner) oder in einer Sättigung mit Sauerstoff durch Lüftung mit darauffolgender Filtration.

---

[1]) **Rumpell**: Jahrbücher d. Hamburger Staatskrankenanstalten 1891/92, **3**.

[2]) Bei vollem Betrieb werden 80 kg Rohkalk zu 160 l Kalkmilch gelöscht und hiervon für jeden der 4 Behälter à 5,200 cbm Inhalt je $^1/_4$ (= 10 kg Kalk) zugerührt.

[3]) Gesundh.-Ing. 1889, **12**, 401.

Der in Leicester durch Fällen mit Kalk erhaltene Niederschlag sowie mehrere von Wallace[1]) und Anderen untersuchte Proben Schlamm ergaben folgende Zusammensetzung:

Schlamm	Wasser %	Organische Stoffe %	In letzteren Stickstoff %	Mineralstoffe %	Phosphorsäure %	Schwefelsäure %	Kohlensäure %	Kalk %	Magnesia %	Eisenoxyd %	Düngergeldwerth f. 100 kg ℳ
1. In Leicester . . .	wasserfrei	62,59	0,85	37,41	0,15	—	—	—	—	—	0,88
2. Aus 1 Million Gallon Spülwasser u. 1 Tonne Kalk . .	11,35	30,60	1,33	58,05	2,31	0,71	4,86	10,65	4,12	5,56	1,80
3. desgl. nach einem leichten Regen . .	11,87	35,62	1,85	52,51	1,97	1,02	12,25	20,57	4,00	1,26	2,25
4. Erster Rückstand nach Behandlung mit Kalk	11,75	35,82	1,48	52,43	1,55	0,26	14,58	22,88	1,22	1,21	1,80
5. Zweiter Rückstand nach desgl. . . .	14,00	40,68	2,06	45,32	1,44	0,22	10,94	18,54	0,57	1,40	2,35
6. Frankfurt a/M.[2]) .	wasserfrei	45,39	3,37	34,63	0,73	0,80	—	23,88	—	9,10	3,52
7. Wiesbaden (gepresst)	0,79	16,09	0,29	83,12	0,51	—	—	34,90	—	3,00	0,50

β) Reinigung durch Kalk und Häringslake nach dem Amines-Verfahren.[3])

Dasselbe besteht in einem Zusatz von Kalk und Häringslake zum Abwasser und ist vorübergehend in der Stadt Salford versucht worden. Das Abwasser der letzteren setzt sich vorwiegend aus zwei Arten zusammen; das Abwasser von Pendleton enthält ziemlich stark gefärbtes, durch allerlei Chemikalien und häusliche Abgänge, das von Salford nur durch letztere verunreinigtes Wasser, beide Abwässer im Verhältniss von 1:6.

Im ganzen wurden 384 189 cbm Abwasser gereinigt, denen für 1 cbm 324 g Kalk und 57 g Häringslake zugesetzt wurden. Die Abscheidung erfolgte in doppelt angelegten Klärteichen von je 6 Abtheilungen. Ch. Cassal und Klein fanden für 1 l des ungereinigten und gereinigten Wassers:

---

[1]) Siehe Ch. Heinzerling: Die Abwässer. Halle a. S., 19.
[2]) Ein Liter Schlamm enthielt 91,48 g feste Stoffe.
[3]) The „Amines“-Process. Report etc. printed by Darling & Son, Ltd. 1891.

| Abwasser | Aussehen | Ge-sammt-Schwebe-stoffe mg | Gelöste Stoffe | | | | | | |
			Orga-nische (flüch-tig) mg	Mineral-stoffe mg	Sauerstoff-Ver-brauch nach 15 Min. bei 30° C. mg	3 Stdn. bei 30° C. mg	Stickstoff orga-nischer mg	als Am-moniak mg	Chlor mg
Un-gereinigt von { Pend-leton Salford	Sehr trübe, bläulich schwarz, undurch-sichtig.	1744,0 76,0	372,0 284,0	376,0 884,0	171,4 41,8	277,6 75,8	22,8 4,6	51,4 18,0	140,0 395,0
Gereinigt, unfiltrirt	Hell u. klar, farblos.	—	278,0	590,0	12,5	34,5	3,6	24,1	265,0

Die Alkalität betrug 140,0 mg CaO für 1 l; in dem ungereinigten Wasser ergaben sich über 10 Mill. Keime, in dem geklärten Wasser dagegen nur 10 Keime von Mikrophyten in 1 ccm Wasser.

L. Taylor fand im Mittel von je 5 Proben für 1 l:

	Ammoniak	Organische Stickstoff-Substanz	Sauerstoff-Verbrauch	Alkalität (CaO)
Ungereinigtes Wasser	21,0 mg	8,6 mg	58,2 mg	— mg
Gereinigtes Wasser . .	15,0 „	4,0 „	33,0 „	119,0 „

In welcher Weise die Häringslake bei diesem Verfahren eine besondere Wirkung äussern soll, ist nicht recht verständlich.

Es kann sein, dass dieselbe wegen ihres Gehaltes vorwiegend an Trimethylamin die Sterilisirung derartiger Abwässer unterstützt; nach einer anderen Ansicht soll durch die Einwirkung des Kalkes auf die Amin-Körper ein leicht lösliches und sich schnell vertheilendes Gas, ein „Aminol" gebildet werden, welches stark desinficirend wirkt. Indess kann dieses bei der angegebenen Grösse der Alkalität durch den freien Kalk allein nicht bewirkt worden sein.

In Salford scheint das Verfahren nicht lange in Anwendung geblieben zu sein; denn schon 1893/94[1]) wird von einem anderen dort angewendeten Verfahren, dem „Ozonine"-Verfahren berichtet, welches darin besteht, dass man die Abwässer mit basisch-schwefelsaurem Eisenoxyd (d. h. Ferrisulfat unter Zusatz von Eisenoxyd) entweder für sich allein oder unter gleichzeitiger Anwendung von etwas Kalk fällt. Hierdurch sollen $55^0/_0$, oder wenn man gleichzeitig durch Kies und Sand filtrirt $68^0/_0$, oder wenn durch ein Ozonine-Filter filtrirt wird, $73^0/_0$ des albuminoiden Ammoniaks beseitigt werden. Auch soll das Eisenoxyd Sauerstoff abgeben, und auf diese Weise die Selbstreinigung unterstützen. Hierfür werden aber keine Beweise beigebracht und schwerlich beizubringen sein (vergl. das Polarite-Verfahren I. Bd. S 342 und II. Bd. S. 77).

---

[1]) Gesundh.-Ing. 1894, **17**, 9.

Nach einer privaten Mittheilung ist das „Amines"-Verfahren[1]) an 6 verschiedenen Stellen in England eingeführt und soll sich besonders zur Reinigung von Bier-Brauerei-Abwasser eignen, indem es die Hefe-Arten zu vernichten im Stande sein soll.

Ingenieur H. Alfr. Roechling in Leicester theilt mir mit, dass das Verfahren auch einige Zeit in Wimbledon, einem Vorort Londons mit 25758 Einwohnern und 3000 cbm Abwasser in 1 Tage unter gleichzeitiger Benutzung des geklärten Abwassers zur Berieselung eingeführt gewesen ist. Das Rieselfeld ist schwerer Thonboden und nur 28 ha gross, so dass auf 1 qm täglich 12,5 l Abwasser kamen, eine verhältnissmässig grosse und drei- bis viermal grössere Menge als in Berlin, auf dessen Rieselfelder 1892/93 für 1 qm und Tag 3,94 l, 1897/98 für 1 qm und Tag nur 3,39 l entfielen, zur Anwendung kommen. Trotz dieser ungünstigen Verhältnisse hat sich dort das „Amines"-Verfahren mit nachfolgender Berieselung als günstig erwiesen. Das Abwasser hat sich nach Zusatz von Kalk und Häringslake (0,56 kg Kalk und 0,044 kg Häringslake für 1 cbm Abwasser) in 25 Min. geklärt und war für sich wie für den abgesetzten Schlamm schnell und dauernd geruchlos; auch sind die Kosten keine übermässigen; sie betrugen — bei einer Annahme von 150 l Abwasser auf den Kopf und Tag — für die Fällung nur 0,50—0,75 M. auf den Kopf und das Jahr. Trotzdem hat man das Verfahren auch dort wieder aufgegeben, weil der grosse Kalkzusatz eine Ansammlung von grossen Schlammmassen zur Folge hatte, die schwer zu beseitigen waren.

γ) Reinigung etc. nach dem Holden-Verfahren.

Bei demselben werden Kalk, Eisenvitriol und Kohlenstaub als Fällungsmittel angewendet.

δ) Reinigung nach dem A-B-C-Verfahren.

Sillar und Wigner versetzten nach dem A-B-C-Verfahren (Alum, Blood and Charcoal oder Clay) das Abwasser mit einer Mischung von Alaun (600 Theile), Blut (1 Theil), Thon (1000 Theile), Magnesia (5 Theile), mangansaurem Kalium (10 Theile), gebranntem Thon (25 Theile), Holzkohle (20 Theile), Thierkohle (15 Theile) und Dolomit (2 Theile). Hierzu kamen in einer anderen Mischung noch Aluminiumsulfat, Ferrosulfat und schwefelsaures Calcium und Thonerde.

ε) Reinigung durch Kalk und Eisenchlorür und Eisenchlorid.

In Northampton verwendet man zur Reinigung des Kanalwassers von 40000 Personen Kalkmilch und Eisenchlorürchlorid und filtrirt dasselbe nach dem Absetzen durch eine Schicht Eisenerz. Die nach diesen

---

[1]) Von Albert Wollheim, C. E. London E. C. 101, Leadenhall Street.

drei Reinigungs-Verfahren von der mehrfach erwähnten englischen Kommission erhaltenen Ergebnisse sind folgende:

1 l Kanalwasser enthält:	Schwebe-stoffe		Gelöste Stoffe						
	Unor-ganische	Or-ganische	Ge-sammt	Orga-nischer Kohlen-stoff	Orga-nischer Stick-stoff	Am-moniak	Stick-stoff als Nitrat und Nitrit	Ge-sammt-Stick-stoff	Chlor
	mg	mg	mg	mg	mg	mg	mg	mg	mg
γ) Holden-Verfahren in Bradford:									
Ungereinigt }5. Okt.	1495	360,5	799	63,03	5,77	18,45	0,08	21,04	64,7
Gereinigt . . } 1869	0	0	1704	35,78	6,68	15,20	3,67	24,87	67,8
δ) A-B-C-Verfahren. 1. In Leanington:									
Ungereinigt }10.Mai	176,8	331,2	1257	66,57	19,49	99,90	0	101,76	153,0
Gereinigt . . } 1870	396	48,0	1346	61,30	19,29	110,17	0	110,02	153,0
2. In London:									
Ungereinigt }10.Mai	1,03	180	673	36,14	18,86	54,18	0	63,48	102,3
Gereinigt . . } 1870	Spur	Spur	805	22,57	18,78	60,86	0	68,90	102,0
ε) Kalk- und Eisen-chlorid:									
Ungereinigt	667,2	164	880	37,00	28,59	60,00	0	78,0	—
Gereinigt	9,2	0,4	885	18,45	17,79	50,00	0	58,97	—

A. und P. Buisine[1]) haben die Abwässer von Roubaix und Tourcoing mit Eisenvitriol und Kalk oder allein mit ersterem, den sie in billiger Weise aus den Pyritabbränden gewinnen, gereinigt und günstige Erfolge erzielt. Der Gesammt-Abdampfrückstand hatte um 63—66 $^0/_0$, die organischen Stoffe um 84—89 $^0/_0$, Fettstoffe um 100 $^0/_0$ abgenommen.

Der Schlamm enthielt bei 20,90 $^0/_0$ Wasser 18,47 $^0/_0$ Stickstoff-Substanz, 30 $^0/_0$ Fett und 30,63 $^0/_0$ Mineralstoffe (vergl. weiter unten).

Crookes[2]) untersuchte die in der Anstalt der Nativ-Guano-Gesellschaft zu Crossness nach dem A-B-C-Verfahren gereinigte Kloakenflüssigkeit und fand in letzterer noch für 1 l:

Schwebestoffe		Gelöste Stoffe					
Unor-ganische	Or-ganische	Ge-sammt	Organischer Kohlenstoff	Organischer Stickstoff	Am-moniak	Ge-sammt Stickstoff	Chlor
mg	mg	mg	mg	mg	mg	mg	mg
12,5	5,9	1114,0	7,7	11,6	23,1	30,6	144,0

---

[1]) Compt. rend. **115**, 661 u. Chem. Centrbl. 1894, I, 164.
[2]) Chem. News 1872, **73**, 217.

Hiernach wurden durch die Fällungsmittel entfernt in Procenten der vorhandenen Bestandtheile:

	Von Schwebe-stoffen	Von gelösten Stoffen Kohlenstoff	Stickstoff
Holden-Verfahren	100,0 %	28,3 %	0,0 %
A-B-C-Verfahren	92,0 „	32,1 „	? „
Kalk- und Eisenchlorid .	99,8 „	50,1 „	37,1 „

Der nach dem Holden-Verfahren erhaltene Niederschlag enthielt $0,5\,^0/_0$ Stickstoff und $0,3\,^0/_0$ Phosphorsäure; der in Leanington erhaltene Schlamm bestand aus: Wasser $7,46\,^0/_0$, organischen Stoffen $34,27\,^0/_0$ mit $1,55\,^0/_0$ Stickstoff, Ammoniak $0,16\,^0/_0$, Phosphorsäure $1,98\,^0/_0$ und $46,13\,^0/_0$ Thon etc.

ζ) Reinigung durch Süvern's Desinfektionsmittel und nach Lenk's Verfahren.

Süvern's Desinfektionsmittel wird in der Weise bereitet, dass man 100 Theile Kalk mit 300 Theilen Wasser löscht, dem heissen Brei 8 Theile Theer und 33 Theile Chlormagnesium zusetzt und schliesslich so viel Wasser, dass das Ganze 1000 Theile beträgt. 10 Theile dieser Mischung sollen für 1000 Theile Kanalwasser ausreichen.

Die in Berlin 1867 hiermit angestellten Versuche lieferten ein im allgemeinen günstiges Ergebniss; das gereinigte Wasser enthielt noch 2,8 bis 6,0 mg organischen Stickstoff; der Niederschlag ergab $0,7—1,0\,^0/_0$ Stickstoff und $1,2—1,5\,^0/_0$ Phosphorsäure.

Lenk nimmt rohe schwefelsaure Thonerde, Zinkchlorid, Eisenchlorid oder Soda.

Krocker[1] fand für die mit dem Süvern'schen (a) und Lenk'schen (b) Fällungsmittel und Völcker[2] für die mit letzterem (c) Fällungsmittel erhaltenen Schlammabsätze der Kloakenwässer Berlins folgende procentige Zusammensetzung:

Wasser %	Or- ganische Stoffe %	Stick- stoff %	Phos- phor- säure %	Schwe- fel- säure %	Kiesel- säure %	Kalk %	Magne- sia %	Kali %	Eisen- oxyd %	Thon- erde %	Kohlen- säure %	Sand %
a) 48,75	10,50	0,26	0,55	0,43	0,45	10,63	0,85	Spur	0,19	—	7,95	19,64
b) 90,55	5,90	0,38	0,31	0,07	0,08	0,26	0,03	0,01	0,09	0,98	—	1,51
c) Trocken	42,26	1,86	4,91	0,33	—	13,91	2,30	0,59	4,44		6,52	—

---

[1] Ann. d. Landw. 1871. 3. Wochenbl.
[2] Ebendort 1869, 403.

η) Reinigung durch Kalk, sauren phosphorsauren Kalk und Magnesiasalze.

Ueber das von Prange und Witthread angewendete Fällungsmittel: saures Calciumphosphat, Kalkmilch unter Zusatz von Magnesiumsalz hat A. Petermann[1]) bei dem Brüsseler Kanalwasser Versuche angestellt und für 1 l gefunden:

Kanalwasser	Schwebestoffe			Gelöste Stoffe								
	Organische	Un-organische	Gesammt-	Organische	Un-organische	Gesammt-	Organischer Kohlenstoff	Organischer Stickstoff	Stickstoff als Ammoniak	Salpeter-säure	Phosphor-säure	Chlor
	mg	mg	mg	mg	mg	mg	mg	mg	mg	mg	mg	mg
Ungereinigt . .	262,3	256,5	518,8	439,2	484,0	923,2	107,7	13,8	38,6	0,0	7,7	132,6
Gereinigt . . .	15,2	42,1	57,3	174,8	594,4	769,2	69,5	8,9	41,6	0,0	Spuren	134,6

Für je 7 l Kanalwasser wurden 8 g des Fällungsmittels hinzugefügt; letzteres enthielt: $9,95^0/_0$ wasserlösliche Phosphorsäure, $1,67^0/_0$ in Ammoniumcitrat und $10,53^0/_0$ in Salzsäure lösliche Phosphorsäure.

Ausserdem enthielt das geklärte Wasser 68 mg Kali; der bei 100^0 getrocknete Niederschlag ergab:

Wasser . . . . $2,27^0/_0$
Organische Stoffe (mit $0,6^0/_0$ Stickstoff) . . . . 23,31 „
Sand und Thon . . . . 18,81 „
Mineralstoffe (mit $4,87^0/_0$ in Citrat löslicher und
$\quad$ $4,77^0/_0$ in Salzsäure löslicher Phosphorsäure) $\underline{56,14\ „}$
$\qquad\qquad\qquad\qquad\qquad\qquad\qquad$ $100,00^0/_0$

Von den 52,4 mg gelöstem Gesammtstickstoff im ungereinigten Wasser wurden demnach nur 1,9 mg oder nur $3^0/_0$ gefällt.

Also auch nach diesem Versuch ist durch die Anwendung von löslicher Phosphorsäure und Magnesiumsalzen kein Ammoniak (infolge etwaiger Bildung von phosphorsaurem Ammonium-Magnesium) ausgefällt. In dem Kanalwasser ist sogar nach der Reinigung etwas mehr Ammoniak vorhanden als vor der Reinigung.

ϑ) Reinigung durch Thonerdephosphat.

Forbes und A. P. Price[2]) schlagen ein in Westindien in grosser Menge vorkommendes Thonerdephosphat von folgender Zusammensetzung zum Fällen der Kloakenwässer vor:

---

[1]) Bulletin de la station agricole de Gembloux Nr. 11.
[2]) Centrbl. f. Agriculturchemie 1871, **1**, 214.

Wasser	Phosphorsäure	Thonerde	Eisenoxyd	Kalk	Unlöslicher Rückstand
22,22—22,88%	33,11—38,96%	24,57—27,06%	2,07—2,76%	1,03—2,09%	6,70—17,00%

Das Phosphat wird im gemahlenen Zustande der Einwirkung von 7%iger Schwefel- oder Salzsäure ausgesetzt; das Kanalwasser wird in Behälter oder Gruben gepumpt, mit dem aufgeschlossenen Phosphat gefällt, erst absetzen gelassen, dann noch mit Kalkmilch weiter geklärt. A. Völcker fand für den durch Zusatz von je 3000 kg zu 4 543 000 l Kanalwasser von der London-Brücke erhaltenen Niederschlag folgende procentige Zusammensetzung:

Wasser	Organische Substanz+chem. gebundenes Wasser	Phosphorsäure	Kalk	Thonerde + Eisenoxyd etc.	Sand
3,98 %	20,11 %	28,52 %	13,09 %	29,95 %	4,35 %

ι) **Reinigung durch Kalk und Eisenvitriol oder Kalk und Aluminiumsulfat.**

1. Auf der Arbeiterkolonie Kronenberg von Friedrich Krupp in Essen a. d. Ruhr.

Als übliche Fällungsmittel dienen Kalk und Eisenvitriol oder Kalk und Aluminiumsulfat; zuerst wird der Kalk zugemischt und darauf eines der Sulfate.

Der Schlamm wird in einer eigenartigen Klärvorrichtung abgeschieden, die I. Bd. S. 380 beschrieben ist.

Die Untersuchung zweier den ganzen Tag über geschöpften Proben des ungereinigten und gereinigten Wassers ergab im Mittel für 1 l:

Abwasser	Schwebestoffe			Gelöste Stoffe										
	Un-organische	Organische	Stickstoff in letzteren	Mineral-stoffe	Organische Stoffe (Glüh-verlust)	Zur Oxy-dation erfor-derlicher Sauerstoff	Organischer Stickstoff	Ammoniak-Stickstoff	Phosphor-säure	Kali	Chlor	Kalk	Schwefel-säure
	mg	mg	mg	mg	mg	mg	mg	mg	mg	mg	mg	mg	mg
Ungereinigt	1735,9	1930,6	51,2	538,0	326,7	145,0	20,4	25,8	27,2	78,5	159,8	81,2	38,3
Gereinigt	99,8	20,3	Spur	710,4	282,6	140,6	23,2	18,5	Spur	63,0	163,3	201,6	109,9

Die geringere Menge Ammoniak in dem gereinigten Wasser gegenüber dem ungereinigten beruht nicht auf einer Fällung, sondern ohne Zweifel auf einer Verflüchtigung desselben.

Die bakteriologische Untersuchung des ungereinigten Wassers ergab 500000 bis 1600000, die des gereinigten Wassers in einem Falle 0, im andern 360 Keime von Mikrophyten.

Für den in der Kläranlage gewonnenen Schlamm, nämlich des ersten Schlammes nach Zusatz von Kalk allein und des zweiten Schlammes (nach Zusatz von Eisenvitriol) wurde folgende Zusammensetzung gefunden:

Art des Schlammes	Wasser des natürlichen Schlammes %	In der Trockensubstanz						
		Organische Stoffe %	Darin Stickstoff %	Mineralstoffe %	Kalk %	Eisenoxyd + Thonerde %	Phosphorsäure %	Thon + Sand %
1. Kalk-Schlamm	82,38	35,81	1,078	64,19	20,49	11,18	0,982	17,71
2. Mit Eisenvitriol und Kalk erhaltener Schlamm	87,74	36,87	1,175	63,13	13,79	18,27	1,297	16,39

2. Reinigung des Abwassers der Stadt Frankfurt a. M.

In dem Frankfurter Klärbecken (vergl. I. Bd. S. 383—389) sind vergleichende Versuche über die Reinigung des dortigen städtischen Abwassers unter Zusatz von verschiedenen Fällungsmitteln angestellt, nämlich: Thonerdesulfat + Kalk, Eisenvitriol + Kalk, Phosphorsäure + Kalk. Jeder Versuch erstreckte sich über mehrere Tage. B. Lepsius[1]) giebt über das Ergebniss der Versuche folgende Durchschnittszahlen:

Kanalwasser	Anzahl der Versuchsreihen	Schwebestoffe			Gelöste Stoffe							
		Unorganische mg	Organische mg	Stickstoff mg	Unorganische mg	Organische mg	Stickstoff organisch. mg	Stickstoff Ammoniak mg	Sauerstoff-Verbrauch mg	Kalk mg	Schwefelsäure mg	Chlor mg
Ungereinigt	8	387,0	806,0	45,0	381,0	517,0	11,0	63,0	18,0	77,0	71,0	30,0
Gereinigt mit:												
Aluminiumsulfat+Kalk	3	69,0	89,0	4,1	582,0	282,0	7,0	51,0	13,0	156,0	180,0	—
Eisensulfat + Kalk .	2	76,0	39,5	1,6	585,0	422,0	8,0	95,0	9,0	73,0	22,0(?)	130,0
Phosphorsäure + Kalk	1	69,0	10,0	1,0	335,0	340,0	0,0	35,0	11,0	69,0	75,0	22,0

Hiernach würden durch Eisensulfat + Kalk und Phosphorsäure + Kalk die Schwebestoffe etwas vollkommener gefällt worden sein, als durch Thonerdesulfat + Kalk, während letzteres Fällungsmittel am meisten gelöste organische Stoffe gefällt hätte. Ersteres Ergebniss mag mit dem grösseren specifischen Gewichte des entstehenden Niederschlages zusammenhängen. Auch die Zunahme an gelösten Mineralstoffen bei Anwendung von Thonerde-

---

[1]) Mittheilungen a. d. chem. Laboratorium d. physik. Vereins in Frankfurt a. M. 1889 u. 1890.

und Eisensulfat und die Abnahme derselben bei Anwendung von Phosphorsäure + Kalk lässt sich sehr wohl aus den chemischen Umsetzungen erklären.

Bei der Klärung mit Phosphorsäure war ein Theil der Phosphorsäure verloren gegangen. Im übrigen aber weisen die Zahlen für den Gehalt an den gelösten Bestandtheilen: Kalk, Schwefelsäure und Chlor im ungereinigten und gereinigten Wasser Verschiedenheiten auf, die nicht aus den chemischen Umsetzungen erklärt werden können, sondern auf andere Unregelmässigkeiten zurückgeführt werden müssen.

Wohl aber kann man B. Lepsius recht geben, wenn er schliesst, dass — für den Umfang des Frankfurter Klärbeckens — die Klärungen mit Chemikalien nicht so wesentliche Vorzüge besitzen, als dass man erstere der mechanischen Klärung (vergl. S. 72) vorziehen sollte, da man bei genügender Ausdehnung der Klärbecken — wie in Frankfurt — durch einfache Klärung auf mechanischem Wege dieselben Erfolge erzielen kann, als wenn man die theuerere Klärung unter Zusatz von Chemikalien in Klärbecken von geringerer Ausdehnung vornimmt.

Weitere Versuche von Petersen und Libbertz in Frankfurt a. M. in den letzten Jahren haben diese Schlussfolgerungen von Lepsius bestätigt. Zwar ist bei der Klärung unter Zusatz von Chemikalien die Sedimentation eine vollkommenere und der Bakteriengehalt ein geringerer, als bei alleiniger mechanischer Klärung, aber auf den absoluten Bakteriengehalt des Mainwassers hatte es keinen Einfluss, ob bloss mechanisch oder gleichzeitig unter Zusatz von Chemikalien geklärt wurde.

Dem Vernehmen nach werden augenblicklich in Frankfurt a. M. Versuche darüber angestellt, das geklärte Wasser mittelst Filtration durch Koks zu verbessern.

Für den mit den 3 Fällungsmitteln erzielten Schlamm wurde folgende Zusammensetzung gefunden:

Schlamm von Fällung mit:	In 1 l Schlamm feste Stoffe g	In der Trockensubstanz									Düngergeldwerth[2] für 100 kg ℳ
		Organische Stoffe[1] %	Mit Stickstoff %	Unorganische Stoffe %	Eisenoxyd + Thonerde %	Kalk %	Magnesia %	Kali %	Schwefelsäure %	Phosphorsäure %	
Aluminiumsulfat + Kalk	64,9	57,25	3,36	42,48	13,05	15,25	—	0,48	0,82	0,75	3,55
Eisensulfat + Kalk . . .	33,4	54,09	2,96	45,91	17,88	16,52	0,64	0,19	1,50	0,63	3,10
Phosphorsäure + Kalk	177,9	36,54	(0,55)?	63,46	6,46	2,14	0,14	0,95	0,17	1,65	0,92
Verf. fand für den gepressten Schlamm: Wasser 3,12 %		44,96	2,38	51,92	9,68	4,60	—	0,54	Kieselsäure 8,75	2,15	2,86

1) D. h. Glühverlust, also organische Stoffe und chem. gebundenes Wasser.
2) Für den wasserfreien Schlamm.

Die Reinigungsanlage der Stadt Frankfurt a. M., die bis zu 80000 cbm in 1 Tage zu reinigen vermag, hat nach einem Bericht von Lindley[1]) rund 700000 M. gekostet, die Betriebskosten — bei Fällung mit Aluminiumsulfat und Kalk — betrugen rund 150000 M. im ersten Betriebsjahre. Letztere haben sich aber später verringert, sodass sie auch zur Deckung der Zinsen des Anlagekapitals ausreichten und die Reinigungskosten sich für 1 cbm Abwasser auf 1,5 Pf. oder für 1 Jahr und Kopf der Bevölkerung auf rund 1 M. stellen (vergl. S. 69).

Im Anschluss hieran mag erwähnt sein, dass Wallace (l. c.) für drei durch Aluminiumsulfat (Alumcake)[2]) und Kalk aus Spülwässern erhaltene Niederschläge im trocknen Zustande folgende procentige Zusammensetzung fand:

Aus 1 Million Gallonen Spülwasser und	Wasser %/0	Organische Stoffe %/0	Darin Stickstoff %/0	Mineralstoffe %/0	Phosphorsäure %/0	Schwefelsäure %/0	Kohlensäure %/0	Kalk %/0	Magnesia %/0	Thonerde %/0	Kieselsäure %/0
1. je 1 Tonne Kalk und Aluminiumsulfat	12,71	29,61	1,26	57,68	2,12	1,73	8,37	16,70	3,24	4,51	16,62
2. 1 Tonne Aluminiumsulfat u. 33 Ctr. Kalk	10,18	62,40	3,58	29,42	5,12	5,72	0,80	3,69	0,97	10,29	1,40
3. 1 Tonne Aluminiumsulfat u. 5 Ctr. Kalk	14,80	39,60	1,52	45,60	4,86	2,12	3,40	5,20	3,92	18,26	6,90

Als ein Nachtheil der Fällung mit Aluminiumsulfat und Kalk wird angegeben, dass leicht Thonerdehydrat-Flocken [$A_2(OH)_6$] in der Schwebe bleiben und dass diese, wenn das vorgeklärte Wasser behufs Nachreinigung weiter zur Berieselung benutzt werden soll, den Boden so verstopfen und die Poren mit einer solchen Kruste überziehen, dass eine Filtration durch den Boden unmöglich gemacht wird.

$\varkappa$) Reinigung durch Kalk und aufgeschlossenen Thon nach dem Verfahren von Nahnsen-Müller.[3])

Dieses von unten genannter Firma in den letzten 8 Jahren vielfach in Deutschland angewendete Fällungsmittel besteht aus Aluminiumsulfat und

---

[1]) Bericht über d. 14. Vers. d. Deutschen Ver. f. öffentl. Gesundheitspflege in Frankfurt a. M. 1888, 71.

[2]) Das Thonerdepräparat enthielt: 49,31 %/0 Wasser, 47,62 %/0 Aluminiumsulfat, 0,58 %/0 Ferrosulfat, 1,09 %/0 freie Schwefelsäure etc.

[3]) Firma F. A. Robert Müller & Co. in Schönebeck a. d. Elbe.

löslicher Kieselsäure (aufgeschlossener Thon oder Abfall von der Alaun-fabrikation) unter Zusatz von Kalkmilch.

Seit der Zeit sind auch von anderen Firmen ähnlich zusammengesetzte Fällungsmittel in den Handel gebracht; ich fand für mehrere solche Präparate im Mittel:

Fällungsmittel von	Wasser $^0/_0$	Thonerde $^0/_0$	Schwefel-säure $^0/_0$	Kieselsäure $^0/_0$	Sand + Thon $^0/_0$	In Wasser löslich		
						Thonerde $^0/_0$	Schwefel-säure $^0/_0$	Kiesel-säure $^0/_0$
Nahnsen-Müller	23,31	11,36	26,61	18,12	7,96	10,64	25,67	0,05
Fr. Curtius & Co. in Duisburg	31,42	7,02	15,66	21,66	15,13	7,00	15,13	0,05
Albert-Biebrich	22,62	14,60	31,71	2,05	4,86	—	—	—

Diese Fällungsmittel haben vor anderen den Vorzug, dass der nach Zusatz von Kalkmilch sich bildende, aus Thonerde und einem Kalk-Thon-erde-Silikat bestehende Niederschlag infolge der grösseren Schwere des letz-teren sich verhältnissmässig rasch absetzt.

Mit dem Nahnsen-Müller'schen Präparat haben längere Zeit die Städte: Ottensen, Halle a. d. S. und antänglich Dortmund gearbeitet; später hat Dortmund meines Wissens auch von den beiden letzteren Fällungs-mitteln Gebrauch gemacht.

Die Abscheidung des gebildeten Niederschlages erfolgt in Halle a. d. S. und in Dortmund in Tiefbrunnen (vergl. I. Bd. S. 393).

Die Untersuchung des ungereinigten und gereinigten Wassers ergab für 1 l:

1. Dortmunder Kanalwasser im Mittel von 9 Probenahmen:

Ab-wasser	Schwebe-stoffe [1])		Gelöste Stoffe											1 ccm enthält Keime von Mikro-phyten
	Organische	Un-organische	Organische (Glühver-lust)	Unorgan. (Glührück-stand)	Organ. + Ammoniak-Stickstoff	Zur Oxyda-tion erforderl. Sauerstoff in alkal. Lösung	in saurer Lösung	Kalk	Magnesia	Kali	Chlor	Schwefel-säure	Phosphor-säure	
	mg	mg	mg	mg	mg	mg	mg	mg	mg	mg	mg	mg	mg	
Ungerei-nigt . .	248,9	221,2	300,7	550,8	44,4	413,7	426,8	131,7	21,3	41,5	133,3	94,1	10,6	7603000
Gereinigt	38,8	43,3	303,0	683,1	36,8	443,7	457,5	227,4	7,2	31,1	135,7	100,5	Spur	12150

Die Alkalität des gereinigten Wassers betrug im Mittel 117,9 mg CaO für 1 l.

---

[1]) Im Mittel wurden 12,2 mg Stickstoff in den Schwebestoffen des ungereinigten Wassers gefunden, in denen des gereinigten Wassers nur 0,3 mg für 1 l.

2. Ottensener Kanalwasser im Mittel von 3 Versuchen im Oktober 1885.

Abwasser	Schwebestoffe			Gelöste Stoffe									
	Mineral-stoffe	Organische Stoffe	darin Stickstoff	Mineral-stoffe	Organische Stoffe (Glühverlust)	Zur Oxydat. erforderlich. Sauerstoff	Organischer Stickstoff	Ammoniak-Stickstoff	Phosphor-säure	Kali	Kalk	Chlor[1]
	mg	mg	mg	mg	mg	mg	mg	mg	mg	mg	mg	mg
Ungereinigt . .	218,8	442,0	24,1	1450,0	367,2	114,8	20,7	47,6	23,1	81,2	147,2	628,1
Gereinigt . . .	18,8	Spur	0	1204,0	470,8	145,6	19,8	42,1	1,2	77,1	387,6	355,0

3. Am eingehendsten ist das Nahnsen-Müller'sche Verfahren in der Kläranlage von Halle a. d. S. geprüft worden.

C. R. Teuchert findet z. B. im Mittel von 7 einzelnen Wochentagen für 1 l:

Abwasser	Schwebestoffe		Gesammte Stoffe			
	Unorganische	Organische	Abdampfrückstand	Unorganisch	Organisch	Stickstoff
	mg	mg	mg	mg	mg	mg
Ungereinigt	627,5	590,6	3421,1	1822,8	1598,3	218,2
Gereinigt	—	—	1725,8	1303,8	422,0	77,3
Abnahme	--	—	1695,3	519,0	1176,3	140,9
desgl. in Proc.	—	—	49,55 %	18,46 %	73,59 %	64,58 %

Bruno Drenckmann machte Versuche ohne und mit Zusatz von Abortinhalt in derselben Kläranlage mit genanntem Fällungsmittel und erhielt für 1 l:

Ab-wasser	Schwebestoffe				Gelöste Stoffe										
	Un-organische	Organische	Stickstoff	Phosphor-säure	Un-organische	Organische	Zur Oxydat. erforderl. Sauerstoff	Stickstoff	Phosphor-säure	Kalk	Kali	Natron	Chlor	Schwefel-wasserstoff	Alkalität als CaO berechnet
	mg	mg	mg	mg	mg	mg	mg	mg	mg	mg	mg	mg	mg	mg	mg
1. Abwasser mit Zusatz von Abortinhalt (12 Versuche):															
Ungereinigt . .	177,0	305,5	38,0	45,2	1164,0	403,5	320,0	96,4	28,3	212,5	89,1	389,8	271,0	4,5	215,0
Gereinigt	—	—	—	—	1524,0	225,5	244,0	62,7	10,0	395,0	105,6	355,0	288,0	0	320,0
2. Abwasser ohne Zusatz von Abortinhalt (3 Versuche):															
Ungereinigt . .	114,0	224,7	18,2	32,7	1236,4	315,3	220,7	44,6	28,4	220,7	—	—	243,7	2,6	113,0
Gereinigt	—	—	—	—	1233,3	340,0	208,7	46,1	11,0	310,7	—	—	322,3	0	201,7

[1]) Die Unterschiede im Gehalt an gelösten Stoffen (mineralischen, besonders an Chlor) bei dem ungereinigten und gereinigten Wasser des 2. und 3. Versuchs dürften einer unrichtigen Probenahme zuzuschreiben sein.

Für letzteres Wasser wurde im Mittel von 10 weiteren Versuchen für 1 l gefunden:

Abwasser	Schwebestoffe im ganzen mg	Gelöste Stoffe		Zur Oxydation erforderl. Sauerstoff mg	Ammoniak mg	Organ. Stickstoff mg	Phosphorsäure mg	Schwefelwasserstoff mg	Alkalität als CaO berechnet mg
		Unorganische mg	Organische mg						
Ungereinigt	879,0	1534,0	469,5	206,7	0,4	70,3	32,8	6,4	186;1
Gereinigt	2,6	1259,5	128,8	158,9	0,5	59,5	9,7	0,5	299,8

Verschiedene vom Verf. untersuchte Proben aus der Haller Kläranlage ergaben im Mittel für 1 l:

Abwasser	Schwebestoffe				Gelöste Stoffe												
	Unorganische mg	Organische mg	Stickstoff mg	Phosphorsäure mg	Unorganische mg	Organische (Glühverlust) mg	Zur Oxydat. erforderl. Sauerstoff in alkal. Lösung mg	in saurer Lösung mg	Stickstoff organisch mg	als Ammoniak mg	Phosphorsäure mg	Schwefelsäure mg	Chlor mg	Kalk mg	Kali mg	Alkalität als CaO mg

1. Abwasser mit Zusatz von Abortinhalt (3 Versuche):

Abwasser																	
Ungereinigt	188,8	405,2	38,1	7,4	1311,0	309,7	181,6	197,9	59,1	89,1	27,5	326,8	270,0	232,1	180,5	32,0
Gereinigt .	48,0	2,0	0,0	0,0	1303,0	255,4	97,1	100,0	37,5	44,8	4,0	315,1	254,4	346,9	170,5	277,8

2. Abwasser ohne Zusatz von Abortinhalt (3 Versuche):

Abwasser																	
Ungereinigt	402,0	423,4	23,9	4,9	1304,0	329,0	80,2	76,3	21,3	67,8	27,6	354,8	209,1	275,2	176,0	0,0
Gereinigt .	29,8	0,6	0,1	0,0	1171,2	292,4	83,8	89,2	24,6	53,5	4,8	324,2	262,8	234,8	161,9	58,3

Hiernach werden durch dieses Verfahren ebenso wie durch andere vorwiegend die Schwebestoffe ganz oder fast ganz entfernt; die Fällung von gelösten Stoffen hängt anscheinend von besonderen Umständen ab; bei Anwesenheit von Abortinhalt im Abwasser werden ohne Zweifel mehr organische Stoffe und mehr organischer Stickstoff gefällt, als in dem Abwasser ohne Einschluss von Abortinhalt. Die Abnahme von Ammoniak muss entweder auf eine Verflüchtigung desselben im Klärbrunnen oder auf eine unrichtige Probenahme, indem sich die Proben des ungereinigten und gereinigten Wassers nicht entsprochen haben, zurückgeführt werden; dafür spricht auch der theilweise sehr ungleiche Chlorgehalt der Proben des ungereinigten und gereinigten Wassers; denn Ammoniak wie Chlor können durch das Fällungsmittel nicht gefällt werden.

Sonstige Abweichungen in den Untersuchungs-Ergebnissen müssen auf unrichtige Untersuchungs-Verfahren zurückgeführt werden.[1]

----

[1]) Wenn Drenkmann z. B. den Gehalt an Ammoniak nur zu 0,4 mg für 1 l angiebt, so kann diese Angabe wohl nicht richtig sein, weil ein solcher niedriger Gehalt an Ammoniak bei 70,3 mg organ. Stickstoff für 1 l in städtischen Abwässern noch nicht beobachtet ist.

Der durch vorstehendes Fällungsmittel erhaltene Schlamm lässt sich auf Filterpressen leicht pressen und bis auf einige Procent vom Wasser (vergl. Presskuchen der Haller Kläranlage) befreien. Für die Schlammproben dieser Art im natürlichen und gepressten Zustande wurde gefunden:

Bestandtheile	Dortmunder Kläranlage		Aus den Tiefbrunnen in Ottensen	Haller Kläranlage (stark gepresst)	Aus Berliner Kanalwasser
	aus den Vorklärgruben[1]	aus den Tiefbrunnen			
	%	%	%	%	%
Wasser	53,76	52,29	68,30	2,31	45,89
Organische Stoffe	17,35	13,05	9,84	24,69	17,35
In letzteren Stickstoff	0,66	0,32	0,33	0,69	0,77
Mineralstoffe	28,89	34,66	21,86	70,00	36,76
In letzteren:					
Phosphorsäure	0,33	0,45	0,40	1,23	1,32
Kalk	2,20	11,60	10,11	35,03	9,87
Magnesia	0,37	1,34	—	—	—
Kali	0,11	0,06	—	1,27	—
Thonerde + Eisenoxyd	—	1,38	—	4,44	—
Kieselsäure	—	—	—	4,58	—
Sand + Thon (unlöslich)	—	—	4,84	5,74	3,86
Düngergeldwerth für 100 kg (annähernd) ℳ	0,72	0,45	0,45	1,05	1,02

Auch der geringe Gehalt dieser Schlammproben an Stickstoff spricht dafür, dass nur ein verhältnissmässig kleiner Theil desselben (meistens nur der in den Schwebestoffen vorhandene organische Stickstoff) gefällt wird.

Die Kosten des Nahnsen-Müller'schen Verfahrens anlangend, so macht darüber Stadtbaurath Lohausen[2] folgende Angaben:

Von dem Kanalwasser der Stadt Halle a. d. S. wurde nur ein Theil, nämlich rund täglich 900 cbm von einem Stadtviertel mit etwa 10000 Einwohnern gereinigt. Die Kläranlage (Tiefbrunnen mit Maschinen I. Bd. S. 395) hat 35000 M. gekostet, deren Verzinsung zu 5 %, also zu 1750 M. veranschlagt wird. Verbraucht wurden täglich zur Reinigung der 900 cbm Abwasser:

43,30 kg Nahnsen-Müller'sches Präparat . . . . . 4,33 M.
230,50 „ Kalk (à 100 kg 2 M.) . . . . 4,61 „
Für 2 Arbeiter, Gas, Filtertücher, 7 cbm Wasser etc. 9,02 „

Summa 18,00 M.

---

[1] In den Vorklärgruben werden erst die gröbsten Verunreinigungen (Fetzen, Papier, Korke etc.) abgeschieden, dann chemische Fällungsmittel zugesetzt und der hierdurch entstehende Niederschlag in Tiefbrunnen zum Absetzen gebracht.

[2] Bericht über d. 14. Versammlung d. Deutschen Vereins f. öffentl. Gesundheitspflege in Frankfurt a. M. 1888, 123.

also für das Jahr 6570 M. $+$ 1750 M. Verzinsung $=$ 8320 M., sodass die Reinigung für 1 Jahr und Kopf der Bevölkerung rund 83 Pf. kostete, während sich dieselbe für 1 cbm zu 2,5 Pf. berechnet (vergl. auch Tabelle S. 69).

λ) Reinigung durch Kalk und Magnesiumchlorid.

1. Nach dem Verfahren von Rothe-Roeckner.

Dieses Verfahren ist in den letzten Jahren wohl am eingehendsten geprüft worden. Zur Reinigung der Schmutzwässer werden ebenfalls chemische Fällungsmittel verwendet und die Beseitigung des Niederschlages in einem eigenartigen, I. Bd. S. 401 beschriebenen, mehr oder weniger luftverdünnten Klärcylinder vorgenommen.

Die chemischen Fällungsmittel werden geheim gehalten, jedoch ist auch hier Kalk (neben Chlormagnesium) der wesentlichste Bestandtheil und dazu noch vielleicht dieses oder jenes Sulfat.

Die Wirkung des Verfahrens erhellt aus folgenden Untersuchungen:

1 l Wasser enthält:

Ab-wasser	Schwebestoffe			Lösliche Stoffe										Keime von Mikrophyten für 1 ccm
	Un-organische	Organische	In letzteren Stickstoff	Mineral-stoffe	Organische Stoffe (Glühverlust)	Zur Oxydation erforderlich. Sauerstoff	Stickstoff als Am-moniak	Stickstoff in organ. Verbindg.	Schwefel-wasserstoff	Kalk	Kali	Phosphor-säure	Chlor	
	mg	mg	mg	mg	mg	mg	mg	mg	mg	mg	mg	mg	mg	
1. Abwasser der Stadt Essen im Mittel von 4 Probenahmen vom Verf.														
Ungerei-nigt . .	79,2	190,1	18,3	598,2	229,0	94,1	34,2	14,9	10,7	104,2	65,0	13,1	246,2	0,5 bis mehr. Mil.
Gereinigt	Spur bis 60,0	Spur bis 34,8	0 bis 9,4	1329,9	276,4	113,3	25,4	13,9	1,0	402,8	60,4	1,7	450,3	2000 bis 10400[1])
2. Abwasser der Stadt Potsdam im Mittel von 2 Probenahmen von B. Proskauer u. Nocht[2])														
Ungerei-nigt . .	97,3	367,5	27,1	1423,3	597,5	738,8[3])	136,9	77,8	—	65,7	—	—	186,4	208 Mill.
Gereinigt	0	0	0	1330,0	392,3	411,2	116,4	73,1	—	166,6	—	—	296,1	3725

Das Verfahren war ferner eingeführt in Braunschweig für das Abwasser der Stadt und einer Brauerei; B. Otto, Beckurts wie Blasius[4]) äusserten sich anfänglich günstig über die Erfolge, aber die Anlagen scheinen von keiner langen Dauer gewesen zu sein.

---

[1]) Aber sehr langsam wachsend.
[2]) Zeitschr. f. Hygiene 1891, **10**, 111.
[3]) Verbrauch an Kaliumpermanganat.
[4]) Monatsschr. f. öffentl. Gesundheitspflege vom 27. April 1885.

Ed. Löffler[1]) hat die Wirkung des Rothe-Roeckner'schen Verfahrens zur Reinigung des Abwassers des Universitäts-Krankenhauses in Königsberg verfolgt und gefunden, dass der Bakteriengehalt von einigen Millionen im ungereinigten auf einige Tausend im gereinigten Wasser heruntergegangen war. Kalk oder das Patentmittel (?) wirken jedes für sich allein nicht so gut, als beide zusammen. An Waschtagen muss, um eine gleiche Bakterienverminderung zu erzielen, die Menge des zuzusetzenden Kalkes erhöht werden, weil ein Theil des letzteren durch die Seife unwirksam gemacht wird.

Löffler wie Proskauer legen den Hauptwerth der Reinigung eines Abwassers auf Beseitigung der Bakterien, und hat Hueppe seiner Zeit sogar als besonderen Vortheil dieses Verfahrens hervorgehoben, dass in dem Vakuumkessel auch kein Sauerstoff für die aëroben Bakterien verbleibe.

Dass ersterer Umstand nicht als die Hauptaufgabe der Wasserreinigung betrachtet werden kann, ist schon (I. Bd. S. 365) hervorgehoben, und letzterer Erfolg kann eher als Nachtheil denn als Vortheil dieses Verfahrens angesehen werden, weil gerade durch anaërobe, nicht aber durch aërobe Bakterien sich schädliche Stoffe in den Schmutzwässern bilden und deshalb bei der Berieselung wie bei der Filtration für eine gute Durchlüftung gesorgt wird.

Auch ist einleuchtend, dass die chemischen Fällungsmittel in dem Vakuum-Klärthurm an sich nicht anders wirken können, wie in anderen Klärvorrichtungen; denn ob die Stromgeschwindigkeit eines Schmutzwassers behufs Abscheidung der Schwebestoffe, durch wagerrechte oder aufsteigende Bewegung erzielt wird, die chemischen Fällungsmittel wirken in beiden Fällen gleich, und kommt es nur darauf an, dass die Verlangsamung der Stromgeschwindigkeit so gross ist, dass das Wasser genügend Zeit zum Absetzen der Schwebestoffe hat.

Im übrigen besitzt der Rothe-Roeckner'sche Vakuum-Klärthurm zur mechanischen Reinigung der Schmutzwässer, wenn man von den Betriebskosten absieht, einige Vorzüge vor ähnlichen Einrichtungen, nämlich:

1. Nimmt derselbe zur Erzielung einer hohen Wirkung nur einen verhältnissmässig kleinen Raum ein, sodass er sich überall da, wo es an hinreichenden Flächen für flache Klärbecken fehlt, und selbst mitten in Städten anbringen lässt, weil gleichzeitig das Auftreten von Fäulnissgasen verhindert werden kann.

2. Wird durch das infolge der gleichmässigen Vertheilung des Luftdruckes bewirkte ruhige Aufsteigen der Wassersäule eine verhältnissmässig ebenso rasche und vollkommene als gleichmässige Abscheidung der specifisch schwereren Schwebestoffe erzielt.

3. Kann ohne Zweifel infolge dieser letzteren Eigenschaft die Menge der chemischen Fällungsmittel eine etwas geringere sein, als bei Anwendung von einfachen Klärbecken, und wird der Klärthurm selbst dann nicht ganz

---

[1]) Centrbl. f. Bakteriologie u. Parasitenkunde 1893, **13**, 434.

aufhören klärend zu wirken, wenn der Zusatz von chemischen Fällungsmitteln auf kurze Zeit eine Störung erfährt.

Der bei dem Rothe-Roeckner'schen Verfahren erzielte Schlamm hat nach drei aus der Essener Kläranlage entnommenen und vom Verfasser (1) sowie nach zwei von Holdefleiss (2) untersuchten Proben im Mittel folgende Zusammensetzung:

| No. | In der natürlichen Substanz | | | | | | | | | In der Trocken-substanz | | | Düngergeldwerth des natürlich. Schlammes für 100 kg |
| | Wasser | Orga-nische Sub-stanz | Stick-stoff | Mineral-stoffe | Eisen-oxyd + Thon-erde | Kalk | Kali | Phos-phor-säure | Sand + Thon | Stick-stoff | Kali | Phos-phor-säure | |
	%	%	%	%	%	%	%	%	%	%	%	%	ca. ℳ
1	77,41[1])	5,74	0,25	16,85	2,23	3,84	0,07	0,26	7,31	1,11	0,31	1,15	0,45
2	68,25	—	0,22	—	—	8,49	0,21	0,29	—	0,71	0,68	0,91	0,44

Der geringe Gehalt des in Essen erzielten Schlammes erklärt sich zum Theil daraus, dass das städtische Abwasser durch aussergewöhnlich grosse Wassermassen von drei Kohlenbergwerken verdünnt wird.

Nach einem Bericht des Stadtbauraths Wiebe betrug die Menge des zu reinigenden Wassers für 1 Tag:

	Im ganzen cbm	Einwohnerzahl	Menge für 1 Kopf in 1 Tag Liter
1890 . . .	18 693	80 000	234
1891 . . .	19 152	84 000	229

Zur Reinigung dieser Abwassermengen sind 4 Klärthürme von je 7 m Höhe und 4,2 m Durchmesser aufgestellt; die Geschwindigkeit des aufsteigenden Wassers beträgt bei Reinigung von 18 000 cbm für 1 Tag nicht ganz 4 mm und die Reinigungszeit etwa 40 Minuten.

Aus der Verdünnung des städtischen Abwassers mit Zechenwasser erklären sich auch die verhältnissmässig hohen Betriebskosten der Essener Anlage.

Für Verzinsung, Amortisation und Unterhaltung der Reinigungsanlagen (zusammen rund 195 000 M.) Anlagekapital rechnet Wiebe 12 808 M. und betrugen 1890 und 1891:

| Jahr | Ausgaben für Chemikalien ℳ | Gesammt-Betriebskosten | | Kosten für 1 cbm Abwasser | | Kosten für 1 Jahr und Kopf der Bevölkerung | |
		ohne Ver-zinsung des Anlagekapitals ℳ	mit Verzinsung ℳ	ohne Verzinsung des Anlagekapitals ₰	mit Verzinsung ₰	ohne Verzinsung des Anlagekapitals ₰	mit Verzinsung ₰
1890 . . .	14 871,59	31 501,56	44 309,56	0,46	0,65	39,4	55,6
1891 . . .	16 520,29	33 497,06	46 306,09	0,48	0,66	39,9	55,1

[1]) 14. Versammlung d. Deutschen Vereins f. öffentl. Gesundheitspflege in Frankfurt a. M. 1888, 103 u. Centrbl. f. allgem. Gesundheitspflege 1892, **12**, 431.

Ohne Einschluss der Wässer aus den drei Bergwerken würden sich die Kosten für die Klärung für 1 cbm Abwasser höher stellen. Aus 1 cbm Abwasser wurden 0,66 l stichfester Schlamm erhalten, der aber eine nutzbringende Verwerthung bis jetzt nicht gefunden hat.

2. *Reinigung von Abwässern mit Kalk und Chlormagnesium in der Fabrik von W. Spindler in Spindlersfeld bei Berlin.*

In der Fabrik von W. Spindler in Spindlersfeld bei Berlin werden die sämmtlichen Abwässer (aus den Aborten, Wäschereien, Bleichereien, Färbereien etc.), etwa 10000 cbm für den Tag) zusammen in einem grossen Behälter gesammelt, nachdem vorher der grösste Theil der Seifenwässer in einer besonderen Anlage zur Wiedergewinnung der Fettsäuren zersetzt worden ist. In dem Sammelbehälter findet durch Einwirkung der verschiedenartigen Abwässer auf einander eine theilweise gegenseitige Reinigung statt, indem sich Eisenoxyd, Gerb- und Farbstoff, fettsaure Salze etc. abscheiden; ein anderer Theil wird durch ein Gitterwerk zurückgehalten. Von dem Sammelbehälter wird das gesammte Abwasser mittelst einer Centrifugalpumpe nach einem Mischbehälter gepumpt, in welchem je nach der Verschiedenheit des Abwassers in geeigneten Verhältnissen Kalkmilch und Chlormagnesium zugemischt werden. Das mit Chemikalien versetzte Abwasser wird dann von der Pumpe nach grossen Klärbecken gedrückt, in welchen es, der Ruhe überlassen, von dem Niederschlage befreit wird und dann theils nach Versickerung, theils nach Filtration durch ein Filter zur Spree abgeleitet wird.

Die Zusammensetzung des Wassers vor und nach dem Zusatz von Chemikalien erhellt aus folgenden Analysen von C. F. Gröber[1] für 1 l:

Ab- wasser	Glührück- stand mg	Glühver- lust mg	Eisenoxyd + Thonerde mg	Kalk mg	Magnesia mg	Schwefel- säure mg	Chlor mg	Am- moniak mg	Salpeter- säure mg
Ungereinigt[2] .	530,0	350,0	44,2	65,2	8,1	126,7	51,1	2,3	17,2
Gereinigt	540,0	120,1	1,7	157,2	10,4	118,4	65,5	0	0

Die Wirkung des Fällungsmittels auf die organischen Stoffe lässt sich hieraus nur unvollständig erschliessen; es heisst in der Mittheilung nur, dass das Abwasser vor der chemischen Reinigung sehr, nach derselben nicht mehr zur Pilzentwicklung neigte.

---

[1] Chem.-Ztg. 1889, **13**, 851.

[2] D. h. in dem Sammelbehälter durch Absetzen und Gitterwerk vorgeklärtes Abwasser vor dem Zusatz von Chemikalien.

Die bei dem Reinigungsverfahren gewonnenen Schlammmassen ergaben:

Art des Schlammes	Wasser %	Fett-säuren %	Mineral-stoffe %	Eisenoxyd + Thonerde %	Kalk %	Magnesia %
1. Fettschlamm	10,0	53,0	0,62	—	—	—
2. Schlamm vor der Be-handlg. mit Chemikalien	81,0	(Glühverlust) 11,8	7,2	1,64	0,74	1,07

Letzterer Schlamm dient zur Düngung eines Grundstücks.

μ) Reinigung nach dem Verfahren von F. Eichen.

Das Verfahren besteht nach I. Bd. S. 399 aus einer Vor- und Nachklärung, je mit einer Filtration verbunden. Die Vorklärung wird entweder
auf rein mechanischem Wege durch Tiefbrunnen oder unter Zusatz eines
chemischen Fällungsmittels erzielt, welches den Düngerwerth des Schlammes
erhöhen soll. Zur Nachklärung dient ein Zusatz von Kalk.

Im Jahre 1897 wurde für dieses Verfahren in Pankow bei Berlin
eine Versuchsanlage erbaut; die von J. H. Vogel[1]) dort über die Wirkungen erhaltenen Ergebnisse sind im Mittel von 2 Tagen folgende für 1 l:

Städtisches Abwasser	Gesammt-Stickstoff mg	Organischer Stickstoff mg	Ammoniak-Stickstoff mg	Verbrauch an Kaliumper-manganat mg	Keime in 1 ccm
1. Ungereinigt . .	228,0	59,0	169,0	2352	2400000
2. Vorgeklärt . . .	174,0	25,5	148,5	687	—
3. Gereinigt . . .	89,0	18,5	70,5	396	keimfrei

Das Pankower Abwasser ist ausserordentlich reich an organischen
Stoffen und Stickstoff; Vogel fand z. B. an 4 verschiedenen Tagen:

Gesammt-stickstoff	Organ. Stickstoff	Verbrauch an Kaliumpermanganat
173—237 mg	43—75 mg	554—2604 mg

Die starke Abnahme an Ammoniak-Stickstoff und Kaliumpermanganat-
Verbrauch ist ohne Zweifel darauf zurückzuführen, dass die Probe des
gereinigten Wassers der des ungereinigten nicht entsprochen hat.

---

[1]) Sonderschrift d. Allgem. Städtereinigungs-Gesellschaft m. b. H. in Wiesbaden 1898.

E. Hintz und G. Frank machen über Untersuchungsergebnisse im Juli 1898 folgende Angaben im Mittel zweier Tage für 1 l:

| Abwasser | Abdampf-Rückstand | | Glühver-lust | Gesammt-Stickstoff | Zur Oxyda-tion erforderl. Sauerstoff | Keime in 1 ccm |
| | Gesammt- | Geglüht | | | | |
	mg	mg	mg	mg	mg	
1. Ungereinigt . . .	1241,4	1055,4	186,0	142,1	568,8	3 760 000
2. Gereinigt	1162,0	1071,2	90,8	71,3	389,1	316

Der bei der Vorklärung in der I. Abtheilung des Klärverfahrens abgesetzte Schlamm enthielt in der Trockensubstanz:

Stickstoff	Phosphorsäure	Kali	Eisenoxyd
3,08%	2,62%	0,65%	1,31%

Aehnliche Zahlen giebt C. Bischoff an; der durch Fällung mit Kalk erhaltene Schlamm enthielt dagegen im lufttrockenen Zustande nur 0,315 % Stickstoff und 0,221 % Phosphorsäure.

Die günstigen Reinigungsergebnisse sind zum Theil anf den hohen Gehalt des Pankower Abwassers zurückzuführen; bei einem verdünnteren Abwasser dürften sich andere Verhältnisse herausstellen.

Inwieweit die zweimalige Klärung bezw. die Nachklärung mit Kalk von Belang ist, müssen noch weitere Versuche zeigen. Dass ein geklärtes Wasser durch Kalkwasser eher keimfrei gemacht werden kann, als ein rohes Abwasser, ist schon I. Bd. S. 364 und 365 hervorgehoben.

Im übrigen können von diesem Verfahren keine wesentlich besseren Wirkungen erwartet werden, wie von jedem anderen chemisch-mechanischen Reinigungsverfahren.

Die Bau- und Betriebskosten für dieses Reinigungsverfahren berechnet J. Brix[1]) wie folgt:

1. Baukosten der Anlage für den Kopf der Bevölkerung (bei 50 000 Einwohnern und darunter) zu 5,55—7,85 M.
2. Betriebskosten für 1 cbm:
    a) 400 g Kalk à kg zu 2 Pfg. . . . . 0,8 Pfg.
    b) Aufsicht und Bedienung . . . . 0,6 „
    c) Kohlen, Schmieröl, Reparaturen . . . . . 0,4 „

    Summa 1,8 Pfg.

oder rund 1 M. für das Jahr und den Kopf der Bevölkerung.

Hierbei ist für das erste Fällungsmittel nichts in Ansatz gebracht, weil es nur je nach Bedürfniss und nur dann zugesetzt werden soll, wenn sich der Zusatz bezahlt macht.

---

[1]) Vierteljahrsschr. f. gerichtl. Medicin und öffentl. Sanitätswesen. 3. Folge, XVI. Suppl.-Heft.

Zu den jährlichen Betriebskosten gesellen sich aber noch die Verzinsung und Amortisation, welche bei 8 $^0/_0$ vom Anlagekapital 32—60 Pfg. für den Kopf ausmachen; ausserdem noch mindestens 12—15 Pf. für die Schlammbeseitigung, sodass der geringste jährliche Gesammtaufwand für die Klärung und Schlammbeseitigung einschliesslich Verzinsung und Amortisation der Baukapitalien für das Jahr und den Kopf der Bevölkerung einer mittleren Stadt im günstigsten Fall 1,40—1,50 M., im ungünstigsten Fall 1,70—1,80 M. betragen würde.

ν) Reinigung mit Natronferritaluminat nach C. Liesenberg.

Das im I. Bd. S. 354 beschriebene, von C. Liesenberg vorgeschlagene Fällungsmittel, das nach Mittheilungen des Patent-Inhabers bis jetzt vorwiegend für Reinigung von Zuckerfabrik-Abwässern eingeführt ist, wurde 1890 versuchsweise auch für Reinigung des Abwassers der Stadt Braunschweig angewendet. Dem genannten Abwasser ist etwas Kieserit (Magnesiumsulfat) zugesetzt worden.

Die Untersuchung des ungereinigten und gereinigten Wassers ergab für 1 l:

Ab-wasser	Schwebestoffe			Gelöste Stoffe												Alka-lität CaO
	Un-organische	Organische	Stickstoff	Un-organische	Organische	Stickstoff	Zur Oxydat. erforderlich. Sauerstoff in saurer Lösung	in alkal. Lösung	Kalk	Magnesia	Kali	Natron	Chlor	Schwefel-säure	Phosphor-säure	
	mg	mg	mg	mg	mg	mg	mg	mg	mg	mg	mg	mg	mg	mg	mg	mg
Unge-reinigt	447,5	635,0	54,5	467,5	390,0	92,5	101,2	101,6	122,5	32,4	29,4	99,9	213,1	89,2	42,2	neu-tral
Gerei-nigt .	30,0	15,0	Spur	707,5	450,0	83,2	259,2	217,6	210,0	6,8	73,8	171,5	156,2	70,4	Spur	204,4

Das ungereinigte Wasser enthielt gegen 6 Millionen, das gereinigte 1200 Keime von Mikrophyten in 1 ccm Wasser. Diese Eigenschaft, wie auch die grössere Menge des zur Oxydation erforderlichen Sauerstoffs im gereinigten Wasser erklärt sich, wenn man von den durch die Probenahme bedingten Verschiedenheiten absieht, aus der stark alkalischen Beschaffenheit des gereinigten Wassers (vergl. I. Bd. S. 361—363).

ξ) Reinigung nach Fr. Hulwa.

Fr. Hulwa in Breslau hat seine im I. Bd. S. 358 angegebenen chemischen Reinigungsmittel auch bei einem Krankenhaus-Abwasser angewendet, welches sich aus Kanaljauche, Küchen- und Wirthschafts-, Bäder-, Lazareth- und Leichenhaus-Abwasser zusammensetzte. Fr. Hulwa verwendet die I. Bd.

S. 358 und 359 angegebenen chemischen Fällungs- und Reinigungsmittel nicht immer und allgemein sämmtlich, sondern passt dieselben der Beschaffenheit und Natur des betreffenden Abwassers in jedem Falle und so lange an, bis er die grösste Wirkung sieht, indem er von der richtigen Ansicht ausgeht, dass es ein allgemein bestes Fällungsmittel nicht giebt, sondern jedesmal durch Vorversuche gesucht werden muss. Auf diese Weise erhielt er[1] für das Krankenhaus-Abwasser für 1 l folgendes Ergebniss:

Abwasser	Gesammt:			Gelöste Stoffe				
	Abdampf-rückstand	Glühver-lust	Stickstoff	Abdampf-rückstand	Glühver-lust	Stickstoff		Verbrauch an Kalium-permanganat
						im ganzen	als Am-moniak	
	g	g	g	mg	mg	mg	mg	mg
Ungereinigt . . .	32,9145	18,600	0,6655	1930,0	520,6	399,2	35,0	781,4
Gereinigt	—	—	—	790,0	122,5	29,0	4,7	55,3

Es handelt sich hier also um ein ausserordentlich schmutziges Wasser, welches eher als Schlamm, denn als Abwasser zu bezeichnen ist. Es hatte schwarze und graugelbe Flocken, nicht unerheblichen Bodensatz und war opalisirend; das gereinigte Wasser war klar, farb- und geruchlos und von deutlich alkalischer Reaktion.

Fr. Hulwa theilt mit, dass es ihm gelungen sei, durch sein verbessertes Verfahren das Ammoniak bis auf Spuren zu beseitigen; es wäre von allgemeiner Wichtigkeit, die Einzelheiten dieses Verfahrens kennen zu lernen, da eine Beseitigung des Ammoniaks nur durch chemische Fällungsmittel und ohne Destillation bezw. Oxydation bis jetzt im grossen als unmöglich angesehen wird.

o) Reinigung nach dem Humus- und Kohlenbrei-Verfahren von P. Degener.

P. Degener will Torf nicht, wie S. 75 angegeben ist, als Filter, sondern als Fällungsmittel benutzen, indem er denselben, nämlich schwarzen Brenntorf oder Braunkohle, die sich am besten eignen sollen, höchst fein zermahlt, in Wasser aufschlämmt und gleichzeitig mit Eisenvitriol, welcher die Niederschlagsbildung begünstigt, dem zu reinigenden Wasser zusetzt. Auf 1 cbm Wasser sollen verwendet werden: 1—2 kg Torf bezw. 10—20 l Torfbrei und 120 g Eisenvitriol. Die Humussäuren des Torfs sollen das Ammoniak der Abwässer binden und nebst den organischen Stickstoff-Verbindungen mit in den Niederschlag überführen.

J. H. Vogel[2] fand aber in dem getrockneten Torf-Niederschlag aus dem Potsdamer Abwasser bei 87,16 °/₀ Trockensubstanz-Gehalt nur 1,05 °/₀

---

[1] Nach einer brieflichen Mittheilung, in welcher das Fällungsmittel selbst nicht angegeben ist.

[2] J. H. Vogel: Die Verwerthung der städtischen Abfallstoffe 1896, 336.

Stickstoff, d. h. nicht viel mehr als im Torfpulver für sich allein, ein Beweis, dass nur wenig Stickstoff aus dem städtischen Abwasser in den Niederschlag übergegangen sein konnte.

Ich fand in einer mir von P. Degener übersandten Probe des solcherweise gewonnenen, getrockneten Schlammes:

Wasser	Organische Stoffe	Stickstoff	Mineralstoffe	Phosphorsäure	Kali	Kalk
10,70 %	69,58 %	3,44 %	19,72 %	1,82 %	1,07 %	2,88 %

Hier ist der Stickstoffgehalt wesentlich höher, und mag sein, dass je nach Beschaffenheit des verwendeten Torfes und der Verunreinigung des Abwassers ein gehaltreicher Schlamm gewonnen werden kann.

Es ist aber nicht wahrscheinlich, dass der Torfhumus nennenswerthe Mengen Ammoniak aus dem Abwasser durch Absorption bindet und unlöslich macht. Auch hat nach Proskauer's Versuchen in Potsdam das Verfahren nicht günstig auf die Beseitigung der Bakterienkeime gewirkt, wenigstens bei weitem nicht so gut, als der Zusatz von 0,05 % Kalk in Form von Kalkmilch.

Mag nun auch der Torfschlamm beim Lagern weniger starke und üble Gerüche verbreiten, als der unter Zusatz von chemischen Fällungsmitteln allein, besonders von Kalk erzielte Schlamm, so hat der Torf doch die andere Unannehmlichkeit, dass er das Volumen des Schlammes erhöht und die Beseitigung desselben, die an sich schon grosse Schwierigkeiten bietet, wesentlich erschwert.

C. Steuernagel[1] macht ferner nach Versuchen in der Kläranlage von Essen a. d. Ruhr darauf aufmerksam, dass der Torfschlamm sich beim Klären nur langsam absetzt, sodass man in den dortigen Rothe-Roeckner'schen Klärthürmen, in denen bei Anwendung von Kalk und Magnesiumchlorid als Fällungsmittel die Geschwindigkeit von 3,6 mm in der Sekunde genügte, um den Schlamm zum Absetzen zu bringen, bei Anwendung von Torfbrei zur Fällung die Geschwindigkeit um die Hälfte, nämlich auf 1,8 mm vermindern musste, um eine völlige Klärung des Wassers zu erreichen.

Diese ungünstigen Erfahrungen mit Torfbrei scheinen Veranlassung gewesen zu sein, dass P. Degener neuerdings das Kohlenbreiverfahren vorschlägt, nach welchem dem Abwasser auf 1 cbm 1,0—1,5 kg (bei verdünnten Abwässern nur 0,8 kg) fein gemahlene Braunkohle und 200 bis 300 g (nach einer anderen Angabe nur 170 g) Ferrisulfat sowie unter Umständen noch Kalk zugesetzt werden sollen. Für gewöhnlich ist der Zusatz von Kalk nicht erforderlich.

Das Verfahren ist für die Rothe-Roeckner'schen Klärthürme seit einiger Zeit in Potsdam mit 4000 cbm Abwasser eingerichtet und berichten B. Proskauer und Elsner[2] darüber Folgendes:

---

[1] Gesundh.-Ing. 1898, **21**, 58.
[2] Technisches Gemeindebl. 1898, **1**, 300.

Bei einem Zusatz von:	Abnahme: Oxydirbarkeit	Organischer Stickstoff
1,5 kg Kohle und 210 g Ferrisulfat	70—85 %	60—70 %
1,0 „ „ „ 170 g „	65—80 „	60—80 „

Nur in vereinzelten Fällen betrug die Abnahme an organischem Stickstoff nur 50—60 %.

Das gereinigte Wasser ging beim Stehen weder im unverdünnten noch verdünntem (1 : 1, 1 : 5 oder 1 : 10) Zustande in stinkende Fäulniss[1] über. Das geklärte Wasser wird auch schon durch wenig Kalk- oder Chlorkalk-Zusatz steril; so genügt ein Zusatz von 0,25 g Kalk oder von 0,012 bis 0,015 g Chlorkalk (mit 27 % Hypochlorid) auf 1 l geklärtes Abwasser, um Koli-Arten[2] in 1,0—1,2 Minuten abzutödten.

Der in den Klärcylindern abgeschiedene Kohlenschlamm wird in Vakuum-Entwässerungsapparaten soweit eingedickt, dass die gewonnenen Schlammkuchen nur noch 60—65 % Wasser enthalten; letztere werden dann an der Sonne getrocknet und als Briquettes verfeuert.

Die Kosten des Kohlenbreiverfahrens betragen in Potsdam 1,40 M. für das Jahr und den Kopf der Bevölkerung, sind aber deshalb verhält-nissmässig hoch, weil das Wasser gehoben werden muss. Proskauer und Elsner glauben, dass unter günstigeren Verhältnissen in anderen Orten die Kosten ohne Berücksichtigung etwaiger Schlammverwerthung nur 0,90 bis 1,20 M. für das Jahr und den Kopf betragen werden.

C. Steuernagel[3] berechnet aber, dass, wenn man auch den Werth der Schlammbriquettes mit 0,60 M. für den Kopf und das Jahr in Rechnung setzt und von den Gesammtunkosten von 2,45 M. abzieht, doch eine Ausgabe von 1,69 M. für das Jahr und den Kopf übrig bleibt. Letzteres stimmt auch mit dem Verwaltungsbericht des Magistrats der Stadt Potsdam[4] über-ein, wonach sich die Gesammtkosten für die Reinigung der Abwässer von rund 58000 Einwohnern in drei Klärstationen auf rund 98000 M. jährlich oder auf rund 1,70 M. für den Kopf und das Jahr berechnen.

π) Reinigung mit „Sulfatasche" oder „Sekurin"
von L. Tralls.

L. Tralls schlägt vor, Haus- und Strassenmüll zu sieben, mit Schwefel-säure zu versetzen und entweder das während einiger Tage an der Luft getrocknete Pulver, oder eine wässerige Lösung davon von 2,5 ° Bé. in einer Menge von 0,5—3,5 g Trockensubstanz für 1 l Abwasser zu ver-wenden. 1 l des Pulvers ist in seiner Wirkung gleich 1 l Lauge. Zwei

---

[1] Ueber die Bedeutung dieser Prüfung vergl. I. Bd. S. 366.
[2] Zum Nachweis derselben diente Jodkalium-Kartoffelgelatine.
[3] Gesundh.-Ing. 1898, **20**, 58 u. 210.
[4] Ebendort 1898, **20**, 78.

Proben des solcherweise hergestellten Sekurins ergaben nach hiesigen Untersuchungen:

Sekurin aus	Wasser %	Stickstoff %	In Wasser löslich:				
			Schwefelsäure %	Eisenoxyd %	Eisenoxydul %	Kalk %	Magnesia %
Berliner Hausmüll .	15,25	0,18	13,25	1,98	1,60	3,68	0,11
Dortmunder „ .	8,26	0,33	4,94	2,33	0,48	1,63	0,71

Die Zusammensetzung des Sekurins ist hiernach, wie nicht anders erwartet werden kann, je nach der Beschaffenheit des Mülls sehr verschieden, auch bleibt je nach der Menge der zugesetzten Schwefelsäure ein Theil derselben ungebunden. Versuche im grossen scheinen bis jetzt mit dem Fällungsmittel nicht ausgeführt zu sein; wir haben daher einen Versuch im kleinen mit Abortjauche ausgeführt und für je 1 l der ungeklärten und mit Sekurin (aus Dortmunder Hausmüll hergestellt) geklärten Jauche gefunden:

Abortjauche	Schwebestoffe		Gelöste Stoffe							
	Organische mg	Unorganische mg	Gesammt-Glühverlust mg	Glührückstand mg	Zur Oxydation erforderlicher Sauerstoff in alkalischer Lösung mg	in saurer Lösung mg	Stickstoff in Form von organ. Stoffen mg	Ammoniak mg	Salpetersäure mg	Schwefelsäure mg
Ungeklärt . . .	842,5	180,0	165,0	235,0	87,2	86,4	23,6	187,6	13,3	29,3
Geklärt mit Sekurin	70,0		260,0	355,0	92,4	91,2	21,0	167,1	15,4	150,9

Ausser den im Sekurin enthaltenen festen Stoffen können nur die Sulfate von Eisen fällend wirken und kann aus dem Grunde die reinigende Wirkung keine grössere sein, als bei jedem anderen chemischen Fällungsmittel.

Wenn das Hausmüll mit soviel Schwefelsäure versetzt wird, dass freie Schwefelsäure bestehen bleibt, so kann diese abtödtend auf Bakterien, besonders auf pathogene Bakterien wirken, die freie Schwefelsäure wird dann aber eine erhöhte Menge organische Stoffe aus den Schwebestoffen lösen und daran das geklärte Wasser eher anreichern als herabsetzen.

ϱ) Reinigung des Abortinhaltes nach dem Verfahren von Schwartzkopff in Berlin.

In der Maschinenbauanstalt der Aktiengesellschaft vorm. L. Schwartzkopff in Berlin werden die menschlichen Auswürfe, nämlich von einem Trocken- und Spülabtritt sowie die Abgänge von den Bedürfnissanstalten, durch chemische Fällung verbunden mit Filtration unschädlich gemacht und wird aus der gewonnenen Masse Poudrette hergestellt. Ueber die Art und Wirkung dieses Reinigungsverfahrens sind im hygienischen Institut in

Berlin eingehende Untersuchungen angestellt, worüber B. Proskauer[1] berichtet. Der Inhalt beider Abtritte sowie die Abgänge der mit Spülung
versehenen Bedürfnissanstalten (von im ganzen 700 Menschen) werden zusammen zunächst in einem Mischgefäss gesammelt und mit folgenden
Mengen Chemikalien versetzt:

Auf je 4,16 l Abortjauche durch Selbstregelung der Reihe nach:			Das macht auf 1000 l Abortjauche:			
Kalkmilch	0,42 l mit	9 g CaO	2,25 kg CaO	in 101 l Wasser		
Magnesiumsulfatlösung	0,10 l „	0,9 g $MgSO_4$	0,225 kg $MgSO_4$	„	24 l	„
Superphosphatlösung .	0,20 l „	4,0 g Phosphat	1,00 kg Phosphat	„	48 l	„
Chlormagnesiumlösung	0,10 l „	1,8 g $MgCl_2$	0,45 kg $MgCl_2$	„	24 l	„

Die Dauer der Zumischung der einzelnen Chemikalien beträgt 80,8 Sek.
Das Volumen der ursprünglichen Flüssigkeit erfährt durch den Zusatz der
Chemikalien eine Zunahme von 100 : 120.

Durch die Chemikalien werden die Schwebestoffe gefällt, die Flüssigkeit nimmt eine gelbe Farbe und bei stark alkalischer Beschaffenheit einen
ammoniakalischen Geruch an.

Auf die Klärung der Jauche durch die Chemikalien folgt die Filtration
der geklärten Flüssigkeit durch Torf.

Die aus dem Torffilter abfliessende Flüssigkeit hat noch eine gelb-
liche Farbe, ammoniakalischen Geruch, alkalische Reaktion und trübt sich
nach einigem Stehen unter Abscheidung von Calciumkarbonat.

Der abgesetzte Schlamm von der Fällung mit Chemikalien wird in
einen Schlammkasten gebracht, der mit einer Torfschicht bedeckt wird und
nur das Abfliessen der aus dem Schlamm sickernden, durch den Torf filtrirenden Flüssigkeit gestattet. Der stichfähig gewordene Schlamm nebst Torf
wird dann mit dem Torf, der zur Filtration des geklärten Wassers gedient
hat, gemengt, in einem besonderen Apparat bei einer Temperatur von angeblich 70° getrocknet, zerkleinert und als Poudrette verwerthet.

Die Untersuchung der wichtigsten Flüssigkeiten sowie der Poudrette
lieferte im Mittel von je zwei Probenahmen folgende Ergebnisse:

1. Flüssigkeiten für 1 l:

Abwasser	Abdampf-rückstand mg	Organ. Stoffe (Glühverlust) mg	Unorgan. Stoffe mg	Stickstoff		Kalk mg	Keime in 1 ccm
				Gesammt- mg	als Am-moniak mg		
a) Ungereinigt aus dem Mischgefäss	2944,5	1666,5	1273,5	470,5	163,3	140,0	$22^1/_2$ Mill.
b) Aus dem Absatz-kasten nach Zu-satz von Chemi-kalien	2079,5	277,5	1801,0	258,2	87,9	617,0	300
c) Aus dem Torf-filter abfliessend	1628,5	360,5	1268,0	205,9	96,8	—	120 000

[1] Zeitschr. f. Hyg. 1891, **10**, 51.

2. Poudrette:

In der natürlichen Substanz					In der Trockensubstanz				Keime für 1 g
Wasser	Organ. Stoffe (Glühverlust)	Unorgan. Stoffe (Asche)	Stickstoff		Organ. Stoffe	Asche	Stickstoff		
			Gesammt	als Ammoniak			Gesammt	als Ammoniak	
%	%	%	%	%	%	%	%	%	
32,39	37,69	29,92	3,75	0,14	56,01	43,99	5,57	0,21	2 Millionen

In der Trockensubstanz einer 2ten Probe Poudrette giebt B. Proskauer 2,58 $\%$ Stickstoff an, während die des ungebrauchten Torfes 3,27 $\%$ enthalten haben soll. Das ist ebenso unwahrscheinlich, als der Gehalt des ungebrauchten Torfes an Stickstoff — für die erste Probe desselben werden 3,09 $\%$ Stickstoff in der Trockensubstanz angegeben —; denn Moostorf, der wohl einzig für diese Zwecke verwendet werden kann, enthält höchstens bis 2 $\%$ Stickstoff in der Trockensubstanz.

Auffallend auch ist in zwei Versuchen die grosse Abnahme an Glühverlust (organischen Stoffen) nach Zusatz von Chemikalien, während sich die Zunahme hieran nach der Filtration durch den Torf sehr wohl durch Aufnahme von Humusstoffen aus demselben erklären lässt.

Im übrigen kann man den Schlussfolgerungen Proskauers zustimmen, dass durch die Behandlung zwar ein grosser Theil der menschlichen Auswürfe besonders die Schwebestoffe ausgefällt und entfernt werden, dass aber noch genügend organische Stoffe in dem gereinigten Wasser verbleiben, um, nachdem der freie Kalk in Calciumkarbonat verwandelt und unwirksam geworden ist, stinkende Fäulniss hervorzurufen.

Unter den Chemikalien übt einzig der Kalk eine fällende und desinficirende Wirkung aus; die Torffiltration bewirkt wesentlich nur eine Abnahme an Mineralstoffen, erhöht aber den Gehalt an Ammoniak, organischen Stoffen und Keimen von Mikrophyten.

Wenn die Vernichtung der letzteren als einziges Ziel der Unschädlichmachung der menschlichen Auswürfe angesehen werden soll, so würde man nach Proskauer durch grösseren Zusatz von Kalk allein, etwa von 5 freiem Kalk auf 1000 Flüssigkeit, mehr erreichen, als nach vorstehendem Verfahren. Dass diese Wirkung aber auch nur von kurzer Dauer ist und beim Einführen solcherweise gereinigter Abortjauche andere schädliche Nebenwirkungen im Gefolge haben kann, ist I. Bd. S. 366 gezeigt worden.

σ) Reinigung durch oxydirend wirkende Chemikalien.

Ein solches Verfahren ist für das Abwasser der Irrenanstalt in Dundrun in Irland eingeführt, in welcher täglich 27 cbm Abwasser zu reinigen sind. Die Klärbecken bestehen aus 3 Tiefbrunnen nach Art der Haller (vergl. I. Bd. S. 394 und 395) von je 6 m Tiefe, von denen jeder 23 cbm fasst. Das zugeleitete von unten nach oben steigende Abwasser erfährt in dem ersten Tiefbrunnen eine Vorklärung von gröberen Schwebestoffen, beim Einfluss in den zweiten Tiefbrunnen wird Natriummanganat und Aluminiumsulfat zugesetzt, welche den Erfolg haben, dass das Abwasser beim Abfluss aus dem dritten Tiefbrunnen völlig klar ist.

Beim Eintritt des Abwassers in den dritten Tiefbrunnen, der ein Filter ersetzen soll, erfährt dasselbe ferner einen Zusatz von Natriumnitrat, welches eine weitere Oxydation bewirken soll.

Das ungereinigte und gereinigte Abwasser enthielt nach je 2 Analysen für 1 l:

| Abwasser | Schwebestoffe | | Gelöste Stoffe | | | | | | |
| | Organische (Glühverlust) mg | Unorganische (Glührückstand) mg | Organische (Glühverlust) mg | Unorganische (Glührückstand) mg | Stickstoff als | | Sauerstoff-Verbrauch | | Chlor mg |
					Ammoniak mg	Albuminoid mg	nach 5 Min. mg	nach 4 Std. mg	
Ungereinigt	514,0	200,9	368,0	148,0	93,7	5,6	19,0	32,7	128,4
Gereinigt	20,5	3,6	200,0	428,0	51,0	2,5	5,2	9,8	97,8

Das so gereinigte Abwasser war häufig von alkalischer Reaktion und hellgelber Farbe; dasselbe hielt sich gut und verursachte keine Verunreinigung in dem das gereinigte Abwasser aufnehmenden Bache.

Die Anzahl der Keime von Mikrophyten im ungereinigten und gereinigten Wasser wird der Zahl nach (150000 für 1 ccm) als mehr oder weniger gleich angegeben; während aber das ungereinigte Abwasser unzählig viele Arten von Bakterien enthielt, soll das solcherweise gereinigte Abwasser vorwiegend nur eine Form enthalten haben, welche fakultativ anaërob war, Gelatine langsam, Traubenzucker schnell verflüssigte, auf allen Nährböden bei gewöhnlicher Temperatur, hauptsächlich bei 37° gut gedieh und auf peptonisirter Gelatine weisse Kolonien bildete.

Die Anlagekosten betragen 10000 M., die Betriebskosten 5 M. für 1 Kopf und Jahr; an Schlamm werden in 1 Tag 40 kg gewonnen.

Roscoe und Ward[1]) prüften die Wirkung des übermangansauren Natriums auf Mikroorganismen und fanden, dass 128 mg desselben für 1 l das Wachsthum derselben verzögerten, dass 28 mg für 1 l Wasser keinen Einfluss auf dieselben übten, aber Fische noch nach 12 Stunden tödteten: 14 mg waren für Mikroorganismen und Fische wirkungslos. Chlorkalk vernichtete zu 43 mg in 1 l alle Mikroorganismen, aber auch Fische in 1 Stunde, ja 1—2 mg wirkten noch tödtlich auf letztere. Bezüglich der desodorirenden Wirkung verhalten sich 5 Theile Natriumpermanganat und 3 Theile Chlorkalk als gleichwerthig; demnach würde dem ersteren wegen seiner geringeren schädlichen Wirkung auf Fische vor dem Chlorkalk ebenso wie der schwefeligen Säure der Vorzug zu geben sein.

---

[1]) Gesundh.-Ing. 1889, 402.

Im übrigen hält Roscoe diese Fällungsmittel für zu theuer; er schlägt wie Verf. I. Bd. S. 237 die Sauerstoff-Anreicherung durch Lüftung vor; denn die aëroben Mikrophyten zersetzen die Stoffe der Abwässer unter Bildung ungefährlicher, die anëroben Mikrophyten dagegen unter Bildung schädlicher Stoffe.

Ausser den aufgeführten chemischen Reinigungs- und Klärverfahren sind noch mehrere andere vorgeschlagen worden; da sie aber bis jetzt eine dauernde Anwendung im grossen nicht gefunden haben, so kann ich sie hier übergehen und auf die allgemeinen Ausführungen I. Bd. S. 353—370 verweisen.

Auch sind in dem Kapitel „Reinigung durch Filtration" S. 75 und 77 einige Verfahren beschrieben, die zum grossen Theil mit auf einer chemischen Fällung beruhen.

Die Kosten der chemischen Reinigung belaufen sich nach den vorstehenden Angaben auf 0,40—2,5 Pfg. für 1 cbm oder auf 57—100 Pfg. für 1 Jahr und Kopf der Bevölkerung.

τ) Schlussbemerkungen zu der Reinigung durch chemische Fällungsmittel.

Wenn wir die in vorstehendem Kapitel über die Wirkung der chemischen Fällungsmittel aufgeführten Ergebnisse zusammenfassen, so stellt sich:

1. als Gesammt-Ergebniss heraus, dass es durch chemische Fällungsmittel und Klärung im grossen und ganzen nur gelingt, die Schwebestoffe, nicht aber die gelösten Stoffe aus den städtischen Abwässern zu entfernen. Denn ebenso wenig wie wir für Ammoniak selbst bei Anwendung von löslicher Phosphorsäure und Magnesiumsalzen eine irgendwie nennenswerthe Fällung bewirken können, ebenso wenig besitzen wir für die in Lösung befindlichen organischen und unorganischen Stoffe (z. B. das Kali) ein Fällungsmittel; nur die Phosphorsäure kann entweder ganz oder doch fast ganz quantitativ ausgefällt werden, während von dem Gesammt-Stickstoff im allgemeinen kaum mehr als $^1/_3$ ausgefällt wird, d. h., wenn die städtischen Abwässer ohne Abortinhalt durchschnittlich 70 bis 80 mg Stickstoff für 1 l enthalten, so gehen etwa 20—30 mg in den Niederschlag über, während 30—45 mg in Lösung verbleiben.

Vereinzelte bessere Ergebnisse beruhen entweder auf Zufall oder auf Unrichtigkeit der Untersuchung.

2. Es geht dieses nicht nur aus den Analysen der ungereinigten und gereinigten städtischen Abwässer hervor, sondern auch aus den Analysen des erzielten Schlammes. Während in den ungereinigten Wässern durchweg viel mehr (4—5 mal mehr) Stickstoff als Phosphorsäure vorhanden ist, stellt sich das Ver-

hältniss in den erzielten Niederschlägen durchweg nahezu gleich oder für die Phosphorsäure sogar höher als für den Stickstoff heraus. Ferner enthalten die Niederschläge nur verhältnissmässig sehr wenig Ammoniak und Kali.

3. Auch auf die sonstigen gelösten organischen Stoffe üben die chemischen Fällungsmittel im allgemeinen keine oder nur eine sehr geringe fällende Wirkung aus. Ja man findet nicht selten, dass die mit einem Ueberschuss von Kalk behandelten und geklärten Schmutzwässer sogar **mehr** organische Stoffe in **Lösung** enthalten, als die ursprünglichen Schmutzwässer. Dieses lässt sich nur so erklären, dass der überschüssige Kalk zersetzend auf die organischen Schwebestoffe wirkt und davon einen Theil in eine lösliche Form überführt (vergl. I. Bd. S. 361 u. ff.).

4. Wenn man den mechanischen Klärvorrichtungen eine genügende Ausdehnung oder dem städtischen Schmutzwasser eine hinreichend verlangsamte Stromgeschwindigkeit behufs Niederschlagung der Schwebestoffe ertheilen kann, ohne dass Fäulniss eintritt, so kann man durch einfache mechanische Abklärung unter Umständen denselben Reinigungserfolg erzielen, als durch gleichzeitige Anwendung von chemischen Fällungsmitteln. Letztere befördern nur die Schnelligkeit der Absetzung, kaum aber die Menge des Niederschlages.

5. Durch die chemischen Fällungsmittel werden mit den Schwebestoffen mehr oder weniger auch alle Keime von Mikroorganismen niedergeschlagen und wirkt der überschüssige freie Kalk „fäulnisshemmend", d. h. verhindert die Entwicklung von Fäulnissbakterien als solchen etc.; vielleicht auch beruht die fäulnisshemmende Wirkung des überschüssigen freien Kalkes mit darauf, dass der Kalk eine theilweise Zersetzung der stickstoffhaltigen organischen Stoffe bewirkt und auf diese Weise den Mikroben gleichsam den geeigneten Nährboden entzieht; aber wir haben I. Bd. S. 365 gesehen, dass, wenn in solchen gereinigten Wässern der überschüssige Kalk durch Kohlensäure neutralisirt wird, oder die Wasser an offener Luft stehen bleiben, sich die Keime von Mikroorganismen wieder in grösster Menge ansammeln und dass alsdann wieder, wenn auch weniger stark, Fäulniss eintreten kann (vergl. I. Bd. S. 366 u. 367).

Auch ist ganz selbstverständlich, dass ein Wasser, welches noch 30—50 mg Ammoniak $+$ organischen Stickstoff enthält, nicht als völlig gereinigt angesehen und mit Trinkwasser verglichen werden kann; denn es besitzt, wenn der fäulnisshemmende Bestandtheil (der Kalk) beseitigt ist, noch alle Bedingungen, welche den Mikroben, deren Keime stets hinreichend in der Luft vorhanden sind, ihre Entwicklung ermöglichen.

6. Für eine Reihe von Fällen mag es allerdings ausreichend sein, die Fäulniss der städtischen Abwässer thunlichst einzuschränken und bis auf gewisse Strecken d. h. bis die Schmutzwässer in grössere Wasserläufe gelangen, wo sie nicht mehr schaden, hintanzuhalten;[1]) in anderen Fällen aber kann auch die Einführung der viel freien Kalk enthaltenden gereinigten Wässer direkt oder indirekt nachtheilig wirken, indem der freie Kalk dadurch, dass er aus dem natürlichen Bach- und Flusswasser das gelöste doppeltkohlensaure Calcium entfernt, von neuem eine Veranlassung zur Verschlammung giebt oder den Fischen die nöthigen Kalksalze wegnimmt oder das natürliche Bach- und Flusswasser weniger zur Berieselung geeignet macht, da auch für diese das gelöste doppeltkohlensaure Calcium von grösster Bedeutung ist.

Die Frage, ob und inwieweit die chemisch gereinigten Wässer ohne Beanstandung in öffentliche Wasserläufe abgelassen werden können, richtet sich daher wesentlich mit nach den örtlichen Verhältnissen.

7. Was die weitere Frage anbelangt, ob irgend ein und welches chemische Fällungsmittel als das beste empfohlen werden kann, so giebt es nach den vorstehenden Versuchen ein einziges bestes Fällungsmittel überhaupt nicht.

Für ein fauliges Schmutzwasser, welches hinreichend freie Kohlensäure oder viel doppeltkohlensaures Calcium enthält, genügt unter Umständen der Zusatz von Kalkmilch allein, um die erforderliche Ausfällung der Schwebestoffe zu bewirken; in anderen Fällen ist der Zusatz eines Metallsalzes erforderlich, um einen thunlichst starken Niederschlag zu erzeugen. Hierbei sind wiederum der Preis oder der Umstand massgebend, dass sich der Niederschlag thunlichst schnell und vollkommen absetzt, sowie dass der erzielte Schlamm keine für seine Anwendung schädlichen Bestandtheile aufnimmt.

In Bezug auf die Höhe der Ausfällung der gelösten Bestandtheile sind die einzelnen Fällungsmittel von keiner wesentlich verschiedenen Wirkung; wir besitzen einfach für die gelösten Fäulnissstoffe kein durchgreifendes Fällungsmittel und weil der Gehalt der fauligen Schmutzwässer an gelösten Fäulnissstoffen ein sehr verschiedener ist, so erscheint es nicht zulässig, bestimmte Grenzwerthe aufzustellen, bis zu welchen diese Schmutzwässer für alle und jeden Fall gereinigt werden sollen, wenn von der Reinigung durch chemische Fällungsmittel Gebrauch gemacht werden muss.

8. Wenn hiernach die Reinigung der Schmutzwässer durch chemische Fällungsmittel als eine unvollkommene bezeichnet

---

[1]) Vergl. F. Hueppe: Arch. f. Hygiene 1889, **9**, 271.

werden muss, so soll damit durchaus nicht gesagt sein, dass sie überhaupt nichts nützt oder dass sie an sich zu verwerfen ist. In vielen Fällen bleibt eben kein anderer Ausweg der Reinigung übrig und ist durch die Beseitigung der Schwebestoffe allein in vielen Fällen der Anforderung an eine Reinigung schon Genüge geleistet. Es ist aber nothwendig, sich die Leistungsfähigkeit der einzelnen Reinigungsverfahren klar zu machen, damit nicht seitens der Verwaltung und Hygiene Forderungen gestellt werden, die sich überhaupt nicht erfüllen lassen. Die Unsicherheit in den Ansichten über die Leistungsfähigkeit der einzelnen Reinigungsverfahren ist wohl vielfach der Grund, dass überhaupt in der Reinigung dieser Art Wässer nichts geschieht, und das ist jedenfalls schlimmer, als wenn von der Einführung eines Verfahrens Abstand genommen wird, welches den Uebelständen auch nur zum grössten Theil abzuhelfen im Stande ist.

9. Ob man das chemische Reinigungsverfahren noch dadurch wesentlich unterstützen kann, dass man bei vorhandenem Gefälle oder sonstwie das von Schwebestoffen und Mikroorganismen befreite Wasser thunlichst stark und häufig lüftet, indem man einen Ueberschuss von Kalk möglichst zu vermeiden sucht, bleibt noch weiteren Untersuchungen vorbehalten.

10. Die Kosten der chemischen Reinigung stellen sich mindestens ebenso hoch, als die der Reinigung durch Berieselung, ohne nur annähernd deren Wirkungsgrad zu erreichen; dieses ist erst recht der Fall, wenn im Falle der Berieselung die städtischen Abwässer die menschlichen Auswürfe mit einschliessen, im Falle der chemischen Reinigung die städtischen Abwässer aber nur die Haus- und Strassenabwässer enthalten. Denn in letzterem Falle bleiben noch die besonderen Ausgaben für die Abfuhr der menschlichen Auswürfe (vergl. S. 69).

Die chemisch-mechanische Reinigung stellt sich aber jedenfalls billiger, als die durch Filtration, und gestattet eine wenigstens theilweise Ausnutzung der in den städtischen Abwässern enthaltenen Dungstoffe, wenn auch die Unterbringung des Schlammes und Verwerthung zur Düngung in vielen Fällen grosse Schwierigkeiten bereitet (vergl. I. Bd. S. 368).

Auch kann eine zweckmässige chemische Fällung unter Umständen ein Hilfsmittel abgeben, um eine wirksame Berieselung der städtischen Abwässer dort zu ermöglichen, wo keine genügende Bodenfläche oder kein sehr günstiger Boden zur Verfügung steht, wo es also darauf ankommt, die Abwässer zunächst von den schwerer zersetzbaren Schwebestoffen zu befreien, den Boden gleichsam zu entlasten und die Oxydation der leichter zersetzbaren gelösten organischen Stoffe — besonders bei Anwendung von etwas überschüssigem Kalk zur Fällung — die Nitrifikation etc. zu unterstützen.

e) Elektrische Reinigung der städtischen Abwässer.

Das Wesen der elektrischen Reinigung der Schmutzwässer ist schon Bd. I S. 433 auseinandergesetzt und dort auch schon begründet, dass weder das Webster'sche noch das Hermite'sche Verfahren hierfür eine praktische Bedeutung haben, weil das erste nichts anderes als ein chemisches Reinigungsverfahren ist, das letztere aber keine Schmutzstoffe beseitigt, sondern das Wasser nur geruchlos macht. Die Gründe für diese Behauptung sind dort bereits angegeben.[1]

C. Remelé und Verf.[2] haben zur Prüfung dieser Frage städtisches Abwasser im kleinen unter gleichen Verhältnissen einerseits durch Fällen mit Ferrosulfat + Kalk (bezw. Natronhydroxyd), andererseits nach Webster auf elektrischem Wege gereinigt, indem das Schmutzwasser unter Zusatz von 0,5 g Kochsalz auf 1 l Wasser nach Webster eine im Zickzack gebogene Eisenrinne, deren zwei isolirte Seiten mit den Polen eines Akkumulators in Verbindung standen, geleitet und alle drei Wässer nach der Behandlung gleichmässig filtrirt wurden.

Im Mittel zweier Versuche wurde für 1 l gefunden:

Städtisches Abwasser	Schwebestoffe			Gelöste Stoffe						Alkalität	Eisenoxydul (entstanden durch den elektrischen Strom)	Keime von Mikrophyten
	Unorganische	Organische	Stickstoff	Unorgan. (Glührückstand)	Organische (Glühverlust)	Zur Oxydation erforderlicher Sauerstoff in alkalischer Lösung	in saurer Lösung	Stickstoff			
	mg	mg	mg	mg	mg	mg	mg	mg	mg	mg	
1. Ungereinigt .	179,8	240,5	15,1	438,5	271,8	336,0	385,5	37,5	—	—	2970000
2. Gereinigt mit:											
a) 1,2 g Ferrosulfat + 0,7 g Kalk für 1 l. . . .	—	—	—	985,8	285,0	284,7	307,6	38,4	CaO Mg 88,7	—·	0
b) 1,2 g Ferrosulfat + 1,0 g Natriumhydroxyd	—	—	—	1490,3	239,0	291,2	307,6	38,3	Na₂O 224,3	—	0
c) Durch Electricität unter Zusatz von 0,5 g Kochsalz für 1 l. .	—	—	—	926,5	215,8	201,0	222,4	38,3	—	571,9	0

Hier hat allerdings — bei sorgfältiger, gleichmässiger Filtration des gereinigten Wassers — die elektrische Reinigung auf die Entfernung der organischen Substanz etwas besser gewirkt, als die Reinigung durch Zusatz fertig gebildeter chemischer Fällungsmittel (Ferrosulfat + Kalk bezw.

---

[1] Ein mir nachträglich aus Salford zugestellter Bericht „Sewage Treatment" bringt noch weitere Untersuchungen, die aber an dem bereits mitgetheilten Ergebniss nichts ändern.

[2] Arch. f. Hygiene 1897, **28**, 185.

Natriumhydroxyd), und das kann in zwei Umständen seine Erklärung finden, nämlich einmal darin, dass das durch den elektrischen Strom nach und nach gebildete Ferrohydroxyd infolge seiner feinen Vertheilung mehr organische Stoffe einschliesst und mit niederschlägt, anderseits darin, dass die Flüssigkeit, wenn sie an sich neutral ist, durch die elektrische Behandlung neutral bleibt (vergl. Bd. I S. 440), und insofern hat das elektrische Reinigungsverfahren vor dem chemischen mit überschüssigem Kalk oder Alkali, welcher Ueberschuss sich selten vermeiden lässt, gewisse Vorzüge. Denn die Reinigung mit fertig gebildeten chemischen Fällungsmitteln unter Anwendung von überschüssigen Alkalien bezw. Kalk bewirkt, wenn dieselben einige Zeit mit dem erzeugten Schlamm in Berührung bleiben, wie schon öfters erwähnt ist, eine theilweise Lösung der organischen Stoffe des Schlammes und eine Zunahme daran in dem geklärten Wasser. Weil aber das elektrisch gereinigte Wasser neutral bleibt, so stellen sich in demselben auf der anderen Seite auch wieder schneller Bakterienkeime ein, als in dem mit überschüssigem Alkali bezw. Kalk gereinigten Wasser.

Jedenfalls ist das elektrische Reinigungsverfahren an sich gegenüber dem mit fertig gebildeten chemischen Fällungsmitteln zu theuer und kann nur dort — und dann mit gewissen Vortheilen — zur Anwendung gelangen, wo billige Naturkräfte, etwa eine Wasserkraft, zur Erzeugung des elektrischen Stromes zur Verfügung stehen.

f) Sonstige Verfahren zur Reinigung städtischer Abwässer.

Die nachstehenden Vorschläge zur Reinigung bezw. Unschädlichmachung städtischer Abwässer haben wohl nirgends eine wirkliche Anwendung gefunden; indess mögen sie hier doch mitgetheilt werden, um zu zeigen, was auf diesem Gebiet nicht alles vorgeschlagen wird.

α) Henry Baggeley in London will Kloakenwässer behandeln wie folgt: Von der Mündung des Abzugskanals bringt ein Schöpfrad die Masse, nachdem auf dem Wege aufwärts der grösste Theil der Flüssigkeit durch Körbe abfiltrirt ist, in eine geneigte Röhre, welche in einen Trockenraum führt. In diesem wird die Masse in mechanisch bewegte Schalen langsam von einem Ende zum anderen geführt. Der Raum wird durch Abgangswärme von darunter gelegenen Kanälen aus erwärmt, die trockene Masse beständig durch eine Oeffnung am Ende entleert und kommt als Dünger auf den Markt. Die beim Trocknen sich entwickelnden Dämpfe gelangen in einen aus poröser Masse gebildeten Verdichtungsraum und liefern dort Ammoniakflüssigkeit. Der flüssige Theil des Kloakenwassers filtrirt durch eine Mauer aus porösem Ziegelwerk. Die filtrirte Flüssigkeit kann dann ohne Schaden in den Strom geleitet werden.

β) H. Wagner und A. Müller[1] haben sich (unter E. P. 629 vom 16. Januar 1885) folgendes Verfahren zur Behandlung von städtischen Abfallwässern patentiren lassen:

Die Abwässer werden zuerst durch Siebe mit verschiedenen weiten Maschen von den Schwebestoffen getrennt. Die filtrirte Flüssigkeit lässt man in einer Kammer

---

[1] Berichte d. deutschen chem. Gesellschaft in Berlin 1886, **19**, 421.

über eine Reihe von Trögen herablaufen. In derselben Kammer sind andere Tröge über einander und zwischen den vorigen angeordnet, über welche Schwefelsäure herabfliesst. Man erzeugt in der Kammer ein Vacuum, wodurch das in der Flüssigkeit enthaltene Ammoniak frei wird, so dass es von der Schwefelsäure absorbirt wird. Aus den durch Siebe abgeschiedenen Senkstoffen werden zunächst die fetten Säuren und Fette ausgezogen und die Faserstoffe abgeschieden, der Rest wird mit Kalk gemischt, als Dünger verwendet oder in Generatoren unter Einleiten von Dampf vergast. Aus den Vergasungserzeugnissen wird in bekannter Weise Theer und Ammoniak abgeschieden; der nicht verdichtete Theil wird für Leucht- und Heizzwecke verwendet. Die im Generator zurückbleibende Asche enthält viel Phosphorsäure; sie wird direkt oder nach der Behandlung mit Säure als Dünger benutzt.

γ) Hermann Stitz will sogar nach D. R. P. 102527 aus den städtischen Abwässern und menschlichen Auswürfen destillirtes bezw. Kesselspeisewasser bereiten. Die Lösung der Aufgabe soll folgende sein:

Die Kanalwässer werden verdampft, dem Flusslauf nur destillirtes Wasser zugeführt und der Rückstand als pulverförmiger Dünger gewonnen. Anstatt das destillirte Wasser ablaufen zu lassen, kann es auch selbstverständlich als Kesselspeisewasser dienen. Die Abfallstoffe von Menschen und Thieren werden abgepresst, die Presskuchen getrocknet und gepulvert; das Ablaufwasser aus den Pressen wird wie das Kanalwasser verarbeitet. Die gepulverten Rückstände werden in den Handel gebracht.

Das Verfahren soll darauf beruhen, dass das Abwasser in geschlossenen Kesseln oder Kammern unter Luftverdünnung durch Dampfheizung in Gasform übergeführt, der verringerte Luftdruck durch einen Dampfstrahlapparat erzeugt wird, welcher gleichzeitig den entstehenden Dampf absaugt; letzterer soll sich mit dem durch den Strahlapparat zugeführten Dampf mischen, die vereinten Dämpfe in einer Rohrleitung den Heizrippenkörpern (Röhrenkessel) zugeführt werden, in welchen sie sich als flüssiges Wasser verdichten. Der Röhrenkessel vermittelt die Abgabe der Wärme des entstandenen und zugeführten Dampfes an das zu verarbeitende Wasser, während die verdichteten Dämpfe aus dem Röhrenkessel als destillirtes, kesselsteinfreies Wasser ausfliessen.

Derartige Vorschläge lauten sehr schön; es fehlt ihnen aber das Wichtigste, nämlich die Ausführbarkeit.

5. Beseitigung und Unschädlichmachung der menschlichen Auswürfe.

Wenngleich die Verwendung und Verarbeitung der menschlichen Auswürfe, insoweit sie nicht in die Flüsse gelangen, nicht in den Rahmen dieser Schrift gehören, so mögen hier doch kurz auch die Verfahren Erwähnung finden, welche man ausser der Berieselung eingeschlagen hat, um die menschlichen Auswürfe unschädlich bezw. für die Landwirthschaft nutzbar zu machen.[1]) Als solche Verfahren sind zu nennen:

a) Das Grubensystem.

Dieses ist das älteste aller Verfahren zur Behandlung der menschlichen Auswürfe und noch jetzt in manchen Städten in Gebrauch; die Auswürfe

---

[1]) Wer sich eingehender über diesen Gegenstand unterrichten will, den verweise ich auf das Werk: „Die Verwerthung der städtischen Fäkalien von Ed. Heiden, Alex. Müller und K. v. Langsdorff. Hannover 1885, besonders aber auf das neuere vorzügliche Werk von J. H. Vogel: Die Verwerthung der städtischen Abfallstoffe. Berlin 1896.

werden mit jedem häuslichen Abfall so lange in Gruben aufbewahrt, bis der Inhalt abgefahren wird. Wie es das älteste Verfahren, so ist es in gesundheitlicherHinsicht auch das verwerflichste. Denn bei den einfachen Schwind-, Versitz- oder Senkgruben versickert durch das monate- und jahrelange Lagern nicht nur ein Theil der Auswürfe in den Boden, verunreinigt diesen und das Grund- bezw. Brunnenwasser, sondern verschlechtert auch die Luft in den Wohnungen. Aber auch selbst bei sogen. wasserdichten, cementirten Gruben ist diese Gefahr nicht ausgeschlossen; denn die Zersetzungsstoffe der Auswürfe greifen allmählich den Cement und die Steine an, so dass diese Gruben nur für eine gewisse Zeit als wasserdicht zu betrachten sind; auch gelangt leicht durch Ueberlauf von dem Inhalt der Gruben in den Boden und in die Kanäle.

Der Grubeninhalt erfährt durch Spülwasser mehr oder weniger eine Verdünnung: der Gehalt an Wasser schwankt nach 22 Analysen[1]) von 90,9—99,0 %, an Stickstoff von 0,07—0,92 %, an Phosphorsäure von 0,02 bis 0,60 %, an Kali von 0,02—0,22 %, im Mittel ergaben die 22 Analysen:

Wasser %/o	Trocken-Substanz %	Organische Stoffe %	Stickstoff %	Mineral-stoffe %	Phosphor-säure %	Kali %	Dünger-werth für 1 cbm ℳ
96,35	3,65	2,77	0,367	0,88	0,158	0,152	3,95

Der Grubeninhalt entspricht daher im Durchschnitt nicht entfernt in seiner Zusammensetzung den menschlichen Auswürfen als solchen; gleichzeitig aber wirkt er dadurch, dass ein Theil seiner Bestandtheile sich verflüchtigt oder in den Boden dringt, verunreinigend auf Luft und Boden.

Zur Beseitigung des üblen Geruches bezw. der Ausdünstungen wird der Grubeninhalt vielfach desinficirt.

Fr. Erismann[2]) untersuchte die Wirkung von verschiedenen Desinfektionsmitteln auf die Fäulniss in den Abortgruben und fand die durch die Desinfektionsmittel in der Abgabe der verschiedenen Gase hervorgebrachten Unterschiede in Procenten der vor der Desinfektion abgegebenen (bezw. aufgenommenen) Gasmengen wie folgt (vergl. Tabelle umstehend S. 130):

Die stärkste Wirkung hat Sublimat geäussert; bei diesem ist die Sauerstoffaufnahme am meisten herabgesetzt; es ist durch dasselbe, ebenso wie durch Schwefelsäure und Eisenvitriol das organische Leben zerstört, und damit der Hauptgrund zur Sauerstoffaufnahme beseitigt; die vor der Desinficirung auftretenden Gase sind entweder ganz oder zum grossen Theil verschwunden.

---

[1]) Vergl. J. H. Vogel: Die Verwerthung d. städt. Abfallstoffe. Berlin 1886, 28 u. 29.
[2]) Zeitschr. f. Biologie 1875, 11, 207.

Desinfektionsmittel:	1. Abgabe				2. Aufnahme
	Kohlensäure	Ammoniak	Schwefel-wasserstoff	Kohlen-wasserstoff (CH_4)	Sauerstoff
	%	%	%	%	%
Sublimat	$+ 43,1 \atop - 50,6$ [1]	— 100	— 100	— 66,9	— 84,8
Eisenvitriol	— 26,5	— 100	— 100	— 52,2	— 56,1
Schwefelsäure	$+ 300 \atop - 30$ [1]	— 100	?	— 73,5	— 79,8
Karbolsäure	— 63,8	— 72,7	— 100	—	—
Kalkmilch	— 89,5	sehr starke Zunahme	— 100	— 76,3	—
Gartenerde	+ 9,0	— 84,5	— 100	— 70,3	+ 17,4
Kohle	+ 9,0	— 33,0	— 100	— 48,8	+ 16,9

Karbolsäure und Kalk haben auf die Abgabe von Kohlensäure, Schwefelwasserstoff und Kohlenwasserstoff eine ähnliche Wirkung gehabt, nur entwickelt Kalkmilch naturgemäss eine grosse Menge Ammoniak.

Gartenerde und Kohle zeigen ein von diesen Desinfektionsmitteln ganz verschiedenes Verhalten. Ihre Wirkung als Desinfektionsmittel scheint unter Absorption von Ammoniak, Schwefelwasserstoff und Kohlenwasserstoff auf eine erhöhte Sauerstoffzufuhr und damit auf eine vermehrte Oxydation unter Bildung von mehr Kohlensäure zurückgeführt werden zu müssen.

Am meisten sind zur Desinfektion des Grubeninhaltes Eisenvitriol, Chlorkalk und Karbolsäure in Gebrauch, letztere bald in wässeriger Lösung, bald mit festen Stoffen vermischt in Form von Tafeln oder Pulvern. Zur Desinfektion der frischen Auswürfe mit Eisenvitriol genügen nach v. Pettenkofer für 1 Person und Tag 25 g, von Karbolsäure etwa 3 g (nämlich von einer Lösung von 1 Theil Karbolsäure in 20 Theilen Wasser $^1/_2$ l für 8 Personen).

H. Vincent[2]) prüfte die verschiedenen Desinfektionsmittel auf ihr Verhalten gegen die pathogenen Bakterien. Die völlige Abtödtung der pathogenen Bakterien ist durchweg sehr schwierig, weil diese in häufig kleineren oder grösseren Ballen eingeschlossen sind, in welche das Desinfektionsmittel nicht leicht einzudringen vermag, und weil ein grosser Theil desselben von dem Koth selbst unwirksam gemacht wird.

Am wenigsten wirkte Eisenvitriol, selbst eine Menge von 200 bis 300 vom Tausend zeigte keine genügende Desinfektion; Zinkchlorid und auch Sublimat sind zwar brauchbare Desodorationsmittel, eignen sich aber zur Desinfektion von kothhaltigen Massen nur wenig. Als sehr wirksam hat sich Kupfersulfat erwiesen; eine Menge von 6 vom Tausend tödtet Typhusbacillen in 24 Stunden, eine Menge von 4—5 vom Tausend Cholerabacillen in 12 Stunden. Von Chlorkalk werden Typhusbacillen bei einer

---

[1]) Die erste Zahl bedeutet das Ergebniss der drei ersten Tage nach der Geruchlosmachung, die zweite das Ergebniss der drei folgenden Tage.

[2]) Chem. Centrbl. 1895, I, 610.

Menge von 6—8 g auf 1000 ccm Auswürfe in 7 Stunden, Cholerabacillen bei 5 $^0/_0$ igem Chlorkalkgehalt der Auswurfmassen getödtet; es empfiehlt sich jedoch in ersterem Falle die doppelte Menge Chlorkalk zu verwenden. In ähnlicher Weise wirkte unterchlorigsaures Natron (Eau de Javelle und Eau de Labaraque), nur stellte sich die Desinfektion 4 bis 5 mal theurer als beim Chlorkalk.

Gebrannter Kalk lieferte keine so günstigen Ergebnisse, wie sie Pfuhl, Liborius, Kitasato u. A. (vergl. I. Bd. S. 364) gefunden haben.

Von den Theerdestillationserzeugnissen ist der Theer selbst ein schlechtes Desinfektionsmittel; auch Kresole sind von geringer Wirkung; Lysol, Solutol und Solveol sind wirksamer und vernichten Typhusbacillen in menschlichen Auswürfen schon in Mengen von 10 vom Tausend, Cholerabacillen in Mengen von 6 vom Tausend nach 7 stündiger Einwirkung; von Karbolsäure sind mindestens 10 g für 1 l Abortjauche anzuwenden. Die Desinfektion mit Lysol stellt sich 5 mal, die mit Solutol, Solveol und Karbolsäure 18 bis 20 mal höher, als die mit Kupfervitriol und Chlorkalk, deren Anwendung die geringsten Kosten verursacht.

Vincent empfiehlt auf 1000 g Typhusstühle zur völligen Unschädlichmachung 10 g Kupfervitriol und 10 g Schwefelsäure, auf 1000 g Cholerastühle 6 g Kupfervitriol (mit Schwefelsäure angesäuert), oder 6 g Kresole, oder 8 g Chlorkalk (mit Salzsäure versetzt). Nahezu dieselben Beziehungen zwischen der Wirkung der einzelnen Desinfektionsmittel fand A. Petermann.[1]) Eisensulfat, welches nur das Schwefelammonium zersetzt, wirkt selbst bei Zusatz von 2 $^0/_0$ nicht keimtödtend. Schwefelsäure und Phosphorsäure, Kupfer- und Zinksulfat, Zinkchlorid, Karbolsäure und Lysol hatten gleichmässig bei Zusatz von $1^1/_2$ $^0/_0$ alle Keime vernichtet.

Fr. Nissen[2]) empfiehlt zur Abtödtung aller gefährlichen Bakterien im Koth eine ähnliche Menge Chlorkalk, nämlich 5 g, oder um in allen Fällen sicher zu gehen, 10 g Chlorkalk für 1 l Auswürfe; der in geschlossenen, dunkelen Gefässen aufzubewahrende Chlorkalk wird zugerührt und muss bei Stechbeckeninhalt erst 10 Minuten einwirken, ehe der Inhalt weggegeben werden kann.

Das Ozon wirkt nach H. Sonntag[3]) ebenfalls tödtend auf Bakterien, aber als Gas nur in einem höchst gehaltreichen Zustande, der praktisch im grossen kaum zu erreichen und verwerthbar ist. Die ozonhaltigen Flüssigkeiten, wie z. B. das Lender'sche Ozonwasser, enthalten aber allem Anscheine nach stets Chlor oder unterchlorige Säure, welchen letzteren ebenso wie dem Ozon die desinficirenden Wirkungen zugeschrieben werden können.

---

[1]) Journ. d'agricult. pratique 1897, Nr. 16 u. 17.
[2]) Zeitschr. f. Hygiene 1890, **8**, 62.
[3]) Ebendort 1890, **8**, 95.

9*

Die Firma M. Friedrich & Co. hat seit Jahren Einrichtungen getroffen, welche ermöglichen, dem in vielen Städten bestehenden Verbot, menschliche Auswürfe direkt in das Kanalnetz einzuleiten, zu begegnen.

Es werden zu diesem Zwecke statt gewöhnlicher Abortgruben Klärgrubenanlagen eingerichtet, welche die Schwebestoffe zurückhalten und nur die flüssigen Antheile, geklärt und desinficirt, zum Abfluss gelangen lassen.

Diese Anlagen werden ausgeführt:

1. Mit Vorgrube *A*, Hauptgrube *B* und Kontrollgrube *C*.
2. Mit Desinfektionsrührapparat anstatt der Vorgrube, wenn wenig oder gar kein Stau zur Verfügung steht.

Die erste Anlage erhellt aus Fig. 1.

In die Vorgrube wird die Desinfektionsmasse hineingegeben, welche die zufliessenden Abtrittwässer mit den Auswürfen aufnimmt.

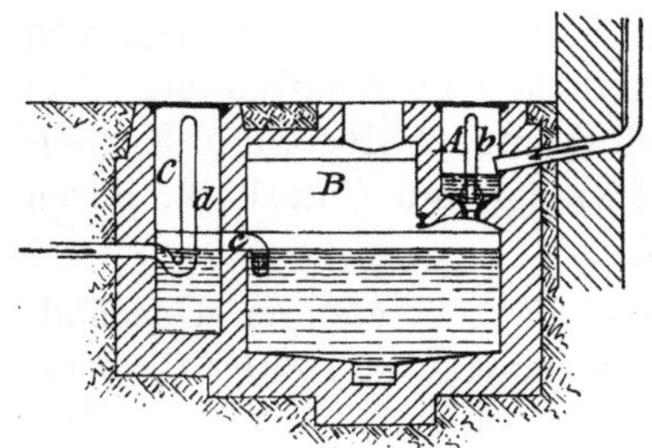

Fig. 1.

Die Desinfektionsmasse wird je nach Bedürfniss erneuert.

Durch Auf- und Abwärtsbewegen eines Rührers wird die Desinfektionsmasse mit dem Abwasser gründlich gemischt, sodann durch Ziehen des Stauventilkegels *b* der aufgestaute Inhalt nach der Hauptklärgrube abgelassen, wodurch eine abermalige Mischung eintritt.

In dieser Grube fallen die festen Bestandtheile unterstützt durch die Wirkung des Klärmittels zu Boden, so dass sich das Wasser abklärt.

Das obenstehende Wasser fliesst durch eine Oeffnung *c*, welche mit einem Sieb versehen ist, nach der Kontrollgrube, von welcher aus das geklärte Wasser durch Ziehen des Stauventilkegels *d* zeitweise zum Abfluss gebracht wird, nöthigenfalls durch Ueberlauf desinficirt, geklärt und neutral reagirend austritt und durch die vorhandene Privatschleuse nach der städtischen Schleuse gelangt.

Die Gruben sollen abgedeckt werden und die Hauptklärgrube eine Einsteigeöffnung mit Deckel erhalten.

Auf die Vor- sowie Kontrollgrube soll ein bequemer Verschluss mit handlichem Deckel zum Ziehen der Stauventile und zur Kontrolle der Anlage eingesetzt werden.

Für sonstige Verhältnisse geben die Fig. 2 und 3 Aufschluss.

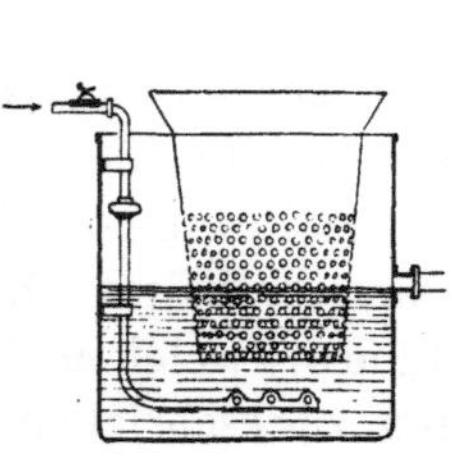

Fig. 2.

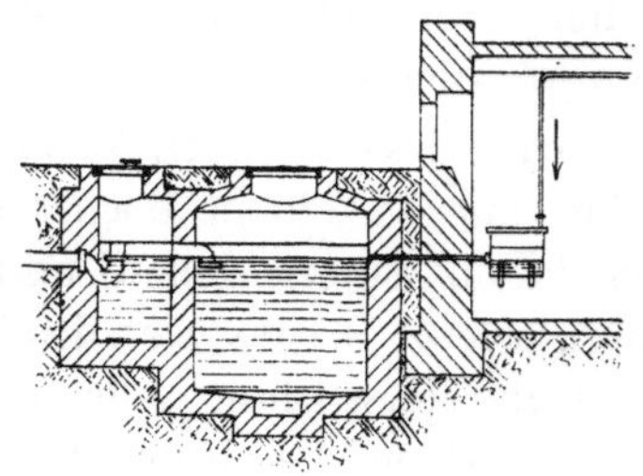

Fig. 3.

Der Desinfektionsapparat findet im Gebäude oder neben der Grubenanlage seine Aufstellung und ist mit der Wasserleitung verbunden. Im Apparatkasten befindet sich eine Wasserstrahlpumpe mit Luftzuführung und gleichzeitig ein Korb zur Aufnahme der Desinfektionsmittel.

Die Inbetriebsetzung des Apparates geschieht in der Weise, dass der Wasserzuleitungshahn zum Desinfektionsapparat von der Hand aufgedreht wird, um nach Bedarf Desinfektionsmilch herzustellen und weiter zu führen.

Die verwendeten Desinfektions- und Fällungsmittel sind: gelöschter Weisskalk, Steinkohlentheer oder Karbolsäure, Chlormagnesium, Thonerdehydrat und Eisenoxydhydrat. Die Kosten für den Verbrauch an Desinfektionsmitteln sind nicht unbedeutend; die jährliche Vergütung beträgt in Leipzig bei etwa 600 Gruben je nach Grösse der Anlage im Durchschnitt für die Grube 25—40 M. Meistens kommen die vorstehenden Anlagen Nr. 1 und 2 zur Ausführung. Die Kosten für die Einrichtungsgegenstände einschl. Abdeckungen betragen ca. 125 M., die der Maurerarbeiten um ein Geringes mehr als jede gewöhnliche Abortanlage.

Bei Anwendung von Desinfektionsmitteln für Abortgruben ist zu berücksichtigen, dass die Desinfektionsmittel durchweg auch schädlich für höhere Kulturpflanzen sind, daher bei Verwendung des Abortinhaltes zur Düngung schädlich wirken können, wenngleich diese Möglichkeit, wenn nur die üblichen Mengen Desinfektionsmittel angewendet werden und der Abortdünger, wie gewöhnlich, auf unbepflanzten Boden gebracht wird, gering ist.

Von Eisenoxydulsalzen (sei es Eisenvitriol oder Schwefeleisen), wie auch von Karbolsäure ist die Schädlichkeit für Pflanzen bekannt und nachgewiesen.

J. Nessler[1]) fand, dass Keimpflanzen absterben, sobald die Lösungen, mit denen sie begossen wurden, in 100 ccm mehr als 0,25 g Eisenvitriol und 0,1 g Karbolsäure enthielten, wenn der Boden trocken gehalten wurde; in feuchter Erde dagegen vertrugen die Keimpflanzen bis zu 2 g Eisenvitriol und bis zu 0,5 g Karbolsäure. O. Kellner[2]) hat nachgewiesen, dass eine Lösung von 0,05 g Karbolsäure in 100 ccm Lösung die Keimkraft von Bohnen beeinträchtigt und bei 0,15 g Gehalt vollständig aufhebt. Dieses sind aber Mengen, welche bei der Desinfektion des Abortinhaltes mit Karbolsäure in Betracht kommen und schädlich wirken können, wenn der Arbortinhalt mit keimendem Samen in direkte Berührung kommt. Liess Kellner den karbolsäurehaltigen Dünger erst im Boden (Ausgiessen in eine offene Furche) versickern und streute nach Versickern des flüssigen Theiles den Samen (Weizen) auf den Dünger, indem er den Samen mit Erde bedeckte, so konnte er erst eine schädliche Wirkung beobachten, wenn mit einem 2 $^0/_0$ Karbolsäure enthaltenden Abortinhalt gedüngt war; die Weizenpflänzchen von 10 cm Höhe gingen alsdann ein. In späteren Entwicklungsabschnitten waren selbst 3 $^0/_0$ Karbolsäure nicht mehr schädlich, wenn der Dünger nicht direkt auf die Pflanzen, sondern in eine dichte, längs denselben gezogene Furche gegossen wurde.

A. Petermann (l. c.) konnte jedoch von Abortdünger, der mit je $1^1/_2$ $^0/_0$ der Desinfektionsmittel: Schwefelsäure, Phosphorsäure, Eisen-, Kupfer- und Zinksulfat, Zinkchlorid, Karbolsäure und Lysol desinficirt war, keinerlei schädliche Wirkung weder auf die Keimung noch auf die Entwicklung der

---

[1]) Centrbl. f. Agr.-Chem. 1884, **13**, 596.
[2]) Landw. Versuchsst. 1883, **30**, 52.

Pflanzen beobachten. Auch hatten die desinficirten menschlichen Auswürfe nach Anwendung zur Düngung in keiner Weise die Bildung der Knöllchen-Bakterien an den Leguminosen beeinträchtigt.

A. Petermann empfiehlt für die Praxis die Desinfektion mit Phosphorsäure oder Kupfer- bezw. Zinksulfat, und zwar nicht einfach in der Weise, dass man von Anfang an $1-1^1/_2\ ^0/_0$ dieser Stoffe, sondern in grösseren Pausen soviel der Lösungen zusetzt, bis nach gutem Mischen die Reaktion der Auswürfe deutlich sauer ist und bleibt.

b) Die Kübel- und Tonnen-Einrichtung.

Die Kübel- und Tonnen-Einrichtung ist im Wesen gleich; nach der Kübel-Einrichtung werden unmittelbar unter dem Abortsitz kleine Gefässe (Kübel) von 30—40 l Inhalt aufgestellt, die in Zwischenräumen von 1 bis 7 Tagen entleert werden. Die Abfuhr erfolgt in der Weise, dass die Kübel entweder mit einem verschliessbaren Deckel versehen, abgefahren und ausserhalb der Stadt entleert werden, oder dass der Inhalt in der Stadt in ein mit beweglichen Klappen verdecktes grösseres Kübel entleert wird. Das gefüllte Kübel wird beim Abholen durch ein leeres, gereinigtes Kübel ersetzt. Jeder Abortsitz erhält sein besonderes Kübel; gemeinsames Fall- und Dunstrohr ist nicht vorhanden.

Bei der Tonnen-Einrichtung dagegen fallen die menschlichen Auswürfe von mehreren Abortsitzen durch ein gemeinsames Fallrohr in eine 100 bis 180 l fassende Tonne, die entweder oben offen oder mit einem Deckel versehen ist, welcher eine dem äusseren Umfange des Fallrohres entsprechende Oeffnung hat. Ein gemeinsames Dunstrohr führt die übelriechenden Gase mehrere Fuss über den höchsten Punkt des Daches.

Die Kübel oder Gefässe werden aus Holz oder Eisenblech angefertigt; wenngleich letztere leicht Beulen bekommen, so haben sie doch wieder manche Vortheile, besonders weil sie sich leichter reinigen lassen und nicht so leicht undicht werden.

Da in die Kübel und Tonnen ausser den menschlichen Auswürfen nichts, auch nicht das zum Nachspülen der Nachtgeschirre verwendete Wasser gelangt bezw. nicht gelangen soll, so hat der Inhalt derselben eine für die Verwerthung günstigere, weniger wässerige Beschaffenheit (vergl. S. 4 u. 6).

Nach 19 Analysen[1] schwankt der Wassergehalt des Tonnen- und Kübelinhalts zwischen $86{,}58-95{,}10\ ^0/_0$, Stickstoff von $0{,}276-1{,}336$, Phosphorsäure von $0{,}078-0{,}463\ ^0/_0$, Kali von $0{,}192-0{,}423\ ^0/_0$; im Mittel wurde gefunden:

Wasser	Organ. Stoffe	Gesammt-Stickstoff	Ammoniak-Stickstoff	Mineralstoffe	Phosphorsäure	Kali
92,31 %	5,54 %	0,75 %	0,43 %	1,76 %	0,27 %	0,28 %

---

[1] Vergl. J. H. Vogel l. c. 68.

Schon aus dieser vortheilhafteren Zusammensetzung des Kübel- bezw. Tonneninhalts erhellt, dass bei dieser Einrichtung die menschlichen Auswürfe vollkommener aus den Städten beseitigt werden, als bei der Gruben-Einrichtung.[1])

Der Tonnen-Einrichtung haften aber verschiedene, einerseits dasselbe als solches betreffende, andererseits durch die Art der Ausführung bedingte Uebelstände an.[2]) Zu den Uebelständen ersterer Art gehört zunächst die verhältnissmässig theuere Entfernung des Tonneninhalts aus grösseren Städten. In Stuttgart wurden die Tonnen eine Zeitlang mit der Bahn nach den umliegenden Ortschaften befördert; weil aber die Tonnen nicht vollständig geruchlos waren, machte die Eisenbahnverwaltung bald Schwierigkeiten und wurde auch den Landwirthen die Abnahme der Tonnen zu lästig, sodass man zu der Fortschaffung in besonderen, grösseren, luftdicht schliessenden Behältern übergehen musste. Dadurch wurden die Abfuhrkosten noch erhöht und jetzt (für 130000 Einwohner) zu 2,08 M. für den Kopf und das Jahr berechnet.[3]) Auch für Kopenhagen bietet die direkte Unterbringung des Tonneninhalts anscheinend Schwierigkeiten; dort wird derselbe einstweilen ausserhalb der Stadt in grossen Behältern untergebracht.[4]) In Weimar stellt sich die Abfuhr für 1 Tonne auf nur 30 Pfg. Dazu gesellen sich die Kosten für die Reinigung der Gefässe, die unbedingt erforderlich ist, und am besten mittelst Wasserdampfes geschieht.

Ein zweiter, der Tonnen-Einrichtung als solcher anhaftender Uebelstand ist die häufige Ausbesserung der Tonnen und Einfallrohre.

Die sonstigen Einwände gegen dieses Verfahren, wie das häufige Einfrieren der Verschlussdeckel im Winter und der häufig auftretende schlechte Geruch aus den Einfallrohren etc., beruhen in der Art der Ausführuug und lassen sich durch geschützte Aufstellung der Tonnen einerseits, sowie durch Verbindung der Einfallrohre mit einem beständig geheizten Schornstein oder durch ein besonderes, warm gelegenes, bis über das Dach des Hauses hinausragendes Abzugsrohr andererseits mehr oder weniger leicht beseitigen. Immerhin wird sich das Verfahren mit Rücksicht auf die Kosten für die Abfuhr und Unterbringung des Tonneninhalts vorwiegend nur für kleinere und mittlere Städte eignen, entspricht aber hier, wenn es richtig ausgeführt wird, mehr als das Grubenverfahren den Forderungen sowohl der Hygiene als der Landwirthschaft.

---

[1]) Wenn allerdings die Kübel und Tonnen nicht regelmässig abgefahren werden, sondern ein Theil des Inhalts überfliesst, dann kann dieses Verfahren sogar gefährlicher werden, als das Gruben-Verfahren, indem der übergetretene Inhalt nun erst recht und mehr als bei den bedeckten und cementirten Gruben Luft und Boden verunreinigt.

[2]) Vergl. Gärtner: Gesundh.-Ing. 1891, **14**, 353.

[3]) Gesundh.-Ing. 1894, **17**, 120. Bei der stetigen Vermehrung der Bevölkerung Stuttgarts und der immer schwieriger werdenen Unterbringung des Abtrittinhaltes bei den Landwirthen wird jetzt in Stuttgart die pneumatische Entleerung der menschlichen Auswürfe und die Verarbeitung derselben auf Poudrette in Aussicht genommen.

[4]) Hyg. Rundsch. 1892, **2**, 1045.

In Bremen wird der Kübel-Inhalt nach dem Verfahren von Venuleth & Ellenberger[1]) (Maschinenbauanstalt in Darmstadt) unter Zusatz von Schwefelsäure auf Poudrette verarbeitet, welche im Mittel von 5 Analysen enthält:

| Wasser %/o | Organische Stoffe %/o | Mineral- stoffe %/o | Stickstoff | | Phosphorsäure | | Kali %/o | Schwefel- säure %/o | Chlor %/o |
			Ge- sammt- %/o	Ammo- niak- %/o	Ge- sammt- %/o	wasser- löslich %/o			
7,84	74,38	17,78	7,70	3,97	2,61	1,33	2,59	16,82	4,01

Etwa $^1/_6$ der ganzen Abfuhr stammt aus selbstthätigen Torfstreustühlen. Der hohe Gehalt dieser Poudrette an Pflanzennährstoffen rührt daher, dass nur Kübelinhalt zur Poudrettirung verwendet wird und die Kübel jeden zweiten Tag abgefahren werden.

c) Das Torfstreuverfahren.

Da der Anblick wie Geruch der menschlichen Auswürfe in den Kübeln und Tonnen unangenehm ist, so sind verschiedene Verfahren empfohlen worden, diesem Uebelstande abzuhelfen.

Moule hatte seiner Zeit vorgeschlagen, den Harn von Erde aufsaugen zu lassen und darin den Koth einzuhüllen. Da zu dem Zweck für jeden Stuhl 7 Pfd. Erde oder für 1 Person im Jahr 25,6 Ctr. Erde erforderlich sein würden, so erscheint dieses Verfahren wegen der schweren Herbei- und Wegschaffung der nöthigen Erdemenge für eine Stadt unausführbar.

Dagegen scheint die in letzter Zeit von verschiedenen Seiten vorgeschlagene Torfstreu bezw. der Torfmull zur Desinfektion und Unschädlichmachung der menschlichen Auswürfe besser geeignet zu sein. Ohne Zweifel besitzt nämlich der Torfmull für diesen Zweck besonders günstige Eigenschaften, da er einmal im lufttrocknen Zustande das Fünf- bis Neunfache seines Gewichts an Wasser aufzunehmen im Stande ist, dann auch im hohen Grade Fäulnissstoffe und -Gase bindet. Thatsächlich ist das Verfahren jetzt vielfach in Anwendung, und hat man besondere Stühle bezw. Abortsitze hergestellt, welche bei jeder Benutzung eine entsprechende Menge Torfmull in die zu desinficirende Masse herabfallen lassen. Der auf diese Weise erhaltene Torfmulldünger aus Aborten hat im Mittel von 6 Analysen im Vergleich zu natürlichem Torfmull bezw. Torfstreu folgende Zusammensetzung:

---

[1]) J. H. Vogel l. c. 371.

Torfstreu	Wasser %/₀	Organische Stoffe %/₀	Mineralstoffe %/₀	Stickstoff %/₀	Phosphorsäure %/₀	Kali %/₀	Kalk %/₀
1. Natürliche Torfstreu im Mittel von 6 Analysen:							
Im frischen Zustande	21,34	77,54	1,12	0,78	0,048	0,121	0,17
In der Trockensubstanz	—	98,57	1,43	1,01	0,062	0,154	0,22
2. Torfstreu-Dünger im Mittel von 16 Analysen:							
Im frischen Zustande	84,45	12,97	2,58	0,69	0,33	0,28	0,28
In der Trockensubstanz	—	83,41	16,59	4,43	2,13	1,80	1,80

Ohne Zweifel ist das Torfstreu-Verfahren mehr als das Gruben- und Tonnen-Kübel-Verfahren geeignet, sowohl den hygienischen wie landwirthschaftlichen Anforderungen an die Unschädlichmachung bezw. Verwerthung der menschlichen Auswürfe gerecht zu werden.

Der Umstand jedoch, dass sich die Abfuhrkosten für dieses Verfahren noch höher stellen, als für das Tonnen-Verfahren, hat mich veranlasst, Versuche darüber anzustellen, ob nicht durch Vermengen des abgefahrenen Abortinhaltes mit Torfstreu, Wiederaustrocknenlassen und nochmaliges Tränken etc. ein gehaltreicherer Dünger erhalten werden kann. Die Versuche wurden in der Weise angestellt, dass Abortinhalt in eine Grube abgelassen, mit Torfmull vermengt und die durchtränkte Masse auf einem luftdurchlässigem Lattenlager unter einem bedeckten Schuppen austrocknen gelassen wurde. Beim Lagern entwickelte sich anfänglich eine starke Wärme, welche die Austrocknung begünstigte. Die ausgetrocknete Masse wurde zum zweiten und dritten Male mit Abortinhalt getränkt und in der Trockensubstanz derselben gefunden:

Torfstreu	Organische Stoffe %/₀	Mineralstoffe einschl. Sand %/₀	Stickstoff %/₀	Phosphorsäure %/₀	Kali %/₀
Ursprüngliche Torfstreu	97,601	2,399	0,804	0,154	0,123
Torfstreu { zweimal durchtränkt .	82,367	17,633	2,870	1,664	1,182
Torfstreu { dreimal durchtränkt .	76,878	23,122	3,002	1,864	1,336
Torfmull { einmal durchtränkt .	84,034	15,066	2,228	0,724	0,662
Torfmull { dreimal durchtränkt .	75,752	24,248	3,094	1,731	1,445

Ohne Zweifel kann man daher durch 3—4 maliges Tränken der Torfstreu mit Abortinhalt und Wiederaustrocknen an der Luft einen Dünger erhalten, der bei 25—30 %/₀ Wasser 2 %/₀ Stickstoff sowie je 1,5 %/₀ Kali und Phosphorsäure enthält.

Ein solcher Dünger würde aber einen Geldwerth von 1,5—2,0 M. für 50 kg besitzen und sogar Eisenbahnfracht vertragen können. Für eine Ausführung im grossen wäre nur erforderlich, in einiger Entfernung vor den Thoren einer Stadt einfach bedachte Schuppen, die vor Regen und den direkten Sonnenstrahlen geschützt sind, zu errichten, in der Mitte derselben oder nebenan Gruben auszuwerfen, in die der geruchlos abgefahrene Abortinhalt abgelassen und gleich nach dem Ablassen mit Torfmull vermengt wird; die durchtränkte Masse wird alsdann auf einer, unten luftdurchlässigen Lattenlage dünn ausgebreitet, sodass sie austrocknet und den grössten Theil des Wassers wieder verliert, darauf zum zweiten, dritten und vierten Male zum Tränken benutzt etc.

Das Verfahren ist auch eine Zeitlang im grossen in der Stadt Elberfeld versucht und eingeführt worden; Torfstreu (mit Gyps bezw. Strassenkehricht) wurde mit Abortinhalt getränkt und die Masse entweder frisch oder nach dem Trocknen verkauft.

Fünf untersuchte Proben ergaben im Mittel:

Wasser %	Organ. Stoffe %	Mineral- stoffe %	Stickstoff %	Phosphor- säure %	Kali %	Kalk %
55,44	21,56	23,00	0,81	0,40	0,42	2,56

Offenbar ist diese Masse noch zu wasserhaltig, um weit verfrachtet werden zu können. Da nämlich der Gehalt dieses Latrinendüngers nicht höher wie der des Stallmistes ist, so würde man ihn in derselben Menge aufbringen müssen, wie den Stallmist, um eine Wirkung zu erzielen. Auch ist der Gehalt an Aschenbestandtheilen nicht günstig und könnte durch mehrmaliges Tränken der Torfstreu und Wiederaustrocknen ein um das Doppelte gehaltreicher Dünger erzielt werden. Jedenfalls aber zeigt dieser Versuch, dass sich das Verfahren auch im grossen ausführen lässt.

Es sei noch erwähnt, dass vorgeschlagen worden ist, zur Aufsaugung der Schlachtabgänge in Schlachthäusern ebenfalls Torfstreu zu verwenden.

Der allgemeinen Anwendung der Torfstreu zur Unschädlichmachung der menschlichen Auswürfe wird vielfach entgegen gehalten, dass die mit menschlichen Auswürfen durchtränkte Masse einen geeigneten Nährboden für die Bakterien abgiebt. Die über diese Frage angestellten Untersuchungen haben zum Theil sich widersprechende Ergebnisse geliefert.

Wawrinsky[1]) hält den Torfmull für wirkungslos, Schröder[2]) aber kommt in seiner Dissertation: „Ueber die desinficirende und fäulnisswidrige Wirkung des Torfmulls" zu dem entgegengesetzten Schluss, nämlich dass Torfmull im Stande ist, Cholerabakterien, Typhuskeime und andere Krankheitserreger im Wachsthum zu hindern und innerhalb kurzer Zeit zu tödten. Auch bei Gegenwart von menschlichen Auswürfen hat Schröder eine

---

[1]) Uffelmann's Jahresbericht 1890, 196.
[2]) Schröder: Inaugur.-Dissert., Marburg 1891.

Abtödtung der Bakterien festgestellt; jedoch sind diese letzteren Versuche insofern nicht einwandsfrei, als Schröder das Gemisch von menschlichen Auswürfen und Torf vor dem Zusatz der Cholerabakterien sterilisirt und dadurch die Bildung von kohlensaurem Ammoniak, welches, wie spätere Versuche von A. Stutzer ergeben haben, das Wachsthum der Cholerabakterien fördert, verhindert hat.

Infolgedessen sind auf Veranlassung der Deutschen Landwirthschafts-Gesellschaft neue „Versuche über die keimtödtende Wirkung des Torfmulls"[1]) von Stutzer,[2]) Gärtner,[4]) Fränkel und Klipstein[3]) sowie von Löffler und Abel[1]) ausgeführt worden.

Diese Versuche haben übereinstimmend ergeben, dass der Torfmull an und für sich durch seine Säure eine desinficirende Wirkung ausübt und Cholera- sowie Typhusbakterien — soweit die letzteren mit in die Untersuchung einbezogen worden sind — zum Absterben bringt. Der Torfmull unterscheidet sich diesbezüglich nicht nach seiner Herkunft und Beschaffenheit. Werden aber menschliche Auswürfe mit dem Torf vermengt, so wird die keimtödtende Wirkung des Torfes unsicher, je nach dem Grade der Alkalität der menschlichen Auswürfe. Da letztere umso höher wird, je länger die Auswürfe lagern, so folgt daraus, dass von dem Torfmull in den älteren menschlichen Auswürfen keine Abtödtung der darin enthaltenen Krankheitskeime zu erwarten ist. Es sind deshalb noch besondere Zusätze zu dem Torfmull nothwendig, durch welche die Krankheitserreger sicher getödtet werden. Kainit und — nach den Untersuchungen von Stutzer — Gips haben sich als unwirksam erwiesen; dagegen haben saure phosphorsäurehaltige Stoffe, wie Superphosphat und Superphosphatgips, für Cholera- und Typhusbakterien tödtlich gewirkt. Aus allen Versuchen ergiebt sich als bestes Bekämpfungsmittel der in den menschlichen Auswürfen enthaltenen Krankheitserreger ein Zusatz von Säure. Stutzer schlägt einen Zusatz von Schwefelsäure oder Salzsäure, Fränkel einen solchen von Schwefelsäure oder Superphosphatgips, Klipstein $10^0/_0$ Phosphorsäure und Gärtner Schwefelsäure ohne Zugabe von Phosphorsäure zum Torf vor. Die Grösse des zur völligen Desinfektion der Auswürfe nothwendigen Säurezusatzes ist einmal von dem Grade der Alkalität abhängig, dann aber auch, worauf Gärtner besonders aufmerksam macht, von der Art des Mischens von Torf und Auswürfen. Je inniger die Mischung von Torf und Auswürfen ist, desto geringer kann der Säurezusatz zum Torf sein. Gärtner hat schon durch einen Torfmull mit nur $2^0/_0$ Schwefelsäureanhydrid eine sichere und rasche Abtödtung von Cholera- und Typhusbakterien erreicht, während Klipstein ein gleiches Ergebniss erst bei einem Torf mit $6^0/_0$ Schwefelsäure feststellen konnte.

---

[1]) Arbeiten der Deutschen Landwirthschafts-Gesellschaft, 1894, Heft I.
[2]) Ebendort, 1894, Heft I, 14 und Zeitschr. f. Hygiene 1893, **14**, 453.
[3]) Ebendort, 1894, Heft I, 43 und Zeitschr. f. Hygiene 1894, **18**, 263.
[4]) Ebendort, 1894, Heft I, 70 und Zeitschr. f. Hygiene 1893, **15**, 333.

Die Wirkung des Desinfektionsmittels auf die Bakterien ist wesentlich von der Temperatur abhängig. Gärtner findet, dass eine Temperatur von 0—4 oder 5⁰ C., also eine Temperatur, wie sie im Winter wohl häufig in den Abortgruben vorkommt, konservirend auf die Bakterien wirkt, sodass der Einfluss des Desinfektionsmittels beschränkt und seine Wirkung verzögert wird.

Stutzer hat auch das Verhalten der Cholerabakterien gegenüber den Theerpräparaten geprüft und folgende Ergebnisse hierbei gewonnen: Die chemisch reine Karbolsäure wirkt ausserordentlich schwach, besser wirkt die rohe Karbolsäure, vielleicht durch den Kreosolgehalt, jedoch erreichte ihr Wirkungswerth denjenigen der Salz- und Schwefelsäure bei weitem nicht. Pearsons Kreolin wirkte verhältnissmässig gut, das Lysol dagegen wieder nicht so günstig.

Jedoch dürften diese Präparate ebenso wenig, wie das Fluorammonium, welches eine sehr starke Wirkung auf Cholerabakterien ausübt, zur Abtödtung der Cholerabakterien in menschlichen Auswürfen vor der billigen Salz- und Schwefelsäure einen Vorzug besitzen.

d) Das Verfahren von v. Podewils in Augsburg.

Das Verfahren bestand ursprünglich darin, dass die menschlichen Auswürfe mittelst Rauch sterilisirt und dann soweit eingedampft wurden, dass 50⁰/₀ des vorhandenen Wassers verdunstet waren. Die Masse wurde dann durch darüber geleitete warme Luft noch mehr eingedunstet und entweder für sich als Fäkalextrakt zur Düngung verwendet oder vorher mit Torf, Asche und Erde, mit Superphosphat oder mit Knochenmehl vermischt.

Nach einem Bericht von Holdefleiss[1]) ist das Verfahren dahin abgeändert, dass man die in Tonnen aufgefangenen Auswürfe (20 cbm für 1 Arbeitstag oder 6100 cbm für 1 Jahr) mit 2 ⁰/₀ einer 50grädigen Schwefelsäure (oder ca. 60 Pfd. 50grädiger Schwefelsäure auf 1 cbm) vermischt, nachdem vorher Papierstücke und Stofffetzen etc. dadurch entfernt sind, dass der Tonneninhalt durch einen Rost gegossen worden ist. Ein geringer Ueberschuss von Säure scheint keinen schädlichen Einfluss auf die Gefässe zu haben.

Aus dem Sammelbehälter werden die mit Schwefelsäure vermischten Auswürfe durch einen Montejus in die Verdampf- und Trockenapparate gehoben und darin bei Luftverdünnung in der Weise eingedickt, dass die in dem einen Apparat entweichenden Dämpfe zum Anwärmen des nächsten Apparates dienen. Der letzte sog. Trockenapparat besteht aus einer sich drehenden Trommel, die im Innern mit Fächern oder Taschen ähnlichen Vorrichtungen versehen ist, um die trocknende Masse fortwährend in Bewegung zu erhalten und vor dem Ansetzen an den Wänden zu bewahren.

---

[1]) Chem.-Ztg. 1894, **18**, 68, 89 u. 102.

Auf diese Weise, besonders durch Eintrocknen im luftverdünnten Raum, enthält der Eindampfrückstand, der sogen. Fäkalextrakt, die Stoffe der ursprünglichen menschlichen Auswürfe in möglichst unverändertem, pulverförmigem Zustande von gehaltreicher Form.

Aus 1 cbm menschlicher Auswürfe werden durchweg 1,45 Ctr. Extrakt gewonnen.

Die proc. Zusammensetzung ist nach Untersuchungen von 3 Proben folgende:

	1. In der natürlichen Substanz			2. In der Trockensubstanz		
	Vorjährige Probe	Frische Probe	Ausstellungs-Probe	Vorjährige Probe	Frische Probe	Ausstellungs-Probe
	$^0/_0$	$^0/_0$	$^0/_0$	$^0/_0$	$^0/_0$	$^0/_0$
Wasser	17,31	24,74	15,00	—	—	—
Gesammt-Stickstoff	7,57	6,76	7,83	9,15	9,00	9,27
Ammoniak-Stickstoff	5,01	4,65	5,58	6,06	6,18	6,57
Phosphorsäure . .	3,18	2,71	3,36	3,85	3,60	3,95
Kali	3,05	2,50	3,44	3,69	3,32	4,05

Die Zusammensetzung des sogen. Fäkalextrakts ist daher ziemlich beständig.

In der Ausstellungsprobe mit 15,00 $^0/_0$ Wasser wurden ferner gefunden: 22,29 $^0/_0$ organische und 62,71 $^0/_0$ unorganische Stoffe, 18,92 $^0/_0$ Schwefelsäure, 4,84 $^0/_0$ Chlor, 17,37 $^0/_0$ Natron, 1,68 $^0/_0$ Kalk, 0,65 $^0/_0$ Magnesia, 1,26 $^0/_0$ Eisenoxyd, 0,48 $^0/_0$ lösliche Kieselsäure und 1,44 $^0/_0$ Sand.

Der Dünger-Geldwerth des Fäkalextrakts wird auf 5,20—5,70 M. berechnet, während die Herstellungskosten sich auf ca. 6,90 M. für 1 Ctr. = 50 kg stellten. Es wird aber hervorgehoben, dass die Augsburger Fabrik, als erster Versuch, zu theuer angelegt ist und für eine grössere Menge Auswürfe billiger angelegt und betrieben werden kann, während sich der Extrakt als Dünger höher verwerthen lässt,[1] sodass wir in dieser Fabrik die ernste Frage einer zweckmässigen Unschädlichmachung der menschlichen Auswürfe und einer völligen Verwerthung derselben für die Landwirthschaft fast gelöst sehen.

Als ein Mangel an der Augsburger Fabrik wird von Holdefleiss noch hervorgehoben, dass beim Verdampfen der Auswürfe mit dem Wasserdampf feste Stofftheilchen mit übergerissen werden. Ein Liter des Kondensationswassers ergab nämlich:

Glühverlust	Glührückstand	Stickstoff	Kali	Kalk
207,0 mg	378,0 mg	3,0 mg	9,0 mg	145,0 mg

Die Menge dieser im Verdampfwasser enthaltenen festen Bestandtheile kann zwar für die Einleitung des Kondensationswassers in öffentliche Ge-

---

[1] Vergl. d. Bericht von F. Heine in Mittheilungen d. Deutschen Landw.-Gesellschaft 1889/90, Stück 5.

wässer zu Bedenken keine Veranlassung geben, es wird aber nicht unmöglich sein, auch diesen Mangel zu beseitigen und ein Ueberspritzen von festen Bestandtheilen zu vermeiden.

Das Podewils'sche Verfahren zur Verarbeitung der menschlichen Auswürfe lässt sich aber auch noch für andere ähnliche Zwecke verwenden und ist[1]) z. B. ferner eingeführt in den Abdeckereien in Hamburg, München und in dem neuen Schlachthause in Barmen.

e) Das Verfahren von Mosselmann.

Mosselmann hat seiner Zeit vorgeschlagen, den Abtrittinhalt durch Löschen von gebranntem Kalk in demselben zu entwässern und in eine Kalkpoudrette umzuwandeln. Für diese Kalkpoudrette wurden gefunden:

33,9 —52,6 % Wasser,
0,40— 0,69 „ Stickstoff,
0,19— 1,23 „ Phosphorsäure,
0,1 — 0.81 „ Kali,
24,4 —50,2 „ Kalk.

Selbstverständlich ist mit diesem Verfahren ein mehr oder minder grosser Verlust an Stickstoff verbunden und kann dasselbe, wenn es sich nicht um Poudrettirung von Koth allein handelt, ein zweckmässiges nicht genannt werden.

f) Das Verfahren von Petri.

Petri hat für die Tonnen, Eimer oder Abtritte ein vorwiegend aus Torf bestehendes Desinfektionsmittel hergestellt; er rührt mit diesem die Auswürfe zusammen, fährt die lehmartige dunkle Masse ab, presst sie nach nochmaligem Durchrühren in viereckige Ziegel, trocknet dieselben an der Luft und verbrennt sie (als sog. Fäkalsteine), indem er die Asche zur Düngung empfiehlt.

g) Das Verfahren von Teuthorn.

Teuthorn stellt durch Abfuhr des Abortinhalts einer Anzahl Häuser in Leipzig in der Weise eine trockene Dungmasse her, dass die Stoffe in flache Erdgruben gebracht werden, wobei sich das flüssige in tiefer liegenden Behältern sammelt; die feste Masse wird mit Schwefelsäure behandelt, auf Hürden unter Schuppen getrocknet, zerkleinert und gesiebt.

h) Das Verfahren von Thon und Th. Dietrich.

Thon und Th. Dietrich führten den Abortinhalt direkt ab, setzten demselben Superphosphat zu und trockneten ihn mittels Wärme zu einer

---

[1]) Mittheil. d. Deutschen Landw.-Gesellschaft 1889/90, Stück 4.

Poudrette ein. Nach ihren Angaben ist zur Verdampfung von 5 kg Wasser in den Auswürfen 1 kg Steinkohle erforderlich und stellen sich die Gesammtkosten der Verarbeitung von 100 kg Auswürfen auf 80 Pf.

Th. Dietrich fand in der so hergestellten Poudrette:

Stickstoff 4,5—6,0$^0/_0$, Phosphorsäure 10,0—12,0$^0/_0$, Kali 1,5—3,0$^0/_0$.

Das Verfahren ist eine zeitlang in Kassel versucht worden, aber bald wieder aufgegeben.

i) Das Verfahren von H. Tiede.

Dieses Verfahren beruht darauf, dass die flüssigen und festen Theile des Abortinhalts zunächst unter vorheriger Aufsprengung mit einer Lösung von schwefelsaurem Magnesium und etwas Aluminiumsulfat in einen festen und flüssigen Theil getrennt werden; den flüssigen Theil lässt Tiede von Torfmehl unter Zusatz von Kainit aufsaugen und bringt den steifen Teig in eine Trockenkammer; der feste Theil des Abtrittinhaltes wird in andere Behälter abgelassen, mit bestimmten Mengen Kalium-, Magnesiumsalz, Blut, getränktem Torfmehl und Phosphorsäurelösung versetzt und nach weiterer Behandlung mit Phosphat und Schwefelsäure unter Anwendung von Wärme getrocknet.

k) Das Verfahren von H. Schwarz.

Schwarz versetzt die menschlichen Auswürfe mit Kalkmilch, erhitzt die Masse in einem geschlossenen Kessel so lange, bis eine Scheidung eingetreten und das Ammoniak verflüchtigt ist. Letzteres wird für sich verdichtet und gewonnen, während der ausgeschiedene Schlamm abfiltrirt und ausgepresst und das abgepresste Wasser abgelassen wird.

Nach den Analysen von Schwarz wird für 200 kg Auswürfen gewonnen an Stickstoff:

Im Destillat	Im Niederschlage	Im Ablaufwasser
0,36 %	0,08 %	0,06 $^0/_0$

Da das Ablaufwasser jedoch für 1 l noch 600 mg Stickstoff oder 14,4$^0/_0$ des Gesammt-Stickstoffs der Auswürfen enthält, so dürfte dasselbe nicht ohne gesundheitliche Bedenken in öffentliche Wasserläufe abzulassen sein.

l) Das Verfahren von B. C. Dietzell und A. Sindermann.

Das Verfahren von B. C. Dietzell ist dem Schwarz'schen ähnlich.

Dietzell versetzt die menschlichen Auswürfe in grossen Kesseln mit Aetzkalk und fängt das sich verflüchtigende Ammoniak in vorgelegter Schwefelsäure auf, wobei die auftretenden Gase über glühende Kohlen geleitet werden. Der Rückstand wird durch Torffilter vom grössten Theile des Wassers befreit und darauf getrocknet; er dient als Heizstoff zur

Trocknung des nächsten Filterrückstandes. Es kommt also mit Ausnahme der ersten Trocknung keine andere Heizkraft zum Trocknen der Auswürfe in Anwendung als die, welche ihnen selbst innewohnt; die rückständige Asche enthält die werthvollen Düngerbestandtheile der Auswürfe, nämlich Phosphorsäure und Kali, und der als Filter unbrauchbar gewordene Torf findet ebenfalls seine Verwendung als Dünger.

Auf einem ähnlichen Grundsatz beruht das Verfahren von A. Sindermann, welcher (im Hotel zur Stadt Paris in Breslau) die Auswürfe in eine Retorte bringt, darin trocknet und sie durch höhere Temperatur in der Art zerstört, dass sich die organischen Stoffe zersetzen und aus denselben sich einerseits Leuchtgas und Kohlensäure, Theer und Oel, andererseits Ammoniak bilden; letztere Erzeugnisse (Ammoniak, Theer und Oel) werden wie üblich bei der Gasfabrikation gesammelt und verarbeitet, während das erzeugte Leuchtgas zur Beleuchtung des Hauses dient.

Der Retorten-Rückstand ergab nach einer Analyse von E. Güntz:

Wasser	Phosphorsäure	Kali	Kalk	Sand + Kohle
5,57 %	8,61 %	5,45 %	6,51 %	57,32 %

m) Das Verfahren von Buhl und Keller in Karlsruhe.

Dieses Verfahren, welches anfänglich nach dem Patent von Hennebütte & Vauréal in Paris bezw. der Société anonyme des produits chimiques du Sud-Ouest in Paris eingerichtet war, besteht der Hauptsache nach in folgendem:

Der aus der Stadt angefahrene Grubeninhalt wird in grossen überwölbten und verschlossenen unterirdischen Behältern angesammelt, durchgemischt, durch Zusatz (früher eines Zinksalzes) später eines Mangansalzes ein Theil der gelösten Stoffe ausgefällt, der flüssige Theil von dem festen durch Dekantiren geschieden, der feste Theil hierauf in hydraulische Filterpressen eingesaugt und zu Düngerkuchen gepresst; der flüssige Teil aber nebst dem Abwasser der Pressen in Destillirapparate abgesaugt und daraus durch Erhitzen unter Mitverwendung von Aetzkalk im geeigneten Zeitpunkt und unter Vorlage von Schwefelsäure das darin enthaltene Ammoniak als schwefelsaures Ammonium gewonnen. Die Ausbeute war eine fast vollständige, so dass die nach der Zusammensetzung des Rohstoffes theoretisch berechnete Menge bis auf einen verschwindend kleinen Bruchtheil erzielt wurde und in dem schliesslichen Abwasser der Fabrik nur noch sehr geringe Mengen düngender Stoffe enthalten waren, wie durch die regelmässigen Analysen des Abwassers[1] dargethan wurde. Das Verfahren war in Frei-

---

[1] Engler fand in 6 Analysen für 1 l Abgangwasser 1,16—29,11 g Abdampfrückstand, 0,74—26,68 g Mineralstoffe und 0,42—7,13 g organische Stoffe (Glühverlust). Alex. Müller erhielt nach einer im Juli 1883 entnommenen Probe für 1 l Abwasser:

Abdampf-Rückstand g	Mineralstoffe g	Organische Stoffe g	Schwefelsäure g	Chlor g	Kalk g	Magnesia g	Natron g	Kali g
12,59	9,43	4,29	0,90	2,86	2,20	0,04	2,00	0,96

burg i. B. eingeführt und lieferten die erhaltenen Erzeugnisse nach Analysen von E. Heiden, Engler und J. Nessler folgende Zusammensetzung:

a) für schwefelsaures Ammonium

Wasser	Schwefelsaures Ammonium	oder Stickstoff
0,13 %	98,95 %	20,29 %

b) für Rohpoudrette aus dem gemahlenen Presskuchen.

Poudrette	Wasser %	Organische Stoffe %	Darin Stickstoff %	Ammoniak %	Asche %	Darin Phosphorsäure %	Kali %	Sand %
Wasserhaltig . . .	13,63	35,87	2,27	0,39	42,37	6,72	0,62	8,13

n) Unschädlichmachung durch Kieselsäure-Präcipitat.

Als eine Absonderlichkeit mag auch erwähnt sein, dass sich 1881/82 in Dresden eine Poudrette-Fabrik aufgethan hatte, welche anscheinend durch Fällen der Abortstoffe mit einem Kieselsäure-Fällungsmittel und Kalk (einschl. Sand) eine sogen. Kieselsäure-Poudrette herstellte, und sie um deswillen als ein sehr werthvolles Düngemittel anpries, weil sie eine grosse Menge löslicher Kieselsäure enthalte.

Die Kieselsäure-Poudrette enthielt im Mittel von 4 Analysen:

Wasser %	Organische Stoffe %	Gesammt-Stickstoff %	Ammoniak-Stickstoff %	Phosphorsäure %	Kali %	In Salzsäure lösliche Kieselsäure %	In Säure unlöslich %
15,30	7,65	0,44	0,17	0,41	0,62	15,76	69,21

Diese Kieselsäure-Poudrette wurde zu 2,00 M. (in einer anderen Sorte sogar zu 5,50 M.) für 1 Ctr. = 50 Kilo angepriesen, während sie höchstens einen Geldwerth von 60—70 Pf. hatte. Sie scheint auch über die Verlaufszeit der Anpreisung nicht hinausgekommen zu sein.

o) Getrennte Aufsammlung der festen und flüssigen Auswürfe.

Der Umstand, dass die menschlichen Auswürfe weniger schnell in Fäulniss gerathen, wenn sie keinen Harn beigemischt enthalten und sich im getrennten Zustande leichter entfernen bezw. verwerthen lassen, ist Veranlassung gewesen, dass die Abtrittfabrik von Marino & Co. in Stockholm ein sogen. „schwedisches Luftkloset" eingerichtet hat, bei welchem unter dem Sitzbrett ein flacher Trichter angebracht ist, welcher den Harn im Augenblick der Entstehung aufnimmt und in seinen Behälter leitet, während der Koth hinter dem Trichter vorbei in das für ihn bestimmte Gefäss fällt.

Man hat vorgeschlagen, den getrennt gesammelten Harn für sich unter Zusatz von Calciumkarbonat auf Ammoniumkarbonat zu verarbeiten, während sich O. Schur und A. Töpfer in Stettin vor 20 Jahren bemühten, aus den festen menschlichen Auswürfen durch Bestreuen mit Kalk- und Kohlenpulver eine Poudrette herzustellen. Alex. Müller fand für eine solche Kalkpoudrette aus dem Koth allein folgende Zusammensetzung:

Koth-Poudrette	Wasser und organische Stoffe %	In den organischen Stoffen Stickstoff %	Kohlensäure %	Kalk %	Phosphorsäure %	Sand + Thon %
1. Probe	48,0	0,92	8,7	32,1	0,70	2,4
2. Probe	39,7	0,82	9,8	37,0	0,57	5,2

Passavant hat nach Art des schwedischen Luftabtrittes einen verbesserten Erdabtritt hergestellt, in welchem der harnfreie Koth mit feingesiebter Erde oder mit Asche von Steinkohlen oder Torf bestreut wird; der Behälter für letztere befindet sich auf dem Dachboden, von wo die Streustoffe den Abtritten zugeführt werden, während der abfiltrirte Harn in die Strassenkanäle gelangt.

Gehring trennt durch eine Scheidewand im Sitztrichter den Koth vom Harn, lässt den Harn unterirdisch abfliessen, während der Koth selbstthätig mit Torfmull bedeckt und zeitweise abgefahren wird.

Koiransky bewirkt die Trennung von Koth und Harn nebst Spülwasser durch eine Siebvorrichtung, verfährt aber im übrigen wie Gehring.

Nadein nimmt die Trennung der festen von den flüssigen Antheilen mit den durch Schwemmkanalisation entfernten menschlichen Auswürfen vor, indem er vor der Einleitung in das Hauptrohr ein gewölbtes Blech einschaltet, an dessen gewölbter Seite die flüssigen Theile herabfliessen, während die festen Theile von der krummen Fläche abgleitend in ein untergestelltes Gefäss fallen, in welchem sie selbstthätig mit Torfmull überschüttet werden.

Da der flüssige Antheil der menschlichen Auswürfe für die Verunreinigung von Boden, Luft und Wasser nicht minder gefährlich ist, als der feste, ferner auch reich an Pflanzennährstoffen ist, so können diese Vorschläge weder nach der hygienischen noch nach der landwirthschaftlichen Seite befriedigen.

p) Pneumatische Beförderung der festen und flüssigen Auswürfe.

Während die vorstehenden Verfahren darauf beruhen, die menschlichen Auswürfe aus jeder einzelnen Wohnung abzufahren und dann auf irgend eine Weise unschädlich zu machen, sind auch verschiedene Verfahren vorgeschlagen worden, nach welchen dieselben durch unterirdische Kanäle gemeinschaftlich abgeführt und von einem oder mehreren Sammelpunkten aus weiter verarbeitet werden.

Zu diesen Verfahren gehört:

a) Das Liernur'sche Doppeltröhrensystem.

Dasselbe besteht im wesentlichen darin, dass die menschlichen Auswürfe getrennt von den sonstigen Abwässern (Haus-, Fabrik- und Regenwasser, in eisernen Röhren abgeleitet werden, während für die Abführung der sonstigen Abwässer ein zweites irdenes Rohrnetz besteht. Für die Hausspülwässer bestehen noch besondere Küchenausgüsse, welche, ohne sich verstopfen zu können, kleine Schwebetheilchen, wie Brotkrümel, Kaffeesatz etc. zurückhalten; diese müssen wie die gröberen Küchenabfälle (Kartoffel-, Gemüse-, Fleisch- und Fischabfälle etc.) mit dem Hausmüll abgefahren werden.

Für die Abführung der menschlichen Auswürfe wird eine Stadt in eine entsprechende Anzahl Felder eingetheilt. Für jedes Feld münden die Abfallrohre der angeschlossenen Abortsitze luftdicht in einen auf der Strasse gelegenen gemeinsamen Behälter, der seinerseits durch zwei Rohrleitungen mit einer ausserhalb der Stadt befindlichen Pumpstelle in Verbindung steht. Durch das eine Rohr können die Strassenbehälter vermittelst einer Luftpumpe der Hauptpumpstelle luftleer gemacht werden, durch das andere Rohr wird der Inhalt der Strassenbehälter abgesaugt. Die in den Strassenbehälter mündenden Anschlussrohre der einzelnen Abortsitze stehen mit dem Behälter nicht fortgesetzt in Verbindung, sondern können durch Hähne davon abgesperrt werden; die Hähne werden nur zeitweise und der Reihe nach geöffnet, wodurch alsdann der Inhalt der Zweigrohre mit Gewalt in den Behälter getrieben wird.

Weiter auf die Eigenheiten dieses Verfahrens hier einzugehen, entspricht nicht dem Zweck dieses Buches. Liernur hat sich vergebens bemüht, das Verfahren in Deutschland einzuführen; dagegen ist es in einigen holländischen Städten (Amsterdam, Leiden, Dortrecht) eingeführt, und lauten dort die Urtheile über das Verfahren günstig.

Die aus den Strassenbehältern nach der Hauptpumpstelle ausserhalb der Stadt abgesaugten menschlichen Auswürfe werden auf Poudrette verarbeitet, die im Mittel mehrerer früheren Analysen enthält:

Wasser %	Organische Stoffe %	Darin Stickstoff %	Mineralstoffe %	Phosphorsäure %	Kali %
11,9	53,3	7,5	29,8	2,7	3,1

Ein ähnliches pneumatisches Abfuhrverfahren hat Berlier, Direktor der Abfuhr- und Dünger-Gesellschaft in Lyon, eingeführt; dasselbe ist in der Hauptsache mit dem Verfahren Liernur's gleich und nur in der Art der Ausführung etwas anders, aber nicht so einfach wie das Liernur'sche Verfahren, weshalb es auch keine weitere Verbreitung gefunden hat.

β) Das Shone'sche pneumatische Luftdruckverfahren.

Isaac Shone trennt die Hausabwässer von dem Abortinhalt, leitet aber letzteren nicht in Kanäle mit eigenem Gefälle, sondern befördert denselben mittelst Luftdruck an seinen Bestimmungsort.

Die Firma Erich Merten & Co. in Berlin hatte das Druckluftsystem auf der Berliner Gewerbe-Ausstellung 1896 in folgender Weise zur Ausführung gebracht (vergl. Fig. 4):

Die menschlichen Auswürfe fliessen durch die Zuflussröhre A in den Einlassstutzen S und stürzen nach Durchtritt durch die Einlaufklappe F in den gusseisernen Sammelbehälter L. Durch Einfliessen der Auswürfe in den Ejektorheber wird die Schale C, die an einer nach oben und unten beweglichen Spindel befestigt ist, gehoben, und wenn sie gegen die ebenfalls an der Spindel befestigte Glocke D stösst, wird selbstthätig ein Ventil E in der Druckluft-

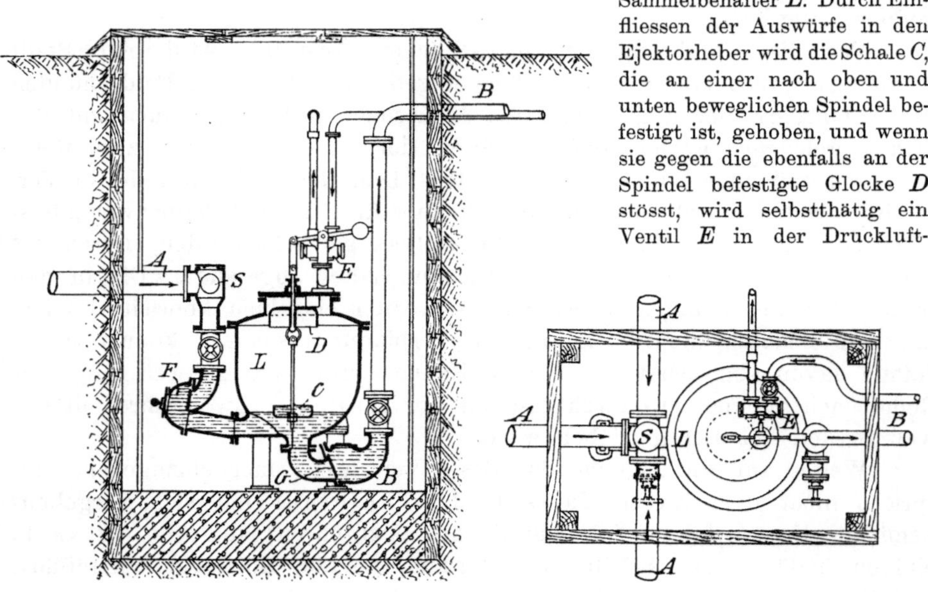

Fig. 4.

Ejektor nach Shone von Erich Merten & Co. in Berlin.

leitung geöffnet; die eintretende Druckluft befördert den Inhalt des Hebers, nachdem er durch die Druckklappe G getreten ist, durch das Druckrohr B nach dem gemeinsamen Abflussrohr. Die von den Hebern geförderten Massen werden täglich an Zählern, welche die einzelnen Hübe eines jeden Ejektors angeben, abgelesen.

J. H. Vogel[1]) hat das Shone'sche pneumatische Verfahren in Warrington (54000 Einwohner in rund 10000 Häusern) in Betrieb gesehen und äussert sich darüber sehr günstig. Früher wurden dort die menschlichen Auswürfe in Kübeln 3 km weit nach der Abfuhranstalt Langford ab-

---

[1]) Nach einem mir von J. H. Vogel gütigst überlassenen Bericht.

gefahren; jetzt werden die Kübel in zwei am niedrigsten Punkt der Stadt gelegene eiserne Behälter entleert und ihr Inhalt von hier mittelst des Shone'schen Ejectors nach der Abfuhranstalt gedrückt. Die Rohrlänge beträgt 3000 m, die Druckhöhe einschl. Reibungswiderstand für die südliche Leitung 35 m, für die nördliche 20 m. Durch diese Einrichtung wird die Beseitigung der Auswürfe gegenüber der früheren weiten Abfuhr um 40000 M. für das Jahr billiger.

In der Abfuhranstalt Langford werden die Auswürfe, nachdem ihnen auf 1 cbm ca. 8 kg Schwefelsäure zugesetzt sind, in Vakuumapparaten auf Poudrette verarbeitet. Hierfür wurde nach einer Analyse von A. Völcker (No. 1) und zwei Analysen von J. H. Vogel (No. 2 und 3) folgende Zusammensetzung gefunden:

Probe	In der natürlichen Substanz										In der Trockensubstanz		
	Wasser	Organische Stoffe	Unorganische Stoffe	Stickstoff		Phosphorsäure		Kali	Kalk	Schwefelsäure	Gesammt-Stickstoff	Gesammt-Phosphorsäure	Kali
				Gesammt-	als Ammoniak	Gesammt-	wasserlöslich						
	%	%	%	%	%	%	%	%	%	%	%	%	%
No. 1	14,23	56,13	29,64	7,43	—	3,93	1,14	3,15	1,76	10,25	8,66	4,58	3,67
„ 2	30,18	48,58	21,24	5,73	3,05	2,66	0,63	4,39	—	5,65	8,21	3,81	6,29
„ 3	25,41	50,83	23,76	5,84	3,02	2,93	0,53	3,66	—	6,38	7,83	3,97	4,91

Die Poudrette wird für 1 t = 1000 kg mit 110 M. bei Käufen unter 2000 kg oder mit 105 M. bei grösseren Käufen bezahlt und ist sehr gesucht.

Ein Vortheil dieses Verfahrens ist der, dass man bei der Kanalisation der Städte von dem Gefälle unabhängig ist und tiefe Gelände-Einschnitte vermeiden kann; dagegen dürften die Betriebskosten nicht unbedeutend sein, weil mit der Leitung gepresster Luft auf grössere Strecken ohne Zweifel nicht unerhebliche Verluste an Kraft verbunden sind.

Brandis in Essen hat dieses Verfahren noch in der Weise verbessert, dass er vom Abort aus drücken will.

γ) Das Breyer'sche Gashochdruckverfahren.

In ähnlicher Weise wie Shone bewirkt Breyer die Entleerung der Abtritte durch zusammengepresste Luft. In diesem Falle wird aber die gepresste Luft in einer fahrbaren Maschine erzeugt, welche einmal alle 24 Stunden vor jedes Haus fährt und die Entleerung des besonders für den Zweck eingerichteten Abtrittes bewirkt. Der Abtrittinhalt wird in einen an der fahrbaren Maschine befestigten Filtrirkessel gepresst, in welchem durch sehr feine Siebe eine Trennung des flüssigen und des festen und schlammigen Antheiles statthat. Der flüssige Antheil geht in die

Strassenröhren und müsste nun noch weiter durch Berieselung oder sonstwie unschädlich gemacht werden; der feste schlammige Theil wird durch Auflassen heisser Luft getrocknet, gepresst und in einen unter der Maschine befindlichen Kessel fallen gelassen.

Die Presssteine sollen für 1 Kopf und Jahr ergeben: 2,6 kg Stickstoff, 0,40 kg Phosphorsäure und 0,07 kg Kali.

q) Unschädlichmachung der menschlichen Absonderungen durch Verbrennen.

Scheiding hat einen sogenannten Feuerabtritt eingerichtet, welcher bezweckt, die menschlichen Auswürfe sofort nach dem Freiwerden durch Feuer zu vernichten. Zu dem Zwecke wird im Erdgeschoss des Wohnhauses der Abortofen aufgestellt, dem mittelst eines senkrecht leitenden Abfallrohres die Auswürfe zugeführt werden. Koth und Harn werden für sich aufgefangen und verarbeitet; der Abortofen besteht in dem Verbrennungsofen für die feste Masse und in dem mit demselben zusammenhängenden Apparat zum Abdampfen des Urins; das Feuer bestreicht, indem es auf seinem Wege die Kothmassen mit Zuhilfenahme der in denselben enthaltenen eigenen Brennstoffe in Asche verwandelt, die seitlich aufgestellten Abdampfpfannen, verdampft den darauf sich selbstthätig gleichmässig vertheilenden Urin, um von da seinen Weg mit den frei gewordenen Gasen in einen benachbarten Schornstein zu nehmen.

Auf einer ähnlichen Grundlage beruht auch ein von J. v. Swiecianowski eingerichteter Apparat, der in Warschau in Betrieb sein soll.[1]

Auch J. D. Smead, Seipp und Weyl sowie Wilh. Lönholdt haben Feuer-Aborte vorgeschlagen, von denen das von Lönholdt in den Fabriken von J. A. Hilpert in Nürnberg und Dürr & Co. in Düsseldorf in Gebrauch sind.

Auf Veranlassung von Weyl[2] hat die Firma S. J. Arnheim-Berlin N. Verbesserungen an dem Apparat für Verbrennung der menschlichen Auswürfe getroffen und ist ein solcher Apparat (Feuerlatrine) für die Stühle von 400 Personen in der Kaserne des II. Garde-Feld-Artillerie-Regiments in Nedlitz b. Potsdam aufgestellt.

(Vergl. auch das Verfahren von Sindermann S. 144).

---

[1] Ausser zur Verbrennung der menschlichen Auswürfe soll dieser Apparat auch dazu dienen, die Auswürfe mit Torfstreu zu mischen, den flüssigen Theil abfliessen zu lassen und den Strassenkanälen zuzuführen, während die mit dem festen Theil der Auswürfe getränkte Torfstreu entweder als solche zur Düngung abgefahren oder getrocknet wird.

[2] Hyg. Rundsch. 1897, 7, 208.

r) Die Sterilisirung der menschlichen Absonderungen durch Wärme.

Während man durch Verbrennen die menschlichen Auswürfe bis auf die Asche völlig vernichten will, hat man auch versucht, sie durch blosses Erhitzen steril, d. h. unschädlich zu machen.

So z. B. ist in den Cholerabaracken des Moabiter Krankenhauses zu Berlin die Sterilisirung der Auswürfe durch Aufkochen des Inhalts des Sammelgefässes bewirkt worden, in welches dieselben durch ein Rohrnetz aus den einzelnen Krankenabtheilungen gelangten.

In Newcastle on Tyne erachtet man es für besser, die Abgänge eines jeden Saales des Choleralazarethes im Saale selbst zu sterilisiren, um so ein

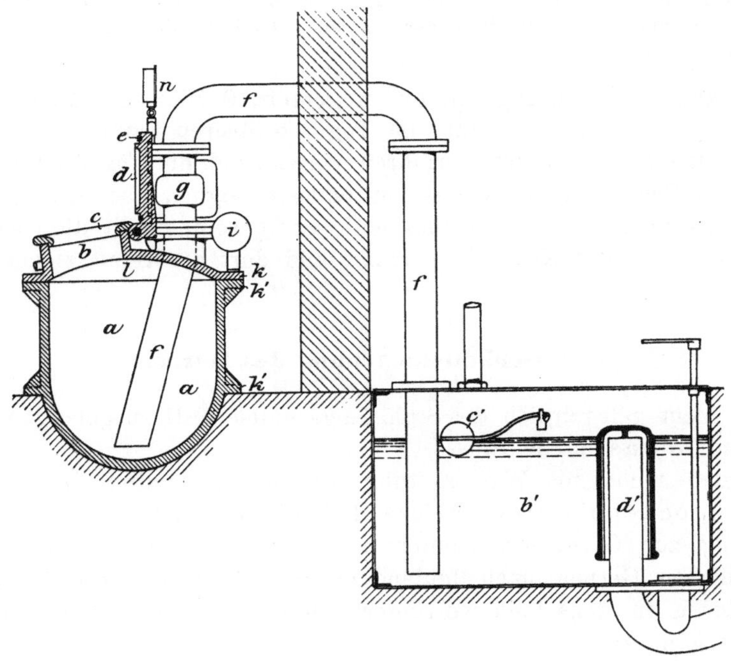

Fig. 5.

Sterilisir-Vorrichtung für menschliche Auswürfe.

inficirtes Röhrensystem zu vermeiden, das in sich selbst schädlich wirken kann. Da sich die dortigen Einrichtungen gut bewährt haben, so sollen sie hier näher beschrieben werden (vergl. Fig. 5):

In jedem Saal befindet sich in einer kleinen Nische ein Sterilisirungsgefäss, das mit Dampf von einer Centralanlage aus versehen wird. Dieses Gefäss a, das aus Guss-eisen hergestellt ist, besteht aus einem Untertheil k^1, auf welches der Obertheil k fest aufgeschraubt ist. In letzterem befindet sich die Füllöffnung b, welche durch einen Deckel d mit Charniren und Balancirgewicht verschliessbar ist. Dieser Deckel hat eine Guttapercha-Einlage e und fällt auf einen Gummiring c, so dass er, nachdem zwei (in der

Zeichnung nicht sichtbare) Schrauben fest angezogen worden sind, einen völlig dampf-
dichten Abschluss bildet. Das Gefäss a kann ungefähr 140 l aufnehmen. Der Dampf
tritt durch zwei Röhren in dasselbe, deren eine bis auf den Boden reicht, und deren
andere Dampf in den Obertheil zur Entfernung des Inhaltes einströmen lässt. Ein drittes
Rohr führt ihm kaltes Wasser zur Reinigung zu. Das Entleerungsrohr f geht durch
den Deckel hindurch, ist oberhalb desselben mit einem Schieber zum Absperren versehen und mündet in ein Kühlbecken b^1, wo die Auswürfe bis auf 38° C. abgekühlt werden
können, ehe sie in die Kanäle gelangen. Bei c^1 tritt das kalte Wasser mittels Schwimm-
kugelhahn in den Behälter a. d^1 ist eine selbstthätige Spülvorrichtung mit Glocken-
heber, welche durch den Schieber f abgestellt werden kann.

Hat die Pflegerin das Gefäss entweder mit Auswürfen oder sonstigem Spülwasser gefüllt, so telephonirt sie dem Beamten, der den Deckel d zuschrauben und zu
gleicher Zeit Schieber g schliessen soll. Dieser lässt alsdann Dampf von unten eintreten,
bis der Druckzeiger n zwei Atmosphären anzeigt, welches ein Beweis dafür ist, dass der
Inhalt eine Temperatur von 10° C. erreicht hat. Nach kurzer Zeit schliesst er dann die
Dampfzuleitung ab, und wenn der Druck ein wenig gefallen ist, öffnet er Schieber g,
worauf der Inhalt des Gefässes a durch den verbleibenden Dampfdruck in das Kühlbecken b^1 gedrückt wird. Hier wird derselbe bis auf 38° C. abgekühlt und dann nach
den Kanälen abgelassen.

Die ganze Behandlung soll nur ungefähr 10 Minuten dauern, sodass
man in jedem Saal 1800—2300 l im Tage sterilisiren kann.

Jedoch dürfte sich das Verfahren vorwiegend nur für breiige Stühle,
wie sie bei Cholera und Typhus vorkommen, eignen; bei festen Stühlen
wird eine Zerkleinerung des Kothes nothwendig sein, damit die Hitze auch
bis in das Innere der Kothballen dringt und dort die Keime sicher tödtet.

s) Unschädlichmachung des Harns.

Der nicht gelegentlich des Stuhlgangs entleerte Harn gelangt meistens
direkt zum Abfluss in die Flüsse.

In den nicht mit Wasserleitung versehenen Städten befinden sich
meistens Trockenpissoirs, welche keine Wasserspülung oder sonstige
Vorrichtung zur Geruchlosmachung haben und deshalb meistens einen
unausstehlichen Geruch nach faulendem Harn besitzen. Die Anwendung
von Torfstreu in denselben verringert diesen Uebelstand sehr, hebt ihn
aber nicht ganz auf.

Die Wasserpissoirs, d. h. Pissoirs mit Wasserspülung beseitigen
allerdings die üblen Gerüche mehr oder weniger, aber sie erfordern
grosse Wassermengen und lassen sich nicht überall anwenden.

Aus diesen Gründen verdienen die von Wilh. Beetz in Wien er-
fundenen Oelpissoirs volle Beachtung. Das Becken oder die Wandfläche,
welche vom Harn benetzt wird, wird mit einer Oelmischung bestrichen,
die angeblich keimtödtende Stoffe enthält. Ausserdem befindet sich in einer
in der Abflussrinne angebrachten Trommel eine Oelschicht, welche den abfliessenden Harn durchtreten lässt und weil sie auf dem rückständigen Harn
schwimmen bleibt, die Abzugsrinne von dem Pissoirraum absperrt.

Die Oelpissoirs werden als zweckmässig empfohlen.

t) Schlussbemerkungen zur Beseitigung und Unschädlichmachung der menschlichen Auswürfe.

Vorstehende kurze Uebersicht über die Verfahren zur Verwendung und Verarbeitung der menschlichen Auswürfe zeigt, dass es verschiedene recht brauchbare Mittel giebt, die städtischen Abfallstoffe aller Art sowohl unschädlich zu machen, wie auch nutzbar zu verwenden; das aber kann nicht genug betont werden, dass es ein absolut bestes Reinigungs- und Verwendungs-Verfahren nicht giebt. Vereinzelt und unter ganz günstigen Verhältnissen mag es zulässig sein, die Abwässer ohne weiteres den Flüssen zuzuführen und die Unschädlichmachung der Selbstreinigung der Flüsse zu überlassen; unter diesen Umständen mag die Berieselung, unter jenen wieder nur die Abfuhr am Platze sein; die ganze Frage muss entschieden örtlich geprüft und gelöst werden.

In erster Linie kommt die gesundheitliche, in zweiter erst die landwirthschaftliche, d. h. volkswirthschaftliche Seite der Frage in Betracht; wo beide Zwecke, die Unschädlichmachung in gesundheitlicher Hinsicht und die landwirthschaftliche Verwerthung sich vereinigen lassen, da ist dieses unter allen Umständen anzustreben; wo aber bei einer zweckmässigen landwirthschaftlichen Ausnutzung die gesundheitlichen Verhältnisse leiden würden, da ist von einer solchen Abstand zu nehmen. Freilich kann man wohl behaupten, dass die grösste landwirthschaftliche Ausnutzung auch die beste gesundheitliche Lösung der Frage in sich schliesst.

Die weitere Frage anlangend, welches der Reinigungsverfahren das wirthschaftlich richtigste ist, so lässt sich auch diese im allgemeinen nur örtlich entscheiden.

Unter allen Umständen dürfte die Reinigung durch Filtration und durch chemische Fällungsmittel nicht nur die unvollkommenste, sondern auch die am wenigsten gewinnbringende sein; denn in demselben Maasse, als nach diesen beiden Verfahren die in Fäulniss begriffenen oder fäulnissfähigen Stoffe nur unvollkommen und zum Theil entfernt werden, wird auch eine Masse aus den Abgängen erzielt, welche nur geringe Mengen der nutzbaren Pflanzennährstoffe enthält und deshalb nur einen geringen Geldwerth besitzt. Für die anderen Reinigungsverfahren, die Berieselung oder Verarbeitung auf Poudrette etc., lassen sich über den Kostenpunkt bis jetzt durchweg keine allgemein gültigen Regeln aufstellen; denn abgesehen davon, dass die örtlichen Erhebungen auch nur einen örtlichen Werth haben, sind die Berichte vielfach so abgefasst, dass es kaum möglich ist, sich ein klares Bild über den Kostenpunkt zu verschaffen.

Die hierüber bis jetzt vorliegenden Angaben habe ich an den zugehörigen Stellen bei den betreffenden Reinigungsverfahren mitgetheilt. Ueber die Kosten der einzelnen Abfuhrverfahren werden noch — ohne Berücksichtigung der Anlagekosten in den Privatgebäuden — folgende Angaben gemacht:

	Für den Kopf und das Jahr		Für 1 cbm	
	ℳ	ℳ	ℳ	ℳ
1. Gruben-Verfahren, Abfuhrwagen mit pneumatischem Betrieb . . . . von	0,80 bis 1,70		von 1,60 bis 3,50	
2. Gruben-Verfahren, in Verbindung mit Torfstreuaborten . . . . „	1,70	„ 2,75	„ 3,30	„ 5,50
3. Tonnen-Verfahren . . . . „	1,30	„ 2,20	„ 2,60	„ 4,40
4. Tonnen-Verfahren in Verbindung mit Torfstreuaborten . . . . „	1,70	„ 2,60	„ 3,40	„ 5,20
5. Liernur-Verfahren . . . . „	1,50	„ 3,00	„ 3,00	„ 6,00
6. Pneumatischer Rohrbetrieb unter Anordnung von Auswurfsammelbehältern in den Häusern . . . . „	0,75	„ 1,75	„ 1,50	„ 3,50

Der Düngerverkaufspreis bei 1, 3, 5, 6 wird zu 1,00 M., bei 2 und 4 zu 1,50 M. für 1 cbm Dünger berechnet; bei 2, 3 und 4 sind Spülabtritte ausgeschlossen, bei 1, 5, 6 nur bedingungsweise zulässig.

Das eine dürfte wohl mit Bestimmtheit aus den seitherigen Mittheilungen hervorgehen, dass keines der verschiedenen Verfahren bis jetzt einen eigentlichen Reingewinn für die städtischen Verwaltungen abwirft. Auch glaube ich, dass dadurch, dass man vielfach in den Aborten Goldgruben erblickt hat, die Frage verwirrt worden ist und deshalb vielfach Veranlassung zu einer heftigen Streiterörterung gegeben hat. Es dürfte jetzt wohl allgemein feststehen, dass es behufs Beseitigung der städtischen Unrathstoffe, wenn dieselbe allen gesundheitlichen Zwecken entsprechen soll, bei den grösseren Städten ohne mehr oder weniger grosse Opfer seitens der Gemeinde oder Einzelner nicht abgeht, und wenn man dieses festhält, so wird man unter Berücksichtigung der bis jetzt vorliegenden Erfahrungen mit den einzelnen Reinigungsverfahren und unter Berücksichtigung der örtlichen Verhältnisse schon das Richtigste finden.

6. Beseitigung von Strassenkehricht und Hausmüll.

Wie die Abführung des Abortinhaltes und der Hausspülwässer, so bildet auch die Beseitigung von Strassenkehricht und Hausmüll sowie von Thierleichen (das Abdeckereiwesen) eine wichtige hygienische Frage für die Städte.

a) Zusammensetzung, Menge und Düngewerth von Strassenkehricht und Hausmüll.

Der Strassenkehricht und das Hausmüll werden allgemein bald durch die Stadt selbst, bald durch Privatunternehmer abgefahren und fanden bis jetzt fast ausschliesslich zur Düngung Verwendung.

Nach der chemischen Zusammensetzung können dieselben auch wohl für diesen Zweck als geeignet angesehen werden.

Die nachstehenden Analysen No. 1—4 von Steglich,[1]) No. 5 und 6 von Th. Pfeiffer,[2]) No. 7, 8 und 9 von E. Haselhoff,[3]) No. 10 von Petermann und Richard,[4]) No. 11—15 von J. H. Vogel[4]) zeigen den Werth dieser städtischen Abfälle als Düngemittel:

Strassen- und Haus-kehricht bezw. Müll	Wasser %	Organische Stoffe %	Stickstoff %	Mineral-stoffe %	Eisenoxyd %	Kalk %	Magnesia %	Kali %	Phosphor-säure %	Sand + Thon %	Kohlensäure + Kohle %
Aus Dresden,[5]) frischer Kehricht von:											
1. Asphaltpflaster	51,88	13,11	0,24	35,01	0,74	0,95	0,13	0,22	0,36	30,71	Spur
2. Syenitpflaster	32,78	12,52	0,20	54,70	2,75	1,26	0,27	0,21	0,30	46,65	0,08
3. 1889 er⎫ reife Kompost-	37,20	9,95	0,23	52,85	3,23	0,84	0,17	0,38	0,37	45,79	0,58
4. 1890 er⎭ erde	30,20	9,51	0,33	60,29	4,61	1,05	0,18	0,33	0,46	51,59	0,60
Aus Berlin:						In Salzsäure löslich:					
5. Strassenkehricht . . .	39,89	22,44	0,48	37,67	—	1,89	0,35	0,37	0,45	—	—
6. Hauskehricht (Feinerde)	19,00	20,06	0,35	60,94	—	8,92	1,72	0,22	0,58	—	—
7. ⎫ Aus Münster ⎧ No. 1	20,98	6,00	0,49	73,02	—	1,23	—	0,09	0,42	58,29	—
8. ⎬ i.W. mit Sand- ⎨ „ 2	22,46	5,75	0,34	71,79	—	1,38	—	0,12	0,49	59,73	—
9. ⎭ steinpflaster: ⎩ „ 3	19,22	5,30	0,35	75,48	—	0,90	—	0,15	0,29	65,22	—
10. Brüsseler Hausmüll . .	13,00	16,41	0,33	70,59	—	—	—	0,06	0,36	—	—
11. Bremener „ . .	1,62	17,64	0,46	80,74	—	—	—	0,10	0,02	—	—
12. Berliner ⎰1 Jahr gelagert	19,88	18,19	0,29	61,93	—	9,19	—	0,27	0,47	—	—
13. Feinmüll ⎱kurze Zeit „	5,65	16,99	0,28	77,36	—	9,05	—	1,36	0,81	—	—
14. Berliner Haus- ⎰Feinmüll	25,27	15,80	0,25	58,93	—	9,30	1,28	0,28	0,41	—	—
müll ⎱ Sperr-											
15. 5 Jahre alt ⎱ stoffe	23,40	28,15	0,27	48,45	—	5,88	0,98	0,23	0,65	—	—

Für einzelne der vorstehenden Proben wurde das Verhältniss des Feinmülls zu den Sperrstoffen (Siebrückstand) und ausserdem die Zusammensetzung der letzteren mit folgendem Ergebniss festgestellt:

	No. 6	No. 13	No. 14
Feinmüll (Feinerde)	60,20 %	47,18 %	57,00 %
Sperrstoffe (Siebrückstand) .	39,80 „	52,82 „	43,00 „

---

[1]) Sächsische landw. Zeitschr. 1890, 487.

[2]) Mittheil. d. Deutschen Landw.-Gesellschaft 1892/93, Stück 8, S. 9.

[3]) Landw. Ztg. f. Westfalen u. Lippe 1897, 157.

[4]) J. H. Vogel: Die Beseitigung und Verwerthung des Hausmülls. Jena 1897, 39 u. s. f.

[5]) In Dresden bleibt der Strassenkehricht in Halden von 5 m Breite, 25 m Länge und 2 m Höhe 6 Monate sitzen, wird dann mit Wasser angefeuchtet und nach weiterem 6 monatlichen Lagern als reife Komposterde abgegeben.

Procentiger Gehalt der Sperrstoffe:

Bestandtheile der Sperrstoffe	Wasser %	Organische Stoffe %	Stickstoff %	Mineralstoffe %	Kalk %	Kali %	Phosphorsäure %
Sperrstoffe zu No. 12	21,14	19,98	0,31	58,88	7,09	0,19	0,64
Desgl. zu No. 13 — Knochen und Gräten . .	34,62	32,25	2,36	33,13	5,82	0,22	8,20
Kartoffelschalen u. andere Pflanzenreste	57,80	33,04	0,61	10,16	0,86	1,15	0,27
Wolle, Federn und Lederabfälle	12,88	71,87	6,73	15,25	0,45	0,37	0,45

Der Gehalt an Stickstoff in Form von Ammoniak schwankte von 0,002—0,05 %, der an Stickstoff in Form von Salpetersäure von 0 bis 0,05 %.

Das Gewicht des Strassenkehrichts bezw. Hausmülls beträgt nach J. H. Vogel je nach dem Feuchtigkeitsgehalt 1000—1300 kg, im Mittel etwa 1250 kg.

E. Haselhoff fand das Gewicht des Münster'schen gelagerten Strassenkehrichts und Hausmülls für 1 cbm zu nur 750—930 kg, Bohm und Grohn geben es zu 505—755 kg, im Durchschnitt zu 591 kg an. Das Raumgewicht schwankt ohne Zweifel sehr, je nachdem das Müll mehr oder weniger fest zusammengesunken ist. Nimmt man das Gewicht von 1 cbm zu nur 500 kg an, so würde der Gehalt des gelagerten Hausmülls an Pflanzennährstoffen für 1 cbm nach E. Haselhoff und J. H. Vogel in folgenden Grenzen schwanken:

Gesammt-Stickstoff . . 1,25—3,60 kg	Kali . . . . 0,66— 6,80 kg
Ammoniak- „ . . 0,01—0,25 „	Kalk . . . . 8,19—46,50 „
Salpetersäure- „ 0,00—0,25 „	Magnesia . . . . . . 4,90— 8,70 „
Phosphorsäure . . . . 2,05—4,05 „	Organische Stoffe . . 75—100 „

Der Düngergeldwerth des Strassenkehrichts und Hausmülls schwankt daher zwischen 1,50—5,50 M. für 1 cbm. Die Frage, ob derselbe mit Vortheil zur Düngung verwendet werden kann, hängt ganz von seiner Beschaffenheit und davon ab, zu welchem Preise, d. h. einschliesslich Abfuhrkosten, der Landwirth den Kehricht auf den Acker schaffen kann. J. H. Vogel ist der Ansicht, dass, wenn 1 cbm Müll zu 0,50—0,60 M. auf den Acker geliefert wird, die Verwendung desselben vortheilhaft sein kann.

Das Hausmüll eignet sich besonders zur Düngung von Lehm- und Moorböden, jedoch muss dasselbe vor seiner Verwendung zweckmässig $^3/_4$—1 Jahr nicht zu fest und in nicht zu hohen Haufen gelagert haben.

Neuerdings wird das Hausmüll auch vielfach verbrannt und hängt die Verwendungsfähigkeit für diesen Zweck wesentlich von seiner mechanischen Zusammensetzung ab.

Diese wurde für das Londoner Hausmüll (No. 1)[1]), für den eines Vorortes von London, nämlich Paddington (No. 2) nach einer Untersuchung von Th. Tomlinson, für das Berliner Hausmüll, im Mittel von 30 Fuhren (Nr. 3) und für das Elberfelder Müll (No. 4)[2]) im Durchschnitt gefunden:

No.	Asche und Kohlenreste	Kohle u. Koks	Feiner Staub	Organische und unorganische Abfälle	Papierabfälle	Stroh und Fasern	Lumpen	Knochen	Flaschenglas	Glasscherben	Geschirr	Eisen	Metallreste bezw. Blechbüchsen	Schlacken
	%	%	%	%	%	%	%	%	%	%	%	%	%	%
1	63,69	0,84	19,51	4,61	4,28	3,22	0,39	0,48	0,96	0,47	0,55	0,21	0,79	—
	Asche	Koks und Kohlenreste	Kohlen	Organ. Abfälle		Holz			Buntes Glas	weisses Glas	Scherben			
2	52,60	28,80	0,15	14,20	—	—	0,42	0,25	0,23	0,07	2,90	0,35	0,03	—
3	50,16	1,26	0,17	32,54	4,26	0,40	1,15	0,53	0,79	0,48	6,10	0,20	0,58	1,38
4	52,14	4,10	0,23	31,40	1,10	0,24	0,72	0,35	0,52	0,81	2,97	0,32	0,32	4,78

Für die thierischen und pflanzlichen Theile von einer Fuhre Müll fanden Bohm und Grohn[2]) des Näheren:

Kohl und Grünkram	Koks und Kohlentheilchen	Kartoffeln und deren Schalen.	Fleischtheile	Stroh und Heu.	Leder	Korke	Brod
42,8 %	18,7 %	12,1 %	11,5 %	11,0 %	1,7 %	1,1 %	1,1 %

J. H. Vogel (l. c.) zerlegte 6 Proben Hausmüll (nämlich 4 aus Köln, 1 aus Hamburg und 1 aus Kiel) mittelst eines Siebes von 7 mm Maschenweite in Feinmüll und Sperrstoffe, ermittelte deren Gehalt an Wasser, verbrennlichen und unverbrennlichen Stoffen, bestimmte letzteren Gehalt noch in 4 weiteren Proben (nämlich 2 aus Kiel und 2 aus Berlin) für das Gesammtmüll; er fand im Mittel der 6 bezw. 10 Proben:

Im ungetrockneten Zustande		Das Feinmüll enthält			Die Sperrstoffe enthalten			Das Gesammtmüll enthält		
Feinmüll	Sperrstoffe	Wasser	Verbrennliche Stoffe	Unverbrennliche Stoffe	Wasser	Verbrennliche Stoffe	Unverbrennliche Stoffe	Wasser	Verbrennliche Stoffe	Unverbrennliche Stoffe
%	%	%	%	%	%	%	%	%	%	%
60,22	39,78	7,16	12,92	40,14	7,09	12,35	20,34	15,64	22,50	61,80

[1]) Als Siebdurchfall bezeichnet mit 11 % hyproskopischer Feuchtigkeit u. 13 % organischen (verbrennlichen) Stoffen. J. H. Vogel: Die Beseitigung u. Verwerthung des Hausmülls. Jena 1897, 62.

[2]) Bohm und Grohn: Die Müllverbrennungsversuche in Berlin 1897, 33. Die Analysen des Elberfelder Mülls sind vom Stadtbauinspektor Höpfner ausgeführt.

Von sechs der vorstehenden Proben wurden ferner noch die Sperrstoffe durch Auslesen mit folgendem mittleren Ergebniss für die 39,78 %₀ Sperrstoffe in die einzelnen Bestandtheile zerlegt, nämlich:

Schoten, Kartoffelschalen, Gemüse und Brodreste	Knochen und Fischgräten	Eierschalen	Papier und Pappe	Stroh, Heu und Blätter	Lumpen, Federn, Bindfaden, Watte	Holz, Korke	Kohlen, Koks, Schlacken	Nägel, Eisen, Metalltheile	Glas- und Porcellanscherben	Steine
9,43	1,24	0,19	2,02	4,42	0,92	0,70	13,35	1,20	2,23	4,14

Die Sperrstoffe von zweien dieser Proben enthielten in Procenten:

	Knochen und Fischgräten	Eierschalen	Papier und Pappe	Stroh, Heu und Blätter	Lumpen, Federn, Bindfaden, Watte	Holz, Korke	Kohlen, Koks, Schlacken	Nägel, Eisen, Metalltheile	Glas- und Porcellanscherben	Steine
Wasser	6,86	0,00	18,60	25,30	18,07	17,84	6,97	—	—	—
Verbrennl. Stoffe	22,15	25,57	66,69	61,18	73,40	79,90	19,19	—	—	—
Unverbrennliche Stoffe	70,99	71,93	14,71	13,52	8,53	2,26	73,84	—	—	—

In England rechnet man auf je 1000 kg Abfälle 526 kg Asche, 228 kg Schlacken, 142 kg pflanzliche und thierische Reste, Haare mit inbegriffen, 29 kg harte Gegenstände, Thonscherben, Schuhe etc., 2,5 kg Knochen, 1,3 kg Kohle, 4,5 kg Fetzen, 3,5 kg Brucheisen, 0,25 kg altes Metall, wie Kupfer, Messing, Zinn, Konservenbüchsen, 0,75 kg weisses und 2 kg farbiges Glas.

Wie hiernach die Gemengtheile und die chemische Zusammensetzung des Strassenkehrichts und Hausmülls sehr verschieden sind, so lauten auch die Angaben über die Mengen, die auf eine gleiche Anzahl Einwohner in den Städten entfallen, sehr verschieden.

v. Pettenkofer[1]) rechnet jährlich für:

	1 Person	oder 1000 Personen
Küchenabfälle und Hauskehricht . .	90 kg	90 t
Asche bei Holzfeuerung	15 „	15 „
Asche bei Steinkohlenfeuerung . . .	45 „	45 „

Palzow und **Abendroth**[2]) geben folgende Zahlen auf 1000 Personen für 1 Jahr:

Küchen-, Gewerbs- und Strassenabfälle . .	130 t
Asche	140 „
Sand, Schlacken, Scherben	90 „

Nach anderweitigen Angaben[2]) betragen für 1000 Personen und 1 Jahr:

Strassendünger	Strassenkehricht	Kanalisationsaushub	Bauschutt u. dergl.	Abfälle, Asche Schlacken
12 t	199 t	7,5 t	62,5 t	319 t

---

[1]) v. Pettenkofer: Vorträge über Kanalisation u. Abfuhr.
[2]) F. Fischer: Das Wasser etc. 1891, 2. Aufl., 58.

J. Brix u. A.[1]) schätzen die Mengen der einzelnen festen Abfallstoffe im wasserfreien Zustande, auf 1 Kopf und Jahr berechnet, in kg wie folgt:

Art der Abfallstoffe	Bestandtheile					Bemerkungen:
	Gelöst kg	in der Schwebe kg	Organische kg	Unorganische kg	Summa kg	
1. Durch die Verstorbenen	—	—	0,3—0,4	0,5	0,8—0,9	Bei Sterblichkeit von 25 bis 30 $^0/_{00}$
2. Menschliche Auswürfe (Urin u. Koth)	—	—	27,7	6,6	34,3	In 13—14 mal soviel Wasser
3. Kanalwasser ohne Auswürfe an regenfreien Tagen	40	15}	10} 7,5} 17,5	30} 7,5} 37,5	55	In 650—1400 mal soviel Wasser
4. Hauskehricht	—	—	30	80	110	Hierzu 16—20 kg Wasser. Spec. Gew. einschl. des Wassergehaltes 0,5—0,6.
5. Strassenkehricht . .	—	—	15	55	80	Hierzu 13—100 kg Durchschnitts-Wasser, je nach der Witterung. Spec. Gew. 0,8—1,3
Summe (2—5)	40	15	100,2	179,1	279,1	

Haus- und Strassenkehricht liefern hiernach mehr organische Stoffe, als in den menschlichen Auswürfen und im Abwasser enthalten sind.

Schon aus diesem Grunde und weil der Haus- und Strassenkehricht die Sputa, den Staub und die Wäschefetzen aus Krankenzimmern einzuschliessen pflegt, verdient derselbe für gesundheitliche Massnahmen nicht geringere Beachtung als die menschlichen Auswürfe.

b) Art der Abfuhr des Hausmülls und des Strassenkehrichts.

Mögen Hausmüll und Strassenkehricht zur Düngung verwendet oder verbrannt werden, in beiden Fällen bildet die Frage, wie er abgefahren werden soll, ein öffentliches Interesse. In den kleineren Städten gelangt das Hausmüll entweder auf die Miststätte oder in die Abortgrube und wird mit dem Inhalt dieser höchstens ein- oder zweimal im Jahre abgefahren. In den grösseren Städten gelangt er entweder durch PrivatUnternehmer oder durch die städtische Verwaltung selbst zur Abfuhr. Hierbei unterscheidet man nach J. H. Vogel (l. c.) zwei Arten Abfuhr:

1. Die auf den Höfen oder auf den Strassen aufgestellten Müllbehälter werden direkt oder unter Benutzung eines Zwischengefässes in

---

[1]) Vergl. Behring: Die Bekämpfung der Infektionskrankheiten. Hygienischer Theil 1894, 120.

mehr oder weniger gut verschliessbare Wagen (Kastenwagen) entleert. Die Kastenwagen sind wiederum einzutheilen:

a) in solche, bei welchen der Inhalt des Hausmüllkastens von den Arbeitern direkt in den Kastenwagen entleert oder innerhalb des Kastens aufgestapelt wird,

b) in solche, bei welchen diese Aufstapelung durch mechanische Vorrichtung geschieht.

2. Die zum Ansammeln des Mülls aufgestellten Behälter [Wechselkasten oder Säcke (von Asbest etc.)] werden nach der Füllung ohne Umladung in gut verschlossenem Zustande auf Rollwagen verladen und von diesen wiederum ohne Umladung in Eisenbahnwagen oder auf Schiffe gebracht.

Erstere Art Abfuhr ist unter allen Umständen mangelhaft und zu verwerfen, wenngleich die Sammelkastenwagen, bei welchen die Aufstapelung durch mechanische Vorrichtung geschieht, als eine Verbesserung anzusehen ist.

Am empfehlenswerthesten ist ohne Zweifel das Wechselkastensystem, wie es von dem Grundbesitzerverein in Nordwest in Berlin angewendet wird; Säcke, auch Asbestsäcke, sind nicht so gut wie die Wechselkasten, weil dieselben durch Glas- oder Porcellanscherben leicht verletzt werden.

Im übrigen muss sich die Art der Abfuhr auch hier nach den örtlichen Verhältnissen richten. Es sind dabei nur folgende Forderungen zu beachten:

1. Das Hausmüll darf nur in völlig undurchlässigen, geschlossenen Behältern aus den Häusern abgeholt und muss dabei jede Staubentwickelung vollständig vermieden werden;

2. die Abladung des Hausmülls im Weichbilde der Stadt ist unstatthaft; dasselbe muss, wenn das Müll zur Düngung verwendet wird, entweder thunlichst staubfrei ausserhalb der Städte an geschützten, wenig begangenen Plätzen abgeladen oder in geeigneten Fällen direkt mit den Sammelkasten in Eisenbahnwagen oder auf Kähne verladen werden oder thunlichst direkt zur Verbrennung gelangen, die auch innerhalb der Stadt vorgenommen werden kann.

Th. Weyl[1]) hält die Ablagerung des Mülls mit Gefahren für die Gesundheit des Menschen verbunden und zwar mit gegenwärtigen Gefahren, welche darin bestehen, dass das Müll Fäulniss- und Krankheitserreger enthalten kann, die durch Wind und Regen verbreitet werden, nicht minder auch durch Fliegen, welche sich auf den Abladeplätzen einfinden. Das Lumpensammeln auf den Abladeplätzen soll unter allen Umständen nicht gestattet werden. Die zukünftigen Gefahren bestehen darin, dass ein Theil der organischen Stoffe in den Boden dringt und denselben für eine spätere Bebauung oder Brunnenanlage verunreinigt. Aus diesen Gründen sollen

---

[1]) Vierteljahrsschr. f. gerichtl. Medicin u. öffentl. Sanitätswesen. 3. Folge, **13**, 2.

die Kehricht- und Müllhaufen nur eine mässige Höhe haben und mit Erde bedeckt werden, wodurch ein Verwehen verhindert und die Zersetzung unterstützt wird.

In Budapest werden sämmtliche Haus- und Marktabfälle mit der Eisenbahn nach einem 18 km entfernten Orte geschafft, wo sie in einer besonderen Fabrik in ihre Bestandtheile zerlegt und entsprechend verwerthet werden. Dadurch werden gesundheitliche Gefahren für die Stadt vermieden, für die Fabrik und deren Umgebung aber nur, wenn die Aussonderung durch maschinellen Betrieb und nicht durch Menschenhand geschieht.

c) Verbrennen des Hausmülls und Strassenkehrichts.

Die gründlichste Unschädlichmachung des Hausmülls und Strassenkehrichts findet natürlich durch Verbrennen desselben statt.

Die ersten Versuche dieser Art sind in England gemacht worden. Es werden dort vorwiegend die Ofeneinrichtungen von Horsfall, Warner, Whiley und eine in Leeds (Meanwood-Road) bestehende Einrichtung empfohlen.

Schon im Jahre 1893 befanden sich in 55 englischen Städten 72 Müllverbrennungsanstalten mit 572 Zellen; man rechnet für das auf 50000 bis 100000 Personen entfallende Müll 6—12 Zellen, von denen jede wöchentlich zwischen 30—35 Tonnen Müll verbrennt. Von 1893—1897 sind in weiteren 24 Städten 162 Verbrennungszellen angelegt worden. Dieses Verfahren findet daher in England immer weitere Ausdehnung, was in der für diesen Zweck günstigen Zusammensetzung des dortigen Mülls seinen Grund haben muss. Das englische Müll liefert nur 20—35 $^0/_0$ Verbrennungsrückstand (Schlacken und Asche), scheint daher durchweg mehr organische (d. h. verbrennliche) Stoffe zu enthalten, als das Müll aus deutschen Städten. Daraus erklärt sich auch, dass die durch Verbrennung des Mülls erzeugte Wärme so gross ist, dass sie zur Erzeugung von Wasserdampf dienen kann, der seinerseits wieder vielfach zur Desinfektion von Bekleidungsgegenständen und Bettzeug verwendet wird.

Infolge der günstigen Erfahrungen mit der Müllverbrennung in England hat man auch in Deutschland in den letzten Jahren angefangen, mit diesem Verfahren Versuche anzustellen und zwar zunächst in Hamburg unter der Leitung des Oberingenieurs F. Andreas Meyer dortselbst. Derselbe berichtet[1]) über die Hamburger Anlage, die nach dem Horsfall-Verfahren eingerichtet ist, dass sie 36 Zellen umfasst, deren Herstellung 480000 M. gekostet hat und welche das Hausmüll von über 300000 Einwohnern (im Innern der Stadt St. Pauli und St. Georg) verbrennen, während für die Aussenstadt mit 360000 Einwohnern einstweilen die anderweitige Verwendung des Mülls und Kehrichts beibehalten ist.

---

[1]) Deutsche Vierteljahrsschr. f. öffentl. Gesundheitspflege 1898, 9.

Der Strassenkehricht, der hygienisch weniger gefährlich ist, als das Hausmüll, ist zur Zeit in Hamburg noch nicht mit zur Verbrennung herangezogen, weil derselbe durch einen Privat-Unternehmer in einer für die Stadt günstigeren Weise zur Düngung auf die Felder abgefahren wird. Indess haben die Versuche ergeben, dass, wenn derselbe mit dem Hausmüll vermischt wird, das Gemenge auch ohne Zumischung von Kohle vollständig verbrennen würde.

Die Hamburger Anlage hat dann für Versuche zur Verbrennung des Hausunraths verschiedener deutscher Städte: Essen, Stuttgart, Berlin, München, Magdeburg, Elberfeld, Köln, Posen und Kassel gedient, und haben diese Versuche im wesentlichen dasselbe günstige Verhalten bezüglich der Verbrennlichkeit der Müllsorten gezeigt.

Nur das Hausmüll von solchen Städten, die, wie z. B. Berlin (für einen Theil) und Magdeburg viel Braunkohle oder Briquetts als Brenngut verwenden, zeigte eine schlechte Verbrennlichkeit und liess sich nur durch Zusatz von einigen Procent Kohlen verbrennen. Das rührt daher, dass Braunkohle wie Briquetts bei geringem Luftzutritt lange weiter glühen, fast vollständig zu Asche verbrennen und die Asche allen Unrath in einer Weise umhüllt, dass er nicht recht von den künstlichen Gebläsen erfasst und nicht genug angefacht werden kann.

Bei anderen Städten liegt die Schwerverbrennlichkeit des Haus- und Strassenkehrichts an dem Strassenpflaster, welches je nach der Art und Lockerheit der Steine mehr oder weniger Steintheilchen und -staub (Sand etc.) abgibt und die Verbrennlichkeit des Strassenkehrichts beeinträchtigt. Hieraus erklärte sich die Schwerverbrennlichkeit des Kehrichts aus der Stadt Posen und zum Theil auch für Magdeburg.

Was die Einrichtung der Oefen für Müllverbrennung anbelangt, so erhellt dieselbe aus nachfolgenden Zeichnungen Fig. 6 u. 7, welche die Berliner Versuchsanlage darstellen; bei derselben sind die beiden Ofen-Einrichtungen von Warner und Horsfall zur Anwendung gelangt und beide von den eigentlichen Erfindern und deren Vertretern erbaut worden.

a) Der Warner-Ofen.

Der Warner-Ofen (Fig. 6a—k) bestand in der Berliner Versuchsanlage aus 3 Zellen, die einen gemauerten Block von 7,5 m Länge, 5,5 m Breite und 3,7 m Höhe bildeten.

Die Sohle des Feuerraumes der einzelnen Zellen des Warner-Ofens hat eine Neigung von etwa 1 : 5 und besteht aus einem 1,48 m langem Vorherd, sowie aus einem 1,8 m langem Rost, die Breite beider ist 1,54 m.; der Vorherd hat demnach eine Fläche von 2,25, der Rost von 2,75 qm. Der Rost besteht aus 13 Stäben, welche quer gegen die Längsaxe der Zelle liegen und an ihren Enden drehbar sind. Die geraden Nummern der Stäbe können zusammen bewegt (geschüttelt) werden und ebenso die ungeraden Nummern. Der Zwischenraum zwischen den Stäben, welche zahnstangenartig hergestellt und so angebracht sind, dass die Zähne des einen in die Zähne des anderen hinein-

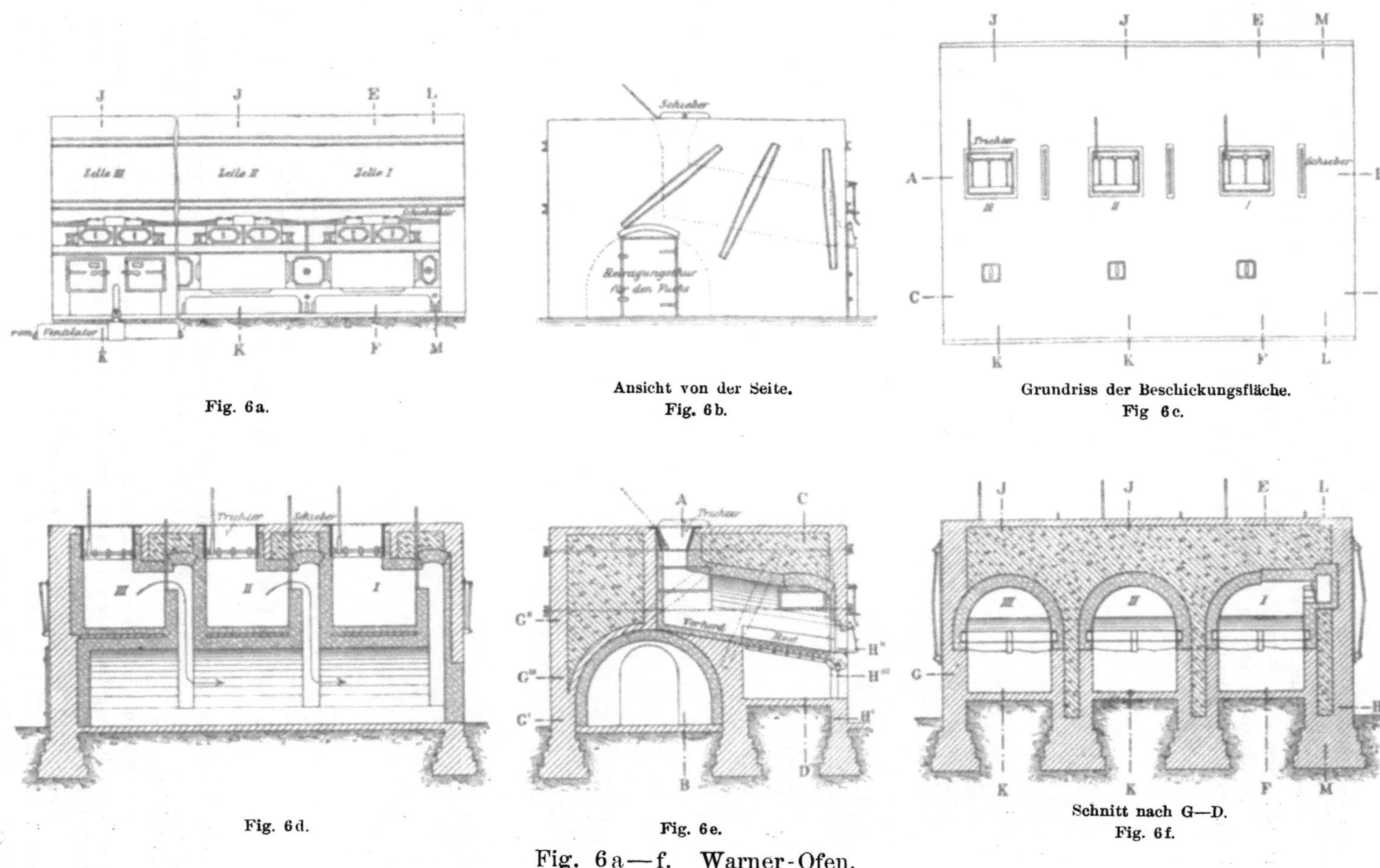

Fig. 6a—f. Warner-Ofen.

ragen, beträgt im Durchschnitt 12 mm, das Verhältniss der freien Rostfläche: Gesammt-Rostfläche ist 0,27 qm; jede Zelle hat daher 0,74 qm freie Rostfläche.

Der Feuerraum ist nach oben durch ein Tonnengewölbe abgeschlossen, welches etwa 1 m über dem Rost liegt und diesem parallel ansteigt.

Das Gewölbe ist am oberen Ende der Zelle seitlich über dem Vorherd durchbrochen von dem Beschickungstrichter, welcher etwa 3 hl Fassungsraum hat. Er wird

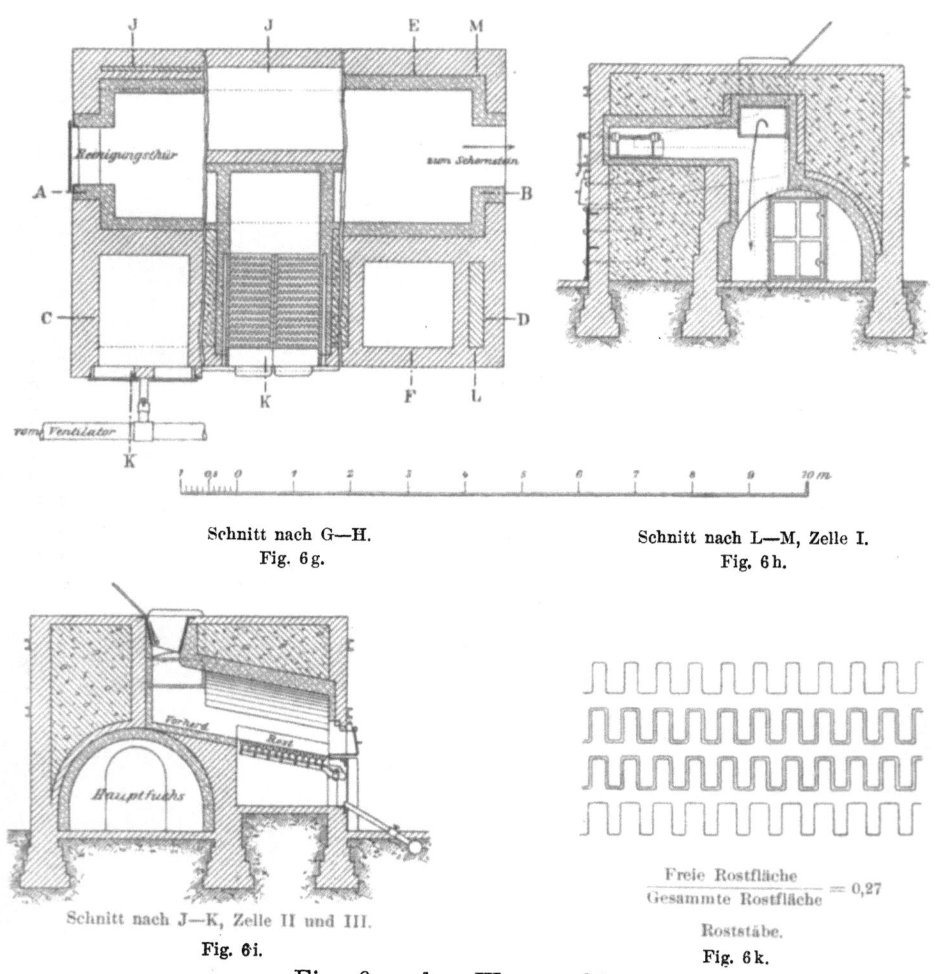

Schnitt nach G—H.
Fig. 6 g.

Schnitt nach L—M, Zelle I.
Fig. 6 h.

Schnitt nach J—K, Zelle II und III.
Fig. 6 i.

$$\frac{\text{Freie Rostfläche}}{\text{Gesammte Rostfläche}} = 0,27$$

Roststäbe.
Fig. 6 k.

Fig. 6 g—k.   Warner-Ofen.

von der Oberfläche des Ofens aus gefüllt und ist mit einer Bodenklappe versehen, welche mittelst eines Hebels geöffnet wird, wenn der Trichterinhalt auf den Vorherd entleert werden soll.

Am tiefsten Theile des geneigten Rostes ist der Feuerraum durch die Schlackenthür abgeschlossen, die aus zwei seitlich verschiebbaren Flügeln besteht. Die Schlackenthüren können somit je nach Bedarf mehr oder weniger geöffnet werden.

Durch diese beiden Einrichtungen (Bodenklappe des Trichters und der Schiebethüren) wird der Eintritt kalter Luft und damit der Wärmeverlust bei Bedienung der Oefen nach Möglichkeit verringert.

Die Luft tritt bei der ursprünglichen Anlage durch den offenen Aschenfall unter den Rost. Die Abgase streichen über den Vorherd und das auf ihm liegende Müll und gelangen durch einen seitlich am Ende des Vorherdes liegenden senkrechten Abzug in den Hauptfuchs.

Letzterer ist sehr geräumig (2,3 m breit und 1,55 m hoch bis zum Scheitel des ihn bedeckenden Tonnengewölbes), damit sich in ihm Flugstaub und andere durch den Luftzug etwa mitgerissene Theile ablagern können. Der Hauptfuchs kann hinter den Zellen durch einen Drehschieber gegen den Schornstein abgeschlossen werden. Im Fuchs zum Schornstein befindet sich eine den unteren Theil seines Querschnitts abschliessende Wand und eine Staubgrube zum Auffangen von Flugasche, die während des Betriebes aus der Grube entfernt werden kann. Aus dem Hauptfuchs wird der Flugstaub durch eine Reinigungsthür herausgekarrt.

Der Fuchs für die Abgase steigt am Schornstein senkrecht an und mündet in den hochgelegenen Fuchs für die Dampfkessel des Wasserwerkes.

Die Zelle I enthält noch einen zweiten Abzug für die Verbrennungsgase, welcher in einer Seitenwange über dem Rost angebracht ist. Durch Oeffnen und Schliessen der entsprechenden Abschlussvorrichtungen ist man in der Lage, die Verbrennungsgase entweder in gewöhnlicher Weise über den Vorherd zu leiten oder ähnlich wie bei dem Horsfall-Ofen über dem Rost bezw. Feuer abzuziehen.

β) Der Horsfall-Ofen.

Der Horsfall-Ofen, Fig. 7a—g, bestand zunächst aus zwei Zellen, welche einen Block von 5,20 m Länge, 1,30 m Breite und 4,60 m Höhe bildeten. Später wurde eine dritte Zelle angefügt. Der Ofen wird durch starke Wände umfasst und an der Vorderwand durch ein Gusseisengeschränk zusammengehalten.

Feuerfeste Futter finden sich ebenso wie im Warner-Ofen.

Die Zelle hat eine Breite von 1,56 m. Ihre Sohle hat eine Neigung von 1 : 5; der gemauerte Vorherd hat bei einer Länge von 1,32 m eine Fläche von 2,06 qm. Der Rost ist weniger stark geneigt und hat bei einer Länge von 1,78 m eine Fläche von 2,78 qm.

Die 21 Roststäbe sind in ähnlicher Weise angeordnet wie im Warner-Ofen und sind auch beweglich.

Die Spaltenweite beträgt rund 12—15 mm, das Verhältniss $\dfrac{\text{Freie Rostfläche}}{\text{Gesammt-Rostfläche}} =$ 0,28; die Zelle hat demnach etwa 0,78 qm freie Rostfläche.

Der obere Abschluss des Feuerraumes wird durch ein Gewölbe gebildet, dessen Scheitel 0,82 m über dem Rost liegt und parallel zu diesem ansteigt.

Die Füllung der Zellen mit Müll geschieht von der Beschickungsbühne aus mittelst der Schaufel durch eine senkrechte Schiebethür am Ende des Vorherdes.

Da die Horsfall Co. für ihre Einrichtung Dampfstrahlunterwind erfordert, ist der Aschenfall geschlossen. Unter dem Vorherd jeder Zelle liegen zwei Dampfdüsen, mittelst welcher Luft angesaugt und in gusseiserne Kästen, welche die Zellenwangen bilden, gedrückt wird. Die Luft soll vorgewärmt werden, ehe sie in die Kästen unter den Rost tritt; andererseits wird die Wange der Zelle durch die den Seitenkasten der Zelle durchstreichende Gebläseluft abgekühlt und vor dem Abbrennen geschützt. Der später angewendete trockene Unterwind von einem Ventilator wurde nicht durch diese Seitenkästen, sondern durch ein 150 mm im Lichten weites Rohr unmittelbar in den Aschenfall gedrückt. Der Dampf für die Dampfstrahlgebläse, sowie für den Betrieb des Ventilators wurde durch einen besonders geheizten Lokomobilkessel geliefert.

Die Verbrennungsgase werden beim Horsfall-Ofen über dem stärksten Feuer abgezogen. Das feuerfeste Gewölbe ist deshalb über dem Rost durch runde Löcher durchbrochen.

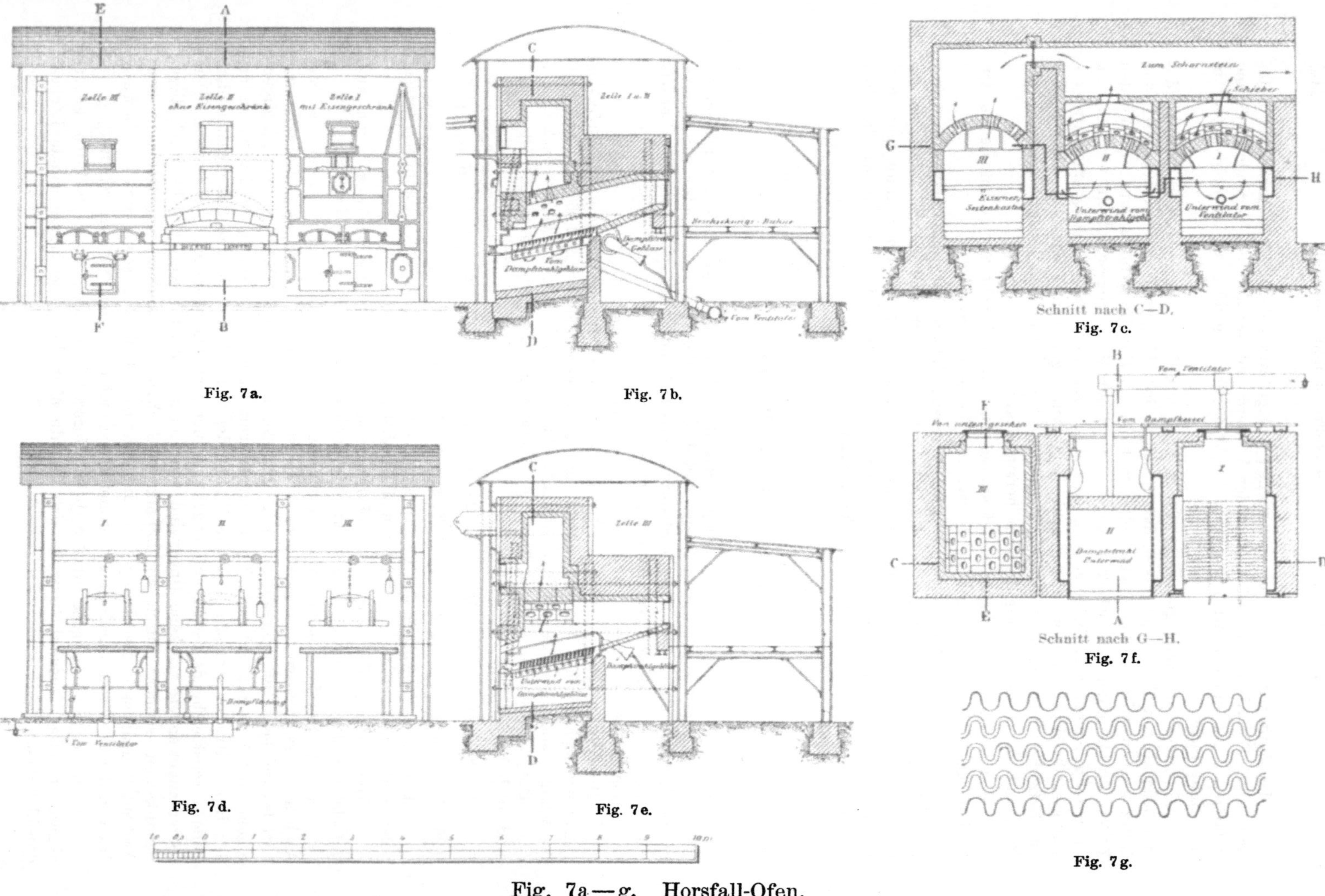

Fig. 7a—g.   Horsfall-Ofen.

Ueber der Zelle befindet sich die sogenannte Verbrennungskammer, in welcher die Abgase sich mischen und vollständig verbrennen sollen. Ueber der Verbrennungskammer liegt der wagerechte Schieber zum Abschluss der Zelle vom Schornsteinzug. Der Fuchs liegt über den Verbrennungskammern; er ist 1,25 m hoch und 0,5 m breit und mündet in den Fuchs von den Dampfkesseln des Wasserwerkes.

Aus den Berliner Versuchen ergab sich, dass

1. das Berliner Müll im Jahresdurchschnitt nicht ohne Zusatz verbrennt, dass aber das Müll im Sommer besser brennt als im Winter.

2. Die Tagesleistung der Zellen für ungesiebtes Müll schwankte im Warner-Ofen von 1,53—4,56 t, im Horsfall-Ofen von 1,98—3,69 t; die grösste Leistung wurde bei Anwendung von trocknem Unterwind erreicht; diese stellte sich, wenn gleichzeitig $^1/_2\,^0/_0$ Kohlen vom Gewicht des Mülls beigemengt wurden, durchschnittlich für einen Tag (24 Stunden) auf 4,121 t in den Winter-, und auf 6,553 t in den Sommer-Monaten. Hierbei wurden $36\,^0/_0$ Schlacken und $14\,^0/_0$ Asche erhalten.

In anderen Städten stellen sich diese Verhältnisse wesentlich günstiger, z. B.:

	Tägliche Leistung jeder Zelle	Erhalten: Schlacke	Asche
England	6—7 t	25 $^0/_0$	8 $^0/_0$
Hamburg (Horsfall-Ofen) .	6,5—7,3 t	46 „	11 „
Paris	6,4—7,4 t	29 „	8 „

In England und Hamburg ist in der Zelle nie, für die Dampferzeugung nur bei Inbetriebsetzung nach einem Stillstand ein Kohlenaufwand erforderlich.

In Hamburg werden mit dem in den Kesseln nur durch die abgehenden Gase der Verbrennungszellen erzeugten Dämpfe 2 Dampfdynamos von zusammen ca. 80 Pferdekräften getrieben, welche die Elektricität für die elektrische Beleuchtung der Anstalt sowie für den Antrieb der elektrischen Motoren der Krahne, der Centrifugalgebläse und des Schlackenbrechers erzeugen. Dabei geht ein nicht unerheblicher Theil der Rauchgase zur Zeit noch unbenutzt in den Schornstein.

3. Das gesiebte, d. h. das durch Absieben von den feinsten Theilen befreite Müll verbrannte im Sommer und Winter gleich gut. Die Leistungsfähigkeit einer Zelle stieg im dauernden Betriebe mit trocknem Unterwind auf durchschnittlich 8,4—9,5 t in 24 Stunden, während der Procentsatz der Rückstände nicht unwesentlich sank.

4. Die Beschaffenheit der Rückstände im Vergleich zum Müll stellte sich wie folgt:

	Gewicht von 1 cbm in kg: Min.	Max.	Mittel		Verbrennungsrückstände von ungesiebtem Müll Schlacke	Asche
Müll	505	755	591	Nach dem Gewicht . .	36 $^0/_0$	14 $^0/_0$
Schlacke . .	610	1150	778	Nach dem Rauminhalt .	27 $^0/_0$	10 $^0/_0$
Asche . . .	735	1066	891			

Die Rückstände eigneten sich gut zur Befestigung von Wegen, wurden aber hierzu in Berlin wenig begehrt. Eine landwirthschaftliche Verwerthung ist nicht versucht worden.

5. Durch die Verbrennung des Mülls wurde nicht die zur Dampferzeugung genügende Wärme entwickelt, hierzu war ein besonderer Aufwand von Kohlen erforderlich.

Bohm und Grohn glauben, dass für Berlin nur die Verbrennung des aschenfreien gesiebten Mülls durchführbar, diese aber mit verhältnissmässig hohen Kosten verbunden sei. Für ganz Berlin würden 88 Zellen erforderlich sein, deren Herstellung einen Kostenaufwand von 1 200 000 M. verursachen würde, während die jährlichen Betriebskosten (für Verbrennung des Siebrückstandes und Abfuhr des Siebdurchfalles) auf 700 000 M. zu veranschlagen seien.

Diese ungünstigen Ergebnisse mit der versuchsweise durchgeführten Verbrennung des Berliner Mülls müssen in erster Linie auf die ungünstige Beschaffenheit des letzteren, besonders, wie schon oben erwähnt, auf den hohen Aschengehalt desselben zurückgeführt werden.

Die vielen anderswo erzielten günstigen Ergebnisse lassen an der Möglichkeit dieses Verfahrens keinen Zweifel mehr, wenn auch stets die Beschaffenheit des Mülls und Kehrichts hierbei massgebend sein wird.

F. Gerhard[1]) hat eine einfache Vorrichtung angegeben, wodurch es ermöglicht wird, das Hausmüll und den Kehricht in jedem Hause zu verbrennen. Er bringt das Müll bezw. den Kehricht auf einem halbcylinderförmigen durchlöcherten Einsatz (Korb) in die Schornsteinröhre eines Heizofens (oder Kochherdes), trocknet die Masse aus und verbrennt sie alsdann im Ofenfeuer.

Für die Verwerthung des verbrannten Mülls schlägt Richard Schneider[2]) vor, den Strassenkehricht und das Hausmüll zum vollständigen Schmelzen zu bringen, die geschmolzenen Massen in rechteckige oder andere Formen zu giessen und nach dem Erstarren als Steine etc. für Mauerzwecke zu verwenden. Schneider[3]) hat dann einen Versuch im kleinen in der sächsischen Gussstahlfabrik ausgeführt und gezeigt, dass das Schmelzen der Masse trotz geringer Mengen Natriumverbindungen und trotz grosser Mengen kieselsaurer Verbindungen, freien Eisenoxyds und freier Thonerde verhältnissmässig leicht gelingt. Die aus einer Durchschnittsprobe des Berliner Hausmülls erhaltene geschmolzene Masse ergab in Procenten (vergl. nachfolgende Tabelle S. 169):

Schneider berechnet für die Verarbeitung von 100 cbm Hausmüll als Betriebskosten 318,10 M., als Erlös für 600 Stück Quadersteine 337,50 M., also einen Gewinn von 19,40 M.

---

[1]) Gesundh.-Ing. 1898, **21**, 259.
[2]) Ebendort 1894, **17**, 237.
[3]) Ebendort 1895, **18**, 110.

Daraus berechnet sich:

Wasser	0,013 %	Schwefelsaures Calcium . .	2,895 %
Kieselsäure	34,614 „	Kieselsaures „ . .	42,826 „
Eisenoxyd	17,334 „	Phosphorsaures „ . .	0,614 „
Thonerde	21,666 „	Kieselsaures Magnesium .	3,510 „
Kalk	22,200 „	Salpetersaures „ .	0,004 „
Magnesia	2,341 „	Kieselsaures Aluminium .	0,079 „
Alkalien	0,019 „	„ Eisen . . .	12,795 „
Schwefelsäure . . .	1,715 „	Schwefelsaures Natrium .	0,022 „
Phosphorsäure . . .	0,281 „	Chlornatrium	0,018 „
Chlor	0,011 „	Freie Thonerde	18,906 „
Salpetersäure . . .	0,003 „	Freies Eisenoxyd	11,343 „

Jedoch dürfte es ohne künstlichen Zusatz von Kohlen wohl nicht immer gelingen, die zu verbrennenden Müll- und Kehrichtmassen zum vollständigen Schmelzen zu bringen.

In Hamburg werden rothglühende Schlacken unter einer Streudüse mit Wasser etwas gekühlt, dann sofort in einen grossen Schlackenbrecher gestürzt, das gebrochene Gut durch ein Becherwerk in eine sich drehende Siebtrommel gefördert und in 3 Korngrössen getheilt. Die 3 Siebmassen haben nach einer vom hygienischen Institut in Hamburg ausgeführten Untersuchung folgende Zusammensetzung:

Bestandtheile	I. Feine Schlacke, gebrochen i. Schlackenbrecher, nachher gemahlen auf der Kugelmühle %	II. Asche aus dem Aschenfall der Ofenzelle, gemahlen auf der Kugelmühle %	III. Flugasche aus den Rauchkanälen, gemahlen auf der Kugelmühle %
a) Salzsäure-Auszug:			
In Salzsäure unlöslicher Rückstand ausschl. lösliche Kieselsäure . .	61,2	55,9	51,5
In Alkalien lösliche Kieselsäure (SiO_2)	11,7	12,0	15,5
Eisenoxyd (Fe_2O_3)	7,4	7,8	9,8
Thonerde (Al_2O_3)	2,6	4,6	2,9
Magnesia (MgO)	0,7	1,2	0,8
Kalk (CaO)	5,6	7,1	6,5
Phosphorsäure (P_2O_5)	1,42	1,3	1,3
Schwefelsäure (SO_3)	1,2	2,7	3,75
Natron (Na_2O)	2,0	2,8	3,6
Kali (K_2O)	0,7	0,4	0,8
b) Wasser-Auszug:			
Chlor	0,17	0,53	0,38
Schweflige Säure	0,01	0,0192	0,00288
Oxydirbarkeit, d. h. leicht oxydirbare organische Stoffe	0,056	0,1675	0,0156
c) Direkte Bestimmungen:			
Wasser bei 105°	2,8	1,9	0,9
Glühverlust der bei 105° getrockneten Stoffen	1,6	2,0	1,0
Sulfide; gebundener Schwefelwasserstoff	Spuren	Spuren	Spuren
Arsen	„	„	„
Kohlensäure	„	„	„
Stickstoff	nicht nachweisbar		

Diese Rückstände werden in Hamburg ebenfalls zu Wegebauzwecken und als Betonmasse verwendet, die feinere Asche würde sich aber auch zu Düngungszwecken verwenden lassen.

d) Die Kosten der einzelnen Beseitigungsverfahren.

Die Kosten der einzelnen Beseitigungsverfahren für den Kehricht und das Müll werden von Behring (l. c. S. 241, vergl. hier S. 159) für 1 Jahr und Kopf der Bevölkerung wie folgt angegeben:

	Min. ℳ	Max. ℳ	Mittel ℳ
1. Strassenkehrichtabfuhr (reine Abfuhrkosten)	0,13	0,25	0,20
2. Desgl. und Strassenreinigung (nebst landw. Verwerthung)	0,50	1,20	0,90
3. Desgl. und desgl. nebst Verbrennung	0,70	1,50	1,15
4. Hauskehrichtabfuhr (nebst Auffüllung u. landw.Verwerthung)	0,70	1,00	0,80
5. Desgl. nebst Verbrennung	0,85	1,15	0,95
6. Strassenbesprengung und Abfuhr von Schnee und Eis . .	0,22	0,41	0,33
7. Gesammt-Reinigungskosten der Strassen (No. 3, 5 u. 6) .	2,00	4,00	3,00

Bohm und Grohn (l. c.) berechnen die Kosten der Verbrennung des unbehandelten Mülls auf 0,537 M., des gesiebten Mülls auf 0,358 M., die für die Verschiffung desselben von dem städtischen Einladungsplatz auf 0,515 M. für 1 Kopf und Jahr, während für das Abholen des Mülls aus den Häusern und die Unterbringung ausserhalb der Stadt einschliesslich der Vorhaltung der Müllkästen 0,894 M., für die Strassenreinigung 1,00 M. auf den Kopf der Bevölkerung in einem Jahr entfallen.

In England schwanken die Kosten der Müllverbrennung von 0,30—3,50 M. für die Tonne und betragen nach H. Alfr. Roechling im Durchschnitt rund 1 M. für die Tonne.

Hiernach sind die Kosten der Verbrennung von Strassen- und Hauskehricht nicht sehr viel höher, als die der Auffüllung und direkten landwirthschaftlichen Verwerthung. Weil aber die Verbrennung des Kehrichts ohne Zweifel den grössten hygienischen Anforderungen entspricht, so wird man derselben dort, wo die Unterbringung des Kehrichts einige Schwierigkeiten bereitet, näher treten können.

H. Alfr. Roechling[1]), der die Verhältnisse in England genau kennt, fasst die Vortheile der Verbrennung des Hausmülls und Strassenkehrichts wie folgt zusammen:

1. die Verbrennung genügt allen hygienischen Anforderungen,

2. sie lässt sich überall in der Stadt und das ganze Jahr ohne Unterbrechung durchführen,

3. die Kosten für grössere Städte sind nicht wesentlich erheblicher, als die bisherige durchweg gesundheitsnachtheilige Unterbringung desselben,

---

[1]) Gesundh.-Ing. 1893, **16**, 902.

4. die Gewichtsmenge des Mülls wird wesentlich, nämlich um 70—75 $^0/_0$ vermindert.

Für die Aufstapelung des Kehrichts und Mülls behufs Verwerthung zur Düngung sind die unter a und b S. 154 und 159 geltend gemachten Gesichtspunkte zu berücksichtigen.

7. Beseitigung der Thierleichen.

Zu den Abfällen bewohnter Orte gehören auch die Leichen gefallener und solcher Thiere, deren Fleisch für den menschlichen Genuss ungeeignet ist. Wenn diese Abfälle auch nicht so massenhaft sind und deren Beseitigung nicht die Schwierigkeit bereitet, wie die der menschlichen Auswürfe des Haus- und Strassenkehrichts, so liegt doch die Beseitigung bezw. Unschädlichmachung um so mehr im Argen.

Vielfach ist es besonders auf dem Lande und in den kleineren Städten Gebrauch, die verendeten kleineren Thiere (Hunde, Katzen etc.) in die Jauchegrube oder auf die Miststätte zu werfen. In anderen Fällen überlässt man die Thierleichen nach Abziehung des Felles (Aasabdeckerei) an besonderen offenen Plätzen der Fäulniss und Zersetzung, als Brutstätte für Fliegenlarven, wofür der Schindanger von Montfaucon bei Paris ein abschreckendes Beispiel gebildet hat.[1]) Dass diese Art Unschädlichmachung der Thierleichen, die Aasabdeckerei, die schwersten Gefahren für die Gesundheit der anwohnenden Menschen mit sich bringen kann, liegt auf der Hand; auch finden Thierkrankheiten aller Art dadurch eine ungestörte Verbreitung, indem sowohl Fliegen, Bremsen, Insekten wie auch Ratten etc. die Infektionskeime weitertragen.[2])

Als eine wesentliche Verbesserung gegenüber der Aasabdeckerei muss das Verscharren der Thierleichen bezeichnet werden, wenn anders dasselbe mit den nöthigen Vorsichtsmassregeln ausgeführt wird. Der Boden soll thunlichst durchlässig für Luft sein, weshalb sich grobkörniger Sand oder Kies am besten für das Verscharren eignet. Das Grundwasser darf die Thierleichen selbst beim höchsten Wasserstande nicht berühren, muss daher mindestens 2—3 m unter der Oberfläche bleiben, ähnlich wie bei den Kirchhöfen für die Bestattung menschlicher Leichen. Wenn ober- oder unterirdische Abflüsse der Verscharrungsplätze zu benachbarten Flüssen oder Brunnen statthaben, so ist damit die Möglichkeit der Verbreitung von thierischen Infektionskrankheiten gegeben.

Die Jahresberichte über die Verbreitung von Thierseuchen im deutschen Reich, bearbeitet im Kaiserl. Gesundheitsamt in den Jahren 1886 bis 1895, führen eine Reihe von Fällen auf, wo das Auftreten von Milzbrand-Epidemien auf die Verbreitung der Milzbrandbacillen durch unrich-

---

[1]) Vergl. Reclam: Die Gesundheit, 1, 113.
[2]) Vergl. Eulenberg: Real-Encyklopädie der Heilkunde, 1, 25.

tiges und unvorsichtiges Verscharren von an Milzbrand verendeten Thieren zurückgeführt werden musste. Auch haben die Untersuchungen von Petri,[1] Kitasato[2] und v. Esmarch[3] ergeben, dass sich in verscharrten Thierleichen Milzbrand- und Tuberkelbacillen geraume Zeit (bis zu mehreren, nämlich 5 Jahren) virulent erhalten und wiederum infektiös wirken können. Die allgemein verbreitete Annahme, dass die Thierleichen nur ein Jahr ansteckungsfähig bleiben sollen, scheint nach diesen Untersuchungen nicht richtig zu sein.

Eine andere Art Verarbeitung oder Unschädlichmachung der gefallenen Thiere — mit Ausnahme der Seuchenkadaver, die unzerlegt vergraben werden sollen — besteht darin, dass man die einzelnen Theile zu verwerthen sucht. Die Haut wird abgezogen und getrocknet, indem Schweif- und Mähnenhaare von Pferden und die Borsten vom Schwein besonders verkauft werden. Die Knochen werden thunlichst von Fleisch und Sehnen getrennt, und entweder von Drechslereien oder Dünger- oder Leimfabriken verwendet, das Fett wird abgelöst oder ausgeschmolzen und findet entweder in der Seifen- oder gar Kunstfett-Fabrikation Verwendung,[4] das Fleisch nebst Sehnen wird an der Luft getrocknet und geht als sogenanntes Leimleder an die Leimfabriken, während die Eingeweide in Gruben kompostirt oder vergraben werden.

Vielfach wird aber bei dieser Verwendungsweise das Fleisch auch an Thiere, besonders an Schweine, Hunde und in Menagerien verfüttert, mitunter sogar für die menschliche Ernährung untergebracht. Das ist ebenso verwerflich wie die Verwerthung des Abdeckereifettes für die Kunstfett-Bereitung. Denn wenn, wie es häufig der Fall ist, die Kadaver von an Seuchen gefallenen Thieren sich unterschieben, so ist damit der Verbreitung von Seuchen Thür und Thor geöffnet. Besonders ist es die Trichinenkrankheit,[5] welche auf diese Weise Verbreitung findet; auch sonstige Massenerkrankungen bei Menschen müssen auf den Genuss von solchem minderwerthigen oder schlechten Fleisch zurückgeführt werden.[6]

Alle diese einfachen, aber unvollkommenen Verfahren zur Unschädlichmachung der Thierkadaver entsprechen daher nicht mehr den heutigen hygienischen Anforderungen und sind durch andere zu ersetzen.

Als solche verbesserte Verfahren sind zu nennen:[7]

---

[1] Arbeiten aus d. Kaiserl. Gesundheitsamte 1891, **7**, 1.

[2] Zeitschr. f. Hygiene u. Infektionskrankheiten 1890, **8**, 198.

[3] Arbeiten aus d. Kaiserl. Gesundheitsumte 1891, **7**, 28.

[4] Letztere Verwendungsweise ist selbstverständlich sehr verwerflich.

[5] Vergl. Wehmer: Ueber Abdecker- u. Abdeckereiwesen in Vierteljahrsschr. f. öffentl. Gesundheitspflege 1887, 227; ferner Ostertag: Fleischbeschau 1895. 2. Aufl., 48.

[6] Vergl. Bollinger: Ueber Fleischvergiftung in „Zur Aetiologie der Infektionskrankheiten mit besonderer Berücksichtigung der Pilztheorie". München 1881.

[7] Vergl. J. H. Vogel u. Haefcke: Das Abdeckereiwesen. Berlin 1897.

a) Verbrennen der Kadaver und Abdeckereiabfälle.

Die ganzen Kadaver oder Theile bezw. Abfälle derselben werden in ähnlichen Oefen verbrannt, wie sie für die Verbrennung menschlicher Leichen vorgeschlagen sind. Solche Oefen haben z. B. hergestellt Landesthierarzt Feist in Strassburg, die Firma H. Kori in Berlin, ferner Govini und Venini in Mailand.

Dass durch Verbrennen alle Infektionskeime auch der Seuchenkadaver am gründlichsten vernichtet werden können, liegt auf der Hand. Leider findet hierbei gar keine Verwerthung der Bestandtheile des Thierleibes statt; denn zurück bleibt nur die Asche, die nur einen verhältnissmässig geringen Düngewerth besitzt. Vom wirthschaftlichen Standpunkt sind daher andere Verfahren, welche bei einer gleichen Vernichtung der Infektionskeime eine thunlichste Verwerthung der Bestandtheile des Thierleibes gestatten, vorzuziehen.

Als solche sind zu nennen:

b) Verarbeitung der Kadaver und Abdeckereiabfälle auf chemischem Wege.

Seit 1847 sind in England eine Reihe Patente nachgesucht worden, welche bezweckten, die Thierleichen oder Abdeckereiabfälle durch Behandeln mit Säuren oder Salzen oder Kalk etc. unschädlich zu machen und zu verwerthen.

Von diesen Verfahren hat sich das von der Behandlung mit Schwefelsäure am besten bewährt und wird auch seit Jahren von der chemischen Produktenfabrik von Ch. Rohkrämer & Sohn in Erfurt ausgeführt.

Die zu vernichtenden Massen werden in entsprechende Mengen Schwefelsäure (von 66^0 Bé.) gebracht und mit dieser so lange erhitzt, bis alles zu einem gleichmässigen, mehr oder minder dickflüssigen Brei zergangen ist. Nachdem bei längerem Stehen sich das Fett an der Oberfläche abgesetzt hat, wird es abgeschöpft und der untenstehende Brei mit einer entsprechenden Menge unentleimten, gedämpften Knochenmehles versetzt und gemischt. Diese Masse wird nach längerer oder kürzerer Zeit genügend dick und lässt sich entweder durch längeres Lagern oder leichtes Darren gut trocken und streufähig machen.

Reichardt in Jena untersuchte zwei solcherweise gewonnene Düngemittel mit folgendem Ergebniss:

	1. Aus Fleisch, Blut, Knochen und Haaren gewonnen	2. Aus Fleisch und Knochen gewonnen
Stickstoff	3,92 %	2,31 %
Davon in Form von Ammoniak .	1,48 „	0,20 „
Davon in kaltem Wasser löslich .	3,33 „	1,50 „
Phosphorsäure	8,50 „	15,80 „
Davon in Wasser löslich . . .	6,50 „	9,50 „

Dass durch Behandlung und Erhitzen mit Schwefelsäure alle Infektionskeime vernichtet werden müssen, kann keinem Zweifel unterliegen; gleichzeitig werden aber auch die Abdeckereiabfälle zweckmässig und vollständig verwerthet.

Sombart[1]) berichtet, dass er auf diese Weise die an Milzbrand gefallenen Thiere unschädlich mache; die in einem Kessel von Gusseisen mit Schwefelsäure gekochten Thiere wurden auf Kompost verarbeitet.

c) Verarbeitung der Kadaver und Abdeckereiabfälle durch Hochdruck-Wasserdampf.

Zur Unschädlichmachung und Verarbeitung von Seuchenkadavern und Abdeckereiabfällen hat man anfänglich Hochdruckdämpfer benutzt, wie sie schon seit längerer Zeit in Knochenleimfabriken gebräuchlich sind. Dieselben bestehen im wesentlichen aus senkrecht stehenden Dampfkesseln, welche mit einem abnehmbaren Deckel versehen sind und von oben beschickt werden. Im unteren Theile des Kessels etwas über dem Boden desselben befindet sich ein Siebboden, welcher die Kadavertheile aufnimmt und verhindert, dass feste Theilchen in die am Boden des Kessels sich ansammelnde Leim- und Fettbrühe fallen. Die Masse wird nämlich nach Beschickung des Apparates mit dem nöthigen Wasser und nach Aufdichtung des Deckels einem Dampfdruck von $2^1/_2$—3 Atmosphären ausgesetzt, wodurch ihr Leim, Fett und Fleischsaft entzogen werden. Nach genügendem Dämpfen werden Rückstände und Brühe getrennt verarbeitet.

Die Rückstände auf dem Siebboden werden durch ein Mannloch entleert, gedarrt und zu Düngemehl oder Fleischfuttermehl gemahlen. Das auf der untenstehenden Brühe sich ansammelnde Fett kann abgehoben und für sich verarbeitet werden, während die Leim- und Fleischbrühe entweder für die Leimgewinnung eingedickt, oder, wenn sie für den Zweck zu verdünnt ist, in Fässern für Düngungszwecke abgefahren oder in Kanäle abgelassen wird.

Diese in vielen Städten eingeführten Digestoren haben in der letzten Zeit vielfache Verbesserungen erfahren. Als eine der ersten Verbesserungen ist der Kafill-Desinfektor von Rietschell & Henneberg in Berlin zu bezeichnen, der in seiner ursprünglichen Einrichtung von dem Schlachthof-Direktor de la Croix in Antwerpen herrührt.

α) Der Kafill-Desinfektor und ähnliche Apparate.

Der Kafill-Desinfektor hat im Laufe der letzten Jahre von der Firma Rietschell & Henneberg wesentliche Verbesserungen erfahren und besteht jetzt ausser aus einem besonderen Dampfkessel nebst Trocken-, Mahl- und Lager-Vorrichtungen im wesentlichen aus 3 Theilen, nämlich:

---

[1]) Archiv d. Deutschen Landwirthschaftsraths 1880, 335.

A dem Sterilisator, dem eigentlichen Desinfektor zur Aufnahme der zu ver-
arbeitenden ganzen Kadaver oder einzelner Theile,

B_I und B_{II} den Recipienten zur Aufnahme des entzogenen Fettes und
Leimes,

C dem Kondensator für die aus den Gefässen B_I und B_{II} abziehenden
Dämpfe und Gase (vergl. Fig. 8).

Der Sterilisator A enthält in seinem oberen Theil einen zweiten Cylinder aus
durchlochtem Blech, der zwischen der äusseren Kesselwandung einen Zwischenraum
von 2 cm lässt; in dem inneren Cylinder werden ausserdem gelochte Doppelbleche ein-

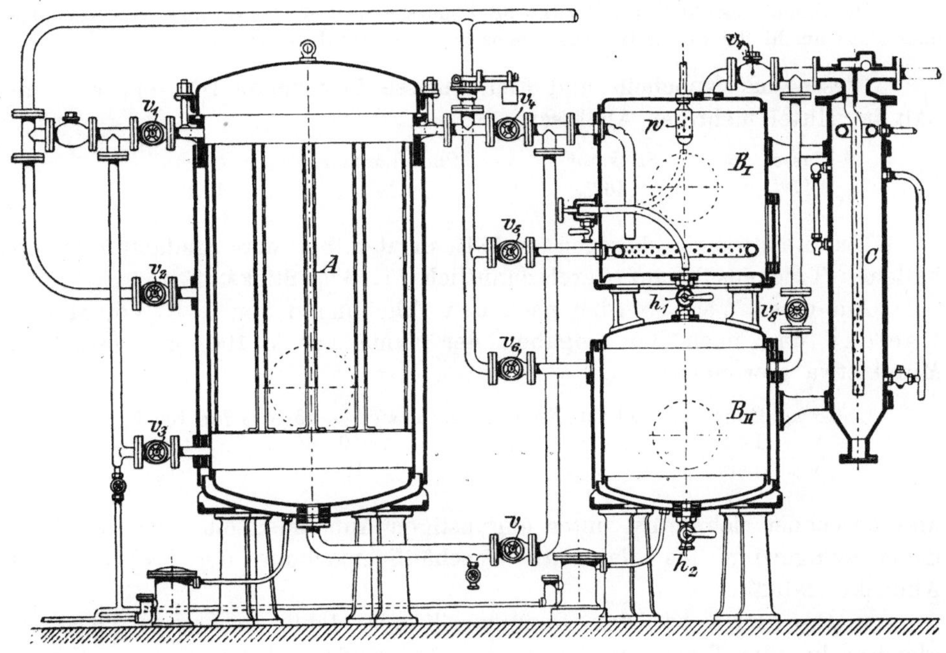

Fig. 8.

Kafill-Desinfektor von Rietschell & Henneberg in Berlin.

gestellt, welche den ganzen Raum und auch die eingefüllte Masse in Schichten von
20—25 cm zerlegen.

Nach Schliessung des Sterilisators lässt man aus einem getrennt stehenden
Dampfkessel durch v_2 und v_3 Dampf in denselben treten, indem man durch das geöffnete
Ventil v_4 die Luft entweichen lässt; nachdem die Masse eine halbe Stunde gut an-
gewärmt ist, wird nur noch durch Ventil v_2 geheizt und genügen zum vollständigen
Durchdämpfen für Füllungen von Fleisch und Knochen 5—6, für solche von Gliedern
und Eingeweiden 6—7 Stunden.

In dem Maasse, als sich während des Betriebes im unteren Theile von A
Fett und Leimwasser ansammeln, wird durch Oeffnen des Ventils v_1 die Flüssigkeit
nach B_I gedrückt. Hier sind besondere patentirte Vorrichtungen getroffen, welche
ermöglichen, dass der überschüssige Wasserdampf frei durch Ventil v_8 nach dem Kondensator übertreten kann, während Fett und Leimwasser sich im unteren Theil von B_I
ansammeln und sich das Fett, der werthvollste Bestandtheil der Brühe, ohne Emulsion
druckfrei oben abscheidet, wozu etwa 2 Stunden erforderlich sind. Nach Scheidung

beider Bestandtheile wird durch h_1 das Leimwasser in den Recipienten B_{II} abgelassen und das rückständige Fett aus B_I als handelsfertige Waare abgezapft.

Man kann das Fett auch noch besonders reinigen, indem man durch Ventil v_5 Wasserdampf durch dasselbe treibt und das eingedampfte schmutzige Wasser für sich ablaufen lässt.

Das Leimwasser in B_{II} wird nach Schliessung des Hahnes h_1 dadurch eingedickt, dass man durch Oeffnen des Ventils v_6 den Dampfmantel von B_{II} heizt und das verdampfende Wasser der Leimbrühe durch Ventil v_8 nach dem Kondensator C übertreten lässt. Das Eindicken der Leimbrühe dauert meistens nicht länger als das Kochen im Sterilisator A. Die eingedickte Leimbrühe wird durch Hahn h_2 abgezapft.

Die im Kondensator nicht verdichteten Gase werden entweder zur Kesselfeuerung geleitet oder in einem besonderen, mit Koks oder Gas betriebenen Ofen verbrannt.

Die Dampfrückstände im Sterilisator A müssen noch für Gewinnung von Knochen- oder Fleischmehl für sich getrocknet, gemahlen und gepulvert werden.

Dieses aus Knochen- und Fleischmasse bestehende Düngepulver enthält im Mittel mehrerer Analysen:

Wasser	Stickstoff	Phosphorsäure	Fett
$3,47\,{}^0/_0$	$8,46\,{}^0/_0$	$10,28\,{}^0/_0$	$11,18\,{}^0/_0$

Das Leimwasser dagegen enthält in der bei der Eindampfung erhaltenen Trockensubstanz durchschnittlich $11,16\,{}^0/_0$ Stickstoff.

Auf diese Weise werden nach den Erhebungen von J. H. Vogel und Haefcke und nach den Angaben der Firma aus je 100 kg Rohstoff im Mittel etwa gewonnen:

```
18 kg Dünge-(Fleisch- u. Knochen-)mehl zu 13—15 M.¹) für 100 kg
 5  „  Fett . . . . . . . . . . .  „  40—46  „    „    „
 8  „  Leim . . . . . . . . . . .  „  12—16  „    „    „
```

und berechnet sich selbst unter ungünstigen Annahmen ein nicht unerheblicher Reingewinn aus dieser Art Unschädlichmachung der Kadaver und Abdeckereiabfälle.

v. Podewils hat den Dampfsterilisator dahin verbessert, dass er gleichzeitig zum Trocknen der gedämpften Kadavertheile dient, während der Otte'sche Apparat auch noch weiter ein Zerkleinern und Pulvern derselben gestattet.

Die Zusammensetzung des mit diesen beiden Apparaten erhaltenen Kadavermehles erhellt aus folgenden Zahlen:

Kadavermehl, erhalten mit Apparat von:	Wasser	Stickstoff	Phosphorsäure	Fett
v. Podewils (2 Analysen) . . .	$8,83\,{}^0/_0$	$7,87\,{}^0/_0$	$6.50\,{}^0/_0$	$18,34\,{}^0/_0$
Otte (1 Analyse)	$5,21$ „	$7,18$ „	$11,68$ „	$12,38$ „

Ausserdem haben (vergl. die obige Schrift von J. H. Vogel und Haefcke) noch Apparate für diesen Zweck eingerichtet: Hermann Pfützner in Leipzig-Connewitz, Emil Holthaus in Canarsie im Staate New York und

---

¹) Diese Preise sind noch schwankender und zu Zeiten niedriger, als hier angegeben ist.

Rud. A. Hartmann in Berlin, von denen der Apparat von Hartmann[1]) neuerdings mehr in den Vordergrund zu treten scheint.

β) Der Apparat von Hartmann, Treber-Trocknung in Kassel.

Die umstehende Abbildung Fig. 9[2]) zeigt einen Schnitt durch die gesammte Apparaten-Anordnung. Wie die Abbildung erkennen lässt, besteht dasselbe aus drei Gefässen, welche untereinander durch Rohrleitung verbunden sind. Das rechts befindliche grösste Gefäss ist der eigentliche Extraktions- und Trockenapparat, in welchem die Rohstoffe durchdämpft, ausgezogen und schliesslich zu verkaufsfertigem Dung- oder Futtermehl verarbeitet werden. Die aus dem Rohstoffe ausgezogenen Flüssigkeiten, nämlich Fett und Leimbrühe, gelangen in das zweite Gefäss, in den sogenannten Recipienten, wo sich Fett von der Leimbrühe in Ruhe abscheidet. Die Leimbrühe wird dann weiter zu dem dritten Gefäss, dem sogenannten Verdampfer geleitet, und hier durch eine Heizschlange zu Leim eingedampft.

Das Wesen und die durch Patent geschützte Neuheit der gesammten Einrichtung liegt vor allem in dem eigenthümlichen Arbeitsverfahren, nämlich in der indirekten Durchdämpfung und in der Ausnutzung des Leimdampfes zum Trocknen des Pulvers. Zu diesem Zweck ist vom Vordämpfer eine Rohrleitung nach dem Extraktionsapparat hingeleitet und hier in zwei getrennte Stränge getheilt, von denen der eine mit Ventil *g* verschliessbar, direkt in das Innere des Apparates, also zum Rohstoff führt, während der andere durch Ventil *h* verschliessbar, nach dem den ganzen Extraktionsapparat umgebenden Heizmantel *d* leitet. Diese Rohrleitung gestattet also nach Belieben den im Verdampfer aus der Leimbrühe entwickelten Dampf entweder zum Durchdämpfen der Thierleichen oder zum Heizen des Mantels *d*, d. h. zum Trocknen der im Extraktor befindlichen Massen zu benutzen.

Die sonstige Einrichtung des gesammten Verfahrens dürfte aus der Zeichnung (Fig. 9), sowie der Buchstabenerklärung ohne weiteres verständlich sein.

Zur Aufnahme des Rohstoffes dient die im Innern des Extraktionsapparates drehbar gelagerte Siebtrommel *b*. Dieselbe ist mit einem mehrtheiligen Deckel verschlossen und besitzt auf dem äusseren Umfange eine Anzahl von Rührarmen *c*, welche während der Drehung der Siebtrommel die durch die Sieblöcher hindurchgefallene Masse an der heissen Apparatwand vorbeiführen und zu Pulver zerreiben. Der Apparat selbst ist durch den Deckel *a* verschlossen. Die Grösse desselben ist derart bemessen, dass die Stiebtrommel durch denselben eingebaut und im Fall von Ausbesserungen wieder herausgenommen werden kann. Bei den grösseren Apparaten genügt die Deckelöffnung zum Einbringen eines ganzen Stückes Grossvieh. Aber auch bei den kleineren Apparaten ist diese Oeffnung immerhin noch gross genug, um ein ganzes Schwein in unzerlegtem Zustande einfüllen zu können. Der Deckel *a* ist in Ketten aufgehängt und kann durch die seitlich angebrachte Winde leicht gehoben werden, wobei dann das vom Deckel

---

[1]) Der Apparat (D. R. P.) wird von der Firma „Hartmann, Treber-Trocknung" in Kassel angefertigt.

[2]) Dieselbe ist nebst Beschreibung von Herrn Dr. Haefcke in Kassel mir freundlichst überlassen worden.

nach oben führende Teleskoprohr sich zusammenschiebt, d. h. verkürzt. Ausser der Siebtrommel, welche ihre Drehung durch das an der rechten Seite befindliche Rädervorgelege erhält, kann der Extraktionsapparat selbst vermittelst eines passend angebrachten Schneckentriebes um seine Axe gedreht werden derart, dass die Einfüllöffnung *a* nach unten zu liegen kommt, wobei sich der Apparat alsdann von selbst entleert.

Die Drehbarkeit des Apparates hat ferner den Zweck, die Einführung der Thierleichen zu erleichtern, indem die Einfüllöffnung *a* halb schräg zur Seite gestellt werden kann, so dass dieselbe leichter vom Fussboden aus zu erreichen ist. Die in den Dampfmantel *d* führenden Rohrleitungen *i* und *h* sind in Stopfbüchsen durch den Tragzapfen des Apparates hindurchgeführt, hindern also eine Drehung desselben nicht. Die Rohrleitungen *k* und *g* hingegen sind durch leicht lösliche Kuppelungen mit dem Apparat verbunden, und müssen vor jedesmaliger Drehung desselben abgetrennt werden.

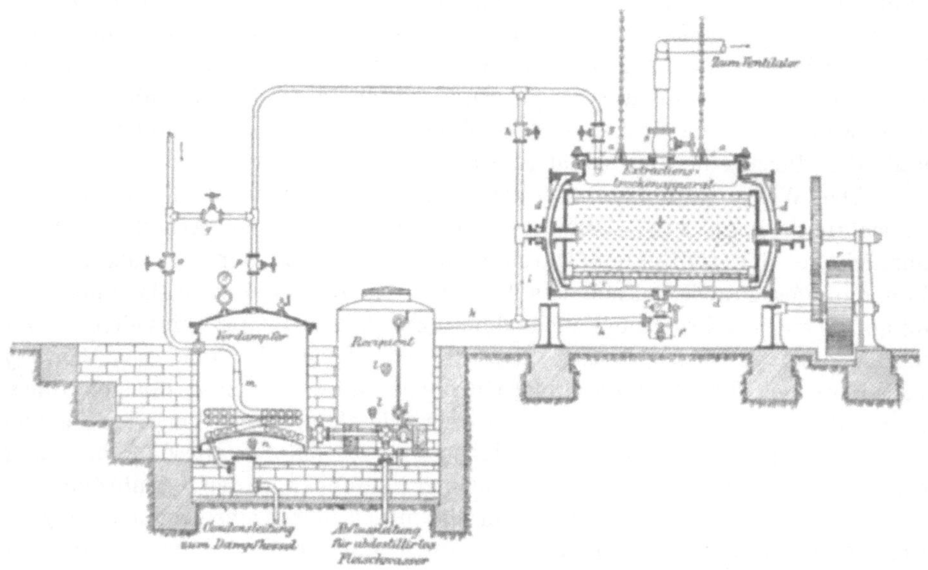

Fig. 9.
Apparat: H a r t m a n n, Treber-Trocknung in Kassel.

Buchstaben-Erklärung:

a Deckel zum Einfüllen ganzer Thierleichen,
b Siebtrommel zur Aufnahme d. Thierleichen,
c Rührarme zur Bewegung des Fleischmehls,
d Dampfheizmantel zum Trocknen des Fleischmehles,
e Hahn zum Ablassen des Fettes und des Leimwassers,
f Schlammsammler mit Entleerungshahn,
g Dampfleitung zum Rohstoff führend,
h Dampfleitung zum Heizstoff führend,
i Kondensleitung vom Heizmantel zum Recipienten,
k Ableitung aller Flüssigkeiten nach dem Recipienten,

l Hähne zum Abzapfen des Fettes,
m Dampfheizschlange zum Verdampfen der Leimbrühe,
n Hahn zum Abzapfen des Leimes,
o Dampfventil für die Heizschlangen,
p Ventil zum Ablassen des aus der Leimbrühe entwickelten Dampfes nach dem Extraktionsapparat,
q Ventil zum Einleiten direkten Dampfes in den Extrakttopf,
r Antrieb zum Pressen der Siebtrommel,
s Ventil zum Abführen der Dämpfe während des Trockenvorganges.

Der Betrieb gestaltet sich wie folgt:

Es wird zunächst der Deckel *a* in seine höchste Stellung gehoben, der Deckel der Siebtrommel abgenommen und alsdann der Apparat nebst der Siebtrommel etwas zur Seite gedreht, bis die Einwurfsöffnungen nicht mehr unterhalb des gehobenen Deckels a liegen. Alsdann werden die Thierleichen in ganz beliebiger Grösse, gegebenenfalls unzerlegt in die Trommel geworfen, bis dieselbe ganz gefüllt ist. Hierauf werden die Deckel der Siebtrommel aufgelegt, der Apparat wieder gerade gedreht, der Deckel a niedergelassen und dicht aufgeschraubt. Nachdem die Rohrleitungen k und g angekuppelt sind, wird nun durch das Ventil o direkter Kesseldampf von mindestens 5 Atm. Spannung in die Rohrschlange m gelassen, letztere also geheizt und hierdurch das im Verdampfer befindliche und vom vorhergehenden Betriebstage zurückgelassene Leimwasser in Dampf verwandelt. Dieser Leimdampf wird durch Ventile p und g zur Rohmasse geleitet, um dasselbe zu durchdämpfen und auszuziehen. Die bei der Durchdämpfung austretenden Flüssigkeiten, nämlich Fett und Fleischwasser fliessen durch Hahn e nach dem Recipienten hin, wo sich zunächst das Fett von der Leimbrühe trennt. Nachdem an dem Wasserstandszeiger eine genügende Menge Leimbrühe zu erkennen ist, wird die Leimbrühe aus dem Recipienten durch den zwischenliegenden Hahn hindurch nach dem Verdampfer hingedrückt, so lange, bis an dem seitlichen Schauglase die Trennungsschicht zwischen Fett- und Leimbrühe annähernd erreicht ist. Sodann wird in unveränderter Weise die Leimbrühe im Verdampfer weiter verdampft und der entwickelte Leimdampf zum Extraktor geleitet. Zur Beschleunigung der Ausziehung wird die Siebtrommel von Zeit zu Zeit gedreht. Hierdurch ändert die Rohmasse ihre Lagerung und bietet immer neue Punkte dem Angriff des Kochdampfes dar.

Nachdem in solcher Weise etwa 4—5 Stunden lang der Leimdampf mit einer Spannung von 4 Atm. auf die Rohmasse eingewirkt hat, ist dieselbe vollkommen zerfallen und von dem grössten Theil ihres Eigenwassers, sowie des Fettes befreit. Die Fleisch- und Knochenrückstände befinden sich innerhalb der Siebtrommel, Fett und Leimbrühe hingegen im Recipienten, bezw. Verdampfer.

Es beginnt alsdann die Trocknung. Zu diesem Zweck wird zunächst die gesammte, im Recipienten noch befindliche Leimbrühe nach dem Verdampfer gedrückt, dann Ventil g geschlossen und damit jede weitere Dampfeinströmung zur Rohmasse abgebrochen. Gleichzeitig schliesst man den Hahn e, öffnet das Ventil h, wodurch der Leimdampf aus dem Verdampfer in den Heizmantel d gelangt, hier seine Wärme abgiebt und verdichtet wird. Das verdichtete Wasser, welches als abdestillirtes Fleischwasser zu bezeichnen ist, fliesst durch Rohrleitung k nach dem Recipienten und trägt hier zur Klärung des gesammelten Fettes bei.

Während des ganzen Trockenvorganges ist die Siebtrommel dauernd in Bewegung zu setzen. Dadurch wird die völlig weiche Knochen- und Fleischmasse zerrieben. Die entstandenen kleinen Theile fallen durch die Löcher der Siebtrommel hindurch, werden hier von den Rührarmen c erfasst, innig an den heissen Wandungen des Heizmantels d vorbeigeführt, dabei getrocknet und gleichzeitig zu Pulver zerrieben. Die beim Trocknen entwickelten Dämpfe werden durch Ventil s und das daran schliessende Teleskoprohr hindurch von einem kleinen Ventilator abgesaugt. Diesen Dämpfen haftet bei Verarbeitung von frischem Rohstoff kein besonderer Geruch mehr an. Bei stark verwesten Tieren hingegen ist die Sache anders, und empfiehlt es sich mit Rücksicht auf diesen in der Regel vorliegenden Fall, die Trockendämpfe zu verdichten und weiterhin die nicht verdichteten Gase zu verbrennen.

Es erfordert dies jedoch nur geringe Einrichtungen und einen kleinen Aufwand von Kühlwasser, da diese Trockendämpfe der Menge nach nur etwa den siebenten Theil der im Verdampfer erzeugten wirklichen Leimdämpfe ausmachen und dem Wesen nach nicht im entferntesten den Geruch dieser letzteren Dämpfe besitzen. Der Trockenvorgang ist im ganzen auf etwa 4 Stunden zu bemessen. Am Schluss dieser Zeit ist die gesammte, anfangs im Verdampfer befindliche Leimwassermenge verdampft. Die in Dampfform abgetriebene Wassermenge findet sich nebst dem Fett im Recipienten, und im Extraktor ist eine pulverförmige, völlig trockne Fleisch- und Knochenmasse gewonnen. Der Rückstand im Verdampfer bildet eine siruppartige Masse, welche als sogenannter Schichtleim verkauft wird.

Aus der vorstehenden Beschreibung des Betriebes geht hervor, dass die Verdichtung des Leimdampfes innerhalb des dauernd geschlossenen Apparates vor sich gegangen ist ohne Aufwand von Kühlwasser und unter vollkommener Ausnutzung der Dampfwärme zum Trocknen des Fleischpulvers. Ferner hat keinerlei direkte Einführung von Kesseldampf zur Rohmasse, d. h. also keinerlei Verdünnung der Leimbrühe stattgefunden. Vollkommene Geruchlosigkeit, sowie grosse Kohlenersparniss sind die Wirkungen dieses Verfahrens. Die Entleerung des Apparates geschieht einfach in der Weise, dass nach Abheben des Deckels *a* die Rohrleitungen *k* und *g* losgekuppelt werden. Alsdann wird der Extraktionsapparat um seine Axe gedreht, soweit, bis die Einwurföffnung nach unten zu liegen kommt. Das ausserhalb der Siebtrommmel befindliche Fleischmehl fällt dabei theils von selbst heraus, theils wird dasselbe durch besonders angebrachte Bürsten und weitere Drehung der Siebtrommel herausbefördert. Innerhalb der Siebtrommel bleiben nur sehr wenig gröbere Stücke zurück, welche auf einer Mühle ohne weiteres gemahlen werden können. Das Fett wird durch die am Recipienten angebrachten Hähne abgezapft, während der Leim in gleicher Weise durch den Hahn *n* abzuzapfen ist. Das unter dem Fett befindliche abdestillirte Fleischwasser kann ohne weiteres in die Kanäle abgelassen werden, jedoch ist ein kleiner Rest zurückzuhalten und nach dem Verdampfer zu drücken, um mit demselben den nächsten Betrieb beginnen zu können.

Bei dem bisher beschriebenen Verfahren wird der Rohstoff auf **Thierkörpermehl, Fett und Leim** verarbeitet. Da aber der Absatz für diesen Leim in letzter Zeit schwierig geworden ist, so ist man dazu übergegangen, den Leim mit dem **Knochen-** und **Fleischmehl** zu mischen und alles zusammen zu einer Waare zu trocknen, welche sämmtliche im Rohstoff enthaltene festen Stoffe enthält, insbesondere also den gesammten Stickstoff, sowie die Extraktivstoffe und Nährsalze.

Ein derartiges Erzeugniss eignet sich für die Fütterung von **Fischen, Schweinen,** etc.

Der Betrieb des Apparates erfährt durch die Gewinnung von Futtermehl keinerlei Aenderung. Das Erzeugniss selbst ist bereits vielfach in der Praxis versucht und hat sich nach Berichten gut bewährt. Dasselbe ist als ein hochwerthiges Futtermittel zu bezeichnen, welches trotz seiner zweifelhaften Herkunft völlig steril und lange lagerfähig ist.

Die Zusammensetzung der erhaltenen Erzeugnisse ist nach Untersuchungen von **Haefcke** (No. 1—3 und von der hiesigen Versuchsstation No. 4—7) folgende:

Art des Erzeugnisses	Wasser %	Organische Stoffe %	Stickstoff %	Protein %	Fett %	Asche %	Phosphorsäure %	Kali %	Kalk %
1. Thierkörpermehl ohne Leimbrühe eingetrocknet	3,58	62,84	7,89	49,31	11,15	33,58	13,31	0,12	16,84
2. Desgl. mit Leimbrühe eingetrocknet	a) 11,20	—	9,29	58,06	7,69	—	—	—	—
	b) 5,05	—	10,84	67,75	11,01	—	—	—	—
3. Kondenswasser am Schluss der Gesammtfabrikation aus der Leimbrühe-Eindickung	99,71	0,28	0,14[1]	—	—	0,01	—	—	—

[1] Davon 0,13 % Ammoniak- und 0,01 % organischer Stickstoff. Das spec. Gew. des Kondenswassers war 1,001.

Art des Erzeugnisses	Wasser %/0	Organische Stoffe %/0	Stickstoff %/0	Protein %/0	Fett %/0	Asche %/0	Phosphorsäure %/0	Chlor %/0	Kalk %/0
4. Thierkörpermehl mit Melasse F I	9,52	76,84[1]	2,71	16,94	8,60	13,64	—	—	—
5. Desgl. F II	9,47	76,84[1]	2,77	17,30	8,76	13,69	—	—	—
6. Phosphatfutter	2,02	13,13	0,54	3,37	0,94	84,85	25,18	9,18	36,02
7. Desgl. + Fleischmehl	5,41	51,47	6,39	39,94	5,56	43,12	14,24	4,74	18,53

Die Vortheile des Verfahrens werden wie folgt angegeben:

1. Die Möglichkeit der Einsetzung ganzer Thierleichen,
2. Die völlige Verarbeitung auf verkaufsfertige, lagerfähige Waare bei 8—10 stündiger Betriebsdauer,
3. Eindickung des Leimes während des Trocknens,
4. Vollkommene Ausnutzung der bei der Leimeindickung aufgewendeten Wärme zum Trocknen des Fleischmehles,
5. Einfacher und völlig geruchloser Betrieb bei geringem Kohlenverbrauche,
6. Indirekte Durchdämpfung, daher Gewinnung einer unverdünnten Leimbrühe und Zurückführung des Kondenswassers in den Betrieb,
7. Möglichkeit, die Thierleichen nach Belieben getrennt auf Fleischdüngemehl und Leim oder beides zusammen auf Futtermehl zu verarbeiten.

---

[1] Darin ausser Protein und Fett bei:

No. 4 . . 20,37% Zucker und 28,22% sonstige N-freie Extraktstoffe.
No. 5 . . 20,78 „ „ „ 27,23 „ „ „ „

II. Abgänge aus Schlachthäusern.

1. Zusammensetzung.

Die Abgänge aus Schlachthäusern bestehen vorwiegend aus dem Inhalt der Eingeweide und dem Blut, welches letztere bis auf das Schweineblut wenig als Nahrungsmittel verwendet wird. Die Menge der Schlachtabgänge ist je nach den Thieren und dem Mastungszustande sehr verschieden; so beträgt in Procenten des Körpergewichtes:

Inhalt von Magen und Darm . .	5,0—18,0	%
Blut	3,2— 7,3	„
Haut und Hörner	6,0— 8,4	„
Beine bis zu den Sprunggelenken	1,6— 1,9	„
Wollschmutz	3,2— 4,8	„
Sonstige kleine Abfälle	0,4— 1,0	„

Wir fanden für die flüssigen und breiigen Abgänge einer Schlächterei in natürlichem Zustande:

Abgänge	Stickstoff	Phosphorsäure	Kali
1. Flüssig . . .	0,041 %	0,023 %	0,025 %
2. Breiig . . .	0,555 „	0,105 „	0,064 „

Die Zusammensetzung des Schlachthausabwassers erhellt aus folgenden Untersuchungen:

In 1 l Schlachthausabwasser aus	Schwebestoffe			Gelöste Stoffe									Gesammt-Phosphorsäure
	Unorganische	Organische	Mit Stickstoff	Unorganische (Glührückstand)	Organische (Glühverlust)	Mit Stickstoff	Zur Oxydation erforderlicher Sauerstoff		Kalk	Kali	Chlor	Schwefelsäure	
							in alkal. Lösung	in saurer Lösung					
	mg	mg	mg	mg	mg	mg	mg	mg	mg	mg	mg	mg	mg
1. Erfurt	152,5	1101,5	87,5	600,0	1320,0	171,7	547,2	—	110,0	117,7	—	—	32,0
2. Leipzig a) . . .	278,0	11040,0	585,0	880,0	2560,0	427,5	1136,0	—	435,0	—	—	—	155,0
„ b) . . .	1142,0	5448,0	450,0	992,0	1962,0	281,0	664,0	—	368,0	165,1	126,8	30,1	120,0
3. Waldenburg . .	475,0	697,5	75,5	577,5	757,5	135,3	179,2	204,8	105,0	—	106,5	271,4	—
4. Münster i/W.:													
a) geklärt, aber von Blut roth-trübe	—	—	—	482,5	1531,0	275,9	408,0	320,0	—	—	—	—	—
b) Nachspülwasser ohne Blut und Schwebestoffe	—	—	—	574,0	297,2	47,9	74,4	—	145,6	—	74,4	—	—
5. Hof, [1] Mittel von 3 Proben . . .	1004,7		—	900,7	504,0	—	615,0		—	—	188,7	—	—

[1] K. B. Lehmann: Die Verunreinigung der Saale bei und in der Stadt Hof 1895, 162.

Hiernach ist die Zusammensetzung der Schlachthausabwässer grossen Schwankungen unterworfen; das ist aber naturgemäss, weil die Abgänge aus Schlachthäusern bald mehr, bald weniger Magen- und Darminhalt, Blut oder Harn und dergl. einschliessen.

Auch braucht kaum hervorgehoben zu werden, dass gerade diese Abwässer durchweg reich an Bakterien sind — wir fanden in dem Nachspülwasser No. 5 in 1 ccm 1380000 Mikrophytenkeime —, dass sie ferner auch pathogene Bakterien enthalten können und müssen, wenn mit Infektionskrankheiten behaftete Thiere zum Abschlachten gelangen.

Während Knochen, Haut, Hörner und Fett gute Verwendung finden, bietet die Beseitigung der flüssigen und breiigen Abgänge durchweg grosse Unannehmlichkeiten und Schwierigkeiten. In allen grösseren Städten sind jetzt Schlachthäuser ausserhalb der Stadt errichtet, wodurch die Abgänge wenigstens aus den Städten verlegt sind. Aber damit findet nur eine Verlegung und keine Beseitigung des Uebels statt; denn die an sich sehr leicht zur Zersetzung und Fäulniss neigenden Abgänge fallen darum in derselben Menge den öffentlichen Wasserläufen und den unterhalb liegenden Ortschaften zur Last, wenn nicht für eine Unschädlichmachung Sorge getragen wird.

2. Reinigung.

Mit Rücksicht auf die Gefährlichkeit gerade dieser Abwässer hat man für dieselben vielfach besondere Massregeln getroffen. Ueber die im Königreich Sachsen geltenden Vorschriften, vergl. I. Bd, S. 25. In Preussen lautet es in einem Ministerialerlass vom 15. Mai 1895 unter No. 25 für „Schlächtereien" also:

„Für die flüssigen Abgänge und die Blutwässer ist, sofern sie nicht in die allgemeinen städtischen Kanäle gelangen dürfen, eine wasserdichte, dicht verschliessbare, möglichst nahe am Schlachtraume belegene und mit ihm durch eine Rinne verbundene nicht zu grosse Schlammgrube einzurichten, in die durch natürliches Gefälle alle Abwässer von selbst fliessen müssen. Diese Sammelgrube ist bei Schlachtanlagen in bewohnten Gegenden im Sommer nach jedesmaligem Schlachten, im Winter zweimal wöchentlich zu reinigen und zu desinficiren. Die festen Abgänge sind entweder sofort nach dem Schlachten zu entfernen oder in einer besonderen wasserdichten Grube zu sammeln und bis zur Abfuhr mit Kalkmilch zu übergiessen.

Der Abfluss der Spülwässer regelt sich nach dem in den allgemeinen Gesichtspunkten Gesagten."

Diese allgemeinen Gesichtspunkte lauten dahin, dass die Einleitung der Betriebsabgänge in Wasserläufe zu untersagen ist, wenn davon erhebliche Uebelstände zu erwarten sind, oder dass die Polizeibehörde sich das Recht zu wahren hat, jederzeit die Ableitung der Abgänge in Wasserläufe von weiteren Bedingungen abhängig zu machen oder auch gänzlich zu untersagen, falls die bei Ertheilung der Genehmigung gegebenen Vorschriften sich als unzulässig erweisen sollten.

In den meisten Fällen bei Schlachthäusern in kanalisirten Städten wird man die Abgänge mit den anderen städtischen Schmutzstoffen in die Kanäle ableiten und die Reinigung gemeinschaftlich mit dem gesammten städtischen Abwasser bewirken. Wo dieses nicht möglich ist, da bietet die Reinigung durchweg grosse Schwierigkeiten.

G. Heppe[1]) will mit der Fällung der bluthaltigen Schlachthausabwässer durch Aluminiumsulfat und Kalkmilch besonders günstige Ergebnisse erzielt haben, indem dadurch alle färbenden Blutbestandtheile, (selbst in Verdünnungen von 1 : 100) fast augenblicklich so ausgefällt werden sollen, dass die überstehende Flüssigkeit ganz klar erscheint. Es empfiehlt sich, zunächst das Aluminiumsulfat für sich allein und dann die Kalkmilch zuzusetzen.

An sonstigen Reinigungsversuchen von Schlachthausabwässern liegen vor:

a) Reinigung des Abwassers des Schlachthauses in Erfurt nach dem Verfahren von F. A. Robert Müller & Co. in Schönebeck a. d. Elbe.

Die Reinigung des Abwassers des Schlachthauses in Erfurt durch das Fällungsmittel von F. A. Robert Müller & Co. in Schönebeck (vergl. I. Bd. S. 358 und 393), passt sich dem von G. Heppe empfohlenen mittelst Aluminiumsulfat an.

Das natürliche Abwasser aus dem Schlachthause war stark blutig gefärbt, hatte einen Bodensatz von Darminhalt und sehr stinkendem Geruch; das gereinigte Wasser war farb- und geruchlos. Die chemische Untersuchung ergab in 1 l:

Abwasser	Schwebestoffe			Gelöste Stoffe						
	Unorganische	Organische	In letzteren Stickstoff	Unorganische	Organische (Glühverlust)	Organisch gebundener Stickstoff	Zur Oxydation erforderlicher Sauerstoff	Kalk	Phosphorsäure	Kali
	mg	mg	mg	mg	mg	mg	mg	mg	mg	mg
Ungereinigt . .	152,5	1101,5	87,5	660,0	1320,0	171,7	547,2	110,0	32,0	117,7
Gereinigt . . .	40,1	12,5	Spur	1097,5	695,0	12,9	68,0	325,0	Spur	67,5

Die Zunahme an unorganischen gelösten Stoffen in dem gereinigten Wasser hat ihren Grund darin, dass Kalk im Ueberschuss zugesetzt ist, infolgedessen das gereinigte Wasser eine alkalische Reaktion besass. Ammoniak und Schwefelwasserstoff waren in beiden Proben nicht oder nur in Spuren vorhanden, weil das Wasser verhältnissmässig frisch und in luftdicht verschlossenen Flaschen zur Untersuchung gelangte.

---

[1]) Chem.-technische Ztg. 1887, 5, 813.

b) Reinigung des Abwassers des Leipziger Schlachthauses nach dem Verfahren von M. Friedrich & Co. in Leipzig.

Genannte Firma bedient sich zur Desinfection und Fällung mit chemischen Reagentien entweder eines saueren Präparates (Karbolsäure, Eisenchlorid, Eisenvitriol und Wasser, welches aber nicht klärend wirkt) oder eines alkalischen Präparates (Karbolsäure, Thonerdehydrat, Eisenoxydhydrat, Kalk und Wasser), welches eine fällende und klärende Wirkung besitzt.

Unter Umständen werden wie bei nachstehendem Versuch die saueren und alkalischen Klärmittel zusammen angewendet.

Zum Absetzen der Schmutzstoffe wendet die Firma je nach der Grösse der Verunreinigung und der Menge des zu reinigenden Wassers verschiedene Klärvorrichtungen an (vergl. I. Bd. S. 396—398 u. 404).

Zwei in Leipzig nach diesem Verfahren mit Schlachthausabwasser angestellte Probeversuche ergaben im Mittel für 1 l:

Abwasser	Schwebestoffe			Gelöste Stoffe								Gesammt-Phosphorsäure
	Unorgan. Stoffe	Organische Stoffe	In letzteren Stickstoff	Unorganische Stoffe (Glührückstand)	Organische Stoffe (Glühverlust)	Zur Oxydation erforderlicher Sauerstoff	Stickstoff	Kalk	Schwefelsäure	Chlor	Kali	
	mg	mg	mg	mg	mg	mg	mg	mg	mg	mg	mg	mg
Ungereinigt	710,1	8244,0	517,5	936,0	2261,0	900,0	354,3	401,5	30,1	126,8	165,1	137,5
Gereinigt .	Spur	0	0	9224,5	899,0	98,8	41,7	4408,0	1745,4	3345,0	168,1	Spur

Die ungereinigten Proben waren beide ausnahmsweise schlammig und von einem äusserst fauligen, durchdringenden, unangenehmen Geruch; das gereinigte Wasser war völlig hell und klar, hatte jedoch noch schwach den Geruch des ungereinigten Wassers; letzteres reagirte in beiden Fällen schwach, das gereinigte Wasser stark alkalisch.

Die grosse Menge Mineralstoffe (an Chlor- und schwefelsaurem Calcium) rührt auch hier von den zugesetzten Fällungsmitteln, Eisenchlorid, Eisenvitriol und Kalk) her.

Dieser hohe Zusatz wird sich aber wohl nicht vermeiden lassen, weil sonst das Wasser nicht klar werden dürfte.

c) Reinigung durch chemische Fällungsmittel und nach dem Webster'schen elektrischen Verfahren.

C. Remelé und Verfasser[1] versuchten Abwasser aus dem Schlachthofe in Münster in derselben Weise wie städtisches Abwasser (S. 126) vergleichsweise durch Fällen mit Eisenvitriol und Kalk etc., sowie nach dem Webster'schen elektrischen Verfahren (vergl. I. Bd. S. 433) im kleinen zu reinigen und fanden:

---

[1] Archiv f. Hygiene 1897, **28**, 185.

Art der Behandlung	Bemerkung über Beschaffenheit des Wassers	Gelöste Stoffe					Alkalinität	Gebildetes Eisenoxydul (FeO)	Bakteriologisch. Befund
		Unorganische (Glührückstand)	Organische (Glühverlust)	Zur Oxydation erford. Sauerstoff in alkalischer Lösung	in saurer Lösung	Stickstoff			
		mg	mg	mg	mg	mg	mg	mg	
1. Ungereinigt .	VonBlut roth, trübe, alkalisch	482,5	1531,0	408,0	320,0	275,0	—	—	Alle Wässer enthielten mehrere Millionen Keime No. 3 am wenigsten.
2. Gereinigt: a) 1 l + 1,2 g Ferrosulfat+ 0,75 g CaO .	Roth, klar	801,5	1044,5	312,0	208,0	185,1	—	—	
b) 1 l + 1,2 g Ferrosulfat+ 1,0 g NaOH	do.	1176,5	966,0	304,0	200,0	179,7	21,7 (Na₂O)	563,0	
c) 1 l + 0,5 g NaCl u. elektr. behandelt .	do.	772,0	1051,0	304,0	200,0	185,1	—	378,0	

Das Abwasser enthielt Schwebestoffe:

Unorganische	Organische	Stickstoff
?	160,0 mg	3,6 mg

Es sind mithin entfernt worden durch:

	Elektrisches Verfahren,	Kalk u. Eisenvitriol,	Natron u. Eisenvitriol
Gelöste organische Stoffe	37,3 °/₀	35,0 °/₀	37,5 °/₀
Gelöster Stickstoff . . .	32,9 „	32,9 „	34,9 „

Auch hier hat das elektrische Reinigungsverfahren keine besseren Ergebnisse als die Fällung mit Eisenvitriol und Kalk bezw. Natron geliefert. Nur rund ein Drittel der gelösten organischen Stoffe konnte auf diese Weise entfernt werden.

d) Sonstige Verfahren zur Unschädlichmachung.

In einem der grössten Schlachthäuser, nämlich in dem von J. J. Athinson zu Collingwood bei Liverpool, werden sämmtliche Abfälle: Blut, Eingeweide und Fett etc. zur Schweinefütterung benutzt; der feste Dünger wird gesammelt und abgefahren; die Spülwässer werden zur Berieselung benutzt.

In Amerika werden die sämmtlichen Abgänge vielfach eingetrocknet und als Dünger verwendet; eine in letzter Weise gewonnene trockne Masse ergab:

Wasser	Stickstoff	Phosphorsäure
7,18 °/₀	3,09 °/₀	13,63 °/₀

Sind die Abfälle sehr fettreich, so wird das ausgeschiedene Fett abgeschöpft und für sich weiter verarbeitet. Wilson verfährt hierbei wie folgt:

Man zieht aus den betreffenden Abgängen das Fett durch Sieden aus, indem man sie in einen Digestor bringt und mit gespannten Dämpfen ca. 6 Stunden lang kocht. Dies reicht zumeist hin, um Knochen und Gewebe zerfallen und Fett frei zu machen. Die sich entwickelnden Gase und Dämpfe werden in einen entsprechend hohen Schornstein geführt, so dass eine Belästigung der Nachbarschaft durch Geruch kaum noch stattfindet. Nachdem das Fett abgezogen ist, wird die rückständige flüssige Masse mit saurem Kalkphosphat und Schwefelsäure vermischt; die festen Theile werden zersetzt, und nach dem Trocknen der Masse erhält man einen fast geruchlosen künstlichen Dünger.

In Deutschland ist das Eintrocknen nur bei den Blutabgängen in Gebrauch; das getrocknete Blut oder Blutmehl, welches als Dünger geschätzt wird, enthält:

Wasser	Stickstoff	Phosphorsäure	Kali
9,0—12 %	11,5—14,5 %	1,0—2,0 %	0,5—1,0 %

Eine noch wichtigere Verwendung kann aber das Blut bei der Blutalbuminfabrikation finden.

Auch ist mehrfach versucht worden, durch Eintrocknen von Blut mit Kleie etc. ein Futtermittel herzustellen; das Huch'sche sogenannte Kraftfuttermittel ergab z. B. folgende Zusammensetzung:

Wasser	Proteïn	Fett	N-freie Extraktstoffe	Rohfaser	Asche
13,61 %	31,31 %	0,49 %	40,21 %	4,99 %	9,39 %

Das sogenannte Pferdekraftfutter „Robur" und die Blut-Melasse sind ebenfalls zum Theil aus Blut hergestellt.

Alex. Müller schlägt vor, die Blutabgänge mit Kalk und Torfmull zu kompostiren, wodurch mit geringen Kosten ein geruchloses, schnell trocknendes Gemisch erhalten werden soll.

Als Desinfektions- d. h. Konservirungsmittel empfiehlt sich nach Alex. Müller schwefelige Säure im Verhältniss von 1 : 500 oder entsprechende Mengen Bisulfit, welche unter Luftabschluss die Fäulniss von Blut auf Jahre hinaus verhindern.

Ohne Zweifel gehören die Abgänge aus den Schlachthäusern mit zu den gefährlichsten fauligen Schmutzwässern; bezüglich der Schädlichkeit derselben kann auf I. Bd. S. 57—81 verwiesen werden; für die Reinigung derselben sind im allgemeinen die gleichen Grundsätze wie bei den städtischen Abwässern massgebend; auch hier sind, sofern man die Abfälle nicht durch Eintrocknen unschädlich machen oder direkt zur Düngung verwenden kann, von der Benutzung zur Berieselung die günstigsten Erfolge zu erwarten.

III. Abwässer aus Molkereien und Margarinefabriken.

—

Die sowohl der Anzahl wie der Ausdehnung nach stetig zunehmenden Genossenschaftsmolkereien bringen es seit einigen Jahren mit sich, dass über die schädlichen Wirkungen auch dieser Abwässer nicht selten Beschwerden laut werden. Dass letztere nicht unbegründet sind, kann schon nach dem Ursprung dieser Abwässer erwartet werden.

Die Molkerei-Abwässer setzen sich durchweg zusammen aus den Abflüssen: a) aus dem Milchablieferungsraum während der Milchablieferung, b) aus dem Separatorenraum und c) aus der Käserei. Nach Beendigung des Betriebes werden diese Räume durch reichliche Wasserspülung gereinigt; von den alsdann abfliessenden Abwässern sind die Proben No. 7 bis 10 entnommen. Selbstverständlich sind gerade die Abwässer der Molkereien infolge der Eigenart des Betriebes und der Stärke der Verdünnung durch Spül- und Kühlwasser in ihrer Zusammensetzung grossen Schwankungen unterworfen, wie dies auch aus den nachfolgenden Zahlen hervorgeht. Die Proben No. 1 bis 8 entstammen einer und derselben Molkerei. Sie haben nach den Untersuchungen von A. Bömer[1]) folgende Zusammensetzung für 1 l:

(Siehe die Tabelle auf S. 189.)

In einem anderen Abwasser dieser Art fanden wir für 1 l:

	Organische Stoffe	Mit Stickstoff	Mineralstoffe	Kalk	Kali	Phosphorsäure	Sand
	g	g	g	g	g	g	g
Spülwasser aus einer Molkerei	6,830	0,355	6,350	0,631	0,078	0,126	4,520

Ueber die Beschaffenheit von Abwasser aus Margarinefabriken geben folgende Analysen von E. Haselhoff Aufschluss, wobei zu bemerken ist, dass das Abwasser No. 1 b und 2 b (Gesammtabwasser) stark

---

[1]) Zeitschr. f. angew. Chemie 1895, 1894.

No.	Art des Abwassers	Organische Stoffe								Mineralstoffe									
		Im ganzen schwebend g	Im ganzen gelöst g	Stickstoff schwebend g	Stickstoff gelöst g	Fett g	Milchzucker g	Zur Oxydation erforderlicher Sauerstoff in saurer Lösung g	alkal. Lösung g	Im ganzen schwebend g	in Salzsäure unlöslich g	gelöst g	Kalk, CaO g	Magnesia, MgO g	Kali, K_2O g	Natron, Na_2O g	Schwefelsäure, SO_3 g	Phosphorsäure, P_2O_5 g	Chlor g
							Abwässer der Molkerei D.												
1	Aus dem Milchablieferungsraum . . .	2,681	1,719	0,143	0,089	—	0,056	0,592	0,336	1,339	1,141	0,723	0,250	0,037	0,107	0,074	0,063	0,111	0,071
2	Desgl.	0,490	0,155	0,043	0,025	—	—	0,088	0,088	0,555	0,390	0,388	0,278	0,066	0,014	0,057	0,098	0,020	0,035
3	Aus dem Separatorenraum[1])	7,534	0,922	0,033	0,067	5,665	0,353	0,160	0,152	0,350	0,197	1,609	0,245	0,030	0,102	0,596	0,453	0,052	0,047
4	Desgl.	3,986	2,707	0,047	0,209	3,098	—	1,384	0,976	0,035	0,011	1,662	0,157	0,050	0,093	0,719	0,106	0,108	0,157
5	Aus der Käserei . .	14,622		0,070	0,440	—	10,052	6,240	5,240	0,316	0,085	2,475	0,330	0,063	0,588	0,281	0,098	0,352	0,489
6	Desgl.	3,224	8,469	0,536	0,475	—	—	3,968	3,323	1,348	0,730	22,313	0,435	0,145	0,797	9,512	0,411	0,540	11,892
							Abwässer aus dem Sammelkanal der												
7	Molkerei D.	2,733		0,041	0,077	—	0,316	1,032	0,776	0,058	—	0,889	0,270	0,046	0,141	0,135	0,142	0,083	0,121
8	Desgl.	0,369	0,123	0,018	0,040	—	—	0,156	0,116	0,196	0,101	0,712	0,183	0,045	0,068	0,188	0,133	0,017	0,157
9	Molkerei B.	0,908	1,517	0,092	0,074	—	0,731	0,672	0,396	0,032	—	0,355	0,078	Spur	0,038	0,044	0,043	0,057	0,046
10	Molkerei E.[2])	0,030	0,223	0,007		—	Spur	0,032	0,024	0,052	0,049	0,567	0,275	0,039	0,024	0,102	0,055	0,005	0,123

[1]) Das Fett des Abwassers aus dem Separatorenraum besteht vorwiegend aus dem von den Separatoren abfliessenden Schmieröl; dagegen konnte die Ursache des hohen Natrongehaltes dieser Wässer nicht ermittelt werden; während dasselbe in der ersten Probe vorzugsweise an Schwefelsäure gebunden ist, ist dies bei der zweiten nur zum Theil der Fall, sodass der Rest in diesem Falle in der Asche an Kohlensäure gebunden gewesen sein muss.

[2]) Dieses Abwasser ist sehr stark durch Spülwasser verdünnt.

mit Kondenswasser verdünnt war, No. 3b dagegen nicht. Das Abwasser enthielt für 1 l:

Art des Abwassers	Schwebestoffe		Gelöste Stoffe							Ge-sammt-Stick-stoff
	Or-ganische	Unor-ganische	Or-ganische	Unor-ganische	Zur Oxydation erforderlicher Sauerstoff in saurer Lösung	in alka-lischer Lösung	Kalk	Schwe-felsäure	Chlor	
	mg	mg	mg	mg	mg	mg	mg	mg	mg	mg
1a) Aus einem Kanal in der Fabrik .	80,0	225,0	600,0	491,0	56,0	41,2	125,0	61,7	276,1	17,7
1b) Gesammtabwasser	35,0	2,5	142,5	337,5	18,0	18,4	137,5	58,3	123,9	10,6
2a) Aus einem Kanal in der Fabrik .	2105,0	725,0	1330,0	9340,0	392,0	298,0	270,0	70,3	5363,1	257,0
2b) Gesammtabwasser	30,0	15,0	117,5	377,5	16,0	32,0	127,5	52,3	113,3	7,1
3a) Aus einem Kanal in der Fabrik .	202,5	47,5	230,0	1710,0	24,0	40,0	150,0	44,6	991,0	18,0
3b) Gesammtabwasser	275,0	57,5	600,0	6268,0	120,0	112,0	152,5	85,8	3593,1	118,0

Wegen des hohen Gehaltes dieser Abwässer an Stickstoffverbindungen (Kaseïn, Albumin und Molkenproteïn) sowie an Milchzucker können dieselben unter Umständen recht bedenkliche Fäulniss- und Gährungserscheinungen hervorrufen, worüber man häufig im Sommer klagen hört.

Für die Reinigung dieser Abwässer sind bis jetzt keine besonderen Verfahren bekannt geworden. Nur A. Müller[1]) erwähnt, dass alle stark riechenden und giftigen Desinfektionsmittel wegen der empfindlichen Natur der Molkereierzeugnisse zur Reinigung der Abwässer nicht geeignet sind. Auch Kalkmilch empfiehlt sich nicht, weil sie aus fauligen Molkereiabwässern einen Geruch nach Trimethylamin (Häringslake) erzeugt. Als geeignet ist nach A. Müller die bei der Chlorkalkfabrikation abfallende Manganlauge zur Reinigung dieser Art Abwässer zu empfehlen und als noch wirksamer das rohe Ferrisulfat, welches enthält: $63\,^0/_0$ lösliches schwefelsaures Eisenoxyd, $17\,^0/_0$ unlösliches Eisenoxyd und $20\,^0/_0$ gebundenes Wasser.

1 kg desselben — 100 kg kosten etwa 4,50 M. — wird mit 20 l Wasser angerührt, dieses erneuert, bis frisches Wasser nicht mehr gelb gefärbt wird, und mit dieser Lösung der Fussboden der Molkereien besprengt. Sollten die Siebe und Senkgruben, welche das eisenhaltige Abwasser aufnehmen, nicht geruchlos werden, so soll man in dieselben noch besonders etwas Eisensalz schütten.

E. Haselhoff hier hatte Gelegenheit, die Wirkung eines Kalkzusatzes und einer mechanischen Abklärung in gewöhnlichen Klärteichen bei dem Abwasser einer Margarinefabrik festzustellen; er fand im Mittel mehrerer Probenahmen für 1 l:

---

1) Milchzeitung 1887, **16**, 119.

Abwasser:	Schwebestoffe		Gelöste Stoffe							Ge-sammt-Stick-stoff
	Or-ganische	Unor-ganische	Or-ganische	Unor-ganische	Zur Oxydation erforderlicher Sauerstoff in saurer Lösung	in alka-lischer	Kalk	Schwe-felsäure	Chlor	
	mg	mg	mg	mg	mg	mg	mg	mg	mg	mg
Ungereinigt . .	454,6	170,7	503,3	3087,2	94,3	90,3	160,4	62,2	1741,8	71,7
Gereinigt . . .	79,2	150,8	470,0	895,0	40,9	47,5	140,8	67,5	599,5	16,1

Da das gereinigte Wasser einen erheblich niederen Gehalt an Chloriden zeigt als das ungereinigte, letztere aber durch Kalk nicht gefällt werden, so entsprechen sich die ungereinigten und gereinigten Proben nicht, sondern ist anzunehmen, dass das Abwasser auch in den Klärteichen noch eine weitere Verdünnung durch Kondenswasser oder sonstiges Spülwasser erfahren hat.

Eine ausgiebige Reinigung wird man auch bei diesen Abwässern nur durch eine Berieselung erreichen können.

IV. Abgänge aus Gerbereien und Lederfärbereien.

1. Zusammensetzung.

Die Abwässer der Gerbereien setzen sich zusammen aus denen der Einweichfässer, aus dem flüssigen Theil der Kalkgruben (Aescher), den Kleien- und Hundekothbädern, aus den ausgenutzten Lohbrühen und den arsenhaltigen Abfallwässern der Weissgerbereien (Rhusma).

Bei der Weissgerberei geschieht nämlich das Einweichen, Reinigen der Fleischseite und das Enthaaren wie bei der Lohgerberei, dagegen werden die noch mit Wolle versehenen Häute geschwödelt oder geschwedelt, d. h. auf der Fleischseite mit Kalkbrei bestrichen, dem Schwefelarsenik (30 ℔ Kalk und 2 ℔ Auripigment) zugesetzt wird; diese Verbindung bildet das Rhusma der Orientalen und giebt Veranlassung zur Bildung von Schwefelcalcium und Schwefelarsen.

Sowohl die Einweichwässer, als auch die aus den Kalk- und faulen Aeschern sowie die der ausgenutzten Lohbrühen enthalten grosse Mengen organischer, in Fäulniss begriffener Stoffe. Die englische Fluss-Verunreinigungs-Kommission fand für die verbrauchte Gerbe- und Kalkflüssigkeit (No. 1 und 2) und der Gesundheitsrath von Massachusetts für die Salzlaugen (No. 3 und 4) folgende Zusammensetzung für 1 l:

Art des Abwassers	Ge-sammt-gehalt	Organ. Kohlen-stoff	Organ. Stick-stoff	Am-moniak	Ge-sammt-Stick-stoff	Chlor
	mg	.mg	mg	mg	mg	mg
1. Erschöpfte Gerbeflüssigkeit	8459,0	31821,7	362,9	108,3	452,1	—
2. do. Kalkflüssigkeit	3186,5	2059,4	534,1	258,0	746,6	—
3. Frisches Salzwasser von 150 Schafhäuten nach 10 tägiger Einwirkung	3794,0	*Organ. Stoffe* 1060,0	3,6	410,0	—	980,0
4. Desgl. nach 5 tägiger zweiter Maceration von 175 Häuten	5726,0	1470,0	3,0	416,0	—	1792,0

Philippar[1]) untersuchte die Abgänge von den Gerbereien auf ihren Werth als Düngemittel, nämlich:

---

[1]) Journal d'agriculture pratique 1876, **1**, 287 u. 481. Vergl. Jahresbericht f. Agric.-Chemie 1875/76. Abth. Dünger 49.

1. die thierischen Abfälle, welche durch Behandeln der frischen Häute mit Kalk etc. gewonnen werden. Die Untersuchung lieferte folgende Ergebnisse:

Frische Rückstände nach der Enthaarung enthalten:

im normalen Zustand:	im trocknen Zustand:	100 Theile Mineralstoffe enthalten:
71,316 Wasser	83,896 organische Stoffe	6,50 Kieselsäure und Un-lösliches
28,684 Trockensubstanz	16,104 mineral. „	25,0 phosphors. Kalk
		65,3 Kalk
		3,2 andere lösliche Salze,

ausserdem 6,991 $^0/_0$ Stickstoff im normalen Dünger.

Frische Rückstände des Abgeschabten enthalten:

im normalen Zustand:	im trocknen Zustand:	100 Theile Mineralstoffe be-stehen aus:
79,608 Wasser	84,822 Organisches	0,6 Unlöslichem
20,392 Trockensubstanz	15,178 Mineralstoffe	10,0 phosphorsaurem Kalk
		72,0 Kalk
		17,4 anderen Salzen;

6,965 $^0/_0$ Stickstoff im normalen Dünger.

Für die Durchschnittszusammensetzung eines Gemisches der beiden frischen Dünger fand Philippar folgende Zahlen:

im normalen Zustand:	im trocknen Zustand:	100 Theile Mineralstoffe enthalten:
75,462 Wasser	84,357 Organisches	3,55 Unlösliches
24,538 Trockensubstanz	15,643 Mineralstoffe	17,5 phosphorsauren Kalk
		68,65 Kalk
		10,3 andere mineral. Stoffe

6,978 $^0/_0$ Stickstoff.

Solche Abfälle bleiben gewöhnlich vor der Ablieferung 2—3 Monate in Haufen sitzen, wobei sie einem Fäulnissvorgang unterliegen, nach welchem die Abfälle einen Wasserverlust und eine beträchtliche Raumverminderung erleiden. In diesem Zustande werden die Abfälle an die Landwirthe abgegeben, welche in Frankreich für den cbm 3—5 frs. bezahlen.

Philippar hat eine gute Durchschnittsprobe solcher Abfälle, welche 3 Monate an der Luft in Haufen gelegen hatten, untersucht und folgende Zusammensetzung gefunden:

im normalen Zustand:	im trocknen Zustand:	100 Theile Mineralstoffe enthalten:
51,175 Wasser	38,015 Organisches	22,96 Kieselsäure etc.
48,825 Trockensubstanz	61,985 Mineralisches	16,16 phosphorsauren Kalk
		60,00 Kalk
		0,88 verschiedene Salze

2,081 $^0/_0$ Stickstoff.

Diese Ergebnisse zeigen, dass der gefaulte Dünger etwa $20\,^0/_0$ Wasser, $50\,^0/_0$ organische Stoffe und etwa $70\,^0/_0$ seines Stickstoffgehaltes verloren hat.

Für die Landwirthe empfiehlt sich daher, diese Abfälle frisch zu kaufen, um durch Kompostirung namentlich dem Verlust an stickstoffhaltigen Stoffen vorzubeugen. Philippar meint, es sei am besten, sofern eine Verwendung des Düngers in frischem Zustande unthunlich sei, diesen Abfalldünger mit Stallmist schichtenweise gleichartig zu mengen und dann das Gemisch anzuwenden.

2. Die Gerberlohe.

Je nach den Umständen ist der Wassergehalt der Gerberlohe ein sehr verschiedener. Philippar hat im Januar 1876 mehrere Proben in dieser Beziehung untersucht und ist zu nachstehenden Ergebnissen gelangt:

Art der Lohe	Grad der Trockenheit	Gewicht für 1 l im normalen Zustand	Wasser im normalen Zustand
1. Alte ausgelaugte und gegohrene Lohe . .	sehr feucht	625,5 g	$72,6\,^0/_0$
2. Frisch ausgelaugte (nicht gegohrene) Lohe	do.	496,0 g	$70,0\,^0/_0$
3. Halb ausgelaugte Lohe	do.	419,6 g	$69,6\,^0/_0$
4. Normale Lohe, noch nicht benutzt . . .	trocken	205,5 g	$15,8\,^0/_0$

Nach Philippar enthielt an der Luft getrocknete Lohe:

Organische Stoffe	Mineralstoffe	Kali	Phosphorsäure
$94,9\,^0/_0$	$5,1\,^0/_{10}$	$0,5\,^0/_0$	$0,5\,^0/_0$

Die faserige und schlammige Beschaffenheit der Lohe macht sie zur Aufsaugung grosser Mengen von Flüssigkeit geeignet. Die obigen 4 Proben haben nach Philippar's Untersuchungen im Mittel auf 100 Gewichtstheile trockene Lohe 220 Gewichtstheile Wasser aufgenommen.

Das grosse Aufsaugungsvermögen für Flüssigkeiten stellt sonach die Lohe neben die besten der gekannten und benutzten Streustoffe, und trotzdem ist die Verwendung der Lohe als Streumittel in der Landwirthschaft nur eine beschränkte. Die freie Säure, welche die Lohe enthält, und die Schwierigkeit ihrer Zersetzung sind es namentlich, welche gegen ihre Anwendung geltend gemacht werden.

Philippar glaubt, dass sich nicht nur die Neutralisation der Säure der Lohe durch Vermischen derselben mit den oben erwähnten thierischen Abfällen erzielen lässt, sondern dass auch noch dabei der Vortheil erwächst, dass der Kalk die an sich langsame Zersetzung der organischen Lohbestandtheile beschleunigt.

A. Petermann findet in den Abfällen der Lohgerberei $0,74\,^0/_0$ Phosphorsäure, $1,17\,^0/_0$ Kali sowie $36,00\,^0/_0$ Kalk und empfiehlt dieselben ebenfalls zur Düngung bezw. zur vorherigen Kompostirung.

K. B. Lehmann[1]) untersuchte mehrere Arten Abwasser aus Gerbereien mit folgendem Ergebniss für 1 l:

Art des Abwassers	Reaktion	Abdampf-Rückstand g	Glühverlust g	Glührückstand g	Sauerstoffverbrauch g	Kalk g	Schwefelsäure g	Besondere Bemerkungen:
1. Weichwasser von frischen Häuten . .	neutral	4,360	2,202	2,158	0,636	—	0,033	Blutig braunroth gefärbt mit vielen Bakterien.
2. Lohbrühe .	sauer	4,870	4,195	0,675	—	0,163	—	—
3. Desgl. . . .	sauer	6,500	—	—	—	—	—	Etwas Arsen enthaltend.
4. Erschöpfte Lohbrühe	stark sauer	3,746	2,754	0,992	1,486	—	0,036	Mit Gerbsäure, vielen Sprosspilzen und Bakterien.
5. Inhalt eines Kalkäschers	stark alkalisch	14,390	9,510	4,880	—	2,860	0,645	Dunkler Bodensatz von organ. Stoffen und kohlensaurem Kalk.
6. Dampfgerbereikalkäscher	—	14,105	10,470	3,635	—	1,680	—	0,520 g Arsen in 1 l und noch mehr ungelöst; Bodensatz wie bei No. 5.
7. Kalkäscher .	stark alkalisch	15,846	10,930	4,916	2,130	—	0,373	Arsen = 0; Schwebestoffe = 10,150 g, Bodensatz mit kohlensaurem Kalk und phosphorsaurer Ammonniak-Magnesia.

Das Weichwasser No. 1 hatte einen stark fauligen Geruch; No. 2, 3 und 4 (Lohbrühe) rochen naturgemäss nach Lohe, während die Kalkwasser No. 5 und 7 einen ammoniakalischen Geruch zeigten.

H. Spindler[2]) giebt für die Zusammensetzung von 3 stark trüben Proben eines Gerberei-Abwassers folgenden Gehalt für 1 l an:

Allgemeine Beschaffenheit	Schwebestoffe		Gelöste, nicht flüchtige Stoffe		Oxydirbarkeit, Verbrauch an	
	Unorganische mg	Organische mg	Unorganische mg	Organische (Glühverlust) mg	Kaliumpermanganat mg	Sauerstoff mg
Probe 1, neutral, fäulnissartig	1415,0	4548,0	—	5501,6	3141,0	795,0
„ 2, neutral, lohartig riechend	151,0	1200,0	1939,2	1510,0	3421,0	866,0
„ 3, alkalisch, lohartig riechend	408,0	955,2	1815,2	618,4	641,0	162,0

---

¹) K. B. Lehmann: Die Verunreinigung der Saale bei und in der Stadt Hof. 1895, 156.

²) H. Spindler: Die Unschädlichmachung der Abwässer in Württemberg. Stuttgart 1896, 105.

Für ein **Schwefelnatrium-haltiges** Gerberei-Abwasser erhielten wir folgende Zusammensetzung für 1 l:

Schwebestoffe			Gelöste Stoffe										
Un- organische	Organische	Stickstoff	Un- organische	Organische	Stickstoff	Zur Oxydation erforderlicher Sauerstoff in saurer	in alka- lischer Lösung	Schwefel- wasserstoff	Schwefel- säure	Kalk	Magnesia	Kali	Natron
mg	mg	mg	mg	mg	mg	mg	mg	mg	mg	mg	mg	mg	mg
103,5	91,0	15,0	1843,5	639,0	92,6	548,0	499,2	1,0	126,7	87,0	185,9	75,2	759,2

Das Abwasser hatte eine stark alkalische Reaktion, einen stark fauligen Geruch, und war gelblich trübe mit geringem Bodensatz.

2. Schädlichkeit.

Die Gerbereiabwässer befinden sich meistens in starker Fäulniss oder gehen doch leicht in Fäulniss über.

Als Beispiel dafür, in wieweit ein **Flusswasser** durch Gerberei-Abwasser **verunreinigt** werden kann, mag der North-River dienen, welcher das Abwasser von 62 Gerbereien in **Pedbody** und **Salem** aufnimmt, und nach obigen Erhebungen des Gesundheitsrathes von Massachusetts folgenden Gehalt für 1 l hatte:

Gesammt- gehalt mg	Organische Stoffe mg	Unorga- nische Stoffe mg	Albuminoid- Ammoniak mg	Ammoniak mg	Chlor mg
2455,2	412,0	2043,2	2,07	5,52	1080,0

E. Reichardt[1]) hatte Gelegenheit, die Giftigkeit der arsenhaltigen Abwässer für Fische zu beobachten, wie auch ferner für Enten und sogar für Rindvieh nach Genuss eines Bachwassers, welches die Abwässer einer grossen Gerberei aufnahm. Anfänglich hatte man die Krankheit beim Rindvieh als Milzbrand betrachtet, jedoch ergaben die eigenthümlichen Erscheinungen bei der Sektion, dass eine Arsenvergiftung vorlag, und bei näherer Nachforschung stellte sich heraus, dass die Gerbereien in der Nähe des Baches bei vergrössertem Betriebe und erhöhter Anwendung von Arsenik harmlos den Abfall dem öffentlichen Wasser zugeführt hatten; in dem Schlamm des Baches, worin die Fische eingegangen waren, etwa 100 Schritt vom Einfluss der Abfälle, fand E. Reichardt 0,6 %/ Arsen in der bei 100° getrockneten Masse; in dem zweiten Falle, wo die giftige

---

1) Grundlagen zur Beurtheilung des Trinkwassers. Halle 1880, 110.

Wirkung (für Rindvieh und Enten) erst in Entfernung von $^1/_2$—1 Stunde von der Gerberei bemerkt wurde, enthielt der trockene Schlamm von einem Teiche $0,014\,^0/_0$ Arsen und desgleichen aus dem Bach noch entfernter entnommen $0,013\,^0/_0$. Aus dem Arsengehalt des Schlammes erklärt sich sehr leicht, weshalb gerade die den Schlamm aufwühlenden Enten sich vergifteten.

H. Fleck[1]) giebt an, dass eine grosse Lederfabrik in Dresden, welche täglich 1000 Kalbfelle gerbte und färbte, durchschnittlich 85—100 cbm Abfall- und Planschwässer in einem Tage lieferte; dieselben waren von feinvertheiltem Kalk milchig getrübt und zeichneten sich in der Regel durch Fäulnissgeruch aus.

Wenn die Gerberei mit einer Lederfärberei verbunden ist, so gesellen sich zu den Abwässern ersterer Art auch noch die nicht mehr brauchbaren Beizen und Farbenbrühen; letztere wirken dann den ersteren gegenüber mehrfach als Desinfektions- oder Klärungsmittel, indem die in den Beizflüssigkeiten verbleibenden Metallsalzlösungen die von den Weichwässern und Kalkäschern stammenden Albuminate ausscheiden und dadurch der Fäulniss derselben entgegenwirken.

Bezüglich der schädlichen Wirkung der fauligen Abwässer verweise ich auf das S. 31—38 Gesagte, und was die Schädlichkeit der arsenhaltigen Abgänge auch für Pflanzen anbetrifft, so ist sie dieselbe, wie bei den arsenhaltigen Abwässern aus Färbereien, die weiter unten besprochen werden.

Die Schädlichkeit der Gerbsäure und des Kalkhydrats für die Fischzucht anlangend, so beobachtete hierüber C. Weigelt[2]), dass 50—100 mg Gerbsäure in 1 l Wasser bei Forellen und Schleien noch nicht giftig wirkten, dass aber 10 g in 1 l, die wohl kaum jemals vorkommen dürften, den Tod verursachten.

Weit schädlicher wirkte Kalkhydrat; hier riefen schon 30 mg $Ca(OH)_2$ in 1 l Wasser krankhafte Erscheinungen hervor, während 70 und 150 mg $Ca(OH)_2$ in 1 l nach 26 bezw. 13 Minuten den Tod verursachten.

Auch die Versuche an hiesiger Versuchsstation ergaben, dass die Schädlichkeit von freiem Kalk schon bei 20 mg CaO an sicher beginnt. Eine Schleie, welche $17^1/_2$ Stunden in einem Wasser mit 23,4 mg CaO in 1 l bei 7—9^0 zugebracht hatte, zeigte Krankheitserscheinungen; sie erholte sich zwar in reinem Wasser, hatte aber überall wunde Stellen, wie wenn die Haut abgeschält gewesen wäre. Ueber 30 mg CaO in 1 l Wasser wirkten auch hier alsbald tödtlich.

Wenn zum Abhaaren in den Aeschern statt reinen gebrannten Kalkes der abgenutzte Gaskalk benutzt wird, so kommen zu den Bestandtheilen der Kalkwässer auch noch mehr oder weniger die des Gaskalkes, die in ihrer Schädlichkeit weiter unten bei „Abgängen aus Gasfabriken" besprochen werden. Hierbei darf nicht unerwähnt bleiben, dass, wenn die mit Gas-

---

[1]) 12. und 13. Jahresbericht etc. 1884, 11.
[2]) Archiv f. Hygiene 1885, **3**, 39.

kalk enthaarten Häute in die Lohgruben kommen, sich infolge der sauren Lohbrühe giftige Gase, wie Schwefelwasserstoff, Blausäure und Kohlensäure entwickeln, welche für die Arbeiter gefährlich werden können.

3. *Reinigung.*

Wenn gefordert werden muss, dass Gerbereien ebenso wie Schlächtereien und Leimsiedereien wegen der widerlichen und schädlichen Gase und Gerüche vor die Städte verwiesen werden, so dürfen andererseits die Abwässer nicht in die öffentlichen Wasserläufe abgelassen werden, ohne dass sie vorher von den Fäulnissstoffen und giftigen Bestandtheilen befreit worden sind.

Der Kgl. preussische Ministerialerlass vom 15. Mai 1895 erklärt nicht nur die eigentlichen Gerbereien, sondern auch die Fellzurichtereien, deren Betrieb in Bezug auf Belästigungen für die Nachbarschaft dem der Gerbereien ähnlich ist, für genehmigungspflichtig. Bezüglich dieser Abwässer heisst es in dem Erlass:

Da Gerbereien meist an fliessenden Gewässern angelegt werden, so ist etwaige Verunreinigung des Wassers durch die flüssigen Abgänge der Gerbereien besonders zu beachten. Im allgemeinen wird nicht nur das Spülen der Felle in den Flussläufen, sondern auch das Ablassen der nicht gereinigten Spül- und Weichwässer in diese nicht gestattet werden dürfen. Für die Reinigung der Weich- und Spülwässer wird meist eine Filtration durch eine etwa $^3/_4$ m dicke, öfters zu erneuernde Loheschicht genügen. Das Versickernlassen der Abwässer im Erdboden ist wegen der davon zu befürchtenden Verseuchung des Bodens und des Wassers unzulässig.

Die Werkstättenräume müssen so eingerichtet sein, dass reger Luftwechsel in ihnen stattfinden kann. Ihre Wände müssen in Cement verputzt und bis zur Höhe von $1^1/_2$ m mit Oelfarbe gestrichen sein. Der Fussboden ist wasserdicht und mit Gefälle zum wasserdichten Kanal einzurichten. Alle Gruben sind wasserdicht und die im Freien befindlichen (mit Ausnahme der Spülgruben) dicht bedeckbar herzustellen.

Das Leimleder ist in mit Kalkmilch versetzten bedeckten Gruben aufzubewahren.

Die festen Abfälle sind ebenfalls in wasserdichten, bedeckten, mit Kalk versetzten Gruben anzusammeln.

Die Entleerung dieser Gruben, sowie der Weich- und Beizgruben muss in der Nacht erfolgen.

Die Anwendung von Arsenikalien ist nur zu gestatten, wenn diese arsenikhaltigen Abwässer nicht in Flussläufe gelangen können.

Bei etwaiger Verwendung stinkender Beizen (Hundekoth) sind Vorrichtungen vorzuschreiben, die eine Belästigung der Umgegend auszuschliessen geeignet sind, wie beispielsweise Aufbewahrung der Beizen in bedeckten Gruben, nicht zu langes Lagernlassen der Beizen, das Arbeiten mit diesen Beizen in bedeckten Bottichen so, dass die Dämpfe entweder in einen hohen Schornstein abgesaugt oder durch eine Feuerung geleitet werden u. a. m.

Bei etwaiger Verwendung von Gaskalk ist darauf aufmerksam zu machen, dass dieser wegen der massenhaften Entwickelung von Schwefelwasserstoff nicht mit sauren Lohbrühen in Berührung kommen darf.

Im Genehmigungsgesuch ist zur Beurtheilung der Grösse des Betriebes die Zahl, die Grösse und die Art der Gruben anzugeben.

Ueber die Reinigung von Gerbereiabwässern liegen nur wenige Erfahrungen vor.

Die Einweichwässer können bei Bearbeitung der Lohabgänge auf Lohkuchen zum Anfeuchten mit benutzt werden.

Die einfachen Kalkwässer sind in zweckmässigen Klärbecken vorher zu reinigen und die faulen Aescher (Kleien- und Hundekothbäder) mit Desinfektionsmitteln wie Chlorkalk oder roher Manganlauge, Calciumbisulfit zu versetzen und dann ebenfalls zu klären; die verbrauchten Lohbrühen müssen entweder mit Kalk oder durch Filtration durch Sand oder poröse Erde gereinigt und nur in geschlossenen Röhren abgelassen werden.

Wo Gelegenheit vorhanden ist, kann auch eine Reinigung durch Berieselung vorgenommen werden.

Die Abfallwässer beim Rhusma, die beim Abwaschen der geschwödelten Felle auf der Waschbank erhalten werden, veranlassen zunächst die Entwickelung von Schwefelwasserstoff, wobei einfach Schwefelarsen zurückbleibt; letzteres wird durch Aufnahme von Sauerstoff in unterschweflige Säure und arsenige Säure verwandelt; zu letzterer gesellt sich auch noch die im Operment stets vorhandene arsenige Säure. Wenngleich die arsenige Säure mit dem Kalk sich zu unlöslichem arsenigsauren Calcium verbindet, so wird doch letzterer durch das in den fauligen Flüssigkeiten stets vorhandene Ammoniak wieder gelöst und sollen diese Art Abwässer noch stets zur Bildung von unlöslichem arsenigsauren Eisen mit Eisenvitriol und etwas Kalkmilch versetzt und längere Zeit (etwa 24 Stunden) geklärt werden, ehe sie in die öffentlichen Wasserläufe abgelassen werden.

Fl. Kratschmer[1]) empfiehlt, da die Gerbereiabwässer meistens schon genügend freien Kalk enthalten, dieselben mit schwefelsaurer Thonerde zu fällen, 6—8 Stunden sich klären zu lassen und das geklärte Wasser durch gebrauchte Lohe zu filtriren.

E. Reichardt[2]) stellte Versuche über die Ausfällung von arseniger Säure aus diesen Abwässern sowie denen von Färbereien an und fand, dass bei Anwendung von Kalk $2^0/_0$, bei Anwendung von Magnesia $1^0/_0$ der arsenigen Säure nicht ausgefällt wurden, während bei Anwendung von Kalk und Eisenchlorid alles Arsen ausgefällt wurde.

Auch für die Ausfällung von Farbstoffen erwies sich Magnesia (sowohl als Magnesiumhydroxyd wie Magnesiakohle) wirksamer als Kalk.

J. W. Calvert und J. Chaffer[3]) schlagen vor, das Abwasser aus Gerbereien (und auch Färbereien) mit Schwefelsäure zu fällen und durch ein Filter von Sägemehl, Kies und Koks zu filtriren.

Nach A. Knorre[4]) in Wandsbeck (D.R.P. 57425) sollen die Abfälle aus den Kalkwerkstätten der Gerbereien auf Darren getrocknet und dann fein gemahlen werden, um auf diese Weise die darin enthaltenen Haare, Haut- und Schleimtheile möglichst zu zerkleinern, sowie untereinander und mit den Kalktheilen innig zu vermischen.

---

[1]) Nach Oesterr. Sanitätsw. 1886, **16**; in Hyg. Rundsch. 1896, **6**, 1227.
[2]) Nach Arch. f. Pharm. 1887, **19**, 169; in Chem.-Ztg. 1887, **11**; Wochenbericht 101.
[3]) Chem.Centrbl. 1891, **62**, I. 501.
[4]) Berichte der Deutschen chem. Gesellschaft in Berlin 1891, **24**, Referate 807.

K. und Th. Möller in Kupferhammer bei Brackwede haben sich folgendes Verfahren zur Reinigung der Gerbereiabwässer und solcher Wässer, welche Schwefelarsen und Schwefelcalcium enthalten, patentiren lassen (D.P. 10642 v. 25. Febr. 1879):

„Die Abwässer werden entweder durch Einleiten von kohlensäurehaltigen Verbrennungsgasen gereinigt, wobei Schwefelarsen und Calciumkarbonat niederfallen, oder es wird Salzsäure zugesetzt, wobei Schwefelarsen sich ausscheidet. Dann wird das Wasser zur Abstumpfung der Säure mit Kalkhydrat versetzt. Ein Ueberschuss von diesem wird durch Einleiten von kohlensäurehaltiger Luft entfernt, wobei neben dem Calciumkarbonat auch organische Stoffe und Arsen sich ausscheiden. Der entwickelte Schwefelwasserstoff wird in Kalkmilch geleitet. Die Lösung von Calciumsulfhydrat, mit dem erhaltenen Schwefelarsen vermischt, dient wieder zum Enthaaren der Häute in den Gerbereien. Wässer, welche arsenige Säure und Arsensäure enthalten, werden mit Calciumsulfhydrat oder Lauge von Sodarückständen versetzt und mit Salzsäure etc. wie vorhin behandelt. Das abfallende Schwefelarsen wird durch Rösten wieder in arsenige Säure verwandelt.“

Mir ist nicht bekannt, dass diese und andere Vorschläge eine praktische Anwendung gefunden hätten.

Dagegen hatte ich Gelegenheit, über die Reinigung der Abwässer einer Schaffellgerberei verbunden mit Färberei des Leders folgende Erfahrung zu machen:

Die Klärung der Abgänge mit Kalk und sonstigen Fällungsmitteln hatte nur geringen Erfolg; dagegen wurden durch die verbrauchte Gerberlohe, durch welche man die Abwässer filtriren bezw. sich senken liess, viel bessere Ergebnisse erzielt.

An den Tagen der Probenahme wurden gebraucht und liefen ab: Rothe und gelbe Anilinfarben, sowie vorwiegend die Brühe vom Walkfass, in welchem sumakgegerbte Schafleder gereinigt und gewalkt wurden. Das ungereinigte und durch gebrauchte Gerberlohe gereinigte Wasser enthielt im Mittel zweier Probenahmen für 1 l:

Abwasser	Schwebestoffe			Gelöste Stoffe							
	Unorganische	Organische	Stickstoff in letzteren	Unorganische (Glührückstand)	Organische Stoffe (Glühverlust)	Zur Oxydation erforderlicher Sauerstoff	Stickstoff	Phosphorsäure	Kali	Kalk	Schwefelsäure
	mg	mg	mg	mg	mg	mg	mg	mg	mg	mg	mg
Ungereinigt .	1843,8	6348,3	196,7	2074,8	2643,3	2167,0	023,3	56,3[1])	231,1	—	939,0
Gereinigt	27,5	232,0	7,4	589,5	775,0	844,0	13,4	8,3	101,1	176,0	255,0

Die gebrauchte Gerberlohe dürfte hiernach Schmutzstoffe vorwiegend mechanisch zurückhalten, die Farbstoffe dagegen wie sonstige organische Fasern auf sich niederschlagen.

---

[1]) Gesammt-Phosphorsäure in suspendirten + gelösten Stoffen.

Um die entfärbende Wirkung der ausgenutzten Lohe zu ermitteln, löste ich von den in vorstehender Lederfärberei benutzten Farben: Lichtgrün S. Neuroth 3 R, Wasserblau BB und Auramin II je 5 g in 1 l Wasser und setzte zu 50 g ausgenutzter und getrockneter Lohe je 300 ccm dieser Farblösungen; diese saugten ca. 150 ccm dieser Farblösungen auf, und die überstehende Farbstofflösung enthielt weniger Farbstofflösung bezw. gebrauchte weniger zur Oxydation erforderlichen Sauerstoff als die ursprüngliche Farbstofflösung:

	Lichtgrün S.	Neuroth 3 R.	Wasserblau BB.	Auramin II.
Absorbirte Menge Farbstoff auf 100 g ausgenutzter Lohe	0,024 g	0,048 g	0,120 g	1,182 g
Die Lösung erforderte weniger Sauerstoff zur Oxydation (für 1 l)	144 mg	432 mg	656 mg	2688 mg

Am meisten wurde daher der gelbe Farbstoff Auramin II von der Lohe aufgenommen. Natürliche ungebrauchte Lohe verhielt sich nur für Auramin II günstiger, indem hier von 50 g Lohe die gesammte Menge von 1,5 g aufgenommen war; bei den anderen Farbstoffen war ein Unterschied nicht festzustellen, ein Beweis, dass das Niederschlagen des Farbstoffes durch die Lohefaser, nicht durch die Gerbsäure verursacht bezw. begünstigt wird.

Da auch die Arbeiter von jeher in der vorstehenden Ledergerberei die farbigen Hände durch Waschen mit abgenutzter Gerberlohe reinigen, so dürfte man für viele Fälle in der ausgenutzten Gerberlohe — durch langsame Filtration — ein einfaches und billiges Mittel besitzen; schwache Farbstofflösungen zu entfärben.

Eine ähnliche Wirkung über die Reinigung dieser Art Abwässer haben A. Tschupiatow und M. Glasenapp[1]) mit Torfmull gemacht; sie filtrirten Abwasser einer Glacéleder-Gerberei durch Torfmull, indem auf 15 l Flüssigkeit etwa 2 kg Torfmull kamen, und das Abwasser unter schwachem Druck unten ein- und oben abfloss; sie fanden für 1 l Flüssigkeit:

Bestandtheile	Vor der Filtration g	Nach der Filtration g	Durch die Filtration entfernt %
Schwebestoffe (organische und unorganische) . . .	0,649	0	100
Gelöste Stoffe „ „ „ . . .	3,540	2,077	41,33
Gelöste organische Stoffe	1,250	0,437	65,04
„ unorganische „	2,290	1,640	28,39
Stickstoff in gelösten organischen Stoffen	0,205	0,068	66,83
„ als Ammoniak	0,340	0,162	60,60
„ Gesammt-	0,545	0,202	62,94
Phosphorsäure	0,523	0,312	40,34

Das filtrirte Wasser war geruchlos; für die starke Absorption des Ammoniaks wissen auch die Versuchsansteller keine Erklärung.

---

[1]) Chem.-Ztg. 1898, **22**, Repertorium, **75**.

V. Abwässer aus Gährungsgewerben (Brauereien, Brennereien und Hefefabriken).

A. Brauerei-Abwässer.

1. Zusammensetzung.

Die Abwässer aus den Bierbrauereien setzen sich zusammen aus den Einweichwässern von Gerste, aus den Spül- und Schwankwässern der Bierfässer, der Gährbottiche und Lagerfässer etc. Diese Schmutzwässer führen Hefezellen und Fäulnisspilze aller Art mit sich und bilden durch den Gehalt an leicht löslichen Stickstoffverbindungen eine sehr zur Fäulniss neigende Flüssigkeit. Nur der Umstand, dass neben dem unreinen Spül- und Schwankwasser auch verhältnissmässig viel reines Wasser zur Anwendung kommt, bewirkt, dass diese an sich sehr schlechten Abwässer nur dort zur Beschwerde Veranlassung geben, wo sie im Verhältniss zu dem sie aufnehmenden Bachwasser in grösserer Menge abgelassen werden. Nachstehende Analysen von Abwässern aus Bierbrauereien Dortmunds veranschaulichen die Zusammensetzung dieser Art Abwässer; No. 1 und 2 der Analysen sind von Alex. Müller[1]), No. 3, 4 und 5 vom Verfasser ausgeführt.

	1.	2.	3.	4.	5.
Bestandtheile. 1 l enthält:	Hefenwasser	Gerste-Weich-wasser[2])	Spülwasser		Schwank-wasser
	mg	mg	mg	mg	mg
Gesammt-Abdampfrückstand . .	1432,0	2200,0	2535,0	1378,4	1847,0
Glührückstand (Mineralstoffe) .	661,0	1392,0	1354,6	768,0	833,4
Glühverlust (organ. Substanz etc.)	771,0	808,0	1180,4	610,4	1013,6
Stickstoff in Form von Ammoniak	—	—	20,6	12,2	—
do. in organ. Verbindungen	17,0	13,0	19,0	22,6	33,3
Chlor	81,0	143,0	36,8	29,6	19,3
Phosphorsäure	14,0	43,0	19,8	35,8	20,2
Schwefelsäure	92,0	199,0	110,5	30,9	77,6
Kalk	226,0	200,0	421,0	64,0	258,0
Magnesia	30,0	83,0	81,0	98,6	59,4
Kali	25,0	439,0	79,3	83,4	66,4
In Säure unlöslicher Rückstand	16,0	34,0	446,0	321,0	281,8

[1]) Preuss. Landw. Jahrbücher 1885, 300.

[2]) Mittel von 3 Analysen.

Krandauer (Weihenstephan) untersuchte ebenfalls 52 Sorten derartiger Brauerei-Abwässer und fand den Abdampf-Rückstand bezw. den Gehalt an gelösten Stoffen von 80,0—924,0 mg schwankend, den des Chlors von 0,2 bis 407,3 mg, des Kalkes von 11,2—161,3 mg, der Magnesia von 0,7—87,2 mg für 1 l. Diese Zahlen sind nach Krandauer nicht ungewöhnlich, und bezüglich des Gehaltes an organischen Stoffen verhielten sich die Wässer, wie er bemerkt, gut, giebt aber keinen bestimmten Gehalt an.

K. B. Lehmann[1]) findet für die Abwässer von Brauereien in 17 verschiedenen Fällen folgenden Gehalt für 1 l:

Abdampf-Rückstand mg	Glühverlust mg	Glüh-rückstand mg	Verbrauch an Kaliumper-manganat mg	Stickstoff mg	Phosphor-säure mg
164,0—3250,0	87,6—2940,0	76,4—337,0	47,1—333,0	37,2 u. 39,0 (in 2 Fällen)	12,8 (in 1 Fall)

Die Abwässer hatten durchweg einen starken und schleimigen Bodensatz mit viel eingelagerter Hefe; bei 5 tägiger Aufbewahrung in verschlossenen Flaschen zeigten sie einen mehr oder weniger fauligen Geruch, entweder nach fauler Hefe und Bier oder nach Schwefelwasserstoff.

Dass die Brauerei-Abwässer mitunter nicht unerhebliche Mengen verunreinigender Stoffe mit sich führen, beweisen noch folgende Analysen des Verfassers (No. 1 und 2) und eine Analyse von Fr. Schwackhöfer (No. 3) für 1 l:

No.	Schwebestoffe			Gelöste Stoffe								
	Unor-ganische mg	Or-ganische mg	In letz-teren Stick-stoff mg	Ge-sammt-Menge mg	Unor-ganische (Glüh-rück-stand) mg	Or-ganische (Glüh-verlust) mg	Orga-nischer Stick-stoff mg	Zur Oxyda-tion er-forder-licher Sauer-stoff mg	Phos-phor-säure mg	Schwe-felsäure mg	Kali mg
1	135,0	362,5	43,5	1170,0	825,0	345,0	14,1	172,8	14,0	—	—
2	583,5	489,5	40,8	3606,0	780,5	3462,0	144,0	920,0	116,8	144,6	108,6
3	195,8	783,3	—	2070,8	628,8	1444,0	19,4	194,7	41,0	84,9	—

Für Gerstenauszugwasser fand ich folgenden Gehalt für 1 l:

	Stickstoff	Kali	Phosphorsäure
1. Probe . . .	154,0 mg	196,0 mg	74,0 mg
2. „ . . .	12,0 „	89,0 „	9,0 „

Die Weichwässer enthalten stets mehr oder weniger Gummi, Zucker, stickstoffhaltige Stoffe neben Kali und Phosphorsäure und gehen ebenso,

---

[1]) K. B. Lehmann: Die Verunreinigung der Saale bei und in der Stadt Hof. 1895, 152—155.

wie das Hefewasser, sehr rasch in Fäulniss über, indem sie alle Zersetzungserzeugnisse liefern, welche bei der Fäulniss stickstoffhaltiger Stoffe beobachtet worden sind.

2. *Schädlichkeit.*

Ueber den Grad von wirklichen Bach- oder Flusswasser-Verunreinigungen durch Brauerei-Abwässer sind bis jetzt nur wenige Fälle bekannt geworden. Das Sunderholz-Bachwasser bei Dortmund besteht fast ausschliesslich aus den Abwässern der zahlreichen (etwa 45) Brauereien Dortmunds; Verfasser untersuchte das Wasser dieses Baches zu drei verschiedenen Zeiten nach Aufnahme der Brauerei-Abwässer (Analysen No. 1—3), Alex. Müller (No. 4 und 5) dasselbe am Ursprung und nach Aufnahme der Abwässer mit folgendem Ergebniss für 1 l:

Zeit und Stelle der Untersuchung	Schwebestoffe			Gelöste Stoffe						
	Unorganische mg	Organische mg	Stickstoff in letzteren mg	Gesammt-Menge mg	Organische Stoffe mg	Ammoniak-Stickstoff mg	Organ. Stickstoff mg	Schwefelwasserstoff mg	Schwefelsäure mg	Chlor mg
No.1. 30. März 1883	9,2	—	—	1628,0	458,2	6,3	—	6,8	137,5	610,0
„ 2. 18. Aug. 1884	992,0	110,0	13,5	1620,0	438,0	3,9	3,2	7,5	83,5	772,0
„ 3. 22. „ 1884	Nicht bestimmt			1025,2	396,0	7,5	2,8	14,0	—	—
„ 4. Am Ursprung	—	—	—	1095,0	133,0	3,0	2,0	—	82,0	162,0
„ 5. Nach Aufnahme der Abwässer	—	—	—	1711,0	440,0	5,0	8,0	—	135,0	686,0

Der hohe Gehalt an unorganischen Schwebestoffen bei No. 2 muss als ungewöhnlich bezeichnet werden, vielleicht dadurch veranlasst, dass der Bodenschlamm des Baches mit aufgerüht worden ist, da nach den anderen Untersuchungen der Sunderholzbach fast frei von Schwebestoffen ist.

Alex. Müller fand für den lufttrocknen Schlamm aus dem Sunderholzbach folgende procentige Zusammensetzung:

Wasser	Organische Stoffe	Mineralstoffe	In letzteren:					
			Kalk	Magnesia	Eisenoxyd	Kali	Phosphorsäure	Sand + Thon
1,9 %	5,4 %	92,7 %	0,63 %	0,50 %	5,29 %	0,48 %	0,22 %	80,2 %

Im frischen Zustande enthielt der Schlamm ziemlich viel Schwefeleisen.

Das Sunderholzbachwasser besass früher in der wärmeren Jahreszeit einen überaus stinkenden Geruch, der viel stärker und unangenehmer war,

als von dem Dortmunder Kanalwasser, und sich mitunter schon auf weite
Strecken bemerkbar machte. Wir fanden das Wasser häufig von ausgeschiedenem Schwefel milchig trübe; an den Uferrandungen hatte sich
ein Filz von Pilzen verschiedener Art angesetzt und konnten wir darin
auch Beggiatoa alba erkennen.

Ferner untersuchte H. Fleck[1]) während der trocknen Jahreszeit das
Wasser eines fast wasserleeren Bachgerinnes, welches durch Brauerei-
Abwasser verunreinigt worden war und zur Beschwerde Veranlassung gegeben hatte. Mehrere an verschiedenen Tagen entnommene Flüssigkeits-
proben reagirten sauer, waren völlig trübe und schieden, ohne sich zu
klären, einen grauen schlammigen Bodensatz ab; die überstehenden trüben
Wässer besassen den Geruch von saurem Bier, der Bodensatz enthielt reichlich Rotatorien, Hefezellen, Fäulnissbakterien und entwickelte den Geruch
nach Schwefelwasserstoff; ein darüber gehaltenes, mit Bleizuckerlösung ge-
tränktes Papier wurde nach kurzer Zeit gebräunt.

In 1 l der Flüssigkeiten wurden gefunden:

	I.	II.	III.	IV.	V.
Feste Bestandtheile	3,206 g	0,920 g	1,340 g	1,696 g	1,127 g
Organische Stoffe .	2,500 „	0,620 „	0,276 „	0,256 „	0,367 „
Ammoniak	0,003 „	0,008 „	0,150 „	0,159 „	0,048 „

25 ccm von jeder Flüssigkeitsprobe mit je 50 ccm einer 10procentigen,
vorher gekochten Traubenzuckerlösung bei $+ 25^0$ C. sich selbst überlassen,
bedingte den sofortigen Eintritt von alkoholischer Gährung, bei welcher
entwickelt wurden:

	I.	II.	III.	IV.	V.
Kohlensäure . . .	0,188 g	0,060 g	0,032 g	0,033 g	0,036 g

„Diese Mengen gestatten einen ungefähren Rückschluss auf den bezüglichen Hefe-
gehalt der Abwässer; durch die Behandlung der erzielten Verdampfungsrückstände
mit Aether ergab sich eine gelblich gefärbte Auflösung, in welcher bitterschmeckendes
Hopfenharz und Fetttheile deutlich nachweisbar waren, und in dem alkoholischen Auszuge
desselben Rückstandes zeigte sich, zumal in den 3 letzten Proben Abwasser, welche
sich auch durch einen sehr hohen Ammoniakgehalt auszeichneten, Gallen- und Harnfarb-
stoffe in gleich starkem Grade.

Dieser letztere Befund war jedoch ein Beweis dafür, dass dieses Wasser nicht
nur die Bestandtheile des Brauereiabwassers enthielt, sondern auch noch gleichzeitig die
von menschlichen Auswürfen. Eine nähere Erkundigung ergab thatsächlich, dass in
die Schleusen der Brauerei nicht nur die Spülwässer dieser, sondern auch die Abwässer aus Wirthschaftsräumen und Ställen gelangten.“

Caspary[2]) in Chemnitz berichtet über folgende Bachverunreinigungen
durch Brauerei-Abwasser:

„In den Bernsbach, der bis dahin stets reines Wasser geführt hatte, wurden die
Abflüsse einer Brauerei geleitet; das Wasser nahm einen widrigen Geruch an, schmeckte

---

1) 12. und 13. Jahresbericht der Königl. Chem. Centralstelle Dresden 1884, 9.
2) Aus „Blätter für Handel und Gewerbe und sociales Leben“ in „Norddeutsche
Brauerzeitung“ 1884, 1219.

ekelhaft und die darin befindlichen Steine und Pflanzen wurden von einer weisslichen, wie Baumwolle aussehenden Substanz überzogen; losgerissen schwamm sie im Bache weiter und trat derartig in Massen auf, dass sie die Rohre verstopfte, durch welche der Stadt das Wasser zugeführt wurde. Bei genauer Untersuchung entpuppte sich die Substanz, welche unter entsetzlichem Geruche in Fäulniss überging, als das bekannte Wasserhaar (Leptomitus lacteus)."

Einen ähnlichen Fall finden wir verzeichnet aus Turm bei Teplitz. Die Clary'sche Brauerei liess ihre Abwässer in den Turmer Bach fliessen, dessen Wässer sich früher einer angenehmen Klarheit und Reinheit erfreuten. 1864 klagten die Besitzer der am Bache gelegenen Grundstücke über eine „pestilenzialische" Verunreinigung des Wassers und der Luft; auch hier ergab die Untersuchung, dass die Belästigung infolge der massenhaften Bildung von Leptomitus hervorgerufen war.

Verf. fand für den Schlamm aus einem Graben, der Brauereiwasser aufgenommen hatte, in 1 l:

Schwebestoffe:			Gelöste Stoffe:		
unorganische	organische	Stickstoff	unorganische	organische	Stickstoff
3,580 g	39,810 g	2,764 g	3,620 g	15,185 g	1,945 g

Der Schlamm bestand vorwiegend aus Hefe.

Bezüglich der schädlichen Wirkungen in den Gewässern verhalten sich die Brauereiabwässer wie alle anderen fauligen und fäulnissfähigen Schmutzwässer.

Da die Abwässer der Brauereien mitunter freie Essigsäure und Milchsäure enthalten, so können sie auch dadurch schädlich wirken, dass sie den Kalk aus Mörtel bezw. Cement in Kanälen lösen.

3. Reinigung.

Für die Reinigung der Brauerei-Abwässer wird fast allgemein Kalkmilch empfohlen. So berichtet E. Reichardt,[1] dass ein Brauerei-Abwasser, welches einen Teich derartig verunreinigte, dass die Anwohner Beschwerde führten, und welches neben Fäulnissstoffen und Stickstoffverbindungen $1\,^0/_0$ (10000 mg auf 1 l) durch Chamäleon oxydirbare organische Substanz enthielt, durch Fällung mit Kalkmilch und Ablagerung in Klärteichen soweit gereinigt wurde, dass es nur Spuren von organischem Stickstoff und nur 50 mg durch Chamäleon oxydirbare organische Stoffe enthielt. In anderen Fällen hat man auch, besonders bei Mälzereien, eine gute Wirkung mit der Süvern'schen Fällungsmasse (vergl. I. Bd. S. 353 u. II. Bd. S. 98) erzielt.

Ich hatte Gelegenheit, die Wirkung des Rothe-Roeckner'schen (I. Bd. S. 401), des Nahnsen-Müller'schen (I. Bd. S. 393) und des elektrischen Verfahrens nach Webster (I. Bd. S. 433) bei Brauereiabwässern festzustellen.

---

[1] Vergl. „Nordd. Brauerztg." 1884, 1219.

Mit dem Rothe-Roeckner'schen Apparat wurde (unter Zusatz von Kalkmilch) einmal im August 1884 das Sunderholzbachwasser bei Dortmund, welches, wie S. 204 bemerkt, fast ausschliesslich durch Abwässer von Brauereien verunreinigt wurde, und dann im Winter 1885 das Abwasser einer Brauerei in Braunschweig gereinigt; in ersterem Falle handelte es sich um einen vorübergehenden Versuch, bei letzterem um eine bleibende Einrichtung.

Die Reinigung mit dem Nahnsen-Müller'schen Fällungsmittel wurde bei einem Brauerei-Abwasser in Schönebeck a. d. Elbe versuchsweise ausgeführt; ebenso wurde das elektrische Reinigungsverfahren von Webster durch einen Versuch im kleinen geprüft.

Die Untersuchung der ungereinigten und gereinigten Abwässer lieferte folgendes Ergebniss für 1 l:

Reinigungsverfahren nach	Schwebestoffe			Gelöste Stoffe							
	Unorganische	Organische	In letzteren Stickstoff	Unorganische (Glührückstand)	Organische (Glühverlust)	Zur Oxydation erforderlicher Sauerstoff	Stickstoff	Phosphorsäure	Kali	Kalk	Schwefelwasserstoff
	mg	mg	mg	mg	mg	mg	mg	mg	mg	mg	mg
1. Rothe-Roeckner:											
a) In Dortmund											
Ungereinigt	992,0	110,0	13,5	1620,0	21,9	8,0	—	—		187,0	7,5
Gereinigt	64,4	Spur	0,0	1917,5	25,3	6,2	—	—		512,5	6,2
b) In Braunschweig											
Ungereinigt	23,2	173,2	7,5	330,8	240,4	86,4	14,9	9,5	20,6	128,4	2,9
Gereinigt	Spur	Spur	0,0	2275,6	512,0	161,6	13,4	2,8	25,0	838,0	0,0
2. Nahnsen-Müller:											
Ungereinigt	135,0	362,5	43,5	825,0	345,0	172,8	14,1	14,1	100,3	155,0	—
Gereinigt	12,5	12,5	Spur	955,0	552,5	264,0	23,8	Spur	91,6	175,0	—
3. Nach dem elektrischen Verfahren von Webster											
Ungereinigt	?	222,5	23,1	560,0	497,5	184,0	46,2	—	—	—	—
Gereinigt		wenig		1062,8	691,8	126,5	31,9	—	—	—	—

Selbstverständlich sind vorstehende Ergebnisse für die Beurtheilung der Wirkung des einen oder anderen Verfahrens nicht massgebend; denn einerseits handelt es sich bei No. 2 und 3 um Versuche im kleinen und ist das zu reinigende Wasser in allen drei Fällen verschieden. Andererseits ist es fraglich, ob die Proben gereinigten Wassers, besonders unter 1b, dem ungereinigten in seiner ursprünglichen Zusammensetzung entsprochen haben. Wenn irgendwelche Schmutzwässer, so sind gerade die Brauerei-Abwässer von sehr schwankender Zusammensetzung.

Als bemerkenswerth, wie sehr der überschüssige Kalk die Haltbarkeit derartiger fauliger Abwässer erhöht, mag angeführt werden, dass die beiden Wässer 1b vom 8. bis 21. April in luftdicht verschlossenen Behältern im

Keller gestanden und das ungereinigte Wasser einen unangenehmen Geruch angenommen hatte, während das gereinigte Wasser noch fast klar und geruchlos war. Das erstere war von Bakterien, Bacillen, Monaden und Pilzsporen überfüllt; in dem schwachen Bodensatz des gereinigten Wassers konnten dagegen keine Mikroorganismen nachgewiesen werden; derselbe bestand nur aus Calciumkarbonat nebst Eisenoxydflocken.

Ueber die Bedeutung dieser Eigenschaft der überschüssigen Kalk enthaltenden gereinigten Wässer für die Frage der Flussverunreinigung vergl. I. Bd. S. 366.

Fr. Schwackhöfer[1]) berichtet ebenfalls über die Reinigung eines Brauerei-Abwassers mit Kalk und fand für 1 l:

Abwasser	Schwebestoffe		Gelöste Stoffe								Kalk	
	Unorganische	Organische	Unorganische (Glührückstand)	Organische (Glühverlust)	Stickstoff in organischer Bindung	als Ammoniak	Salpetrige Säure	Zur Oxydat. erforderl. Sauerstoff	Phosphorsäure	Schwefelsäure	gebunden	frei
	mg	mg	mg	mg	mg	mg	mg	mg	mg	mg	mg	mg
Ungereinigt	195,8	783,3	626,8	1444,0	19,4	5,0	23,9	194,7	41,0	84,9	241,6	0
Gereinigt .	65,9	190,2	699,2	1716,0	16,9	4,5	19,9	146,2	0	80,3	195,4	111,0

Das ungereinigte Abwasser reagirte sauer, war stark trübe und zeigte nach 8 tägigem Stehen in einer offenen Flasche einen höchst widerlichfauligen Geruch; das gereinigte Abwasser reagirte deutlich alkalisch, war milchig trübe und hatte nach 8 tägigem Stehen in offener Flasche einen stechenden sauren Geruch und starken Bodensatz.

Die mikroskopische Untersuchung des ungereinigten Abwassers ergab: zahlreiche graue und braune Flocken, grosse Massen von lebenden und abgestorbenen Hefezellen, Zooglöen, Fragmente von Malzhülsen, Hopfenreste etc., ferner in 1 ccm 38 000 Mikrophytenkeime.

In dem gereinigten Abwasser wurden unter gleichen Verhältnissen gefunden: Kalkkörner, vereinzelt abgestorbene Hefezellen und 9 500 Keime in 1 ccm.

Fr. Schwackhöfer hält die Reinigung des Brauerei-Abwassers mit Kalk nicht für ausreichend.

Fr. Kajicek[2]) schlägt nach der Fällung und Klärung eine Filtration durch Körbe aus Drahtgeflecht vor, welche als Filtermasse enthalten: Torf, geglühten, kohlenhaltigen Thon, Kies, Sand, Holz- und Thierkohle, Eisenschwamm etc.

Wie kaum hervorgehoben zu werden braucht, können zur Reinigung dieser Abwässer mit gleichem Erfolge auch mehr oder weniger alle die

---

[1]) Mittheilungen d. österr. Versuchsst. f. Brauerei u. Mälzerei. Wien 1889, **2**, 62.
[2]) Centrbl. f. Agr.-Chem. 1894, **23**, 193.

Verfahren in Anwendung kommen, welche für die Reinigung der städtischen Abwässer angegeben sind; vor allen Dingen dürfte auch hier, wo Gelegenheit dazu vorhanden ist, eine Reinigung durch Berieselung zu empfehlen sein.

B. Abwasser aus Brennereien und Hefefabriken.

Das Abwasser aus Branntwein-Brennereien und Hefefabriken hat z. B. in dem Hefen-Abwasser, viel Aehnlichkeit mit dem der Brauereien, nur gelangt hier ungleich weniger, aber ungleich gehaltreicheres Wasser zum Abfluss.

Die sogenannten Kochwässer von den Kartoffeln enthalten neben Gummi, Stärkemehl auch das Solanin etc., besitzen einen höchst unangenehmen, kratzenden Geschmack und gehen leicht in Fäulniss über.

Für die Abwässer von Spiritus- und Kornbranntwein-Brennereien fanden wir folgende Zusammensetzung für 1 l:

Art des Abwassers:	Schwebestoffe			Gelöste Stoffe								
	Unorganische	Organische	Stickstoff	Unorganische	Organische	Stickstoff (organisch gebunden)	Phosphorsäure	Schwefelsäure	Kali	Kalk	Zur Oxydat. erforderl. Sauerstoff in saurer Lösung	alkalischer Lösung
	mg	mg	mg	mg	mg	mg	mg	mg	mg	mg	mg	mg
1. Hefenwasser .	46,8	95,2	4,1	745,2	6826,0	274,1	194,5	144,4	96,3	134,8	—	—
2. Abgebranntes Würzewasser .	318,8	667,0	43,0	2239,0	15175,0	362,0	480,0	—	495,0	—	—	—
3. Aus einer und derselben Fabrik				Gesammte Stoffe:								
a) Gesammt-Abwasser . . .	—	—	—	4805,0	9481,0	530,2	68,0	—	713,0	—	—	—
b) Desgl. . . .	—	—	—	829,0	1261,0	78,1	4,0	—	209,0	—	—	—
c) Desgl. ٔ . . .	—	—	—	815,0	3427,0	164,4	25,0	—	408,0	—	—	—
d) Abwasser von der Hefepresse	—	—	—	1157,0	1672,0	119,1	14,0	—	393,0	—	—	—

e) Gesammt-Abwasser aus dieser Fabrik, nachdem es vorher ohne Zusatz von Chemikalien in Klärteichen geklärt war.

			Keime von Mikrophyten in 1 ccm									
Mittel von 5 Probenahmen	252,0	223,9	1266,70	393,4	420,6	36,3	17,4	58,7	37,3	170,4	176,5	185,3

In derselben Weise ergaben die einzelnen Abwässer aus einer Spiritusbrennerei und Hefefabrik in 1 l:

Art des Abwassers	Unorganische Stoffe mg	Organische Stoffe mg	Stickstoff mg	Zur Oxydation erforderlicher Sauerstoff in saurer Lösung mg	alkal. Lösung mg	Aussehen
a) Lutterwasser von der Maische .	99,0	122,0	Spur	127,2	100,8	Schwach weisslich trübe.
b) Hefenwasser vom Waschen d. Hefe	853,0	5919,0	296,0	2888,0	2304,0	Stark desgl.
c) Lutterwasser von der Destillation des Hefenwassers	60,0	63,0	Spur	67,2	49,6	Hell und klar.
d) Würzewasser nach der Destillation (neues Verfahren)	1090,0	15698,0	478,0	5560,0	4000,0	Stark weisslich trübe.
e) Lutterwasser vom Würzewasser nach dem neuen Verfahren . .	81,0	55,0	0	108,8	118,4	Hell und klar.
f) Rückstand nach der Rektifikation	100,0	140,0	0	128,0	96,4	Schwach weisslich trübe.
g) Gesammt-Abwasser	353,0	338,5	21,3	142,0	122,8	

Für das Hefenwasser aus einer Kornbranntwein-Brennerei wurde in 1 l gefunden:

Probe	Alkohol g	Unorg. Stoffe g	Organ. Stoffe g	Stick-stoff g	Flüchtige Säure = Essigsäure g	Nichtflüchtige Säure = Milchsäure g	Phosphorsäure g
a)	1,21	0,668	8,257	0,415	0,11	0,85	0,259
b) Rückstand	0,10	0,543	6,037	0,273	0,04	0,68	0,195
c)	—	0,685	3,145	0,201	—	—	—
d)	—	0,635	4,245	0,207	—	—	—

H. Spindler[1]) fand für 3 Proben eines Branntwein-Brennerei-Abwassers folgenden Gehalt in 1 l:

Beschaffenheit	Gelöste, nicht flüchtige Stoffe		Oxydirbarkeit, Verbrauch an	
	Unorganische (Glührückstand)	Organische (Glühverlust)	Kaliumpermanganat	Sauerstoff
1. Probe, neutral	637,6 mg	346,0 mg	195,0 mg	49,0 mg
2. „ sauer	677,2 „	678,8 „	602,8 „	152,0 „
3. „ neutral	741,2 „	343,2 „	261,0 „	66,0 „

---

[1]) H. Spindler: Die Unschädlichmachung der Abwässer in Württemberg. Stuttgart 1896, 103.

Die Würze- und Hefenwässer der Spiritus- bezw. Branntwein-Brennereien sind daher sehr gehaltreich an organischen Stoffen, und gehen dieselben wegen der vorhandenen Hefe ausserordentlich leicht und stark in Fäulniss über.

Als Beispiel einer Bachverunreinigung durch Brennereiabwasser mag angeführt werden, dass der Uffelbach bei Werl, der im Durchschnitt dreimal mehr Wasser führt, als das betreffende Abwasser, durch das Abwasser einer grossen Brennerei im Mittel von 5 Probenahmen folgende Veränderungen für 1 l erlitt:

Art des Wassers	Schwebestoffe		Gelöste Stoffe									Keime von Mikrophyten in 1 ccm
	Organische	Unorganische	Organische (Glühverlust)	Unorganische	Zur Oxydat. erforderl. Sauerstoff in alkal. Lösung	Zur Oxydat. erforderl. Sauerstoff in saurer Lösung	Stickstoff (organischer + Ammoniak-)	Phosphorsäure	Schwefelsäure	Kalk	Kali	
	mg	mg	mg	mg	mg	mg	mg	mg	mg	mg	mg	
1. Abwasser der Fabrik	252,3	223,9	393,4	420,6	176,5	185,3	36,3	17,4	58,7	170,4	37,3	1266 170
2. Uffelbachwasser a) vor Aufnahme	0	0	59,5	291,6	3,5	3,7	3,6	0	42,2	146,7	5,0	2453
b) nach Aufnahme des Brennerei-Abwassers . .	33,4	33,2	89,5	300,5	26,1	26,2	9,9	3,5	44,9	158,6	11,9	334 560

Man hat vielfach vorgeschlagen, die gehaltreichen Abwässer zur Fütterung zu verwenden und dadurch unschädlich zu machen. Das wird auch für das abgebrannte Würzewasser und für das Abwasser vom Lufthefeverfahren angängig sein, für das Hefenwasser hat diese Verwendung aber ihre Bedenken. Denn einerseits übt die vorhandene grosse Menge Hefe eine stark abführende Wirkung aus, andererseits scheinen die in Form von Nichteiweiss vorhandenen Stickstoffverbindungen, die $50\,^0/_0$ der Gesammtmenge ausmachen, ebenfalls nicht unbedenklich zu sein.

Viel richtiger wird es sein, das Hefenwasser wegen seines hohen Gehaltes an Düngstoffen wie Jauche zur Düngung zu verwenden.

Ohne Zweifel wird man auch hier, wenigstens bei den gehaltreichen Abwässern, durch Fällen mit chemischen Fällungsmitteln eine unter Umständen ausreichende Reinigung erzielen können, während nach hiesigen Erfahrungen das genügend verdünnte Abwasser am erfolgreichsten durch Berieselung gereinigt werden kann.

So ergab das mit Brennereiabwasser verunreinigte Uffelbachwasser nach Benutzung zur Berieselung von Wiesen im Mittel von 5 bezw. 3 Probenahmen für 1 l:

Art des Wassers	Schwebestoffe		Gelöste Stoffe							Keime von Mikrophyten in 1 ccm
	Organische	Unorganische	Organische (Glühverlust)	Unorganische	Zur Oxydation erforderlicher Sauerstoff in alkal. Lösung	in saurer Lösung	Organischer + Ammoniak-Stickstoff	Phosphorsäure	Kali	
	mg	mg	mg	mg	mg	mg	mg	mg	mg	
1. Mit Brennereiwasser verunreinigtes Bachwasser	33,4	33,2	89,5	300,5	26,1	26,2	9,9	3,5	11,9	334 560
2. Dasselbe nach Benutzung zur Berieselung:										
a) oberirdisch abfliessend	3,8	5,5	43,7	362,0	20,1	26,0	4,8	1,3	10,8	78 075
b) unterirdisch aus Drains abfliessend	Spur	5,5	40,0	451,2	18,2	15,1	.2,6	Spur	9,7	60 100

Selbstverständlich müssen Wiesen oder Ländereien, welche zur Berieselung mit solchem Abwasser dienen sollen, in derselben Weise ausgebaut und betrieben werden, wie behufs Reinigung von städtischem Abwasser durch Berieselung (vergl. Bd. I S. 296—336). In vorstehendem Falle handelte es sich um eine einfache Wiesenanlage nach Petersen's System und war die Menge Abwasser im Verhältniss zur Rieselfläche zu gross, als dass eine vollkommenere Reinigung erzielt werden konnte.

Das dextrinreiche Würzewasser lässt sich dagegen ohne genügende Verdünnung nicht durch Berieselung reinigen.

VI. Abwasser aus Stärkefabriken.

1. Zusammensetzung.

Die Abwässer aus Stärkefabriken enthalten naturgemäss alle diejenigen Stoffe der stärkehaltigen Rohstoffe, welche in Wasser löslich sind und bei der Absonderung der Stärkekörner an letzteres abgegeben werden; dazu gehören lösliche Stickstoffverbindungen (Eiweiss), Gummi, Zucker und von Mineralstoffen vorwiegend Kali und Phosphorsäure. Hierzu treten unter Umständen noch die zum Einweichen benutzte Säure oder Alkalilauge (Soda).

Zwei Abwässer aus Weizenstärkefabriken und eines desgl. aus einer Reisstärkefabrik, welche von mir untersucht wurden, sowie ein von M. Märcker[1]) untersuchtes Abwasser einer Kartoffelstärkefabrik ergaben für 1 l:

Abwasser aus einer	Organ. Stoffe mg	Darin Stick-stoff mg	Mineral-stoffe mg	Kali mg	Phos-phor-säure mg	Am-moniak mg	Sal-peter-säure mg	Kalk mg
1. Weizenstärkefabrik . . .	—	1120,0	—	520,0	910,0	—	—	471,5
2. do. . . .	3775,0	1465,0	2168,0	948,0	804,0	—	—	—
3. Reisstärkefabrik	—	280,0	—	205,4	120,0	—	—	—·
4. Kartoffelstärkefabrik . .	1134,2	140,67	723,8	212,5	56,6	37,4	3,8	—

R. Hoffmann fand für das zum Einquellen des Weizens verwendete Wasser folgenden procentigen Gehalt:

	Spec. Gewicht	Wasser $^0/_0$	Mineralstoffe $^0/_0$	Organische Stoffe $^0/_0$	Stickstoff $^0/_0$
1. Probe	1,0205	96,607	2,242	1,151	0,75
2. „	1,0031	97,930	1,488	0,582	0,55

R. Schütze[2]) untersuchte das Sauerwasser einer Stärkefabrik mit folgendem Gehalt für 100 ccm:

---

[1]) Zeitschr. d. Landw. Centr.-Vereins d. Prov. Sachsen. 1876. 171.

[2]) Landw. Versuchsstationen 1887, **33**, 197.

	Probe I	II	III	IV
1. Verbrauch an $^1/_{10}$ N. Alkali . .	97 ccm	110 ccm	133 ccm	149 ccm
2. Abdampfrückstand	5,22 g	3,11 g	1,33 g	1,14 g

In diesem Falle nahm also mit zunehmendem Säuregehalt der Abdampfrückstand ab.

Verf. untersuchte das Abwasser einer Reisstärkefabrik, welche neben der Stärkefabrik auch Fabriken für die Bereitung der Pappe und der Soda nach dem Ammoniakverfahren besitzt; alle drei Abwässer wurden früher zusammen in einen grossen Klärteich geleitet und dort zur Klärung gebracht. Der in dem Abwasser der Sodafabrik enthaltene freie Kalk bewirkte eine Fällung in den Abwässern der Stärke- und Pappefabrik; gleichzeitig fand eine Fäulniss in den grossen Klärteichen statt, wodurch ein Theil der organischen Stoffe zersetzt und gasförmig in die Luft entsendet wurde. Im Mittel von 8 Probenahmen[1]) wurde für 1 l gefunden:

Art des Abwassers	Schwebestoffe			Gelöste Stoffe										Keime von Mikrophyten in 1 ccm
	Unorganische mg	Organische mg	Stickstoff mg	Unorganische mg	Organische (Glühverlust) mg	Zur Oxydat. erforderl. Sauerstoff in alkal. Lösung mg	in saurer Lösung mg	Organischer + Ammoniak-Stickstoff mg	Phosphorsäure mg	Schwefelsäure mg	Chlor mg	Kalk mg	Kali mg	
1. Ungereinigt a) Stärkefabrik .	48,0	117,6	10,5	1583,5	770,0	396,4	371,2	56,5	28,0	257,0	462,0	114,4	57,6	376000
b) Pappefabrik .	220,7	387,7	9,5	879,3	307,1	149,3	151,6	12,4	14,0	207,0	170,2	249,3	32,7	9700000
2. Gereinigt von den Klärteichen .	24,0	2,0	0	3075,9 ²)	590,1	177,1	178,2	41,6³)	Spur	335,4	998,6 ²)	602,5	48,6	Wenige bei stark alkal.Reaktion⁴)

Das Abwasser der Ammoniak-Sodafabrik war vorwiegend durch Chlorcalcium und freien Kalk gekennzeichnet; es enthielt im Mittel für 1 l: 0,100 g Ammoniak, 120,11 g Abdampfrückstand, 67,439 g Chlor, 0,666 g Schwefelsäure und 44,060 g Kalk.

---

[1]) Vergl. auch H. Schreib: Zeitschr. f. angew. Chemie 1890, 167.

[2]) Dieses erhebliche Mehr an Mineralstoffen bezw. Chloriden in dem geklärten Abwasser gegenüber dem ungereinigten Abwasser der Stärke- und Pappefabrik erklärt sich aus dem gleichzeitig zufliessenden, an Chlornatrium und Chlorcalcium reichen Abwasser der Sodafabrik nach dem Ammoniakverfahren.

[3]) Mit 19,5 mg Stickstoff in Form von Ammoniak, welches durch die Fäulniss im Klärteich gebildet wurde, während die ungereinigten Abwässer nur 2,5 bis 3,3 mg Ammoniak-Stickstoff in 1 l enthielten.

[4]) Bei schwacher alkalischer Reaktion wurden in einem Falle 474 000 Keime in 1 ccm gefunden.

Das Abwasser einer **Weizenstärkefabrik**, setzte sich aus Einquell-
wasser, Sauer- und Kleberwasser von folgender Beschaffenheit und folgendem Gehalt für 1 l zusammen:

Art des Abwassers	Aussehen	Geruch	Reaktion	Schwebestoffe			Gelöste Stoffe					Kali	Phosphorsäure
				Unorganische	Organische	Stickstoff	Unorganische	Organische	Stickstoff	Zur Oxydation erforderlicher Sauerstoff in alkal. Lösung	saurer Lösung		
				mg	mg	mg	mg	mg	mg	mg	mg	mg	mg
1. Einquellwasser der Fabrik	schwach trübe	0	schwach sauer	3,5	57,5	1,9	286,5	265,0	15,1	80,4	76,0	107,0	8,5
2. Sauerwasser	stark milchig trübe	sauer und faulig	sehr stark sauer	66,5	2580,0	49,0	2615,0	19537,5	2108,4	2265,6	3161,6	908,0	621,4
3. Kleberwasser (noch nicht abgesetzt)	sehr stark milchig trübe	schwach sauer	deutl. sauer	204,0	6118,0	65,1	637,0	3420,0	430,8	825,6	902,4	123,0	241,5
4. Vereinigtes Abwasser	stark milchig trübe	wie 2	desgl.	—	505,0	5,0	1682,0	3623,5	737,2	1497,6	1356,8	518,6	465,5

Das Wasser wurde mit grossem Erfolge zur Berieselung von Wiesen
auf sonst unfruchtbarem Haideboden benutzt.

2. Schädlichkeit.

Ueber die Verunreinigung eines Flusswassers (der Bega und Werre)
durch das Abwasser einer Reisstärkefabrik, mit welcher gleichzeitig eine
Pappe- und Sodafabrik nach dem Ammoniakverfahren verbunden war, berichtet Renk,[1] wobei zu bemerken ist, dass das Abwasser, nachdem es
eine chemische Reinigung und mechanische Abklärung erfahren hatte, erst
in die Bega und mit letzterer in die Werre floss, worin dasselbe eine sehr
starke Verdünnung erfuhr.

Es wurde im Mittel einer grösseren Anzahl von Analysen für 1 l gefunden:

Art des Wassers	Abdampfrückstand mg	Glühverlust mg	Chamäleonverbrauch mg	Chlor mg	Schwefelsäure mg	Kalk mg	Keime in 1 ccm Wasser
1. Gesammt-Abwasser der Stärkefabrik	4381,9	659,9	440,1	1686,4	249,0	743,4	wenige bis 21000
2a) Bega-Wasser vor Aufnahme des Abwassers	406,5	96,8	8,9	47,7	63,7	104,1	2800—15000
2b) Desgl. nach Aufnahme desselben	490,5	148,8	5,7	81,0	73,5	114,8	13500—15800
3a) Werre-Wasser vor Aufnahme der Bega	429,2	93,2	8,1	51,4	64,1	132,4	3100—13860
3b) Desgl. nach Aufnahme derselben	588,3	136,5	5,0	132,0	71,4	131,3	27200—29750

[1] Arbeiten a. d. Kaiserl. Gesundheitsamte 1889, **5**, 209.

Hiernach äusserte sich die Verunreinigung der Bega und Werre durch das Abwasser der Stärkefabrik mehr in der Vermehrung der unorganischen Bestandtheile, vorwiegend der Chloride, welche von der Ammoniak-Sodafabrik herrührten, als in der Vermehrung der organischen Stoffe; jedoch gab sich letztere ebenfalls in der Ablagerung von Schlamm und in der Entwickelung von niederen Organismen (Beggiatoa) zu erkennen.

Die Verunreinigungen in der Werre traten daher durchweg nur zeitweise auf, nämlich dann, wenn die abgelagerten Schlammmassen aufgespült und mit fortgeführt wurden.

Im übrigen gilt bezüglich der Verunreinigung der Flüsse und schädlichen Wirkung der Stärkefabrik-Abwässer ganz dasselbe, was von andern fauligen und fäulnissfähigen Abwässern gesagt worden ist. In Dingler's polytechnischem Journal 1841 Bd. 80 S. 399; 1844 Bd. 92 S. 122; 1874 Bd. 214 S. 225 wird über Fälle berichtet, wo die Belästigung der Nachbarschaft durch Abwässer der Stärkefabriken so gross gewesen ist, dass die Fabriken geschlossen werden mussten. H. Eulenberg (Handbuch der Gewerbe-Hygiene) theilt einen Fall mit, in welchem die Abwässer einer Stärkefabrik in einen Mühlenteich abgelassen wurden; der mit abgelassene Schlamm machte sich noch $^1/_2$ Meile weiter unterhalb bemerkbar, während sich an den Ufern des Baches der Pilz Leptomitus lacteus entwickelt hatte.

3. Reinigung.

Der Kgl. preussische Ministerialerlass vom 15. Mai 1895 macht bezüglich der Stärkefabriken einen Unterschied zwischen der Herstellung der Stärke aus Kartoffeln und derjenigen aus Getreidearten sowie Reis. Nur die Anstalten, in denen Getreide oder Reis verarbeitet wird, sind genehmigungspflichtig.

Bei ihrem Betriebe können Belästigungen durch in reichlicher Menge beim Auskanten der zerkleinerten eingeweichten, auch in Gährung versetzten Rohstoffe verbleibenden Abwässer entstehen, da sie infolge leicht eintretender Fäulniss oft übelriechende Dünste entwickeln.

Um diese Uebelstände zu vermeiden, muss auf die Anlage von Einrichtungen Bedacht genommen werden, die geeignet sind, diese Flüssigkeiten womöglich zur Berieselung zu verwenden oder in einer Weise abzuleiten, welche üble Gerüche nicht entstehen lässt.

In Fällen, wo dieser Anforderung entsprechend genügende Gerinne nicht vorhanden ind, muss die Ableitung der Wässer durch Röhren stattfinden. In Chausségräben und in Rinnsteine dürfen die in Rede stehenden Abwässer nicht geleitet werden. In denjenigen Fällen, wo die Möglichkeit einer raschen Abführung der Wässer nicht erwiesen ist, kann die Genehmigung nicht ertheilt werden.

Bei der Abführung dieser Abwässer in Flüsse kommt das in den allgemeinen Gesichtspunkten Gesagte in Betracht (vergl. hierüber unter Abgänge aus Schlachthäusern S. 183).

a) **Reinigung durch Berieselung.**

Die zweckmässigste Reinigung dieser Abwässer ist unzweifelhaft, wie auch der vorstehende Ministerial-Erlass schon angiebt, die durch
die Berieselung. Hierüber haben M. Märcker und M. C. de Leeves
Versuche mit Abwässern der Kartoffelstärkefabrik bei Hohenziatz angestellt.
Die Einrichtung der Reinigungsanlage ist, wie aus nachstehender Zeichnung
ersichtlich, folgende:

Das Abflusswasser durchfliesst erst 2 Klärbecken, um die noch schwebenden
feinen Stärketheilchen niederfallen zu lassen, geht dann durch einen ca. 170 m langen
Drainstrang und 80 m langen offenen Graben zu einem kleinen Sammelteich; hier wird

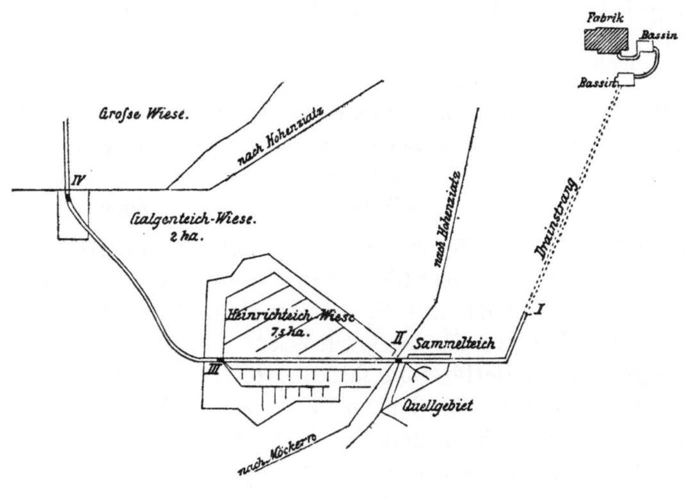

Fig. 10.

er mit reinem Quellwasser vermischt, um den ziemlich starken Gehalt des Fabrik-
wassers zu vermeiden und grössere Wassermengen zur gleichmässigen Vertheilung auf
der Rieselfläche zu gewinnen; alsdann wird das mit reinem Quellwasser vermischte Abwasser auf eine 7,5 ha grosse Wiese (Heinrichsteich-Wiese) geleitet, auf derselben
durch eine Reihe von grösseren und kleineren Gräben vertheilt und durch eine
Stauvorrichtung aufgehalten; die Abführung geschieht durch eine Drainage, welche
durch eine Schutzvorrichtung beliebig in und ausser Wirksamkeit gesetzt werden
kann. Da die Rieselfläche von 7,5 ha unmöglich alle Nährstoffe des Abwassers
ausgenutzt haben konnte, so wurde das von der Heinrichsteich-Wiese abfliessende
Wasser durch einen offenen Graben nach einer zweiten, etwa 120 m entfernten
Wiese (Galgenwiese) von etwa 2 ha Grösse geleitet, hier wiederum zum Rieseln gebraucht
und endlich noch zum Bewässern von 2,5 ha einer sich daran schliessenden grossen
Wiese benutzt.

Um die Wirkung der Berieselung auf das Wasser festzustellen, wurden an den
bezeichneten Punkten I, II, III und IV Proben entnommen und gefunden für 1 l:

Bestandtheile	I. Wasser der Stärkefabrik, wie es aus derselben abfliesst. mg	II. Dasselbe nach Vermischung mit Quellwasser, wie es aus dem Klärbassin abfliesst. mg	III. Dasselbe, nachdem es über eine Wiese von 7,5 ha gegangen. mg	IV. Dasselbe, nachdem es zum zweiten Male über eine Wiese von 2 ha gegen. mg	Abnahme II.—IV. mg	Abnahme II.—IV. %
Im ganzen	1857,8	323,8	322,8	162,0	161,8	50,0
Organische Stoffe .	1134,2	101,8	38,0	78,8	23,0	22,6
Unorganische Stoffe	723,8	222,0	384,8	183,2	38,8	17,5
Kali	212,46	55,0	41,20	8,18	46,8	85,1
Phosphorsäure . .	56,60	5,5	Spuren	Spuren	5,50	100
Stickstoff	140,67	12,06	4,06	9,10	2,96	24,4
Ammoniak	37,36	0,00	0,00	0,00	—	—
Salpetersäure . . .	3,84	Spuren	Spuren	Spuren	—	—

M. Märcker berechnet, dass aus 1000 kg Kartoffeln bei der Stärkefabrikation gelöst werden und in das Abwasser übergehen können:

Kali	Phosphorsäure	Stickstoff
6,52 kg	1,87 kg	1,90 kg

Nach der verfügbaren Rieselfläche von 12 ha und den verarbeiteten Kartoffeln kam auf 1 ha das Abwasser von 84 500 kg Kartoffeln oder auf 1 ha:

Kali	Phosphorsäure	Stickstoff
550,94 kg	158,03 kg	160,56 kg

Diese Menge Nährstoffe ist selbstverständlich zu gross, als dass sie von einem ha verarbeitet werden kann; infolge dessen hat die Fabrik, zumal sie den Betrieb noch um $^1/_3$ erhöhte, die Rieselfläche um mehr als das Doppelte, nämlich auf 25 ha vergrössert.

Im übrigen hat die Berieselung mit diesen Wässern, ähnlich wie in anderen Fällen, auch einen sehr vortheilhaften Einfluss auf die procentige Zusammensetzung des Heues gehabt, indem M. Märcker und de Leeves fanden:

No. I. Heu von dem zweiten Schnitt des Jahres vor der Rieselung.

No. II. Heu von dem ersten Schnitt nach der Rieselung.

No. III. Heu von dem zweiten Schnitt nach der Rieselung von den erhöhten Stellen der Wiese, welche den geringsten Nutzen von der Rieselung gehabt hatten; von dieser Stelle wurden nur 2 Schnitte gewonnen.

No. IV. Heu von dem zweiten Schnitt nach der Rieselung von den normalen Stellen der Wiese; an diesen Stellen wurden 3 Schnitte gewonnen.

No. V. Heu von dem dritten Schnitt nach der Rieselung, von derselben Stelle wie No. IV gewonnen.

100 Theile Heu auf einen gleichen Feuchtigkeitsgehalt von 15% berechnet, enthielten:

	I.	II.	III.	IV.	V.
Feuchtigkeit	15,00	15,00	15,00	15,00	15,00
Rohfaser	22,67	22,82	26,52	26,46	27,28
Mineralstoffe	7,64	8,69	8,79	6,80	9,25
Aetherextrakt	2,09	2,30	3,22	2,64	1,81
Eiweissstoffe	10,79	15,85	14,26	14,04	11,47
Stickstofffreie Extraktstoffe	41,81	35,34	32,21	35,06	35,19
	100,00	100,00	100,00	100,00	100,00

Die Stärkefabrik in Wittingen (Hannover) benutzte die Abwässer ebenfalls zur Berieselung; die Wiesenfläche (früher Ackerboden) von 13 ha Grösse hat lehmigen Sandboden; dieselbe lieferte schon im ersten Jahr nach dem Umbau bei Verarbeitung von 1000 Wispel (= 13190 Hektoliter) Kartoffeln zwei gute Ernten; im letzten Jahr der 2. Betriebszeit wurden bei Verarbeitung von 2000 Wispeln Kartoffeln aus dem Verkauf des gewonnenen Grünfutters 4000 M. erzielt; jedoch erwies sich bei der kräftigen düngenden Wirkung des Abwassers für diese verarbeitete Menge Kartoffeln die Fläche als zu klein; sie musste vergrössert werden.

Nicht minder günstig berichtet H. Schreib[1]) über die Reinigung des Abwassers der Reis-Stärkefabrik in Salzuflen durch Berieselung, welche ausser der eigentlichen Reisfabrik auch noch besondere Fabriken für die Herstellung von Pappe und Soda besitzt. Ueber die Zusammensetzung des Wassers vergl. vorstehend S. 214. Die tägliche Abwassermenge betrug rund 2000 cbm oder für 252 Fördertage 504000 cbm; dasselbe wurde auf einer Fläche von 48 ha zur Berieselung benutzt. Die Rieselungsverhältnisse erhellen aus folgenden Zahlen:

Zur Berieselung gelangte Abwassermenge cbm	Rieselfläche ha	Tage der Berieselung	Auf die berieselte Fläche kamen:			
			für 1 ha und Jahr cbm	für 1 ha und Tag cbm	für 1 qm und Tag l	tägliche Rieselhöhe mm
504 000	48	271	10 500	38,8	3,88	3,9

Die auf 1 ha im Jahre bezw. durchschnittlich im Tage entfallende Menge Abwasser entspricht im allgemeinen den Verhältnissen auf den Rieselfeldern von Berlin (S. 52). Es wurde aber beabsichtigt, die Rieselfläche auf 80 ha zu vergrössern, so dass auf 1 ha und Jahr nur 7500 cbm, bei 365 Rieseltagen auf 1 ha und Tag nur 20,5 cbm Abwasser entfielen.

Genaue Untersuchungen über das Abrieselwasser scheinen nicht ausgeführt zu sein; H. Schreib erwähnt aber, dass in dem oberirdisch abfliessenden Wasser von dem Stickstoff ungefähr $^2/_3$, von der Phosphorsäure mehr als die Hälfte verschwunden gewesen seien, dass aber für das in den Boden versickernde Wasser eine noch viel grössere Abnahme an verunreinigenden Stoffen vorausgesetzt werden konnte.

H. Schreib untersuchte dagegen Gras sowie Heu von den mit dem Abwasser berieselten und Heu von nicht berieselten Wiesen mit folgendem Ergebniss für die Trockensubstanz:

---

[1]) Zeitschr. f. angew. Chemie 1890, 542.

	Proteïn %	Fett %	N-freie Extraktstoffe %	Rohfaser %	Asche %
Junges Gras ⎱ von be- ⎰ rieselten	21,96	—	—	—	10,40
Heu . . . . Wiesen .	18,29	3,32	39,10	28,50	10,58
Heu von nicht beriesel- ten Wiesen	11,86	2,94	46,62	30,18	8,40

Ebenso günstig wie auf die chemische Zusammensetzung hatte das Abwasser der Stärkefabrik auf den Ertrag der Wiesen an Heu gewirkt, indem von 1 ha zwischen 120—200 hk Heu geerntet wurden. In einer Ernte von 150 hk Heu sind nach vorstehenden Untersuchungen bei rund $2,4\,^0/_0$ Stickstoff $= 16\,^0/_0$ Proteïn (im natürlichen Zustande) rund 360 kg Stickstoff im ganzen enthalten, während im Fabrikabwasser im ganzen 420 kg Stickstoff zugeführt wurden; es sind also dem Abwasser bezw. dem Boden durch das Gras bezw. Heu über $80\,^0/_0$ Stickstoff entzogen worden.

b) Sonstige Reinigungsverfahren.

Falls keine geeignete Rieselfläche in hinreichender Grösse zur Verfügung steht, pflegen auch bei diesen Abwässern Fällungsmittel, wie Kalkmilch und andere, die neben der Phosphorsäure auch gleichzeitig den grössten Theil des Stickstoffs niederschlagen, behufs Reinigung angewendet zu werden.

Die Stärkefabrik E. Hoffmann & Co. in Salzuflen, verwendete z. B. eine Zeit lang als Fällungsmittel: Kalkmilch und Wasserglas.

Die sämmtlichen Abwässer (nämlich der Reisstärke-, Pappe- und Sodafabrik) wurden zusammengeführt und gemeinschaftlich gereinigt; im Durchschnitt wurden auf 100 l Abwasser 50 g Kalk und 10 g Wasserglas von 38^0 Bé. verwendet; die mit den Fällungsmitteln versetzten Abwässer wurden in einem Klärteich von den Schwebestoffen gereinigt und dann an einem Drahtnetz gelüftet. Die nachstehenden Proben von gereinigtem und ungereinigtem Wasser wurden mir freundlichst von Herrn Dr. H. Schreib, Chemiker der Fabrik, übersandt; zu denselben ist jedoch zu bemerken, dass die Abgänge von den einzelnen Fabrikabtheilungen nicht stets in demselben Verhältniss zu einander abflossen, dass es deshalb schwer hielt, gute Durchschnittsproben des ein- und abfliessenden Wassers von den Klärteichen zu entnehmen; die Probe 1 (ungereinigtes Abwasser) der ersten Probenahme wurde künstlich in dem Verhältniss gemischt, wie die einzelnen Fabrikabgänge abzufliessen pflegten; Probe 3 (gereinigtes Wasser aus den Klärteichen) wurde während des ganzen Tages geschöpft, enthielt aber am Tage der Probenahme weniger Wasser der Stärkefabrik als an anderen Tagen, während Probe 2 im kleinen mit den Fällungsmitteln eigens gereinigt wurde; zu diesem Versuch wurden auf 100 l Abwasser 8,5 g Kalk und 18 g Wasserglas verwendet. Bei der zweiten Probenahme wurde das von den Klärteichen abfliessende und gelüftete Wasser während des ganzen Tages geschöpft. Die Untersuchung ergab auf 1 l:

Abwasser	Schwebestoffe			Gelöste Stoffe								
	Un-organische	Organische	Stickstoff	Unorgan. (Glührück-stand)	Organische (Glühverlust)	Zur Oxydat. erforderl. Sauerstoff	Stickstoff	Kalk	Schwefel-säure	Kali	Natron	Phosphor-säure
	mg	mg	mg	mg	mg	mg	mg	mg	mg	mg	mg	mg
I. Probenahme:												
1. Ungereinigt . .	68,0	229,6	15,0	1966,0	904,4	147,2	22,5	294,4	134,9	89,5	651,5	19,2
2. Selbst im kleinen gereinigt	Spur	0	0	3045,6	1124,8	217,6	18,8	876,4	131,1	101,7	686,0	Spur
3. Gereinigt im grossen, von den Klärteichen abfliessend	Spur	Spur	Spur	3339,2	856,4	176,0	18,8	845,6	331,6	102,0	776,5	2,5
II. Probenahme.												
4. Ungereinigt . .	41,2	136,8	nicht bestimmt	2928,0	1021,2	228,0	49,7	408,0	120,0	469,9	788,3	35,2
5. Gereinigt . . .	wenig	Spur	0	2975,6	1010,0	264,0	35,7	628,0	321,5	462,2	681,5	9,1

Ueber die mittlere Zusammensetzung des geklärten Abwassers dieser Fabrik vergl. auch vorstehend S. 214.

Das ungereinigte Wasser war thonig trübe und von schwach saurer Reaktion, die gereinigten Proben waren bis auf einzelne Flocken von Calciumkarbonat klar und reagirten stark alkalisch. Das Abwasser ging sehr schnell in Fäulniss über und nahm alsdann einen äusserst starken Geruch nach Schwefelwasserstoff an.

Die auffallende Zunahme an Schwefelsäure in dem gereinigten, von der Reinigungsvorrichtung abfliessenden Wasser dürfte ohne Zweifel auf eine Oxydation des Eiweiss-Schwefels in den Klärteichen und durch die Lüftungsvorrichtung zurückzuführen sein.

Für die mit diesem Fällungsmittel erhaltenen Schlammproben fand ich im lufttrockenen Zustande folgende Zusammensetzung:

Bestandtheile	Klärbecken 1		Klärbecken 2			Durch-schnittsprobe (wasserfrei)
	a	b	a	b	c	
Wasser	7,87 %	21,78 %	5,33 %	12,82 %	4,95 %	—
Organische Stoffe . .	15,38 „	12,83 „	14,89 „	15,68 „	33,49 „	15,0 %
Mineralstoffe	76,75 „	65,39 „	79,76 „	61,50 „	61,56 „	85,0 „
Stickstoff	0,28 %	0,11 %	0,58 %	1,18 %	0,54 %	0,3 %
Phosphorsäure	0,332 „	0,192 „	0,697 „	1,28 „	0,63 „	0,2 „
Kalk	14,88 „	20,63 „	9,74 „	29,40 „	38,34 „	—
Sand + Thon	2,23 „	2,73 „	44,36 „	11,30 „	—[1])	—

Man sieht, dass der Schlamm nur verhältnissmässig wenig organische Stoffe und Stickstoff enthält; das kann nicht befremden, wenn man bedenkt,

---

[1]) Diese Probe enthielt 7,58 % Kieselsäure.

dass die verunreinigenden organischen Stoffe in diesem Abwasser grösstentheils gelöst sind und die löslichen organischen Stoffe, wie wir I. Bd.
S. 360 u. ff. gesehen haben, durch chemische Fällungsmittel nicht oder
nur in geringem Maasse niedergeschlagen werden.

Andererseits tritt in dem Ausgefällten mehr oder weniger schnell eine
Fäulniss ein, welche eine Vergasung der organischen Stoffe zur Folge hat.

In der besagten Stärkefabrik sind dann andere Fällungsmittel angewendet wie Kalk und Eisenvitriol, Kalk und Kieserit, Kalk und schwefelsaure Thonerde, schliesslich Kalk allein. H. Schreib[1]) gelangt auf Grund
dieser Versuche zu dem Ergebniss, dass die Reinigung mit Kalk allein in
diesem Falle genau so wirkte, wie die mit Kalk und Zusätzen. Hierbei
ist für die Reinigung des Abwassers der Reisstärkefabrik weiter von Belang,
dass dasselbe schnell in Fäulniss bezw. Gährung übergeht und dadurch
organische Stoffe verliert.

Bei genannter Fabrik befinden sich 6 verschiedene Klärteiche, welche
das Wasser der Reihe nach durchläuft. Vor Eintritt in den ersten Klärteich werden die chemischen Fällungsmittel zugesetzt; die Wirkung derselben
war stets eine so starke, dass das Wasser bereits aus dem 1. Klärteiche
klar abfloss. Beim Durchfliessen der weiteren Klärteiche trat Gährung
bezw. Fäulniss ein und wurde diese mit Absicht so lange wie möglich —
nämlich so lange, bis der im geklärten Wasser vorhandene freie Kalk von
200 mg für 1 l nahezu durch die Kohlensäure neutralisirt war — unterhalten,
weil auf diese Weise (vergl. I. Bd. S. 346) die organischen Stoffe eine
wesentliche Abnahme erfuhren. Dieses erhellt aus nachstehenden Zahlen für
1 l Wasser, welche das Mittel einer Reihe von Einzeluntersuchungen bilden:

Ungereinigtes Abwasser, Organische Stoffe		Geklärtes Abwasser, gelöste organische Stoffe (Glühverlust)			
Gesammt	Gelöst	Teich 1 u. 2	Teich 3	Teich 4	Teich 5 u. 6 Ablauf
664 mg	578 mg	472 mg	447 mg	421 mg	366 mg

Hiernach sind durch die chemische und mechanische Klärung im
Durchschnitt von den gesammten organischen Stoffen $45^0/_0$, von den gelösten $37^0/_0$ entfernt worden.

H. Schreib prüfte auch die Wirkung des Kalkes allein durch Versuche im kleinen und fand die sonst vielseitig festgestellte Thatsache
bestätigt, dass der freie Kalk einen Theil der organischen Schwebestoffe
wieder löslich macht und auf diese Weise die gelösten organischen Stoffe
im geklärten Wasser vermehrt (vergl. I. Bd. S. 363).

Aus dem Grunde ist die reinigende Wirkung des Kalkes eine bessere,
wenn man erst die Schwebestoffe entfernt und dann erst den Kalk zusetzt;

---

[1]) Zeitschr. f. angew. Chem. 1890, 167; 1894, 233

eine vorherige mechanische Reinigung durch Filtration hält H. Schreib jedoch nicht für angezeigt, weil die hierdurch erzielte grössere Reinigung nicht im Verhältniss zu dem Mehraufwand an Kosten für die Filtration steht.

K. Hornberger[1]) prüfte die Wirkung des Nahnsen-Müller'schen Fällungsmittels (aufgeschl. Thon und Kalk, vergl. I. Bd. S. 358 u. II. Bd. S. 103) auf die Reinigung eines Reisstärkefabrik-Abwassers im kleinen und fand, dass die organischen Stoffe (bestimmt durch den Verbrauch an Kaliumpermanganat) im Rohwasser sich zu denen im gereinigten Wasser wie $1 : 0{,}62$ verhielten.

R. Schütze[2]) theilt einige Versuche mit, welche bezweckten, die nach dem „Sauerverfahren" (oder auch „Verfahren von Halle" etc. gt.) bei der Weizenstärkefabrikation gewonnenen Sauerwässer durch Fällen mit Kalkmilch zu reinigen.

Das Sauerverfahren besteht bekanntlich darin, dass man den gequollenen und zerquetschten Weizen zur Lockerung der Stärkekörnchen in Bottichen einer Säuerung bezw. einer Gährung unterwirft. Hierdurch geht ein grosser Theil des Klebers bezw. der Proteïnstoffe in das Sauerwasser über, und letzteres gehört mit zu den lästigsten und gefährlichsten Fäulnisswässern, welche es giebt. In Frankreich ist deshalb die Anlage von solchen Fabriken, welche nach diesem Verfahren arbeiten, in den Städten verboten, während andere Fabriken in jedem bevölkerten Ort betrieben werden dürfen. Ueber die Zusammensetzung dieser Sauerwässer vergl. vorstehend S. 213.

Wie gross die Mengen organischer Stoffe sind, welche durch derartige Sauerwässer den Flüssen zugeführt werden können, erhellt daraus, dass nach den Angaben von R. Schütze die Halle'schen Stärkefabriken 90 bis 100000 D.-Ctr. Weizen verarbeiten und dabei nach oberflächlicher Schätzung ca. 33000 cbm Sauerwasser liefern; diese würden nach obigen Proben (S. 214) Abdampfrückstand, d. h. trockene organische und mineralische Stoffe, liefern:

I.	III.	IV.	V.
1722,6	1026	438,9	376,2 D.-Ctr.

Was die Reinigung dieser Sauerwässer anbelangt, so fand R. Schütze, dass zur Gewinnung von gut verwendbaren Nebenerzeugnissen die schon früher vorgeschlagene Kalkfällung, jedoch bei einer Temperatur von 55^0 bis höchstens 70^0, den Vorzug verdient.

Mit Hilfe des Retourdampfes der Dampfmaschine wird das Sauerwasser in einem mit Holzdeckel bedeckten Bottich auf $60^0 - 70^0$ erhitzt und dann so lange dicke Kalkmilch unter Umrühren mit einem Holze zugefügt, bis ein herausgenommener Tropfen eine Phenolphthaleïnlösung eben röthet; dann fügt man noch so viel Wasser zu, bis ihre alkalische Reaktion

---

[1]) Landw. Versuchsstationen 1888, **35**, 29.
[2]) Ebendort 1886, **33**, 197.

verschwindet. Binnen einer Stunde hat sich der Niederschlag so weit abgesetzt, dass die überstehende Flüssigkeit abgelassen werden kann. Diese hatte von Probe I und V noch folgenden Gehalt:

	I.	V.
Abdampfrückstand	2,0085 $^0/_0$	3,1805 $^0/_0$
Darin:		
Mineralstoffe	0,4265 $^0/_0$	0,5436 $^0/_0$
Organische Stoffe	1,5820 „	2,6369 „
In letzteren:		
Rohproteïn	—	1,1675 „
Oder Stickstoff	—	0,1868 „

Das Wasser hatte einen Geruch nach frisch gebackenem Brot, war klar und von gelblicher Farbe.

Die erhaltenen Niederschläge hatten folgende Zusammensetzung:

	Von Probe		
	I.	II.	V.
Gesammtmenge des aus 1 l gefällten Niederschlages	8,5 g	—	7,25 g
Procentige Zusammensetzung desselben:			
Wasser	—	9,88 $^0/_0$	6,96 $^0/_0$
Kalkphosphat ($Ca_3P_2O_8$)	26,61 $^0/_0$	35,09 „	34,28 „
Oder Phosphorsäure	12,09 „	15,95 „	15,58 „
Rohproteïn	18,50 „	8,69 „	33,85 „
Oder Stickstoff	2,96 „	1,39 „	5,42 „
N-freie organische Stoffe	—	33,08 „	5,87 „
Asche nach Abzug des Kalkphosphats	—	8,56 „	19,04 „

R. Schütze ist der Ansicht, dass diese Kalkniederschläge zweckmässig an Schweine verfüttert werden können und wegen ihres hohen Gehaltes an Kalkphosphat und Mineralstoffen am besten den Weizentrebern beigefüttert werden, die bekanntlich arm an Mineralstoffen sind und die ohnehin einen Zusatz von Knochenmehl bezw. Knochenasche erfordern.

Immerhin ist auch hier die durch die Fällung erzielte Menge Niederschlag nicht sehr erheblich, indem aus 1 cbm Sauerwasser ungefähr 6 kg gewonnen werden, was auf sämmtliche Halle'schen Stärkefabriken berechnet ungefähr 2000 Doppelcentner ausmachen würde.

Da das mit Kalk gefällte Sauerwasser, wie wir sehen, noch grosse Mengen gelöster stickstoffhaltiger organischer Stoffe enthält, so wird hier wie in anderen Fällen mit dem gefällten und geklärten Wasser noch eine Berieselung angestrebt werden müssen.

VII. Abwasser aus Zuckerfabriken.

1. Zusammensetzung.

Bei der aussergewöhnlichen Entwickelung, welche die deutsche Rübenzuckerindustrie genommen hat, haben die Abwässer der Zuckerfabriken in manchen Gegenden grosse Uebelstände hervorgerufen. Die Frage ihrer Reinigung beschäftigt daher seit einer Reihe von Jahren sowohl die Regierungsbehörden, als die betheiligten Kreise der Industrie.

Wie gross die Menge der Abwässer einer Zuckerfabrik ist, erhellt z. B. aus folgenden Zahlen:

Eine Zuckerfabrik, welche nach dem Diffusionsverfahren arbeitet, gebraucht auf je 1000 Ctr. verarbeitete Rüben für:

Rübenwäsche	25	cbm	Wasser
Saftgewinnung	111	„	„
Kondensation	511	„	„
Dampferzeugung	75	„	„
Knochenkohlehaus	25	„	„
Reinigung	12,5	„	„

Im ganzen 759,5 cbm Wasser

A. Bodenbender[1]) giebt daher an, dass eine täglich 4000 Ctr. Rüben verarbeitende Zuckerfabrik ebensoviel Abwässer liefert, als eine Stadt von 20000 Einwohnern, und dass sie mit diesem Wasser ebensoviel organische Stoffe fortführt, wie eine Stadt von 50000 Einwohnern. Die Schmutzwässer aus den Zuckerfabriken setzen sich zusammen aus denen der Rübenschwemme und Rübenwäsche, dem Diffusions- und Schnitzelpresswasser, dem Knochenkohle- und Waschwasser sowie aus dem Osmosewasser. Von diesen Schmutzwässern sind nach Illing[2]) am reichsten an fäulnissfähigen Stoffen die Diffusionswässer, Osmosewässer und die Gährwässer von dem Wiederbelebungsverfahren der Knochenkohle. Die Rübenwaschwässer sind auch nicht so bedeutungslos, als gewöhnlich angenommen wird; diesen am nächsten stehen die Kondensationswässer, bei denen die hohe Temperatur, mit welcher sie abgelassen werden, berücksichtigt werden muss.

---

[1]) Braunschw. landw. Zeitg. **52**, 61.
[2]) Chem. Centrbl. 1891, II, 70.

W. Demel[1]) fand für die verschiedenen Abwässer von Zuckerfabriken im Mittel folgenden Gehalt in 1 l:

Art des Abwassers		Glühver-lust mg	Glüh-rückstand mg	Im ganzen mg	Am-moniak mg	Zur Oxydation erforderl. Kaliumperman-ganat mg	Reaktion mg
1. Rübenwaschwasser	Schwebend	34,55	504,01	538,56			
	Gelöst . .	16,04	12,02	28,06	2,43	20,01	Neutral
	Im ganzen	50,56	516,03	566,59			
2. Knochenkohlewaschwasser, gelöst		380,09	2736,00	3116,09	1,82	196,62	Sauer
3. Osmosewasser, gelöst		1130,07	427,50	1557,57	0,44	3706,15	Basisch
4. Gesammtabflusswasser	Schweb.	8,62	58,22	66,84			
	Gelöst .	20,91	16,32	37,23	1,50	24,57	Neutral
	Im ganzen	29,53	74,54	104,07			

J. Breitenlohner[2]) giebt für die vereinigten Schmutzwässer einer Zuckerfabrik, welche die Klärbecken durchlaufen hatten, also von Schwebestoffen befreit waren, an, dass das Wasser von gräulich milchigem Aussehen war, sauer reagirte und deutlich nach Schwefelwasserstoff roch. 1 l des geklärten Wassers enthielt:

Or-ganische Stoffe mg	Darin Stick-stoff mg	Schwe-fel mg	Schwe-fel-säure mg	Phos-phor-säure mg	Kali mg	Natron mg	Kalk mg	Magne-sia mg	Eisen-oxyd + Thon-erde mg	Chlor mg	Kiesel-säure mg
531,8	101,5	74,5	19,2	8,0	53,5	55,9	269,9	43,0	136,8	112,9	27,2

Für die Absätze aus den Klärgruben wurden von ihm No. 1), von J. Th. Becker[3]) (No. 2 und 3) und R. Hoffmann (No. 4) aus anderen Fabriken folgende procentige Zusammensetzung gefunden:

Probe	Wasser %	Or-ganische Sub-stanz %	Darin Stick-stoff %	Schwe-fel-säure %	Phos-phor-säure %	Kali %	Natron %	Kalk %	Mag-nesia %	Eisen-oxyd+ Thon-erde %	Chlor %	Kiesel-säure %	Kohlen-säure %
1.	trocken	0,350	0,373	0,330	0,340	0,790	0,140	7,300	1,280	9,730	—	1,040	3,650
2.	2,767	7,959	0,311	0,044	0,429	0,091	0,061	1,049	0,300	2,590	0,007	0,010	0,546
3.	3,540	9,384	0,379	0,213	0,683	0,058	0,089	1,399	0,156	2,333	0,023	0,007	0,166
4.	4,050	6,600	0,440	1,320	3,090	1,001	0,530	1,001	—	7,240	0,021	—	1,280

Weitere Anhaltspunkte für die Zusammensetzung der Abwässer von Zuckerfabriken bieten folgende Untersuchungen, von denen Teuckert[4])

---

[1]) Zeitschr. f. Rübenzuckerindustrie 1884, **12**, 11.
[2]) Centrbl. f. d. gesammte Landeskultur in Böhmen 1869, 294.
[3]) Zeitschr. f. Rübenzuckerindustrie 1868, 282.
[4]) Die Deutsche Industrie 1882, 871.

diejenige des Abwassers der Zuckerfabrik Landsberg (tägliche Verarbeitung 3000 Ctr. Rüben), Verfasser diejenigen der Zuckerfabriken Brakel, Soest und Lage ausführte.

Es sind in 1 Liter Wasser enthalten:

Zuckerfabrik	Organ. Stoffe		Unorg. Stoffe		Gesammt-Stickstoff	Kali	Kalk	Phosphorsäure
	in der Schwebe	gelöst	in der Schwebe	gelöst				
	mg	mg	mg	mg	mg	mg	mg	mg
1. Landsberg	725,0		3884,0		31,62	—	—	—
2. Brakel:								
a) direkt aus der Fabrik abfliessend .	718,0		3308,0		20,9	79,0	169,0	15,0
b) aus dem Sammelteich abfliessend .	504,0		3225,0		17,6	71,0	169,0	—

Zuckerfabrik	Schwebestoffe			Gelöste Stoffe										Keime von Mikrophyten in 1 ccm
	Unorgan.	Organische	Stickstoff	Unorgan.	Organische (Glühverlust)	Zur Oxydat. erforderl. Sauerstoff in alkal. Lösung	Zur Oxydat. erforderl. Sauerstoff in saurer Lösung	Organ. + Ammoniak-Stickstoff	Phosphorsäure	Schwefelsäure	Chlor	Kalk	Kali	
	mg	mg	mg	mg	mg	mg	mg	mg	mg	mg	mg	mg	mg	
3. Soest	106,0	85,0	7,7	422,1	229,3	231,6	230,1	30,1	4,7	32,8	80,2	162,9	28,0	1832300
4. Lage	86,0	14,0	Spur	362,0	216,0	123,8	131,2	12,5	—	100,1	35,5	141,2	29,2	—

Verfasser fand ferner in dem Osmosewasser aus den Zuckerfabriken in Brakel und Skrieven für 1 l:

	Unorganische Stoffe	Organische Stoffe	Stickstoff	Kalk	Magnesia	Kali	Phosphorsäure
1. Brakel . . .	5,607 g	15,703 g	0,480 g	0,153 g	Spur	2,740 g	Spur
2. Skrieven . .	4,650 „	1,277 „	0,056 „	0,086 „	—	2,620 „	—

F. Strohmer[1]) giebt für Osmosewasser folgende Zusammensetzung an: 93,01$^0/_0$ Wasser, 3,64$^0/_0$ organische Stoffe mit 1,95$^0/_0$ Zucker und 1,401$^0/_0$ Asche; die Asche enthielt 47,30$^0/_0$ Kali und 1,22$^0/_0$ Phosphorsäure.

Weitere Analysen über Zuckerfabrik-Abwässer finden sich später bei der Besprechung der einzelnen Reinigungsverfahren.

2. Schädlichkeit.

Aus vorstehenden Analysen erhellt, dass die Abwässer der Zuckerfabriken nicht nur eine grosse Menge Schwebe- bezw. Schlammstoffe, sondern auch eine grosse Menge gelöster, in Fäulniss begriffener oder fäulnissfähiger Stoffe mit sich führen. Die Spodiumwässer (Knochenkohlewaschwässer),

---

[1]) Deutsche landw. Presse 1882, 610.

deren freie Säure nur in einzelnen Fällen durch Kalkmilch neutralisirt wird, begünstigen, da sie selbst in Fäulniss begriffen sind, die Zersetzbarkeit der anderen Wässer, mit denen sie vereinigt werden. Am reichsten an gelösten fäulnissfähigen Stoffen sind die Osmosewässer, weshalb dieselben auch häufig wegen ihres hohen Gehaltes an Stickstoff und Kali für sich allein auf Gewinnung von Pflanzennährstoffen verarbeitet werden.

Eine Verunreinigung der Bäche und Flüsse durch diese Abwässer kann daher um so weniger auffällig erscheinen, als es den Zuckerfabriken in der Nähe meistens an grossen Wasserläufen fehlt, in welche sie die Abwässer ablassen können.

Als Belag hierfür mag eine Untersuchung des Soestebaches vor und nach Aufnahme des Abwassers der Soester Zuckerfabrik angeführt werden; die Untersuchung ergab im Mittel von 5 Probenahmen für 1 l:

| Art des Wassers | Schwebestoffe | | | Gelöste Stoffe | | | | | | | | | | Keime von Mikrophyten in 1 ccm |
| | Unorganische | Organische | Stickstoff | Unorganische | Organische (Glühverlust) | Zur Oxydation erforderlicher Sauerstoff in alkal. Lösung | in saurer Lösung | Organ. + Ammoniak-Stickstoff | Phosphorsäure | Schwefelsäure | Chlor | Kalk | Kali | |
	mg	mg	mg	mg	mg	mg	mg	mg	mg	mg	mg	mg	mg	
1. Abwasser der Fabrik:														
a) Ungereinigt . .	106,0	85,0	7,7	422,1	229,3	231,6	230,1	30,1	4,7	32,8	80,2	162,9	28,0	1832300
b) Gereinigt . . .	67,4	19,2	1,2	425,4	262,2	314,2	314,9	23,9	0	46,8	87,3	159,0	27,4	769650
2. Soeste-Bachwasser:														
a) Vor } Aufnahme des gereinigt.	29,9	23,6	0	336,3	68,5	8,7	8,1	6,4	0	22,8	62,7	142,7	10,1	66500
b) Nach } Fabrikabwassers	21,6	29,2	0	415,8	150,1	47,4	57,7	11,9	0	29,9	88,1	154,6	11,4	135150

Hierzu ist zu bemerken, dass der Soestebach an sich schon durch Abgänge aus der Stadt Soest verunreinigt wurde, dass das Abwasser der Fabrik dagegen nach dem Nahnsen-Müller'schen Verfahren gereinigt wurde. Trotz dieser Reinigung sehen wir eine Beeinflussung des Soestebach-Wassers durch Aufnahme des Fabrikabwassers an allen Bestandtheilen. Aeusserlich gab sich diese Beeinflussung durch eine erhöhte Schlammabscheidung vor Mühlenstauwerken und durch einen äusserst fauligen Geruch daselbst an warmen Tagen zu erkennen.

Von einem an dem Soestebach gelegenen Müller — ob mit Grund oder ohne Grund, lasse ich dahingestellt — wurde geltend gemacht, dass sich die Mühlenräder seit Errichtung der Fabrik mit einem schleimartigen Filz überzogen hätten. In demselben wurden gefunden der Pilz Lyngbya papyrina, ferner die Bacillariaceen: Nitschia minutissima, Navicula dicephula, Stauronsis Cohnii.

Eine ähnliche Bachverunreinigung durch das Abwasser einer Zuckerfabrik theilt F. Hueppe[1]) mit. Das Abwasser wurde durch Kalk gereinigt, floss behufs Klärung durch drei Klärbecken und ergoss sich dann mit dem kleinen Bachwasser in einen grossen Schlossteich, wo eine weitere Klärung stattfinden konnte. Die von dem Abwasser beim Austritt aus den Klärteichen, von dem Bachwasser vor und nach Aufnahme des geklärten Abwassers — letztere Probe beim Abfluss aus dem Schlossteich am Unterwehr — entnommenen Proben ergaben für 1 l:

Wasser	Schwebestoffe		Gelöste Stoffe										Keime von Mikrophyten in 1 ccm
	im ganzen	mitStickstoff	Abdampfrückstand	Sauerstoff-Verbrauch	Stickstoff in Form v.			Eisenoxyd	Kalk	Magnesia	Schwefel-säure	
					organ. Verbindungen	Ammoniak	Salpeter-säure					
	mg	mg	mg	mg	mg	mg	mg	mg	mg	mg	mg	
Abfluss von den Klärteichen der Fabrik	89,6	14,0	515,0	28,7	7,0	8,5	0,5	16,1	76,7	16,9	10,2	160500
Bachwasser:												
Vor Aufnahme des Abwassers	0	0	135,5	7,2	0	0	0,5	0	33,2	14,1	29,9	615
Nach „ wassers	64,8	8,4	416,0	23,6	7,0	5,0	0,3	50,8	33,8	16,2	13,1	185700

Das Bachwasser vor Aufnahme des Fabrikabwassers enthielt nur 4 Arten von Bakterien; ferner vereinzelte Cladothrix- und Crenothrix-Fäden. In dem Abwasser von den Klärteichen fanden sich ausser Kokken, Stäbchen- und Schraubenformen (unter letzteren Spirillum natans) Beggiatoa alba, Cladothrix dichotoma, Leptothrix ochracea, Leukonostoc, Oscillaria, Ulothrix, einige Monaden und Infusorien (darunter Stephanosphaera). Das Bachwasser nach Aufnahme des Zuckerfabrikabwassers wies dieselben Organismen, aber nur in einem etwas geringeren Grade auf.

In dem Schlamme des Schlossteiches bezw. des Baches nach Aufnahme des Abwassers fand sich reichlich Schwefeleisen, dann oberhalb der schwarzen Schichten Ferrihydroxyd in Flöckchen zum Theil frei, zum Theil eingelagert in Spaltalgen und Spaltpflanzen, und weiter in den tieferen Schichten gelöstes Ferrobikarbonat.

F. Hueppe erklärt den Vorgang dieser Erscheinungen wie folgt:

Zunächst werden die organischen Stoffe des Abwassers der Zuckerfabrik durch Bakterien gespalten, in niedrigere organische Verbindungen übergeführt, und diese dienen nicht nur chlorophyllfreien Mikroben, sondern auch Algen zur Nahrung; hieraus erklärt sich das massenhafte Auftreten von an Steinen flottirenden oder letztere überziehenden Sphaerotilus natans, und Leptomitus lacteus.

Der bei der Spaltung der Eiweissstoffe entstehende Schwefelwasserstoff bildet mit dem gleichzeitig entstehenden Schwefelwasserstoff Ammonium-

---

[1]) Arch. f. Hygiene 1899, **35**, 19.

sulfid, welches Eisenverbindungen in Schwefeleisen umwandelt, oder es entsteht auch direkt Schwefeleisen; das für diese Bildung benöthigte Eisen wird voraussichtlich von den Mikroben Crenothrix, Cladothrix, Leptothrix und Lyngbia geliefert, welche wahrscheinlich das in dem Wasser in geringen Mengen vorhandene Eisen ansammeln und in eine für diese Umsetzung geeignete Form überführen.

Der durch Bakterien gebildete Schwefelwasserstoff oder der durch Pflanzensäuren aus Schwefeleisen wieder frei gemachte Schwefelwasserstoff dient weiter anderen Mikroben (so unter den höheren Bakterien Beggiatoa alba und Spirillenformen, unter den Spaltalgen Ulothrix) zur Nahrung und bei Ausschluss von Luftsauerstoff, wahrscheinlich zur Unterhaltung der Athmung, indem durch das Protoplasma dieser Organismen der Schwefelwasserstoff zu Schwefel in Körnern und dieser weiter zu Schwefelsäure oxydirt wird.

Hieraus erklärt sich, dass in solchen Wässern trotz lebhafter Reduktionen und bei Abnahme der Nitrate eine Zunahme an Schwefelsäure statthaben kann.

Aehnliche Erklärungen über die Wachsthumsvorgänge in den Abwässern von Zuckerfabriken werden von anderen Beobachtern angegeben.

Rupprecht[1]) theilt mit, dass durch das Abwasser einer Zuckerfabrik auch ein Brunnen in solcher Weise verunreinigt wurde, dass nach Genuss des Wassers desselben in einer Familie typhöse Krankheiten auftraten; das Brunnenwasser enthielt alle diejenigen Mikroorganismen, nämlich Diatomaceen, insonderheit Diatomellen, die auch der das Zuckerfabrik-Abwasser aufnehmende, etwa 3 m entfernte Fluss zeigte. Als Ursache der Verunreinigung konnte nur angenommen werden, dass der Fluss einen ungewöhnlich tiefen Wasserstand nachwies, so dass die Fabrikabwässer nur wenig Abfluss hatten und Zeit fanden, ihre organischen Bestandtheile sinken zu lassen und an Ort und Stelle der weiteren Zersetzung preiszugeben. Unter den Pilzen, welche sich vorwiegend da, wo die Abwässer mit reinem Flusswasser zusammentreffen, entwickeln, ist auch hier, wie bei den Brauerei- und Stärkefabrikabwässern, besonders Leptomitus lacteus, der sog. „Wasserflachs" oder das „Wasserhaar", vertreten. Ehe diese niederen Lebewesen erscheinen, wird, wie H. Eulenberg[2]) angiebt, die Oberfläche des Wassers bläulich und schillernd, während sich auf dem Grunde ein weisslich grauer Schleim ansammelt, der sich in langen Fäden ausziehen lässt; der üble Geruch ist dann bedeutend und die Entwickelung von Kohlensäure, Ammoniak und Schwefelammonium sehr reichlich. Die ausgebildeten Pilze bilden ein dichtes Haufwerk von sehr fein gegliederten Fäden, die in eine schwach keulenförmige, mit körniger Masse gefüllte Spitze endigen und sich zu dicken, zopfartigen Büscheln vereinigen. In diesem Haufwerk hält sich eine grosse Menge Infusorien auf, ein Beweis,

---

[1]) Deutsche Wochenschr. f. Gesundheitspflege u. Rettungswesen 1884, 39.
[2]) H. Eulenberg: Handbuch der Gewerbe-Hygiene 1876, 503.

dass in der nächsten Nähe der Pilze keine Schwefelwasserstoff-Entwicklung stattfindet.

„Der Pilz kann nur einer zweifachen Metamorphose unterliegen; da, wo sich nur fauliges Wasser befindet, zerfällt er und zersetzt sich zu einer gallertartig zusammengeschrumpften Masse; es tritt ein Geruch nach faulen Fischen ein, der nur durch die Zersetzungsstoffe, die verschiedenen Aminbasen, bedingt werden kann.

Je mehr aber frisches Wasser zufliesst und je mehr der stickstoffhaltige Nährboden schwindet, desto mehr geht der Leptomitus in einen grünlichen Schleim über, der sich allmählich zu chlorophyllhaltigen Algen gestaltet.

Der Fäulnissvorgang, dem eiweisshaltige Gebilde unterliegen, und der Zersetzungsvorgang, dem der Pilz bei gänzlichem Mangel an reinem Wasser unterworfen ist, bedingen die Gefahr für die Gesundheit der Menschen; die Gräben und Bäche, welche diese Zersetzungsstoffe enthalten, gehören zur Art der menschlichen Auswürfe, die zweifelsohne der Entwickelung von epidemischen Krankheiten Vorschub leisten können. In der Umgebung der Zuckerfabriken würde sich diese Thatsache noch mehr und bestimmter geltend machen, wenn nicht glücklicher Weise die sogenannte Betriebszeit in die kühlere Jahreszeit fiele; sie dauert in der Regel von Mitte September bis Februar.

Auch macht sich der Nachtheil für den Menschen weniger auffällig bemerkbar, weil es sich bei den in Zersetzung übergegangenen Pilzen um keinen eingeschlossenen Raum handelt, sondern der Diffusion der Gase im Freien ein hinreichender Spielraum gegeben ist; immerhin werden aber die Anlieger an solchen Gräben oder Bächen einer gewissen Gefahr ausgesetzt sein, wenn die schädlichen Abwässer in grösserer Nähe auf sie einwirken.“

Auch bei den Bächen, welche diese Abwässer aufnehmen, kann man die S. 32 erwähnte Beobachtung machen, dass, wenn wärmere Temperatur und damit eine erhöhte Fäulniss eintritt, wie dieses z. B. bei dem vorhin erwähnten Soestebach während dreier Jahre jedesmal nach Eröffnung des Betriebes festgestellt ist, die Fische mit einem Male eingehen.

Nach B. Fischer[1]) wurde eine Weissgerberei durch Zuckerfabrikabwasser in der Weise geschädigt, dass durch das verunreinigte Bachwasser auf den Fellen blaue Flecken entstanden waren; dieselben bestanden aus Schwefeleisen und wurden sichtbar, wenn die Felle mit der Calciumsulfidsalbe zum Zwecke der Enthaarung behandelt worden waren. Die Bildungsweise des Schwefeleisens wurde wie folgt ermittelt:

Infolge des Einleitens der gerieselten Abwässer der Zuckerfabrik in den Bach oberhalb der Weissgerberei trat eine reichliche Wucherung von Leptomitus lacteus auf. Ausserdem wurden dem Bache durch Drainage grosse Mengen Ferrohydroxyd zugeführt, welches bei der Fäulniss der Leptomitus-Reste in Schwefeleisen übergeführt wurde. Dieses Schwefeleisen

---

[1]) Zeitschr. f. angew. Chem. 1898, 497.

lagerte sich gerade an der Weissgerberei als dicker schwarzer Schlamm ab. Beim Weichen der Felle setzten sich Theilchen von Schwefeleisen auf denselben fest. Dieses Schwefeleisen oxydirte sich beim Trocknen der Felle an der Luft; es bildete sich in Wasser lösliches schwefelsaures Eisenoxydul, welches in die Felle eindrang und durch die Einwirkung des Schwefelcalciums wieder in Schwefeleisen zurückverwandelt wurde.

3. Reinigung.

a) **Reinigung der Osmosewässer.**

Zur Reinigung der Osmosewässer ist empfohlen worden, sie direkt oder nach dem Eindicken zur Düngung zu verwenden. H. Briem[1] fand in einem eingedickten Osmosewasser bei $20{,}5 — 21{,}3^0/_0$ Trockensubstanz $1{,}8—2{,}4^0/_0$ Kali, $0{,}5—0{,}6^0/_0$ Phosphorsäure und $0{,}42^0/_0$ Stickstoff; Düngungsversuche mit dem Osmosewasser lieferten jedoch ein sehr ungünstiges Ergebniss, indem die Beschaffenheit der Rüben wesentlich verschlechtert wurde; die Rüben enthielten:

Im Mittel von den 6 Versuchsfeldern:	Mittleres Gewicht einer Rübe	Zucker (polarisirt)	Quotient	Auf 100 Zucker kommt Nichtzucker
Rüben ohne Osmosewasser-Düngung .	496	12,16	81,6	22,5
Rüben mit „ .	865	10,28	75,6	32,3

A. Gawalowsky[2] findet die Zusammensetzung des auf 42^0 Bé. eingedickten Osmosewassers wie folgt:

Wasser $^0/_0$	Zucker $^0/_0$	Sonstige organische Stoffe $^0/_0$	Gesammt-Stickstoff $^0/_0$	Eisenoxyd + Thonerde $^0/_0$	Kalk $^0/_0$	Magnesia $^0/_0$	Kali $^0/_0$	Natron $^0/_0$	Schwefelsäure $^0/_0$	Chlor $^0/_0$	Phosphorsäure $^0/_0$
24,5	26,7	36,3	2,22	0,09	0,24	0,09	8,8	1,9	0,67	0,7	fehlt

und berechnet daraus den Düngegeldwerth zu 13,00 Mk. für 100 kg eingedickten Osmosewassers.

F. Strohmer (l. c.) schlägt vor, um die verdünnten Nährstoffe anzureichern, die Kohlenasche mit Osmosewasser anzurühren und giebt an, dass ein solches Verfahren schon in einer mährischen Fabrik eingeführt ist. Die

---

[1] Organ d. Centralvereins f. Rübenzuckerindustrie in der österr.-ungar. Monarchie 1882, 27.

[2] Neue Zeitschr. f. Rübenzucker-Industrie 1885, **21**, 265.

Untersuchung der ursprünglichen Asche und der mit Osmosewasser behandelten Asche ergab:

	Ursprüngliche Asche	Mit Osmosewasser behandelte Asche
Wasser	0,78 %	1,34 %
Unverbrauchte Kohle und organ. Substanz	10,58 „	22,94 „
Mit Stickstoff	0,00 „	0,61 „
Mineralstoffe	88,64 „	75,62 „
Mit Phosphorsäure	1,15 „	1,20 „
„ Kali	1,58 „	1,96 „

Neubert[1]) hält es für vortheilhaft, die Osmosewässer zu verdicken und mit Torfstreu zu vermengen.

Ich fand in dem solcher Weise mit Osmosewasser getränkten Torfmull der Dessauer Aktien-Zuckerraffinerie:

Wasser %/0	Organische Stoffe %/0	Darin Stickstoff %/0	Mineralstoffe %/0	Darin Kali %/0	Phosphorsäure %/0
29,13	46,74	3,28	24,13	11,68	Spur

M. Märcker[2]) findet darin 2,5—3,3% Stickstoff und 11,5—14,0% Kali. L. Kuntze stellte mit diesem Torfmulldünger im Vergleich zu Chilisalpeter einen Düngungsversuch an und fand:

Gedüngt	Ertrag von 1 Morgen Ctr.	In den Rüben		Reinheits-Quotient
		Zucker %/0	Nichtzucker %/0	
1. Mit Torfmulldünger	165,61	14,2	2,1	87,1
2. Mit Chilisalpeter	157,94	13,6	2,4	85,0

Hiernach hat der Torfmull-Osmosedünger (bezw. der Stickstoff darin) sowohl auf Menge wie Beschaffenheit der Ernte besser gewirkt als der Chilisalpeter.

b) Reinigung der Gesammtabwässer.

In den 60er Jahren sind Versuche darüber angestellt, die Abwässer mit dem Süvern'schen Desinfektionsmittel (I. Bd. S. 353) zu reinigen und den Niederschlag als Dünger zu verwerthen. F. Stohmann[3]) fand in drei solchen Proben:

---

[1]) Chem.-Ztg. 1884, 8, 248.
[2]) Hannov. land- u. forstw. Ztg. 1885, 1.
[3]) Zeitschr. d. Centr.-Ver. für die Provinz Sachsen 1868, 327.

Probe	Phosphor-säure %	Stickstoff %	Kali %	Kalk %	Thonerde + Eisenoxyd %	Sand + Erde %	Wasser %	Sonstiges[1] %
No. 1	0,37	0,12	0,23	0,23	2,64	26,05	56,98	7,38
„ 2	0,18	0,16	0,21	9,17	2,40	24,29	55,15	8,44
„ 3	0,20	0,09	0,06	6,56	1,37	10,64	75,69	5,39

Das Süvern'sche Verfahren scheint jedoch wieder ganz aufgegeben zu sein.

Auch hat der Vorschlag von Schrader,[2] bei der Reinigung mit Kalkmilch, Karbolsäure zuzusetzen, ebenso wenig Beachtung bezw. Eingang gefunden, als der Vorschlag von Dougall & Campbell,[3] welche die Abwässer mit einer Lösung von saurem phosphorsaurem Calcium und Kalkmilch fällen und reinigen wollten.

Mehr Beachtung hat ein Vorschlag bezw. ein Verfahren von Riehn[4] verdient; derselbe theilte die Abwässer, um sie einzeln zu reinigen, in folgende 3 Klassen:

1. Wasser aus der Rübenwäsche und der Saftgewinnung,
2. Wasser von der Knochenkohlenbehandlung, Tücher- und Beutelwäsche,
3. Kondensations- und kondensirtes Wasser von dem Verkochen des Saftes.

Letztere werden für sich gesammelt, wieder zum Kesselspeisen, zum Waschen der Knochenkohle etc. benutzt.

Die Wässer der Rübenwäsche und Saftgewinnung, welche Erde, Wurzelfasern, Rübentheilchen, Zucker, Salze etc. enthalten, werden erst durch zwei oder mehr Klärbecken geleitet, bis sie den grössten Theil des Schmutzes abgesetzt haben; von hier fallen sie auf bezw. durch ein Filter, bestehend aus Schlacke, Kies und einer anderen geeigneten Masse, die unter Umständen noch mit Alaunschlamm, Eisenchlorid, Kaliumpermanganat gemengt werden. Von diesem ersten Filter treten die Wässer von unten in ein zweites und durch Uebersteigen in ein drittes Filter, welche beide am zweckmässigsten aus Torfkohle, oder, falls diese nicht zu haben ist, aus Knochenkohlenabgängen oder besonders bereiteter Holzkohle (grob gekörnte Holzkohle mit einer Lösung von 5 Theilen Monocalciumphosphat und gleichviel Aluminiumsulfat gekocht, getrocknet und geglüht) bestehen. Das so gereinigte Wasser geht wieder zur Fabrik zurück, um von neuem benutzt zu werden; die Filter brauchen angeblich nur ein oder einige Male für die Betriebszeit erneuert zu werden.

---

[1] „Sonstiges" umfasst die organische Substanz, die an Kalk gebundene Kohlensäure, desgl. Wasser, Magnesia, Natron, Chlor und Schwefelsäure.
[2] Zeitschr. f. Rübenzucker-Industrie 1871, 604.
[3] Ebendort 1871, 937.
[4] Ebendort 1877, 51.

Die Wässer von der Knochenkohlenbehandlung, die grössere Mengen Eiweiss, Zucker, Alkalien, alkalische Erden, Fermente etc. enthalten, werden durch Filter von Torfkohle gereinigt und erhalten zweckmässig zur Fällung einen Zusatz von der von Blanchard & Chateau empfohlenen Verbindung von saurer phosphorsaurer Magnesia mit einem basischen Eisensalz, oder einen Zusatz des von A. Frank vorgeschlagenen Fällungsmittels, bestehend aus schwefelsaurer Magnesia, phosphorsaurem Kalk und phosphorsaurem Eisen.

Ohne Zweifel kann die Trennung bezw. die getrennte Behandlung der verschiedenen Abwässer der Zuckerfabriken nach dem Riehn'schen Vorschlage eine zweckmässige genannt werden, jedoch scheint das Verfahren als solches keine praktische Anwendung gefunden zu haben.

Wie bei den Abwässern der Stärkefabriken, so ist auch bei denen der Zuckerfabriken vielfach eine Reinigung durch Berieselung angestrebt. Teuchert (l. c.) ermittelte die Veränderungen, welche das Abwasser der Zuckerfabrik zu Landsberg (mit einer täglichen Verarbeitung von 3000 Ctr. Rüben) durch Berieselung auf einer 6 ha grossen Wiese erfährt, und fand:

Abwasser	Gesammt-rückstand mg	Glüh-verlust mg	Schwebe-stoffe mg	Organische Stoffe mg	Unorganische Stoffe mg	Gelöste Stoffe mg	Glüh-verlust mg	Stickstoff als Ammoniak mg	Proteïn-stoffe mg	Salpeter-säure mg
Ungereinigt . .	2633	483	1763	1251	242	870	241	14	11,6	0,02
Gereinigt . . .	663	51	31	19	12	661	38	0,8	2,5	0,01
Mithin durch die Rieselung ententfernt . . .	1940	432	1732	1232	230	209	203	13,2	9,1	0,01

Algenbildungen, Bakterien und Vibrionen wurden in dem gereinigten Wasser nicht gefunden.

Auf Veranlassung der Ministerien für Handel und Gewerbe, des Innern und für Landwirthschaft, Domänen und Forsten sind eingehende Untersuchungen über die Wirkung verschiedener Reinigungsverfahren für Zuckerfabrikabwässer in der Betriebszeit 1880/81 angestellt[1]) und, da dieselben kein bestimmtes oder allgemein befriedigendes Ergebniss geliefert hatten, auf Anregung des Oberpräsidiums der Provinz Sachsen in der Betriebszeit 1884/85 nochmals wieder aufgenommen worden.[2])

Die in diesen beiden Jahren geprüften Verfahren sind folgende:

---

[1]) Die Ergebnisse d. amtl. Verhandlungen zur Prüfung der Abflusswässer aus Rohzuckerfabriken 1885.

[2]) Die Ergebnisse der in der Kampagne 1884/85 angestellten amtlichen Versuche über die Wirksamkeit verschiedener Reinigungsverfahren etc. auf Veranlassung des Königl. Oberpräsidiums der Provinz Sachsen; gedruckt bei E. Baensch jun. Magdeburg 1886.

1. Chemische Untersuchungen über die Reinigungsverfahren.

a) Das Verfahren von W. Knauer.

Dasselbe beruht im wesentlichen darauf, dass nach der mechanischen Entfernung von Schnitzeln, Schlamm und Schaum die kalten Abwässer in sogenannten Gegenstromkühlern mittelst der heissen Abwässer, abziehender Feuerungsgase, Abdampfs bezw. nöthigen Falls direkten Dampfes auf 80^0 C. und darüber erhitzt werden. Hierdurch wird unter Zusatz von Kalkmilch und Manganchlorür eine vollständige Fällung der organischen Fäulniss- und gährungsfähigen Stoffe angestrebt. Das dergestalt gereinigte Wasser wird durch die erwähnten Gegenstromkühler und darauf folgende Ueberleitung über ein Gradirwerk abgekühlt und alsdann je nach Bedarf, entweder im Fabrikbetriebe wieder verwendet oder abgeleitet.

Das Verfahren wurde geprüft auf der:

Zuckerfabrik Altenau bei Schöppenstedt, Herzogthum Braunschweig·

Aktien-Zuckerfabrik Oschersleben
Zuckerfabrik Rudolph & Cie., Magdeburg   } Alle 3 im Regierungs-
   do.   Schalkensleben   } Bezirk Magdeburg.

Bei der Zuckerfabrik von Rudolph & Cie., Magdeburg, ist das Verfahren von Knauer wie folgt ausgeführt (vergl. Fig. 11):

Auf der Zuckerfabrik fliessen die Rübenwaschwässer und die mittelst geeigneter Vorrichtungen von Schnitzeln und Schaum befreiten Wässer der Schnitzelpressen in einer gemauerten Rösche *c* in eine Reihe von 6 Absatz-Behältern *d d* zur Ausscheidung der Rüben und Schlammbeimengungen.

Der Zufluss und Ablauf ist derart durch Schieber geregelt, dass das Reinigen der einzelnen Behälter von den angesammelten schwebenden Verunreinigungen ohne Unterbrechung des Betriebes erfolgen kann.

In einem weiteren Behälter *e* mit drei untereinander verbundenen Abtheilungen vereinigen sich die eben erwähnten geklärten Wässer mit den Abwässern des Knochenkohlenhauses und werden von hier aus mit maschineller Kraft nach dem Hochbehälter *f* gehoben, um alsdann durch eine Rohrleitung den Gegenstromapparaten *i i* zur Vorwärmung zuzufliessen und darauf in das Anwärmebecken überzutreten.

Zur Erzielung eines möglichst hohen Wärmegrades sind in diese Anwärmebecken besondere Rohrleitungen *o o*

1. von den Filterabdampfrohren,   4. von dem Retourdampf,
2. von den Kesselablassrohren,   5. von Eisfeldt'schen Apparaten und
3. von der Bodenheizung,   6. von den Montejus

eingeführt.

Mittelst einer weiteren Rohrleitung *o* fliesst dem Anwärmebecken beständig Kalkmilch zu. (Täglicher Verbrauch an Kalk angeblich 12 Ctr.) Aus dem Behälter *g* tritt das angewärmte Wasser in einen Behälter *h* ein und erhält hier einen tropfenweisen Zusatz von Manganchlorür.

Der durch die Scheidung mittelst Kalkmilch und Manganchlorür entstehende Schlamm wird in zwei Klärbecken *m* gesammelt und von dort zur Düngung abgefahren.

Nach der stattgehabten Scheidung treten die gereinigten Wässer wieder in die Gegenstromapparate *i* zu deren Umspülung behufs Vorwärmung der darin sich bewegenden Schmutzwässer ein und werden demnächst in ein Gefluder gehoben und über das Gradirwerk *k* geleitet, um hierdurch auf die Temperatur der Luft abgekühlt zu werden und die noch vorhandenen Kalktheile thunlichst auszuscheiden. Das Gradirwerk ist ca. 40 m lang, 10 m hoch und hat ca. 40 qm nutzbare Dornenwandfläche. Von letzterer wird etwa ein Drittel zur Abkühlung der gereinigten Wässer, der übrige Theil zur Abkühlung des einem Reinigungsverfahren nicht unterworfenen Fallwassers benutzt. Letzteres geht nach der Abkühlung zur Wiederbenutzung in die Fabrik zurück, während die gereinigten und abgekühlten Wässer behufs weiterer Ausscheidung von Kalktheilen

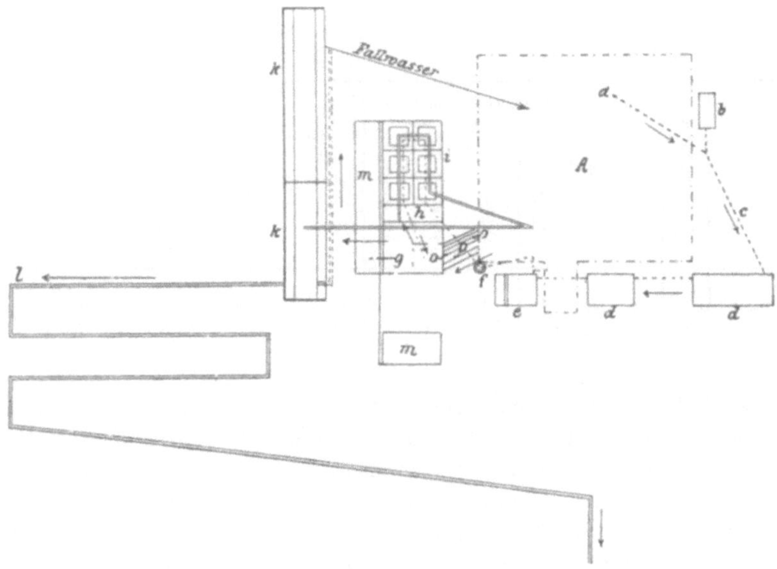

Fig. 11.

⋯⋯ Lauf der Schmutzwässer,	*f*	Hochbehälter,
═ Lauf der gereinigten Wässer,	*g*	Anwärme- und Kalkbecken,
A Fabrikgebäude,	*h*	Manganbehälter,
a Rübenwäsche,	*i*	Gegenstromapparate,
b Schnitzelfänger,	*kk*	Gradirwerk,
c Rösche,	*l*	Abflussgräben,
dd Absatzbecken für Rübenwaschwasser,	*m*	Schlammbehälter,
e Sammelbecken Rübenwasch- und Knochenhauswasser,	*o*	Wärme- und Kalkzuführungsrohre.

in einer Reihe von flachen Gräben nach kurzem Lauf dem Schrotebach zufliessen oder nach Bedarf aus dem am Fuss des Gradirwerks befindlichen Behälter mit dem Fallwasser der Fabrik zur Wiederverwendung zugeleitet werden.

Die gereinigten Abwässer — die Zusammensetzung der natürlichen Abwässer fehlt, so dass ein Vergleich, wie sich das Reinigungsverfahren in quantitativer Hinsicht verhält, nicht angestellt werden kann — enthalten im Mittel für 1 l in mg nach der Untersuchung von:

238   Abwasser aus Zuckerfabriken.

1. P. Degener:

Abwasser	Organische Substanz					Gelöst. Stickstoff			Gesammt-Stickstoff	Schwefelsäure	Schwefelwasserstoff	Alkalinität = CaO	Eindampf-Rückstand	Unorganische Schwebestoffe
	In der Schwebe	Kohlenstoff aus ihr mittels CrO_3	Zur Oxydation erforderlicher Sauerstoff	Auf 1 O kommt C	Rohrzucker	Ammoniak	Salpetrige Säure	Stickstoff durch Verbrennen mit Naturkalk						
Nicht gradirt . .	28,9	462,8	426,0	0,9	289	54,4	0,5	20,6	66,0	74,4	0	593,3	4082,5	123,6
Gradirt	54,8	381,6	358,0	0,7	486,4	13,9	0,6	15,9	22,3	73,6	0	132,3	3772,0	93,1

2. M. Märcker:

Abwasser	CaO (Alkalinität)	In der Schwebe			Eindampfrückst.			Organische Substanz durch Oxydation	Reducirte Substanz	Ammoniak-Stickstoff	Sonstig. Stickstoff	Salpetersäure	Schwefelsäure
		Organisch	Unorganisch	Im ganzen	Organischer	Unorganischer	Im ganzen						
Nicht gradirt	578	22	40	62	2197	1716	3916	1354	798	27,52	31,26	66,90	115
Gradirt . . .	185	41	122	163	2023	1520	3543	1274	719	13,69	19,15	66,82	123

Nach beiden Untersuchungen zeichnen sich diese Abwässer durch einen hohen Gehalt an anorganischen Stoffen aus. Durch das Gradiren haben, abgesehen von den Schwebestoffen, bei denen eine Zunahme stattgefunden hat, fast alle Bestandtheile des Wassers mehr oder weniger abgenommen, jedoch ist auch jetzt noch der Gehalt an oxydirbaren organischen Stoffen, an Ammoniak und amidartigen Verbindungen sehr hoch. Besonders stark nimmt durch das Gradiren des Wassers die Alkalinität desselben ab; dieses ist bestimmend für die Haltbarkeit des Wassers. So lange der Kalk seine antiseptische Wirkung ausüben kann, wird die Zersetzung der fäulnissfähigen Stoffe zurückgehalten; wird aber der Kalk infolge des Gradirens zum Theil ausgeschieden, so stellt sich auch alsbald je nach der Temperatur eine mehr oder weniger starke faulige Gährung ein, wie die von P. Degener und M. Märcker ausgeführten Versuche erkennen lassen (vergl. I. Bd. S. 366).

Das Gesammtergebniss seiner Beobachtungen über das Knauer'sche Verfahren glaubt M. Märcker folgendermassen zusammenfassen zu können:

„Die betreffenden Abwässer enthielten zwar gährungsfähige Stoffe in ansehnlichen Mengen, und es entwickelten sich in denselben unter Umständen schneller oder langsamer Zersetzungs-Organismen, indessen führte das Leben und die Vermehrung derselben in den ersten Tagen nicht zur Bildung übelriechender und lästiger Stoffe; nach längerer Zeit traten allerdings in mehreren Fällen übelriechende Stoffe auf.

Durch eine zehnfache Verdünnung des Wassers wurde zwar die Zersetzung nicht aufgehalten, aber es erfolgte doch die Bildung übelriechender Stoffe seltener.

Würde sich dieses Verhalten in der Praxis wiederholen, so könnte man das Knauer'sche Verfahren wohl als ein brauchbares bezeichnen, indessen nimmt Versuchsansteller Anstand, solches nach seinen Laboratoriumsversuchen allein auszusprechen, da die Verhältnisse in der Wirklichkeit möglicher Weise eher zu Zersetzungen führen können, als dasselbe bei den Laboratoriumsversuchen geschah; ebenso können allerdings die Verhältnisse in der Praxis unter Umständen auch günstiger liegen."

β) Verfahren von Elsässer.

Dasselbe besteht im wesentlichen auf natürlicher Abgährung der Abwässer mit nachfolgender Berieselung und wurde von beiden Kommissionen auf der Zuckerfabrik Roitzsch, von der ersten Kommission ausserdem noch in Landsberg, von der zweiten noch auf der Zuckerfabrik Wahren & Co. in Querfurt geprüft.

Auf der Zuckerfabrik Roitzsch vereinigen sich sämmtliche abgehende Fabrikwässer mit Ausnahme des grösseren Theils des aus der Kondensation (von den Vakuum- und Verdampfapparaten) herrührenden sogenannten Kondensations- oder Fallwassers unweit der Fabrik in zwei grossen Sammel- oder Gährbecken, von welchen jedes ca. 50 m lang, 20 m breit und 2 m tief ist. Wenn das erste Becken gefüllt ist, treten die Wässer, nachdem sie sich abgesetzt haben, durch eine seitliche Oeffnung in das zweite Becken über, wobei der bei der Gährung nach oben steigende, mit Schmutz vermischte Schaum[1] etc. durch eine Bohlenvorrichtung zurückgehalten wird. Im zweiten Becken befindet sich das Saugrohr zu einer Pumpe, welche die abgegohrenen Wässer so hoch hebt, dass sie dem Rieselgelände zulaufen können. Die gehobenen Wässer fliessen alsdann zunächst durch einen Kasten, in welchen mittelst einer Luftpumpe beständig Luft gepumpt wird, um angeblich eine Oxydation der im Wasser noch vorhandenen schädlichen Stoffe herbeizuführen, und hierauf in eine Gefluder ab, um durch dasselbe dem drainirten, in abgedämmte Flächen eingetheilten Rieselgelände nach bestimmten Zeitabschnitten wechselweise zugeführt zu werden.

Von dem Kondensations- oder Fallwasser fliesst das von der nassen Luftpumpe des Kochvakuums kommende Wasser nach den Gährbecken. Im übrigen wird das Fallwasser zur Abkühlung über ein Gradirwerk geleitet und alsdann einem Abzugsgraben zugeführt.

In diesem Abzugsgraben vereinigt sich das Fallwasser mit dem aus den Drains des Rieselgeländes abfliessenden Wasser und fliesst mit letzterem vereint in den Strengbach.

Die Sammel- oder Gährbecken werden nach dem Schluss der Betriebszeit von dem zurückgebliebenen Schlamm und sonstigen Absatzstoffen entleert.

Zur Berieselung dienten ca. 10 ha Wiesenland und $1^1/_2$—2 ha Ackerland, durchweg schwerer lehmiger Boden. An Rüben wurden täglich

---

[1] Nach dem Bericht der 2. Kommission finden die Wässer auf ihrem Wege nach den Rieselflächen keine Zeit, in Gährung oder Fäulniss überzugehen; die in den Klärbecken aufsteigenden Gasblasen entspringen dem in den Klärbecken abgesetzten Schlamm und nicht dem durchlaufenden Wasser.

4500 Ctr. bezw. 5200 Ctr. verarbeitet. Nach dem 2. Bericht wird bei der Säftevereinigung für den Dünnsaft die Schwefelung, bei dem Dicksaft Knochenkohle in Mengen von $3\,^0/_0$ des Rübengewichtes angewendet.

Auf der **Zuckerfabrik Wahren & Co.** in Querfurt ist zugleich eine Fölsche'sche Klärbeckenanlage vorhanden. Die Fabrik verarbeitet in 24 Stunden 4900 Ctr. Rüben im Diffusionsverfahren mit Schwemmsystem. Die Diffuseure werden mit Wasser abgedrückt, die Säfte über Knochenkohle (Verbrauch $9—10\,^0/_0$) filtrirt. Die Wiederbelebung der letzteren erfolgt mit Gährung unter Anwendung von Säure und Nachspülung von Kondenswasser.

Das Betriebswasser wird zu $^7/_{10}$ aus dem Querenbach entnommen und ist dasselbe sehr unrein. Den Rest des Betriebswassers liefern die Riesel- und Brunnenwässer. Die Fallwässer werden über ein Gradirwerk geführt und lediglich abgekühlt in den Querenbach abgeführt. Die übrigen Abwässer werden in einem Kanal vereinigt und durch 24 gemauerte Klärbecken geführt, deren jedes 3,5 m im Geviert misst. Die Klärbecken lassen sich einzeln ausschalten und durch Ziehen von im Boden angebrachten Schiebern in das Schlammsammelbecken entleeren, aus dem ein Baggerwerk den Schlamm in eine Rinne hebt, die ihn in den grossen Schlammteich befördert. Dieser letztere liegt hoch, so dass das noch mit gehobene Wasser zeitweise nach dem Becken 17 abgelassen werden kann.

Der Schlamm wird hierdurch gut entwässert, während die aus dem Erdbecken ablaufenden Wässer eine vollkommene Reinigung von Schwebestoffen noch nicht zeigten. Diese werden aus dem Brunnen unter dem Pumpenhaus mit Lufttemperatur auf den höchsten Punkt der Rieselanlage gedrückt.

Die Rieselanlage umfasst ca. 34 Morgen Wiesenland und war zur Zeit der Besichtigung (1883/85) 3 Jahre in Wirksamkeit. Die Bodenbeschaffenheit der ganzen Anlage ist nicht gleichartig. Sandiger Lehm und thoniger Lehm sind unregelmässig von Streifen Kalkstein durchsetzt. Das Wachsthum auf den Rieselfeldern war nicht unterbrochen, jedoch waren einzelne Flächen durch Mäusefrass sehr zerstört. Die Anlage hat 2 Drainmündungen, deren vereinigte Ausflüsse nach dem Betriebsbrunnen ablaufen, um in der Fabrik als Betriebswasser wieder benutzt zu werden.

Der obere Abfluss zeigte sich geruchlos, aber weisslich getrübt, während der untere vollkommene Klarheit und Farblosigkeit zeigte. Die mit den beiden Abflüssen getrennt vorgenommenen Handproben ergaben übereinstimmend schwache Alkalinität, liessen aber Schwefelwasserstoff, Ammoniak oder organische Stoffe in dem Wasser nicht erkennen.

Was die Fölsche'schen Klärbecken anbelangt, so liegt darin nach dem Urtheile der Kommission für eine nachfolgende Berieselung kein grosser Vortheil; im übrigen hält dieselbe die kreisrunde Anordnung um ein Centralbecken und zwar mit einem inneren und äusseren Polygone für praktisch werthvoll. Die Schlammausscheidungsanlagen werden besonders da sehr gute Dienste leisten, wo es auf eine schnelle Entfernung des Schlammes ankommt, und haben neben geringen Betriebskosten den Vortheil, dass die Trennung des Schlammes auf verhältnissmässig kleinem Raum erzielt werden kann.

Die Kommission ist weiter der Ansicht, dass eine Berieselungsanlage augenscheinlich einiger Jahre bedarf, um in den Zustand vollkommener Wirksamkeit zu gelangen, theils weil erst nach längerer Zeit die Benarbung der Flächen eine genügend dichte wird und theils weil die über den Drains liegende Erde ebenfalls längerer Zeit bedarf, um das dichte Gefüge des gewachsenen Bodens wieder zu erhalten.

Was die Kosten der besichtigten Rieselanlage betrifft, so werden die Zinsen des Anlagekapitals und die Instandhaltung der Anlage — in Querfurt zum Theil, in Roitzsch reichlich — durch den erhöhten Ertrag der Wiesen gedeckt, während die Kosten des Betriebes sich auf den Tagelohn eines einzigen Rieselwärters beschränken.

P. Degener giebt den Gehalt des Abwassers der Zuckerfabrik Roitzsch in der Betriebszeit 1880/81 für 1 l in mg wie folgt an:

| Abwasser | Organische Stoffe | | | | | Gelöst. Stickstoff | | | Gesammt-Stickstoff | Schwefelsäure | Schwefel-wasser-stoff | Alkalinität CaO | Eindampf-Rückstand | Anorgan. Schwebe-stoffe |
| | In der Schwebe | Kohlenstoff aus ihnen mittelst CrO_3 | Gelöst | | Rohrzucker | Ammoniak | Salpetrige Säure | Durch Verbrenn. mit Natronkalk | | | | | | |
			Z. Oxydat. nö-thig.Sauerstoff	Auf 1 O kommt C										
1. Vor Einfluss in die Gährbecken . .	87,2	35,9	67,5	1,3	0	16	0,1	1,3	14,9	0	schwache Reaktion	28	1173	129,5
2. Aus den Drains	4,6	8,1	4	0,42	Spur	9,8	0	2,3	10,4	43	desgl.	0	486	27,2

C. R. Teuchert und Alex. Herzfeld finden in der Betriebszeit 1884/85 in den Abwässern der Zuckerfabrik im Mittel für 1 l in mg:

| Ab-wasser | Schwebestoffe | | | Eindampf-Rückstand | Glühverlust | Kohlensäure durch CrO_3 | Aus der Kohlensäure berechn. Rohrzucker | Stickstoff | | | | Schwefelsäure | Kalk | Härtegrade | Alkalinität = CaO | Eiweiss | Schwefelwasserstoff |
	Unorganische	Organische	Im ganzen					Im ganzen	Ammoniak	Organischer	Salpetrige Säure						
1. Roitzsch.																	
a) Ungereinigt	1395,3	639,5	2034,8	877,6	472,6	113,1	73,4	30,8	27,3	3,5	0	71,2	123,0	12,3	28,0	0	0
b) Gereinigt .	9,2	8,3	17,5	563,8	137,1	65,6	42,5	5,7	2,1	3,6	Spur	64,0	183,0	18,3	0	0	0
2. Querfurt.																	
a) Ungereinigt	726,3	135,5	861,8	928,0	422,4	77,1	49,9	20,5	9,3	11,2	0	35,3	214,0	21,4	4,0	0	0
b) Gereinigt .	16,5	53,8	70,3	763,8	279,8	27,3	17,7	7,0	3,7	3,3	Spur	87,9	233,4	23,4	0,8	0	0

Nach diesen Untersuchungsergebnissen kann das Elsässer'sche Verfahren als zufriedenstellend gelten; zwar sind auch hier die von der Rieselfläche abfliessenden Wässer noch nicht ganz tadellos, jedoch hat eine solche Abnahme der zersetzungsfähigen Stoffe stattgefunden und ist die Menge daran in dem gereinigten Wasser so gering, dass eine weitere Zersetzung derselben kaum noch lästig fallen wird. — Nach Untersuchungen von M. Märcker war das abfliessende Wasser der Fabrik Landsberg bei einer Durchschnittstemperatur von 20,6° C. von einer fast völligen Haltbarkeit, während dasjenige von Roitzsch in einen von der Bildung übelriechender und lästiger Stoffe begleitenden Zustand überging; bei einer Durchschnittstemperatur von 10,5° C. zeigten die Abwässer dieselbe gute Haltbarkeit und auch dasjenige von Roitzsch befriedigte vollkommen. Im zehnfach verdünnten Zustande hielt sich das Abwasser von Roitzsch und Landsberg ebenfalls gut. (Das Abwasser von Querfurt ist nicht in dieser Weise geprüft worden, wird sich aber zweifellos ebenso günstig verhalten haben.)

H. Schultze[1]) untersuchte in der Betriebszeit 1889/90 und 1890/91 die Wirkung der nach dem Verfahren von Elsässer angelegten Rieselwiesen auf der Domaine Hessen. An Rüben wurden in einem Tage 7834 bezw. 8000 Centner verarbeitet und zwar nach dem Diffusionsverfahren; es wurde mit Knochenkohle gereinigt. An Abwasser lieferte die Fabrik in der Stunde 208 cbm. Die Fabrik besitzt Klärbecken, in denen sich die Schmutztheile von der Rübenwäsche als Erde, Rübenschwänze und sonstige gröbere ungelöste Stoffe z. B. Rübenschnitzel etc. absetzen können. Die Untersuchung ergab im Mittel für 1 l:

Abwasser	Trockenrückstand mg	Glühverlust mg	Schwebestoffe mg	GesammtStickstoff mg	AmmoniakStickstoff mg	Phosphorsäure mg	Kali mg	Kalk mg	Chlor mg	Schwefelwasserstoff mg
Vor der Berieselung	1224,9	520,0	359,9	39,5	13,8	9,9	51,2	186,8	28,8	vorhanden
Nach „ „	991,5	133,8	22,5	6,9	0,8	2,0	11,8	287,7	32,8	0

Diese Ergebnisse sind nicht so günstig, wie die in Roitzsch und selbst die in Querfurt erhaltenen; aber auch hier tritt die Abnahme an fäulnissfähigen organischen Stoffen deutlich hervor.

Die Wirkung der Berieselung geht auch noch aus einem anderen Versuch hervor; wie schon oben erwähnt, fliesst das gereinigte Abwasser der Fabrik Schöppenstedt in die Altenau und wird das Wasser der letzteren ca. 8 km unterhalb der Einmündung durch Aufstauen der Altenau auf die Eilumer Wiesen geleitet; das auf- und abfliessende Wasser ergab im Mittel der beiden Analysen für 1 l:

Abwasser	Schwebestoffe			GesammtAbdampfrückstand mg	Glühverlust mg	Berechneter Rohrzucker mg	Zur Oxydation erforderl. Sauerstoff mg	Stickstoff als Ammoniak mg	Organischer Stickstoff mg	Schwefelsäure mg	Kalk mg
	Unorganische mg	Organische mg	Gesammt mg								
Auffliessendes . . .	11,3	9,8	21,1	635,0	145,0	29,7	34,2	3,4	5,6	154,6	167,6
Abfliessendes . . .	7,5	6,8	12,6	627,6	117,6	9,9	13,3	4,5	1,3	150,4	171,8

Hier hat also durch einfache oberirdische Berieselung eine nicht unwesentliche Reinigung, besonders an gelösten organischen Stoffen, wie nicht minder an Schwebestoffen und Gesammtstickstoff stattgefunden.

---

[1]) Braunschweig. landwirthsch. Zeitg. 1891, Nr. 12; Centrbl. f. Agric.-Chem. 1891, **20**, 217.

γ) Verfahren von A. Müller und V. Schweder.

Dasselbe beruht auf Abgährung der Abwässer unter Zusatz von Fermenten, Klärung durch Kalkmilch und Berieselung; es wurde auf der Zuckerfabrik Gröbers, Regierungsbezirk Merseburg, die an einem Tage 2400 Ctr. Rüben verarbeitet, geprüft, und ist die Einrichtung folgende:

Die von der Rübenwäsche, dem Knochenkohlenhause und der Diffusion kommenden Abwässer werden jedes für sich in besondere gemauerte Klärbecken geleitet, in welchen die anhaftenden Rübentheile, Schlämme und sonstige mechanische Verunreinigungen sich absetzen sollen. Die Rübenwaschwasserbecken liegen unmittelbar an der Waschtrommel; das eine derselben ist zum Zurückhalten der Rübenschwänze etc. mit einem engen Holzsiebe überdeckt. Die Schnitzelbecken können behufs Ausräumung der angesammelten Rückstände wechselweise an- und abgestellt werden. Die Knochenkohlenwässer fliessen nach dem Austreten aus den Sammelbecken unter den Aborten hindurch und nehmen dort die Auswürfe der Fabrikarbeiter (ca. 150) auf.

Sämmtliche Schmutzwässer vereinigen sich alsdann mit den Spülwässern der Fabrik innerhalb des Fabrikhofes in einer Rösche und erhalten nunmehr einen Zusatz von Kalk (angeblich 12 Ctr. in 12 Stunden). Die Wässer fliessen hiernächst aus der Rösche wechselweise in zwei nebeneinander liegende Vorgräben, und dann in 4 Klärbecken von zusammen 1580 qm Flächeninhalt und einer durchschnittlichen Tiefe von 2 m.

Aus dem letzten Klärbecken fliessen die Wässer sodann in einer theilweise überdeckten, theilweise offenen Rösche, nachdem ihnen nochmals geringe Mengen Kalkmilch zugesetzt sind, nach dem Berieselungsgelände. Dasselbe umfasst im ganzen eine Ackerfläche von $10^{1}/_{3}$ ha, von welchen zur Zeit der Besichtigung und Probenahme jedoch nur 8 ha benutzt wurden. Das Berieselungsgelände, insgesammt Ackerland, ist in neun Abtheilungen eingetheilt, deren Oberfläche im Durchschnitt 2,83 m über dem die Drainabflusswässer aufnehenden Abflussgraben liegt. Die Drainröhren sind in einer Tiefe von ca. 1 m gelegt und haben im ganzen drei Abflüsse nach dem allgemeinen Abzugsgraben.

Der Berieselungsbetrieb ist derartig geregelt, dass unter dreistündigem Wechsel jedesmal zwei Abtheilungen gleichzeitig bewässert werden. Aus dem Abzugsgraben treten alsdann die gesammten Drainwässer in den an dem Rieselgelände vorbeifliessenden Kabelskebach und vereinigen sich darin ungefähr an dem nämlichen Punkte mit den Drainabflusswässern der benachbarten Berieselungsanlagen der Zuckerfabrik Schwoitsch.

Von beiden Fabriken gemeinsam wird demnächst das Kabelskewasser nach etwa halbstündigem Laufe unter nochmaligem Kalkzusatz (3 Ctr. täglich) über eine zweite, nicht besonders aptirte Rieselfläche wild übergerieselt, ohne dass solches von A. Müller bei der Einrichtung der Reinigungsanlage angeordnet ist.

Nach den Untersuchungen von P. Degener enthielt das Abwasser der Zuckerfabrik Gröbers für 1 l in mg:

Abwasser	In der Schwebe	Organische Substanz — Gelöst: Kohlenstoff aus ihnen mittels CrO$_3$	Gelöst: Zur Oxydat. nöth.Sauerst.	Gelöst: Auf 1 O kommt C	Rohrzucker	Gelöster Stickstoff: Ammoniak	Salpetrige Säure	Stickstoff durch Verbrennen mit Natronkalk	Gesammt-Stickstoff	Schwefelsäure	Schwefelwasserstoff	Alkalinität CaO	Eindampf-Rückstand	Unorganische Schwebestoffe
1. Nach Ablauf aus den Gährbecken und nach Kalkzusatz, vor Auflauf auf die Rieselfelder, ausschl. Fallwasser	91,9	45,0	26,0	0,48	Spur	42,5	Spur	7,4	42,4	95	Reaktion stark	0	690	201,3
2. Aus den Drains .	7,0	47,1	14,2	0,44	344	12,0	„	3,9	13,9	56	schwächer	0	1243	12,4

244   Abwasser aus Zuckerfabriken.

Das gereinigte Abwasser ist demnach noch reich an zersetzungsfähigen organischen Stoffen und war zur Zeit der Probenahme auch bereits
in lebhafter Zersetzung begriffen. Nach dem Bericht von P. Degener
begann nach einigen Tagen eine Schwefelwasserstoff-Bildung, begleitet von
der Entwickelung zahlreicher Fäulnissbakterien. Bei zehnfacher Verdünnung
hielt sich das Abwasser ohne Bildung übelriechender Stoffe. Jedenfalls kann
nach M. Märcker die Reinigung des Abwassers durch das in der Zuckerfabrik Gröbers ausgeübte Verfahren nur als eine sehr mangelhafte bezeichnet
werden. (Vergl. des weiteren über dieses Verfahren von V. Schweder I. Bd.
S. 346 und II. Bd. S. 83.)

δ) Abweichende Verfahren.

1. Verfahren auf der Zuckerfabrik Stöbnitz.

Auf dieser Fabrik werden die Abwässer von den Schnitzelpressen in einen hoch-
liegenden Oberflächen-Kondensator gepumpt und unter Zusatz von $^1/_2\,^0/_0$ Kalk mittelst
direkten Dampfes auf 80^0 C. angewärmt. Die angewärmten Wässer fliessen mit den von
Rübentheilen mittelst eines Wasserrostes befreiten Rübenwaschwässern, dem Diffusions-
und Spülwasser in eine Reihe von 15 Absatz- und Klärbecken und vereinigen sich dort
mit den Knochenkohlehaus- und Kesselabblasewässern, welche schon vorher zum Absetzen
von schwebenden Schlammtheilchen durch 4 besondere Absatzbecken geleitet worden sind.
Die genannten vorerwähnten Schmutzwässer werden nach dem Absetzen und
Klären in den gedachten 15 Klärbecken auf dem letzten Becken mittelst einer Centrifugalpumpe in einen Hochbehälter gehoben, fliessen von dort auf ein Gradirwerk und werden
nach der Gradirung in einem Abzugsgraben nach längerem, ca. $^1/_4$ stündigem Laufe auf
eine etwa $4^1/_2$ ha grosse drainirte Wiese in wilder Berieselung (ohne wechselnde Anstau-
vorrichtungen) geleitet. Die in einer offenen Rösche gesammelten Drainabflüsse fliessen
alsdann in den Klingebach und weiter in die Geitel.
Der in den Absatzbecken angesammelte Schlamm wird in eine benachbarte ge-
räumige Schlammgrube geschafft und nach Schluss der Betriebszeit zu Düngungszwecken
abgefahren.

Das gereinigte Abwasser nach der Berieselung enthält ohne Fallwasser
nach der Untersuchung von P. Degener für 1 l in mg:

	Organische Stoffe				Gelöster Stickstoff			Ge-sammt-Stick-stoff	Schwe-el-säure	Schwe-fel-wasser-stoff	Alka-linität CaO	Ein-dampf-rück-stand	Unor-ganische Schwe-bestoffe
In der Schwebe	Kohlen-stoff aus ihnen mittelst CrO$_3$	Gelöst ZurOxy-dation nöthiger Sauer-stoff	Auf 1 O kommt C	Rohr-zucker	Am-moniak	Sal-petrige Säure	Stick-stoff durch Ver-brennen mit Na-tronkalk						
9	15,7	6,4	0,44	0	Spur	2,7	2,2	2,2	254,0	0	120,0	600,0	4,5

Die Zusammensetzung dieses Wassers entspricht derjenigen des nach
dem Elsässer'schen Verfahren gereinigten Abwassers von Roitzsch und
Landsberg. In dem Wasser ist nach P. Degener nach der Gährung weder
Geruch, noch sind Bakterien vorhanden, und hält sich dasselbe nach den

Untersuchungen von M. Märcker sowohl bei höherer als auch bei niedrigerer Temperatur, sowohl im natürlichen wie im verdünnten Zustande dauernd unverändert, so dass es in allen Beziehungen die weitgehendsten Ansprüche befriedigt.

Das gereinigte Abwasser war jungen Fischen in keiner Weise schädlich.

2. *Verfahren auf der Zuckerfabrik Körbisdorf.*

Auf dieser Fabrik werden die von der Diffusion und den Schnitzelpressen kommenden Wässer und der Rest der Filtrirabsüsser abwechselnd in zwei eisernen Kästen unter Zusatz von $^{1}/_{2}\,^{0}/_{0}$ Kalk mittelst Retourdampfs und direkten Dampfs auf 80^{0} C. angewärmt und laufen alsdann im Verein mit dem Rübenwaschwasser nach und nach durch 11 unter zweckmässiger Ausnutzung der günstigsten Höhenverhältnisse des Bodens angelegte Absatzbecken (von 4,5 m Länge, 3 m Breite und 2 m Tiefe). Das geklärte Wasser fliesst durch einen Fluder ab, während der abgesetzte Schlamm in ein neben den Absatzbecken befindliches grosses Sammelbecken abgelassen wird, welches keinen Abfluss hat und erst am Schluss der Betriebszeit entleert wird.

Aus dem Fluder tritt das geklärte Wasser nach Aufnahme des überschüssigen Betriebswassers (Braunkohlengrubenwasser) zunächst behufs weiterer Absetzung in zwei in der Nähe des Gradirwerks befindliche Klärbecken und vereinigt sich dann noch mit dem durch Ueberleitung über das Gradirwerk abgekühlten Fallwasser, soweit letzteres nicht in den Betrieb zurückgeht. Die vereinigten Wässer fliessen alsdann mit einer durchschnittlichen Temperatur von 25^{0} C. in den Geiselbach. Die Kohlenhauswässer werden dagegen zunächst behufs Ausscheidung der mitgeführten Kohlentheilchen und anderer mechanischer Verunreinigungen in mehrere kleine Klärbecken geleitet und laufen alsdann durch einen Kanal unter dem Geiselbach hindurch in einen Brunnen, aus welchem sie auf ein längs des rechten Ufers der Geisel sich hinziehendes Wiesengelände austreten. Nach der Angabe der Fabrikdirektion ist von diesem ca. 75 ha grossen Wiesengelände der obere Theil, auf welchem der Brunnen sich befindet, drainirt. Die Drainabflüsse münden in einen das Wiesengelände durchschneidenden Quergraben, und es treten von hier aus die Wässer auf den nicht drainirten Theil der Wiesen über, um dort zu versickern.

Nach den Untersuchungen von P. Degener sind in 1 l in mg enthalten:

Abwasser	Organische Stoffe					Gelöst. Stickstoff			Gesammt-Stickstoff	Schwefelsäure	Schwefelwasserstoff	Alkalinität CaO	Eindampf-Rückstand	Unorgan. Schwebestoffe
	In der Schwebe	Kohlenstoff aus ihnen mittelst CrO₃	Gelöst		Rohrzucker	Ammoniak	Salpetrige Säure	Stickstoff durch Verbrennen mit Natronkalk						
			Zur Oxydat. nöth.Sauerst.	Auf 1 O kommt C										
1. Gereinigt ohne Fall- u.Kohlenhauswasser	16,0	139,6	141	0,38	0	4,1	1,8	15,0	18,5	17	0	42	1113	104,3
2. Vereinigte Kohlenhauswässer (nach der Gährung) . .	353,8	7,1	38	0,82	0	101	1,0	4,2	93,2	80	Reaktion stark	176	2793	627,0

M. Märcker findet folgende Zusammensetzung des abfliessenden Wassers für 1 l in mg:

| Alka-linität CaO | Schwebestoffe | | | Abdampfrückstand | | | Organ. Subst. durch Oxyda-tion | Reduc. Sub-stanz | Stickstoff als | | Sal-peter-säure | Schwe-fel-säure |
	Or-ganische	Minera-lische	Im ganzen	Or-ganisch	Minera-lisch	Im ganzen			Am-moniak	Sonstig.		
163,2	15	53	68	675	510	1185	414	347	4,075	6,73	5,63	130

Das Wasser ist reich an organischen Stoffen, es steht in seiner Zusammensetzung den nach dem Knauer'schen Verfahren gereinigten Abwässern sehr nahe, blieb aber in seiner durchschnittlichen Haltbarkeit nach M. Märcker's Untersuchungen hinter denselben weit zurück. Auch P. Degener findet die Haltbarkeit dieses Wassers gering, indem sich besonders nach Ausfällung des Kalkes eine ziemlich lebhafte faulige Gährung, verbunden mit unangenehmem Geruch, entwickelte.

ε) Das Verfahren von F. A. Robert Müller & Co., Schönebeck a. d. Elbe.

Das Verfahren (vergl. I. Bd. S. 393) ist in einer Reihe von Zuckerfabriken angewendet worden. Die Untersuchung eines ungereinigten und eines nach diesem Verfahren gereinigten Wassers lieferte dem Verf. im Mittel von 5 Probenahmen folgende Ergebnisse für 1 l:

| Abwasser: | Schwebestoffe | | | Gelöste Stoffe | | | | | | | | | | Keime von Mikro-phyten in 1 ccm |
| | Unorganische | Organische | Stickstoff | Unorganische | Organische (Glühverlust) | Zur Oxy-dation erf. Sauerstoff in alkal. Lösung | Zur Oxy-dation erf. Sauerstoff in saurer Lösung | Organischer + Ammoniak-Stickstoff | Phosphorsäure | Schwefelsäure | Chlor | Kalk | Kali | |
	mg	mg	mg	mg	mg	mg	mg	mg	mg	mg	mg	mg	mg	
1. Ungereinigt	106,0	85,0	7,7	422,1	229,3	231,6	230,1	30,1	4,7	32,8	80,2	162,9	28,0	1832300
2. Gereinigt	67,4	19,2	1,2	425,4	262,2	314,2	314,9	23,9	0	46,8	87,3	159,0	27,4	769650

Der nach diesem Verfahren gewonnene, auf der Filterpresse schwach gepresste Schlamm enthielt:

	Wasser %	Organ. Stoffe %	In letzt. Stickstoff %	Mineral-stoffe %	Phosphor-säure %	Kalk %
Im natürlichen Zustande	33,38	14,61	0,45	52,01	0,74	21,07
In der Trockensubstanz .	—	21,93	0,68	78,07	1,11	31,63

Von der vorerwähnten 2. Kommission wurde dieses Verfahren auf 5 Zuckerfabriken geprüft, nämlich:

1. Zuckerfabrik Schöppenstedt.

Die Fabrik verarbeitet täglich 6300 Ctr. Rüben nach dem Diffusions-Verfahren und täglich 200 Ctr. Melasse mittelst 5 Osmogenen. Der Abdruck der Diffuseure erfolgt mit Luft. Die Reinigung der Säfte geschieht mit Knochenkohle (täglicher Verbrauch 280 Ctr.) und deren Wiederbelebung durch Gährung. Als Betriebswasser dient das Wasser des Flüsschens Altenau, im ganzen etwa 3,64 cbm in der Minute; zur Reinigung gelangen die sämmtlichen Schmutzwässer, nämlich Rübenwaschwasser, nach Abscheidung grober Rübentheile durch ein Gitter, Abpresswasser, Knochenkohlenhauswasser, Osmosewasser etc. Auf 1000 Ctr. verarbeitete Rüben sind ursprünglich 40 Pfd. des Nahnsen-Müller'schen Fällungsmittels und 40 Pfd. Kalk, also für 1 Tag je 240 Pfd. gerechnet; es hat sich aber herausgestellt, dass zur Erzielung einer hinreichenden Klärung des Abwassers die 4fache Menge Kalk angewendet werden musste.

Die mit den Fällungsmitteln versetzten Schmutzwässer durchfliessen eine Reihe von 3 grösseren und 11 kleineren Klärbecken, von welchen je ein grösseres und 5 kleinere regelmässig, behufs Aushebung des in ihnen niedergeschlagenen Schlammes aus dem Betrieb ausgeschieden werden; sie fliessen darauf durch einen etwa 1 km langen Graben nach der Altenau ab. Die Altenau wird in einer Entfernung von etwa 8 km unterhalb der Fabrik aufgestaut und über ein grosses Wiesengelände, die sogenannten Eilumer Wiesen, geführt.

2. Zuckerfabrik Wendessen.

Dieselbe verarbeitet täglich 2300 Ctr. Rüben nach dem Macerationsverfahren; die Säfte werden über Knochenkohle (täglicher Verbrauch ca. 230 Ctr., also 10%) filtrirt und diese auf gewöhnliche Weise durch Gährung gereinigt. Das Betriebswasser von 1,79 cbm in der Minute wird aus der Altenau und aus Brunnen entnommen. Die Reinigung erstreckt sich auf sämmtliche Schmutzwässer mit Ausnahme der Fallwässer, welche zu etwa $^2/_3$ nach der Abkühlung direkt in die Altenau abgeführt und zu $^1/_3$ wieder im Betrieb verwendet werden. Nachdem die Schmutzwässer zur Abscheidung der Schlammtheilchen etc. ein gemauertes Klärbecken von 5 Abtheilungen von je ca. 3,5 m Länge, 1,5 m Breite und 1,75 m Tiefe zu durchlaufen haben, werden dieselben mit dem aufgeschlossenen Thon und mit Kalkmilch versetzt und gelangen in 4 Becken mit einem Gesammt-Fassungsraum von etwa 260 cbm, von denen regelmässig nur die Hälfte in Benutzung ist; aus dem letzten derselben fliesst das Wasser in einem offenen, ca. 200 m langen Graben nach der Altenau. Auch hier sollten anfänglich auf je 1000 Ctr. Rüben 40 Pfd. aufgeschlossener Thon und 40 Pfd. Kalk verwendet werden, jedoch hat sich auch hier herausgestellt, dass für die Klärung die sechsfache Menge Kalk erforderlich war, so dass für 1 Tag etwa 100 Pfd. aufgeschlossener Thon und 600 Pfd. Kalk zur Verwendung gelangten.

3. Zuckerfabrik Cochstedt.

Dieselbe verarbeitet in 1 Tag 2000 Ctr. Rüben im Diffusions-Verfahren und annähernd 150 Ctr. Melasse nach dem Steffen'schen Abscheideverfahren. Die Diffuseure werden wie bei Nr. 1 mit Luft abgedrückt und an Stelle der Filtration der Säfte über Knochenkohle ist Schwefelung eingeführt. Für die Reinigung kommen hier ausser den Wasch-, Schnitzelpress- und Spülwässern noch die Laugen der Melasse-Verarbeitung in Betracht. Letztere betragen angeblich 60 cbm für 1 Tag, ihr Ablauf ist jedoch kein ununterbrochener, sondern erfolgt je nach der Entleerung der Sammelkästen. Sämmtliche Schmutzwässer erhalten hier den Zusatz der Reinigungsmittel kurz nach ihrer

Vereinigung vor Abscheidung des Schlammes und zwar aus Bottichen ohne mechanische Rührvorrichtung. Zur Fällung werden für 1 Tag benutzt 100 Pfd. aufgeschlossener Thon und 1120 Pfd. Kalk (nämlich 6 Körbe à 140 Pfd. frischen ungelöschten Kalk und 2 Körbe Kalkgries aus der Saturation). Die Abscheidung des Schlammes geschieht in 7 Absatzbecken, in welchen das Wasser hin und her fliesst.

4. Zuckerfabrik Irxleben.

Dieselbe verarbeitet 3500 Ctr. Rüben in 24 Stunden im Diffusions-Verfahren und 100 Ctr. Melasse in 5 Osmogenen. Die Diffuseure werden mit Luft abgedrückt, die Säfte durch Schwefelung gereinigt. Eine Wiederverwendung von gereinigten Schmutzwässern in der Fabrik findet mit Ausnahme der vorher abgekühlten Fallwässer bei der Kesselspeisung und Kondensation nicht statt, da für die übrigen Abtheilungen Wasser aus Brunnen und aus dem nahe vorüberfliessenden Schrote-Bach zur Verfügung steht.

Die Wässer von der Rübenwäsche, den Schnitzelpressen, den Spülungen und der Osmose fliessen vereinigt, auch ohne dass die gröberen Rübentheile zurückgehalten werden, in einen sehr grossen Behälter und gerathen hier in starke Zersetzung und Fäulniss. Erst in diesem Zustande erhalten sie die Reinigungsmittel, deren Lösung in besonderen Behältern ohne mechanisches Rührwerk erfolgt, zugesetzt und zwar in 24 Stunden 144 Pfd. aufgeschlossenen Thon und 1400 Pfd. Kalk, also nach dem Verhältniss von 1 : 10. In 5 in das Schlammbecken eingemauerten kleinen Klärbecken erfolgt das Absetzen der Niederschläge, welche von Zeit zu Zeit durch ein Baggerwerk in das grosse Becken zurückgeschöpft werden.

Das so gereinigte und geklärte Wasser wird durch einen offenen gemauerten Kanal in die hier noch wenig Wasser führende Schrote geleitet. Während das Schmutzwasser vor dem Eintritt in die Reinigungsanlage sich in stärkster Fäulniss befindet, ist das gereinigte Wasser im Kanal klar, gelb gefärbt und stark alkalisch, welcher Umstand wiederum bei dem Eintritt in die Schrote eine starke Ausscheidung von kohlensaurem Kalk zur Folge hat. Die Schrote etwa 4 km weiter abwärts, unmittelbar oberhalb des Dorfes Niederndodeleben zeigte sich vollständig algenfrei, reagirte neutral und überhaupt zufriedenstellend, wobei allerdings berücksichtigt werden muss, dass sie während ihres Laufes von Irxleben aus reichliche natürliche Zuflüsse erhalten hat.

5. Zuckerfabrik Schalkensleben.

Dieselbe war endlich als 5. Versuchsanlanlage von der Kommission gewählt worden, weil sie der Kommission von 1881 bereits als solche für das Knauer'sche Verfahren gedient hatte und sich hier ein für die Vergleichung der Wirksamkeit dieser beiden Verfahren besonders günstiges Ergebniss erwarten liess.

Die Fabrik verarbeitet jetzt 4200 Ctr. gegen früher 3000 Ctr. Rüben in 24 Stunden im Diffusionsverfahren, hat aber keinerlei Melasseentzuckerung. Die Diffuseure werden mit Luft abgedrückt, zur Reinigung der Säfte wird Knochenkohle ($7-8\,^0/_0$) verwendet, deren Wiederbelebung durch Gährung, aber ohne Salzsäure erfolgt.

Die sämmtlichen Schmutzwässer mit Ausnahme der Fallwässer, welche direkt auf das Gradirwerk geleitet werden, gehen zur Schlammabsonderung abwechselnd in die tiefliegenden, vom Knauer'schen Verfahren her vorhandenen Klärbecken I, II, III und hierauf nach IV (vergl. S. 237), aus welchem sie durch eine Pumpe nach dem Knauer'schen Hochbehälter f gehoben werden. Hier erfolgt noch vor Einfluss in den Hochbehälter der Kalkzusatz behufs gründlicher Vermischung desselben durch die Pumpe, und fliessen darauf die Wässer in das erste hochgelegene Klärbecken nach der Knauer'schen Anlage, wo sie nun auch das Nahnsen-Müller'sche Fällungsmittel zugesetzt erhalten. Die übrigen hochgelegenen Klärbecken dienen zum Absetzen der Niederschläge; aus deren letztem fliessen die geklärten Wässer in ein Sammelbecken, aus welchem eine Pumpe sie auf die eine Hälfte des Gradirwerkes drückt, während auf die andere die

Fallwässer laufen. Beide vereinigen sich unterhalb des Gradirwerkes und fliessen in einen auf dem Hofe liegenden Sammelteich.

Für die Diffussion wird Brunnenwasser verwendet; soweit dieses aber nicht ausreicht, wird aus dem Teiche Ersatz genommen, aus welchem sonst auch alle übrigen Fabrik-Abtheilungen versorgt werden, ohne dass nach Aussage des Fabrikdirektors Uebelstände hiervon zu bemerken sind. Auf diese Weise wurde zur Zeit der Besichtigung das Wasser seit länger als 3 Monaten in fortwährendem Kreislaufe wieder benutzt und war Wasser nicht abgelassen worden.

Es ist bemerkenswerth, dass auf dieser Fabrik der Kalk vor dem aufgeschlossenen Thon zugesetzt wird. Angeblich sei anfänglich, als der Zusatz in umgekehrter Folge gegeben worden sei, der Erfolg ein mangelhafter geblieben, trotzdem dass man den Kalkzusatz bis auf 40 Ctr. an einem Tage allmählich erhöht habe. Später beschränkte sich derselbe bei 160 Pfd. aufgeschlossenen Thon auf ca. 600 bis 800 Pfd. Kalk. Wahrscheinlich war letztere Menge jedoch noch grösser.

Nach den Untersuchungen von Herzfeld und Teuchert bestand das Nahnsen-Müller'sche Fällungsmittel aus:

Wasser	Thonerde + etwas Eisenoxyd	Kalk	Schwefelsäure	In Salzsäure unlöslich
11,40—38,61 %	9,00—12,52 %	0,05—1,65 %	18,61—27,99 %	20,95—38,06 %

Die Untersuchung der betreffenden Wässer ergab im Mittel für 1 l:

Ab-wasser	Schwebestoffe[1] Un-organische (mg)	Organische (mg)	Gesammt-Eindampfrückstand (mg)	Glühverlust (mg)	Kohlensäure durch Oxydation mit CrO_3 (mg)	Aus der Kohlensäure berechneter Rohrzucker (mg)	Zur Oxydation[2] erforderlicher Sauerstoff (mg)	Stickstoff Ammoniak- (mg)	Organischer (mg)	Salpetrige Säure (mg)	Schwefelsäure (mg)	Kalk (mg)	Härtegrade	Alkalinität=CaO (mg)	Schwefelwasserstoff (mg)
Ungereinigt .	2243,2	559,5	2485,0	1371,3	643,6	417,1	488,9	28,8	22,6	0 bis Spur	64,6	317,0	31,7	—[3]	0—4,8
Gereinigt	99,4	52,3	2942,6	1547,7	1012,5	658,6	907,6	27,1	20,5	desgl.	114,3	621,8	62,2	359,2	0—0,6

Die Kommission fasst ihre Beobachtungen über das vorstehende Reinigungsverfahren wie folgt zusammen:

„Nach diesen Befunden ergiebt sich das Nahnsen-Müller'sche Verfahren (Patent Nahnsen) als ein einfaches chemisches Fällungsverfahren, bei welchem einerseits ein Präparat, welches, wie es scheint, immer aus löslichem Kieselsäurehydrat und schwefelsaurer Thonerde besteht, und andererseits Kalkmilch eine sehr rasche Ausfällung der Schwebestoffe vermuthlich unter Bildung eines Kalk-Thonerde-Silikates bewirken. Die Schnelligkeit, mit welcher auf allen fünf Fabriken diese Niederschlagung erfolgte, und die Klarheit des abfliessenden Wassers nehmen von vornherein sehr für das Verfahren ein. Das sich ergebende gereinigte Wasser zeigt äusserlich in

---

[1] Die Mengen Schwebestoffe sind bei Herzfeld bedeutend höher als bei Teuchert.
[2] Fehlt bei Herzfeld's Untersuchungen.
[3] Bei Teuchert = 0, bei Herzfeld: sauer bis 5,6.

Farbe und Geruch sehr viel Aehnlichkeit mit dem Abwasser, wie es bei der Reinigung durch das Knauer'sche Verfahren erzielt wurde, ebenso gemeinsam mit demselben hatte es überall die starke Alkalinität. Ob die Zusätze im Stande sind, auch die gelösten organischen Stoffe auszufällen, musste bei den örtlichen Besichtigungen noch unentschieden bleiben, doch deuteten die qualitativen Handproben, welche die Kommission bei ihren Probenahmen mit denselben bezüglich ihres Gehalts an Ammoniak, organischen Stoffen und Schwefelwasserstoff ausführte, durchweg darauf hin, dass sie von denselben nur unvollkommen befreit waren.

Bei Bemessung der Menge der Zusätze wird augenscheinlich sehr willkürlich verfahren.

Zwar hat der Erfinder ein für allemal die Anwendung von 40 Pfd. aufgeschlossenen Thon auf je 1000 Ctr. verarbeiteter Rüben in 24 Stunden vorgeschrieben und gleichzeitig als Regel aufgestellt, dass nicht mehr Kalkmilch hinzugegeben werden solle, als sich nöthig erweist, um die gereinigten Wasser — was nach seiner Ansicht bei einem Verhältniss von 1 : 1 in der Regel erzielt werden soll — mit schwacher Alkalinität abfliessen zu lassen. Einerseits aber wird an Kalk weit mehr, stellenweise bis zur 10- und 11 fachen Menge vom aufgeschlossenen Thon zugesetzt, andererseits erscheint es der Kommission nicht gerechtfertigt, für die Schmutzwässer aller Zuckerfabriken die gleiche Menge des Reinigungsmittels vorzuschreiben, in Berücksichtigung des Umstandes, dass die Schmutzwässer der einzelnen Fabriken ebenso vielfach von einander verschieden sind, als die Betriebswässer und die Betriebsweisen dieser Fabriken von einander abweichen, namentlich wenn Laugenwässer von Melasseentzuckerungen mit in Rechnung zu ziehen sind.

Hinsichtlich der Behandlung des mechanischen Theiles der Reinigung scheint der Erfinder bisher vollkommen freie Hand zu lassen und keinerlei Werth darauf zu legen, ob die Zusätze der Chemikalien zu den Schmutzwässern erfolgen, bevor oder nachdem dieselben von dem Schlamme befreit worden sind. Die Kommission hält aber nach den auf den 5 Versuchsanlagen gemachten Beobachtungen selbst diesen Umstand nicht für bedeutungslos für die Bestimmung der Zusatzmenge und glaubt annehmen zu müssen: Dass es im Interesse der Reinigung wie in wirthschaftlicher Beziehung am vortheilhaftesten ist, die grösseren Schlammbeimengungen vor dem Zusatz der Chemikalien zu entfernen, dabei aber nicht so grosse Klärbecken zu verwenden, dass die Schmutzwässer in Zersetzung und Fäulniss gerathen.

Ob der Kalkzusatz besser kurz vor oder nach dem Zusatz von aufgeschlossenem Thon stattfindet, scheint von keinem wesentlichen Einfluss auf die Wirkung des Verfahrens zu sein.

Die Kosten des Müller'schen Verfahrens sind nach alle dem, soweit an den mechanischen Theil der Reinigung keine erhöhten Anforderungen gestellt werden, nicht bedeutend. Denn in Anbetracht dessen, dass die Kosten der Schlammbewältigung von der Fabrik in jedem Falle getragen werden müssen, beschränken sie sich auf den Tagelohn des Arbeiters an den Rührbottichen und die Kosten der Fällungsmittel, welche sich für je 1000 Ctr. Rübenverarbeitung auf ca. 4 Mark für den aufgeschlossenen Thon und 2—4 Mark für Kalk belaufen."

ζ) Verfahren von Rothe-Roeckner.

Dieses Verfahren (vergl. I. Bd. S. 401) ist u. a. auf der Zuckerfabrik Rossla eingeführt und berichtet über den dortigen Betrieb in der Betriebszeit 1884/85 die erwähnte Kommission Folgendes:

In derselben werden in 24 Stunden 3200 Ctr. Rüben mit Diffusion und unter Schwefelung der Säfte verarbeitet. Ausnahmsweise kommt bei der Saftreinigung Knochenkohle zur Verwendung, dann jedoch nur $1^0/_0$ des Rübengewichtes, deren Wiederbelebung vorkommenden Falles durch Gährung und nachfolgende Waschung mit salzsäurehaltigem Wasser geschieht. Die Diffuseure werden mit Wasser abgedrückt.

Das Betriebswasser wird für sämmtliche Abtheilungen aus der „Helme" entnommen und nur im Nothfalle bei der Rübenwäsche durch Fallwasser ergänzt bezw. ersetzt.

Die sämmtlichen Gebrauchswässer — im ganzen in 24 Stunden 3300 cbm — vereinigen sich unmittelbar vor der Fabrik in einem gemeinsamen Abflusskanal, fliessen mit einer Temperatur von 35^0 C. über einen in einer Erweiterung des letzteren eingelegten 7 mm maschigen eisernen Rost zum Abfangen der groben Rübentheile und erhalten dann einen Zusatz von einem in der Hauptsache aus schwefelsaurer Magnesia bestehenden Salzgemisch und von Kalk (nämlich 8 Ctr. schwefelsaure Magnesia und 24 Ctr. Kalk an einem Tag), wonach sie in den Rothe-Roeckner'schen Cylinder treten.

Der hier arbeitende Cylinder[1]) hat 8 m Höhe und nahezu 2 m Durchmesser und und ist mit ihm ein mechanisches Rührwerk zur Lösung der Chemikalien, sowie ein Paternosterwerk zum Heben der zu Boden gesunkenen Niederschläge verbunden.

Die gereinigten Wässer fliessen, da sie noch fein vertheilte Schlammtheile enthalten, vom Cylinder in 2 Klärbecken zum weiteren Abscheiden der letzteren und von hier durch den allgemeinen Abflussgraben nach der Helme.

Bei dem Eintritt des Ablaufwassers in die vorliegenden Klärbecken schieden sich die feinen Schlammbeimengungen schnell und deutlich ab, so dass im letzten Becken das Wasser als mechanisch vollkommen gereinigt bezeichnet werden konnte. Aber auch die mit dem Ablaufwasser vorgenommenen Handproben lieferten nicht ungünstige Ergebnisse.

Die Wirkung dieses Reinigungsverfahrens ergiebt sich aus folgenden Untersuchungen. Es wurde für 1 l gefunden:

1. Vom Verfasser:

Ab-wasser	Schwebestoffe			Gelöste Stoffe							
	Or-ganische	Unor-ganische	Stick-stoff	Unor-ganische	Or-ganische Stoffe (Glüh-verlust)	Zur Oxyda-tion er-forder-licher Sauer-stoff	Orga-nischer Stick-stoff	Am-moniak	Phos-phor-säure	Kali	Kalk
	mg	mg	mg	mg	mg	mg	mg	mg	mg	mg	mg
Ungerei-nigt .	769,6	3663,2	39,7	553,2	354,8	115,2	14,9	4,5	9,6	33,7	198,0
Gereinigt	Spur	Spur	0	657,2	367,2	150,4	21,3	Spur	Spur	22,3	271,2

[1]) In der Regel wird vor dem Eintritt in den Cylinder ausserdem noch schwefelsaure Thonerde und Infusorienerde zugesetzt. Letztere Zusätze waren in diesem Falle nicht erforderlich, weil der Rosslaer Schlamm an und für sich erhebliche Mengen eisenschüssigen Thones enthielt.

Das ungereinigte Wasser war sehr schmutzig, reagirte schwach sauer und hatte einen starken Rübengeruch; das gereinigte Wasser war selbst nach 14 tägigem Stehen in verschlossener Flasche bis auf kleine Mengen von ausgeschiedenem kohlensauren Kalk und etwas organischer Substanz klar bei schwach alkalischer Reaktion.

Der Bodensatz des ungereinigten Wassers bestand aus Mineralsubstanz und Pflanzengeweben mit vielen Bakterien; in dem geringen Bodensatz des gereinigten Wassers liessen sich letztere nicht nachweisen.

2. Von den seitens der erwähnten Kommission mit der Untersuchung betrauten Chemikern Herzfeld und Teuchert im Mittel für 1 l:

Ab-wasser	Schwebestoffe[1]		Gesammt-Eindampfrückstand	Glühverlust	Kohlensäure durch Oxydation mit CrO_3	Aus der Kohlensäure berechneter Rohrzucker	Zur Oxydation[2] erforderlich. Sauerstoff	Stickstoff			Schwefelsäure	Kalk	Härtegrade	Alkalinität = CaO	Eiweiss	Schwefelwasserstoff
	Unorganische	Organische						Ammoniak-	Organischer	Salpetrige Säure						
	mg	mg	mg	mg	mg	mg	mg	mg	mg	mg	mg	mg	mg	mg	mg	mg
Ungereinigt .	493,9	99,3	434,8	105,8	102,4	35,0	47,1	8,9	4,4	vorhanden	99,5	97,4	9,7	0	vorhanden	Spur
Gereinigt	44,0	9,7	875,6	302,4	237,9	154,2	178,9	8,2	4,3	desgl.	203,2	262,8	26,3	114,7	0	„

η) Verfahren von H. Oppermann-Bernburg.

Die an organischen Stoffen reichen Schmutzwässer werden mit Magnesiumkarbonat[3]) und Kalkmilch (vergl. I. Bd. S. 353) gefällt; der Kalk setzt sich mit ersterem um, indem sich Calciumkarbonat und Magnesiumhydroxyd bildet. Letzteres ist nur sehr schwer löslich in Wasser, geht daher grösstentheils mit in den Niederschlag über. Da nach den Versuchen Oppermann's Magnesiahydrat nicht wie Kalkhydrat zersetzend auf Eiweissstoffe wirkt, die Flüssigkeit aber infolge der Umsetzung weniger Kalk gelöst enthält, so kann dieses Fällungsmittel stärker reinigend auf die Schmutzwässer wirken, als die bisher üblichen Fällungsmittel. Gleichzeitig lässt das vorhandene Magnesiumhydroxyd weder in dem Niederschlag, noch in der geklärten Flüssigkeit, wie H. Oppermann durch Versuche festgestellt hat, Spaltpilze (Cladothrix, Crenothrix, Beggiatoa) aufkommen.[4]) H. Oppermann giebt an, dass der mit seinem Fällungsmittel bei Zuckerfabrik-Abwasser erhaltene Schlamm 5—10 mal mehr Stickstoff enthält, als der durch Kalk allein aus den Abwässern gefällte Schlamm; so enthielt z. B. der feuchte Schlamm des Schlammteiches der Zuckerfabrik:

Aderstedt . . . . bei 57,9 % Wasser   1,18 % Stickstoff
Biendorf . . bei ca. 60,0 „   „   ca. 1,00 „   „

---

[1]) Die Mengen der Schwebestoffe sind nach Herzfeld bedeutend höher, als nach Teuchert.

[2]) Fehlt bei Herzfeld's Untersuchungen.

[3]) Ueber die Darstellung des Magnesiumkarbonats vergl. I. Bd. S. 358.

[4]) H. Oppermann: Die Magnesia im Dienste der Schwammvertilgung, Reinigung der Effluvien etc. Bernburg und Leipzig, Verlag von J. Bachmeister.

In der Zuckerfabrik Minsleben a. Harz, deren Abwässer in die Holzemme fliessen, beobachtete H. Oppermann, dass hier durch das nach seinem Verfahren gereinigte Zuckerfabrikwasser nicht nur die Wasserspaltpilze beseitigt wurden, sondern dass auch die Zunahme an unorganischen Bestandtheilen in dem Wasser eine sehr geringe war. H. Oppermann fand z. B. in 1 l:

Wasser aus der Holzemme	Gesammt-Abdampf-rückstand mg	Glüh-verlust mg	Mineral-stoffe mg
1. Einige hundert Schritt unterhalb des Einflusses des gereinigten Fabrikwassers	176,3	56,2	120,1
2. $^1/_4$ Stunde weiter entfernt (Schattenbergs Mühle)	182,4	56,9	125,5
3. Ca. $^1/_4$ „ „ „ (Simons Mühle) . . .	191,6	59,1	132,5
4. „ 1 „ „ „ in Derenburg, unterhalb der Stadt, unter Tankes Mühle	265,6	91,5	174,2

Ammoniak und salpetrige Säure waren in dem Wasser nur in Spuren vorhanden. Die Zunahme an organischen und unorganischen Stoffen beruht in diesem Falle darauf, dass die Holzemme auf dem weiteren Laufe unterhalb der Fabrik noch die Abwässer aus Dörfern und besonders aus Derenburg aufnimmt.

Die günstige Wirkung von Magnesiumkarbonat und Kalk (gleichsam durch die Umsetzung beider in statu nascendi) auf die Fällung von organischen Stoffen hat H. Oppermann veranlasst, dieses Gemisch auch an Stelle des Kalkes allein zum Reinigen der Zucker- und Pflanzensäfte überhaupt vorzuschlagen. Auch hierüber liegen einige günstige Berichte vor.

Das Verfahren ist bei den Abwässern der Zuckerfabriken Minsleben, Aderstedt und Stössen geprüft worden und liegt hierüber folgender Bericht der vorerwähnten Kommission über die Betriebszeit 1884/85 vor:

1. Die Zuckerfabrik Minsleben.

Sie verarbeitet in 24 Stunden 5500 Ctr. Rüben im Diffusionsverfahren. Die Diffuseure werden mit Luft abgedrückt. Die Säfte werden über Knochenkohle filtrirt, deren Wiederbelebung ohne Gährung durch Kochen unter Zusatz von Salzsäure erfolgt.

Neben der Rohzuckergewinnung findet Elution von Melasse statt, doch bleibt diese im vorliegenden Falle für die Beschaffenheit des Schmutzwassers ausser Belang, da die entfallenden Laugen zu Düngezwecken angesammelt und abgefahren werden.

Als Betriebswasser dient ausschliesslich das Wasser des Mühlbaches nach dessen Vereinigung mit dem Barenbache.

Die Durchführung des Reinigungsverfahrens ist gegenwärtig noch keine einheitliche, da die örtlichen Verhältnisse der einzelnen Fabrikabtheilungen zu einander die Zuleitung der gesammten Schmutzwässer zu einer einzigen Reinigungsanlage nicht gestatten. Die Abänderung des Verfahrens war für später vorbehalten. So kamen zur Zeit der Untersuchungen zwei Reinigungsanlagen in Betracht, bei denen die Schmutzwässer je nach der Beschaffenheit und Menge der Verunreinigungen bestimmte Zusätze von Chemikalien erhielten.

Die Rübenwaschwässer, Diffusions- und Schnitzelpresswässer erhalten nach ihrer Vereinigung mit einem Theile der Knochenhausabwässer und dem grössten Theil des Fallwassers vom Vakuum einen Zusatz von Eisenchlorür, welches an Ort und Stelle aus Eisenspähnen und Salzsäure hergesellt wird, ferner Kalk, nämlich für 1000 Ctr. Rüben 10—15 Pfd. Eisenspähne zur Bildung von Chlorür und 200—300 Pfd. Kalk.

So behandelt fliessen die Wässer mit einer durchschnittlichen Temperatur von 25⁰ R. (wegen des ungradirt hinzugekommenen Fallwassers) in einem unterirdischen Kanale nach den Schlammsammlern, welche aus 2 gleichen Reihen von je 3 Behältern und einer Schlammpumpe bestehen.

Der 2. Reinigungsanlage werden vorwiegend die Ammoniak-enthaltenden Wässer aus dem Kohlenhause, die Kühlwässer von der Sostmann'schen Elution, der Laveurs und die übrigen Spül- und Tageswässer der Fabrik zugeführt. Hier besteht der Zusatz aus Kalk und Chlormagnesium (5—10 Pfd. bezw. 2—3 Pfd. für 1000 Ctr. Rüben) und soll damit ein Niederschlag von phosphorsaurem Ammoniummagnesium erzielt werden. Zuletzt fliessen sämmtliche Wässer vereinigt nach einem nochmaligen Zusatz von Eisenchlorür nach 3 Klärbecken und dann in den Mühlbach ab. Das erste der Klärbecken ist nach der Wagenknecht'schen Art eingerichtet.

2. Die Zuckerfabrik Aderstedt.

Dieselbe verarbeitet täglich 6000 Ctr. Rüben im Diffusionsverfahren und 200 bis 220 Ctr. Melasse im verbesserten Substitutionsverfahren. Die Diffuseure werden mit Luft abgedrückt und die Säfte über Knochenkohle filtrirt, die durch Gährung mit nachfolgendem Waschen mit Salzsäure wieder belebt wird. Der Gesammtverbrauch an Knochenkohle beträgt 9⁰/₀ des Rübengewichtes.

Sämmtliche Schmutzwässer der Rohzuckerfabrik vereinigen sich mit den Substitutionslaugen in einer Rösche und erhalten zunächst einen Zusatz von Kalkmilch. Zur Regelung desselben im Verhältniss zu den Wassermengen sowohl, als zur Erzielung einer innigen Mischung derselben ist in der Rösche ein leichtes eisernes Schaufelrad eingehängt, welches durch einen Krummzapfen mit einem Strahlapparate verbunden ist, welcher die Kalkmilch einspritzt.

Unmittelbar hinter dieser Anlage mündet ein zweiter Kanal, in welchem mit dem Ablauf von den Laveurs gelöste schwefelsaure Thonerde zufliesst, und endlich erfolgt hiernach noch ein Zusatz einer gemischten Lösung von schwefelsaurer Magnesia mit Silikaten, und zwar in 24 Stunden für je 1000 Ctr. 200—300 Pfd. gebrannter Kalk, 20 Pfd. schwefelsaure Magnesia, 16 Pfd. schwefelsaure Thonerde und 35—40 Pfd. Kieselerdehydrat. (Bei Beginn der Reinigung setzte man auf 1000 Ctr. Rüben 12 Ctr. zu, ging aber nach und nach bis auf den angegebenen Verbrauch zurück.)

Die so behandelten Schmutzwässer fliessen in ein 1¹/₄ Morgen grosses Schlammbecken und von hier nach erfolgter Klärung und etwa 1 km langem Laufe in den „faulen Graben"-Bach.

3. Die Zuckerfabrik Stössen.

Dieselbe verarbeitet in 24 Stunden 3600 Ctr. Rüben mit Diffusion, wobei die Diffuseure mit Luft abgedrückt werden. Zur Filtration der Säfte wird Knochenkohle verwendet, und zwar 468 Ctr. täglich oder 13⁰/₀ des Rübengewichtes; die Wiederbelebung derselben geschieht durch Gährung und nachfolgende Wäsche unter Zusatz von Salzsäure. Zum Abfluss kommen täglich 2 Gährbehälter von zusammen 30400 l Inhalt einschliesslich ca. 100 l Salzsäure.

Die Reinigung erstreckt sich auf alle Schmutzwässer ausschliesslich der Fallwässer.

Nach den ursprünglichen Anordnungen Oppermann's sollten unter Berücksichtigung der Zusammensetzung des (auch auf den vorhergehenden zwei Fabriken) zu dem Zwecke voruntersuchten Betriebswassers und der Betriebsart als Desinfektionsmittel neben Kalk und schwefelsaurer Magnesia auch schwefelsaures Eisenoxydul, schwefelsaure Thonerde und Silikate zur Verwendung kommen. In der Praxis ist hiervon jedoch abgewichen worden, und wurden bei Besichtigung nur Kalkmilch, schwefelsaure Magnesia (Kieserit) und Eisenvitriol zugesetzt.

Die Rübenwaschwässer fliessen zur Schlammabscheidung durch mehrere gemauerte Klärbecken, ohne für sich einen Zusatz zu erhalten. Die Diffusions- und Schnitzelwässer erhalten im Siedehause, die Kohlen-, Gähr- und Waschwässer im Knochenhause für sich den Zusatz von je 40 Pfd. schwefelsaurer Magnesia und 15 Pfd. Eisenvitriol.

Alle drei Wasserläufe vereinigen sich in einem Kanale, wobei ihnen noch die Jauchewässer aus den Stallungen und Regenwässer des Oekonomiehofes zufliessen. Hiernach kommen sie zur Kalkfällungsanlage, erhalten in 24 Stunden 400 Pfd. Kalk als Zusatz, dessen Regelung je nach der Menge des durchfliessenden Wassers durch einen Schwimmerapparat erfolgt, und fliessen so in den Wagenknecht'schen Schlammfänger.

Von ihm ab werden die geklärten Wässer ununterbrochen durch ein Holzgerinne nach dem Abflussgraben geführt, während das Ablassen des Schlammes durch die Schieber zeitweise nach den seitlich gelegenen grabenartigen Schlammbecken geschieht. Die hiernach sich abklärenden Wässer gelangen ebenfalls noch nach dem Schlammgraben.

Nach den Analysen von Teuchert und Herzfeld enthielt das Fällungsmittel:

Wasser (und Verlust)	Eisenoxyd + Thonerde	Magnesia	Kalk	Schwefelsäure	In Salzsäure unlöslich
18,84—31,65 %	Spur—0,73 %	19,63—23,72 %	2,67—4,88 %	40,65—50,74 %	3,59—4,96 %

Auf der Zuckerfabrik Aderstedt kamen nach Oppermann's Verfahren noch zur Verwendung:

	1. Schwefelsaure Thonerde.	2. Kieselsäure-Abfall.
Wasser	39,86 %	19,89 %
Thonerde + Eisenoxyd	11,60—12,11 %	1,55—2,55 %
Kalk	0,37— 0,74 „	0,28—2,31 „
Schwefelsäure	28,32—30,34 „	1,84—1,91 „
Kieselsäure	} 17,32—20,38 „	58,47 %
In Salzsäure unlöslich		8,07 „

Die ungereinigten bezw. gereinigten Abwässer enthielten nach denselben Analytikern im Durchschnitt für 1 l:

Abwasser	Schwebestoffe[1]		Gesammt-Eindampf-rückstand	Glühverlust	Kohlensäure durch Oxydation mit CrO_3	Aus der Kohlensäure berechneter Rohrzucker	Zur Oxydation erforderlicher Sauerstoff[2]	Stickstoff[3]			Schwefelsäure	Kalk	Härtegrade	Alkalinität = CaO	Eiweiss	Schwefelwasserstoff
	Unorganische	Organische						Ammoniak-	Organischer	Salpetrige Säure						
	mg	mg	mg	mg	mg	mg	mg	mg	mg	mg	mg	mg	mg	mg	mg	mg
Ungereinigt .	2568,6	391,2	1530,8	839,9	259,6	168,2	233,1	11,6	11,8	0	143,4	202,5	20,3	0	0 bis Spur	Spur bis 3,9
Gereinigt	91,5	49,0	2457,4	1567,8	1541,8	995,7	1276,7	18,8	9,7	vorhanden	141,4	432,9	43,3	205,0	0	0—0,9

[1]) Die Mengen der Schwebestoffe sind bei Herzfeld durchweg höher, als bei Teuchert.

[2]) Fehlt bei Herzfeld's Untersuchungen.

[3]) Bei der Zuckerfabrik Stössen giebt Herzfeld den Gesammtstickstoff für das ungereinigte Wasser zu 61,9 mg, den des gereinigten zu 182,0 mg für 1 l; letztere Zahl ist unwahrscheinlich, jedenfalls ein Druckfehler und daher nicht berücksichtigt.

Die Kommission fasst ihre Beobachtungen über dieses Verfahren wie folgt zusammen:

„Die 3 beobachteten Beispiele ergaben, dass das Wesen des Verfahrens von H. Oppermann, die Fabrikwässer zu reinigen, im grossen dasselbe ist, wie bei Nahnsen-Müller; es ist auf Ausfällung der verunreinigenden Stoffe durch chemische Desinfektionsmittel gerichtet. Die Kommission hat den Eindruck gewonnen, als ob der Erfinder seine Versuche noch nicht abgeschlossen habe, da die Zusätze auf allen 3 Versuchsanlagen verschieden waren, und der Kommission bereits vor Beendigung ihrer Arbeiten von der Fabrik Minsleben die Nachricht zuging, dass noch in der Betriebszeit 1884/85 das zur Zeit der Besichtigung angewendete Chlormagnesium durch schwefelsaure Magnesia ersetzt worden sei, so dass danach das Verfahren in Minsleben beinahe mit dem in Stössen gehandhabten zusammenfiel.

Wenn sonach in Berücksichtigung der angewendeten Desinfektionsmittel nicht von einem, sondern von 3 Oppermann'schen Verfahren gesprochen werden müsste, so scheinen sie doch in der Benutzung von schwefelsaurer Magnesia ein gemeinschaftliches Kennzeichen zu besitzen, und es dürfte hier am Platze sein, darauf hinzuweisen, dass der Erfinder bei der weiteren Ausbildung seines Verfahrens in der Betriebszeit 1884/85 und 1885/86 auf das Ziel hinausging, Magnesiahydrat im Augenblicke seiner Erzeugung durch Zusammenwirken eines Magnesiumsalzes (vornehmlich des Sulfates) und der genau bemessenen hierzu nöthigen Menge Kalkes zur Fällung der gesammten verunreinigenden Stoffe zu benutzen, unter Zuführung von Eisenoxydulsalz zur Beschwerung des Niederschlages und Bindung von Schwefelwasserstoff.

Zu den ihr vorliegenden Beispielen zurückkehrend muss die Kommission das sichtlich hervortretende Bestreben Oppermann's anerkennen, Art und Menge der Reinigungsmittel den örtlichen Verhältnissen anzupassen, worin auch zum Theil die Verschiedenheiten in der Handhabung begründet sind, welche allerdings eine vergleichende Prüfung sehr erschwerten. Gleichzeitig erkennt aber die Kommission hierin, namentlich wenn die Handhabung eine allzu kritische Rücksichtnahme auf die jedesmalige Beschaffenheit des Reinigungsgegenstandes bei Bemessung der Zusätze voraussetzt (wie bei der Erzeugung des Magnesiumhydroxydes) eine grosse Gefahr für die Anwendbarkeit des Verfahrens ausserhalb des Laboratoriums in der Praxis, und kann ein Verfahren nur so lange als praktisch anwendbar bezeichnen, so lange wenigstens auf die Veränderungen, welche das Schmutzwasser einer und derselben Fabrik durch die gebotenen Schwankungen im Betriebe (zeitweises Zulaufen von Gährwässern, Substitutionslaugen und dergleichen) erfährt, keine Rücksicht genommen zu werden braucht.

Anfänglich bezeichnete und benutzte Oppermann das Wagenknecht'sche Schlammscheidebecken als nothwendigen Bestandtheil seines Verfahrens. Minsleben und Aderstedt zeigen, dass seinerzeit ein Werth auf dasselbe nicht mehr gelegt wird, und Stössen giebt die Begründung hierzu, indem sich hier ergiebt, dass die Trennung des Niederschlages von dem gereinigten Wasser nicht vollkommen genug ist, um Vortheil zu bringen. Das ablaufende Wasser klärt sich einerseits in dem Apparate nicht rasch genug, die Niederschläge andererseits bleiben so dünnflüssig, dass sie eine weitere Scheidung in Klärbecken nicht entbehrlich machen. Sein Grundsatz beruht darauf, dass die Schmutzwässer kurz nach Vermischung mit den Reinigungsmitteln durch natürliches Gefälle in das Tiefste des Beckens treten und in ihm aufsteigend den geklärten Theil über den Rand desselben drücken, während die Niederschläge auf dem geneigten Boden durch eine der Eintrittsöffnung gegenüberliegende, mit Schieber verschliessbare Austrittsöffnung in ein seitlich angebautes, niedrigeres Klärbecken gleiten und in diesem bis zum Ausfluss in die Höhe steigen. Die Leistung dieses Schlammscheiders im grossen entspricht, wie gesagt, den im kleinen Maassstabe geglückten Versuchen nicht.

Die Reinigungswirkung der Chemikalien scheint der Kommission nach äusserer Anschauung nicht hinter dem anderer chemischer Desinfektionsmittel zurückzustehen; namentlich machen die Verhältnise der Bachläufe unterhalb Minsleben und Stössen einen günstigen Eindruck.

Die Tageskosten der Reinigungen auf den 3 besuchten Fabriken stellen sich ohne Rücksicht auf die Unkosten für Beseitigung des Schlammes durchschnittlich in 24 Stunden auf 1000 Ctr. Rüben zu 4 Mark."

ϑ) Reinigung durch Zusatz von Kalk allein.

Zur Prüfung dieses Verfahrens dienten der vorerwähnten 2. Kommission 2 Fabriken:

1. Die Zuckerfabrik Lützen.

Sie verarbeitet in 24 Stunden gegen 9000 Ctr. Rüben mit Diffusion und 550 Ctr. Melasse nach dem Substitutionsverfahren. Die Reinigung der Säfte erfolgt durch Schwefelung, doch kommen bei der Filtration noch $2-3^0/_0$ des Rübengewichts Knochenkohle zur Anwendung.

Als Betriebswasser dient:
  a) Brunnenwasser bei der Diffusion und der Kühlung in der Substitution,
  b) Flossgrabenwasser bei der Kondensation und Kesselspeisung (ca. 2 cbm in der Minute),
  c) ein Theil des gereinigten Abwassers von der Rübenschwemme (ca. 1 cbm in der Minute).

Als Schmutzwasser dagegen kommen in Betracht:
  a) die Abflüsse von der Rübenwäsche, Diffusion und Knochenkohlewäsche, welche in einem Gerinne vereinigt dem Schlammteich zugehen,
  b) die Fallwässer,
  c) die Substitutionslaugen (annähernd 70 000 l in 24 Stunden) mit ungefähr $2^0/_0$ Zucker, $2,3^0/_0$ anorganischen und $1,9^0/_0$ organischen Stoffen.

Das Verfahren der Reinigung beruht in dem Zusatze überschiessender Mengen Kalk und Aufstauung des Wassers in sehr grossen Schlammbecken, um das Schmutzwasser möglichst lange der Einwirkung des Kalkes auszusetzen.

258   Abwasser aus Zuckerfabriken.

Die Klärbecken, bei deren Anlage gleichzeitig auf den Betrieb der Rübenschwemme Rücksicht genommen ist, haben einen Fassungsraum von zusammen etwas über 40 000 cbm und beträgt die tägliche Abführung von Schmutzwasser zur Reinigung mindestens 4000 cbm.

Der tägliche Verbrauch an Kalk in der Fabrik beträgt 250 Ctr. Hiervon werden in der Substitution zur Bildung des Saccharates verbraucht 160 Ctr., während 15 Ctr. als Zuckerkalk in die Lauge übergehen. Der nach Abrechnung der zur Saftscheidung erforderlichen Menge verbleibende Rest von 40—45 Ctr. befindet sich im Pressschlamme, und diesen verwerthet man eben zur Reinigung. Er wird dem Fallwasser zugesetzt und mit demselben dem ersten Klärbecken zugeführt. Da diese Abtheilung im oberen Stockwerk des Fabrikgebäudes liegt, so wird durch das Herabstürzen des Wassers in das Becken eine innige Vermischung des Kalkes mit dem unreinen Wasser erzielt.

Die Schlammabscheidung ist eine schnelle, so dass die Wässer bei Uebertritt in das zweite Klärbecken schon vollständig klar sind. Aus diesem letzteren gelangt ein Theil des Wassers nach einer Schleuse, von welcher aus die Rübenschwemme gespeist wird. Der übrige Theil des gereinigten Wassers wird in einem offenen Graben dem Flossgraben oberhalb der Vereinigung mit den städtischen Abwässern, die bald darauf erfolgt, zugeführt.

Die mit dem gereinigten vollkommen klaren und gelblichen Wasser vorgenommenen Handproben zeigten sehr starke Alkalinität, einen erkennbaren Gehalt an Schwefelwasserstoff und schwache Reaktion auf Ammoniak.

In dem Flossgraben findet sehr bald nach Aufnahme der Fabrikabwässer eine reichliche Ausscheidung eines leichten Schlammes von kohlensaurem Kalk statt.

2. Die Zuckerfabrik Wendessen.

Hier wurde die Fällung mit Kalk allein im Vergleich mit der durch das Nahnsen Müller'sche Fällungsmittel + Kalk geprüft; anfänglich hatte man 10 Ctr. für den Tag verwendet, jedoch stellte sich heraus, dass bei dieser Menge das Wasser milchig trübe abfloss; man verminderte daher die Menge auf 8 Ctr. für den Tag.

Dem Augenscheine nach war die Wirkung des Kalkzusatzes eine vollkommen befriedigende, da die gereinigten Abwässer nach dem Durchlauf durch die Klärbecken in fast ganz klarem Zustande der Altenau zuflossen, auch anderweitigen als alkalischen Geruch nicht erkennen liessen; die mit dem Wasser vorgenommenen Handproben ergaben indess deutlich erkennbare Reaktion auf Schwefelwasserstoff nach Zersetzung des Schwefelcalciums, sowie auf Ammoniak und organische Stoffe.

Nach den Untersuchungen von Teuchert und Herzfeld enthielten die Abwässer auf 1 l durchschnittlich:

Abwasser	Schwebestoffe[1]		Gesammt-Eindampfrückstand	Glühverlust	Kohlensäure durch Oxydation mit CrO_3	Aus der Kohlensäure berechneter Rohrzucker	Zur Oxydation erforderlicher Sauerstoff[2]	Stickstoff als			Schwefelsäure	Kalk	Härtegrade	Alkalinität = CaO[3]	Eiweiss	Schwefelwasserstoff
	Unorganische	Organische						Ammoniak	Organischer	Salpetrige Säure						
	mg	mg	mg	mg	mg	mg	mg	mg	mg	mg	mg	mg			mg	mg
Ungereinigt .	705,6	133,5	1359,6	463,8	683,9	492,9	526,0	10,3	10,2	0 bis Spur	76,9	264,9	26,5	0	0 bis Spur	0 bis Spur
Gereinigt	67,4	34,4	1581,3	898,3	806,3	522,4	587,8	8,9	12,5	0 bis viel	75,6	201,6	20,2	227,8	0	0—0,3

[1]) Die Menge der Schwebestoffe ist nach Herzfeld durchweg höher, als nach Teuchert.

[2]) Fehlt bei Herzfeld's Untersuchungen.

[3]) Für das ungereinigte Wasser der Zuckerfabrik Lützen giebt Teuchert eine Kalkalkalinität von 329,0 mg für 1 l an.

Die äussere Beobachtung der Abwasserreinigung durch Kalk allein führte daher zunächst zu keinem bestimmten Schlusse bezüglich ihres Werthes im Vergleich zu der gleichzeitigen Anwendung des Nahnsen-Müller'schen oder anderer Fällungsmittel oder zur Reinigung mit Kalk allein unter Anwendung höherer Temperaturen, wie bei dem Knauer'schen Verfahren. Augenscheinlich waren die Abwässer mechanisch eben so gut geklärt, und zeigten auch sonst äusserlich dieselben Eigenschaften wie bei dem Nahnsen-Müller'schen und dem Knauer'schen Verfahren.

Ein unverkennbarer Uebelstand aber scheint der Kommission bei diesem Verfahren darin zu liegen, dass die gereinigten Abwässer mit einer übergrossen Alkalinität in die Bachläufe gelangen.

Der Kalkzusatz betrug in Lützen in 24 Stunden für je 1000 Ctr. verarbeiteter Rüben 4—5 Ctr., in Wendessen 3—4 Ctr., und hierin bestehen allerdings die einzigen Kosten des Verfahrens, die in Lützen nicht einmal voll in Anrechnung gebracht werden dürfen, weil der überschüssige Kalkaufwand schon an und für sich Bedingung des Substitutions-Verfahrens ist.

F. Hueppe[1]) hatte ebenfalls Gelegenheit, die Wirkung der Reinigung eines Zuckerfabrikabwassers in Böhmen mit Kalk allein zu verfolgen (vergl. S. 229), fand aber in Uebereinstimmung mit vorstehenden Untersuchungen, dass dieselbe, auch wenn man einen Ueberschuss wie in diesem Falle vermeidet, ganz ungenügend und die Aufgabe zu lösen nicht im Stande ist.

Wendet man aber einen solchen Ueberschuss von Kalk an, dass derselbe baktericid und fäulnisshemmend wirkt, so löst er leicht von den Schwebestoffen organische Stoffe auf; andererseits wird der freie Kalk bei genügend langem Lauf durch Kohlensäure neutralisirt und hört alsdann nicht nur jede desinficirende Wirkung auf, sondern wirkt der entstehende kohlensaure Kalk sogar wieder fäulnissbegünstigend. F. Hueppe schliesst sich somit bezüglich der Kalkreinigung ganz den Ansichten an, die Verf. schon vor 12 Jahren vertreten und I. Bd. S. 365 u. ff. näher begründet hat.

Schlussergebniss der Untersuchungs-Kommission.

Die vorerwähnte 2. Kommission giebt bezüglich der Prüfung der 4 zuletzt genannten Verfahren an, dass das ungereinigte Abwasser bei den einzelnen Fabriken nicht wesentlich verschieden war; es heisst durchweg, dass dieselben stark trübe und undurchsichtig, schäumend, von schwach saurer oder neutraler Reaktion waren und theilweise einen säuerlichen Geruch nach Rüben hatten; vereinzelt wurde auch, wie bei dem Abwasser von Irxleben Schwefelwasserstoff beobachtet. Bei den mit chemischen Fällungsmitteln gereinigten Abwässern waren dieselben durchweg klar, farb- und geruchlos, vereinzelt trübe und gelblich gefärbt, während nach einer Woche diese Eigen-

---

[1]) Arch. f. Hygiene 1899, **25**, 19.

schaften durchweg unverändert blieben, vereinzelt grössere Trübungen oder ein stinkender Geruch auftraten; im übrigen vergleiche man bezüglich der allgemeinen Eigenschaften der gereinigten Wässer die Angaben von Ferd. Cohn bei der mikroskopischen Untersuchung (S. 262), welche bezüglich der allgemeinen Eigenschaften (Geruch, Farbe etc.) mit denen der beiden Chemiker im wesentlichen übereinstimmen.

Die angegebenen analytischen Befunde bestätigen im allgemeinen die mit chemischen Fällungsmitteln überhaupt gemachten Erfahrungen, nämlich, dass durch chemische Fällungsmittel eine befriedigende Reinigung der Abwässer aus Zuckerfabriken durchweg nicht zu erzielen ist; ein wesentlicher Unterschied in der Wirkung der unter ε, ζ und η angegebenen Reinigungsverfahren (von F. A. Robert Müller & Co., Rothe-Roeckner und H. Oppermann) tritt nicht hervor. Wir sehen in allen Fällen, dass zwar die Schwebestoffe ziemlich vollständig beseitigt werden, dass aber die gelösten organischen Stoffe, sei es als Glühverlust, sei es als Kohlensäure durch Oxydation mit Chromsäure bestimmt, in dem gereinigten Wasser grösser sind, als im ungereinigten, so dass der überschüssige Kalk eher lösend als fällend auf die organischen Stoffe eingewirkt hat, und dieser Umstand ist nach den mikroskopischen Untersuchungen von Ferd. Cohn bei den Abgängen aus Rohzuckerfabriken um so bedeutungsvoller, als die Zersetzung, welche bei den Abwässern von Zuckerfabriken stattfindet, nicht so sehr auf der Fäulniss der stickstoffhaltigen als vielmehr auf der Gährung stickstofffreier Verbindungen, insbesondere der Kohlenhydrate (Buttersäuregährung) beruht.

Was den Versuch auf der Fabrik Wendessen über die Wirksamkeit des Kalkes allein im Vergleich zu dem Nahnsen-Müller'schen Fällungsmittel anbelangt, so fällt derselbe zu Ungunsten des Kalkes allein und zu Gunsten des Nahnsen-Müller'schen Fällungsmittels aus. So wurde im Mittel aus den Untersuchungen der beiden Analytiker für 1 l gefunden:

Bestandtheile	Reinigung mit dem Nahnsen-Müller'schen Fällungsmittel		Reinigung mit Kalk bei gewöhnlicher Temperatur	
	Schmutzwasser mg	Gereinigtes Wasser mg	Schmutzwasser mg	Gereinigtes Wasser mg
Schwebestoffe:				
Anorganische	667,2	96,1	189,4	84,8
Organische	163,0	48,4	70,0	43,2
Im ganzen	830,4	144,5	259,4	128,0
Gesammtrückstand	1124,8	1460,9	696,5	970,0
Glühverlust	505,8	583,8	231,6	552,0
Gesammtstickstoff	28,7	34,6	15,9	16,2
Schwefelsäure	91,1	142,8	103,8	106,3
Kalk	203,6	236,2	177,3	153,8

Aus der Tabelle ergiebt sich, dass von den Schwebestoffen durch die Reinigung mit dem Nahnsen-Müller'schen Fällungsmittel 82,5 °/₀ und namentlich organischer Natur 70,4 °/₀, mit dem alleinigen Kalkzusatze aber nur 51,0 °/₀ Schwebestoffe überhaupt und 38,3 °/₀ organischer Natur entfernt wurden. Ferner erfuhr durch das Nahnsen-Müller'sche Verfahren der Gesammtrückstand nur eine Steigerung um 23 °/₀, sowie der Glühverlust eine solche um 13,3 °/₀, wohingegen sich der Gesammtrückstand durch die Kalkreinigung um 58,1 °/₀ und der Glühverlust sogar um 138,3 °/₀ gesteigert hatte (vergl. I. Bd. S. 360).

Behufs eines Vergleiches des Knauer'schen Verfahrens mit den in der Betriebszeit 1884/85 geprüften chemischen Verfahren hat die Kommission beispielsweise die Ergebnisse einerseits von M. Märcker, andererseits von Teuchert benutzt und nimmt dazu die Durchschnittszahlen:

von 6 Fabriken nach dem Knauer'schen Verfahren gereinigt,
„ 5 „ „ „ Nahnsen-Müller'schen Verfahren gereinigt,
„ 3 „ „ „ Oppermann'schen „ „
und ergiebt sich danach folgende Tabelle (I).

Einen weiteren Vergleich bietet die von der Kommission unter den ganz gleichen Verhältnissen vorgenommene Beobachtung des Knauer'schen Verfahrens in der Betriebszeit 1880/81 und des Nahnsen-Müller'schen Verfahrens in der Betriebszeit 1884/85 auf der Fabrik Schackensleben. In der nachstehenden Tabelle (II) sind daher die Endergebnisse dieser beiden Untersuchungen einander gegenübergestellt:

	Tabelle I.			Tabelle II.			
Bestandtheile	In 1 l des nach			Schackensleben 1880/81 Knauer Durchschnitt der Ergebnisse von Märcker und Degener		Schackensleben 1884/85 Nahnsen-Müller Durchschnitt der Ergebnisse von Teuchert und Herzfeld	
	Knauer	Nahnsen-Müller	Oppermann				
	gradirten, gereinigten Wassers sind enthalten:			Gereinigt ungradirt	Gereinigt gradirt	Un-gereinigt	Gereinigt
	mg	mg	mg	mg	mg	mg	mg
Schwebestoffe:							
Anorganische	122,0	95,6	90,1	63,0	93,1	1304,0	72,4
Organische	41,0	66,2	44,5	36,6	50,0	495,2	35,8
Im ganzen	163,0	161,8	131,3	99,6	143,1	1799,2	108,2
Gesammtrückstand . . .	3543,0	3831,3	2431,2	3638,0	4087,0	3217,3	4624,9
Glühverlust	2023,0	2350,3	1615,7	2272,0	2912,0	2023,8	2723,6
Gesammtstickstoff . . .	32,8	88,3	39,9	53,2	23,1	38,6	52,9
Schwefelsäure	123,0	118,8	104,6	48,0	53,0	42,4	79,4
Kalk	185,2	607,6	439,8	466,0	161,0	410,9	1038,3

Unter gleichzeitiger Berücksichtigung der mikroskopischen Befunde und des Umstandes, dass die sechs in Betracht gezogenen Fabriken mit dem

Knauer'schen Verfahren nicht auf Melasseentzuckerung eingerichtet waren, während unter den Abwässern der fünf Fabriken mit dem Nahnsen-Müller'schen Verfahren drei die Laugen von einem Steffen'schen Verfahren und zwei Osmosebetrieben, unter den Fabriken mit dem Oppermann'schen Verfahren drei aber die Abwässer einer Fabrik (Aderstedt) ebenfalls die Laugen eines Substitutionsverfahrens enthielten, führt die Vergleichung der Zahlen vorstehender Tabellen zu dem Schluss, dass das Nahnsen-Müller'sche und das Oppermann'sche, demnach auch jedenfalls das Rothe-Roeckner'sche Verfahren mindestens denselben Reinigungsgrad erzielen, als das Knauer'sche Verfahren, wenn sie nicht das letztere sogar übertreffen.

Herzfeld hat weiter Versuche über die Wirkung der einzelnen gereinigten Abwässer auf Fische angestellt. Zu den Versuchen dienten Karpfen und Silberfische. Die Kommission glaubt aber diesen Versuchen über Lebensfähigkeit der Fische in den verschiedenen Wasserproben grossen Werth nicht beilegen zu dürfen, weil, wie sich ergeben hat, ihr Gelingen von zu vielen Bedingungen abhängig ist, sodass sie leicht zu falschen Schlüssen führen können. Es kann daher hier davon Abstand genommen werden, die einzelnen Ergebnisse aufzuführen.

Teuchert und Herzfeld kommen auf Grund ihrer Untersuchungen zu folgendem Gesammturtheil:

1. Eine Reinigung mit Kalk allein hat nur einen mechanischen, chemisch jedoch einen ungenügenden Erfolg.

2. Mit Hilfe des Nahnsen-Müller'schen, Oppermann'schen und Rothe-Roeckner'schen Verfahrens wird ebenfalls eine mechanisch klärende Wirkung in den meisten Fällen erreicht, der chemische Reinigungserfolg kann unter Umständen ein günstiger sein, aber noch nicht als genügend bezeichnet werden.

3. Ein durchschlagender Erfolg ist einzig bei der Fabrik Roitzsch durch das Elsässer'sche Berieselungsverfahren erzielt worden, und unter der Voraussetzung, dass die mangelhafte Beschaffenheit des Querfurter Rieselwassers auf die Unzulänglichkeit der dortigen Rieselanlage zurückzuführen ist, kann ausgesprochen werden, dass mit Hilfe dieses Verfahrens eine genügende Reinigung erreicht wird.

2. Mikroskopische Untersuchung über vorstehende Verfahren.

Die mikroskopische Untersuchung der Wässer hatte sowohl in der Betriebszeit 1880/81, wie auch 1884/85 Ferd. Cohn übernommen. Der Bericht desselben ergiebt Folgendes:

a) Untersuchung der in der Betriebszeit 1880/81 entnommenen Wasserproben.

F. Cohn liess die gröberen Verunreinigungen des Wassers sich zunächst absetzen und untersuchte, indem er Reaktion, Farbe, Durchsichtig-

keit, Geruch des Wassers, Menge und Beschaffenheit des Absatzes feststellte, den Absatz anfänglich tagtäglich mikroskopisch; dann verfolgte er
das Verhalten der verschiedenen Abwässer gegen eine mineralische Bakterien-
Nährlösung (Pasteur'sche Lösung) und gegen eine Lösung von Malz-
extrakt in destillirtem Wasser. Indem ich hier die einzelnen Ergebnisse
bei den verschiedenen Verfahren übergehe, füge ich die Ausführung von
F. Cohn über die Vergleichung der Reinigungsverfahren wörtlich
wie folgt an:

„Die Beantwortung der gestellten Frage: Auf welcher Zuckerfabrik sind
durch das Reinigungsverfahren die verhältnissmässig günstigsten Ergebnisse
erzielt? ist dadurch unmöglich gemacht, dass in keinem der untersuchten
Fälle die Abwässer in normale Beschaffenheit zurückgebracht worden sind.
Denn wie schon erwähnt, befinden sich die Abwässer des Berieselungs-
verfahrens noch im Zustande starker Fäulniss und erlangen erst nach
Beendigung derselben normalere Beschaffenheit.

Die durch Zusatz einer Base alkalisch gemachten Abwässer
sind zwar von Fäulnissvorgängen frei und enthalten selbst keine oder nur
Spuren von Fäulniss erregenden Organismen, während die Absätze reich an
letzteren sind. Auch die durch Bildung unlöslicher Karbonate neutral gewordenen Abwässer sind zwar reicher an Fäulniss erregenden Organismen,
gestatten jedoch nicht das Auftreten starker Fäulnissvorgänge im Wasser.
Die Erscheinungen von Oschersleben und Schackensleben zeigen jedoch,
dass die Reinigung durch Zusatz der Base keine dauernde ist, und dass
durch Einleitung der gereinigten Wässer in andere Wasserläufe noch nachträglich sehr starke Fäulnissvorgänge auftreten können.

Sollte, was sich aus den vorgelegten Proben nicht erkennen lässt, ein
solches nachträgliches Faulen bei dem Verfahren von Altenau, Körbisdorf
und Magdeburg vermieden werden, so würden diese die verhältnissmässig
günstigsten Ergebnisse geliefert haben.

Da, wie sich herausstellt, das alkalisch reagirende (Kalk-) Wasser
klar und im allgemeinen keimfrei, während der Absatz an Keimen und
fäulnissfähiger Stoffe reich ist, so würde eine vollständige Entfernung
der letzteren, durch Absetzen oder Abfiltriren möglicherweise die in einzelnen Fabriken zu Tage getretenen Uebelstände einschränken, vielleicht
beseitigen. Die Gradirwerke wirken den antiseptischen Eigenschaften des
Kalkes offenbar entgegen, indem sie die Bildung von Karbonaten beschleunigen. Ob die bei dem Knauer'schen Verfahren zugefügten Manganver-
bindungen und die erhöhte Temperatur einen wesentlichen, insbesondere
einen andauernden reinigenden Einfluss haben, liess sich aus den zugeschickten
Abwässerproben nicht erkennen.

Die Benutzung der Abwässer zur Berieselung kann insofern mit
diesem Namen eigentlich nicht bezeichnet werden, als der wesentlichste
Umstand der Rieselwirthschaft, das Pflanzenwachsthum, bei der vorzugsweise im Winter stattfindenden Thätigkeit der Zuckerfabriken ausser Betracht kommt und daher nur die Absorption und Filtration des Bodens

wirksam sein kann; dass beides nicht in ausreichendem Maasse geschieht, scheinen die mikroskopischen Untersuchungen der Drainwässer zu ergeben. Ob im Freien bei der niedrigeren Temperatur unserer Winter die Fäulniss derselben vielleicht bedeutend langsamer und daher minder übelständig vor sich geht, als in der 15—20⁰ C. erreichenden Luft des Laboratoriums, lässt Versuchsansteller unentschieden. Dass andererseits durch die Beendigung des Fäulnissvorganges in den Abwässern diese wieder normale Eigenschaften annehmen, wo ihr Ablassen in die Wasserläufe keinerlei Bedenken erregen kann, zeigt die mikroskopische Beobachtung zweifellos an."

b) Untersuchung der in der Betriebszeit 1884/85 entnommenen Wasserproben.

Von jedem Wasser wurden 2 Proben eingesandt; die eine dieser Proben liess F. Cohn an offener Luft, die andere in verschlossener Flasche stehen, um zu ermitteln, welchen Einfluss der freie und gehemmte Luftzutritt auf den Verlauf der Fäulnisserscheinungen hatte. Die zahlreichen mikroskopischen Präparate wurden bald von der Oberfläche, der Mitte, dem Bodensatze, bald von der Innenwandung der Flasche und anfangs in kurzen, später in längeren Zwischenräumen entnommen.

Was die natürlichen, ungereinigten Abwässer der Zuckerfabriken anbelangt, so hat F. Cohn darin im allgemeinen nur eine verhältnissmässig kleine Zahl verschiedener Arten von Mikroorganismen gefunden; dass diese dagegen in den meisten Abwässern in ungeheurer Anzahl angetroffen werden und daher als beständige und eigenartige Begleiter der eintretenden Zersetzungen und Gährungen angesehen werden müssen.

Als beständig und stetig vorhandenen Gährungserreger hat F. Cohn den Buttersäure-Bacillus (Bacillus amylobacter) in den Abwässern gefunden und schliesst hieraus, dass die am meisten kennzeichnende Zersetzung, welche bei der Fäulniss der Abwässer der Zuckerfabriken stattfindet, nicht wie bei anderen fauligen Wässern auf der Fäulniss der eiweissartigen, stickstoffhaltigen, sondern höchstwahrscheinlich auf der Gährung stickstofffreier Verbindungen, insbesondere der Kohlenhydrate beruht.

Dass oft auch Alkoholgährung eintritt, glaubt F. Cohn aus den mitunter beobachteten Hefepilzen schliessen zu dürfen; auf Milchsäuregährung weisen vermuthlich die feinen Perlschnurfäden (Torulaform, Streptococcus) hin, welche auch in der Milch beobachtet werden.

Eine für die Abwässer der Zuckerfabriken eigenartige Spaltpilzart stellen die von F. Cohn als Ascococcus sarcinoides bezeichneten, in vierzählige Segmente gegliederten Gallertkügelchen dar. In welcher Beziehung diese, in einzelnen Abwässern massenhaft vermehrten Spaltpilze zu dem sogenannten Magenpilze (Sarcina ventriculi) oder zu den Froschlaichpilzen der Zuckerfabriken (Leuconostoc mesenteroides) stehen, hat bisher eben so wenig festgestellt werden können, als ihre etwaige Fermentwirkung.

Selbstverständlich finden bei der Fäulniss der Abwässer auch Zersetzungen der stickstoffhaltigen Eiweissverbindungen statt; als Erreger derselben mögen die vielen, nicht näher unterschiedenen Bakterienarten wirken, welche neben den Buttersäurebacillen in den faulenden Abwässern sich unendlich vermehren, und in der Regel durch ausgeschiedene Gallerte zuerst zu schwimmenden Flöckchen, dann zu einer zusammenhängenden Haut sich vereinigen. Hierher gehören u. a. die als Zoogloea bezeichneten Bakterienschleimkolonien, die fadenbildenden Heubacillen (Bacillus subtilis), Bacterium Termo, die Vibrionen und Spirillen.

In den meisten Abwässern wird bei der Fäulniss aus der Zersetzung von schwefelhaltigen Eiweissstoffen oder von Sulfaten Schwefelwasserstoff entwickelt, der sich oft durch den Geruch erkenntlich macht, in der Regel aber mit Eisen verbunden als schwarzes Schwefeleisen sich abscheidet (vergl. auch S. 229).

Der oft sehr bedeutende Eisengehalt der Abwässer stammt wohl grösstentheils aus der anhängenden Erde der Rübenwäsche, wird zuerst von den Bakterienmassen, sowie von der Okeralge (Lyngbya ochracea), als rothbraunes Eisenoxydhydrat abgeschieden, später, wie schon bemerkt, gewöhnlich in Schwefeleisen umgewandelt. Die Bildung von Schwefeleisen weist darauf hin, dass bei der Fäulniss der Abwässer auch Ammoniak entwickelt wird, da Eisen aus der Lösung nur durch Schwefelammonium, nicht durch Schwefelwasserstoff in ein Sulfid übergeht.

Eine sehr bezeichnende Eigenthümlichkeit der Abwässer von Zuckerfabriken ist ihre Neigung zum Schimmeln; auf oder unter ihrer Oberfläche entwickeln sich Pilzmycelien als dicht verfilzte, schwimmende Häute. Dieses Pilzwachsthum verbreitet sich auch in die Flussläufe, welche Abwässer von Zuckerfabriken aufnehmen; dasselbe ist es, welches hauptsächlich zu Klagen der Anwohner oft berechtigten Anlass giebt.

In den Kanälen zur Ableitung dieser Abwässer, wie in den Bächen unterhalb der Kanalmündungen bilden die Pilzwucherungen in der Regel hell- oder röthlichgraue wollvliessartige, zottig schleimige Auskleidungen; durch die Bewegungen des Wassers fortgerissen, werden sie auf weite Entfernungen fortgeführt, und da sie leicht in stinkende Fäulniss übergehen, verursachen sie nicht selten wahre Uebelstände. Höchst wahrscheinlich ist es auch hier der Gehalt an Kohlenhydraten (Zucker, Gummi, Schleim etc.) im Wasser, welcher diese aussergewöhnlich starke Entwickelung von Pilzmycelien in den Abwässern der Zuckerfabriken begünstigt. F. Cohn schliesst dies daraus, dass ein ganz ähnliches Pilzwachsthum sich auch in den Abwässern von Melassefabriken, Brauereien, Brennereien nicht selten einstellt, in gewöhnlichen Kloakenwässern dagegen in der Regel ausbleibt.

Es sind sehr verschiedene Arten von Pilzen, welche in der hier geschilderten Weise auf oder in den Abwässern von Zuckerfabriken als hell- oder röthlichgraue vliessartige Auskleidungen der Ufer, oder schwimmende schleimige Flocken beobachtet wurden; mit blossem Auge betrachtet, sind sie alle einander so ähnlich, dass sie nur unter dem Mikroskop sich unterscheiden lassen; nicht selten wird im nämlichen Abfluss die Pilzhaut in verschiedenen Monaten von verschiedenen Arten gebildet, ohne dass das unbewaffnete Auge eine Veränderung in der Zusammensetzung bemerkt.

Die wichtigste Art unter diesen Pilzen ist ein Wasserschimmel, Leptomitus lacteus; unter dem Mikroskop stellt derselbe ein Gewirr farbloser, zarter, leicht verletzbarer Schläuche oder Röhrchen dar, welche sich reichlich verzweigen und in gewissen Abständen etwas eingeschnürt sind; an diesen Stellen enthalten sie ein glänzendes Kügelchen. Leptomitus lacteus wurde zuerst im Jahre 1852 durch Göppert als Ursache einer Wasserverunreinigung in dem Weistritzflusse bei Schweidnitz beschrieben, der die Abwässer einer $^1/_2$ Meile oberhalb gelegenen Melassefabrik aufgenommen hatte; seitdem ist F. Cohn Leptomitus lacteus in den Abflüssen der Zuckerfabriken aus den verschiedensten Gegenden Deutschlands zugeschickt worden; es ist derjenige Wasserschimmel, der am meisten für die Abwässer dieser Fabriken kennzeichnend ist und am häufigsten zu Klagen Veranlassung giebt.

Bei Sphaerotilus natans bestehen die röthlichgrauen vliessartigen Massen aus dickeren Bündeln sehr langer, feiner, paralleler, farbloser Fäden, die sich aufwärts in zahlreiche dünnere Stränge büschelartig zertheilen und in gemeinsamem Schleim eingehüllt sind. Durch die falschen Verzweigungen der Fäden stimmt Sphaerotilus mit Cladothrix überein, welche farblose lockere Flocken in den Abwässern bildet.

In anderen Abwässern wachsen die Mycelien von Pilzarten, die auch auf trockenerer Unterlage sich entwickeln; hierhin gehört das Mycel von Schimmelpilzen, die durch ihre spindelförmigen gekammerten Sporen (Conidien) ausgezeichnet sind: Selenosporium aquaeductuum (wohl zu Fusisporium gehörig). Auch Köpfchenschimmel (Mucorineen) erzeugen schwimmende Mycelmassen auf Abwässern von Zuckerfabriken; als solche sind Arten von Pilobolus und Mucor beobachtet worden. Auf einer ähnlichen Mycelhaut, die in dem Abwasser einer schlesischen Zuckerfabrik gewachsen war, sprossten die becherförmigen rothbraunen Früchte eines Schüsselpilzes (Ascobolus pulcherrimus) hervor.

Auch auf sehr vielen der vorstehenden Wasserproben entwickelte sich eine Mycelhaut; doch konnten die Pilze in der Regel nicht bestimmt werden, da sie keine Sporen erzeugten; in einem Fall war es Selenosporium (Fusisporium) aquaeductuum, in einem andern Aspergillus glaucus, in einem dritten Oidium lactis; die kennzeichenden Arten Leptomitus lacteus und Sphaerotilus natans kamen nicht vor.

Von welcher Art nun auch die Gährungen und Zersetzungen der faulenden Abwässer sein mögen, immer ist es nur eine gewisse Zeit, wo dieselben fortdauern; sind die gährungsfähigen organischen Verbindungen durch die Gährungspilze zerstört, so hört die Fäulniss von selbst auf, auch wenn kein Reinigungsverfahren angewendet ist.

Das Wasser, welches während der Fäulniss stinkend, milchig, trübe, oder durch Ausfällung von Schwefeleisen kohlschwarz und völlig undurchsichtig geworden war, klärt sich allmählich und wird zuletzt vollkommen klar und geruchlos; die von Bakterien und anderen Pilzen gebildeten Flocken und Häute, in welche auch die Monaden und Infusorien in encystirtem Zustande eingelagert sind, setzen sich am Boden ab, den schon vorher das Sporenpulver der Buttersäurebacillen und wohl auch anderer Arten bestreut hatte.

Nunmehr kommen im Wasser ganz andere Mikroben zur Entwicklung, als während der Fäulniss; sie gehören nicht zu den Pilzen, sondern zu den Algen, und zeichnen sich durch ihre span- oder lichtgrüne oder braune Farbe aus.

Ihre Vermehrung ist ein sicheres Anzeichen, dass die Fäulniss zu Ende geht, dass die organischen Verbindungen im Wasser bereits grössten- theils zersetzt sind; sie macht sich schon dem blossen Auge durch grüne oder braune Anflüge am Boden und an den dem Lichte zugekehrten Innen- wänden der Glasgefässe bemerkbar, in denen die Abwässer aufbewahrt wurden.

Die Mikroben der durch Selbstreinigung von Fäulnissstoffen mehr oder minder vollständig befreiten Abwässer sind die nämlichen, welche in allen offenen, namentlich fliessenden Gewässern in normalem Zustande sich vorfinden; ihre Keime sind offenbar mit dem Betriebswasser in die Schmutz- wässer gelangt und haben der Fäulniss widerstanden, können sich aber erst dann vermehren, wenn mit der Zersetzung der gährungsfähigen organischen Verbindungen auch die Vermehrung der als Gährungserreger wirkenden Mikroben (Monaden, Bakterien und anderer Pilze) zum Stillstand gekom- men ist, und diese selbst durch Absetzen am Boden zum grössten Theile beseitigt sind.

Die spangrünen Algen gehören zu den Algengruppen der Chroo- coccaceen und Nostocaceen; vorherrschend sind die Gattungen: Apha- nothece, Leptothrix, Oscillaria, Lyngbya, Nostoc.

Eine übermässige Vermehrung dieser Algen scheint auf eine noch un- vollständige Reinigung der Abwässer hinzudeuten; in der That finden wir dieselben oft in grossen Massen bereits zwischen den Wasserpilzen (Lepto- mitus lacteus, Sphaerotilus) wachsend.

In vollkommen gereinigtem normalen Wasser entwickeln sich ganz über- wiegend lichtgrüne Algen (Protococcaceen und Confervaceen), die jedoch in der Regel nur durch wenige Gattungen und Arten vertreten sind, so wie die braunen kieselschaligen Bacillarien, von denen eine grosse Mannig- faltigkeit von Gattungen und Arten allmählich zum Vorschein kommt.

Eine eigenthümliche Bedeutung kommt der Okeralge (Lyngbya ochracea) zu; sie ist ein sicheres Anzeichen für einen Eisengehalt des Abwassers; ihre dünnen Fäden sind in Gallertscheiden eingeschlossen, in denen das im Wasser als kohlensaures Eisenoxydul gelöste Eisen erst mit gelber, dann rostrother, zuletzt dunkelbrauner Farbe als Eisenoxydhydrat abgeschieden wird.

Je reichlicher der Eisengehalt des Wassers ist, desto mehr vermehrt sich die Okeralge, ihre geschlängelten und unter einander verfilzten Fäden bilden rostbraune schwimmende Flocken und Häute an der Oberfläche, oder einen flockigen oder pulverigen Absatz am Boden des Wassers, der gewöhnlich fälschlich für anorganischen Okerniederschlag gehalten wird. Selbst in den gefaulten Abwässern der Zuckerfabriken kommt die Okeralge nach vollendeter Selbstreinigung oft noch zu bedeutender Entwicklung und überzieht den schwarzen Niederschlag von Schwefeleisen noch nachträglich mit braunem Oker.

Die im Betriebswasser von vorn herein vorhandenen, die im Schmutzwasser neu aufgenommenen und die durch die Reinigungsverfahren absichtlich zugesetzten Salze scheiden sich mit der Zeit grösstentheils aus, die meisten in regelmässigen mikroskopischen Krystallen (Nadeln, Prismen, Büscheln, Drusen); andere als kugelige Körperchen.

F. Cohn hat die chemische Natur dieser Krystalle ununtersucht gelassen; die meisten, aber nicht alle Krystalle sind jedoch offenbar Karbonate, zum grossen Theil kohlensaurer Kalk.

Diese Krystallabscheidungen lagern sich in die Bakterien- und Pilzhäute massenhaft ein, oder bilden an der Oberfläche des Wassers schwimmende feine Plättchen und Schüppchen, die sich später oft zu einer zusammenhängenden Krystallhaut, selbst zu einer dichten Kruste vereinigen; sie sinken schliesslich zu Boden und finden sich daher auch im Absatz.

Bei geringerer Krystallabscheidung entsteht nur ein rauher krystallinischer Rand an der Oberfläche des Wassers, der sich wohl auch bis in eine gewisse Tiefe an den Glaswänden als weisser Anflug ansetzt.

Durch Kalk gereinigte Abwässer trüben sich, wenn das gelöste Calciumhydroxyd durch Anziehen von Kohlensäure aus der Luft in mikroskopischen Krystallen von Calciumkarbonat ausfällt, und werden erst nach dem vollständigen Absetzen in längerer Zeit wieder klar; zwischen den Krystallen an der Oberfläche des Wassers finden wir in der Regel grössere Mengen von Bakterien, auch wenn solche im Abwasser selbst nicht zum Vorschein kommen.

Die Zeit, welche erforderlich ist, ehe die Abwässer ihre Fäulniss durch Selbstreinigung zu Ende geführt haben und wieder vollkommen klar geworden sind, bezw. ehe die im Wasser gelösten Salze durch Auskrystallisiren und Absetzen abgeschieden sind, ist bei verschiedenen Wasserproben sehr verschieden; sie hängt ab von der Menge der gelösten Stoffe, bezw. von dem Grade ihrer Verdünnung, sowie von der Temperatur. Ungereinigte Schmutzwässer haben ihre Fäulniss selbst nach 6—8 Monaten nicht völlig zu Ende geführt; erst nach 10 Monaten konnten die Wasserproben als vollständig gereinigt angesehen werden.

Wird der Zutritt der atmosphärischen Luft (in verschlossener Glasflasche) verhindert oder doch sehr vermindert, so wird auch die Beendigung der Fäulniss verzögert; das Wasser bleibt stinkend, schwarz, voll von Bakterien, während die nämliche Probe in offenem Gefäss bereits vollkommen klar geworden ist.

Nach diesen allgemeinen Bemerkungen von F. Cohn über das Vorkommen der Arten von Mikroorganismen in den Abwässern der Zuckerfabriken kann ich die nähere Aufführung der in dem ungereinigten Abwasser der einzelnen Fabriken beobachteten Mikroorganismen wohl umgehen, wie nicht minder derjenigen in den verwendeten reinen Betriebswässern. Auch die in den mit verschiedenen chemischen Fällungsmitteln gereinigten Abwässern beobachteten Mikroorganismen und die durch dieselben bewirkten Zersetzungen verhielten sich im allgemeinen gleich.

Ich übergehe auch hier die bei den einzelnen Reinigungsverfahren gemachten Beobachtungen und lasse nur die von F. Cohn zusammengestellte Uebersichtstabelle der Ergebnisse folgen:

Reinigungsverfahren	No.	Fabrik	Reinigungserfolg	Bemerkungen
I. F.A.R.Müller & Co. in Schönebeck a. Elbe	1.	Schöppenstedt	ungenügend genügend	Die gereinigten Schmutzwässer faulen; dennoch ist das Wasser der Altenau, in welche sie eingeleitet sind, schon vor der Rieselung als normal zu bezeichnen; das Rieselwasser ist mit organischen Stoffen verunreinigt, die vorübergehende Vermehrung von Fäulnissorganismen bedingen; später normal.
	2.	Wendessen	nicht genügend	Starke Fäulniss im gereinigten Abwasser, nachdem dasselbe neutral geworden.
	3.	Cochstedt	nicht genügend	Der Ablauf mit den Endlaugen ist anscheinend gut gereinigt, doch treten im Gesammtabwasser wieder Gährungen ein.
	4.	Irxleben	im ganzen genügend	Das gereinigte Wasser bleibt sehr lang alkalisch und ist anscheinend befreit von Fäulnisskeimen; in das Bachwasser eingeleitet, verursacht dasselbe jedoch Pilzentwicklung, die aber nach einiger Zeit zum Abschluss kommt; dann ist das Bachwasser normal.
	5.	Schackensleben	im ganzen genügend	Das gereinigte Wasser ist anscheinend frei von Gährungspilzen; an seiner Oberfläche siedelt sich Pilzmycel an.
II. H. Oppermann in Bernburg	6.	Minsleben	im ganzen genügend	Das gereinigte Schmutzwasser ist bei alkalischer Reaktion frei von Gährungspilzen, im neutralen Wasser ist ihre Entwicklung sehr vermindert; das Bachwasser ist vorübergehend verunreinigt.
	7.	Aderstädt	nicht genügend	Entwicklung reichlicher Mengen von Gährungspilzen im gereinigten Schmutzwasser.
	8.	Stössen	nicht genügend	Reichliche Entwicklung von Gährungspilzen im Bachwasser 5 km unterhalb der Fabrik.

Reinigungsver- fahren	No.	Fabrik	Reinigungs- erfolg	Bemerkungen
III. Rothe- Roeckner (Wilh. Rothe & Co. in Güsten)	9.	Rossla	nicht genü- gend	Starke Fäulniss im gereinigten Was- ser; das Schmutzwasser beendet seine Fäulniss in verhältnissmässig kürzerer Zeit.
IV. Durch Kalk allein	10.	Lützen	nicht genü- gend	Beim Einfluss in die städtischen Ab- flüsse noch alkalisch, später Gäh- rungen.
	11.	Wendessen	nicht genü- gend	Das gereinigte Wasser unterliegt, nachdem es neutral geworden, starker Fäulniss.
V. Durch Be- rieselung	12.	Roitzsch	genügend	Das Rieselwasser ist sehr arm an Gährungspilzen.
	13.	Querfurt	nicht genü- gend	Starke Fäulniss im Rieselwasser.

Die vorstehenden mikroskopischen Untersuchungsergebnisse stimmen
hiernach vollständig mit denen der chemischen Untersuchung überein, indem
auch hier das nach dem Berieselungsverfahren von Elsässer gereinigte
Wasser sich in bakteriologischer Hinsicht am besten verhält. Die unter
Zusatz von überschüssigem Kalk gereinigten Abwässer halten sich übereinstimmend mit den früheren Versuchen zwar längere Zeit unverändert,
gehen aber alsbald in Fäulniss (Buttersäuregährung) über und kann dieses
nicht verwundern, da nach den chemischen Analysen in dem mit überschüssigem Kalk gereinigten Abwasser noch eine grosse und zum Theil
grössere Menge gelöster organischer Stoffe als in dem ungereinigten Abwasser vorhanden ist.

Zwar mag es unter Umständen für die Reinigung genügen, die Fäulniss auf eine gewisse Strecke, bis das Abwasser in grössere Flussläufe
kommt, hintanzuhalten; indess wird bei kleineren Wasserläufen mit schwachem
Gefälle der Zweck einer Reinigung kaum hinreichend erzielt werden, und
habe ich schon I. Bd. S. 366 darauf hingewiesen, dass der überschüssige
Kalk in den Abwässern an sich nachtheilige Veränderungen des dieselben
aufnehmenden Bachwassers hervorrufen kann.

Die oben erwähnte 2. Kommission fasst hiernach unter gleichzeitiger
Berücksichtigung sämmtlicher örtlicher Beobachtungen und analytischer
Untersuchungen die gewonnenen Ergebnisse zu nachstehendem Endurtheil
zusammen:

    1. Das Verfahren der Firma F. A. Robert Müller & Co. (Patent
Nahnsen in Schönebeck a. d. Elbe):

    Die mechanische Reinigung ist eine befriedigende; die chemische
Reinigung dagegen ist nur von einem gewissen und begrenzten Erfolge begleitet. Derselbe scheint im umgekehrten Verhältnisse zu
dem Gehalte der Abwässer an stickstofffreier organischer Substanz zu

stehen. Die Einleitung der mit seiner Hilfe gereinigten Abässer erscheint nur bei grösserer Verdünnung in raschfliessenden Tageläufen unbedenklich.

2. Das Verfahren von Dr. H. Oppermann in Bernburg:

Die in verschiedenen Abänderungen beobachtete Anwendung von schwefelsaurer Magnesia, Thonerde, Silikaten, Chlormagnesium, Kieserit, Kalk und Eisenvitriol erzielt einen dem unter 1 geschilderten gleichen Erfolg.

3. Das Rothe-Roeckner'sche Verfahren in der Ausführung durch Wilh. Rothe & Co. in Güsten (Anhalt):

Der Rothe-Roeckner'sche Apparat ist sehr geeignet, eine schnelle und befriedigende mechanische Reinigung zu erzielen. Bezüglich der chemischen Reinigung durch Anwendung von schwefelsaurer Magnesia und Kalk steht das Verfahren auf gleicher Höhe mit 1 und 2.

4. Die Reinigung durch Anwendung von Kalk:

sei es mit Zuhilfenahme von Manganlauge und unter Erhitzen des Abwassers nach Knauer, sei es ohne jeden weiteren Zusatz und bei gewöhnlicher Temperatur nach den Vorschlägen von F. Cohn oder Flaschendräger, steht bezüglich des chemischen Reinigungserfolges hinter den vorhergenannten Verfahren zurück. Namentlich ist die Haltbarkeit der so gereinigten Abwässer eine mangelhafte.

5. Das Elsässer'sche Aufstau- und Berieselungsverfahren:

Die letzten Beobachtungen bestärken die Kommission in der in dem früheren Berichte ausgesprochenen Ueberzeugung, dass ein zweckmässig eingerichtetes und unterhaltenes Aufstau- und Berieselungsverfahren die grösste Bürgschaft für die Reinigung und Unschädlichmachung der Abwässer bietet und den Vorzug vor jedem bisher bekannten chemischen Niederschlagsverfahren verdient.

Bei geeigneter Bodenbeschaffenheit, ausreichendem Flächenraum und sorgsamer Instandhaltung der nach dem Elsässer'schen Verfahren hergerichteten Rieselwiesen wird das Wasser bis zu einem Grade gereinigt, der seine Einleitung auch in die kleinsten Bachläufe und seine Verwendung gleich anderem Bachwasser gestattet (vergl. über die Erfolge der Reinigung durch Berieselung auch S. 235, 274 und 275).

Weiterhin mögen noch folgende für Zuckerfabrikabwässer vorgeschlagene Verfahren aufgeführt werden:

ι) Verfahren von Fr. Hulwa in Breslau.

Das Wesen dieses Reinigungsverfahrens ist schon I. Bd. S. 358 und 376 u. f. beschrieben.

Wie Fr. Hulwa mittheilt, ist es gelungen, durch besonders eingerichtete Absatzbecken von 8 m Breite, 20 m Länge und 0,5 bis 0,75 m

Tiefe — die in der ersten Einrichtung etwa 2000 M. kosten — 5000 cbm Abwasser täglich zu reinigen und den Schlamm, der sich nach dem Verfahren zu $^1/_{10}$—$^1/_{20}$ der Wassermenge sehr schnell abscheiden soll, in fester abstichbarer Form zu erhalten. Neben den Klärbecken sind nur einfache Rühr- und Schöpfvorrichtungen wie in Weizenrodau und Strehlen erforderlich.

Fr. Hulwa hatte die Freundlichkeit, dem Verfasser ungereinigte und nach seinem Verfahren gereinigte Abgangwässer der Zuckerfabrik Altjauer zu übersenden, deren Untersuchung für 1 l ergab:

Abwasser	Schwebestoffe			Gelöste Stoffe						
	Unorganische	Organische	Stickstoff in letzteren	Unorganische (Glührückstand)	Organische (Glühverlust)	Kalk	Kali	Schwefelsäure	Zur Oxydation erforderl. Sauerstoff	Stickstoff
	mg	mg	mg	mg	mg	mg	mg	mg	mg	mg
Ungereinigt . .	4177,5	580,0	75,9	402,5	390,0	62,0	65,6	19,4	201,6	26,4
Gereinigt:										
1. Probe . . .	0	0	0	700,0	277,0	220,0	44,6	207,3	304,0	26,4
2. Probe . . .	0	0	0	956,4	280,0	412,8	57,5	275,2	167,2	24,7

Das gereinigte Wasser reagirte schwach sauer und enthielt in Probe 1 deutliche Mengen von schwefliger Säure; diesem Umstande ist auch zuzuschreiben, dass das gereinigte Wasser in Probe 1 mehr Sauerstoff zur Oxydation verlangte als das ungereinigte Wasser.

Nach den von Fr. Hulwa eingesandten Untersuchungs-Ergebnissen enthielt das Abwasser der Zuckerfabriken für 1 l:

Abwasser	Oxydirbarkeit:			Gesammt-Stickstoff
	Bedarf an Sauerstoff	Verbrauch an Kaliumpermanganat	Berechnet auf organische Substanz	
	mg	mg	mg	mg

1. Zuckerfabrik Bernstadt:

Abwasser				
a) Ungereinigt	80,33	317,73	1586,25	15,59
b) Gereinigt	16,72	66,00	330,0	2,6

2. Zuckerfabrik Strehlen:

Abwasser				
a) Ungereinigt	120,5	475,9	2379,4	18,3
b) Chemisch gereinigt	23,4	92,5	462,5	4,45
c) Nach der Wiesenberieselung	12,36	48,84	244,21	2,6
d) „ „ Bodenfiltration . .	5,73	22,7	113,5	1,0

Nach drei dem Verfasser eingesandten Proben erlitt das Bachwasser vor und nach Aufnahme des chemisch und durch Nachrieselung gereinigten Abwassers der Zuckerfabrik Strehlen folgende Veränderung:

1 l enthält:	Unorganische Stoffe (Glührückstand) mg	Organische Stoffe (Glühverlust) mg	Zur Oxydation erforderlicher Sauerstoff mg	Gesammt-Stickstoff mg	Kalk mg
1. Gereinigtes Wasser aus den Drains	299,0	55,0	10,8	13,1	131,5
2. Bachwasser vor Einmündung der gereinigten Fabrikabwässer	265,0	56,0	12,8	12,1	116,5
3. Bachwasser nach Einmündung der gereinigten Fabrikabwässer in Strehlen	281,0	52,5	10,2	12,4	121,5

Der nach diesem Verfahren erhaltene Schlamm ergab im Mittel mehrerer Untersuchungen:

	Mittel %	Höchst- %	Niedrigst- %
		Gehalt	
Wasser	26,68	45,36	4,53
Organische Stoffe	15,32	23,70	10,36
Mit Stickstoff	0,50	0,67	0,34
Mineralstoffe	58,00	84,21	41,36
Mit Kalk	18,010	27,60	8,61
„ Kali	0,175	0,101	0,285
„ Phosphorsäure	0,661	1,28	0,27
„ Sand, Thon etc.	28,990	48,22	3,41

In der Sitzung des Schlesischen Zweigvereins der Rübenzuckerfabrikanten des Deutschen Reiches in Breslau am 20. April 1886[1]) wurde von den Fabrikdirektoren Bamberg (Strehlen) und H. Kopisch (Waizenrodau) öffentlich bekundet, dass sie mit den nach dem Hulwa'schen Reinigungsverfahren erzielten Ergebnissen zufrieden seien und dasselbe ferner anwenden würden; der Vorsitzende (Bamberg) empfiehlt das Verfahren als zweckmässig und billig und die Einführung desselben überall da, wo das Bedürfniss oder eine zwingende Veranlassung zur Reinigung der Abwässer vorliegen. Ebenso hat auch eine von dem Breslauer Regierungs-Präsidium angeordnete Prüfung der Abwasser-Reinigungsanlagen bei Zuckerfabriken vor allem bei den nach dem Hulwa'schen Verfahren arbeitenden Fabriken zufriedenstellende Ergebnisse geliefert.[2])

ϰ) Verfahren auf der Zuckerfabrik Steinitz in Mähren.

Auf der Zuckerfabrik Steinitz in Mähren wird nach A. Stift[3]) das Abwasser durch Zusatz von Eisenchlorid und Kalkmilch mit nach-

---

[1]) Deutsche Zuckerindustrie **11**, No. 20.
[2]) Gesundh.-Ing. 1891, **14**, 790.
[3]) Oesterr.-ungar. Zeitschr. f. Zuckerindustrie u. Landw. 1892, 267 und Centralbl. f. Agr.-Chem. 1893, **22**, 289.

folgender Berieselung gereinigt. Die Fabrik verarbeitet täglich 5000 Ctr. Rüben und gebraucht für den Tag 6000 cbm Betriebswasser. Das Abwasser erhält, bevor es den Fabrikhof verlässt aus 2 Behältern fortwährend Eisenchloridlösung (4 kg Eisenchlorid für 24 Stunden) und Kalkmilch (ca. 400 kg Aetzkalk für 24 Stunden) zugeführt, fliesst dann in eine 430 cbm fassende Absatzgrube und von hier durch eine kleine Rinne in 4 je etwa 400 cbm grosse Klärteiche von 1,15 m Tiefe, wo dann der am meisten verunreinigte Teich abgestellt und entleert wird. Hier tritt eine Gährung ein, welche dem abfliessenden Wasser einen kothartigen Geruch verleiht. Eine eiserne Rinne führt sodann das Wasser auf ein 2,75 ha grosses drainirtes Rieselfeld, deren Saugdrains in einer Tiefe von 1,1—1,2 m 7 m von einander entfernt sind. Ueber den Drainröhren lagert eine 25—30 cm starke Schlackenschicht.

Nach den Untersuchungen von A. Stift enthielt 1 l Wasser:

Wasser	Aus-sehen	Geruch	Reak-tion	Schwebe-stoffe		Gelöste Stoffe		Stickstoff als				Schwe-fel-wasser-stoff	Im filtrirten Wasser			
				Orga-nische	Anorga-nische	Orga-nische	Anorga-nische	N_2O_5	N_2O_3	NH_3	Stickst. in d. Schwebe		CaO	K_2O	SO_3	P_2O_5
				mg	mg	mg	mg	mg	mg	mg	mg		mg	mg	mg	mg
1. Eintritt in die Fabrik (Betriebswasser)	klar	0	neutral	3,7	3,7	195,0	457,8	Spur	0	14,8	1,1	0	123,0	18,0	67,2	Spur
2. Ablauf aus der Fabrik	schmutzig	starker Rüben-geruch	sauer	2367,5	9492,5	5036,0	2167,0	103,5	136,8	38,8	479,3	0	682,5	401,0	131,0	21,0
3. Nach der chem. Reinigung . . .	„	schwacher Rüben-geruch	„	1486,5	7033,0	5151,8	2215,2	119,4	151,0	36,9	387,7	schwache Reaktion	812,5	332,0	136,0	12,5
4. Von den Klärteichen vor der Berieselung . .	„ schwarz	Koth-geruch	„	1112,5	4827.5	4552,0	1752,0	201,2	243,4	34,4	336,9	starke Reaktion	515,0	255,0	87,5	9,0
5. Nach der Berieselung	ziemlich trübe	rüben-ähnlich	neutral	209,0	611,5	4002,4	1205,1	42,9	5,0	3,6	32,0	0	524,5	122,0	92,0	5,0

Die chemische Reinigung hat demnach einen grossen Theil der Schwebestoffe entfernt, einen desinficirenden Einfluss aber nicht ausgeübt. Die Berieselung lieferte trotz der kleinen Fläche und der Schlackenschicht günstige Ergebnisse.

Die Untersuchung des berieselten Bodens ergab gegenüber dem unberieselten Boden eine Zunahme an organischen Stoffen, an Stickstoff, Schwefelsäure und Kali.

Die günstige Wirkung der Berieselung bei der Reinigung von Zuckerfabrik-Abwässern, wie sie sich aus den bisherigen Ausführungen ergeben hat, geht auch noch aus folgenden Versuchen hervor.

Wie schon erwähnt, fliesst das gereinigte Abwasser der Fabrik Schöppenstedt in die Altenau und wird das Wasser der letzteren ca. 8 km unterhalb des Einflusses durch Aufstauen der Altenau auf die Eilumer Wiesen geleitet; das auf- und abfliessende Wasser ergab im Mittel für 1 l:

Wasser	Schwebestoffe			Ge-sammt-Ab-dampf-rück-stand	Glüh-verlust	Be-rech-neter Rohr-zucker	Zur Oxyda-tion erfor-derlich. Sauer-stoff	Stickstoff		Schwe-fel-säure	Kalk
	Unor-ganische	Or-ganische	Im ganzen					als Am-moniak	als orga-nischer		
	mg	mg	mg	mg	mg	mg	mg	mg	mg	mg	mg
Auffliessend	11,3	9,8	21,1	635,0	145,0	29,7	34,2	3,4	5,6	154,6	167,6
Abfliessend	7,5	6,8	14,3	627,6	117,6	9,9	13,3	4,5	1,3	150,4	171,8

Hier hat also durch einfache oberirdische Berieselung eine nicht unwesentliche Reinigung, besonders an gelösten organischen Stoffen, wie nicht minder an Schwebestoffen und Gesammtstickstoff stattgefunden.

H. Schultze[1]) hat die durch Berieselung gereinigten Abwässer der Zuckerfabrik Mattierzoll in der Betriebszeit 1889/90 und 1890/91 untersucht. Daselbst wurde nach dem Diffusionsverfahren gearbeitet und 1889/90 mit Knochenkohle gereinigt. An Rüben wurden jeden Tag 7200 bezw. 7226 Centner verarbeitet; die Menge des Abwassers betrug für die Stunde 212 cbm. Das Wasser fliesst durch Klärbecken, damit sich hier die Schmutztheile von der Rübenwäsche, z. B. Erde, Rübenschwänze und sonstige gröbere, ungelöste Stoffe, z. B. Rübenschnitzel etc., absetzen können.

Die Untersuchung des abfliessenden Wassers ergab für 1 l:

Wasser	Trocken-rückstand	Glüh-verlust	Schwe-bestoffe	Ge-sammt-Stick-stoff	Am-moniak-Stick-stoff	Phos-phor-säure	Kali	Kalk	Chlor	Schwe-fel-wasser-stoff
	mg	mg	mg	mg	mg	mg	mg	mg	mg	mg
Vor der Beriese-lung	1200,7	500,7	150,8	24,3	7,4	8,0	49,6	180,8	34,6	Spur
Nach der Berie-selung . . .	924,0	109,9	20,0	6,3	0,8	1,9	19,3	272,7	34,6	0

λ) Das Verfahren von A. Proskowetz (D.R.P. 77152).

Dasselbe bezweckt, die fäulnissfähigen, organischen Stoffe in den Abwässern durch starke Fäulniss im Boden zu spalten, um sie darauf durch Kalkzusatz zu fällen. Die Abwässer werden zu dem Zweck (vergl. Bd. I, S. 414) zunächst mit Kalkmilch versetzt und darauf zum Absetzen der Schwebestoffe in Klärbecken geleitet; das schwach alkalische Abwasser wird alsdann zum Berieseln besonders drainirter Rieselfelder benutzt, um die organischen Stoffe zu oxydiren und das abrieselnde Wasser in Sammelbecken nochmals mit Kalkmilch versetzt. Aus dem letzteren Sammelbecken wird dann das Abwasser in den betreffenden Wasserlauf abgeleitet.

---

[1]) Braunschw. landwirtschaftl. Zeitg. 1891, No. 12; Centrbl. f. Agr.-Chem. 1891, **20**, 217.

Dieses Verfahren ist auf den Zuckerfabriken in Sadowa (Böhmen) und Sokolnitz (Mähren) eingeführt.

Nach Untersuchungen von Ed. Donath[1]) enthielt das gereinigte Wasser in Sokolnitz für 1 l:

Ab-dampf-rück-stand	Organ. Stoffe		Kiesel-säure	Thon-erde	Eisen	Kalk	Mag-nesia	Schwe-fel-säure	Chlor	Kali	Natron	Ge-sammt-Stick-stoff	Davon in Form von Am-moniak
	durch Kalium-perman-ganat	durch Glüh-verlust											
mg	mg	mg	mg	mg	mg	mg	mg	mg	mg	mg	mg	mg	mg
624,8	189,8	184,8	3,2	1,0	0	132,2	60,9	155,3	14,8	20,6	39,4	6,4	6,3

F. Strohmer und A. Stift[2]) finden bei ihren Untersuchungen der Abwässer in Sokolnitz für 1 l:

Beschaffenheit und Bestandtheile	I. Abwasser, noch nicht mit Kalk versetzt	II. Wasser nach dem Absetzen von dem ersten Rieselfeld	III. Wasser von dem ersten, blos ober-irdisch drainirt. Felde	IV. Wasser vom Hauptbrunnen bei der Fabrik	V. Gereinigtes Wasser
Aussehen u. Geruch	Rübengeruch. Trübe, mit ziem-lich starkem Bodensatz, gelb-lich gefärbt	Rübengeruch, dabei etwas koth-artig. Weniger trübe wie I, ge-ringer Bodensatz, schwach gelblich	Stark koth-ähnlich, ziem-licher Bodensatz, ziemlich braun aussehend	Schwacher Ge-ruch nach Schwe-felwasserstoff. SchwarzerBoden-satz, schlammig aussehend	Sehr schwacher Rübengeruch. Klar u. wasserhell
Reaktion	schwachalkalisch	alkalisch	alkalisch	schwachalkalisch	alkalisch
Schwebe-⎱ anorgan.	18024,0 mg	119,8 mg	1110,4 mg	7,8 mg	1,7 mg
stoffe ⎰ organ. .	316,4 „	16,2 „	313,6 „	22,1 „	19,7 „
Gelöste ⎱ anorgan.	876,6 „	865,2 „	835,6 „	794,0 „	323,6 „
Stoffe ⎰ organ. .	838,2 „	866,8 „	604,4 „	362,2 „	208,8 „
Chlor	31,7 „	35,2 „	28,2 „	23,3 „	23,3 „
Salpetersäure . . .	89,7 „	87,0 „	190,2 „	89,7 „	76,1 „
Salpetrige Säure .	nachweisbar	nachweisbar	starke Reaktion	nachweisbar	Spuren
Ammoniak	40,1 „	12,9 „	3,0 „	1,8 „	23,9 „
Stickstoff in der Schwebe	18,1 „	9,1 „	6,1 „	1,5 „	0 „
Schwefelwasserstoff	schwache Reaktion	stärkere Reaktion	starke Reaktion	starke Reaktion	Spuren

In 1 l des filtrirten Wassers waren enthalten:

Kalk	441,6 mg	461,6 mg	362,8 mg	396,0 mg	114,8 mg
Kali	128,6 „	—	—	—	34,9 „
Schwefelsäure . .	38,3 „	—	—	—	78,6 „
Phosphorsäure . .	2,3 „	—	—	—	Spuren

---

[1]) Zeitschr. f. angew. Chem. 1894, 713.
[2]) Oesterr.-ungar. Zeitschr. f. Zuckerindustrie u. Landw. 1896, Heft **2**, 27.

Die Reinigungswirkung der ganzen Anlage ergiebt sich aus einem Vergleiche obiger Zahlen; darnach beträgt die Abnahme gegenüber dem ursprünglichen Abwasser:

Wasser	Schwebestoffe		Gelöste Stoffe		Sal-peter-säure	Am-moniak	Stick-stoff in der Schwebe	Kalk	Kali	Schwe-fel-säure	Phos-phor-säure
	Unor-ganische	Or-ganische	Unor-ganische	Or-ganische							
	%	%	%	%	%	%	%	%	%	%	%
Nach dem Rie-selfelde III	38,39	0,88	4,68	27,89	112,04	93,19	66,30	—	—	—	—
Gereinigt	99,91	93,77	63,08	71,80	15,16	45,80	100,00	74,00	72,86	105,2	100

v. Rosnowski und Proskauer[1]) haben das Verfahren in den Zuckerfabriken in Sadowa und Sokolnitz besichtigt und berichten darüber wie folgt:

Ergebnisse in Sadowa: 1. Das Verfahren entfernte 96,76 % derjenigen stickstoffhaltigen Stoffe, welche nach den heutigen Anschauungen zur Entwickelung stinkender Fäulniss Veranlassung geben können.

2. Die Oxydirbarkeit wird um 92,3 % vermindert.

3. Eine starke Reinigung der Abwässer beginnt bereits in den Klärbecken und dem Kühlteiche und beruht hier zum Theil auf Niederschlagung, zum Theil auch auf Fäulniss- und Gährungsvorgängen, welche sich bei der günstigen chemischen Zusammensetzung der Abwässer und der für das Zustandekommen genannter Vorgänge äusserst günstigen Temperatur derselben in umfangreicher Weise vollziehen können.

4. In den beiden Rieselfeldern setzt sich die Zerstörung der organischen Stoffe unter den in Sadowa innegehaltenen Bedingungen nur durch Fäulniss fort.

5. Das Drainwasser, welches vom zweiten, tiefer drainirten „unteren" Rieselfelde geliefert wird, enthält die organischen Stoffe in einer derartig veränderten Form, dass sie durch Kalkzusatz zu beseitigen sind. Von den noch im Drainwasser verbliebenen stickstoffhaltigen fäulnissfähigen Stoffen werden jetzt durch den Kalkzusatz und die nachfolgende Bodenfiltration 87,5 % beseitigt und die Oxydirbarkeit wird um ca. 60 % vermindert.

6. Das gereinigte Abwasser ist klar und farblos, besitzt jedoch infolge des starken Kalkzusatzes und infolge der mangelhaften Beschaffenheit des für die Entfernung des Kalkes bestimmten Rieselfeldes eine alkalische Reaktion und noch Geruch nach Ammoniak.

7. Das gereinigte Abwasser geht beim Stehen in unverdünntem Zustande und in verschiedener Verdünnung mit Flusswasser nicht in „stinkende Fäulniss" über.

---

[1]) Oesterr.-ungar. Zeitschr. f. Zuckerindustrie u. Landw. 1898, **27**, 810.

Ueber die Ergebnisse des Verfahrens in Sokolnitz lauten die Schluss-folgerungen des Berichtes in Uebereinstimmung mit denen von F. Strohmer und A. Stift, ferner von Ed. Donath und Hönig folgendermassen:

1. Durch die Anlage wurden weit über $90^0/_0$ aller organischen Be-standtheile und fast sämmtliche stickstoffhaltigen organischen Verbindungen entfernt; das schliesslich sich ergebende gereinigte Abwasser war nach allen Angaben nicht mehr im Stande, in „stinkende Fäulniss" überzugehen.

2. In den Absatz- und Klärbecken erfuhren die Abwässer eine weitgehende mechanische Klärung, dagegen nur eine geringe chemische Reinigung.

3. Die von den beiden Rieselfeldern abfliessenden Abwässer liessen sich durch einen wiederholten Zusatz von Kalk, in Form von Kalkwasser, von gelöst gebliebenen organischen Stoffen, insbesondere den stickstoff-haltigen, fast völlig befreien; der im gereinigten Abwasser verbleibende Rest an organischen Stoffen besteht der Hauptsache nach aus löslichen Säuren (Fettsäuren), welche zur „stinkenden Fäulniss" keine Veranlassung geben.

4. Die im gereinigten Abwasser beobachtete Zunahme an Ammoniak und ammoniakhaltigen Verbindungen rührt in Sokolnitz von der Benutzung des Brüenwassers zum Löschen des Kalkes her.

5. Das Wasser war farblos und klar, jedoch von schwachem Rüben-geruch und sehr schwach alkalischer Reaktion gegen Lackmus.

6. Auch das in Sokolnitz gereinigte Abwasser dürfte, nach seiner chemischen Beschaffenheit und seinem Verhalten beim Stehen in verdünntem Zustande und in Verdünnung mit Schwarzawasser zu urtheilen, nach dem Einleiten in öffentliche Wasserläufe, selbst in solche mit wenig Wasser, kaum Missstände hervorrufen.

μ) Verfahren von C. Liesenberg.

J. Wolfmann[1]) prüfte das Verfahren von C. Liesenberg (vergl. I. Bd. S. 354) bei Raffinerieabwässern und fand in 1 l:

Abwasser	Abdampf-rückstand mg	Unorganische Stoffe mg	Organische Stoffe mg	Stickstoff mg	Ammoniak mg	Kohlenstoff mg
Einlauf in die Reinigungs-Anlage .	751,0	335,0	416,0	18,3	15,0	92,6
Auslauf aus der Reinigungs-Anlage .	664,0	485,0	179,0	13,3	13,6	99,4

[1]) Nach einem von J. Wolfmann eingesandten Sonderabdruck einer Abhandlung über dieses Verfahren.

Einen Uebelstand dieses Verfahrens sieht Wolfmann in dem nicht verminderten Stickstoffgehalt des gereinigten Abwassers; er glaubt denselben dadurch beseitigen zu können, dass er in dem nach dem Verfahren von C. Liesenberg erhaltenen Abwasser durch Zusatz von Superphosphat und Kalkmilch einen Niederschlag von Calciumsulfat und -phosphat erzeugt. Laboratoriumsversuche ergaben für 1 l:

Bestandtheile	a) Raffinerieabwässer zusammen (mit niedriger Acidität behandelt)		b) Raffinerieabwässer eigens zusammengestellt (mit hoher Acidität behandelt)	
	Einlauf mg	Auslauf mg	Einlauf mg	Auslauf mg
Abdampfrückstand . .	708,0	624,0	1958,0	1332,0
Glührückstand . . .	318,0	470,0	1204,0	1008,0
Glühverlust	390,0	154,0	754,0	324,0
Stickstoff	20,6	9,8	10,4	7,0
Ammoniak	16,0	7,6	10,2	6,4
Kohlenstoff	90,4	78,6	78,4	54,3

v) Reinigung von Zuckerfabrik-Abwässern mit Chemikalien und Schornsteingasen (Reinigungsverfahren in Rusin bei Prag nach Patent Wohanka & Co.)

Die Einrichtung für dieses Verfahren erhellt aus nachstehender Zeichnung (Fig. 12):

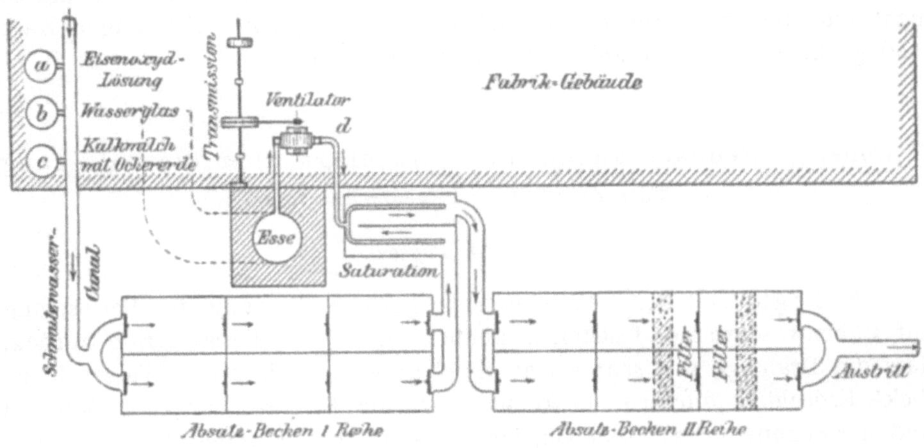

Fig. 12.
Reinigungsanlage nach Wohanka & Co.

Es besteht darin, dass das Abwasser zunächst der Reihe nach Zusätze von *a)* Ferrisulfat (Lösung von Eisenoker in Kammersäure), *b)* Wasserglas, *c)* Kalkmilch erhält, welcher letzterer einen Zusatz von 5—10% des darin enthaltenen Aetzkalkes an Okererde erhält. Nachdem das mit Chemikalien versetzte Abwasser in einer 1. Reihe von Klärbecken von dem Niederschlage befreit worden ist, fliesst es in Zwischenteiche, worin es mittelst eines mit dem Schornstein verbundenen Ventilators d mit Rauchgasen gesättigt wird. Durch die Kohlensäure, schwefelige Säure und Schwefelsäure der letzteren wird der vorhandene freie Kalk abgestumpft unter Bildung von unlöslichem Calciumkarbonat, und gleichzeitig werden fäulnisswidrige Verbindungen (Kreosot etc.) dem Wasser zugeführt.

Der zum zweiten Male entstehende Niederschlag wird in einer weiteren Abtheilung Klärbecken zum Absetzen gebracht, die an dem unteren Ende mit Filtern (von Kies, Koks etc.) durchsetzt sind.

In einem Bericht von J. V. Divis[1]) über die Wirkung dieses Verfahrens in der Zuckerfabrik Rusin wird erwähnt, dass durch dieses Verfahren 79 % der Bestandtheile des Abwassers[2]) entfernt werden, und dass im Sárkabache, der das Zuckerfabrik - Abwasser aufnimmt und früher infolge von vorhandenen Gährungs- und Fäulnisskeimen etc. in beständiger Gährung bezw. Fäulniss sich befand, jetzt die Fadenbakterien: Crenothrix, Cladothrix, Beggiatoa und andere Bakterien nicht mehr vorkommen.

Verf. hat ebenfalls früher die Einführung von Schornsteinrauch in die mit überschüssigem Kalk gereinigten Abwässer vorgeschlagen (vergl. I. Bd. S. 362 und 431), um einerseits den für manche Nutzungszwecke eines Bachwassers störenden Einfluss des freien Kalkes zu beseitigen, andererseits durch Zuführung von fäulnisswidrigen Gasen die weitere Zersetzung des Abwassers zu verhindern. Ostermann will dieses Verfahren noch dahin erweitern, dass er den nur unter Zusatz von Kalk erhaltenen Kalkschlamm in Oefen glüht — wobei Ammoniak gewonnen werden könnte —, um so nicht nur die erforderliche Kohlensäure, sondern auch den nöthigen Kalk (150 g für 1 cbm) zum Fällen wieder zu gewinnen.

ξ) Sonstige Beobachtungen und Vorschläge über die Reinigung von Zuckerfabrikabwässern.

1. Von A. Pagnoul.

A. Pagnoul[3]) hat nur eine sehr geringe Wirkung der Berieselung auf Rübenwaschwasser feststellen können und führt dieses darauf zurück, dass die Drainage nur sehr seicht angelegt war, sodass das Wasser keine dicke Erdschicht durchrieseln konnte. Da die Abwässer aus der Diffusion und der Schnitzelpresse sehr verschieden sind und besonders letzteres einen bedeutend grösseren Gehalt an werthvollen Düngstoffen enthält, so empfiehlt A. Pagnoul diese getrennt zur Berieselung zu verwenden und die Wiesen

---

[1]) Erschienen 1887 bei J. L. Bayer in Kolin a. d. Elbe.

[2]) Das ungereinigte Wasser enthielt z. B. 5220,0 mg, das gereinigte nur mehr 1110,0 mg, also 4110,0 mg weniger feste Bestandtheile in 1 l.

[3]) Stat. agron. du Pas-de-Calais 1895; ref. n. Chem. Centrbl. 1897, I, 1032.

nicht mit einer Unmenge anderen Wassers zu belasten, welches nach oberflächlicher Klärung oder Abkühlung ohne Schaden sofort direkt in die Flüsse geleitet werden kann.

Versuche über die Reinigung dieser Abwässer ergeben eine ganz bedeutende Verminderung der organischen Stoffe und der Nitrate durch die Einwirkung der Luft und des Lichtes. Ferrosulfat allein hatte fast gar keinen reinigenden Einfluss ausgeübt, wohl aber in Verbindung mit überschüssigem Kalk, doch brachte letzterer allein fast die gleiche Wirkung hervor; besser war die Reinigung durch Eisenchlorid und Kalk. Jedoch genügte diese Reinigung nicht; der Gehalt an organischen und stickstoffhaltigen Stoffen war in dem gereinigten Wasser noch sehr gross. Richtig wäre es, die Abwässer zuerst mit Chemikalien zu behandeln und dann zur Berieselung zu verwenden.

2. Von A. Bodenbender.

A. Bodenbender hat zur Reinigung der Zuckerfabrik-Abwässer folgendes allgemeine Verfahren vorgeschlagen:

„Die Abwässer werden zunächst möglichst rasch von den darin enthaltenen Schwebestoffen, als Rübenerde, Rübenblättern und Schwänzen durch Filtration über Roste oder vermittelst des Rothe-Roeckner'schen Apparates getrennt. Der breiige Schlamm wird durch Fowler'sche Pumpen oder Baggerwerke in Erdbecken behufs vollständiger Austrocknung befördert. Das von allen Schwebestoffen möglichst befreite Wasser wird dann einer chemischen Reinigung unterzogen. Es haben sich für diesen Zweck die Sulfate von Thonerde, Magnesia und Eisenoxydul, sowie das saure Kalkphosphat unter Zusatz von Kalk bis zur schwach alkalischen Reaktion als höchst wirksam erwiesen. Diese chemische Reinigung, welche also in einer Fällung organischer Stoffe durch die genannten Metalloxyde besteht, erstreckt sich auf alle Abwässer der Zuckerfabriken, mit Ausnahme des zur Kondensation der Dämpfe verwendeten Wassers, welches nur zur Abkühlung über Gradirwerke zu leiten ist. Nach der Dekantation der Niederschläge wird das klare Wasser über schlammigen Koks in aufsteigendem[1] Strom filtrirt und alsdann einer Durchlüftung auf Gradirwerken ausgesetzt, wobei es stets schwach alkalisch sein muss. Hierbei unterliegen viele organische Stoffe, darunter auch Zucker,[2] unter gewissen Bedingungen (Wärme und Feuchtigkeit bei Gegenwart von viel Luft und sehr wenig Kalk) einem Oxydations(Verbrennungs-) Vorgang. Es ist hierbei jedenfalls vortheilhaft, wenn die organischen Stoffe möglichst tief eingreifende Zersetzungen erleiden, da alsdann Verbindungen von geringerem Molekulargewicht erzeugt werden,

---

[1]) Eine aufsteigende Filtration wird ohne Zweifel nicht so günstig wirken, als eine absteigende Filtration (vergl. S. 73).

[2]) Die Oxydation des Zuckers und der organischen Stoffe wird nur erfolgen, wenn in oder auf den Gradirwerken gleichzeitig Mikroorganismen vorhanden sind, welche die Uebertragung des Luftsauerstoffes vermitteln.

deren endlicher Zerfall in Kohlensäure, Wasser, Ammoniak etc. rascher erfolgt, als dies bei Verbindungen von hohem Molekulargewicht der Fall ist."

Nach den von mir gemachten Erfahrungen über Reinigung derartiger Abwässer glaube ich diesen Vorschlag, der je nach den örtlichen Verhältnissen abgeändert werden kann, im allgemeinen als zweckmässig bezeichnen zu können.

3. Von A. Wagner.

A. Wagner[1]) in Sehnde bei Lehrte empfiehlt die Verwendung von Kork als Filtermasse für zuckerhaltige Flüssigkeiten und Abwässer der Zuckerfabrikation. (D.R.P. 64449 vom 25. August 1891. Kl. 89.)

Der als Filtermasse dienende, lose gemahlene Kork befindet sich in einem cylindrischen Filtrirgefäss zwischen zwei Sieben, welche lediglich dazu dienen, ihn zurückzuhalten und wird von der Flüssigkeit in aufsteigender Richtung durchströmt, sodass er, indem er wegen seines geringen spec. Gewichts auf der Flüssigkeit schwimmt, unter dem oberen Siebe eine Filterschicht bildet. Die Rohrleitungen und Hähne an dem Apparate ermöglichen es gleichzeitig, das unrein gewordene Korkmehl im Apparate selbst auszuwaschen. Sind Zuckerlösungen filtrirt, so wird mit warmem Wasser ausgewaschen, welches eine geringe Menge Salzsäure oder Essigsäure enthält und infolgedessen das auf dem Kork niedergeschlagene Calciumkarbonat auflöst. Die zu filtrirende Flüssigkeit wird in der Regel aus einem hochgelegenen Behälter durch einen Röhrenvorwärmer dem Filtrirapparate zugeführt.

4. Von J. S. Rigby und A. Macdonald.

J. S. Rigby und A. Macdonald[2]) in Liverpool haben sich folgendes Verfahren zur Verwerthung von Kalkschlammrückständen aus Zucker- und anderen Fabriken (D.R.P. 47071 v. 13. Juli 1888. Kl. 80) patentiren lassen.

Der Kalkschlamm wird gewaschen und nöthigenfalls mit Kohlensäure zur Austreibung des Schwefelwasserstoffs, darauf mit Alkalisilikat zur Zersetzung der vorhandenen Erdalkalichloride behandelt. Zur Erzeugung von Cement wird Thon zugegeben, das Ganze gut gemischt, getrocknet, geglüht, gemahlen und der Luft ausgesetzt. In den Zuckerfabriken soll die aus dem Cementbrennöfen kommende Kohlensäure in die Kalksaccharatlösung eingeleitet werden, worauf der erhaltene Saturationsschlamm in der beschriebenen Weise weiter behandelt wird.

Ferner Zusatz-Patent[3]) (D.R.P. 53601 v. 30. Nov. 1888).

Nach der Behandlung der Kalkschlammrückstände mit Kohlensäure verbleibt dem erhaltenen Calciumkarbonat noch ein Gehalt von Schwefel oder Schwefelverbindungen, welche dasselbe zur Herstellung von Cement ungeeignet machen. Zur Entfernung des Schwefels wird die unreine Calciumkarbonatmasse mit einer grösseren Menge Kalk gemischt, als wie sie dem in derselben enthaltenen Schwefel entspricht. Diese Mischung behandelt man dann unter Umrühren mit Dampf, bis der Schwefel sich mit dem Kalk verbunden hat. Die löslichen Salze werden ausgelaugt und durch den gewaschenen

---

1) Berichte d. Deutsch. chem. Gesellsch. in Berlin 1893, **26**, Ref. 123.
2) Ebendort 1889, **22**, Ref. 364.
3) Ebendort 1891, **24**, Ref. 241.

Rückstand behufs Oxydation noch vorhandener Schwefelverbindungen Luft geleitet. Zur Entfernung des etwa gebildeten Gipses wird zu der Masse ein Ueberschuss von Alkalikarbonatlösung gegeben, worauf der Kalkschlamm wiederum gut gewaschen wird. Die so behandelte Masse wird mit fein vertheiltem Thon oder dergl. in den zur Cementerzeugung geeigneten Verhältnissen gemengt und gebrannt.

5. Von Emil Meyer.

Emil Meyer in Berlin[1]) giebt ein Verfahren zur Erzeugung des Ammoniaks aus Melasse-Rückständen, ohne dieselben zu verkohlen, unter gleichzeitiger Gewinnung von Oxalsäure und Alkalisalzen an (D.R.P. 43345 vom 22. August 1887. Kl. 75).

Die Melasse oder die eingedickten Entzuckerungslaugen und Melasseschlempen werden mit einem grossen Ueberschuss von rohen Aetzalkalien, welche aus calcinirten Salzen der Melasse mittelst Kalk gewonnen werden, in gusseisernen, mit Hahn und Kühlvorrichtung versehenen Blasen bei etwa 180—220⁰ C. der Destillation unterworfen. Eine Verkohlung der organischen Stoffe findet hierbei nicht statt, vielmehr wird dieselbe ziemlich glatt unter Bildung von Ammoniak und Alkalioxalaten zersetzt. Die erkaltete grünlichgelbe Masse wird in Wasser gelöst und aus der Lösung entweder Natriumoxalat durch Krystallisation gewonnen oder die Oxalsäure als Kalksalz niedergeschlagen. Die Mutterlauge wird zum kleineren Theil auf Melasseasche, zum grösseren Theil auf Aetzlauge für die Wiederbenutzung im Betriebe verarbeitet. Beim Kausticiren wird als an sich werthloses Abfallerzeugniss verdünnte Entzuckerungslauge statt Wasser zum Auflösen und statt frisch gebrannten Kalkes das beim Abscheidungsverfahren abfallende Kalkhydrat benutzt.

6. E. Loevinsohn und M. Striegler.

Verfahren zur Gewinnung von Aetzstrontian aus den Strontianrückständen der Melasseentzuckerung von E. Loevinsohn in Döbeln i. S. und M. Striegler in Spora b. Meuselwitz[2]) (D.R.P. 43344 vom 19. Aug. 1887. Kl. 75.)

Derjenige Strontianschlamm, welcher bei der gewöhnlichen Verarbeitung nach dem wiederholten Glühen und Auslaugen des Strontianscheideschlammes zurückbleibt und bisher eine werthlose Abfallmasse bildet, wird mit Salmiaklösung gekocht, wobei unter Abgabe von Ammoniak alle säurelöslichen Strontium- und Calciumverbindungen mit Ausnahme ganz geringer Mengen von Karbonaten in Lösung gehen. In die filtrirte Lösung wird Kohlensäure und das vorher beim Kochen des Schlammes mit Salmiak erhaltene Ammoniak eingeleitet; das unter Rückbildung von Salmiak ausfallende Gemisch von Strontium- und Calciumkarbonat wird geglüht und das entstandene Strontiumoxyd durch Auslaugen von dem wenig löslichen Calciumoxyd getrennt. Um auch das im Saturationsschlamme enthaltene Strontiumsulfat mit in Lösung zu bringen, wird dasselbe zu Sulfid reducirt, indem der Schlamm vor der Behandlung mit Salmiak und Kohle geglüht wird. Bei dem darauffolgenden Kochen mit Salmiak setzt sich der letztere mit dem Schwefelstrontium in Strontiumchlorid und Schwefelammonium um; aus dem letzteren treibt bei der späteren Behandlung die Kohlensäure Schwefelwasserstoff aus. Der beim Saturiren sich zurückbildende Salmiak dient zur Zersetzung neuer Mengen Schlamm, tritt also in den Behandlungsvorgang zurück; es bedarf also nur neuer Mengen Kohlensäure.

---

[1]) Berichte d. Deutsch. chem. Gesellsch. in Berlin 1888, **21**, Ref. 460.
[2]) Ebendort 1888, **21**, Ref. 459.

Zum Schluss sei noch erwähnt, dass, wie H. Oesten das durch Berieselung gereinigte städtische Abwasser (vergl. I. Bd. S. 337) so Heyking[1]) das Abwasser von Zuckerfabriken bezw. die Klärteiche derselben für die Karpfenzucht empfiehlt. Wenn das Zuckerfabrikabwasser, sei es an sich oder durch Zusatz von Chemikalien behufs Reinigung, keine fischschädlichen Bestandtheile (freien Kalk oder freie Säure oder Fäulnisstoffe) enthält, so wird ohne Zweifel die grosse Menge organischer Stoffe in diesen Abwässern zunächst den Krustaceen und weiter den Fischen reichliche Nahrung bieten.

[1]) Fischerei-Ztg. 1898, **1**, 317.

VIII. Abwasser aus Papierfabriken.

1. *Zusammensetzung.*

Zur Papierfabrikation werden Lumpen, Hadern, Stroh, Holz und Espartogras verwendet. Die Verarbeitungsweise dieser Rohstoffe ist sehr verschieden. Zur Reinigung und Bleichung benutzt man Alkalilaugen (Potasche oder Soda oder auch Natronlauge), Kalkmilch, Chlorkalk und für die Holzcellulose saures schwefligsaures Calcium etc.; dazu gesellen sich noch Farbmittel und Beschwerungsmittel aller Art. Die Abwässer können daher je nach den Rohstoffen und den Fabrikationsverfahren sehr verschieden sein.

Einige Analysen von derartigen Abwässern ergaben für 1 l:

Art des Abwassers	Schwebestoffe		Gelöste Stoffe								
	Organische	Unorganische	Organische	Unorganische	Zur Oxydation erforderlicher Sauerstoff in saurer Lösung	alkalischer Lösung	Stickstoff	Schwefelsäure	Chlor	Kalk	Kali
	mg	mg	mg	mg	mg	mg	mg	mg	mg	mg	mg
1. Strohpapierfabrik [1]	668,0	189,5	4671,5	3715,2	—	—	89,7	—	—	—	—
2. desgl.	446,0	4,4	2267,2	—	—	—	79,3	—	—	972,8	—
3. desgl.	515,0	232,4	170,0	310,0	—	—	12,6	—	—	155,0	—
4. desgl.	587,5	1368,3	894,0	1346,3	529,6	664,4	27,8	—	—	529,5	—
5. desgl.	249,3	280,8	310,0	244,0	121,2		36,6	—	—	—	—
6. desgl. (jedoch neben Stroh etwas Lumpen)	312,5	15,0	1975,0	1715,0	1222,4	1388,8	49,9	34,2	—	714,0	154,0
7. desgl.	287,5	12,5	1935,0	1494,5	1203,2	1318,4	48,9	41,5	—	688,9	145,0
8. desgl.	97,5	572,5	1015,0	812,0	451,2	432,0	72,9	34,4	—	360,0	87,0
9. Holzpapierfabrik	192,4	200,8	257,5	430,4	—	—	—	169,0	15,9	160,4	—
10. desgl.	251,6	265,4	112,2	508,2	—	—	—	—	—	—	—
11. Strohpappenfabrik	322,0	781,0 [2]	258,0	463,2	84,0		35,7	—	—	—	—
12. desgl.	307,5	441,0	908,5	531,0	296,0		24,4	—	—	—	—
13. desgl.	2454,4	254,0	5848,0	6806,0	1904,0	1800,0	138,1	255,8	1047,0	2180,9	1353,8
			Kohlenstoff-	Gesammte gelöste Stoffe							
14. Esparto-Papierfabrik [3]	—	—	9388,4	40380,0			770,4	—	—	—	—

[1] No. 1—13 vom Verfasser, No. 2 Mittel von 4 Analysen.
[2] Die unorganischen Schwebestoffe bestehen aus fein aufgeschlämmtem Thon.
[3] No. 14 nach Analysen der englischen Kommission.

H. Fleck[1]) fand für die Soda- und Kalklauge von einer Strohstoff-
bereitung folgende Zusammensetzung für 1 l:

Ab-dampf-rück-stand	Organ. Stoffe	In letzteren		Mineral-stoffe	In letzteren					
		Am-moniak-Stick-stoff.	Organ. Stick-stoff		Aetz-Natron	Kohlen-saures Natrium	Kiesel-saures Natrium	Natrium mit organ. Säuren	Chlor-natrium	Schwefel-saures Natrium
g	g	g	g	g	g	g	g	g	g	g
Sodalauge (spec. Gewicht 1,0160):										
44,684	30,813	0,0286	0,2668	13,869	0,295	1,594	0,536	4,788	1,003	1,512
Kalklauge (spec. Gewicht 1,0240):										
					Aetzkalk		desgl. Calcium	desgl. Calcium		
54,664	40,230	0,0245	0,2208	14,434	0,981	—	0,316	8,083	0,345	0,899

In der Sodalauge wurden durch Mineralsäuren 1,970 g einer stickstoffhaltigen Säure frei von Fetten und Harzen, löslich in Alkohol und Benzin,
ausgeschieden; ferner liessen sich durch Blei- und Barytsalze Gallussäure
und Humusverbindungen nachweisen.

C. Karmrodt[2]) untersuchte die Abgänge aus der Bleicherei von Papierfabriken und fand in der abgenutzten Bleichlauge folgenden Gehalt für 1 l:

	1.	2.	3.
Freie Salzsäure	57,60 g	53,75 g	50,70 g
Eisenchlorid	46,50 „	40,30 „	37,95 „
Manganchlorid	142,50 „	76,90 „	78,20 „
Chlor	21,30 „	Wenig	Wenig
Chlorcalcium	Wenig	6,65 g	7,76 g

Eine andere Flüssigkeit aus einer Papierfabrik lieferte demselben
folgende Zusammensetzung für 1 l:

Chlórcalcium	Chlorkalium	Chlornatrium	Schwefel-saures Kali	Ammoniak	Thon (fein vertheilt)
g	g	g	g	g	g
2,31	0,88	1,12	0,24	1 ,79	2,02

Einer besonderen Erwähnung bedürfen die nach dem Verfahren von
Mitscherlich bei der Fabrikation der sog. Sulfitcellulose gewonnenen
Abgänge.

Im Gegensatz zu der Natroncellulosefabrikation, bei welcher die
Freilegung des Zellstoffs durch Kochen mit Aetzlaugen geschieht, wird bei
der Sulfitcellulose das ebenfalls als Rohstoff dienende Holz mit einer
etwa 5⁰ Bé. (= 1,035 spec. Gew.) schweren Lösung von saurem schweflig-

¹) 12. u. 13. Bericht der Kgl. sächs. chem. Centralstelle. Dresden 1884, 17.
²) Landw. Zeitschr. f. Rheinpreussen 1861, 387; Hoffmann's Jahresbericht
1861/62, 4, 177.

sauren Calcium oder auch von saurem schwefligsauren Magnesium längere
Zeit unter hohem Druck gekocht und dadurch die inkrustirende Substanz
der Zellen so vollkommen gelöst, dass die zurückbleibende reine Cellulose
von schwefelsaurem Anilin oder von Phloroglucin nicht mehr gefärbt wird.
Das Kochen findet in grossen Gefässen statt, welche etwa 20 cbm Holz
und ebensoviel Lauge für eine Kochung aufnehmen. Von der Calcium-
bisulfitlösung, welche beim Einfüllen ca. 1,4 $^0/_0$ Calciumoxyd und 3,6 $^0/_0$
schweflige Säure, entsprechend 4,6 $^0/_0$ saurem schwefligsauren Calcium, neben
etwas freier schwefliger Säure enthält, entweicht beim Kochen ein Theil
der freien und halbgebundenen schwefligen Säure in Gasform, unter Abscheidung von schwer löslichem, einfach-schwefligsaurem Calcium und wird
in einzelnen Fabriken die entweichende schweflige Säure jetzt wieder
aufgefangen. — Die Hauptmenge des sauren schwefligsauren Calciums
verbleibt aber theils frei, theils in Verbindung mit organischen Körpern,
namentlich Aldehyden und Ketonen, welche durch Spaltung der Glykoxyde
unter gleichzeitiger Bildung von Traubenzucker entstehen, in der Kochlauge.
Die Zusammensetzung dieser beim Kochen abfallenden Laugen ist nach den
Untersuchungen verschiedener Analytiker folgende für 1 l:

Siehe hierzu Tabelle S. 288.

Die organischen Stoffe dieser Lauge werden, der Natur des Rohstoffes
entsprechend, aus einer Reihe schwer trennbarer Zwischenerzeugnisse gebildet,
so aus Amyloiden, Gummiarten, Spaltungsstoffen der Gerbsäure, humus-
artigen Stoffen etc. B. Tollens, F. Weld und J. B. Lindsay[1] haben
darin Pentosen (Xylose), Galaktose bezw. Galaktosegruppen und Vanillin
nachgewiesen; von anderen Analytikern sind noch verschiedene Aldehyde
und Ameisensäure darin gefunden.

Die anorganischen Stoffe der Sulfitlauge bestehen hauptsächlich aus
Kalksalzen und zwar nach A. Frank[2] nicht aus Gips, sondern vorwiegend
aus Calciummonosulfit; beim Kochen der Sulfitlaugen, sowie auch beim
Erhitzen von Sulfitlauge mit Holz scheidet sich Monosulfit ab.

Kurt Barth[3] hat Versuche darüber angestellt, unter welchen Bedingungen die Abscheidung des Calciummonosulfits aus Sulfitlauge bei gewöhnlichem Druck und ohne Gegenwart von Holz erfolgt, und hat gefunden:
1. Eine Abscheidung des Calciummonosulfites findet erst in dem Zeitpunkte
statt, wo die Lauge die Zusammensetzung einer Lösung von Calciumbisulfit
zeigt, d. h. wo alle überschüssige schweflige Säure ausgeschieden ist. 2. Die
Lauge über dem Niederschlag von Calciummonosulfit stellt stets und unabhängig von ihrer Gehaltsgrösse eine Lösung von Calciumbisulfit dar. 3. Eine
Oxydation von schwefliger Säure zu Schwefelsäure, bezw. Calciumsulfit zu
Calciumsulfat findet beim Kochen von Sulfitlaugen ohne Holz unter gewöhnlichem Drucke nicht statt.

---

[1] Bericht d. deutschen chem. Gesellschaft 1890, **23**, 2990.
[2] Pap. 1885, 1671 u. Chem. Centrbl. 1890, II, 188.
[3] Pap. **15**, 667 u. Chem. Centrbl. 1890, II, 188.

Analytiker und Herkunft der Proben	Aussehen und Geruch	Speci-fisches Gewicht	Reak-tion	Trockenrückstand		Zur Oxy-dation der organ. Stoffe erforderl. Sauerstoff	Schwe-felsäure	Schweflige Säure		Chlor	Kiesel-säure	Eisen-oxyd und Thon-erde	Kalk	Mag-nesia	Al-kalien
				Or-ganischer	Un-organischer			gebun-den	frei						
				g	g	g	g	g	g	g	g	g	g	g	g
A. Frank[1]	—	—	—	53,0—60,0	24,0—27,0	—	1,20	14,74		0,07	0,15	—	7,40	0,40	
H. Wichelhaus nach Analysen 1888 bis 1889[2]	Gelb, leicht ge-trübt. Geruch nach schwefeliger Säure	1,0390	sauer	68,3440	14,4910	52,2007	3,4340	5,8420	2,5600	0,0240	0,0024	0,0102	7,1760	0,0040	0,0192
Desgl.	Dunkelgelb, klar. Geruch nach schwefliger Säure	1,0438	„	75,0400	13,5920	52,7955	4,3714	6,3080	2,2120	0,0094	0,0012	0,0008	8,4320	Spuren	0,0210
Desgl.	Gelb, fast klar, Geruch nach schwefliger Säure	1,0450	„	69,3660	15,9730	50,5613	4,0220	5,3800	2,9400	0,0302	0,0104	0,0024	7,3416	—	0,0322
Desgl.	Braungelb, klar, Geruch stechend, nach schwefliger Säure	1,0425	„	81,2720	12,5800	69,1018	2,2598	0,9600	2,5600	0,0050	0,0044	0,0052	6,7096	0,0064	0,0026
K. B. Lehmann, Cellulosefabrik in Hof[3]	Desgl.	—	—	75,160	14,902	—	1,740	5,673		0,448	—	—	—	—	—
Derselbe, Cellulosefabrik in Aschaffenburg[3]	—	—	—	79,0	17,0	—,	—	5,8		—	—	—	—	—	—
Verfasser[4]	—	—	sauer	35,242 darin Zucker 7,022	9,320	—	1,310	3,375		—	—	—	4,225	—	Kali 0,113

[1] Briefliche Mittheilungen.
[2] Chem. Industr. 1895, No. 3.
[3] Die Verunreinigung der Saale bei und in der Stadt Hof 1895.
[4] Original-Mittheilung.

Wir sehen hieraus, dass die Abgänge aus Papierfabriken je nach Art der Fabrikation sehr verschieden zusammengesetzt sind; neben grösseren Mengen organischer Stoffe aller Art enthalten sie bald Alkali- und Kalklauge, bald freie Säure, wie Salzsäure, schweflige Säure, Chlor oder deren saure Salze.

2. Schädlichkeit.

Die Abgänge aus Papierfabriken tragen daher nach ihrer Beschaffenheit vielfach wesentlich mit zur Verunreinigung der Flüsse bei.

Die Abwässer von der Lumpen-, Stroh- und Espartogras-Papierfabrikation gehen ungemein leicht in Fäulniss über und bedecken oft mehrere Kilometer weit die dieselben aufnehmenden Flüsse mit einem beständigen Schaum, welcher an den Sträuchern und Pflanzen am Bachhang hängenbleibt und dieselben mit einer weissflockigen Schicht überzieht. Letztere besteht vorwiegend aus Beggiatoa, ferner aus einem schlauchartigen anderen chlorophyllosen Fadenpilz und verschiedenen Diatomeen (Melosira, Ulothrix etc).

Zur Veranschaulichung, in welcher Weise mitunter Bäche oder Flüsse durch diese Abwässer verunreinigt werden können, mögen folgende Untersuchungen dienen:

1. Der Forellenbach bei Hillegossen nimmt das Abwasser einer Papierfabrik auf, welche Lumpen und Holzcellulose verarbeitet; das Wasser desselben ergab nach einer im December 1881 ausgeführten Untersuchung folgenden Gehalt für 1 l vor und nach der Aufnahme dieser Abgänge, wobei zu bemerken ist, dass eine Reinigung des Abwassers nicht statt hatte:

Forellenbachwasser	Schwebestoffe		Gelöste Stoffe				
	Organische mg	Unorganische mg	Im ganzen mg	Organische mg	Kalk mg	Schwefelsäure mg	Chlor mg
1. Oberhalb der Fabrik	0	0	376,3	34,7	147,2	96,5	12,4
2. Unterhalb der Fabrik	69,6	95,2	553,7	178,5	151,6	119,5	15,9

2. Desgleichen hatte der Röhr-Fluss im Amte Hüsten durch Aufnahme eines Strohpapierfabrik-Abwassers im September 1884 folgenden Gehalt für 1 l:

Schwebestoffe		Gelöste Stoffe		Zur Oxydation der gelösten organischen Stoffe erforderlicher Sauerstoff
Organische mg	Unorganische mg	Gesammt mg	Organische mg	mg
308,4	371,2	621,6	241,6	108,8

3. Der North Esk in England zeigte nach einer Untersuchung der englischen Kommission vor und nach Aufnahme der Abwässer aus 8 Papierfabriken folgenden Gehalt für 1 l:

| Wasser aus | Schwebestoffe | | Gelöste Stoffe | | | | | | Härte |
	Organische mg	Unorganische mg	Gesammt mg	Organischer Kohlenstoff mg	Organischer Stickstoff mg	Ammoniak mg	Gesammt-Stickstoff mg	Chlor mg	
Dem North Esk .	—	2,8	139	4,43	0,5	0,03	0,53	10,9	7,1⁰
Demselben, nachdem er 8 Papierfabriken berührt hat . . .	117,2	52,0	198	10,81	1,01	0,03	1,04	18,9	9,5⁰

4. Ferner theilt H. Eulenberg[1]) folgenden Fall einer Fluss-Verunreinigung durch Abwasser einer Papierfabrik, die Stroh und Holz verarbeitete, mit. Das Abwasser floss frei in einen kleinen Bach, so dass alle Fische darin zu Grunde gingen. Die Untersuchung des Wassers ergab für 1 l:

Wasser	Chlor mg	Schwefelsäure mg	Kalk mg	Magnesia mg	Organische Stoffe mg
Oberhalb der Papierfabrik	24,81	Spuren	72,0	7,2	128,0
An der Fabrik	227,2	182,4	173,0	13,6	387,0
Unterhalb der Fabrik	347,8	31,6	103,04	13,6	5904,0

5. H. Fleck (1. c.) fand die Veränderung, welche das Mulde-Wasser durch die Aufnahme des Abwassers einer Strohstofffabrik erleidet, für 1 l wie folgt:

1. Mulde-Wasser vor der Strohstoff-Fabrik:

Organischer Substanz	15,4 mg
Schwefelsaures Calcium	27,2 „
„ Magnesium . . .	2,4 „
Salpetersaures „ . . .	3,4 „
Kohlensaures „ . . .	9,5 „
Kieselsaures „ . . .	8,0 „
Ammoniak	Spuren.

2. Mulde-Wasser hinter der Strohstoff-Fabrik:

Organische Substanz	57,0 mg
Schwefelsaures Calcium . . .	189,2 „
Kohlensaures „ . . .	48,8 „
Kohlensaures Magnesium . .	21,0 „
Salpetersaures „ . .	11,0 „
Kohlensaures Natrium	198,5 „
Kieselsaures Natrium	56,9 „
Chlornatrium	261,0 „
Kohlensaures Ammonium . .	41,9 „
	1455,0 mg

In den organischen Stoffen wurden 10,6 mg Stickstoff gefunden. Bei dem hohen Gehalt des Wassers an kohlensaurem Natrium war hier

---

[1]) Handbuch der Gewerbe-Hygiene. Berlin 1876, 534.

offenbar die Sodalauge als solche abgelassen. In einem andern Falle wurde für ein mit Abwasser von einer Papierstofffabrik verunreinigtes Flusswasser folgender Gehalt an gelösten Stoffen für 1 l gefunden:

Organische Substanz	71,2 mg
Schwefelsaures Calcium :	120,9 „
„ Eisenoxyd und Thonerde	12,5 „
„ Magnesium	11,2 „
Salpetersaures „	1,6 „
Chlormagnesium	7,8 „
Chlornatrium	22,1 „
Chlorkalium	10,6 „
	266,9 mg

Letzteres Wasser war durch blauen Farbstoff milchig getrübt; der Farbstoff lagerte sich nach eintägiger Ruhe vollständig ab; der Bodensatz betrug 10,907 g für 1 l und bestand aus 5,182 g weissem Thon (Kaolin), 5,509 g Lein-, Baumwoll- und Rohfaser, sowie aus 0,216 g Anilin-Violett.

6. Für die Verunreinigung der Aa bei Münster durch das Abwasser einer Strohpapierfabrik fand E. Haselhoff im Mittel von 4 Probenahmen für 1 l:

Wasser bezw. Abwasser	Schwebestoffe		Gelöste Stoffe						
	Organische mg	Unorganische mg	Organische mg	Unorganische mg	Zur Oxydation erforderlicher Sauerstoff in saurer Lösung mg	in alkalischer Lösung mg	Kalk mg	Schwefelsäure mg	Stickstoff mg
Aus der Fabrik . .	105,0	346,2	658,8	913,8	204,8	198,0	459,4	146,6	43,1
Aus der Aa { oberhalb des Zuflusses	6,2	16,2	101,8	377,5	7,5	6,5	137,5	77,4	4,8
unterhalb des Zuflusses	72,5	70,0	237,5	434,4	52,0	51,4	201,2	128,7	10,6

7. Andere Untersuchungen der hiesigen Versuchsstation über den Einfluss des Abwassers einer Cellulosefabrik auf ein Bachwasser hatten im Mittel von je 8 Analysen folgendes Ergebniss für 1 l:

Bachwasser	Schwebestoffe		Gelöste Stoffe				
	Organische mg	Unorganische mg	Unorganische mg	Zur Oxydation erforderl. Sauerstoff mg	Kalk mg	Magnesia mg	Schwefelsäure mg
Oberhalb der Fabrik	30,7	23,7	225,2	12,4	115,1	13,7	83,2
Unterhalb „ „	533,8	73,2	413,4	31,8	170,6	24,1	181,7

8. K. B. Lehmann[1]) findet für die Verunreinigung der Saale bei Hof durch die Abwässer einer Cellulosefabrik im Mittel von 8 Analysen folgende Zahlen für 1 l:

Saalewasser	Gesammt-Abdampf-rückstand mg	Organische Stoffe mg	Unorganische Stoffe mg	Sauerstoff-verbrauch mg
Oberhalb der Fabrik	84,5	32,4	52,1	5,7
400 m unterhalb der Fabrik .	91,9	37,7	54,2	13,1

Man sieht daraus, dass die Papierfabriken unter Umständen die Bäche und Flüsse in hohem Grade verunreinigen können und geben thatsächlich auch diese Art faulige bezw. fäulnissfähige Abfallwässer recht häufig Veranlassung zu Beschwerden.

Was die schädliche Wirkung der organischen Bestandtheile der Papierfabrikabwässer nach verschiedenen Seiten hin anbelangt, so verweise ich auf das, was ich darüber bereits S. 31—38 gesagt habe.

Ich habe wiederholt zu beobachten Gelegenheit gehabt, dass in Bächen und Flüssen, welche diese Abwässer aufnehmen, in der wärmeren Jahreszeit, wenn durch eine höhere Temperatur des Wassers der Fäulnissvorgang begünstigt wird, die Fische mit einem Male an einem Tage zu Grunde gehen und das Wasser alsdann einen sehr starken üblen Geruch verbreitet. Wenn die Abwässer neben den organischen Stoffen auch noch gleichzeitig Alkalilaugen, Salzsäure, unterchlorige Säure oder schweflige Säure enthalten, so nehmen sie dadurch noch eine weitere schädliche Beschaffenheit an; denn dass diese Bestandtheile selbst in geringen Mengen Pflanzen und Thieren direkt schaden, bedarf kaum der Erwähnung.

Ueber die Schädlichkeit von Chlorkalk und schwefliger Säure für Fische hat L. Weigelt[2]) folgende Beobachtungen gemacht:

Als Versuchsfische dienten Forellen und Schleien, in einem Falle ein kleiner Lachs; die Temperatur schwankte von 6—14°. Bei den Versuchen mit Chlorkalk erwies sich ein Gehalt von 0,005 g Chlor in 1 l für Schleien von tödtlicher Wirkung, während für Forellen und Lachse schon ein Gehalt von 0,0008 g in 1 l schädlich war.

Schweflige Säure wirkte nicht minder giftig als Chlor, indem schon ein Gehalt von 0,0005 g schwefliger Säure (SO_2) in 1 l bei einer grossen Forelle nach 3 Minuten Seitenlage hervorrief; da die schweflige Säure in dem Calciumkarbonat enthaltenden Wasser in schwefligsaures Calcium über-

---

[1]) K. B. Lehmann: Die Verunreinigung der Saale bei Hof. Hof 1895, 176.
[2]) Arch. f. Hygiene 1885, **3**, 39. Ueber die Art der Ausführung dieser Versuche siehe S. 33 Anm.

gegangen war und diese stark giftige Wirkung nur nach Ansäuern des Wassers eintrat, so folgt daraus, dass die schwefligsauren Salze jedenfalls wesentlich unschädlicher sind, als die freien Säuren.

3. *Reinigung.*

Ein Erlass des Ministers für Handel und Gewerbe in Preussen vom 15. Mai 1895 betr. Genehmigung gewerblicher Anlagen schreibt für die Abwässer von Strohpapierfabriken Folgendes vor:

„Die natronhaltigen Laugen sind in der Regel durch Eindampfen unschädlich zu machen. Nur in besonders günstigen Fällen wird das Einleiten in grosse Flussläufe oder das Versenken gestattet werden können. Alle übrigen Abwässer sind, wenn sie in öffentliche Gewässer geleitet werden sollen, vorher zu neutralisiren und vollständig zu klären. Enthalten solche Abwässer so bedeutende Mengen organischer Stoffe gelöst, dass ihre Ableitung in öffentliche Gewässer oder ihre Versenkung Bedenken erregt, so ist die thunlichste Ausfällung der gelösten organischen Stoffe durch chemische Mittel und eine nachfolgende Klärung anzuordnen oder es sind diese Abwässer durch Eindampfen oder Berieselung zu beseitigen.

a) Reinigung der Alkalilauge.

Die bei der Papierfabrikation benutzte Alkalilauge, wozu man meistens Natronlauge nimmt, lässt sich in der Weise wieder nutzbar machen, dass man dieselbe womöglich noch unter Zusatz von organischen Stoffen (z. B. Sägemehl) zu einem Teig anrührt und dann in Retorten calcinirt; die dabei entweichenden Gase können zur Beleuchtung oder Feuerung dienen, während der Rückstand in der Retorte in üblicher Weise auf Aetzalkali verarbeitet wird.

Ueber die Möglichkeit dieser Ausführung liegen verschiedene Mittheilungen[1]) von der Strohstofffabrik in Lucka wie auch in Dresden vor. Die Strohstofffabrik in Lucka gewinnt auf diese Weise für die Fabrikation wieder 80 $^0/_0$ nutzbare Lauge zurück und hat, wie berichtet wird, das Anlagekapital von 15 000 Mark nicht nur schnell wieder verdient, sondern auch noch Ueberschüsse erzielt. In derselben Weise berichtet E. Reichardt[2]) über günstige Erfolge der Wiedergewinnung von Natronlauge bei anderen Fabriken, die für den Zweck ein Anlagekapital von 10 000 Mark aufwenden mussten, dadurch aber sogar Vortheile erzielten.

Ueber die Art und Weise, wie in England die verbrauchte Natronlauge wiedergewonnen wird, vergleiche weiter unter S. 303.

Um aus den verbrauchten Laugen einen geeigneten Dünger zu erzielen, hat man auch vorgeschlagen, statt Natronlauge oder Soda Ammoniak bezw. Potasche anzuwenden, jedoch weiss ich nicht, ob diese Vorschläge irgendwie zur Ausführung gelangt sind.

---

[1]) Hannover'sche land- und forstwirthschaftl. Zeitung 1884, **37**, 393.
[2]) Chem.-Ztg. 1884, **8**, 1513.

b) Reinigung durch Schuhricht's Stofffänger.

Zur Entfernung der in den Abwässern enthaltenen organischen Schwebestoffe sind verschiedene Verfahren in Vorschlag gebracht und müssen sich dieselben ohne Zweifel ganz nach der Art der Fabrikation richten. Das Abwasser aus Holzpapierfabriken ist z. B. viel flockiger, d. h. enthält viel gröbere Schwebestoffe und lässt sich daher weit leichter reinigen als das von Stroh- und Lumpenpapierfabriken. Bei dem Abwasser aus Holzpapierfabriken lässt sich ohne Zweifel die Reinigung durchweg durch einfache mechanische Ausscheidung der unreinen Bestandtheile erreichen. Verfasser hatte Gelegenheit, das Verfahren von E. Schuhricht in Siebenlehn in seiner Wirksamkeit zu beobachten. Zur Erläuterung des Verfahrens möge die Zeichnung und folgende Beschreibung dienen:

Die Grundlage dieser Erfindung bildet eine Abscheidung der im Wasser schwebenden Theilchen unter Wasser auf einem durchlässigen Boden (hier aus Metallgewebe bestehend), der dem Wasser den Durchgang gestattet, aber die daraus abgelagerten Stoffe zurückhält, so dass diese im unvermischten Zustande von der Bodenfläche abgenommen werden können, nachdem das überschüssige Wasser abgelaufen ist. Bei der Ablagerung verengen die im Wasser befindlichen Unreinheiten zunächst die Oeffnungen des Bodenkörpers und bilden gewissermassen eine Schicht Filtermasse, welche nur noch dem Wasser Durchgang gestattet, alle festen Theilchen aber zurückhält.

Damit diese Filtration unter beständigem Druck und stets aus einer ruhigen Wassermasse vor sich geht, wird während der Dauer derselben der über dem Filterboden stehende Wasserspiegel auf gleicher Höhe gehalten, welche durch einen Ueberfall bestimmt wird. — Das Wasser verlässt also den Apparat theils in filtrirtem Zustande durch den durchlässigen Boden, theils in geklärtem Zustande über dem Ueberfall am Ende des Apparates nach Zurücklegung eines langen Weges. —

Die abgeschiedenen festen Theilchen werden auf dem Filterboden durch den Druck des darüber stehenden Wassers festgehalten, so dass sie nicht von der Wasserströmung aufgewirbelt werden, ausserdem ist Sorge getragen, dass die Strömung im Filterbecken eine möglichst geringe ist. Die Grösse und besondere Einrichtung der Apparate richtet sich nach der Menge der zu reinigenden Abwässer und nach der Natur der in denselben enthaltenen Verunreinigungen. — Namentlich dienen die Apparate zur Reinigung der Abwässer der Papierfabriken.

Die Wirkungsweise und Einrichtung des Apparates (vgl. Fig. 13) ist im allgemeinen folgende:

Die zu reinigenden Abwässer durchfliessen zunächst einen sogen. Sandfang, welcher Sand und andere schwere Körper zurückhält. Der darauf folgende Raum hält leichte, auf dem Wasser schwimmende Theilchen zurück und zertheilt die zufliessenden Abwässer gleichmässig über die Oberfläche der Fangräume. Jeder Apparat besteht aus zwei gleich grossen Fangräumen, welche in der Mitte durch eine Scheidewand getrennt sind, so dass die Fangräume unabhängig von einander wirken können, daher der eine entwässert und vom Stoff befreit werden kann, während der andere arbeitet. Auf diese Weise lässt sich der Apparat in ununterbrochenem Betrieb zur Klärung beständig zufliessender Wassermengen verwenden.

Erfahrungsgemäss werden mit diesen Apparaten aus den Abwässern der Papierfabriken $75\,^0/_0$ bis $98\,^0/_0$ der darin schwebenden festen Stoffe gewonnen, selbst nachdem diese Abwässer bereits durch sich drehende Stofffänger gegangen sind, deren Trommeln mit feinmaschigerem Sieb, als es den Boden des Apparates bedeckt, bezogen sind.

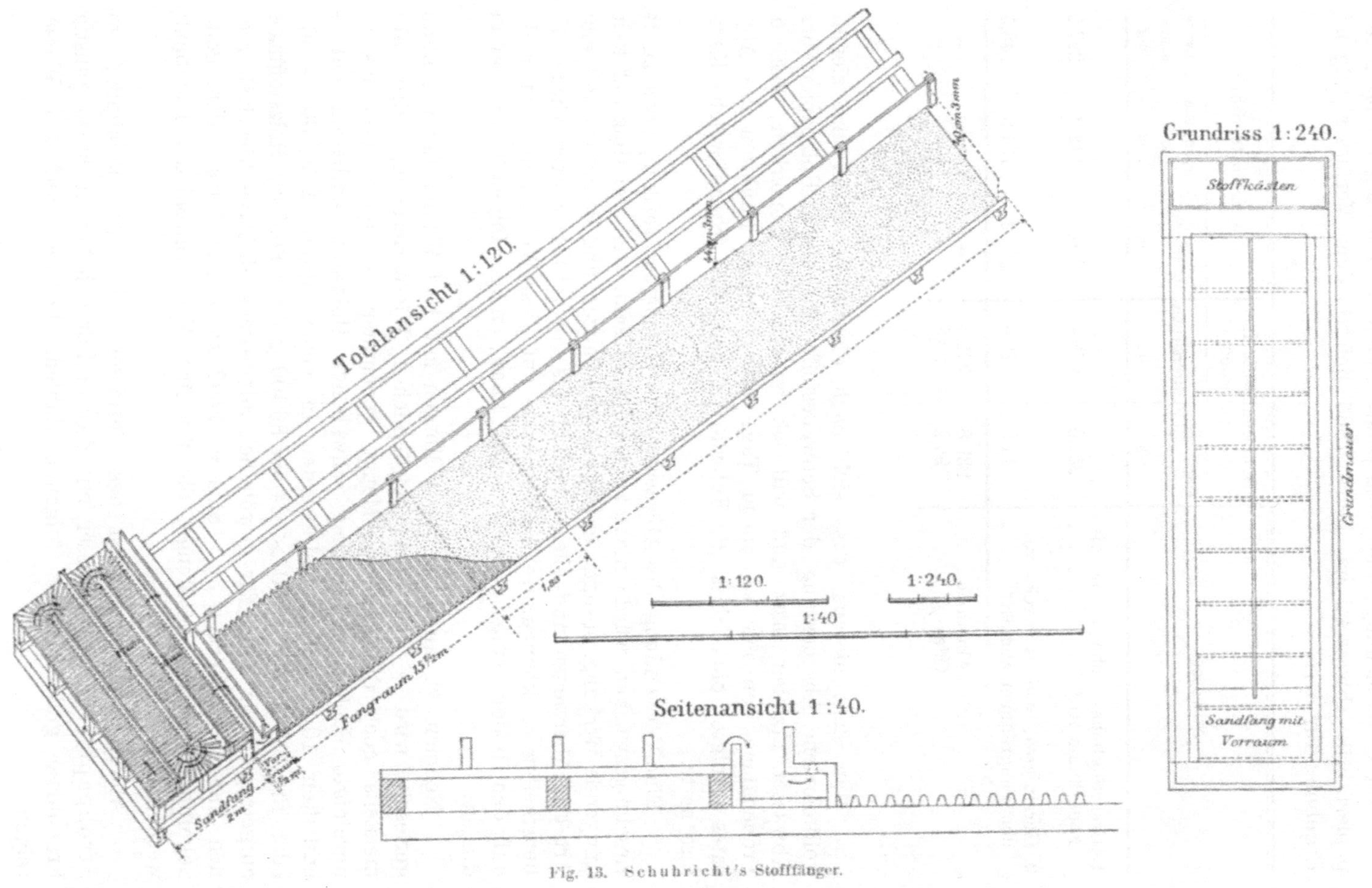

Fig. 13. Schuhricht's Stofffänger.

Die Untersuchung eines nach vorstehendem Verfahren gereinigten Ho
papierfabrik-Abwassers im Jahre 1883 lieferte dem Verfasser folgend
Ergebniss für 1 l:

Abwasser	Schlammstoffe in der Schwebe		Gelöste Stoffe		
	Organische Stoffe mg	Mineralstoffe mg	Im Ganzen mg	Organische Stoffe mg	Schwefe säure mg
1. Ursprüngliches, ehe es in die Fangräume tritt	251,6	265,4	620,4	112,2	227,0
2. Gereinigtes, wie es direkt von den Fangräumen abfliesst . . .	11,8	19,0	533,2	134,3	148,5
Abnahme . . .	239,8	246,4	—	—	—
Oder % . . .	95,2	92,8	—.	— ·	—

Man sieht hieraus, dass sich nach diesem Verfahren eine ziemli(
vollkommene Abscheidung der Schwebestoffe aus einem Holzpapierfabri
Abwasser erzielen lässt und will ich ausdrücklich bemerken, dass d
Probenahme von mir an einem Tage bei normaler Funktion des App
rates erfolgte, ohne dass die Fabrik von derselben irgend welche Kenn
niss hatte.

Eine Verwendung des Abwassers aus Holzpapierfabriken, etwa zu B
rieselungszwecken würde nicht zu empfehlen sein, weil der Holzstoff kein
düngende Wirkung besitzt, im Gegentheil Pflanzen und Boden wie mit eine
Art Filz überziehen und eher schädlich als vortheilhaft wirken würde. U1
beurtheilen zu können, welche Filzmasse auf diese Weise unter Umstände
auf den Boden aufgetragen werden kann, möge folgende Berechnun
dienen:

Nehmen wir an, dass für 1 Morgen mit 10 l Wasser für 1 Sekund
gerieselt wird — bei der gewöhnlichen Wiesenrieselung wird abe
meistens noch die dreifache Menge genommen — sowie, dass das ve
unreinigte Bachwasser 100 mg schwebende Holzstoffe enthalten soll, s
enthalten 10 l = 1 g und werden in einer Minute $1 \times 60 = 60$
oder für 1 Tag $60 \times 60 \times 24 = 86400$ g oder 86,4 kg Holzstoffmass
aufgetragen; da man für gewöhnlich mindestens 30 Tage Rieselzeit rech
nen kann, so würden $30 \times 86,4 = 2592$ kg Holzstoffmasse dem Bode
zugeführt werden, eine Menge, die für eine Wiese entschieden nachtheili
werden muss.

Andere Untersuchungen des Verfassers über die Reinigung vo
Strohpapierfabrik-Abwasser mit diesem Filter haben nicht so günstig
Ergebnisse geliefert, wie folgende Zahlen, bezogen auf 1 l Wasse
zeigen:

Abwasser	Schwebestoffe		Gelöste Stoffe			
	Organische	Un-organische	Organische	Un-organische	Zur Oxydation erforderlicher Sauerstoff in saurer Lösung	alkalischer Lösung
	mg	mg	mg	mg	mg	mg
Ungereinigt	797,5	97,5	762,5	535,2	480,0	272,0
Nach Austritt aus dem Filter .	649,0	132,5	795,0	503,5	320,0	216,0

Weitere Untersuchungen des Verfassers über Reinigung des Strohpapierabwassers durch Filterpressen ergaben im Mittel von 3 Analysen für 1 l Wasser:

Ungereinigt	707,6	1212,7	1336,4	787,0	662,9	562,1
Beim Austritt aus den Pressen	666,6	939,5	1309,8	800,6	650,7	555,7

c) Verfahren von Donkin.

Donkin hat für die Reinigung von Abwässern aus Papierfabriken (Banknotenpapier) den nachstehenden Apparat (Fig. 14) angegeben; derselbe besteht aus länglichen, trogartigen Behältern, die etagenförmig über einander stehen. Jeder Kasten ist in der Längsrichtung durch eine Scheidewand in 2 Theile getheilt in der Weise, dass zwischen dem Boden der Behälter und dieser Scheidewand unten eine Oeffnung bleibt; die eine innere Hälfte ist mit einem Drahtnetz überzogen, welches 50 Drähte auf einen Zoll (englisch)

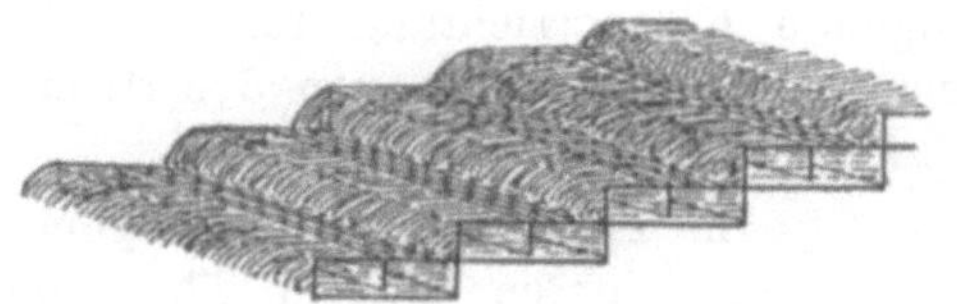

Fig. 14.

enthält. Das Abwasser fällt von einem Behälter in den anderen auf das Drahtnetz in einer Flächendicke von $^3/_4$ Zoll (englisch), in einer Höhe von 2 Fuss und mit einer Geschwindigkeit von ca. 11 Fuss (englisch) in der Sekunde. Das Abwasser tritt milchig durchscheinend auf die erste Etage; sowie es aber den zweiten Behälter erreicht hat, wird es trübe und setzt am Drahtnetz einen schwarzen Schlamm ab, der fortwährend entfernt werden muss, so gross ist angeblich die Menge der sich absetzenden Masse.

d) Reinigung durch einfache Klärung.

Untersuchungen des Verfassers über die Wirkung der einfachen Klärung bei Strohpapierfabrik- bezw. Strohpappenfabrik-Abwasser ergaben für 1 l:

Abwasser	Schwebestoffe		Gelöste Stoffe								
	Organische	Un- organische	Organische	Un- organische	Zur Oxydation erforderlicher Sauerstoff in saurer Lösung	in alka- lischer Lösung	Stickstoff	Kalk	Schwefel- säure	Kali	Chlor
	mg	mg	mg	mg	mg	mg	mg	mg	mg	mg	mg
a) Stroh- papierfabrik:											
1. Ungereinigt .	587,5	1368,5	894,0	1346,3	529,6	664,4	27,8	529,5	—	—	—
2. Geklärt . . .	255,8	661,8	421,0	967,3	525,5	636,0	15,9	590,0	—	—	—
b) Strohpap- penfabrik:											
1. Ungereinigt .	2454,5	254,0	5818,0	6806,0	1904,0	1800,0	138,1	2180,9	255,8	1353,8	1047,0
2. Geklärt . . .	860,4	71,6	4312,0	5420,0	1224,0	1096,0	90,0	1780,9	144,1	1104,8	852,0

Durch einfaches Absetzenlassen in Klärbecken wird daher aus dem Abwasser von Strohpapierfabriken nur ein kleiner Theil der organischen Stoffe entfernt. Gönnt man aber dem Abwasser in den Klärteichen so lange Ruhe, dass eine vollkommene Abscheidung erfolgt, so tritt mehr oder weniger starke Fäulniss ein, welche die Schädlichkeit der Abwässer, wenn sie nach der Klärung nicht etwa zur Berieselung benutzt werden, womöglich noch erhöht.

Nach einem Bericht des Aufsichtsbeamten für den Kreis Breslau-Liegnitz[1]) hat folgende Klärvorrichtung für die Holzstoff- und Papierfabrikation zur Reinigung der Abwässer von den Faserstoffen und zu deren Wiedergewinnung sich gut bewährt:

Das Abwasser tritt in einen mit steilwandigem Trichter nach unten zulaufenden und mit einer unten offenen Theilwand versehenen Klärbehälter von quadratischem Querschnitt, fliesst unter der Theilwand hindurch nach oben und aus demselben wenig tiefer als in der Eintrittsoberfläche wieder ab. Hierbei sinken die schweren Faserstoffe in den trichterförmigen Theil hinab und werden an der tiefsten Stelle desselben mittelst einer geeigneten Pumpe in dem Maasse, als sie sich absetzen, beständig zurückgepumpt. Die Grössen der Klärvorrichtung müssen so sein, dass der Strom die specifisch schweren Fasern nicht mehr bis zum Abflusse zu heben vermag. Der Trichter ist so steilwandig anzulegen, dass die Sinkstoffe nicht auf der Wandung liegen bleiben können.

Diese Einrichtung entspricht vollständig den Tiefbrunnen, die von anderer Seite mehrfach zur Klärung von Abwässern angewendet werden (vergl. I. Bd. S. 393 u. ff.).

---

[1]) Chem.-Ztg. 1891, **15**, 1816.

e) **Reinigung durch Nahnsen-Müller's Fällungsmittel.**

(F. A. Robert Müller & Co. in Schönebeck a. d. Elbe, vergl. I. Bd. S. 358 u. 393.)

Verfasser hatte Gelegenheit, die Wirkung des Nahnsen-Müller'schen Fällungsmittels festzustellen. Das Abwasser der Papierfabrik war stark schlammig und von bläulicher Farbe; das gereinigte Wasser dagegen klar und geruchlos bei alkalischer Reaktion. Die Untersuchung des ungereinigten und gereinigten Abwassers ergab für 1 l:

Abwasser	Schwebestoffe			Gelöste Stoffe			
	Un-organische mg	Or-ganische mg	In letzteren Stickstoff mg	Un-organische mg	Zur Oxy-dation er-forderlich. Sauerstoff mg	Or-ganischer Stickstoff mg	Kalk mg
Ungereinigt	232,5	515,5	31,4	310,0	112,0	12,6	155,0
Gereinigt	5,1	Spur	Spur	610,0	67,2	7,0	260,0

Durch dieses Verfahren lässt sich daher eine wesentliche Reinigung[1]) der Abwässer herbeiführen.

f) **Reinigung durch Zusatz von Kalk und durch einfache Klärung.**

E. Aubry Vilet berichtet über das Reinigungsverfahren der Abwässer einer Papierfabrik in Esonnes, welche ca. 10000 cbm Abwasser in einem Tage liefert und dieses wie folgt reinigt:

Das Wasser fliesst durch einen 20 m langen, 6 m breiten und 1 $1/_2$ m tiefen Kanal mit sehr geringer Geschwindigkeit, nämlich 1 mm in der Sekunde, in ein wasserdichtes Klärbecken. Längs des Kanals sind Behälter aufgestellt, aus welchen fortwährend Kalkmilch in das Wasser im Kanal tropft und dasselbe geruchlos macht. In dem Klärbecken verbleibt das Wasser ungefähr 8 Tage, nach welcher Zeit sich die festen Stoffe zu Boden gesetzt haben. Das klare Wasser wird alsdann abfliessen gelassen, der schlammige Bodensatz durch eine Klappe auf der Sohle des Klärbeckens in ein zweites, tiefer liegendes Klärbecken geleitet. Letzteres hat den Zweck, den Bodensatz trocken zu machen. Es besitzt wasserdichte Wände, hat einen sehr durchlassenden, mit Hammerschlag bedeckten Boden. Das Wasser zieht ab, nach einigen Tagen beginnt die trocknende Masse zu bersten und wird alsdann aus dem Behälter herausgeschafft. Der Schlamm besitzt ca. 75 $^0/_0$ Wasser, nach einige Monate langem Liegen an der Luft enthält er nur noch 15—20 $^0/_0$ Wasser. Selbstverständlich sind für grosse Wassermassen mehrere Klärbecken nothwendig; 10000 cbm tägliches Abwasser erfordern ein Gelände von 2 ha. Die Anlagekosten für die Klärbecken betrugen 20 Frs. für den Quadratmeter, die täglichen Unkosten für den Arbeitslohn 20 Frs. und für Kalk 40—50 Frs. Der Kalkschlamm von 1 cbm Abwasser betrug 3—8 l, worin 11—15 g Stickstoff und 20—25 g phosphorsaurer Kalk enthalten waren.

---

[1]) Die Zunahme an Mineralstoffen bei dem gereinigten Wasser erklärt sich daraus, dass zur Reinigung bezw. Fällung ein Ueberschuss von Kalkmilch verwendet ist.

g) Reinigung durch Zusatz von Kalk und durch Filtration.

Vielfach pflegt man die Abwässer der Papierfabriken in der Weise zu reinigen, dass man ihnen, wie bei dem vorigen Verfahren, Kalkmilch zusetzt, in Klärteichen sich absetzen lässt, dann aber noch filtrirt oder zur Berieselung benutzt. Die engliche Kommission berichtet z. B. über das Ergebniss der Reinigung nach Behandlung mit Kalk und nach der Filtration; 1 l Wasser ergab:

Abwasser	Schwebestoffe		Gelöste Stoffe					
	Organische	Unorganische	Gesammt-Gehalt	Organischer Kohlenstoff	Organischer Stickstoff	Ammoniak	Stickstoff als Nitrate und Nitrite	Gesammt-Stickstoff
	mg	mg	mg	mg	mg	mg	mg	mg
Ungereinigt	31,8	28,2	4,33	45,18	2,88	5,12	2,30	9,40
Gereinigt	—	—	3,01	3,68	0,10	0,20	17,10	17,36

h) Reinigung durch Zusatz von Kalk und durch Berieselung.

Dass Abwässer aus Strohpapierfabriken sich unter Umständen vortheilhaft zur Berieselung benutzen lassen, ist bekannt; so berichtet Carl Drewsen,[1] dass auf einer Wiese von 15 Morgen der Heuertrag nach Einführung einer Berieselung mit Strohpapierfabrik-Abwasser in den Jahren 1871—1875 von 12 auf 37 Fuder und bei einer anderen Fläche von $48^1/_2$ Morgen in den Jahren 1876—1878 von 42 auf 46 Fuder in 1 Jahre stieg. Auch eine Strohpapierfabrik bei Münster benutzte früher das Abwasser nach Klärung in Klärteichen zur Berieselung und habe ich Veranlassung genommen, die Art und Weise der Reinigung nach diesem Verfahren durch 4 Probenahmen zu verfolgen.

Das Fabrikabwasser (ca. 300 cbm für den Tag) gelangte erst unter fast regelmässigem Zusatz von Kalkwasser in eine grössere Reihe Klärteiche, in denen sich ein grosser Theil der schwebenden Strohtheilchen abschied,[2] von den Klärteichen floss das Wasser beständig über eine Wiese von $^2/_3$ ha.

An den Tagen der nachstehenden Probenahmen betrug der Ueberfall in einer 10 cm breiten Oeffnung 8,5 cm Höhe = 4,4 l in der Sekunde.

1. Probenahme am 30. Mai 1883, nachmittags $4—5^1/_2$ Uhr: Himmel bedeckt und still; mittlere Tagestemperatur 17,8° C.

2. Probenahme am 1. Juni 1883, nachmittags $3—4^1/_2$ Uhr: sonniges und ruhiges Wetter; mittlere Tagestemperatur 20,2° C.

3. Probenahme am 26. Juni 1884 bei heiterem Wetter und 15,9° C. mittlerer Tagestemperatur.

4. Probenahme am 17. Juli 1884 bei trübem Wetter und 20,4° C. mittlerer Tagestemperatur.

---

[1] Hannoversche land- u. forstw. Zeitung 1881, **34**, 465.

[2] d. h. die schwebenden Strohtheilchen wurden durch die eintretende Fäulniss theils als schaumige Masse in die Höhe geworfen und dann abgeschöpft, theils schlugen sie sich mit dem sich unlöslich abscheidenden kohlensauren Kalk nieder.

Im Mittel[1]) dieser zu verschiedenen Zeiten entnommenen Proben wurde für 1 l gefunden:

Bestandtheile	a. Direkt aus der Strohpapier-Fabrik abfliessendes Wasser	b. Aus den Klärteichen abfliessendes Wasser, auffliess. für die Wiese	c. Von der Wiese abfliessend	Ab-(—) oder Zunahme(+) des ursprünglichen Gehaltes				
				Im Ganzen		Oder in Procent		
				In den Klärteichen	Auf der Wiese	In den Klärteichen	Auf der Wiese	Insgesammt
	mg	mg	mg	mg	mg	%	%	%
Schlammstoffe in der Schwebe	1464,4	975,5	611,0	— 488,9	— 364,5	— 34,4	— 24,9	— 59,3
Zur Oxydation der gelösten organischen Stoffe erforderlicher Sauerstoff . .	1133,6	676,5	433,5	— 457,1	— 243,0	— 40,3	— 21,4	— 61,7
Sauerstoff . . . . . ccm	4,2	2,0	2,8	— 2,2	+ 0,8	— 52,4	+ 19,0	— 33,4
Kohlensäure . . . . . mg	124,9	443,8	582,0	+318,9	+138,2	+255,3	+110,1	+335,4
Kalk . . . . "	972,8	728,5	649,8	— 244,2	— 79,7	— 25,1	— 8,2	— 33,3
Kali . . . . "	92,9	113,0	109,1	+ 20,1	— 3,9	+ 21,6	— 4,2	+ 17,4
Salpetersäure . . . . "	31,8	16,6	12,4	— 15,2	— 4,2	— 47,7	— 13,2	— 60,9
Stickstoff in Form von Ammoniak . . . . "	3,5	2,6	2,9	— 0,9	+ 0,3	— 25,7	+ 8,6	— 17,1
Organisch gebundener Stickstoff . . . . . "	79,3	53,6	36,2	— 25,7	— 17,4	— 32,4	— 21,9	— 54,3
Phosphorsäure . . . . "	9,4	1,6	1,4	— 7,8	— 0,2	— 82,9	— 2,1	— 85,0

Die vorstehenden Zahlen können zwar nicht als völlig genaue angesehen werden, weil das Fabrikabwasser nicht mit beständig gleicher Zusammensetzung abfloss, daher die Proben für das aus den Klärteichen und von der Wiese abfliessende Wasser nicht ganz der jedesmal entnommenen Probe des direkt abfliessenden Fabrikabwassers entsprochen haben werden, indess wird dieser Fehler theilweise dadurch ausgeglichen, dass das Wasser durch längeres Verweilen in den Klärteichen eine gleichmässigere Mischung erfuhr und gewähren die Durchschnittszahlen der 4 Probenahmen wenigstens hinreichend sichere Anhaltspunkte, um die Art und Weise dieser Reinigung beurtheilen zu können.

Hiernach nehmen die Schwebe- und gelösten organischen Stoffe, sowie der organisch gebundene Stickstoff in den Klärteichen um ca. $^1/_3$ ab; auf der Wiese findet noch eine weitere Abnahme von ca. $^1/_4$ derselben statt, so dass im ganzen ca. 60% derselben entfernt werden.

Infolge der in den Klärteichen eintretenden Fäulniss erfährt der Sauerstoff des Wassers naturgemäss eine Abnahme, während die Kohlensäure erheblich zunimmt; die Kohlensäure-Bildung durch Oxydation der organischen Stoffe schreitet auf der Wiese weiter vorwärts, gleichzeitig aber nimmt durch die Berieselung der Sauerstoffgehalt des Wassers wieder zu.

---

[1]) Ueber die in den einzelnen Untersuchungsreihen erhaltenen Ergebnisse vergl. landw. Jahrbücher 1885, **14**, 234.

Der zugesetzte Kalk schlägt sich zu durchschnittlich $25\,^0/_0$ in den Klärteichen nieder, $10\,^0/_0$ desselben werden noch auf der Wiese abgelagert. Die Zunahme des Kalis in den Klärteichen muss darauf zurückgeführt werden, dass sich während der Fäulniss aus den in den Klärteichen abscheidenden, Strohtheilchen Kali löst. Die durchschnittliche schwache Abnahme an Ammoniak in den Klärteichen beruht ohne Zweifel auf einer Verflüchtigung infolge des zugesetzten Kalkes, die auf der Wiese wieder eintretende schwache Zunahme auf der weiteren Umsetzung der organischen Stickstoffverbindungen. Dass die Salpetersäure eine Abnahme erfährt, steht im Einklang mit der bei der Fäulniss auftretenden Nitritbildung. Ebenso kann die fast vollständige Abscheidung der Phosphorsäure infolge des zugesetzten Kalkes nicht anders als erwartet werden.

Man sieht hieraus, dass ein Strohpapierfabrik-Abwasser nach vorstehendem Verfahren wesentlich gereinigt werden kann. Wenn man aber die absoluten Mengen in Betracht zieht, so bleiben in diesem Falle noch sehr grosse Massen Fäulnissstoffe in dem gereinigten Abwasser und ist einleuchtend, dass letzteres ein Bachwasser, wenn dessen Wassermenge nur eine geringe ist, noch in nicht geringem Masse zu verunreinigen imstande ist.

Selbstverständlich hat auch die reinigende Wirkung eines Bodens (vergl. I. Bd. S. 275) ihre Grenze.

Der schon längere Zeit mit vorstehendem Abwasser berieselte Wiesenboden der Strohpapierfabrik in Münster war in seiner obersten Krume ganz schlammig und moorig infolge der grossen Menge aufgerieselter organischer Stoffe geworden; so ergab derselbe gegenüber Boden von nicht berieselten Stellen der Wiese bis zu einer Tiefe von 25 cm auf wasserfreie Substanz berechnet:

	Berieselter Boden	Nichtberieselter Boden
Humus	$11{,}18\,^0/_0$	$5{,}36\,^0/_0$

Die organischen Stoffe (Humus) in dem berieselten Boden hatten daher bereits um das Doppelte zugenommen und ist einleuchtend, dass bei fortwährendem Aufleiten des Abwassers, wenn die Bodenfläche im Verhältniss zu dem Abwasser wie hier zu gering ist, schliesslich ein Zeitpunkt eintreten muss, wo der Boden von den Fäulnissstoffen nichts mehr aufnimmt, sondern vielmehr noch solche an das Rieselwasser abgeben muss.

Der in den Klärteichen abgeschiedene Schlamm ergab folgenden Gehalt:

In 100 Theilen Schlamm:	Kali	Phosphorsäure	Stickstoff
	$0{,}033\,^0/_0$	$0{,}047\,^0/_0$	$0{,}048\,^0/_0$

A. Petermann[1]) fand für die Rückstände aus Papierfabriken folgende procentige Zusammensetzung:

---

[1]) Ann. agronom. 1882, 135.

Rückstand	Wasser %/₀	Organische Stoffe %/₀	Organischer Stickstoff %/₀	Phosphorsäure %/₀	Kali %/₀	Kalk %/₀
1. Vor der Laugenbereitung . . .	52,29	13,26	0,26	0,15	0,96	—
2. Desgleichen	46,57	8,22	—	—	0,16	16,10
3. Absätze der Lumpenwäsche . .	13,92	38,08	0,70	1,68	0,34	21,68
4. Desgleichen	4,63	4,75	0,47	0,41	0,49	—

Derartige Abfälle können entweder direkt zur Düngung oder zur Kompostbereitung benutzt werden.

i) Reinigungsverfahren in englischen Fabriken.

Ueber Reinigungsverfahren einiger Strohpapierfabriken in England hat G. Wolff in einem Bericht: „Ueber die in England und Schottland besichtigten Anlagen zur Reinigung gewerblicher und städtischer Abwässer"[1]) sehr eingehende Mittheilungen gemacht, aus denen ich das von der Fabrik James Brown & Comp., Esk Mills, befolgte Verfahren hier ausführlich wiedergeben will.

Die Fabrikation erstreckt sich auf wöchentlich 60 t Schreib- und Buchdruckpapiere. Als Rohstoff dienen Hadern (etwa $15\,^0/_0$) und Esparto (etwa $85\,^0/_0$). Beschäftigt sind ca. 400 Arbeiter.

Im Jahre 1870 wurden mit einem Arbeiterbestand von 250 Personen aus 351 t Lumpen und 2121 t Esparto 1480 t Papier erzeugt. Die Ausbeute betrug etwa $60\,^0/_0$, während $26\,^0/_0$ des Rohstoffes nebst erheblichen Mengen von Chemikalien in den Abwässern dem Flusse zugeführt und etwa $14\,^0/_0$ des Rohstoffes theils in Form von Staub und Schlamm gewonnen, theils beim Calciniren der gebrauchten Natronlauge verbrannt wurden. Damals war schon mit den Einrichtungen für die Reinhaltung des Flusses begonnen worden. Die uneingeschränkte Erzeugung der Abwässer stand aber dem Zwecke im Wege. Es mussten täglich 2340 cbm derselben verarbeitet werden, und es gelang mittelst eines Stromgerinnes von im ganzen 4680 qm Grundfläche und 204 m Lauflänge bei theils 15, theils 30 m Strombreite, die genannte Menge so weit zu reinigen, dass die Abläufe für 1 l 800—940 mg gelöster und 93,6 mg Schwebestoffe, unter ersteren 75,5 mg organischen Kohlenstoff, 11,43 mg organischen Stickstoff und 1,25 mg Ammoniak enthielten; die Stromgeschwindigkeit im Endgerinne mag dabei etwa 10 mm betragen haben. Die Gerinne mussten, weil sich grosse Schlammmengen absetzten, häufig gereinigt werden; das Verfahren wurde dadurch theuer.

Mit Uebergehung des früheren Fabrikationsganges geschah das Kochen damals in stehenden Kesseln von 3—4 m Höhe und 2—3 m Durchmesser unter einem Druck von $^1/_4$—3 Atmosphären mit Natronlauge, deren Gehaltsmenge je nach dem Zwecke wechselt. Um die Kochbrühen vom Esparto thunlichst zu sondern, wird letzteres in hydraulischen Pressen von etwa 1 cbm Fassungsraum scharf ausgepresst. Es gelangt dann in Auslaugekästen, welche nach Art des Shauk-Systems betrieben und nicht mit frischem Wasser, sondern mit erwärmten Brühen der Mahlholländer beschickt werden; die entstehenden Auslaugebrühen werden wieder in der Kocherei und zur Herstellung neuer Natronlauge benutzt. Sie werden (90 cbm für den Tag) in Porion-Oefen mit

---

¹) Eulenberg's Vierteljahresbericht für gerichtl. Med. u. öffentl. Sanitätswesen. N. F. **39**, 1 u. 2.

einem Kohlenaufwand von 8 t für den Tag (die Kohlen kosten 3,5 Sch. für den Tag)
verdampft und ergeben monatlich 85 t Natronhydrat; behufs rascheren Verdampfens und
Garschmelzens wird in die Masse auf dem Flammofenherd heisse Luft eingeblasen. Aus
den Auslaugekästen gelangt das Esparto in die Holländer. Dabei ist zu bemerken, dass
die Mahlwässer in die Auslaugerei gehen. Gewaschen wird der Stoff nur 2—3, im
Höchstfalle 5—9 Minuten, und zwar stets mit den säuerlichen Abwässern der Bleichholländer; die Waschwässer gehen ins Gerinne. Bevor der Stoff in die Bleichholländer
kommt, wird er scharf ausgepresst, ebenso wenn er diese verlässt. Dadurch ist einerseits ein geringerer Wasserverbrauch beim Waschen, wie ein geringerer Verbrauch und
eine völlige Ausnutzung des Chlorkalks erreicht und andererseits die Anwendung von
Antichlor unnöthig geworden. Die Abwässer der Bleichholländer machen etwa 5 cbm
für 1 t Esparto aus; sie gehen, soweit sie zum Waschen des Mahlstoffes nicht nöthig
sind, direkt ins Gerinne; die Waschwässer vom gebleichten Stoffe werden grossentheils
zur Herstellung frischer Bleichlaugen benutzt, der Rest geht ins Gerinne. Um über die
zur Wiederbenutzung bestimmten Abwässer bequem verfügen zu können, werden sie
in Hochbehälter gehoben, welche mit den Verbrauchsstellen durch ein Rohrnetz in

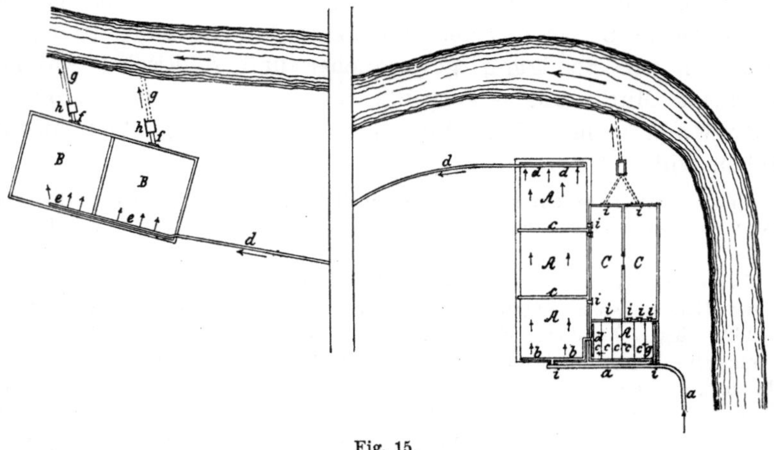

Fig. 15.

Verbindung stehen. Die Abwässer jeder Papiermaschine werden, so lange dieselbe Sorte
erzeugt wird, wiederholt benutzt, d. h. aufgebracht und nur beim Wechsel von Farben
ins Gerinne geleitet. Alle Nassarbeitsräume sind drainirt, so dass Schlabber- und Spülwasser einem gemeinschaftlichen Sammelschacht zufliessen, aus welchem sie ins Gerinne
gehoben werden.

Die Abwässer betragen 680 cbm in 24 Stunden. Zu ihrer Bereitung ist ein Stromgerinne (Fig. 15) vorhanden, dessen sechs erste Abtheilungen bei 15 m Breite eine Länge
von je 4 m haben und durch feste Zwischenwände von einander geschieden sind. Die
nächsten drei Abtheilungen haben 24 m Breite und je 1,3 m Länge. Alle einzelnen
Abtheilungen haben eine Wassertiefe von 1,3 m, und ihre Zwischenwände nehmen strom-
abwärts um je 10—15 m an Höhe ab. Der Einlauf und Austritt des Wassers erfolgt
stets über die ganze Breite der Abtheilungen; dabei sind die Leitgerinne so vertheilt,
dass jede Abtheilung, wenn nöthig, ausgeschaltet werden kann. Die mittlere Geschwindigkeit des Wassers berechnet sich für die schmäleren Stromgerinne auf 0,5 mm,
für die breiteren auf 0,3 mm in der Sekunde. Eine erhebliche Ausscheidung von
Schlamm findet nur in den ersten drei Abtheilungen statt, derart, dass No. 1 wöchentlich, No. 2 monatlich, No. 3 halbjährlich und die übrigen nur alle 2—3 Jahre gereinigt
werden müssen; dabei werden in einer Woche durchschnittlich 650 kg Schlamm (Trocken-
gewicht) = 1,08 % der Papiererzeugung gewonnen, welche nass einen Raum von 4 bis

5 cbm erfüllen und weniger als $5\,^0/_0$ Faser enthalten. Der Schlamm wird aus den Stromgerinnen dadurch entfernt, dass nach Umstellung der Leitgerinne die Schleusen i wenig gezogen und der Inhalt der Gerinne theilweise oder ganz in die Schlammfilter C abgelassen wird. Die Schlammfilter, deren Einrichtung aus Fig. 17 *(B)* ersichtlich ist, bezwecken einerseits ein rasches Trocknen des Schlammes und andererseits eine völlige Klärung, Oxydation und Durchlüftung des abfliessenden Schlammwassers. Beide Zwecke werden vollständig erreicht dadurch, dass die drainirte Sohle und die Gerölle- und Grobaschenschicht der Filter stets mit Luft erfüllt und die obere, aus feiner Kesselasche bestehende Filterschicht dicht genug ist, um schwebende Theilchen zurückzuhalten. Zwei bis drei Tage nach dem Einlassen des Schlammes in das Filter ist derselbe so weit abgetrocknet, dass er plastisch geworden ist und sich mit Leichtigkeit ausheben und abfahren lässt; beim Ausheben des Schlammes bleibt ein Weniges der Filterschicht an ihnen haften, und es bedarf dann einer leichten Ueberstreuung der Filteroberfläche mit Feinasche, um sie wieder in brauchbaren Zustand zu versetzen. Es steht aber auch nichts im Wege, dass, wie in Esk Mills, diese Filter drei Wochen

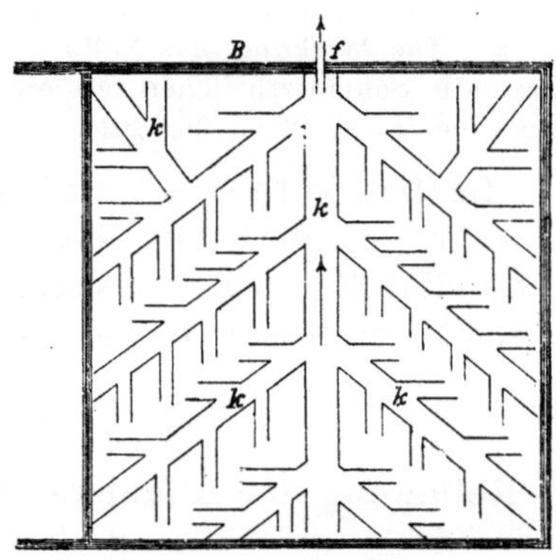

Fig. 16.

hinter einander mit Schlamm beschickt und erst in der vierten Woche gereinigt werden. Die Abläufe aus der 9. Abtheilung des Stromgerinnes erscheinen schon wasserklar; nichtsdestoweniger werden sie noch in die Filter B (Schnitt in Fig. 17 und Projektion der drainirten Sohle in Fig. 16) geleitet und gelangen, nachdem sie diese durchlaufen haben,

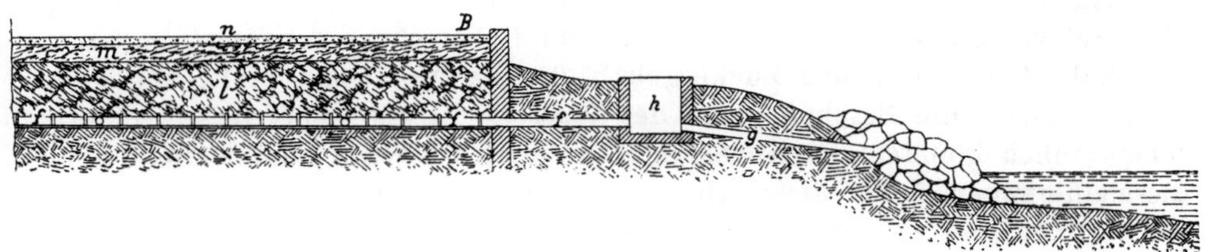

Fig. 17.

durch das Rohr g in den Fluss. Sie enthalten dann in 100 000 Theilen 4—5 Theile schwebender und 120—130 Theile gelöster Feststoffe, wovon etwa 15—20 Theile verbrennbar sind; eine Färbung hat G. Wolff in dem Abwasser nicht mehr wahrgenommen, und sein Geschmack glich dem einer sehr stark verdünnten Chlorcalciumlösung.

Die Filter werden abwechselnd benutzt, um einer steten Durchlüftung derselben sicher zu sein; sie arbeiten schon seit Jahren, ohne einer Nachhilfe zu bedürfen.

Aehnliche Einrichtungen hatten andere englische Fabriken. Die Fabrik von **Alexander Cowan & Comp.** in Pennecuick, deren Leistung doppelt so gross war, als die der ersten Fabrik, verdampfte die Laugen zur Wiedergewinnung des Natrons in Porionöfen, bei welchen zwischen Regenkammer und Flammherd eine Rauchverbrennungskammer von 5 m Länge und 2 m Höhe eingeschaltet war; die Papiermaschinenwässer wurden nicht wieder benutzt, sondern gingen, nachdem sie ein etwa 0,5 m breites, 0,5 m tiefes und 100 m langes Vorgerinne durchlaufen und dort ihre werthvolleren Bestandtheile abgesetzt hatten, zur Fällungsanlage des Hauptgerinnes. Der Schlamm aus diesem Vorgerinne wurde in mit Leinen ausgeschlagene Bottiche gekehrt, welche mit einer Saugpumpe in Verbindung standen, die dem Schlamm den grössten Theil seines Wassergehaltes sehr rasch entzog, wonach er auf grössere Deckplatten von Feuerungskanälen völlig getrocknet und in Ziegelform zu guten Preisen verkauft wurde.

Ferner wurden die Abwässer mit einer Lösung von Eisenchlorid und mit Kalkmilch versetzt, durch ein Flügelrad in einem engen Kanal gut durchgemischt und dann ins Hauptgerinne abgelassen. Der Zusatz von Eisenchlorid und Kalkmilch geschah mittelst stellbarer Schöpfrädchen, in ähnlicher Weise wie bei dem bekannten Melchior Nolden'schen Apparat. Als Fällungskalk wurden die Rückstände der Chlorkalklaugerei benutzt. Die Wirkung des Fällungsmittels war eine gute, da das gefällte Eisenoxydhydrat alle Schmutztheilchen fest einschloss, sich im Gerinne leicht ablagerte und auch einen erheblichen Theil der gelösten, färbenden Stoffe mit niederschlug.

Im Bezirk Dresden wird das Eindampfen sämmtlicher Laugen- und Abwässer gefordert. Im Bezirk Leipzig werden die Laugenwässer einer Strohstofffabrik nach dem Verfahren von J. Schwager in Berlin behandelt, wobei die im Wasser enthaltene Soda wiedergewonnen wird.

k) Reinigung der Abgänge von der Fabrikation der Sulfit-Cellulose.

Diese Abgänge sind, wie oben gezeigt, durch einen Gehalt an freier schwefliger Säure und saurem schwefligsaurem Kalk, ferner durch grössere Mengen organischer Stoffe ausgezeichnet. Die Bestandtheile ersterer Art hat man durch Zusatz von Kalkmilch unschädlich zu machen gesucht, indem so schwerlösliches Calciummonosulfit erhalten wird. Hierdurch kann aber eine genügende Reinigung nicht erzielt werden, weil einerseits das Monosulfit nicht ganz unlöslich ist, andererseits die praktische Ausführung ihre Schwierigkeiten hat, indem z. B. ein Ueberschuss von angewendetem Aetzkalk bei dem hohen Zuckergehalt der Laugen leicht in Lösung geht und dadurch die Beschaffenheit des Wassers wieder sehr verschlechtert. Thatsächlich konnten bei Anwendung dieses Verfahrens Beschwerden über Beschädigungen durch diese Abgänge nicht abgestellt werden.

H. Wichelhaus[1]) gründet zwar auch ein Reinigungsverfahren der Sulfitlaugen auf den Zusatz von Kalk, setzt aber dabei eine starke Verdünnung der abfliessenden Wässer voraus. Bezüglich der vorhandenen organischen Stoffe ist er der Ansicht, dass sie sich leicht oxydiren, und um ihre Oxydation zu erreichen, will er sie einige Zeit in genügend grossen Klärteichen der Wirkung der Luft aussetzen. Die Vorschrift von H. Wichelhaus lautet wie folgt:

Die Kocherlaugen oder die vereinigten Kocher- und Waschlaugen sind mit Aetzkalk zu behandeln, sodass sie beinahe, aber nicht ganz neutral werden. Der letzte Rest von Säure ist durch langsame Behandlung mit Kalkstein zu entfernen, während die Luft Zutritt hat. Um letzteren Vorgang zu regeln, sind undurchlässige Sammelteiche anzulegen, welche das 14fache der täglich entstehenden Menge von Kocherlaugen fassen und aus denen nur am oberen Rande Wasser abgelassen wird. Das Ablassen darf

---

[1]) Chem. Industrie 1895, No. 3.

erfolgen, wenn völlige Neutralität und Ruhe der Flüssigkeit eingetreten ist, jedoch nur in Wasserläufe, welche mindestens eine 500 fache Verdünnung der jedesmaligen Abflüsse bewirken.

H. Spindler[1]) hat Gelegenheit gehabt, das von H. Wichelhaus vorgeschlagene Verfahren im grossen zu prüfen. Die Untersuchungen ergaben für 1 l:

Abwasser	Reaktion	Farbe	Geruch.	Oxydirbarkeit, Verbrauch an $KMnO_2$ g	Abdampf-rückstand Organischer g	Unorganischer g
1. Nach Durchlaufen eines Fasernfängers und nach Neutralisation mit Kalkmilch	neutral	lichtgelb, schwach opalisirend	schwach abwasserartig	3,069	0,984	0,550
2. Abwasser im 1. Klärbecken	schwach sauer	hellgelb, Färbung verschwindet in 10 cm dicker Schicht bei 4—5 facher Verdünnung	0	2,393	0,784	0,748
3. „ „ 2. „	schwach sauer	gelb; desgl. bei 8 facher Verdünnung	fäulnissartig	3,165	1,163	0,807
4. „ „ 3. „	schwach sauer	gelb; desgl. bei 8 facher Verdünnung	stark fäulnissartig	5,126	1,762	0,923
5. „ „ 4. „	neutral	gelb; desgl. bei 8- bis 10 facher Verdünnung	stark fäulnissartig	5,037	1,722	0,952
6. Abwasser, wie es die Kläranlage verlässt	schwach sauer	hellgelb; desgl. bei 5- bis 6 facher Verdünnung	stark fäulnissartig	4,713	1,493	0,916
7. wie 6.	schwach sauer	—	—	—	1,575	0,965
8. Abwasser, vermischt mit dem Flusswasser		farblos		—	0,149	0,145	0,185

In Bezug auf die organischen Stoffe ist durch diese Reinigungsanlage keine Besserung erfolgt. Das Verfahren wurde auch durch Laboratoriumsversuche nachgeprüft, und ergaben die Versuche im allgemeinen, dass die organischen Stoffe der Kocherlaugen durchaus nicht so leicht zu oxydiren sind, wie H. Wichelhaus annimmt, und dass das vorstehende Verfahren, soweit es sich auf die Abscheidung der organischen Stoffe unter der Einwirkung der atmosphärischen Luft gründet, unwirksam ist. Auch Versuche mit elektrolysirter Kochsalzlösung, welche in 100 ccm 0,482 g aktives Chlor enthielt, ergaben die grosse Widerstandsfähigkeit der organischen Stoffe der Kocherlaugen gegen die Oxydation.

K. B. Lehmann (l. c.) beschreibt ein in einer Sulfitcellulosefabrik bei Hof gehandhabtes Reinigungsverfahren wie folgt:

---

[1]) Die Unschädlichmachung der Abwässer in Württemberg, Stuttgart 1896 und Chem.-Ztg. 1897, **21**, 302.

Die Kocherlaugen fliessen in ein aus Backsteinen in Cement hergestelltes und mit Cement verputztes Becken, wo sie mit Kalk neutralisirt werden. Nach längerem Stehen, wobei sich schwer lösliches, neutrales, schwefligsaures Calcium abscheidet, wird die Lauge in einen Thurm gepumpt, der im Innern behufs Lüftung mit Holzröstern ausgekleidet ist. Die Lüftung soll die Bildung von schwefelsaurem Calcium und die Oxydation von organischen Stoffen bezwecken. Von dem Thurm fliesst die Lauge nach dem sogenannten Rieselfeld, d. h. richtiger Filterbecken von 42 m Länge und 3,6 m Breite, welches mit Dolomit- und Kalksteinstücken beschickt ist. Wie in dem Klärbecken und Thurm, so scheidet sich auch hier ein Theil der organischen Stoffe als schleimige Masse ab.

Das von dem Filterbecken abfliessende Wasser vereinigt sich mit den Cellulose-Waschwässern der Fabrik, welche letztere vorher durch Schuricht'sche Filter (S. 294) von der mitgerissenen Cellulose befreit werden. Vergleichbare Ergebnisse über die Wirkung dieses Reinigungsverfahrens konnten nicht mitgetheilt werden, weil das Abwasser auf dem Wege durch die Reinigungsanlage durch anderweitiges Wasser mehr oder weniger verdünnt wird.

A. Frank[1]) lässt die abgenutzten Laugen zunächst durch Kalk fällen. Der Niederschlag kann gereinigt und in der Fabrikation unter gleichzeitiger Verwerthung der beim Kochen gasförmig entwickelten schwefligen Säure wieder benutzt werden. Durch die von dem Niederschlag klar abgelassene Lauge, aus welcher durch die Fällung auch die harzigen Stoffe beseitigt sind, wird ein Gemisch von Kohlensäure und atmosphärischer Luft — Schornsteingase — geblasen, um den noch darin gelösten Aetzkalk als Calciumkarbonat auszufällen und den ebenfalls in Lösung befindlichen Rest von Calciummonosulfit zu unschädlichem Gips zu oxydiren. Die so von schwefligsauren Verbindungen, Harzen und Aetzkalk gereinigte Lauge soll unbedenklich für die Fischzucht sein; sie kann auch zur Kompostbereitung, sowie als Düngungsmittel für Wiesen etc. Verwendung finden, denn jeder cbm Lauge enthält etwa die Aschenbestandtheile von 1 cbm Holz und auch noch einen Theil des im Holze vorhandenen Stickstoffs. Das Eindampfen der gereinigten Lauge liefert eine süss, wenn auch infolge Gerbsäuregehaltes etwas kratzend schmeckende Masse, welche völlig trocken $15-18\,^0/_0$ Traubenzucker enthält.

A. Frank glaubt so aus der Ablauge, die man als „Holzbouillon" bezeichnen könne, ein Viehfutter herstellen zu können. Da nach Seidel[2]) eine derartig eingedampfte Kochlauge $8\,^0/_0$ organisch gebundenen Schwefel enthält, so erscheint die Verwendung derselben für die Viehfütterung nicht angezeigt.

Andere Versuche laufen darauf hinaus, aus der Sulfitlauge ein Gerbmittel herzustellen. So hat Kempe[3]) nach dem schwed. Pat. 8422 vom

---

[1]) Nach einer privaten Mittheilung; vergl. auch Papier-Ztg. 1887 No. 60, 61 u. 63.
[2]) Zeitschr. f. angew. Chem. 1898, 879.
[3]) Chem.-Ztg. 1898, **22**, 26.

19. Juni 1897 die Sulfitlauge unter Hochdruck mit Kalk zusammengekocht, das gebildete unlösliche Calciumsulfit entfernt und die Lösung unter Hochdruck mit den Sulfaten der Schwermetalle gekocht; die hierbei erzielte Lauge soll sich zur Gerbung eignen.

Auch Mitscherlich hat nach Seidel[1]) verschiedene Patente auf die Verwerthung der Ablaugenstoffe als Gerbmittel genommen, jedoch soll das damit erzielte Leder nicht zu gebrauchen sein. Weiter hat sich Mitscherlich ein Verfahren zur Darstellung eines Klebestoffes aus dieser Lauge zwecks Verwendung desselben zur Papierleimung patentiren lassen.

Goldschmidt behandelt die Lauge mit Benzoylchlorid, wobei sich eine Benzoylverbindung des ligninsulfosauren Kalkes bildet, welche ziemlich weiss ist; dieselbe dient als Vogelfutter.

Uettl[2]) schlägt vor, aus der Trockensubstanz durch Schmelzen mit Aetzkali Oxalsäure zu gewinnen.

Müllner setzt zu der eingedampften Abfalllauge Bauxit und eine dem Schwefelgehalt der Lauge entsprechende Menge Kalk; hierbei und beim folgenden Calciniren bildet sich wasserlösliches Natriumaluminat und unlösliches Schwefelcalcium. Leitet man in die beim Auslaugen der Schmelze entstehende Lösung Kohlensäure, so bildet sich kohlensaures Natron und reines eisenfreies Thonerdehydrat, welches letztere ausfällt und von der Sodalösung getrennt werden kann. Durch Kausticiren mit Aetzkalk wird die Sodalösung wieder in die ursprüngliche Kochflüssigkeit zurückverwandelt. Die zur Fällung der Thonerde nöthige Kohlensäure wird einem Kalkofen entnommen, welcher zugleich die zum Kausticiren nöthige Menge gebrannten Kalkes liefert.

Ferner führt A. Harpf in seinem Referate über die Verhandlungen der Sektion für Papier- und Cellulose-Industrie des III. internationalen Kongresses für angewandte Chemie „über die Verwerthung der Sulfitstoffabfalllauge“,[3]) dem die obigen Mittheilungen zum Theil entnommen sind, auch das Verfahren an, die Ablaugen einzudicken und dann zur Erzeugung von Presskohlen zu verwenden.

Felix B. Ahrens[4]) hat Versuche mit Kalk und Thonerde, osmotische und elektrolytische Versuche ohne durchgreifenden Erfolg ausgeführt.

V. B. Drewsen[5]) ist folgendes Verfahren zur Verwerthung der Sulfitlaugen patentirt — D. R. P. 67889 vom 20. August 1890:

Die Lauge wird mit kaustischem Kalk oder anderen kaustischen Erdalkalien in geschlossenem Behälter auf eine über 100° liegende Temperatur erhitzt. Der dabei entstehende Niederschlag wird mit schwefliger Säure behandelt und die hierbei gebildete Sulfitlauge durch Filtration von der ungelöst bleibenden organischen Substanz abgetrennt.

---

[1]) Zeitschr. f. angew. Chem. 1898, 879.
[2]) Berichte d. deutschen chem. Gesellschaft 1891, **24**, Referate. 102.
[3]) Zeitschr. f. angew. Chem. 1898, 875, 925.
[4]) Ebendort 1895, 41.
[5]) Berichte d. deutschen chem. Gesellschaft 1893, **26**, Referate. 558.

Otto Appel und M. Buchner[1]) geben ein vereintes, ein biologisches und chemisches Reinigungsverfahren für die Reinigung der Sulfit-cellulose-Fabriken an:

In einem Gebäude, gebaut nach Form und Art der bis jetzt zur Ein-dickung der Salzsoolen gebrauchten Gradirwerke, werden auf geeigneten Vorrichtungen (Faschinen bezw. Reisig) diejenigen Pilze und Bakterien an-gesiedelt, welche in dem verunreinigten, der Reinigung zu unterwerfenden Wasser hauptsächlich vorkommen. Am günstigsten geschieht die Ansiede-lung dieser Organismen zwischen und auf den Faschinen, wie sie z. B. in Gradirwerken verwendet werden.

Auf dem Dache des „biologischen Reinigungswerkes" sind grosse wasser- und säuredichte Behälter aufgestellt, in welche die Ablaugen ge-pumpt werden und von wo aus sie in feinster Vertheilung auf die Faschinen bezw. Reisig herabrinnen.

Bevor die Laugen in die Behälter gepumpt werden, wird der Säure-gehalt mit Aetzkalk abgestumpft und eine etwa auftretende alkalische Be-schaffenheit durch Einleiten von Kohlensäure, wozu Rauchgase dienen können, in die erwärmte Lösung wieder beseitigt, während der durch den Kalkzusatz entstehende Niederschlag (bestehend aus Calciumkarbonat, Calciumsulfit und organischen Stoffen) vorher durch Absetzenlassen bezw. aufsteigende Filtration entfernt wird.

In dem Gradirwerk werden die organischen Stoffe des Abwassers durch Mikroorganismen zerstört bezw. vergast und wird deren Lebens-thätigkeit durch den ungehinderten Luftzutritt gesteigert. Gleichzeitig findet eine Verdunstung von Wasser statt; weil aber durch die Mikroorganismen fortgesetzt organische Stoffe der Lauge zerstört werden, so bleibt der Gehaltsgrad derselben mehr oder weniger gleich.

Wenn bei sehr frostiger oder nasser Witterung (wie im Winter, Herbst und Frühjahr) das biologische Verfahren nicht anwendbar ist, dann schlagen die Verfasser eine chemische Reinigung vor. Sie lösen für den Zweck 2—5 Theile frisch (mit Aetzkalk) gefälltes Eisenhydroxyd in 1 Theile Eisenchloridlösung, welcher $\frac{1}{4}$ Raum-Procent Salzsäure zugesetzt wird. Zu 100 Raumtheilen Ablauge werden 0,5 Gewichtstheile Eisenchlorid zugesetzt, die Mischung wird einmal aufgekocht, dann mit $4\,^0/_0$ Kalk versetzt, ab-setzen gelassen und die klare Lösung in der Wärme mit Kohlensäure neutralisirt. Die neutralisirte Lösung soll ebenso wie die obige gradirte Flüssigkeit in die Wasserläufe abgelassen werden können.

Behufs geringerer verunreinigender Wirkung der gereinigten Lauge auf das Bach- oder Flusswasser soll, wie allgemein empfohlen werden

---

[1]) Zeitschr. f. Gewässerkunde 1899, Heft 2. Die Sulfitcellulose-Fabriken Wolfach (Baden) und Unterkochen (Württemberg) hatten ein Preisausschreiben für die beste Lösung der Frage, wie das durch Einleiten der Sulfitcelluloseablauge in die Flüsse Kocher und Kinzig erzeugte Algenwachsthum verhindert werden könne, erlassen; die genannten Verfasser haben zur Lösung dieser Frage obiges Verfahren angegeben und dafür einen besonderen Preis erhalten.

kann, die gereinigte Lauge nicht aus einem grossen Rohr in das Wasser fliessen, sondern durch ein Ausflussrad so gleichmässig im Wasser vertheilt werden, dass in gleichen Zeiten immer gleichviel ausfliesst und der Rest der organischen Stoffe ganz gleichmässig im Wasser vertheilt wird.

Belohoubek[1]) will die Abwässer der Cellulosefabrik auf Cellulosemelasse verarbeiten; das Verfahren zerfällt in folgende 4 Behandlungen: 1. Kochen der Laugen mit einem entsprechenden Antheile von Schwefelsäure; 2. Neutralisiren der gekochten Lauge mit Kalkhydrat oder Calciumkarbonat und nachfolgendem Zusatz einer Menge von Kalkmilch; 3. Trennung des der Hauptmasse nach aus Gips bestehenden Niederschlages von der Flüssigkeit; 4. Eindampfen der letzten klaren Laugen bis zum gewünschten Gehalt.

Wie weit man in der vorstehenden Frage noch vom Ziele entfernt ist, zeigt am besten die von der oben erwähnten Sektion des III. internationalen Kongresses für angewandte Chemie angenommene Schlussäusserung, welche dahin lautet, dass bis jetzt weder über die Schädlichkeit noch über die Verwerthung der Abwässer der Cellulosefabriken genügende Erfahrungen vorliegen und daher diese Frage bis auf weiteres als ungelöst betrachtet werden muss.

---

[1]) Bericht d. k. k. Gewerbe-Inspektoren 1889. Wien 1890, 258.

IX. Abwasser von Flachsrotten.

Um die in dem Flachse enthaltene harzige Substanz aus dem Baste zu entfernen, wird derselbe einem Gährungs- oder Fäulnissvorgang unterworfen; hierzu bedient man sich der Thau-, Fluss-, Teich- oder Kastenrotte. Bei der Thaurotte kommen nachtheilige Zersetzungsstoffe nicht in Betracht, weil die Leinpflanze durch die Ausbreitung auf Feldern eine langsame Zersetzung erleidet und die Zersetzungsstoffe durch die Luft mehr oder weniger rasch fortgeführt werden. Bei der Teichrotte wird die Leinpflanze in Bündeln gebunden und unter dem Wasserspiegel gehalten. Nach einigen Tagen tritt ein Fäulnissvorgang ein, indem sich Fäulnissgase mit widerlichen Gerüchen entwickeln. In das Wasser gehen die in Wasser löslichen Bestandtheile der Leinpflanze über, nämlich: phosphorsaure Salze, Kohlenhydrate und organische Stickstoffverbindungen, aus welchen sich Ammoniak, Nitrate und Nitrite bilden, wie auch organische Säuren aller Art, z. B. Buttersäure, Propion- und Essigsäure. Dasselbe ist bei der Kastenrotte der Fall, bei welcher das Rotten in Bottichen und in Räumen bei einer Temperatur von 30—35° C. geschieht und wobei man dem Wasser zur Beschleunigung der Fäulniss auch noch faulende Stoffe, wie aufgeschlämmte Bierhefe, Blutserum oder zur Erzielung eines weissen Flachses entbutterte Milch oder Quark zusetzt.

Fausto Sestini[1]) fand für 1 l Flachs-Rottewasser:

Gelöste Stoffe	Darin Stickstoff	Organische Säure = Buttersäure
6140 mg	663 mg	44,0 mg

Nach ihrer Zusammensetzung können daher die Flachsrottenwässer unter Umständen, wenn sie in kleine Bäche und Flüsse abgelassen werden, für die Fischzucht und andere Nutzungszwecke schädlich nicht minder wirken, als sonstige faulige Abwässer.

Zur Reinigung desselben empfiehlt sich bei ihrem hohen Gehalt an Pflanzennährstoffen in erster Linie die Berieselung oder, wenn dieses nicht möglich ist, eine Fällung mit Kalkmilch oder sonstigen Reinigungsmitteln. Die Flussrotte ist nach dem Gesetz vom 28. Februar 1843 nur nach eingeholter polizeilicher Erlaubniss gestattet (vergl. I. Bd. S. 21), durch welche gesetzliche Vorschrift die Möglichkeit der stark verunreinigenden Wirkung dieser Art Abwässer anerkannt wird.

Auch wird zum Rotten wohl verdünnte Schwefelsäure $(^1/_4\,^0/_0)$ oder Kochen in Laugen mit und ohne Zusatz von Seife angewendet. Diese Art Abwässer sind ebenfalls entsprechend zu reinigen, indem man das säurehaltige Rottewasser mit Kalk neutralisirt, die laugenhaltigen Wässer zum Begiessen von Komposthaufen benutzt oder die Seife unschädlich zu machen sucht, wie dieses unter Abwasser aus Wollwäschereien angegeben ist.

---

[1]) Dingler's Polytechnisches Journal 1875, 88 u. 216.

X. Abwasser der Oelindustrie.

Die durch Auspressen oder Schlagen aus den Oelsamen gewonnenen Oele und Fette enthalten stets noch mehr oder weniger: Schleimstoffe, eiweissartige Körper, Gummi, Harz etc. Um das Oel oder Fett von diesen Unreinigkeiten zu befreien, setzt man demselben unter tüchtigem Mischen $^1/_2$—$1\,^0/_0$ koncentrirte Schwefelsäure zu und weiter nach 24 Stunden bis auf 75^0 C. erwärmtes Wasser, in dem Verhältniss, dass es etwa $^2/_3$ des Umfangs vom Fett ausmacht; nachdem man tüchtig umgerührt hat, lässt man die Mischung an einem etwa 30^0 C. warmen Orte so lange stehen, bis sich das Oel vom Wasser getrennt hat. Die dem Rohöl beigemengten Schmutzstoffe gehen auf diese Weise in das schwefelsäurehaltige Wasser über; für letzteres wurde im Mittel von 5 Analysen von der englischen Kommission folgender Gehalt für 1 l gefunden:

In der Schwebe		Gelöst							
Organische Stoffe	Unorganische Stoffe	Gesammt-Gehalt	Organischer Kohlenstoff	Organischer Stickstoff	Ammoniak	Stickstoff als Nitrate u.Nitrite	Gesammtstickstoff	Chlor	Arsen
mg	mg	mg	mg	mg	mg	mg	mg	mg	mg
540,9	41,4	5187	441,86	77,97	195,45	0,03	238,9	297,5	0,48

Abgesehen demnach von dem Säuregehalt enthalten diese Wässer nicht geringe Mengen stickstoffhaltiger organischer, in Fäulniss befindlicher bezw. fäulnissfähiger Stoffe, welche alle die die vorstehend genannten Abwässer kennzeichnenden Eigenschaften theilen. Auch diese sollen nicht in Wasserläufe abgelassen werden, bevor sie nicht mit Kalk neutralisirt bezw. gefällt und in Klärbecken oder in sonst geeigneter Weise gereinigt worden sind. Dasselbe gilt für die Abwässer, wenn das Raffiniren des Oeles durch Chlorzink bewirkt worden ist.

Zu den Abwässern dieser Art können auch die aus der Dégras-(Moëllonoder Gerberfett-)Gewinnung gerechnet werden. Unter Dégras versteht man bekanntlich die Fettabfälle aus der Sämischgerberei, in welcher Fett oder Thran als Gerbmittel verwendet wird. Von dem auf die Felle gestrichenen Fett dringt nur ein Theil (gut $50\,^0/_0$) in die Haut ein, bezw. wird verbraucht, der unverbundene bezw. nicht verbrauchte Theil wird mit lauwarmer Potaschelösung entfernt und wieder auf Fett verarbeitet. Das Abwasser von diesen Aufbereitungsanstalten ist nach H. Spindler[1]) durchweg milchig trübe und von thranigem Geruch; in 1 l desselben fand H. Spindler im Mittel von 3 Proben folgenden Gehalt:

483,3 mg unorganische Stoffe (Glührückstand)	322,3 mg organische Stoffe (Glühverlust)	100,0 mg zur Oxydation erforderlichen Sauerstoff

Besondere Fälle von Flussverunreinigungen durch diese Art Abwässer sind dem Verfasser bis jetzt nicht bekannt geworden.

---

[1]) H. Spindler: Die Unschädlichmachung der Abwässer in Württemberg 1896, 100.

XI. Abgänge aus Leimsiedereien, Düngerfabriken und ähnlichen Betrieben.

Die Abgänge aus Leimsiedereien sind verschieden, je nachdem man den Leim (Lederleim) aus den Abfällen der Roth-, Weiss- und Sämischgerbereien oder wie Knochenleim aus den Knochen gewinnt.

Die ersteren Abfälle werden, um sie vor der Abkochung von allen fleischigen und blutigen Theilen sowie Fett zu reinigen, längere Zeit mit Kalkmilch behandelt; hierbei entwickelt sich aus dem Leimgut ein unangenehmer Geruch nach Schwefelammonium oder Ammoniak, während sich in dem kalkhaltigen Macerationswasser buttersaures, baldriansaures und propionsaures Calcium bilden; ausserdem nimmt das Macerationswasser thierische Stoffe aller Art auf, welche bis zu $1,50\,^0/_0$ des Macerationswassers ausmachen können. Bei der Fabrikation des Knochenleimes werden die Knochen zur Befreiung von Fett vorher stark ausgekocht; hierbei geht das Knochenfett in das Wasser über und sammelt sich an der Oberfläche an, wo es abgeschöpft wird, während in dem Siedewasser stickstoffhaltige Bestandtheile der Knochen, nämlich: etwas Leim, Schwefelammonium, kohlensaures Ammonium, ferner seifenartige Verbindungen etc. neben geringen Mengen Kalkphosphat gelöst bleiben.

Beide Abgänge, das kalkhaltige Macerationswasser wie die Knochenbrühe (Leimbrühe) können direkt zur Düngung verwendet werden, oder die Leimbrühe auch zur Superphosphatfabrikation oder als Schweinefutter. Häufig aber lässt man sie ohne weiteres in öffentliche Wasserläufe abfliessen, und hier richten sie unter Umständen denselben Schaden an, wie die mit fauligen Stoffen geschwängerten Abwässer überhaupt. Hat man, um möglichst viel Fett aus den Knochen zu gewinnen, gleichzeitig zum Sieden Salzsäure verwendet, so kann die Knochenbrühe auch freie Salzsäure enthalten.

Dieses erhellt z. B. aus folgender Untersuchung des Abwassers einer nach diesem Verfahren arbeitenden Leim- bezw. Düngerfabrik, welches für 1 l ergab:

Gesammt-Stickstoff	Ammoniak-Stickstoff	Phosphorsäure	Schwefelsäure	Chlor (bezw. Salzsäure)
0,2697 g	0,1179 g	1,0900 g	0,2491 g	5,4254 g

Das Abwasser drang aus den Klärteichen durch den Erdboden und hatte dort, wo es wieder zu Tage trat, folgenden Gehalt für 1 l:

Eisenoxydul	Kalk	Magnesia	Kali	Natron	Chlor
1,2429 g	3,7025 g	0,4275 g	0,0326 g	0,1980 g	4,1241 g

Hieraus ist ersichtlich, in welcher Weise ein solches Abwasser, wenn es selbst in verdünntem Zustande auf Wiesen oder Aecker gelangen sollte, lösend auf die Bodenbestandtheile wirkt.

Ein anderes Abwasser aus einer Leimfabrik, welche nach dem Macerationsverfahren mit Schwefelsäure und Salzsäure arbeitete, enthielt für 1 l:

Schwebestoffe {Organische	0,182 g	Kalk . . . . 0,611 g
Schwebestoffe {Unorganische . . .	0,123 „	Magnesia . . . . 0,201 „
Gelöste Stoffe {Organische	2,879 „	Natron . . . . 0,401 „
Gelöste Stoffe {Unorganische . . .	3,464 „	Kali . . . . 0,228 „
Zur Oxydation erforderlicher		Phosphorsäure . . . . 0,356 „
Sauerstoff in		Schwefelsäure . . . . 0,465 „
alkalischer Lösung	0,852 „	Schwefelige Säure . . . . . . 0,648 „
saurer „	0,976 „	Chlor . . . . 0,495 „
Stickstoff, Gesammt-, ...	0,481 „	
„ als Ammoniak	0,241 „	

Der Abfallkalk einer Leimfabrik enthielt:

Wasser	Stickstoff	Phosphorsäure	Kalk
46,22 %	0,61 %	1,63 %	23,35 %

In dem Abwasser einer Leim- und Knochenmehlfabrik fanden wir für 1 l:

1. **Leim- und Knochenmehlfabrik:**

	Gesammtstickstoff	Ammoniakstickstoff
1.	1,521 g	1,490 g
2.	2,708 „	2,708 „
3.	1,972 „	1,924 „

2. **Wasser als Rückstand von der Knochenentfettung:**

Stickstoff	Phosphorsäure	Kalk	Mineralstoffe
0,805 g	Spur	Spur	0,080 g

Hierher kann auch das Abwasser aus Bürstenfabriken gerechnet werden, welches Leim zu enthalten pflegt; wir fanden für ein solches Abwasser in 1 l:

Organische Stoffe	Stickstoff	Unorganische Stoffe	Kalk	Phosphorsäure
4,1675 g	0,4232 g	2,5560 g	0,2450 g	0,0986 g

Bezüglich der Abführung dieser Art Abwässer heisst es in dem Kgl. Preuss. Ministerialerlass vom 15. Mai 1895 für die Abwässer der Leimsiedereien:

„Die Ableitung der Waschwässer darf nur so stattfinden, dass Belästigungen dadurch nicht herbeigeführt werden. Bei der Abführung der Waschwässer in Gewässer kommen die Bestimmungen der allgemeinen Gesichtspunkte in Betracht (über letztere vergl. S. 183).

Was die Reinigung dieser Art Abwässer anbelangt, so hatte ich Gelegenheit, die Wirkung des Nahnsen-Müller'schen Verfahrens (I. Bd. S. 393) für das Abwasser einer Leimfabrik festzustellen.

Die Untersuchung des ungereinigten und mit dem Nahnsen-Müller'schen Fällungsmittel gereinigten Abwassers ergab für 1 l:

Abwasser	Schwebestoffe			Gelöste Stoffe					
	Un-organische	Organische	In letzteren Stickstoff	Im ganzen	Mineral-stoffe	Organische Stoffe (Glühverlust)	Organischer und Ammoniak-Stickstoff	Zur Oxydation erforderlicher Sauerstoff	Kalk
	mg	mg	mg	mg	mg	mg	mg	mg	mg
Ungereinigt	73,3	306,0	22,5	6719,9	4416,6	2303,3	73,1	281,0	2100,0
Gereinigt	0	0	0	6013,2	3976,6	2036,6	58,0	232,0	1906,6

Beide Wässer, das gereinigte wie das ungereinigte, waren von schwach alkalischer Reaktion; das ungereinigte Wasser war schon vor dem Zusatz des Fällungsmittels theilweise abgeklärt, hat daher im natürlichen Zustande noch mehr Schwebestoffe enthalten.

Auch hier dürfte die Reinigung durch Berieselung in erster Linie in Betracht zu ziehen sein, wenn die Abwässer keine freie Säure enthalten, und dazu eine geeignete und hinreichende Bodenfläche zu beschaffen ist.

XII. Abwasser aus Feder-Reinigungsanstalten.

Die Federn pflegen in der Weise gereinigt zu werden, dass sie etwa 12 Stunden in einem Bottich in Wasser eingeweicht, hierauf in einen Waschcylinder mit Rührvorrichtung gebracht und unter beständigem Zu- und Abfluss von reinem Wasser so lange (etwa $^3/_4$ Stunden) gewaschen werden, bis das Wasser völlig klar abfliesst. Naturgemäss ist die Verunreinigung des Wassers in dem Einweichbottich am stärksten und nimmt mit der Dauer des Waschens immer mehr ab.

H. Benedikt[1] fand für diese Art Abwässer im Mittel der Proben aus zwei Fabriken für 1 l:

[1] Hans Benedikt: Die Abwässer der Fabriken in: „Sammlung chem.-technischer Vorträge" von F. B. Ahrens. Stuttgart 1896, 1, Heft 7 u. 8, 375.

Art des Wasser	Gesammt-rückstand	Glüh-rückstand	Glühverlust	Verbrauch an Kaliumperman-ganat	Organischer Stickstoff	Ammoniak	Salpetersäure	Eisenoxyd + Thonerde	Kalk	Magnesia	Schwefelsäure
	mg	mg	mg	mg	mg	mg	mg	mg	mg	mg	mg
1. Aus der Wasch-trommel	416,7	181,0	235,7	163,4	12,8	19,6	0,9	22,3	20,0	12,4	24,4
2. Nach 5 Minuten langem Waschen .	233,0	126,0	107,0	73,4	11,6	9,3	0,4	11,9	18,0	8,0	20,4
3. Nach 20 Minuten langem Waschen .	138,1	91,3	46,8	46,1	6,6	4,5	0,4	4,2	19,7	6,6	17,8
4. Nach 45 Minuten langem Waschen .	94,3	51,2	43,1	6,3	1,4	0,8	0,1	2,0	19,6	4,8	14,6

Die Verunreinigung wird vorwiegend durch Schwebestoffe, die aus Federtheilen, Dung und Strohtheilen bestanden, hervorgerufen; von dem Gesammtrückstand 220,4 mg in 1 l im Mittel aller Proben waren 84,9 mg als Schwebestoffe vorhanden.

Aus dem Grunde lässt sich dieses Abwasser leicht durch einfache Filtration reinigen. So fand H. Benedikt für das Abwasser einer dritten Feder-Reinigungsanstalt, die sich behufs Reinigung des Abwassers eines natürlichen, aus Geröll und Sand (2a) sowie weiter aus einer 15 m langen Erdschicht (2b) bestehenden Filters bediente, im Mittel von 3 bezw. 2 Untersuchungen für 1 l:

Abwassers	Gesammt-rückstand	Glührückstand	Glühverlust	Verbrauch an Kaliumperman-ganat	Organischer Stickstoff	Ammoniak	Salpetersäure	Eisenoxyd + Thonerde	Kalk	Magnesia	Schwefelsäure
	mg	mg	mg	mg	mg	mg	mg	mg	mg	mg	mg
1. Ungereinigt . . .	181,2	106,8	44,0	46,8	5,9	3,3	1,2	10,3	17,2	3,3	9,1
2. Gereinigt: a) Filtration durch Gerölle und Sand	59,3	41,7	17,7	4,3	0,3	2,2	0,7	1,7	18,5	3,1	9,3
b) Desgl. + 15 m lange Erdschicht	48,0	32,5	15,5	3,2	0,4	0,8	1,8	1,5	16,0	2,6	8,0

Eine nennenswerthe verunreinigende Wirkung des Abwassers auf das dasselbe aufnehmende Neckarwasser konnte H. Benedikt selbst für das unfiltrirte Fabrikabwasser, welches in einem Falle täglich 1300 cbm betrug, nicht nachweisen.

Dagegen zeigte das Abwasser beim Aufbewahren in verschlossenen Flaschen schon am zweiten Tage einen höchst widerlichen Geruch, indem freies Ammoniak und Schwefelwasserstoff auftraten.

XIII. Abwasser von Wollwäschereien, Tuch-, Baumwolle- und Seidefabriken.

1. Zusammensetzung.

Die Schafwolle enthält nach E. Schulze und M. Märcker[1] 10,83 bis 23,48 % Wasser, 7,17—14,66 % Wollfett, 2,93—23,44 % Schmutz, 20,50 bis 22,98 % Wollschweiss, d. h. in Wasser lösliche Bestandtheile und 20,83 bis 50,08 % reine Wollfaser. Der in kaltem Wasser lösliche Wollschweiss besteht vorzugsweise aus den Kaliseifen der Oel- und Stearinsäure mit wenig Essigsäure und Baldriansäure, ferner aus Schwefelsäure, Phosphorsäure, Chlorkalium, Ammoniumsalzen etc.

E. Schulze und M. Märcker fanden für den in Wasser löslichen Antheil der Wolle folgende Zusammensetzung:

Bestandtheile	Wolle von Landschafen				Rambouillet-Vollblutschafe	
	1	2	3	4	5	6
a) In der Trockensubstanz des Wasserextrakts.						
Organische Substanz	58,92	59,47	59,76	61,86	59,12	60,47
Darin Stickstoff	1,85	1,89	2,57	2,81	3,27	3,42
Mineralstoffe (Kohlensäure-frei)	41,08	40,53	40,24	38,14	40,88	39,53
b) Auf lufttrockne Wolle berechnet.						
Stickstoff	0,38	0,43	0,56	0,63	0,67	0,77
Mineralstoffe (Kohlensäure-frei)	8,52	9,31	8,76	8,49	8,38	8,89

Der wässerige Extrakt lieferte ferner in Procenten der rohen Wolle 0,01—0,11 % Ammoniak und 0,35—1,30 % Kohlensäure, welcher 1,10 bis 4,08 % kohlensaures Kalium in Procenten der Rohwolle entspricht. Die kohlensäurefreie Asche ergab zwischen 58,94—84,99 % Kali.

F. Hartmann[2] fand in der Rohwolle 2,9 % und in der Wolleasche 83,1 % kohlensaures Kalium, während nach Maumené[2] die Asche aus

---

[1] Journal f. praktische Chemie, **108**, 193.
[2] Ferd. Fischer: Die Verwerthung der städtischen und Industrie-Abfallstoffe. 1875, 142.

86,8 % kohlensaurem Kalium, 6,2 % Chlorkalium und 2,8 % schwefelsaurem Kalium besteht. Selbstverständlich gelangen diese in Wasser löslichen Bestandtheile der Wolle schon mehr oder weniger bei der Pelzwäsche ins Wasser und können auf diese Weise die Flüsse verunreinigen. Die mehrfach erwähnte englische Kommission fand z. B. für die Veränderung eines Bachwassers, welche durch die Schafwäsche veranlasst worden war, folgende Zahlen:

Wasser	Schwebestoffe		Gelöste Stoffe					
	Organische mg	Unorganische mg	Gesammt mg	Organischer Kohlenstoff mg	Organischer Stickstoff mg	Ammoniak mg	Stickstoff als Nitrate und Nitrite mg	GesammtStickstoff mg
Wie es zur Schafwäsche fliesst . .	—	Spur	307	3,3	1,17	0,65	3,9	5,62
Dasselbe nach der Schafwäsche . . .	519	645	1810	258,2	39,42	19,14	0	55,18

Durch die Pelzwäsche wird daher der grösste Theil des Schmutzes mit geringen Mengen Wollfett entfernt.[1]) Für die Verunreinigung der Flüsse spielen jedoch diese Abwässer keine bedeutende Rolle, weil die Schafwäsche nur auf einige wenige Tage im Jahre beschränkt ist. Anders ist es jedoch mit den Abwässern der Wollwäschereien für Zwecke der Tuchfabrikation. Man kann hier dreierlei Art Abwässer unterscheiden; nämlich die:

1. vom Waschen der Wolle,
2. „ Walken und
3. „ Ausfärben der Wolle und der betreffenden Gewebe.

Wie bedeutend die Schmutzstoffe sind, welche bei Verarbeitung der Wolle in Betracht kommen, mag daraus erhellen, dass nach den Erhebungen der englischen Kommission zur Herstellung von 500 Stück Tuch erfordert werden etwa:

1600 kg Soda, 60 cbm Harn, 3000 kg Seife, 2000 kg Oel, 1000 kg Leim, 2300 kg Schweineblut und Schweinekoth, 2000 kg Walkerde, 20000 kg Farbwaaren, 2000 kg Alaun oder Weinstein, wozu sich noch 8000 kg Wollfett und Schmutz gesellen.

Die Wollwaschwässer enthalten demnach neben den Bestandtheilen der zugefügten Wollreinigungsmittel auch noch diejenigen Stoffe, welche durch diesen Reinigungsvorgang gleichzeitig aus der Wolle gelöst werden, nämlich vorwiegend das Fett.

Die Walkwässer und die ersten Spülwässer enthalten ausser Seife sämmtliche löslichen Stoffe, welche die Tuche bei der Färberei und Weberei

---

[1]) E. Schulze und M. Märcker berechnen (l. c.) den Düngergeldwerth des Waschwassers von 100 kg Wolle zu 3—4 M. und Maumené (l. c.) giebt für 300 l Wasser, in welchem 1000 kg Wolle gewaschen sind, zur Gewinnung von Potasche den Werth von 14,5 M. an.

aufgenommen haben; die Abwässer beim Ausfärben der Wolle dahingegen die zum Färben benutzten Farbstoffe, die je nach ihrer Art sehr verschieden sind.

Ueber die Zusammensetzung derartiger Abwässer wie über die Verunreinigung der Flüsse können verschiedene von der englischen Kommission ausgeführte Analysen Aufschluss geben, welche neben den Abwässern von Wollwäschereien und Tuchfabriken auch die von Seide- und Baumwollfabriken betreffen. Der Arsengehalt ist auf die verunreinigte Seife und Soda zurückzuführen. Diese Analysen ergeben für 1 l:

Abwasser	Schwebestoffe		Gelöste Stoffe							
	Organische	Unorganische	Gesammt	Organischer Kohlenstoff	Organischer Stickstoff	Ammoniak	Stickstoff als Nitrate und Nitrite	Gesammt-Stickstoff	Chlor	Arsen
	mg	mg	mg	mg	mg	mg	mg	mg	mg	mg
1. Aus einer Wollwäscherei	26116	8710	10994	1324,8	98,80	546,1	0	548,5	—	Spur
2. Aus einer Flanellwäsche	17334	3460	12480	4463,5	911,80	800,1	0	1570,7	1600	0
3. Aus einer Wolldeckenfabrik . . .	3142	604	6780	1207,1	195,1	9,40	0	202,8	356,0	0,04
4. Aus einer Teppichfabrik	—	—	1031	149,2	9,3	11,4	—	18,7	—	0,12
5. Aus 15 Wollenfabriken, durchschnittlich	3724	1024	3370	647,8	103,8	116,47	0,4	200,1	219,4	0,11
6. Aus 5 Baumwollfabriken, durchschnittlich	190	70	502	42,4	2,99	1,25	0	4,0	48,6	0,34
7. Aus einer Seidefabrik .	—	—	265	14,9	1,53	0,26	—	1,7	—	0,12
8. Kanalwasser, welches die Abflüsse einiger Wollefabriken aufgenommen hatte	355	77	2272	379,7	137,3	257,2	0	349,2	400,0	0

Man sieht daraus, dass die Abwässer von Baumwolle- und Seidefabriken bei weitem nicht solche Schmutzstoffe enthalten, als die der Wollfabriken.

C. Karmrodt[1] fand in dem Wollwaschwasser einer Streichgarnspinnerei in 1 l: 0,18 g Mineralsalze, 1,25 N-haltige organische Stoffe, 8,07 g Fett und 5,4 g Ammoniak.

H. Fleck[2] untersuchte ebenfalls ein Wollwaschwasser und fand darin 48,50 g gelöste feste Stoffe mit 38,00 g organischen Stoffen sowie

[1] Zeitschr. d. landw. Vereins f. Rheinpreussen 1861, 387.
[2] 12. u. 13. Jahresbericht etc. Dresden 1884, 11.

Ammoniumsalzen und mit 10,50 g Mineralstoffen für 1 l. Die näheren Bestandtheile für 1 l waren:

<table>
<tr><td rowspan="5">1. Schlammstoffe in der Schwebe</td><td>Schwefeleisen . . . . .</td><td>0,373 g</td><td rowspan="7">2. In der Flüssigkeit gelöst</td><td>Organische Stoffe . . .</td><td>38,773 g</td></tr>
<tr><td>Kohlensaures Calcium . .</td><td>0,952 „</td><td>Doppelkohlens. Ammonium</td><td>1,009 „</td></tr>
<tr><td>Kieselsaure Thonerde . .</td><td>0,245 „</td><td>Chlornatrium . . . . .</td><td>0,925 „</td></tr>
<tr><td>Phosphorsaures Ammonium-</td><td></td><td>Schwefelsaures Natrium .</td><td>1,352 „</td></tr>
<tr><td>   Magnesium . . . . .</td><td>0,438 „</td><td>Kieselsaures   „   .</td><td>0,499 „</td></tr>
<tr><td></td><td>2,008 g</td><td>Kohlensaures   „   .</td><td>0,546 „</td></tr>
<tr><td></td><td></td><td>Kali (an Fettsäuren gebund.)</td><td>3,386 „</td></tr>
<tr><td></td><td></td><td></td><td></td><td></td><td>46,490 g</td></tr>
</table>

Die für 1 l gefundene Menge von 38,773 g organischen Stoffen enthielt 34,6455 g Fett, welches an Kali gebunden war.

Für das Wasser einer Wollgarnspinnerei fand Verf. folgende Zusammensetzung für 1 l:

Schwebestoffe		Gelöste Stoffe					
Unorganische	Organische	Unorganische	Organische Stoffe (Glühverlust)	Zur Oxydation erforderlich. Sauerstoff	Kalk	Schwefelsäure	Gesammt-Stickstoff
mg	mg	mg	mg	mg	mg	mg	mg
190,0	640,0	1190,0	776,0	295,0	282,0	406,6	45,0

Das Abwasser war blauschwarz gefärbt wie Tinte und hatte nach mehrtägigem Aufbewahren in verschlossener Flasche einen stark fauligen Geruch.

In dem Abwasser aus der Militärwaschanstalt in Münster i. W. waren enthalten für 1 l:

Schwebestoffe:

Organische   4,605 g, darin 2,4225 g Fettsäuren,
Unorganische 1,570 g, darin 0,7300 g Kalk und 0,0510 g Magnesia.

Gelöste Stoffe:

Organische   0,9500 g, darin 0,3175 g Fettsäuren,
Unorganische 1,4350 g mit

Kalk	0,0300 g	Natron . . .	0,4888 g
Magnesia . .	0,0241 „	Schwefelsäure .	0,1392 „
Kali	0,5551 „	Chlor	0,0679 „

In dem Abwasser einer Walkmühle fanden wir für 1 l:

Anorganische Stoffe	Organische Stoffe	Stickstoff	Kalk	Phosphorsäure
2,700 g	4,615 g	0,044 g	0,095 g	0,045 g

Buisine hat gefunden, dass der Ammoniakgehalt der Wollewaschwässer infolge der Zersetzung der Stickstoff-Substanzen im Laufe der Zeit steigt; derselbe betrug für 1 l:

im Anfang	nach 8 Tagen	nach 10 Monaten
0,38 g	1,55 g	2,40 g

Beim Einengen der Wässer wurden auf 95 Theile Ammoniak etwa 4 Teile Mono- und 1 Theil Trimethylamin entwickelt.

2. Schädlichkeit.

Ueber die Verunreinigung von Flüssen durch Abwässer aus Tuchfabriken theilt H. Fleck eine Untersuchung von Spreewasser mit, welches oberhalb der Fabrik, hinter der Fabrik und dann hinter der Fabrik und einigen Wohnhäusern entnommen war; er fand für 1 l:

Wasser	Gelöste Stoffe mg	Organ. Stoffe mg	Salpeter- säure mg	Am- moniak mg
Vor der Fabrik geschöpft . . . . . - . .	134,0	8,0	1,0	0,07
Hinter der Fabrik geschöpft	137,0	9,0	1,0	0,07
Hinter Fabrik und Wohnhäusern geschöpft	167,0	11,0	1,0	0,32

Aus diesen Zahlenwerthen ergiebt sich, dass, wenn man die für das vor der Fabrik geschöpfte Wasser erhaltenen Werthe gleich 100 setzt, sich die Bestandtheile des Wassers in folgenden Verhältnisszahlen ausdrücken lassen:

Wasser	Gelöste Stoffe mg	Organ. Stoffe mg	Salpeter- säure mg	Am- moniak mg
Vor der Fabrik geschöpft	100	100	100	100
Hinter der Fabrik geschöpft	102,2	102,2	100	100
Hinter Fabrik und Wohnhäusern geschöpft	132,1	137,5	100	188

In diesem Falle ist daher die Spree durch das Abwasser der Tuchfabrik in geringerem Grade verunreinigt worden als durch die von menschlichen Wohnungen. In anderen Fällen, z. B. bei Fabriken des Regierungsbezirkes Frankfurt a. O., ferner in der Wurm bei Aachen hatten jedoch die Abwässer von Wollwäschereien und Tuchfabriken Nothstände hervorgerufen, welche dringende Abhilfe erheischten; so hatte das Wasser der Wurm nach Aufnahme dieser Abwässer oft eine tintenartige Beschaffenheit angenommen und hauchte die widerlichsten Dünste aus, wobei sich besonders Schwefelwasserstoff bemerkbar machte.

Verf. fand ferner in einem mit den Abgängen einer Putzwollfabrik verunreinigten Quellwasser für 1 l:

Schwebestoffe			Gelöste Stoffe							
Unor-ganische	Or-ganische	In letzteren Stick-stoff	Ge-sammt	Durch Kalium-permanganat oxydirbare organische Stoffe	Kalk	Schwe-fel-säure	Chlor	Sal-peter-säure	Sal-petrige Säure	Am-moniak
mg	mg	mg	mg	mg	mg	mg	mg	mg	mg	mg
883,0	120,0	11,1	615,6	268,6	162,5	25,7	10,6	10,0	viel	Spur

An Mikroorganismen enthielt das Wasser: Mikrokokken, Bacillen, Bakterien und Beggiatoa alba.

Nach den Bestandtheilen, welche diese Wässer mit sich führen, lässt sich eine schädliche Wirkung, wie bei allen fauligen Abwässern, nicht in Abrede stellen, wenn nicht verhältnissmässig grosse Wasserläufe zur Verfügung stehen, in welche sie abgelassen werden können. Zu den Fäulnissstoffen aller Art gesellen sich noch Seife und Alkalilauge, welche ebenfalls nach verschiedenen Richtungen hin nachtheilig sind.

Ueber die Schädlichkeit von Soda und Seife[1]) für Fische hat L. Weigelt[2]) noch besondere Versuche angestellt und zwar mit Forellen, Schleien und Lachsen. Der Gehalt des Wassers an Soda schwankte von 1—10 g $Na_2CO_3 + 10H_2O$, der Gehalt an trockener Seife war 1 g für 1 l Wasser. Die Temperatur des Wassers betrug während des Versuches 6—12°. Nach diesen Versuchen liegt die Widerstandsdauer der Forelle wie der Schleie bei 5 bezw. 10 g Soda für 1 l während etwa 3 Stunden; ein längerer Aufenthalt in nur 1°/00 iger Soda-Lösung bewirkte bei einer grossen Forelle nach 9 Stunden den Tod, während eine Schleie diesen Gehalt 14 Stunden ohne Schaden ertrug.

Die Versuche mit Seife lassen kein bestimmtes Ergebniss erkennen.

Nach hiesigen Versuchen hat ein Gehalt von 2,4 g kohlensaurem Natrium ($Na_2CO_3 + 10H_2O$) bei 60 g schweren Karpfen und 35 g schweren Schleien während 4 Tagen bei 9—15° C. nicht geschadet.

Nitsche-Tharand[3]) ermittelte auch den Einfluss von sodahaltigem Wasser auf die Befruchtung von Forelleneier. Bei diesen Versuchen wurde gefunden, dass nach 30 Tagen der Einwirkung von je 3 Eiern bei 2,0 g Soda für 1 l alle 3 befruchtet, aber gegen die übrigen weit zurück waren, in der Reihe mit 1 g Soda war nur 1 Ei befruchtet, und verhältnissmässig gut entwickelt, die 2 anderen dagegen nicht befruchtet.

---

[1]) Gewöhnliche harte Waschseife wurde bis zum beständigen Gewicht getrocknet und zu 1 g für 1 l gelöst; der ausgeschiedene flockige Kalkniederschlag wurde in einem Versuch schwimmend belassen , in dem anderen abfiltrirt.

[2]) Arch. f. Hygiene 1885, **3**, 39.

[3]) Ebendort 82.

21*

Die Menge der abgestorbenen Eier bei dem Kontrollversuch in gewöhnlichem Wasser betrug nach 132 Tagen nur 43 %; auch waren hier die am 30. Tage entnommenen Eier alle 3 befruchtet und normal entwickelt.

3. Reinigung.

Die aus den Wollwäschereien, Tuch-, Baumwoll- und Seidefabriken den Flüssen zugeführten Schmutzstoffe sind nicht gering; eine thunlichst sorgfältige Reinigung ist daher anzustreben und kann um so mehr gefordert werden, als unter Umständen mit der Reinigung sogar Vortheile verbunden sind. Man schätzt die z. B. jährlich in Europa zur Walke gelangende Tuchmenge auf ca. 10 Millionen Ctr.; 8000 Pfd. davon entsprechen 150 cbm Abwasser bezw. 2000 Pfd. Seife und einschliesslich 800 Pfd. Oel aus der Spinnerei, so dass im Mittel etwa 1600 Pfd. Kalkseife daraus gewonnen werden können. Die Walkwässer würden daher jährlich etwa 2 Millionen Ctr. Kalkseife zu liefern im Stande sein.

Zur Reinigung dieser Abwässer sind folgende Verfahren vorgeschlagen:

a) Reinigung der Wollwäschereiabwässer durch Verarbeitung auf Potasche.

Nach Ferd. Fischer[1]) laugen Maumené und Rogelet die Rohwolle aus, dampfen die Flüssigkeit ab, lassen den geschmolzenen Rückstand in Retorten fliessen und destilliren; hierbei werden Leuchtgas, Ammoniak, Theer etc. gewonnen, während die zurückbleibende Masse in Flammenöfen geglüht und auf Potasche verarbeitet wird. Maumené giebt an, dass aus 1000 kg Rohwolle 150—180 kg Potasche gewonnen werden.

Aehnliche Einrichtungen besitzen die Wollwäschereien von Müllendorf und von Mehlen in Verviers, von Fernau in Brügge und von Matteau in Antwerpen. H. Fischer hat zum Abdampfen dieser Flüssigkeit und zum Calciniren der Rückstände folgenden Ofen (Fig. 18) eingerichtet:

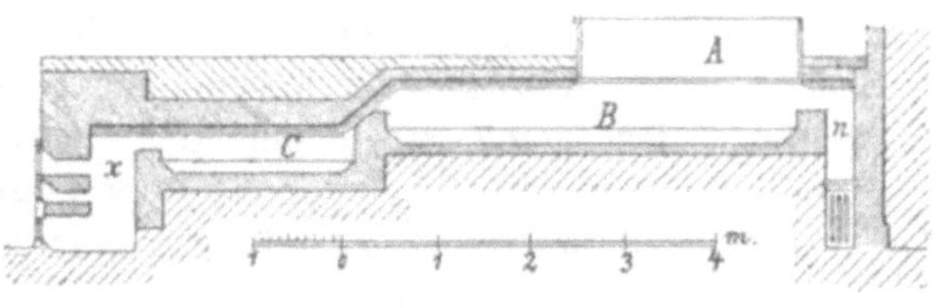

Fig. 18.

Die Laugen und Waschwässer werden in den eisernen Behälter *A* gepumpt, hier durch die abziehenden Verbrennungsgase vorgewärmt und nach Bedürfniss in das Abdampfgefäss *B* abgelassen. Von dort werden die eingedickten Rückstände in den

---

[1]) F. Fischer: Die Verwerthung der städtischen und Industrie-Abfallstoffe. Leipzig 1875, 144.

Calcinirraum C geschafft. Sobald sie hier durch die aus dem Feuerraum x kommenden Flammen ausgetrocknet sind, verbrennt Wollfett, Schmutz und dergl. unter Entwicklung bedeutender Wärmemengen, so dass es durch Regelung des Luftzutrittes gelingt, mit 1 kg Kohle 12 kg Flüssigkeit zu verdampfen. Der Feuerraum, der Calcinirraum und das Abdampfgefäss sind aus Chamottesteinen, der Schornstein n aus Backsteinen hergestellt.

Der ebenfalls von H. Fischer erbaute grössere Ofen in Döhren bei Hannover ist 12 m lang, 2,3 m breit, 2,0 m hoch. Der Vorwärmebehälter A ist 3,25 m lang, 2,0 m breit und 1,0 m tief; das Abdampfgefäss B ist 6,5 m lang, 1 m im Lichten weit und 0,35 m tief; der Calcinirofen C, welcher 0,5 m tiefer liegt als B, ist 3,0 m lang, 1,0 m im Lichten weit und 0,25 m tief bis zu den Bedienungsthüren.

Es wurden in Döhren täglich etwa 5000 kg Wolle ausgelaugt und hieraus 152 kg rohe Potasche mit $80\,^0/_0$ Kaliumkarbonat gewonnen. Die Lauge ist im Durchschnitt von 20^0 Bé. oder $16\,^0/_0$ig.

H. Havrez empfiehlt die eingedampften Laugen zur Herstellung von Blutlaugensalz.

b) Reinigung durch Abscheidung der Fette mittelst Schwefelsäure.

Zur Zersetzung fetthaltiger Laugen mittelst Säure sammelt man die Abwässer in Fässern oder hölzernen Kästen und fügt Schwefelsäure hinzu; die hierdurch abgeschiedene schwarze Masse von Fettsäure wird abgeschöpft und in Fässern an Stearinsäure-Fabriken behufs weiterer Verarbeitung abgegeben oder als Wagenschmiere bezw. als Zusatz zum Degras benutzt. Die schmutzige, salzhaltige Flüssigkeit geht jedoch in die Flüsse. In Brünn benutzt man 66grädige Schwefelsäure, die vorher mit 3 Theilen Wasser verdünnt ist; die an die Oberfläche getretenen Fettsäuren werden nach dem Erkalten abgeschöpft und zur Entfernung des Wassers einem hydraulischen Druck ausgesetzt. Die Masse wird dann bei $180-200^0$ umgeschmolzen und nochmals abgepresst. Der sich am Boden ansammelnde schmierige Rückstand wird wegen seines Gehaltes an düngenden Bestandtheilen als Düngemittel verwendet.

c) Reinigung durch Zusatz von Kalk.

Die Reinigung der Abwässer durch Säuren hat den Uebelstand, dass die geklärten Flüssigkeiten leicht freie Säuren enthalten, deshalb nach dieser Richtung, wenn sie nicht wieder neutralisirt werden, ebenso schädlich wirken können als die ungereinigten Abwässer. Aus dem Grunde ist die Reinigung durch Kalkwasser entschieden vorzuziehen. Diese Art Reinigung ist zuerst von Zeller und Jeannency vorgeschlagen. Sie erwärmen das Seifenwasser auf 75^0, fällen dieses durch Kalk und verwenden den Niederschlag zur Darstellung von Leuchtgas. Eine Kammgarnspinnerei von 20000 Spindeln lieferte täglich etwa 500 kg dieses Niederschlages, aus welchem 105 cbm eines sehr guten Leuchtgases erhalten wurden. Schwamborn hat dieses Verfahren wesentlich verbessert; es besteht nach einer Beschreibung von Ferd. Fischer in Folgendem (vergl. Fig. 19):

Ist der Sammelbehälter a von 105 cbm Inhalt gefüllt, was bei einem Verbrauche von 1000 kg Seife, die, im Mittel zu $25\,^0/_0$ gerechnet, einer Menge von etwa 4000 kg damit gewalkter roher Tuchwaare entsprechen, in etwa 14 Tagen der Fall ist, so wird sein Inhalt durch einen am Boden desselben befindlichen Kanal in einen tiefer liegenden, gleichgrossen Behälter, das Zersetzungsgefäss b, abgelassen, zugleich aber aus einem höher stehenden Gefässe c ein dünner Strahl Kalkmilch der Abflussrinne zugeführt.

Der Boden des Zersetzungsgefässes b ist aus drei Lagen von Ziegelsteinen gebildet. Zu unterst liegt eine flache, darauf eine hochkantige Lage mit so grossen Zwischenräumen, als es die oberste wieder glatte Lage, welche mit Mörtel verbunden ist, gestattet. Dieser Kanal hat Neigung nach einer Ecke des Behälters und Verbindung mit einem daselbst fest eingepassten, über einem Abflusskanal eingebrachten prismatischen Holztrichter d, der bis zur Höhe des Behälters reicht und mit einer schräg aufsteigenden Reihe von Löchern, die beim Einlassen der Brühe durch Holzzapfen verschlossen sind, versehen ist.

Die Zersetzung findet nach dem Einströmen in den Behälter augenblicklich statt. Die Kalkseife scheidet sich in flockigem Zustande aus, hüllt hierbei die schwebenden festen Stoffe, wie Farbstoffe, Wollfasern etc., ein, sinkt mit diesen allmählich zu

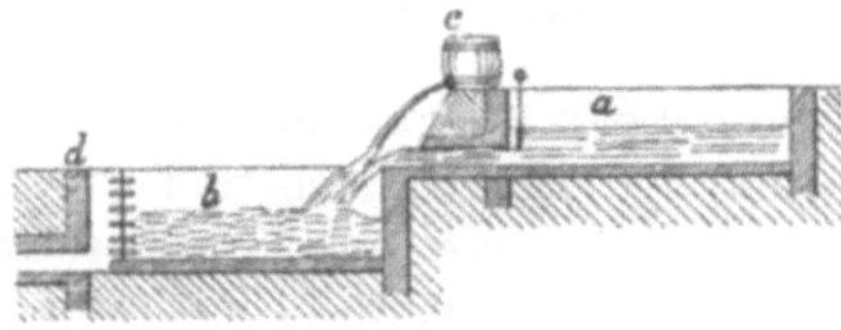

Fig. 19.

Boden und verdichtet sich schliesslich zu einem dickschlammigen Niederschlage. Bereits nach wenigen Minuten ist die oberste Schicht der Flüssigkeit nicht allein klar, sondern auch farblos. Die sowohl auf die schwebenden als auch auf die gelösten Farbstoffe sich erstreckende Klärung ist erfahrungsmässig so gross, dass man dem seifenhaltigen Abwasser noch bedeutende Mengen von anderen Farbwässern zuführen kann, um dieselben mit zu klären. Die eigenartige Erscheinung der Flocken im freien Wasser ist der Anhaltspunkt für den genügenden Zusatz von Kalk. Ein Ueberschuss desselben ist indess dem Klärvorgang nicht hinderlich. Annähernd, jedoch immerhin wechselnd nach dem Seifengehalt des Wassers, ist auf 150 cbm Brühe 0,3 cbm oder $0{,}2\,^0/_0$ des Volumens derselben an Kalkbrei, wie er sich in den Löschgruben befindet, zu rechnen.

Das geklärte Wasser wird durch Losziehen der an dem Trichter d angebrachten Holzzapfen von oben nach unten abgelassen bis an den Punkt, wo die dickschlammige Kalkseife sich abgelagert befindet.

Das weitere Entwässern des Niederschlages erfolgt theils durch Verdunstung, welche durch das Rissigwerden und Aufklaffen des Schlammes unterstützt wird, theils durch Filtration in das Kanalgerinne des Bodens und Trocknen an der Luft.

Der so erhaltene Niederschlag besteht aus:

Wasser	Kalk und Eisenoxyd	Fettsäure	Wollfaser, Farbstoffe und Schmutz
$3{,}11\,^0/_0$	$18{,}47\,^0/_0$	$71{,}96\,^0/_0$	$6{,}46\,^0/_0$

100 kg desselben werden in Aachen von Gasanstalten mit 18 Mark bezahlt; es werden daraus 30,6 cbm des besten Leuchtgases erhalten.

d) **Reinigung durch Zusatz von Chlorcalcium oder Chlormagnesium oder Bittersalz.**

Statt des Kalkes bezw. der Kalkmilch hat E. Neumann eine Chlorcalciumlösung (oder an dessen Stelle auch Chlormagnesium- oder Bittersalzlösung) empfohlen. Die Zersetzungsweise ist dieselbe, wie beim Kalkverfahren, unterscheidet sich jedoch dadurch von diesem, dass sich nicht kohlensaure Alkalien bilden, sondern die Chloride bezw. Sulfate derselben. Die ausgeschiedene Seifenmasse wird auf Filterpressen gebracht und die Presskuchen entweder ebenfalls zur Gewinnung von Fett oder von Fettgas verwendet.

Zur Gewinnung von Fett werden die Presskuchen mit verdünnter Salzsäure angerührt bis zur schwach sauren Reaktion und dann die Masse durch eine mit Dampf erwärmte Filterpresse gedrückt, Fett und Chloride laufen ab; ersteres wird abgehoben und mit $10\,^0/_0$iger Schwefelsäure bis 70^0 erwärmt, worauf das Fett nach einiger Zeit klar oben aufschwimmt.

H. Fleck (l. c.) fand die Zusammensetzung eines so gereinigten Wollwaschwassers für 1 l wie folgt:

Fettsäure	0,797 g
Ammoniak	0,032 „
Kali } an obige Fettsäure gebunden	{ 0,417 „
Ammoniak }	{ 0,157 „
Organische Stoffe chemisch indifferenter Art, fauliger Natur	2,387 „
Schwefelsaurer Kalk	0,764 „
Schwefelsaure Magnesia	0,243 „
Chlornatrium	2,537 „
Kieselsaures Natron	0,037 „
Schwefelsaures Natron	2,792 „
Schwefelsaures Kali	3,386 „

Andererseits sind zum Fällen vorgeschlagen Chlorcalcium und Kalk; ferner Eisensalze, Baryt etc.

Selbstverständlich können die durch Kalk oder Chlorcalcium gereinigten Abwässer unter Umständen noch zweckmässig zur Berieselung dienen; was die Abwässer von den Wollfärbereien anbelangt, so werden diese in dem folgenden Abschnitt „Färberei-Abwasser" nähere Berücksichtigung finden.

e) **Sonstige Verfahren.**

Ueber die Reinigung des Abwassers einer Wollgarnspinnerei nach dem Verfahren von Gerson vergl. I. Bd. S. 419.

Von sonstigen Verfahren mögen erwähnt werden:

1. O. Braun entfettet die Wolle, nachdem zuerst der Schweiss und ein Theil des Schmutzes[1] mit Wasser entfernt und das Wasser durch Alkohol, der Alkohol durch

---

[1] Petermann fand in dem Schmutz von der Wollwäsche:

Wasser	Organ. Stoffe	Organ. Stickstoff	Phosphorsäure	Kali
48,9 %	13,08 %	0,58 %	0,15 %	0,39 %

Dieser Wollschmutz kann ebenso wie der trockene Abfall (Wollstaub oder Wollabfall), in welchem wir $1,48—9,11\,^0/_0$ oder im Mittel von 85 Proben $4,77\,^0/_0$ Stickstoff fanden, entweder direkt oder nach der Kompostirung zur Düngung Verwendung finden.

Aether verdrängt ist, durch Ausziehen mit Aether, um so mehr oder weniger reines Wollfett zu erhalten.

2. Carl Lortzing in Charkow empfiehlt die Abwässer zur Herstellung von Asphaltmastix (D.R.P. 24712 vom 6. April 1883.)

Die aus den Abwässern der Wollwäschereien erhaltenen Fettschlammkuchen werden getrocknet und gepulvert. Von diesem Pulver werden 95 Theile zu 15 Theilen Wollfett, das ebenfalls aus den Wollwaschwässern vor Abscheidung des Schlammes abgeschieden wird und in einem Kessel bei 200° geschmolzen gehalten wird, zugesetzt. Diesen Massen können noch 100°/₀ Kalk oder ein anderes Fällungsmittel zugesetzt werden. Nach einem anderen, unter Umständen geeigneten Verfahren werden die Schlammkuchen in Kesseln der Einwirkung von Dampf von 5 Atmosphären ausgesetzt. Hierbei scheidet sich Wasser aus der Masse ab, indem letztere zähe wird.

3. Nach E. F. Hughes, London (für L. G. G. Daudenart und E. Verbert, Schaerbek bei Brüssel, nach dem englischen Patent vom 14. März 1873. P.P.W. No. 939) werden die zum Waschen der Wolle verwendeten Wässer mit Barytlösung vermischt, der erhaltene Niederschlag gesammelt, gepresst und mit heisser verdünnter Salzsäure zerlegt.

Man schöpft das abgeschiedene Fett ab, verdampft die Flüssigkeit und verarbeitet den Rückstand (Chlorbaryum) zu kohlensaurem Baryt nach dem in Pat. Spec. 938/1873 beschriebenen Verfahren.

4. Verfahren zur Abscheidung und Reinigung von Wollfett in Form einer „Lanolin“ genannten Verbindung desselben mit Wasser. (D.R.P. 38444 vom 17. November 1885. Zus.-Pat. zu No. 22516. Fabrik chem. Produkte, Aktien-Gesellsch., Berlin.)[1])

Die Wollwaschwässer, welche als eine natürliche Emulsion des sogen. Rohlanolins bezeichnet werden, und ebenso die aus dem käuflichen Wollfett künstlich hergestellten Emulsionen werden, nachdem man nöthigenfalls die gelösten Seifen durch in Wasser lösliche Salze der alkalischen Erden oder der Schwermetalloxyde in unlösliche, fettsaure Verbindungen übergeführt hat, nach dem Hauptpatente centrifugirt.

5. Verfahren zur Gewinnung von Wollfett aus den Abwässern der Wollwäschereien von R. B. Griffin in Reveren.[2]) (D.R.P. 66754 vom 3. Mai 1892. Kl. 23.)

Die Abwässer engt man nach diesem Verfahren ein, vermischt den Rückstand mit einem säurehaltigen, aufsaugend wirkenden Stoff, besonders saurem phosphorsaurem Kalk, erhitzt das Gemenge, um das Wasser zu entfernen, und trennt endlich das Wollfett durch Pressen oder auf andere Weise, z. B. durch Ausziehen, von den festen Stoffen. Die hierbei zurückbleibenden Rückstände dienen als Düngemittel, wobei sowohl der zugesetzte phosphorsaure Kalk, als auch das ursprünglich in den Abwässern enthaltene Kali und Ammoniak zur Wirkung gelangen.

6. Trennung des Wassers von den aus den Abwässern abgeschiedenen Fettsäuren. (D.R.P. 38465 vom 17. Nov. 1885. C. F. Schroers, Bockum bei Krefeld.)

Die aus den Abwässern von Färbereien, Wäschereien etc. durch Säure abgeschiedene Fettsäure bildet eine breiige Masse, die, da sie auf anderem Wege schwer vom eingeschlossenen Wasser getrennt werden kann, folgendermassen behandelt wird: Die Masse wird zum Gefrieren gebracht und hierauf wieder aufgethaut. Beim Aufthauen fliesst dann das Wasser leicht von der körnig gewordenen Fettsäure ab. Zur praktischen Ausführung des Verfahrens werden in die Zellen des Kältebehälters einer Eismaschine Stangen eingesetzt, die unten mit einer Platte versehen sind. Die dann eingefüllte und erstarrte Fettsäure-Masse wird mit Hilfe der Stange aus den Zellen herausgehoben und dann über in wärmeren Räumen aufgestellte Siebe gebracht. Die schmelzende Masse fällt auf die Siebe, das Wasser läuft ab und die Fettsäure bleibt auf den Sieben. Aus

---

[1]) Chem.-Ztg. 1887, **11**, 197.
[2]) Berichte d. Deutschen chem. Gesellsch. in Berlin 1893, **26**, Ref. 426.

den so erhaltenen rohen Fettsäuren wird die Hauptmasse der Fettsäure durch Pressen, und der Rest durch Ausziehen der Pressrückstände gewonnen.

7. **Die Absonderung der Fette aus den Seifenwässern der Tuchfabrikation.**[1])

Die abgängigen Seifenwässer werden mit einer wässerigen Auflösung von Chlorcalcium so lange versetzt, als noch ein käseartiger Niederschlag erfolgt. Die gebildete Kalkseife wird durch Abseihen mittelst grosser Körbe, welche mit nicht zu grobem Hanftuch gefüttert sind, abgeschieden und alsdann durch Abtropfen und Pressen von dem grössten Theile des darin enthaltenen Wassers befreit. 1. Zersetzung der Kalkseife: Die entwässerte Masse wird in 3 m hohe und 1 m weite, mit Deckeln verschlossene Kufen gegeben, und in diesen mit einer entsprechenden Menge möglichst schwefelsäurefreier Salzsäure zersetzt. Durch direktes Einleiten von Wasserdampf wird die Zersetzung befördert und die abgeschiedene fette Säure flüssig erhalten. Die während der Zersetzung sich entwickelnden Gase und Dämpfe durchströmen eine Kühlschlange von Gusseisen, welche in einen wohlverschlossenen, eisernen Kasten mündet. Letzterer enthält Kalkhydrat und steht durch eine Röhrenleitung mit der Feuerung des Dampfkessels in Verbindung. Durch diese Verbindung werden alle übelriechenden Gase und Dämpfe vollständig beseitigt bezw. zerstört. Nachdem die Zersetzung der Kalkseife vollständig erfolgt ist, überlässt man das Gemisch 6 Stunden der Ruhe und lässt alsdann durch einen am Boden der Kufe sich befindenden Hahn die Chlorcalciumlösung ab, welche zu einer neuen Fällung verwendet wird. Die Fettmasse wird nochmals mit der Hälfte der zur Zersetzung angewendeten Menge verdünnter Salzsäure gemischt und $^1/_2 - ^3/_4$ Stunden lang Wasserdampf eingeleitet. Nachdem die Fettmasse sich von der sauren, wässerigen Flüssigkeit geschieden hat, lässt man die klare, verdünnte Säure ab, ohne jedoch die emulgirte Schicht mit abfliessen zu lassen. Diese Emulsionsschicht bietet die meisten Schwierigkeiten bei der Trennung der fetten Säuren von der wässerigen Flüssigkeit. 2. Läuterung der gewonnenen fetten Säuren: Die Läuterung dieser fetten Säuren ist dreifacher Art. Sie besteht entweder in einer blossen Entwässerung, oder sie hat neben der Entwässerung auch ein Bleichen und eine Trennung der festen von den flüssigen Fettsäuren zum Zweck. a) Entwässerung: Sollen die gewonnenen sauren Fette nicht sofort wieder zur Seifenfabrikation verwendet werden, sondern als Fette bezw. Fettsäuren in den Handel gebracht werden, so ist eine Entwässerung nothwendig. Dazu wird die emulgirte Oelschicht entweder in einem Kessel unter Zusatz von Kochsalz (bei geringer Fettsorte) über freiem Feuer oder (bei besseren Fettsorten) vermittelst gespannter Wasserdämpfe erhitzt, welche in spiralförmig gewundenen eisernen oder kupfernen Röhren am Boden des Kessels durchströmen. Diese letztere Art der Erhitzung wird besonders dann angewendet, wenn die Seifen bezw. fetthaltigen Wässer von dem Entschälen der Seide oder von Türkischrothfärbereien, also zum grössten Theil von Olivenölseife herrühren. — b) Bleichen: Es ist oft von grossem Vortheil, die gewonnenen fetten Säuren zu bleichen, da sie dadurch einen erhöhten Handelswerth erhalten und ausserdem von ihrem unangenehmen Geruch grösstentheils befreit werden. Das Bleichen wird in hölzernen Bottichen vorgenommen, welche im Innern mit Blei bekleidet und mit einer Rührvorrichtung und einer Wärmschlange versehen sind. Die Bleichflüssigkeit besteht aus einer verdünnten Chlorsäurelösung bezw. aus einer stark mit Schwefelsäure angesäuerten Lösung von chromsaurem Kali. Die aus der Kalkseife abgeschiedenen und gewaschenen, noch warmen Fettsäuren werden (mit der Emulsionsschicht) in den Bottich gegeben, unter fortwährendem Rühren die Bleichflüssigkeit zugesetzt und das Mischen noch eine halbe Stunde unterhalten. Nach sechsstündiger Ruhe haben sich die gebleichten Fettsäuren zum grössten Theil abgeschieden. Man lässt die grüne, chromalaunhaltige, wässerige Flüssigkeit abfliessen und wäscht ein- oder zweimal mit warmem Wasser nach. Nachdem das Waschwasser entfernt ist, lässt man das emulgirte Oel ab; die klare Fettmasse wird alsdann sofort entwässert. Die emulgirte Schicht mischt man mit 10—15 % Canadol, wodurch eine sofortige Trennung eintritt; das Canadol

---

[1]) Nach Polyt. Notizbl. **42**, 289 in Chem. Centrbl. 1888, 237 u. 264.

scheidet sich bei der Destillation wieder aus. Die Behandlung der emulgirten Schicht mit Canadol findet erst nach 5—6 Bleichvorgängen statt, d. h. dann erst, wenn zur Füllung der Destillirblasen eine hinreichende Masse vorhanden ist. Das wiedergewonnene Canadol wird stets zu neuen Trennungen wieder benutzt. Auf diese Weise erhalten die aus Seideschälanstalten und Türkischrothfärbereien herrührenden fetten Säuren eine helle, weingelbe Farbe und besitzen nur einen unbedeutenden Geruch. Sie sind zum Fetten der Wolle, sowie zur Seifenfabrikation vortheilhaft zu verwenden. 3. Trennung der festen Fettsäuren von den flüssigen: In manchen Fällen ist es erwünscht und lohnend, die festen Säuren von den flüssigen zu trennen. Dazu werden die gebleichten fetten Säuren noch weiter in grosse Bottiche von 50—75 cm Durchmesser und $2^1/_2$ m Höhe gegeben und bis auf eine Temperatur von $+ 9^0$ C. allmählich abgekühlt. Um die Trennung möglichst vollständig zu erzielen, ist es nothwendig, dass eine sehr langsame Abkühlung stattfindet, weil sonst die festen Fettsäuren keine grösseren Krystalldrusen bilden oder nur als ein Gerinnsel in der flüssigen Masse in der Schwebe erhalten werden, welches von dem flüssigen Theile nur schwer zu trennen ist. Bei richtiger Ausführung scheiden sich die festen Fettsäuren an den Wandungen und auf dem Boden des Bottichs in blumenkohlähnlichen Krystalldrusen aus. Man kann sie von dem flüssigen Theile durch einen am Boden des Bottichs befindlichen Hahn scheiden. Die festen Massen können sofort in die kalte Presse gegeben werden und finden ihre weitere Verwendung als Kerzenrohstoff. Eine solche Krystallisation dauert bei verhältnissmässig geringem Gehalt an festen Säuren und hoher Lufttemperatur, wenn man keinen Keller hat, oft 2—3 Wochen. Bei starker Winterkälte kann es nöthig werden, die Krystallisirbottiche mit schlechten Wärmeleitern zu umgeben, um so die Abkühlung zu verzögern. — Aus dem Leimfette einer Kalkseife, welche während des Leimsiedens als Schaum gewonnen wird, eine mehr oder minder gelbbraune Farbe und einen unangenehmen, zuweilen stark ammoniakalischen Geruch besitzt, und deren Fett bezw. Talggehalt zwischen 40—50 % beträgt, werden die fetten Säuren ganz in der oben angeführten Weise mittelst Salzsäure abgeschieden. Die Läuterung beschränkt sich theils auf die Entwässerung über freiem Feuer, theils kommt das Bleichen in Anwendung, je nachdem man Seifen- oder Kerzenrohstoff erzielen will. 4. Verwendung der erhaltenen fetten Säuren: Die aus oben angeführten Abgängen gewonnenen Körper sind keine neutralen Glycerinverbindungen, sondern wahre Säuren, welche Metalle und Metalllegirungen (Kupfer, Messing) stark angreifen. Es ist somit ihre Verwendung als Schmiermittel, wenn man die Anwendung der schlechteren, sehr dunkel gefärbten und halb weichen Säuren als Karrenschmiere ausnimmt, für Maschinen gewiss nicht angezeigt. Dagegen können sämmtliche Erzeugnisse für die Seifenbereitung verwendet werden. Selbstverständlich schwankt die Beschaffenheit dieser Erzeugnisse zwischen der der gewöhnlichsten Schmierseife und guter Toiletteseife. Werden die fetten Säuren der Destillation mit oder ohne überhitzte Wasserdämpfe unterworfen, so erhält man eine ziemlich farblose Masse, welche bei der Abkühlung eine Menge fetter Fettsäuren krystallinisch abscheidet. In manchen Fällen ist die Verarbeitung in dieser Weise nutzbringend. Zur Leuchtgasbereitung sind alle diese sauren Fette im rohen Zustande unter geeigneten Vorsichtsmassregeln mit Vortheil zu verwenden. Bei der dunklen Rothgluth ergiebt 1 cbm dieses Oeles, welches etwa 240 Pfund wiegt, ca. 2800 cbm eines sehr schweren Leuchtgases von grosser Leuchtkraft (vergl. S. 326).

XIV. Abwasser aus Farbenfabriken und Färbereien.

1. Zusammensetzung.

Die Abwässer aus Farbenfabriken und Färbereien sind bei der grossen Menge der bei der Bearbeitung verwendeten Farbstoffe sehr mannigfaltiger Art, können jedoch hier zusammengefasst werden, weil sie sich bezüglich ihrer schädlichen Wirkungen, wie ihrer Reinigung gleich oder ähnlich verhalten.

Zu den eigentlichen Farbstoffen gesellen sich in den Abwässern auch noch Reste von Beizen, Pigmenten und sonstigen Hilfsstoffen von mehr oder weniger nachtheiliger Beschaffenheit. Unter diesen Hilfsstoffen sind besonders zu nennen die Metalloxyde: Zink-, Zinn-, Blei-, Kupfer- und Chromoxyd bezw. Chromsäure, und vor allen Dingen arsenige Säure bezw. Arsensäure, welche nicht nur zur Darstellung von Fuchsin und Saffranin, sondern auch zur Darstellung rother Tücher als Alkali- oder Calciumsalze oder als Arsen bezw. Auripigmentküpe in der Zeugdruckerei zur Verwendung kommen. Ueber die Zusammensetzung dieser Abwässer für 1 l mögen folgende Analysen der englischen Kommission Aufschluss geben:

Abwässer	Schwebestoffe		Gelöste Stoffe									Bemerkungen
	Organische Stoffe	Un-organische Stoffe	Ge-sammt	Organischer Kohlenstoff	Organischer Stickstoff	Ammoniak	Stickstoff als Nitrate u. Nitrite	Gesammt-Stickstoff	Chlor	Arsen	
	mg	mg	mg	mg	mg	mg	mg	mg	mg	mg	
1. Aus Farbeküpen zum Wollefärben	779,2	240,8	1076	489,7	33,21	4,92	0	37,26	—	—	
2. Aus einer Druckerei, wie es in den Etheron fliesst	207,4	53,0	762	17,92	4,27	0,90	0	5,01	2,9	—	
3. Aus einer Färberei und Bleicherei . .	354,2	146,2	434	48,22	2,38	0,40	0	2,71	45,0	0,50	
4. Aus einer Färberei, Druckerei, Bleicherei (Durchschnitt aus 5 Fabriken)	189,7	70,2	502	42,26	2,99	1,25	0	3,99	48,6	—	

Abwasser	Schwebestoffe		Gelöste Stoffe								Be- merkungen
	Organische Stoffe	Un- organische Stoffe	Ge- sammt	Organischer Kohlenstoff	Organischer Stickstoff	Ammoniak	Stickstoff als Nitrate u. Nitrite	Gesammt - Stick- stoff	Chlor	Arsen	
	mg	mg	mg	mg	mg	mg	mg	mg	mg	mg	
5. Kanalwasser einer Druckerei	113,0	34,2	369	27,11	2,81	0,35	0	3,10	—	0,20	
6. Kanalwasser einer anderen Druckerei	9,7	9,2	397	10,51	1,19	0,21	0	1,36	42,8	1,60	nach 16täg. Absitzen
7. Aus einer Färberei nach dem Absitzenlassen	36,4	36,4	705	32,83	3,44	2,83	0,58	6,35	66,0	0	
8. Dasselbe nach der Filtration durch Sand und nach der Berieselung	0	0	621	12,48	3,03	2,73	2,00	7,28	55,4	0	
9. Der Bach, wie er zu einer Druckerei gelangt	0	0	60	2,46	0,23	0	0	0,23	11,0	0	5,4° Härte
10. Der Bach, wie er dieselbe nach dem Durchseihen und Absetzen verlässt	73,4	25,4	358	69,94	3,13	0,35	0	3,42	28,0	0,32	7,7° Härte
11. Purpurflüssigkeit einer Anilinfabrik	—	—	3480	23,30	9,69	34,30	—	41,63	—	0,40	
12. Aus einer Zeugfärberei	352,2	179,4	2365,0	96,19	5,99	—	—	—	428,0	—	

Der Verf. fand für einige Abwässer aus Färbereien folgende Zusammensetzung für 1 l:

Bestandtheile	Roth- und Blauholz- Färbereien			4. Türkisch- rothfärberei	5. Aus einer Fabrik für Appretur und Druckerei
	1	2	3		
	mg	mg	mg	mg	mg
Abdampfrückstand trocken	4476,2	1205,6	819,6	228,0	703,2
Organische Stoffe	1345,5	—	—	—	—
Zur Oxydation derselben erforderlicher Sauerstoff	—	94,4	129,2	4,8	43,4
Stickstoff in organischer Verbindung	—	20,5	15,4	Spur	12,8
Chlor	—	—	42,5	34,3	152,4
Schwefelsäure	1650,5	218,5	115,0	8,4	46,4
Eisenoxyd	111,4	—	—	—	—
Eisenoxydul	—	158,8	87,1	—	51,1
Kalk	269,0	82,4	108,4	35,6	76,8
Magnesia	61,1	—	—	—	—
Kali	72,3	—	—	—	—
Natron	554,2	—	—	—	—

Ein anderes, schlammig und roth aussehendes Färberei-Abwasser einer Türkischroth-Färberei ergab dem Verf. folgende Zusammensetzung für 1 l:

Schwebestoffe				Gelöste Stoffe							
Un-organische	Darin Kalk	Organische	Darin Stickstoff	Unorganische	Organische (Glühverlust)	ZurOxydation erforderlicher Sauerstoff	Stickstoff	Phosphorsäure	Kali	Kalk	Schwefelsäure
mg	mg	mg	mg	mg	mg	mg	mg	mg	mg	mg	mg
936,0	301,5	239,5	22,4	2893,5	2513,0	593,6	69,3	17,9	463,2	29,0	231,2

Ueber die Zusammensetzung sonstiger Färberei-Abwässer vergl. weiter unter Reinigung derselben S. 343—345.

H. Fleck[1]) fand für das Wasser aus einer Indigo-Küpenfärberei bei einem spec. Gew. von 1,0060 folgenden Gehalt für 1 l:

Schwebestoffe 31,66 %				Gelöste Stoffe		
Indigoblau	Eisenoxyd und Thonerde	Zinkoxyd	Kalk und Sand	Organische Stoffe	Kalkhydrat	Schwefelsaures Natron und Chlornatrium
%	%	%	%	%	%	%
0,06	3,06	7,34	21,20	0,19	0,09	0,27

K. B. Lehmann[2]) giebt für die Zusammensetzung der Abwässer von Appreturen und Färbereien folgenden Gehalt in 1 l an:

Abwasser aus:	Anzahl der untersuchten Proben	Aussehen	Reaktion	Unorganische Stoffe (Glührückstand) mg	Organische Stoffe (Glühverlust) mg	Zur Oxydation erforderlicher Sauerstoff mg	Schwefelsäure mg	Chlor mg	Fettsäuren mg	Bemerkungen
1. Appreturen	15	Durchweg gefärbt und trübe von Stärke, Seife und Fasern	Bis auf 1 saure Probe alle neutral	160,0 bis 1230,0	154,0 bis 2500,0	76,0 bis 231,0	37,1 bis 740,0	18,0 bis ?	86,0 bis 2000,0	Eine Probe mit 93 mg Stickstoff, eine andere mit 431,0 mg Stärke
2. Färbereien	17	Sehr stark gefärbt, sonst wie No. 1.	Meist neutral oder schwach sauer	302,0 bis 7268,0	312,0 bis 17854,0	105,0 bis 1295,0	135,0 bis 1833,0	144,0 bis ?	168,0 bis 9022,0	Eine Probe mit 28,0 mg Stickstoff; Schwebestoffe 28,0 bis 4342,0 mg

[1]) 12. u. 13. Jahresbericht etc. 1884, 16.
[2]) K. B. Lehmann: Die Verunreinigung der Saale in und bei Hof. Gutachten. Hof 1895, 148.

Cas. Nienhaus Meinau[1]) berichtet über eine Fuchsinfabrik, dass dieselbe täglich zwischen 700—900 kg oder jährlich 225 000 kg Arsensäure verarbeitete und dabei ein gehaltreiches Abwasser von 1,090 spec. Gew. von stark fuchsinrother Farbe und saurer Reaktion abfliessen liess, welches, 18,8 g Arsensäure und 29,45 g arsenige Säure für 1 l enthielt.

In dem Abwasser aus dem Sammler von 1,031 spec. Gew. fand er 7,52 g arsenige Säure für 1 l und in einem teigigen Rückstande nach dem Austrocknen 14,7 °/₀ Arsenverbindungen als arsenige Säure berechnet. Es können daher, wenn die Wässer nicht gereinigt und geklärt werden, unter Umständen sehr grosse Mengen verunreinigender und giftiger Stoffe in die Bäche und Flüsse gelangen.

2. Schädlichkeit.

Die Verunreinigung von Flüssen durch diese Abwässer anlangend, so fand ich z. B. für den Gladbach bei München-Gladbach, in welchen sich die Abwässer aus einer Reihe industrieller Werke, vorwiegend aber die von Färbereien, ergiessen, dass derselbe durch die Aufnahme dieser Wässer eine tiefdunkle Farbe annahm und vor der Aufnahme als reines Bachwasser und nach Aufnahme der Färbereiabwässer am 7. Mai 1883 folgenden Gehalt für 1 l hatte:

Wasser	Ab-dampf-rück-stand mg	Kalk mg	Eisen-oxydul mg	Schwe-fel-säure mg	Chlor mg	Zur Oxyda-tion der or-gan. Stoffe erforderl. Sauerstoff mg	Stickstoff in organischer Verbindung mg
Reines Bachwasser	197,0	49,7	0,0	18,3	8,5	0,8	0
Nach Aufnahme der Färberei-abwässer	309,2	55,6	30,9	37,9	35,5	16,4	8,2

Eine gleiche Verunreinigung ergiebt sich aus den oben angeführten Analysen 9 und 10 der englischen Kommission. Nicht immer jedoch mag diese Verunreinigung bei grösseren Flüssen in dem Maasse auftreten wie hier; so fand H. Fleck (l. c.) für 2 Wasserproben, von welchen die eine vor dem Fabrikdorfe mit vorwiegend Färbereien, die andere hinter dem Dorfe aus der Mulde entnommen war, dass beide Flüssigkeiten dunkel gefärbt, trübe waren und nach längerer Ruhe einen schwarzen Bodensatz abschieden, über welchem das geklärte Wasser wenig gelb gefärbt erschien. Die Menge des Bodensatzes betrug für Wasser 1 vor dem Dorfe 18,2 g und für Wasser 2 hinter dem Dorfe 1,27 g für 1 l, wobei zu bemerken ist, dass das Wasser 1 die Abgänge einer grösseren Fabrikstadt aufgenommen

---

[1]) Bericht über die Verunreinigung des Rheines. Basel 1883, 9.

hatte, während Wasser 2 die Abgänge des hinter dieser Stadt gelegenen Fabrikdorfes mit den Färbereien einschloss, und festgestellt werden sollte, ob durch den Einfluss der Färbereiabwässer die Beschaffenheit des Wassers wesentlich verändert werde. Der Bodensatz ergab zunächst folgende procentige Zusammensetzung:

	1	2
Steinkohlenstaub und Faserstoffe	34,50 %	67,13 %
Sand und Phosphat	47,64 %	23,25 %
Schwefelkupfer	1,37 %	0,70 %
Schwefelzink	0,51 %	0,02 %
Schwefeleisen	15,95 %	8,41 %

Die geklärten Wässer besassen starken Kothgeruch; ein darüber gehaltenes Bleizuckerpapier wurde durch sich entwickelndes Schwefelwasserstoffgas sofort gebräunt, und als Bestandtheile ergaben sich in 1 l Wasser:

	1	2
Schwefelsaures Calcium	256,0 mg	288,0 mg
Kohlensaures „	53,0 „	26,0 „
„ Magnesium	79,0 „	78,0 „
„ Natrium	80,0 „	68,0 „
Kochsalz	162,0 „	180,0 „
Schwefelwasserstoff, Ammoniak	91,0 „	94,0 „
Organische Substanzen	360,0 „	196,0 „
Summe	1081,0 mg	868,0 mg

Man sieht aus diesen Analysen, dass die Abwässer der Färbereien das Flusswasser kaum zu seinen Ungunsten verändert, vielmehr günstig und reinigend gewirkt haben, indem die von den Beizflüssigkeiten herrührenden Eisen-, Kupfer-, Zinn- und Zinksalze das von den fauligen städtischen Abgängen herrührende Schwefelammonium des Flusswassers zersetzt haben und deren Metalle als Schwefelverbindungen in den Schlamm übergeführt sind. In ähnlicher Weise fand H. Fleck in dem Schlamm von den Böschungen des zu einem an Färbereien reichen Dorfes gehörigen Pleisseufers:

$$
\left.\begin{array}{l}
0{,}195\,\% \ \text{Kupfer} \\
0{,}018\,\% \ \text{Blei} \\
0{,}025\,\% \ \text{Arsenik} \\
7{,}730\,\% \ \text{Eisen}
\end{array}\right\} \text{sämmtlich als Schwefelverbindungen.}
$$

ausserdem 2,870 % Fett
0,220 % Anilinviolett
88,942 % Sand, Thon und Humussubstanzen,

während in dem Flusswasser keine Spur des Farbstoffs noch der obigen Metalle festzustellen war. Wenngleich hiernach durch Zusammenfliessen von fauligen Abwässern mit Färberei-Abwässern in diesen Fällen eine Art Selbstreinigung des Flusswassers stattgefunden hatte, so ist doch zu berücksichtigen, dass auch der ausgeschiedene Schlamm bei seinem Gehalt an

Schwefelmetallen und zumal, wenn er Arsen enthält, wiederum schädlich und nachtheilig wirken kann, wenn er z. B. von Thieren, wie Enten, aufgewühlt oder auf Aecker und Ländereien ans Ufer geworfen bezw. gespült wird.

a) Schädlichkeit in gesundheitlicher und gewerblicher Hinsicht.

Die schädlichen Wirkungen der Farbenfabriken- und Färberei-Abwässer beruhen einmal auf dem Gehalt von nicht ausgenutztem Farbstoff, dann auf dem von Metallverbindungen, besonders von Arsenverbindungen. Dass die Farbstoffe als solche, auch wenn sie keine giftigen Metallverbindungen enthalten, schädlich wirken und das Wasser für alle Zwecke, wozu ein reines Bachwasser benutzt zu werden pflegt, unbrauchbar machen, braucht kaum hervorgehoben zu werden. Abgesehen davon, dass die farbige Beschaffenheit des Wassers eine Benutzung für häusliche und gewerbliche Zwecke zum Waschen, Spülen, Bleichen, Kochen etc. ausschliesst, kann auch nicht geleugnet werden, dass die Farbstoffe als solche für Vieh bei der Tränke und für Fische schädlich wirken können. Denn, wenn man bedenkt, dass nach vielen angestellten Versuchen beim Füttern von Krapp die Farbstoffe desselben sich in den Knochen ablagern und nach Lieberkühn auch Alizarinkalk in die Knochen übergeht, so ist nicht abzusehen, weshalb nicht auch andere Farbstoffe den Weg durch den Thier-Organismus nehmen sollen. Dass der Geschmack der Milch sich vielfach nach der Art des Futters richtet, ist bekannt. Die Milch der stark mit Rüben gefütterten Kühe nimmt einen Rübengeschmack an; die Milch von mit häuslichen Abfällen aller Art (wie saure Kartoffelschnitzel, Ueberbleibsel von Gemüse etc., auch Schlempe) gefütterten Kühen ist, wie bekannt, unbrauchbar für Ernährung der Kinder und hat Krankheiten der letzteren zur Folge. Wenn ferner bekannt ist, dass die Butter bezw. Milch bei saftigem Grünfutter im Frühjahr sich durch Farbe und Geschmack sehr vortheilhaft von der Butter bezw. Milch bei Trockenfutter im Winter unterscheidet, so kann wohl nicht geleugnet werden, dass auch das mit Farbstoffen aller Art geschwängerte Abwasser von Färbereien, wenn es von Milchkühen genossen wird, einen entsprechenden nachtheiligen Einfluss auf Geschmack und Farbe der Milch bezw. der Butter haben kann. Dieses gilt nicht nur dann, wenn die Farbstoffe in Wasser gelöst genossen werden, sondern auch dann, wenn dieselben durch Benutzung des farbigen Wassers zur Berieselung auf Wiesen getragen und die Farbstoffe an den Pflanzenstengeln und Blättern niedergeschlagen und mit diesen von den Thieren verzehrt werden.

Gelangen mit dem Wasser bezw. mit dem durch das Wasser fortgeführten Schlamm Arsenverbindungen auf die Wiesen, dann liegt die Möglichkeit vor, dass der arsenhaltige Schlamm an den Wiesenpflanzen festhaftet und so in das Futter der Thiere gelangen kann. Dass solches Futter gesundheitsnachtheilig ist, bedarf keiner weiteren Erörterung. Eine Bestätigung hierfür finden wir in einer Beobachtung, welche Otto Schweissinger[1]) im Sommer 1886 bei Wurzen gemacht hat. Daselbst erkrankten bezw. starben eine grössere Anzahl von Kühen und Schafen in einem Stalle, in welchem zur Fütterung unbrauchbares, stark verschlammtes und beim Schütteln stark stäubendes Heu zur Einstreu benutzt worden war. Die auf dem Heu abgelagerten Schlammtheile waren stark arsenhaltig; sie waren bei Hochwasser von den Halden und Wäschen der Muldener Hütten fortgespült und auf den Wiesen abgelagert.

Cas. Nienhaus-Meinau[2]) hat auch gefunden, dass Fische (Nasen und Aesche), als sie dem Ausfluss einer Farbenfabrik, die kein Arsen verwendete, ausgesetzt wurden, alsbald starben und dass die Kiemen derselben missfarbig und mit einer graubraunen Substanz durchsetzt waren. Selbstverständlich sind die giftigen und schädlichen Einwirkungen viel grösser, wenn die Abfallwässer gleichzeitig Metall-, besonders Arsenverbindungen enthalten.

So giebt Cas. Nienhaus-Meinau (l. c.) für das oben beschriebene Abwasser einer Fuchsinfabrik, welches 18,8 g Arsensäure und 29,45 g arsenige Säure in 1 l enthielt, an, dass dasselbe kleine Fische sofort tödtete; als er von demselben 10 ccm einem Liter Wasser zufügte (also in 100 facher Verdünnung), starb ein kleiner Fisch nach 4 Stunden, bei 20 ccm auf 1 l nach 1 Stunde 40 Minuten, bei 25 ccm auf 1 l nach 35 Minuten und bei 35 ccm auf ein 1 l Wasser nach 10 Minuten. Auch das Abwasser 2 mit 7,52 g arseniger Säure in 1 l tödtete kleine Fische nach wenigen Athmungen.

C. Weigelt[3]) hat ebenfalls Vergleiche über die Giftigkeit von Arsenverbindungen für Fische angestellt und zog ferner noch zu den Versuchen heran: Gelbes Blutlaugensalz, Quecksilberchlorid, chromsaures Kali, Kalialaun, Ammoniakalaun, Chromalaun etc., welche ebenfalls in den Farbfabriken, Färbereien und Druckereien Verwendung finden.

Hiernach hat arsenige Säure bei 0,1 g für 1 l auf Forellen bei 2 stündigem Aufenthalt sowie 0,1 g arsenigsaures Natrium auf Schleien bei 17 stündigem Aufenthalt in einem 8—9 ⁰ C. warmen Wasser keine schädliche Wirkung ausgeübt; bei Forellen, Dotterträgern, Lachsen wirkte 0,1 g arsenigsaures Natrium bei 4 stündiger Aussetzungsdauer und einer Temperatur des Wassers von 16 ⁰ C. bereits schädlich, 0,05 g arsenigsaures Natrium wirkten bei denselben Fischarten bei $2^1/_2$ stündiger Aussetzungsdauer und 12—23 ⁰ C. nicht schädlich. Aehnlich verhielt sich arsensaures Natrium; auch hierbei scheint die Schädlichkeitsgrenze zwischen 0,05—0,1 g für 1 l zu liegen.

Nach unseren Versuchen haben 40 g schwere Schleien und 60 g schwere Karpfen bis 0,0272 g arsenige Säure in 1 l bei einer Temperatur des Wassers von 7—16 ⁰ C. während 3 Tage ohne äusserlich auftretende schädliche Wirkung vertragen.

---

[1]) Repert. f. analyt. Chem. 1887, **7**, 368.
[2]) Bericht über die Verunreinigung des Rheines von Cas. Nienhaus-Meinau. Basel 1883, 10.
[3]) Arch. f. Hygiene 1885, **3**, 39.

Quecksilberchlorid führte bei einem Gehalt von 0,05 und 0,1 g für 1 l bei einer Aussetzungsdauer von nur 29 Minuten und einer Temperatur des Wassers von 9⁰ C. sowohl bei Schleien wie Forellen den sicheren Tod herbei.

Gelbes Blutlaugensalz schadete Forellen in Mengen von 1 g für 1 l bei einstündigem Aufenthalt und einer Temperatur von 8⁰ C. nicht. Ebenso erholten sich auch Forellen nach einem Aufenthalt von 75 Minuten in einer Lösung von 0,2 g chromsaurem Kalium für 1 l in frischem Wasser wieder, jedoch scheinen sich die Fische in der Versuchsflüssigkeit nicht wohl zu befinden.

Auffallend ist auch die akute Wirkung der Alaune auf Forellen; von Eisenalaun sowohl wie von den eigentlichen Alaunen (Kali- und Ammoniakalaun) erwiesen sich schon Mengen von 0,10 g in 1 l für Forellen bei verhältnissmässig geringer Aussetzungsdauer als schädlich, während Schleien bis 1 g in 1 l bei 15—16 stündiger Aussetzungsdauer ohne Schaden vertrugen.

C. Weigelt ist geneigt, dem in den Alaunen vorhandenen Eisenoxyd bezw. der Thonerde einen specifisch giftigen Einfluss auf Fische (wenigstens Forellen) zuzuschreiben und glaubt die Grenze der Schädlichkeit für Eisenoxyd auf 0,02—0,01 g Eisen und für Thonerde auf 0,007—0,0038 g Aluminium in 1 l festsetzen zu können.

Nach dem vom Verf. und E. Haselhoff[1]) ausgeführten Versuchen liegt die Grenze der Schädlichkeit von Kalialaun wenigstens für Goldorfen wesentlich höher, etwa bei 0,3 g Kalialaun oder 0,0171 g Aluminium für 1 l. Es kann sein, dass diese Verschiedenheit in den Ergebnissen dadurch bedingt ist, dass in den Versuchswässern eine verschiedene Menge von Thonerdehydrat in der Schwebe war; denn ohne Zweifel wird letzteres, ebenso wie Eisenoxydhydrat und sonstige Hydroxyde der Metalle vorwiegend mechanisch wirken, indem es sich auf die Athmungsorgane niederschlägt und die Athmung beeinträchtigt. In unseren Versuchen hatte sich nur verhältnissmässig wenig Thonerdehydrat als solches ausgeschieden. Während C. Weigelt von 0,2 g Chromalaun bei 9⁰ C. und 75 minutenlanger Aussetzung für grosse Forellen noch keine schädliche Wirkung beobachten konnte, trat dieselbe bei unseren Versuchen mit Goldorfen bei 0,23 g Chromalaun in 1 l bei 15⁰ C. Wasser-Temperatur ein; wahrscheinlich liegt auch hier die Ursache für diese Unterschiede in der verschieden grossen Abscheidung von Chromoxydhydrat.

Auch auf die Befruchtung der Fischeier wirkte nach den Versuchen von C. Weigelt Kalialaun schädlich; bei 0,1 g Kalialaun in 1 l wurden nur 0,9 ⁰/₀ Eier befruchtet, während die Menge der befruchteten Eier in dem Wasser ohne Kalialaun 51,5 ⁰/₀ betrug. Aehnliche schädliche Wirkungen des Kalialauns auf die Befruchtung der Fischeier beobachtete Nitsche-Tharand[2]); bei 0,1 g Kalialaun in 1 l waren nur 12 ⁰/₀ befruchtet, während in gewöhnlichem reinen Wasser 57 ⁰/₀ befruchtet wurden.

---

[1]) Landw. Jahrb. 1897, **24**, 75.
[2]) Vergl. C. Weigelt in Arch. f. Hygiene 1885, **3**, 82.

E. Haselhoff und B. Hünnemeier führten an der hiesigen Versuchsstation Untersuchungen über die Schädlichkeit verschiedener Farbstoffe
für Fische aus, welche nachfolgende Hauptergebnisse lieferten:

Farbstoff	Menge des Farbstoffes in 1 Liter mg	Temperatur des Wassers	Versuchsdauer	Fischart	Beobachtung
Indigotin	471,5	9—17,5⁰	5 Tage	{ Karpfen { Schleien	Unschädlich.
Diamantfuchsin .	125,0	7,5—10⁰	14 „	„	„
Methylenblau . .	{ 57,5—157,5 {177,5—217,5	6—12⁰ 6—12⁰	7 „ 7 „	{ Schleien { Karpfen	Die Fische sind krank und gehen ein. Die inneren Organe sind mit dem Farbstoff durchsetzt.
Chrysoidin . . .	5,0	3—4,5⁰	8 Stunden	Schleien	Wie vorher.
Bismarckbraun . .	8,0	3,5—5⁰	4 Tage	„	Wie vorher, bei 5 mg noch keine Erkrankung.
Azoorseille . . .	100,0	4—8,5⁰	4 „	„	Unschädlich.
Chyrsamin . . .	60,0	4—8,5⁰	3 „	„	„
Metanilgelb . . .	120,0	7—10⁰	14 „	{ Karpfen { Schleien	„
Martiusgelb . . .	85,0	10—12,5⁰	4 „	„	Die Fische erkranken und gehen ein. Bei 57,5 mg noch keine krankhafte Erscheinung.
β-Naphtolorange .	100,0	7,5—10⁰	14 „	„	Unschädlich.
Naphtolgrün . .	100,0	4—8,5⁰	3 „	Schleien	„
Naphtolschwarz .	150,0	5—8,5⁰	3 „	„	„
Wollschwarz . .	150,0	5—8,5⁰	3 „	„	„
Dinitrokresol . .	80,0	4—8,5⁰	3 „	„	„
Dinitroresorcin . .	80,0	4,5—9⁰	6 „	„	„
Kongoroth . . .	110,0	3—8,5⁰	5 „	„	„

Wie die Flüsse, so können auch die Brunnen durch die Abgänge der
Farbfabriken und Färbereien, besonders durch den Arsengehalt verdorben und vergiftet werden.

Tardieu[1] berichtet über eine derartige Brunnenvergiftung zu
Nancy durch die Abgänge einer Tapetenfabrik, welche Schweinfurter Grün
verarbeitete und wo durch den Genuss des vergifteten Brunnenwassers
mehrere Menschen tödtlich erkrankten.

Jul. Kratter[2] erwähnt, dass zwei Fuchsinfabriken in Basel 1864
mehrere Brunnen verunreinigt hatten[3] und dass durch Genuss des Brunnen-

---

[1] Tardieu: Dictionnaire d'hygiène publ. 3, 35.
[2] Jul. Kratter: Studien über Trinkwasser und Typhus. Graz 1886, 7.
[3] Vergl. F. Goppelsröder: Zur Infektion des Bodens und des Bodenwassers.

wassers zahlreiche Erkrankungen hervorgerufen wurden; dasselbe geschah durch die Rückstände einer Fuchsinfabrik in Elberfeld und Barmen.

Herm. Kämmerer[1]) berichtet über einen Fall von Verunreinigung bezw. Vergiftung des Grundwassers mit Arsen infolge Eindringens ungereinigter Abwässer einer Mineralfarbenfabrik in den Boden. Das verunreinigte Leitungswasser enthielt 2,68 mg arsenige Säure (As_2O_3) in 1 l; an den Röhren fanden sich Inkrustationen mit Arsenverbindungen, vorzugsweise als Tricalciumarsenat vor.

b) Schädlichkeit für das Pflanzenwachsthum.

Die Giftigkeit der arsenigen Säure für Pflanzen ist von Fr. Nobbe, P. Baessler und H. Will[2]) in eingehender Weise nachgewiesen worden. Dieselben kommen durch die nach dem Verfahren der Wasserkulturen ausgeführten Versuche mit Erbsen, Hafer, Pferdezahnmais, Erlen und Ahorn zu nachfolgenden Ergebnissen:

1. „Das Arsen ist ein äusserst heftig wirkendes Gift für die Pflanze; schon eine Beigabe von $^1/_{1000000}$ zur Nährstofflösung bringt messbare Wachsthumstörungen hervor.

2. Das Element tritt nur in sehr geringen Mengen in die Pflanze ein; es ist nicht möglich, in die letztere irgend erhebliche Mengen einzuführen.

3. Die Wirkung des Arsens geht von den Wurzeln aus, deren Protoplasma desorganisirt und in seinen osmotischen Aktionen gehindert wird; die Wurzel stirbt schliesslich ohne Zuwachs ab.

4. Die oberirdischen Organe erfahren die Wirkung des Arsens zunächst durch intensives, von Erholungsperioden unterbrochenes Welken, dem das völlige Absterben folgt.

5. Durch Verhinderung der Transpiration (Verdunkelung, Einstellung in feuchte Räume etc.) wird es möglich, Pflanzen in Arsenlösung eine Zeit lang turgescent zu erhalten, ohne dass hierdurch die spätere Giftwirkung aufgehoben würde.

6. Wird die Pflanze nur kurze Zeit (länger als 10 Minuten) der Einwirkung des Arsens auf die Wurzeln ausgesetzt und hierauf in normale Ernährungsverhältnisse zurückgeführt, so lässt sich die Wirkung des Giftes etwas verzögern; späterhin tritt gleichwohl Wachsthumverzögerung oder gänzliches Absterben ein.“

Wir haben die Giftigkeit der arsenigen Säure auch im Boden in der Weise festzustellen gesucht, dass wir dem Boden im lufttrocknen Zustande 0,025 %, 0,05 % und 0,1 % arseniger Säure zumischten und das Wachsthum in diesen Reihen mit der im Boden ohne jeglichen Zusatz verglichen. Als Boden wurden Sand-, Lehm- und Kalkboden gewählt, die mit Grassamen besäet wurden.

---

[1]) Chem. Centrbl. 1887, 281.
[2]) Landw. Versuchsstationen 1884, **30**, 382.

Die unten durchlochten Töpfe hatten eine Höhe von 30 cm und einen Durchmesser von 15 cm; die Töpfe erhielten, nachdem das untere Loch erst locker durch Asbest geschlossen wurde, eine Schicht von einigen cm grobem Sand, darauf die genannten Bodenarten; die Menge des letzteren betrug durchschnittlich rund 5,5 kg für 1 Topf. Als Versuchspflanze diente englisches Raygras.

Während in den Töpfen ohne Zusatz von arseniger Säure die Pflanzen sich normal und mit gesundem Aussehen entwickelten, machten sich in den Reihen mit arseniger Säure die Wirkungen gleich im Anfang bemerkbar, jedoch war die Einwirkung bei den einzelnen Bodenarten verschieden.

Bei Sandboden konnte in den Töpfen mit $0,025\,^0/_0$ arseniger Säure kaum ein Unterschied gegen Reihe I (ohne Zusatz von arseniger Säure) bemerkt werden, in den Töpfen mit $0,05\,^0/_0$ arseniger Säure war das Wachsthum etwas schlechter, während in den Töpfen mit $0,1\,^0/_0$ arseniger Säure die Pflanzen rothspitzig waren und sich nur kümmerlich entwickelten. Ganz ähnlich verhielten sich die Reihen mit Zusatz von arseniger Säure bei Kalkboden; hier waren die Pflanzen in den Töpfen mit $0,1\,^0/_0$ arseniger Säure von den 3 Bodenarten am dürftigsten entwickelt.

Bei Lehmboden dagegen trat in den Reihen mit $0,025\,^0/_0$ und $0,050\,^0/_0$ arseniger Säure äusserlich kaum ein Unterschied gegen Normalreihe I hervor: in der Reihe IV mit $0,1\,^0/_0$ arseniger Säure war das Wachsthum zwar entschieden schlechter wie bei Reihe I, indess waren die vorhandenen Pflanzen nicht rothspitzig wie bei Reihe IV in Sand- und Kalkboden, sondern blieben die ganze Wachsthumszeit hindurch grün und erholten sich augenscheinlich mit dem Fortschreiten der Wachsthumszeit immer mehr.

Diesem äusseren Verhalten entsprach auch im allgemeinen die Ernte an Pflanzentrockensubstanz; es wurde nämlich für die Ernte an wasser- und sandfreier Pflanzenmasse für je 2 Töpfe gefunden:

Reihe	1	2	3	4
Zusatz von arseniger Säure	0	$0,025\,^0/_0$	$0,050\,^0/_0$	$0,100\,^0/_0$
Sandboden . .	6,838 g	5,986 g	5,052 g	3,312 g
Lehmboden . .	15,259 „	13,730 „	14,786 „	11,269 „
Kalkboden . .	16,565 „	16,092 „	14,017 „	0,703 „

Man sieht hieraus, dass die arsenige Säure im Boden bei weitem nicht so giftig auf die Pflanzen wirkt, wie in wässeriger Lösung und dass sich die einzelnen Bodenarten gegen dieselbe sehr verschieden verhalten.

Die 3 Boden enthielten:

	Sandboden	Lehmboden	Kalkboden
Humus	1,55 %	3,02 %	3,42 %
Kalk	0,227 %	0,678 %	31,33 %

Da nach den Untersuchungen von H. Fleck arsenige Säure in Tapeten durch den Kleister bei hinreichendem Feuchtigkeitsgehalt in Arsenwasserstoff übergeführt werden kann, so liegt die Vermuthung nahe, dass in diesem Falle der Humus des Bodens ebenfalls eine Reduktion der arsenigen Säure zu Arsenwasserstoff bewirkt und letzterer sich verflüchtigt hat. Wenn trotz des höheren Humusgehaltes des Kalkbodens die arsenige Säure in letzterem verhältnissmässig schädlicher als im Sand- und Lehmboden gewirkt hat, so hat das wahrscheinlich seinen Grund darin, dass hier die arsenige Säure an Stelle der Kohlensäure im Kalkkarbonat getreten ist und sich als arsenigsaures Calcium längere Zeit wirksam, d. h. giftig erhalten hat.

Nach diesen Versuchen äussert die arsenige Säure bei einem Gehalte von $0,025\,^0/_0$ im Boden deutliche schädliche Wirkungen.

J. Stoklasa[1]) hat bei seinen Untersuchungen „über die physiologische Bedeutung des Arsens im Pflanzenorganismus" Versuche nach dem Wasserkulturverfahren mit Mais, Gerste, Hafer, Weizen, Erbsen, Bohnen, Senf, Buchweizen und ferner Bodenkulturversuche mit Mais durchgeführt und gelangt auf Grund dieser Versuche zu folgenden Ergebnissen:

1. Die Giftigkeit des Arsentrioxydes ist sehr ausgiebig; schon $^1/_{100000}$ des Molekulargewichtes von As_2O_3 (in 1000 ccm Nährstofflösung) verursacht eine deutliche Störung des Pflanzenorganismus.

2. Die Giftigkeit des Arsenpentoxydes tritt mit geringerer Stärke auf, da erst $^1/_{1000}$ des Molekulargewichtes eine bemerkenswerthe Vergiftung herbeiführt.

3. Die giftige Wirkung des Arsentrioxydes und -pentoxydes zeigt sich besonders bei den Phanerogamen durch Störung der Chlorophyllthätigkeit. Die Zerstörung lebender Moleküle ist im Chlorophyllapparat eine viel raschere als im Protoplasma der Pflanzenzelle.

4. Superphosphat wirkt (bei Anwendung von 500 kg auf 1 ha) erst dann schädlich auf die Pflanzen, wenn es mehr als $0,4\,^0/_0$ Arsen in Form von $As(OH)_3$ (arseniger Säure) oder $AsO(OH)_3$ (Orthoarsensäure) enthält.

3. Reinigung.

Für die Reinigung der Färbereiabwässer werden allgemein Kalkmilch und, wenn Arsen vorhanden ist, Kalkmilch unter Zusatz von Eisenvitriol empfohlen und durchweg angewendet. Die durch Kalkmilch (bezw. Eisenvitriol) niedergeschlagenen Schlammstoffe müssen in zweckmässigen Klärbecken zum Absetzen gebracht werden. Der arsenhaltige Absatz ist, wenn er nicht weiter verarbeitet wird, so zu verscharren, dass er auch der Nachbarschaft nicht zum Nachtheil werden kann; enthält der Kalkniederschlag nur die Farbstoffe, so kann derselbe unter Umständen als Dünger Verwendung finden. Ich fand für derartigen Färbereiabfallkalk folgende procentige Zusammensetzung:

---

[1]) Zeitschr. f. landw. Versuchswesen in Oesterreich 1898, **1**, 154.

Kohlensaurer Kalk	Kalk ungebunden	Schwefelsaurer Kalk (Gips)	Eisenoxyd (mit Oxydul)	Stickstoff
28,30 %	6,51 %	21,38 %	10,70 %	Spuren

Vier andere Proben ergaben:

	1	2	3	4
Wasser	56,64 %	45,21 %	—	—
Organische Stoffe .	6,48 %	26,10 %	—	—
Mit Stickstoff . . .	Spuren	0,45 %	0,68 %	0,231 %
Mineralstoffe . . .	36,88 %	28,69 %	—	—
Mit: Phosphorsäure	0,55 %	0,29 %	0,22 %	0,149 %
Kalk	14,59 %	2,22 %	—	—
Kali . . .	0,66 %	0,18 %	—	—

E. Reichardt[1]) giebt an, dass in England die Kalkniederschläge auch sogar dazu verwendet werden, um daraus wieder verwendbare Farbstoffe auszuziehen. In anderen Fällen lassen sich kostspielige Farbstoffe durch die Fixirmittel, z. B. Zinnchlorid niederschlagen und aus diesen Niederschlägen wiedergewinnen.

E. Hankel[2]) hat einige Laboratoriumsversuche über die Klärung der Abwässer aus Färbereien angestellt und gefunden, dass eine Niederschlagung durch Ruhe allein nicht zum Ziele führt, dass dagegen die Klärung mit Kalk sowohl bei dem Abwasser der Wollfärbereien als auch der Baumwollfärbereien befriedigende Ergebnisse liefert, indem meistens nach 24 Stunden eine vollständige und genügende Klärung erreicht wurde. Als ein sehr geeignetes Klärungs- und Entfärbungsmittel erwies sich auch der Torf (vergl. S. 201), indess bietet er den Uebelstand, dass die Abwässer nur sehr langsam durch das Torffilter hindurchgehen.

Untersuchungen der hiesigen Versuchsstation über die Reinigung von Färbereiabwässern lieferten folgende Ergebnisse für 1 l:

Abwasser	Schwebestoffe			Gelöste Stoffe									
	Unorganische	Organische	Stickstoff	Unorganische	Organische	Zur Oxydat. erforderlicher Sauerstoff in alkal. Lösung	in saurer Lösung	Organischer + Ammoniak-Stickstoff	Kalk	Magnesia	Kali	Schwefelsäure	Chlor
	mg	mg	mg	mg	mg	mg	mg	mg	mg	mg	mg	mg	mg
a) Das Abwasser wurde mit Kalkmilch gereinigt:													
a) Ungereinigt . .	884,0	1330,0	6,1	3294,0	1146,0	384,0		22,8	1157,5	82,5	67,5	1752,7	198,8
b) Nach dem Fällen mit Kalk im letzt. Behälter	Spur	Spur	Spur	2832,0	616,0	548,0		39,4	947,5	wenig	102,1	943,3	248,5
c) Nach weiterer Reinigung in einem Teich	„	„	„	1940,0	316,0	168,0		11,6	590,0	41,0	73,5	710,0	188,1

[1]) Chem.-Ztg. 1884, **8**, 1513.

[2]) E. Haukel: Laboratoriumsversuche zur Klärung der Abwässer der Färbereien. Glauchau 1884.

β) In der Färberei wurden Blauholz, Indigo und Anilinfarbstoffe verwendet. Das Abwasser wurde nach Zumischung von Thonerdesulfat und Kalk in einer Reihe von Klärteichen gereinigt:

Abwasser	Schwebestoffe			Gelöste Stoffe									
	Unorganische	Organische	Stickstoff	Unorganische	Organische	Zur Oxydat. erforderl. Sauerstoff in alkal. Lösung	Zur Oxydat. erforderl. Sauerstoff in saurer Lösung	Organischer + Ammoniak-Stickstoff	Kalk	Magnesia	Kali	Schwefelsäure	Chlor
	mg	mg	mg	mg	mg	mg	mg	mg	mg	mg	mg	mg	mg
a) Ungereinigt, tiefblau, schwach sauer	218,0	970,0	16,1	1738,0	408,0	156,1	161,6	26,0	652,0	48,8	54,0	869,1	47,8
b) Gereinigt, bräunlich, alkalisch	86,0	6,0	Spur	2734,0	624,0	374,4	361,6	28,2	962,0	35,2	35,2	1277,2	142,0

γ) In einer Seidenfärberei wurden verwendet: Blauholz, Eisensalze, Zinnchlorid, Gerbsäure und Seife. Das Abwasser wurde nach Zusatz von Eisenvitriol und Kalk in Klärteichen gereinigt:

Abwasser	Unorg.	Org.	Stickst.	Unorg.	Org.	Sauerst. alkal.	Sauerst. sauer	Org.+Ammon.-Stickst. (Eisenoxyd)	Kalk	Magnesia	Kali	Schwefelsäure	Chlor (Natron)
a) Ungereinigt, dunkelblau, neutral	48,5	386,0	—	839,5	510,0	310,4	313,6	249,0	92,5	Spur	23,6	241,2	107,0
b) Gereinigt, hellgrau, alkalisch	48,5	(zus.)	—	640,0	267,5	131,2	144,0	17,5	277,5	„	13,5	147,7	2,9

δ) Eine Seidenfärberei verwendete: Blauholz, Katechu, Kastanienextrakt, Dividivi, holzsaures Eisen, salpetersaures Eisen und Seifen; sie reinigte ihre Abwässer wie bei γ:

Abwasser	Unorg.	Org.	Stickst.	Unorg.	Org.	Sauerst. alkal.	Sauerst. sauer	Org.+Ammon.-Stickst.	Kalk	Magnesia	Kali	Schwefelsäure	Chlor
a) Ungereinigt, stahlblau, neutral	85,0	1551,0	—	1227,5	811,5	633,6	736,0	240,0	224,0	17,1	31,5	526,8	182,0
b) Gereinigt, tiefgelb, alkalisch	213,0	(zus.)	—	1190,0	374,5	108,8	131,2	77,5	619,0	14,4	16,0	366,9	32,3

ε) Eine Seidenfärberei verwendete dieselben Farbstoffe wie δ und Anilinfarbstoffe; sie reinigte wie γ:

Abwasser	Unorg.	Org.	Stickst.	Unorg.	Org.	Sauerst. alkal.	Sauerst. sauer	Org.+Ammon.-Stickst.	Kalk	Magnesia	Kali	Schwefelsäure	Chlor
a) Ungereinigt, tief-dunkelbraun, schwach alkalisch	115,7	61,0	—	431,8	255,0	272,0	244,0	82,0	202,5	—	32,5	—	—
b) Gereinigt, gelblich, stark alkalisch	52,5	(zus.)	—	1644,5	209,0	156,0	224,0	52,5	262,5	—	549,0	—	55,7

ζ) Eine Färberei verwendete: Indigo, Blauholz, Sumak und Anilinfarben; dieselbe versetzte die Abwässer mit Kalk und Thonerdesulfat und hatte nur einen Klärteich zum Absetzen:

Abwasser	Unorg.	Org.	Stickst.	Unorg.	Org.	Sauerstoff	Stickstoff	Kalk	Magnesia	Kali	Schwefelsäure	Chlor
Gereinigt	41,2	122,8	7,8	3006,0	874,8	352,0	26,0	865,2	—	48,1	1375,6	220,1

η) Das Abwasser aus einer mit einer Färberei verbundenen Gerberei setzte sich aus der Brühe vom Walken des sumakgegerbten Schafleders, sowie aus rothen und gelben Anilinfarbstoffen zusammen. Behufs Reinigung wurde das Wasser durch verbrauchte Gerberlohe filtrirt und in Klärbecken zum Niederschlagen der Schwebestoffe der Ruhe überlassen (vergl. S. 200).

ϑ) In ähnlicher Weise wie Gerberlohe scheint das von Fr. Hulwa angewendete Fällungsmittel bezw. der darin enthaltene organische Faserstoff (vergl. I. Bd. S. 358 u. 359) entfärbend auf Färbereiabwässer zu wirken. Das Fällungsmittel wird für diese Abwässer nur etwas anders zusammengesetzt wie z. B. für die aus Zuckerfabriken, liefert aber alsdann ein fast farbloses Wasser, welches unter Umständen sogar in der Färberei wieder verwendet werden kann.

Das Verfahren wurde seiner Zeit in einer Türkischroth-Färberei in Ernsdorf bei Reichenbach in Schl. und in Blaufärbereien in Peterswaldau und Ebersbach ausgeführt.

Die Abwässer der Türkischrothfärberei setzten sich zusammen aus:

1. Sodalauge vom Abkochen der Garne, 2. deren Spülwässer, 3. Spülwässer der Beize, 4. Spülwässer der Kreidebäder, 5. Farbbad (Alizarin), 6. Spülbäder (Alizarin), 7. Spülbäder von der Avivage.

Die Reinigungsmittel wurden in flüssiger und in fester pulveriger Form zugesetzt.

Die Reinigung wurde in Vorrichtungen vorgenommen, die in Bd. I, S. 377 und 378 beschrieben sind.

Die Untersuchung dieses und des Abwassers einer Blaufärberei im ungereinigten und gereinigten Zustande ergab für 1 l:

Abwasser	Schwebestoffe		Gelöste Stoffe						
	Unorganische	Organische	Unorganische (Glührückstand)	Organische (Glühverlust)	Zur Oxydation erforderlicher Sauerstoff	Stickstoff[1]	Kalk	Kali	Schwefelsäure
	mg	mg	mg	mg	mg	mg	mg	mg	mg
1. Aus der Türkischroth-Färberei:									
Ungereinigt	22,8	12,8	1229,6	788,0	410,0	20,2	29,2	529,9[2]	62,4
Gereinigt	Spur	0	912,0	298,0	57,6	2,1	365,2	107,2	207,2
2. Aus der Blaufärberei:									
Ungereinigt	27,6	8,4	697,6	464,0	1240,0	11,2	182,8	107,4	354,5
Gereinigt	0	0	1417,2	253,2	560,0	9,0	417,2	105,2	570,1

Das ungereinigte Abwasser der Türkischrothfärberei war tiefroth, das andere tiefblau gefärbt; beide Proben gereinigten Wassers waren dagegen vollständig farblos und klar; ausser etwas ausgeschiedenem Calciumkarbonat war in beiden Proben keine Trübung

---

[1]) Gesammt-Stickstoff in schwebenden und gelösten Stoffen.

[2]) Die grosse Menge Kali rührt ohne Zweifel von der Verwendung von Kaliseife her; freier Kalk setzt sich mit dieser zu unlöslichem fettsauren Kalk und freiem Kali um; in diesem Falle ist aber offenbar die Kaliseife als solche zum grössten Theil durch das Fällungsmittel niedergeschlagen.

vorhanden. Das Abwasser der Türkischrothfärberei reagirte schwach, das gereinigte Wasser derselben stark alkalisch; das Abwasser der Blaufärberei war schwach sauer, das gereinigte Wasser dagegen neutral.

Der vornehmlich im ersten Klärbecken sich ablagernde Schlamm (Fällungs-Rückstand) wurde von Zeit zu Zeit während der Pausen des Betriebes herausgeschafft und als Dünger verwendet.

Die Kosten der ersten Reinigungsanlagen betrugen nach dem Bericht dort 3000 M., die der täglichen Reinigung für 375 cbm ca. 9,00 M., oder für 1 cbm $2\frac{1}{2}$ Pfg.

Es liegt auf der Hand, dass der zubereitete Zellstoff in dem Hulwa'-schen Fällungsmittel entfärbend wirken muss und dass letzteres desshalb gerade für Färbereiabwässer besonders zu wirken imstande ist.

ι) Slack und Browulow[1] wollen mit folgender Einrichtung günstige Ergebnisse bei der Reinigung eines Färbereiabwassers in Manchester erzielt haben: Die Vorrichtung besteht aus einem eisernen Cylinder von 10 Fuss Höhe und 5 Fuss Durchmesser, in dessen Innern eine Reihe von eisernen Platten in Spiralen rund um eine feste Axe angebracht sind und die in einem beträchtlichen Winkel nach auswärts und abwärts geneigt sind. Das zu reinigende Wasser, sowie die Chemikalien, welche hauptsächlich aus Kalk, Soda und Thon bestehen, fliessen gemeinsam durch eine Röhre nach dem Boden des Cylinders und steigen von da aufwärts, indem sie die entstehenden Niederschläge an den eisernen Platten absetzen, und fliessen oben ab. Die Niederschläge werden am Schluss jeden Tages durch Oeffnen einer Reihe von Schmutzhähnen von dem nachdrängenden Wasser herausgespült.

$\varkappa$) Nach einem Bericht des k. k. österr. Gewerbeinspektors Anton Suda[2] geschieht die Reinigung der gesundheitsschädlichen Abwässer von Färbereien am wirksamsten folgendermassen:[3]

„Die mit Anilin und verschiedenen pflanzlichen Farben verunreinigten, oft der Tinte gleich aussehenden Färbereiabwässer werden in einer Reihe von Klärbecken (in Cementmauerwerk ausgeführt) geläutert. Es ist eigentlich eine Doppelreihe von je 3 stufenartig aneinander gereihten Klärbecken, welche durch wagerechte, mit einem kleinen Gefälle versehene Kanäle mit einander verbunden sind. Das Schmutzwasser fliesst zuerst in Becken I. Hier sammelt es sich den ganzen Tag über und bleibt 24—30 Stunden stehen; infolgedessen sinken die meisten Farbstoffe zu Boden, während das Wasser der oberen Schichten sich wesentlich klärt. Letzteres fliesst nach Oeffnung des Verbindungsrohres (Kanals) in Becken II ab; während des Abfliessens wird behufs Fällung der noch enthaltenen Verunreinigungsstoffe Kalkwasser hineingeleitet. Der Inhalt des Beckens II bleibt nun ebenfalls 30 Stunden ruhig stehen, während welcher Zeit sich das Abwasser durch die Einwirkung des Kalkwassers bedeutend klärt. Alsdann wird der Kanal zwischen dem

---

[1] Gesundh.-Ing. 1891, **14**, 791.

[2] Bericht d. k. k. Gewerbe-Inspektoren über ihre Amtsthätigkeit im Jahre 1889. Wien 1890, 259.

[3] Das Verfahren ist ausgeführt in der Sammtfabrik J. D. de Ball & Co. Nachfolger in Graslitz.

II. und III. Becken geöffnet und in das abfliessende Wasser eine Mischung von Eisenvitriol und Bittersalz eingeführt. Nach abermaligem Stehenlassen durch 30 Stunden klärt sich das Abwasser in Becken III vollständig und kann dann in den Fluss oder Bach abgelassen werden. Dadurch, dass die eine Reihe der Klärbecken im Wechsel mit der anderen benutzt wird, ist es möglich, dem Abwasser die nöthige Zeit zum Klären zu lassen."

λ) Einige andere patentirte Verfahren zur Aufbereitung der Färbereiabwässer lauten nach „Berichte der deutschen chemischen Gesellschaft in Berlin" wie folgt:

1. Verfahren von E. A. Parnell, Swansea, England, zur Gewinnung des Arsens aus Rückständen der Anilinfabrikation, vom 12. Mai 1876 No. 2002.

Beim Erhitzen dieser Rückstände destillirt nur etwa $^1/_3$ des Arsens ab; der übrige Theil bleibt als arsensaurer Kalk zurück. Patentinhaber setzt diesem Salze quarzhaltigen Sand und Kohle zu und erhitzt; das Arsen verflüchtigt sich, und kieselsaures Calcium bleibt in der Retorte.

2. Verfahren von Aug. Leonhardt in Mainkur bei Frankfurt a. M. zur Wiedergewinnung des Arsens aus Rückständen der Fuchsinfabrikation D. P. No. 3216 vom 25. December 1877. Engl. P. No. 519 vom 8. Februar 1878).

Die festen arsenhaltigen Rückstände werden auf einem Heerde verbrannt. Mit der Wärme dieser Verbrennung wird ein unmittelbar daran stossender Flammofen geheizt, und die aus diesem Flammofen abziehenden heissen Gase werden zur Abdampfung der bei der Fabrikation abfallenden, arsenhaltigen Laugen benutzt. Der trockene Rückstand derselben wird in dem Flammofen der Röstung und Sublimation unterworfen. Das darauf sublimirte Arsen wird nebst den bei der Verbrennung der festen Rückstände entweichenden Gasen hinter den Abdampfwannen in Giftfängen üblicher Einrichtung gesammelt.

Die durch das verdampfende Wasser abgekühlten und auch mit Wasserdampf gesättigten Feuergase lassen die arsenige Säure ausserordentlich rasch fallen, so ·dass trotz verhältnissmässig kleiner Giftfänge doch kein Arsen in den Schornstein gelangt.

Im Flammofen bleibt eine Schlacke, die, wenn bei der Fuchsinfabrikation wenig Kalk angewendet worden ist, fast nur aus Kochsalz, kohlensaurem und arsensaurem Natron besteht und deren lösliche Salze wieder in die Fabrikation eingehen können.

3. Verfahren von J. Higgin, Manchester, und J. Stenhouse, London, No. 3949, vom 30. December 1872.

Um die Arsen- und Phosphorsalze aus den zum Fixiren (dem sogen. „Kothen") der Beizen gebrauchten Lösungen wiederzugewinnen, verfahren die Patentinhaber folgendermaassen: Das Abwasser wird mit einem Eisen- oder Mangansalze vermengt, das Gemenge durch Zusatz von Kalkmilch alkalisch gemacht und absetzen gelassen. Der das Arsen und den Phosphor enthaltende Niederschlag wird, nach Dekantiren der darüberstehenden, klaren Mutterflüssigkeit, auf Tuchfiltern filtrirt, eine Probe desselben auf Gehalt von Basen geprüft und die ganze Masse mit so viel Schwefelnatrium versetzt, dass ein Aequivalent dieses letzteren auf je ein Aequivalent Base kommt; das so erhaltene Gemisch wird mit Wasser flüssig gemacht und in mit Dampf erhitzten Pfannen zwei Stunden lang gekocht. Die gewonnene klare Lösung enthält arsenig-, arsen- und phosphorsaures Natron; sollte in derselben auch ein wenig Schwefelnatrium zugegen sein, so oxydirt man es mittelst unterchlorigsauren Natrons. Die Lösung ist alsdann zu neuen „Kothen" verwendbar; in Fällen, wo sie zu alkalisch befunden wird, neutralisirt man mit einer Mineralsäure.

4. **Verfahren von E. A. Schott in Kreiensen**, zur Anfertigung von Torfkohle behufs Reinigung der Flüssigkeiten von Farbstoffen aus anderen, fremden, sie verunreinigenden Bestandtheilen. (D. R. P. No. 14923 vom 14. December 1880.)

Leichter Torf wird mit fetten Steinkohlen, Braunkohlen etc. schichtweise gemengt und in einem möglichst dicht abzuschliessenden Raum stark erhitzt. Die sich bei der Erhitzung aus den fetten Steinkohlen etc. entwickelnden Destillationserzeugnisse werden unter Bildung dunklen Rauches zersetzt, welcher die Torfkohle durchzieht und Kohle bei der Abkühlung des Ofens in derselben ablagert. Nach Beendigung des Vorganges kann die in Koks übergeführte, schichtweise eingelagerte Steinkohle leicht von der Torfkohle getrennt werden.

Für denselben Zweck ist der **Grude-Koks**[1]) vorgeschlagen (D. R. P. 35975), wie er aus dem sächsischen Mineralöl-Bezirk zu beziehen ist. Derselbe wird fein gemahlen, abgesiebt, mit Kalkphosphat (5 Theile Grude-Koks und 2 Theile Kalkphosphat) innig gemischt und in einer sich drehenden Trommel so lange erhitzt, bis die Masse zu glühen beginnt. In diesem Augenblick unterbricht man die Erwärmung, breitet die Masse an der Luft aus, lässt nachglühen und erkalten. Ein zu kurzes oder zu langes Glühen beeinflusst die Absorptionsfähigkeit des Erzeugnisses wesentlich. Letzteres ist ein schwarzes, der Thierkohle ähnliches Pulver. 5 g desselben entfärben z. B., wie angegeben wird, ein Gemisch von 10 g gewöhnlicher Galläpfeltinte mit 20 g Quellwasser innerhalb einiger Minuten.

5. **Verfahren von J. Thom, Chorley, England, und Stenhouse, London**, No. 2186, vom 22. Juli 1872.

Das Patent bezieht sich auf die Wiedergewinnung von Farb- und Fettstoffen aus den Flüssigkeiten, die zum Schönen gefärbter Zeuge gedient haben, und soll besonders vortheilbringend sein, wo es sich um die Abscheidung von Alizarin und dessen Derivativfarben handelt.

Die Abwässer werden so lange mit Chlorcalciumlösung vermischt, als in denselben noch ein Niederschlag entsteht, und der Mischung wird soviel Kalkmilch zugesetzt, dass die Flüssigkeit freien Kalk enthält. Die Patentinhaber nehmen 20 Gallonen Kalkmilch, welche 43 Pfund Aetzkalk enthalten, auf 20000 Gallonen Seifenwasser. Nach dem Kalkzusatze wird während 12 Stunden absetzen gelassen und nachher die klare Lösung von dem am Boden angesammelten Niederschlag abgezapft. Dieser Niederschlag wird mit gerade so viel Säure behandelt, als erforderlich ist, um die Fettverbindungen, nicht aber die Farbstoffe, zu zersetzen. Es findet sich, dass 310 Pfund käuflicher Salzsäure (etwa $33\,^0/_0$ wasserfreie Säure enthaltend) für 35860 Pfund des feuchten Niederschlages ausreichen. Die Salzsäurelösung, in der abgeschiedenes Fett und die Farbkörper schwebend sind, wird durch Flanell filtrirt; die durchgegangene Flüssigkeit (hauptsächlich Chlorcalciumlösung) wird zur Behandlung neuer Mengen von Waschwässern benutzt; die am Filter hängen gebliebenen Rückstände erhitzt man bis zum Schmelzen des Fettes, lässt dann abkühlen und trennt das Fett vom Alizarin entweder durch Auspressen in Säcken oder durch Auflösen mittelst Petroleums. Der bleibende Farbstoff wird durch Behandlung mit Schwefelsäure und nachheriges Waschen mit Wasser gereinigt. Das schwach gefärbte Fett kann gleichfalls auf eine der üblichen Weisen gereinigt werden.

---

[1]) Chem.-Ztg. 1886, **10**, 795.

Ob diese Vorschläge irgendwo praktischen Eingang gefunden haben, ist mir nicht bekannt geworden.

Jedenfalls bietet gerade die Reinigung der Färberei-Abwässer die grössten Schwierigkeiten.

Mit chemischen Fällungsmitteln allein lässt sich bei den meisten Abwässern dieser Art, besonders der Anilinfarbstoffe, schwerlich eine in den meisten Fällen genügende Reinigung erreichen, wie ebenso wenig durch Bodenfiltration oder Bodenberieselung; denn die meisten Farbstoffe zersetzen sich nur schwer oder wirken auf Pflanzen eines bewachsenen Bodens schädlich (vergl. S. 336).

XV. Abwasser aus einer Vanillin-, Kumarin- und Heliotropin-Fabrik.

Ohlmüller[1]) untersuchte die Abwässer aus einer Vanillin-, Kumarin- und Heliotropin-Fabrik mit besonderer Berücksichtigung der Frage, ob es unbedenklich sei, dieselben nach einfacher Klärung in die Weser abzuführen.

Die in der Fabrik verwendeten Pflanzenrohstoffe werden mit Wasser, welchem Kalk zugesetzt wird, ausgelaugt und aus dem Auszug nach vorhergegangener Bindung des Kalkes durch Zusatz von Salzsäure die aromatischen Stoffe mit Chloroform ausgeschüttelt.

Das übrig bleibende angesäuerte Wasser, welches nach Zurückhaltung der pflanzlichen Bestandtheile abfliesst, stellt das Abwasser dar, so wie es unmittelbar aus der Fabrik kommt.

Bei der weiteren Verarbeitung der aromatischen Stoffe fallen keine Schmutzwässer mehr ab. Die sauren Abwässer werden mit Kalk abgestumpft, durch mehrere Klärbecken geleitet und gelangen dann schliesslich vereint zum Abfluss.

Die Zusammensetzung des Abwassers für 1 l war folgende:

Abwasser	Gesammt-rückstand g	Glühver-lust g	Zur Oxydation erforderl. Sauerstoff g	Chlor g	Keime in 1 ccm		
					feste	ver-flüssigende	Schimmel
1. Von der Vanillinfabrik	17,560	2,910	1,680	1,600	—	—	—
2. Von der Kumarin- und Heliotropin-Fabrik[2])	6,590	2,590	0,665	2,300	70	2	20
3. Gemisch von No. 1 u. 2 nach der Klärung im letzten Klärbecken[2]) .	13,055	3,290	1,435	3,625	970	1	18

[1]) Arbeiten a. d. Kaiserl. Gesundheitsamte 1890, **6**, 305.

[2]) Die Zahlen für Proben No. 2 und 3 bilden das Mittel aus je 2 Analysen; dass das Gemisch No. 3 beider Abwässer No. 1 und 2 eine Abweichung vom Mittel zeigt, hat in der ungleichen Beschaffenheit des Abwassers zu verschiedenen Zeiten seinen Grund.

Anfänglich hatte man einen kleinen Theil dieser Abwässer eingedampft, die Rückstände zur Düngung verwendet, während der grösste Theil nach Abstumpfung der Salzsäure durch Kalk einfach im umliegenden Erdreich versickerte. Mit der Erweiterung und Vergrösserung des Betriebes führte indess dieses Verfahren zu Unzuträglichkeiten, indem Grund und Boden in nächster Umgebung versumpfte und das Abwasser allmählich wieder zu Tage trat.

Behufs Beantwortung der Frage, ob es zulässig sei, das neutralisirte und geklärte Abwasser direkt in die Weser abzuführen, kam es auf das Verhältniss der Wassermengen an, und stellte Ohlmüller fest, dass die Menge des Abwassers nur 5 cbm in 24 Stunden betrug, während die Weser bei kleinstem Niedrigwasser 27,5 cbm Wasser in der Sekunde führt. Hiernach berechnet Ohlmüller unter Zugrundelegung der obigen Zusammensetzung des Abwassers, dass durch direkte Einführung desselben in die Weser in dem Wasser der Weser bei niedrigstem Wasserstande die nicht flüchtigen organischen Stoffe nur um 0,008 mg, der zur Oxydation erforderliche Sauerstoff nur um 0,0037 mg für 1 l Flusswasser zunehmen würden, eine Zunahme bezw. Verunreinigungsgrösse, die bei einer gleichmässigen Einführung von 5 cbm Abwasser innerhalb 24 Stunden nur unbedeutend ist und keine schädlichen Wirkungen zur Folge haben dürfte.

Ohlmüller prüfte dann auch noch die Frage der etwaigen Schädlichkeit dieses Abwassers auf die Fischzucht. Zu den Versuchen dienten: Aale, Hechte, Barsche, Schleien, Karauschen, Weissfische. Die Versuche wurden in Zinkkästen von 75,735 l Inhalt bei niedrigen Temperaturen des Wassers (7,0°—8,5° C.) und bei höheren Temperaturen desselben (15,0° bis 20,0° C.) angestellt, indem das 5—6° C. kalte Wasser künstlich erwärmt wurde. Dem reinen Wasser wurde das Abwasser in verschiedener Menge zugesetzt, so dass letzteres folgende Verdünnungen erfuhr:

1. Versuch			2. Versuch	
„bei niederen Temperaturen"			„bei höheren Temperaturen"	
1 : 75 735	1 : 15 147	1 : 7574	1 : 7574	1 : 757

In den Versuchen gingen zwar einige Fische ein, aber die Ursache des Eingehens wurde in Schimmelbildung auf der Körperoberfläche bezw. in der Zerstörung der Kiemen durch Pilzwucherungen erkannt, wie sie nicht selten auch in reinem Wasser bei Fischen aufzutreten pflegen. Eine deutlich hervortretende Schädigung der Lebensthätigkeit der Fische durch das Abwasser bei dem angegebenen Verdünnungsgrade und der Temperatur konnte nicht nachgewiesen werden.

XVI. Sonstige Fabrik-Abwässer mit vorwiegend organischen Stoffen.

Ausser den vorstehenden Abwässern mit vorwiegend organischen stickstoffhaltigen Stoffen, giebt es noch eine Reihe Abwässer dieser Art von der Verarbeitung sonstiger organischer Stoffe, die zwar nicht weit verbreitet aber unter Umständen sehr verunreinigt sind, und deshalb hier im Zusammenhang nach Untersuchungen von H. Spindler[1] (1—6) und von der hiesigen Versuchsstation (7—10) mitgetheilt werden mögen; 1 1 enthielt:

Art des Abwassers	Aussehen	Geruch	Reaktion	Schwebestoffe		Gelöste Stoffe		Zur Oxydation erforderlicher Sauerstoff	Bemerkungen
				Unorganische g	Organische g	Unorganische g	Organische g	g	
1. Fabrik für Alkaloidpräparate (Mittel v. 3 Proben)	stark trübe, gelb	unangenehm	alkalisch	0,1186	0,9708	26,2173	0,7704	0,696	Der Alkalinität entspricht 1,7434 g (H$_2$SO$_4$)
2. Fabrik f. Tanninpräparate (Mittel von 3 Proben)	in 2 Proben klar, in 1 Probe trübe, blauschwarz und gelb	kaum vorhanden	2 Proben neutral, 1 Probe sauer	0,3312	0,2112	1,3119	0,8041	0,1193	Der Säuregehalt der sauren Probe entsprach 3,7051 g (H$_2$SO$_4$)
3. Fabrik für Pikrinsäure und andere Phenolpräparate (Mittel von 2 Analysen)	klar	schwach aromatisch	stark sauer	0	0	1,4030	0,6720	0,2120	Das Abwasser enthielt 0,165 g Pikrinsäure und freie Säure, im ganzen 1,5008 g H$_2$SO$_4$ entsprechend
4. Fabrik für photographisch-techn. Präparate (3 Proben)	farblos bis röthl. gelb, schwach bis stark trübe	0 bis schwach aromatisch	neutral	0,3145	0,3226	1,5577	0,4371	0,397	Eine Probe mit 0,2948 g, eine 2te mit 0,0811 u. eine 3te m. 0,3394 g Al.
5. Fabrik für Theerverarbeitung (2 Proben)	gelb bis braun u. trübe	theerartig	1 Probe stark sauer, eine andere stark alkalisch	—	—	1,0430	3,2832	3,275 bis 40,000	Freie Säure = 3,1277 g H$_2$SO$_4$; Ammoniak = 2,3966 g
6. Fabrik für Lackbereitung (3 Proben)	farblos bis gelbl. weiss u. trübe	0 bis leinölartig	neutral	—	—	0,3992	0,2481	0,134	—

[1] H. Spindler: Die Unschädlichmachung der Abwässer in Württemberg. Stuttgart 1896, 95.

Abwasser	Aus-sehen	Schwe-bestoffe mg	Gelöste Stoffe mg	Zur Oxydation erforderlicher Sauerstoff in alkal. mg	saurer mg Lösung	Pikrin-säure mg	Kalk mg	Schwe-fel-säure mg	Chlor mg	Sal-peter-säure mg
Aus einer Fabrik für rauchloses Pulver, wozu Pikrinsäure verwendet wurde	Einige braune Flocken, sonst hell und klar	35,3	512,0	5,0	4,8	130,0	172,0	177,0	14,1	41,0

Abwasser	Geruch	Aus-sehen	Unor-ganische Stoffe mg	Or-ganische Stoffe (Glüh-verlust) mg .	Zur Oxyda-tion er-forderl. Sauer-stoff mg	Kalk mg	Schwe-fel-säure mg	Chlor mg	Am-moniak mg	Kresole mg
Aus einer Holz-essigfabrik . .	theer-artig	bräun-lich	344,8	459,2	438,0	211,0	44,6	7,1	2,5	320,8

In dem Schlamme des Baches, welcher dieses Wasser aufnahm, fand sich eine reichliche Menge theeriger Stoffe.

Abwasser	Schwebestoffe		Gelöste Stoffe					
	Unor-ganische mg	Or-ganische (Oel) mg	Unor-ganische mg	Or-ganische mg	Zur Oxydation erforderlicher Sauerstoff in alkal. mg	saurer mg Lösung	Kalk mg	Schwe-fel-säure mg	Chlor mg
9. Von einem Elektri-citätswerke (verun-reinigt mit Schmieröl)	Spur	390,0	89,0	990,0	84,8	169,6	37,5	5,3	7,1

10. **Kühl- und Kondensationswasser von einem Walzwerk.** Das Wasser wurde durch ein Faschinenfilter filtrirt und ergab für 1 l:

Abwasser	Schwebestoffe			Gelöste Stoffe			
	Unor-ganische mg	Mit Eisen-oxyd mg	Or-ganische mg	Im Ganzen mg	Zur Oxydat. erforderlich. Sauerstoff mg	Kalk mg	Eisen-oxydul mg
1. Vor der Filtration	1470,0	549,0	1058,0	595,5	20,8	150,0	52,6
2. Nach der Filtration	0	0	0	248,5	3,7	65,0	0

Der grünlich-schwarze Schlamm des unfiltrirten Wassers war von schleimiger Beschaffenheit und bestand fast ausschliesslich aus der grünen Alge Ulothrix.

Die schädliche Wirkung der vorstehenden Abwässer richtet sich nach dem darin vorwiegend enthaltenen Bestandtheil und ist oder wird die Schädlichkeit von freiem Alkali, freier Säure, Metallverbindungen unter anderen Abwässern besprochen.

Hier mag nur erwähnt sein, dass sich die Pikrinsäure nach Versuchen von E. Haselhoff und Verf.[1]) auch für Fische als stark giftig erwiesen hat, indem Karpfen bei einem Gehalt von 50 mg Pikrinsäure $[C_6H_2(NO_2)_3 . OH]$ in 1 l Wasser alsbald zu Grunde gingen, während von 20 mg in 1 l nach 10 Tagen noch keine schädlichen Wirkungen beobachtet werden konnten.

Besondere Reinigungsverfahren für vorstehende Abwässer sind bei ihrem geringen Umfange bis jetzt nicht bekannt geworden.

---

[1]) Landw. Jahrbücher 1897, **26**, 126.

II. Theil.

——

Schmutzwässer

mit vorwiegend unorganischen Bestandtheilen.

——

I. Abgänge aus Leuchtgas-Fabriken und ähnlichen Betrieben.

Unter den Abgängen aus Gasfabriken kommen vorwiegend in Betracht:

A. der Gaskalk,

B. das Gas- bezw. Gasometer-Wasser.

A. Gaskalk.

1. Zusammensetzung.

Der Kalk dient bekanntlich zur Reinigung des Steinkohlen-Gases von Kohlensäure, Schwefelkohlenstoff, kohlensaurem Ammonium, Cyanammonium, Schwefelammonium etc. Infolgedessen enthält der benutzte Gaskalk vorwiegend Schwefelcalcium, schwefligsaures Calcium, schwefelsaures Calcium, kohlensaures Calcium, Rhodancalcium, Theer und sonstige Gas-Destillations-Erzeugnisse. Einige Analysen des Gaskalkes ergaben:

<table>
<tr><td colspan="2">1. nach A. Völcker.[1]</td><td colspan="2">2. nach E. Peters.[2]</td></tr>
<tr><td>Gebundenes Wasser und organische Stoffe</td><td>7,24 %</td><td>Wasser</td><td>3,36 %</td></tr>
<tr><td>Eisenoxyd und Thonerde</td><td>2,49 „</td><td>Organische Stoffe (Theer, Cyan etc.)</td><td>1,32 „</td></tr>
<tr><td>Schwefelsaures Calcium</td><td>4,64 „</td><td>Eisenoxyd und Thonerde</td><td>1,22 „</td></tr>
<tr><td>Schwefligsaures „</td><td>15,19 „</td><td>Schwefelsaures Calcium</td><td>16,24 „</td></tr>
<tr><td>Kohlensaures „</td><td>49,40 „</td><td>Schwefligsaures „</td><td>4,96 „</td></tr>
<tr><td>Aetzkalk</td><td>18,23 „</td><td>Schwefelcalcium</td><td>3,23 „</td></tr>
<tr><td>Magnesia und Alkalien</td><td>2,53 „</td><td>Kohlensaures Calcium</td><td>20,20 „</td></tr>
<tr><td>Unlösliche kieselartige Masse</td><td>0,28 „</td><td>Aetzkalk</td><td>48,71 „</td></tr>
<tr><td></td><td></td><td>Magnesia</td><td>0,52 „</td></tr>
<tr><td></td><td></td><td>Alkalien</td><td>0,24 „</td></tr>
</table>

[1] Nach Farmer's Magazine 1865, 329 in Jahresbericht über die Fortschritte der Agrikultur-Chemie 1865, 8, 254.

[2] Ebendort 1865, 8, 254.

3. Prager Gaskalk.

Wasser	4,00 %
Kohlensaures Calcium . . .	25,00 „
Schwefelsaures „ . . .	23,34 „
Aetzkalk, mit etwas Eisen, Thonerde, Magnesia . . .	46,28 „
Cyan . . -	0,63 „
Schwefelcalcium	0,25 „
Organische Stoffe (Theer und dergl.)	0,50 „

4. Gaskalk-Rückstände nach Phipson.[1]

Wasser	14,00 %
Schwefel	60,00 „
Organische Stoffe, in Alkohol unlöslich	3,00 „
Organische Stoffe, in Alkohol löslich (Schwefelcyancalcium, Salmiak, Kohlenwasserstoff etc.	1,50 „
Sand und Thon	8,00 „
Kohlensaures Calcium, Eisenoxyd	13,50 „

5. Gaskalk nach Ad. Mayer.[2]

Wasser	Freier Kalk	Kohlensaures Calcium	Gips und schwefligsaures Calcium	Schwefelcalcium	Rhodancalcium
30,1 %	32,6 %	17,5 %	20,2 %	Spur	Spur

A. Petermann fand in 3 Proben Gaskalk 0,29 %, 0,05 % bezw. 0,41 % organisch gebundenen Stickstoff.

Wenn zur Reinigung des Leuchtgases statt des Kalkes Ferrihydroxyd verwendet wird, so nimmt letzteres selbstverständlich dieselben Verunreinigungen auf.

2. Schädlichkeit.

Unter den vorstehenden Bestandtheilen des Gaskalkes müssen die niederen Schwefelverbindungen (wie Schwefelcalcium, unterschwefligsaures und schwefligsaures Calcium), ferner Rhodancalcium als äusserst starke Pflanzengifte bezeichnet werden. Thatsächlich hat nach vielfachen Erfahrungen des Verfassers in Westfalen eine Düngung mit Gaskalk schädliche Wirkungen hervorgerufen, indem die betreffenden Aecker mitunter auf mehrere Jahre ertraglos blieben, d. h. keine Nutzpflanzen aufkommen liessen. In einem Falle wurde eine Hecke dürre und ging ein, nachdem in ihrer unmittelbaren Nähe Gaskalk aufgeschüttet war. Eine Verwendung des Gaskalkes zur Düngung kann daher, wie auch allgemein anerkannt ist, nicht empfohlen werden; auch ist dafür zu sorgen, dass die Auslauge-Wässer von aufgeschüttetem Gaskalk nicht in die Wasserläufe gerathen, weil gerade die schädlichen Bestandtheile in demselben am leichtesten löslich in Wasser sind, daher ein Bachwasser unter Umständen sehr verunreinigen und vergiften können.

---

[1] Chem. Centrbl. 1864, 766 u. Jahresbericht über die Fortschritte der Agrikultur-Chemie 1864, 7, 242.

[2] Tidschrift voor Landbouwkunde 1881, 201.

Ueber die Giftigkeit derartiger Kalkverbindungen einer Gasfabrik für Fische machte Cas. Nienhaus-Meinau[1]) eine Beobachtung bei den Abgängen der städtischen Gasfabrik in Basel. Die Abgänge dieser Fabrik sind zu einem grossen Schutthaufen aufgeschüttet und fliessen die Auslaugewässer bezw. der Schlamm in den Rhein. Die Verunreinigung macht sich durch eine trübe schlammige Wasserschicht bis auf ca. 50 m von der Einflussstelle bemerkbar. Nienhaus-Meinau legte etwa 10 m unterhalb des Einflusses des Schlammes am 5. Mai 6 Uhr abends einen Fisch aus und hob ihn wieder am 6. Mai nachmittags 2 Uhr. Der Fisch war am Sterben. Die Kiemen waren blassgrau und wurden nach dem Ausschneiden mit destillirtem Wasser gewaschen. Das Waschwasser reagirte alkalisch und lagerte einen Bodenabsatz ab, der als Kalk erkannt wurde. Die Asche der Kiemen, Leber und Schleimhaut enthielten etwas Eisen und reichlich Kalk.

In dem abgeführten Schlamm fand sich ebenfalls Eisen, und zwar wesentlich in der Oxydulform vor. Ueber die Schädlichkeit des freien Kalkes für die Fische vergl. auch C. Weigelt unter „Abgänge aus Gerbereien" S. 197.

Das zur Reinigung verwendete Ferrihydroxyd pflegt allgemein technisch verwerthet zu werden (vergl. S. 371).

B. Gaswasser bezw. Gasometerwasser.

1. Zusammensetzung.

Das Gaswasser enthält eine Reihe Ammoniak-Verbindungen, wie kohlensaures und schwefelsaures Ammonium, Chlor- und Schwefelammonium, ferner unterschwefligsaures Ammonium und Cyan-Verbindungen, besonders Rhodanammonium. So fand G. Th. Gerlach[2]) in 3 verschiedenen Gaswässern für 1 l:

	1	2	3
Unterschwefligsaures Natrium .	0,1036 g	—	—
„ Ammonium	—	0,1628 g	0,5032 g
Schwefelammonium	0,0340 „	0,0646 „	0,6222 „
Doppeltkohlensaures Ammonium	0,1050 „	0,1470 „	0,2450 „
Kohlensaures „	0,4560 „	0,7680 „	0,3120 „
Schwefelsaures „	0,0462 „	0,0858 „	0,1320 „
Chlorammonium	3,0495 „	0,7120 „	0,3745 „

Den Gehalt des Gaswassers an Ammoniak für 1 l bestimmten mit folgendem Ergebniss:

1. J. Nessler[3])		2. Robert Hoffmann[4])	
	Ammoniak		Ammoniak
I. Probe .	0,28 %	I. Probe .	1,50 %
II. „ .	0,78 „	II. „ .	1,13 „
III. „ .	1,42 „	III. „ .	1,31 „
IV. „ .	2,00 „	IV. „ .	1,39 „

[1]) Bericht üb. d. Verunreinigung des Rheines durch Abfallstoffe der Fabriken etc. Basel 1883, 18.
[2]) Jahresbericht über die Fortschritte der Agrikultur-Chemie 1865, 8, 223.
[3]) Ebendort 1868, 11, 400.
[4]) Ebendort 1860/61, 3, 185.

J. R. Applayard und P. Kay[1]) geben die Zusammensetzung des Gaswassers für 1 l wie folgt an:

	a		b	
Gesammtammoniak	29,1	g	29,8	g
Rhodanammonium	1,7	„	1,6	„
Ammoniumkarbonat	57,4	„	57,2	„
Gesammtschwefel	6,4	„	6,4	„
Schwefelammonium	9,4	„	9,0	„
Schwefligsaures Ammonium	1,6	„	1,5	„
Chlorammonium	10,5	„	10,3	„
Schwefelsaures Ammonium	0,15	„	0,13	„
Unterschwefligsaures Ammonium	Spur		Spur	
Ferrocyanammonium	9,47	„	9,90	„

Für zwei direkt von einer Gasanstalt abfliessende Proben Wasser fand ich folgende Zusammensetzung für 1 l:

No.	Abdampfrückstand mg	Glühverlust mg	Stickstoff in Form von Ammoniak mg	Stickstoff in organischer Verbindung mg	Chlor mg	Schwefelsäure mg	Phosphorsäure mg	Kalk mg	Magnesia mg	Kali mg	In Säure unlöslicher Rückstand mg
1	722,8	258,0	30,1	20,6	123,9	84,1	14,4	284,0	54,0	100,4	22,8
2	747,8	332,8	242,0		—	197,2	—	97,3	Phenol 10,7	Rhodan 419,2	Schwebestoffe 132,8

Ausser diesen Bestandtheilen wurden in dem Abwasser schweflige und unterschweflige Säure nachgewiesen.

Wegen der nicht zu unterschätzenden Mengen Ammoniak wird das Gaswasser jetzt allgemein zur Gewinnung von Ammoniumsulfat benutzt, indem man es mit Kalkmilch oder sonstwie der Destillation unterwirft und das Ammoniakgas in Schwefelsäure auffängt. Im allgemeinen rechnet man auf 100 cbm Gas 2,0—2,5 kg Ammoniumsulfat.

In dem Kalkrückstande verbleiben alsdann vorwiegend diejenigen Säuren und Verbindungen, an welche das Ammoniak in dem rohen Gaswasser gebunden war (z. B. Rhodan, Schwefel, unterschweflige Säure, Schwefelsäure etc.). Für ein derartig mit Kalkmilch abgekochtes Gaswasser fand ich folgende Zusammensetzung für 1 l:

Abdampfrückstand (trocken) g	Rhodancalcium g	Schwefelcalcium g	Unterschwefligsaures Calcium g	Schwefelsaures Calcium g	Durch Aether ausziehbare, phenolartige Stoffe g	Kalk g	Sonstige Stoffe, Hydratwasser, Phenol etc., zum Theil in Verbindung mit Kalk g
20,4230	2,3282	2,5633	1,0913	0,5785	0,6080	6,4481	6,8055

[1]) Chem. Centrbl. 1888, 1074; ber. n. Journ. f. Gasbel. u. Wasservers. 1888, **31**, 548.

In dem Abwasser einer Ammoniakfabrik von der Koksbereitung wurde von uns in 8 verschiedenen Proben für 1 l gefunden:

Bestandtheile	1 g	2 g	3 g	4 g	5 g	6 g	7 g	8 g
Phenole	2,9585	1,0692	1,825	3,790	2,417	2,959	1,069	1,656
Zur Oxydation erforderlicher Sauerstoff	—	—	0,864	2,280	1,664	—	—	—
Ammoniak	Spur	Spur	Spur	0,774	0,483	—	—	0,034
Schwebestoffe, organische	0,5010	0,0755				0,501	0,076	}0,010
„ unorganische	0,1340	0,0075	2,504	2,5975	2,1210	0,134	0,007	
Gelöste Stoffe, organische	1,2325	0,5200				1,223	0,520	}3,000
„ „ unorganische	2,4650	1,5165				2,465	1,516	
Kalk	0,7795	0,4620	0,664	0,2685	0,2550	0,779	0,462	1,155
Magnesia	0,0286	0,0124	0,180	0,0166	0,0245	0,029	0,012	0,018
Schwefelsäure	0,6356	0,2304	0,305	0,4098	0,4044	0,637	0,230	0,349
Chlor	0,6850	0,6190	0,319	0,5306	0,3714	0,685	0,619	1,048

Alle Abwässer reagirten mehr oder weniger stark alkalisch.

In dem Abwasser einer Asphaltfabrik, welches beim Reinigen des Steinkohlentheers als untere Flüssigkeit von der Benzol-Destillation gewonnen wird, fanden wir in 1 l 22,853 Stickstoff als Ammoniak und 15,12 g Kresole bezw. Phenole.

Hundeshagen und Philip[1]) untersuchten die Abwässer einer Generatorgas-Anlage vom Ueberlauf mit folgendem Ergebniss für 1 l:

Beschaffenheit und Bestandtheile	I Aus der Vorlage		II Aus dem Scrubber		III Aus dem Wascher	
	a	b	a	b	a	b
Aussehen	durch Kohlenstaub verunreinigt, sonst klar.		durch Flöckchen theeriger Substanz verunreinigt, sonst klar.		durch einzelne Flöckchen theeriger Substanz verunreinigt, getrübt durch feine Schwefelabscheidung	
Geruch	schwach nach Schwefelwasserstoff, sehr schwach theerartig.		stark nach Schwefelwasserstoff, deutlich nach Cyanwasserstoff, schwach theerartig.		sehr schwach nach Schwefelwasserstoff, stark theerartig.	
	mg	mg	mg	mg	mg	mg
Schwebestoffe	90,0	100,0	12,0	10,0	6,0	5,0
Ammoniak	257,6	204,0	92,4	133,0	12,6	34,0
Kohlensäure	?	392,0	?	390,0	?	218,2
Cyanwasserstoff	Spur	2,7	14,6	12,4	6,0	7,2
Rhodanwasserstoff	—	—	Spur	Spur	—	—
Schwefelwasserstoff	12,5	8,3	22,0	25,4	Spur	10,6
Schwefelsaures Ammonium	10,8	10,9	Spur	Spur	—	—
Unterschwefligsaures Ammonium	21,3	16,0	26,1	14,0	15,6	Spur
Chlorammonium	Spur	Spur	Spur	Spur	—	—
Kohlenwasserstoffe, Phenole und dergl.	Spur	Spur	Spur	Spur	Spur	Spur
Gesammt-Schwefelsäure	51,1	51,2	43,6	43,8	44,3	43,5
Gesammt-Schwefel	41,4	53,2	49,6	47,4	24,9	27,5
Gesammt-Ammoniak	277,9	209,5	93,0	133,5	12,6	34,0
Gesammt-Chlor	?	33,6	?	33,1	?	31,2

[1]) Zeitschr. f. angew. Chemie 1894, 80.

Bei zwei verschiedenen Generatorgasanlagen, die mit englischem Anthracit betrieben werden, hatten sich in der Leitung zwischen dem Gasometer und den Motoren, vorzugsweise an den Stellen, wo eine Drosselung oder ein Richtungswechsel des Gasstromes stattfindet, in den Hahnbohrungen, Kniestücken, Regulirventilen u. s. w. theerige Abscheidungen von nachfolgender Zusammensetzung gebildet:

No.	Wasser %	Feste Kohlen-wasserstoffe %	Oelige Kohlen-wasserstoffe %	Asphaltartige Stoffe %	Phenole, organ. Basen etc. %	Kohlige Substanz %	Mineralstoffe %	Chlorammonium (Spur Jodam-monium) %	Schwefelsaures Ammonium %	Kohlensaures Ammonium %	Schwefel %	Schwefelarsen [1] %
1	11,0	54,0	12,0	10,0	Spuren	2,0	4,0	4,5	Spur	Spur	2,0	Spur
2	12,0	44,0	10,0	15,0	„	3,0	7,5	4,0	0,4	„	3,0	0,4

2. Schädlichkeit.

Von dem abgekochten Gaswasser wie auch von dem ursprünglichen Gaswasser gilt dasselbe, was bereits vom Gaskalk gesagt ist, nämlich, dass es vorwiegend durch seinen Gehalt an Schwefel- und Rhodan-Verbindungen, sowie an Karbolsäure durchaus schädlich für Thiere wie Pflanzen ist, daher die Ablassung desselben in öffentliche Wasserläufe nicht gestattet werden kann. Das Abwasser aus Ammoniakfabriken von der Kokerei ist dagegen durch einen hohen Gehalt an Phenolen bezw. Kresolen ausgezeichnet.

Zur Erläuterung, wie ein Bachwasser durch Gasometerwasser verunreinigt werden kann, mag folgender Fall dienen. Während einer Nacht war das Gasometerwasser einer Fabrik in den Klünderbach abgelassen; am folgenden Tage nachmittags liessen sich die Bestandtheile des Gasometerwassers noch deutlich in Tümpeln und Weihern, durch welche der Klünderbach fliesst, nachweisen; das Wasser ergab für 1 l:

	Unvermischtes Klünderbachwasser oberhalb	Verunreinigtes Klünderbachwasser unterhalb
Schwebestoffe	74,6 mg	77,5 mg
Schwefelsäure	46,7 „	53,7 „
Ammoniak	33,9 „	209,5 „
Zur Oxydation der organischen Stoffe erforderlicher Sauerstoff	80,0 „	288,0 „

Das Wasser roch deutlich nach Phenol, und liess sich in demselben, nachdem es mit Kalihydrat versetzt, fast bis zur Trockne verdampft und dieser Rückstand mit Alkohol zur Lösung des Rhodankaliums ausgezogen war, mit Eisenchlorid noch sehr deutlich Rhodan nachweisen, während diese Reaktion bei dem unvermischten Klünderbachwasser nicht auftrat.

---

[1] Jedenfalls aus Arsenkies in dem Anthracite stammend.

a) Schädlichkeit für Pflanzen.

Was die schädliche Wirkung der Karbolsäure für Pflanzen anbelangt, so ist dieselbe vorwiegend für die Keimung der Pflanzen festgestellt. So hatte nach A. Vogel[1]) die Verwendung eines Wassers, welches auf 50 ccm nur 1 Tropfen Karbolsäure enthielt, zur Folge, dass mit diesem Wasser benetzte Samen nicht die geringste Keimung zeigten.

W. Detmer[2]) findet, dass eine $1\,^0/_0$ige Karbolsäure-Lösung die Keimfähigkeit der Samen wie das Wachsthum der Keimpflanzen völlig aufhebt; als er 5 Stück Erbsen mit 10 ccm einer $^1/_{10}\,^0/_0$igen Karbolsäure-Lösung übergoss, 24 Stunden bei Seite stellte, dann abtrocknete und in destillirtes Wasser brachte, keimten zwar noch sämmtliche Samen, aber die Evolutionsintensität der Keimpflanzen war entschieden beeinträchtigt.

J. Nessler[3]) hat in bereits S. 133 erwähnten Untersuchungen gefunden, dass Kulturpflanzen absterben, wenn sie mit einem Wasser, welches 0,1 g Karbolsäure in 100 ccm enthält, begossen werden und der Boden trocken gehalten wird.

Auch O. Kellner[4]) weist durch Versuche nach, dass eine Lösung von 0,05 g Karbolsäure in 100 ccm die Keimkraft von Bohnen deutlich schwächt und bei 0,15 g in 100 ccm vollständig aufhebt (vergl. S. 133).

Ueber die Wirkungen der Schwefel-, der schwefligsauren und unterschwefligsauren Verbindungen der Gasfabrikations-Abfälle auf Boden und Pflanzen sind bis jetzt noch keine direkten Versuche angestellt, jedoch lässt sich aus Versuchen mit ähnlichen Verbindungen schliessen, dass sie schon deshalb nachtheilig wirken müssen, weil sie Erzeugnisse unvollendeter Oxydation bilden und in erhöhter Menge den für das Gedeihen der Pflanzen erforderlichen Sauerstoff des Bodens in Anspruch nehmen.

Von äusserst giftigen Eigenschaften für die Pflanzen aber hat sich in den Gasfabrikations-Abfällen das Rhodanammonium erwiesen.

Die ersten Beobachtungen hierüber machte Schumann.[5]) Derselbe verwendete das als braunes englisches Ammoniumsulfat in den Handel kommende Salz zu Düngungsversuchen. Letzteres enthielt:

Wasser	Schwefelsaures Ammonium	Rhodanammonium	Sand und sonstige Verunreinigungen
4,86 %	14,87 %	73,94 %	6,23 %

In einer Menge von 195,5 kg für 1 ha auf eine Wiese gestreut, bewirkte es ein Gelbwerden und Absterben der Pflanzen, so dass der ganze erste Schnitt verloren ging. Ein Superphosphat mit $25\,^0/_0$ des erwähnten Salzes zu Kartoffeln verwendet, gab einen Verlust von $^2/_3$ des Ernteertrages.

[1]) Jahresbericht f. Agr.-Chem. 1870/72, **13**, II, 78.
[2]) Landw. Jahrbücher 1881, **11**, 733.
[3]) Centrbl. f. Agr.-Chem. 1884, **13**, 596.
[4]) Landw. Versuchsstationen 1883, **30**, 52.
[5]) Ebendort 1872, **15**, 230.

Gleiche Vergiftungserscheinungen beobachtete P. Wagner.[1]) Auf einem Felde A, welches mit $^1/_2$ Ctr. Ammoniak-Superphosphat (enthaltend $10\,^0/_0$ Stickstoff und $9\,^0/_0$ lösl. Phosphorsäure) für den Morgen gedüngt und mit Gerste bestellt war, keimten die Samen nur spärlich, und die wenigen Pflanzen, welche aufgingen, entwickelten sich nur kümmerlich und gingen später noch grösstentheils zu Grunde; dagegen wurde auf einem daneben liegenden Felde B, welches in derselben Weise bestellt, aber mit einem Ammoniak-Superphosphat aus einer anderen Fabrik gedüngt war, ein regelmässiger Ertrag erzielt.

Eine nachträgliche Untersuchung der beiden Superphosphate ergab, dass ersteres stark rhodanhaltig war, letzteres nicht. Auch direkte Versuche, welche P. Wagner[2]) infolgedessen bei Gerste, Klee und Mais anstellte, zeigten die grosse Giftigkeit des Rhodans für die Pflanzen.

Kohlrausch[3]) verwendete zu Versuchen ein Phosphat mit nur $2,25\,^0/_0$ Rhodanammonium; die Folge davon war bei Zuckerrüben ein späteres Aufgehen und Kränkeln in der ersten Jugend, welches sich aber im Verlauf des Wachsthums verlor und nur den späteren Eintritt der Ernte zur Folge hatte. Bei genauen Versuchen in Nährstofflösungen und im Boden gingen Gerste und Sommerweizen schon bei ganz geringen Gaben von Rhodanammonium zu Grunde.

Da diese Versuche jedoch nicht deutlich erkennen liessen, in welcher geringsten Menge das Rhodan schädlich zu wirken anfängt, so haben wir weitere Versuche hierüber angestellt.[4])

Diese Versuche bildeten theils Topfversuche, theils Wasserkulturversuche. Bei den Versuchen ersterer Art wurden zunächst zu je 5 kg Boden bei sonst gleichmässiger Düngung 0—0,5 g Rhodanammonium gesetzt und jeder Boden mit 12 Korn Gerste besäet. Bei 0,05 und 0,10 g Rhodanammonium in 5 kg Boden brachten es noch einige Samen zur Keimung, entwickelten aber ungesunde und abnorme Pflanzen; 0,25 und 0,50 g Rhodanammonium in 5 kg Boden vernichteten die Keimfähigkeit aller Samen.

Ferner wurde Gerste in sandigem Lehmboden zur üppigen und kräftigen Entwickelung gebracht und darauf vor der Blüthe mit a) 0,02 und b) 0,04 g Rhodanammonium in je 200 ccm Wasser gelöst begossen. In der Reihe b zeigten die Pflanzen nach zweimaligem Begiessen, in der Reihe a nach dreimaligem Begiessen ein deutlich krankhaftes Aussehen, indem die Blätter an den Spitzen unter Ringeln und Annahme einer gelbweissen Färbung abstarben.

Bei den Wasserkulturversuchen wurde zu 1 l Nährlösung 0,025 bis 0,100 g Rhodanammonium gesetzt. Auch hier erkrankten die Pflanzen in allen Fällen schon bald. Nach diesen Versuchen sind also die Mengen, bei

---

[1]) Journ. f. Landwirthschaft 1873, **21**, 432.
[2]) Bericht über die Arbeiten der Versuchsstation Darmstadt 1874, 69.
[3]) Organ des Vereins für Rübenzucker-Industrie der österreichisch-ungarischen Monarchie. 12. Jahrgang 1874. I. Heft, 1 ff.
[4] Vergl. die erste Mittheilung von C. Krauch in Journal f. Landw. 1882, **30**, 271.

welchen das Rhodan schädlich gewirkt hat, so gering, dass dasselbe als ein äusserst starkes Pflanzengift bezeichnet werden muss.

Zu anderen Ergebnissen gelangte wenigstens zum Theil Jul. Albert.[1]) Derselbe gab sterilem Sand in Kästen von 1 qm Oberfläche und 25 cm Höhe neben ausreichendem Grunddünger noch 62, 124 und 186 g eines Superphosphates, welches $0,739\,^0/_0$ Rhodanammonium enthielt, und besäete diese Kästen mit Hafer. Letzterer ging regelmässig auf und zeigte auch in der späteren Entwicklung keine Krankheitserscheinungen, selbst dann nicht, als nachträglich nochmals mit je 51 g obigen Superphosphates gedüngt wurde. Bei weiteren Versuchen wurden je 1, 2 und 3 g reines Rhodanammonium in 1 l Wasser gelöst und mit dieser Lösung in den obigen Kästen gezogene Haferpflanzen mehrere Male in einem Zwischenraume von 6, 14 und 18 Tagen begossen. Zwar zeigten nach dem 1. und 2. Begiessen einzelne Blätter weisse Spitzen, jedoch erholten sich dieselben bald wieder. Der Ernteertrag stieg entsprechend der zugesetzten Menge von Rhodanammonium.

Entgegengesetzte Ergebnisse erhielt jedoch Albert in Gartenerde, in welcher (in Blumentöpfen) Zuckerrübenpflanzen eine Fuchsie, eine Gloxinie, eine buntblätterige Nessel, eine Monatsrose und Tabakpflanzen gezogen wurden. Hier genügten verhältnissmässig kleine Gaben Rhodanammonium, um diese Pflanzen zum Absterben zu bringen. Jul. Albert ist daher der Ansicht, dass das Rhodanammonium zwar giftig für Pflanzen ist, aber bei weitem nicht so stark, wie nach vorstehenden Versuchen allgemein angenommen wurde.

M. Märcker[2]) fügt diesen Versuchen im kleinen noch eine Beobachtung im grossen hinzu; nach letzterer hat eine Düngung mit 100 kg Rhodanammonium für 1 ha bei Hafer keinen Schaden hervorgebracht, und ist M. Märcker ebenfalls der Ansicht, dass schwach rhodanhaltige Superphosphate keinen Schaden bringen können.

Diese sich widersprechenden Versuchs-Ergebnisse veranlassten mich, unsere ersten Versuche durch eine Wiederholung im Sommer 1883 nochmals zu kontrolliren. Der Umstand, dass Albert in reinem Sandboden keine schädliche Wirkungen beobachten konnte, während die Versuche in Gartenboden mehr oder weniger mit unseren Ergebnissen übereinstimmten, brachte mich auf die Vermuthung, dass das Nichteintreten der schädlichen Wirkungen des Rhodanammoniums darauf beruhte, dass letzteres sich unter den genannten Verhältnissen rasch zersetzt, d. h. in Ammoniak bezw. Salpetersäure und Schwefelsäure umgesetzt hatte. Um dieses zu entscheiden, düngten wir 2 Versuchsreihen einmal mehrere Wochen vor der Einsaat und dann gleichzeitig mit der Einsaat und bei sonst ausreichender Düngung noch mit 0—0,25 g Rhodanammonium für 1 Topf mit 5 kg Boden. Versuchspflanzen waren Gräser, Gerste und Hafer.

---

[1]) Ueber den Werth versch. Formen stickstoffhalt. Verbindungen f. das Pflanzenwachsthum. Inaug.-Dissert. Halle a. d. S. 1883.
[2]) Landw. Zeitschr. d. Prov. Sachsen 1883, 76.

In derjenigen Reihe, in welcher das Rhodanammonium mehrere Wochen vor der Einsaat in den Boden gebracht war, gingen die Pflanzen gleichmässig auf und entwickelten sich eine Zeitlang regelmässig weiter; bald aber überholten die Pflanzen in den Töpfen, welche einen Zusatz von Rhodanammonium erhalten hatten, diejenigen in den Töpfen ohne einen solchen Zusatz, und zwar in einer dem zugesetzten Rhodanammonium entsprechenden Steigerung, jedenfalls infolge der Wirkung der mit dem Rhodanammonium gegebenen grösseren Menge Stickstoff. Dadurch, dass das Rhodanammonium 5 Wochen vor der Einsaat unterbracht war, hatte es Zeit, sich zu zersetzen und in nährfähige Stickstoffverbindungen umzusetzen.

In der 2. Reihe, in der das Rhodanammonium mit der Einsaat untergebracht war, keimte bei 0,25 g Rhodanammonium in 5 kg Boden fast gar kein Samen. Bei 0,1 g Rhodanammonium war die Keimung und anfängliche Entwicklung eine spärliche und kümmerliche; später entwickelten sich Hafer und Gerste etwas besser, kamen jedoch nicht zur Aehrenbildung; die Gräser hatten sich verhältnissmässig mehr entwickelt, zeigten jedoch auch fernerhin kein übliches Wachsthum. In den Töpfen mit 0,05 g Rhodanammonium entwickelten sich die Hafer- und Gerstenpflanzen anfänglich etwas kümmerlich, von je 12 Pflanzen erholten sich jedoch je 6, wuchsen dann regelrecht weiter und setzten auch Aehren an. Von Gräsern war verhältnissmässig mehr aufgegangen; nach 4 Wochen erholten sich die anfangs kränklich aussehenden Pflanzen so weit, dass sie von da an üppig weiter wuchsen.

Um noch schlagender nachzuweisen, dass die regelrechte und üppige Entwicklung in der ersten Versuchsreihe in den mit Rhodanammonium versetzten Töpfen nur daran liegen konnte, dass sich das Rhodanammonium in den 5 Wochen zwischen der Unterbringung desselben und der Einsaat zersetzt hatte, wurden die früher mit Rhodanammonium versetzten Töpfe alle 2—4 Tage mit je 200 ccm einer Lösung von 0,05 g, 0,10 g und 0,25 g Rhodanammonium in 1 l Wasser begossen. Bei diesen Versuchen trat die Schädlichkeit des Rhodanammoniums wieder hervor, und zwar erkrankten in allen Reihen die Gerstenpflanzen eher und stärker als die Haferpflanzen, während die Gräser sich am meisten widerstandsfähig zeigten.

Gleichzeitige Versuche mit Rhodanammonium in Wasserkulturen lieferten dasselbe Ergebniss wie früher.

M. Colomb-Pradel[1]) beobachtete im Jahre 1897, dass man in der Umgegend von Pont-à-Mousson mit gutem Erfolge Staub aus Hochöfen zur Düngung verwendete. Der Staub hatte folgende Zusammensetzung:

Kali		Kalk als Karbonat	Phosphorsäure	Rhodan (gebunden)	Eisenoxyd, Magnesia, Thonerde etc.	Feuchtigkeit
löslich in Wasser	unlöslich in Wasser					
4,6 %	2,2 %	20,5 %	1,2 %	1,0 %	7,0 %	28,0 %

---

[1]) Ann. de la science agron. 1899, [2], **5**, 287.

Colomb-Pradel stellte über die etwaige Schädlichkeit dieses Staubes Versuche an bei Weizen, Roggen, Hafer, Gerste, Kartoffeln, Futterrüben, Linsen, Klee sowie Luzerne und fand, dass der obige geringe Gehalt an Rhodan, das an Kalium und Calcium gebunden war, nicht schadete, wenn der Staub 4 oder 6 Wochen vor der Aussaat auf dem Acker ausgestreut wurde.

E. Wollny[1]) hat bei Versuchen mit rhodanhaltigem Ammoniaksuperphosphat ebenfalls gefunden, dass dasselbe bei einem Gehalte von nur $0,7$—$1,0^0/_0$ Rhodanammonium bei fast allen Kulturpflanzen keine schädliche Wirkung ausübte, sondern dieselbe günstige Wirkung zeigte, wie rhodanfreies Ammoniak-Superphosphat, wenn es in einer Menge von 500 kg für 1 ha angewendet wurde. Wurden jedoch grössere Mengen als diese gegeben, so machte sich der schädliche Einfluss des Rhodanammoniums bemerkbar; am empfindlichsten erwiesen sich Kartoffeln und Mais, auch bei Gras trat die nachtheilige Wirkung hervor.

Dieses Ergebniss im grossen steht mit den hiesigen Beobachtungen vollständig im Einklang.

Zu ganz gleichen Ergebnissen ist auch G. Klien[2]) bei Versuchen mit Hafer und Gerste unter Anwendung von rhodanhaltigem Superphosphat gelangt. Bei Wasserkulturversuchen mit Hafer und Gerste gingen Keimpflanzen bei 0,01 g für 1 l Nährlösung ein; ältere Pflanzen mit 6—8 Blättern vertrugen diese Rhodanmenge gut, bei Verdoppelung desselben erkrankten sie aber auch sofort; von 0,1 Rhodanammonium für 1 l wurden selbst fast ausgewachsene Pflanzen in kürzester Zeit zum Absterben gebracht.

J. Fittbogen, R. Schiller und O. Förster[3]) düngten Gartenboden in Töpfen — 4 kg Boden fassend — mit 0,3 g Ammonsulfat und 0,045 g Rhodanammonium; dabei zeigte sich, dass von 10 ausgesäeten Gerstenkörnern 1 bezw. 2 Pflanzen ausliefen, die aber nach der Entwicklung des ersten Blattes auch eingingen. Bei Gerste, in Freilandabtheilungen gezogen, wurde durch Beigabe von 6 bezw. 12 g Rhodanammonium für 1 qm im Zeitpunkt des Schossens ein Stillstand des Wachsthums und schliessliches Absterben verursacht. Dagegen äusserte Rhodanammonium weniger giftige Eigenschaften, wenn es in einem gemergelten Quarzsand (40 g $CaCO_3$ für 4 kg) zur Anwendung kam, offenbar deshalb, weil hier das Rhodanammonium durch das Calciumkarbonat schneller nitrificirt wurde.

E. Mack und K. Silen[4]) führten Versuche mit Mais aus, bei denen für 1 ha 1,35—18 kg Rhodanammonium zur Anwendung kamen. Auch diese Versuche lassen die Schädlichkeit des Rhodans für die Pflanzen deutlich erkennen.

---

[1]) Zeitschr. d. bayr. landw. Vereins 1883, 873.
[2]) Königsb. land- u. forstw. Zeitung 1884, **20**, 131, vergl. Centrbl. f. Agr.-Chem. 1884, **13**, 519.
[3]) Preuss. landw. Jahrb. 1884, **13**, 765.
[4]) Nach Tyroler landw. Blätter 1890, **8**, 198 in Centrbl. f. Agr.-Chem. 1890, **19**, 491.

Alle Versuche deuten darauf hin, dass das Rhodanammonium schon in geringen Mengen für die Pflanzenentwicklung schädlich wirkt und dass dasselbe zweifellos als ein äusserst heftiges Pflanzengift bezeichnet werden muss.

Zwar zersetzt sich das Rhodanammonium, wie wir gesehen haben, unter Umständen verhältnissmässig rasch im Boden und wirkt dann nicht mehr schädlich, auch mag sich hierin die eine oder andere Bodenart (kalkhaltiger und luftdurchlässiger Boden etc.) nach Fittbogen's Versuchen besonders günstig verhalten. Offenbar hängt die Zersetzung des Rhodanammoniums ausser von der Bodenart auch noch von der Witterung ab, indem sie bei feuchter Witterung schneller als bei trockener Witterung erfolgen wird.

Wenn **Leuchtgas** in einen mit Pflanzen bestandenen Boden dringt, so kann dieses ebenfalls Nachtheile für die Pflanzen zur Folge haben.

Die von Feitag und Proselger gemachte Beobachtung, dass ungereinigtes Steinkohlen-Leuchtgas nachtheilig auf Pflanzen wirkt, wurde von A. Vogel[1] durch folgenden Versuch bestätigt: Kressenpflanzen, welche auf einem Drahtgitter über ausströmendes gewöhnliches Leuchtgas gehalten wurden, zeigten sich nach einigen Tagen welk; sie starben ab, wenn sie längere Zeit in der Leuchtgasluft verweilten, erholten sich dagegen wieder, wenn sie rechtzeitig aus derselben entfernt wurden.

Späth und Meyer[2] liessen täglich auf eine Fläche von 14,19 qm Boden bei einer Tiefe von 1,25 m 0,772 cbm Leuchtgas ausströmen; nach ca. $4^1/_2$ Monaten waren sämmtliche Versuchsbäume abgestorben; selbst der 50. Theil dieser Menge Leuchtgas (0,0145—0,0185 cbm) erwies sich bei gleicher Bodenfläche noch schädlich, besonders wenn die Einwirkung während des kräftigsten Wachsthums erfolgte. Zur Zeit der Winterruhe ist die Schädigung weniger heftig.

Nach Böhm verliert mit Leuchtgas durchtränkte Erde ihre schädliche Eigenschaft selbst dann nicht, wenn längere Zeit gewöhnliche Luft hindurch geleitet wird. Am empfindlichsten von Bäumen sind Ahorn, dann Ulmen und Linden.

b) Schädlichkeit für Fische.

Ueber die Schädlichkeit der Gaswasser-Bestandtheile für Fische hat C. Weigelt[3] einige Versuche ausgeführt; derselbe rechnet auch das Cyankalium zu den Bestandtheilen der Abgänge von Gasanstalten. Ich lasse dahingestellt, ob das Cyankalium als solches zu den normalen Bestandtheilen dieser Art Abgänge gehört; indess ist das Vorkommen von Cyanverbindungen überhaupt in denselben nachgewiesen, und mögen die Ergebnisse der

---

[1] Jahresbericht f. Agrik. Chem. 1870/72, **13**, II, 78.
[2] Die landw. Presse 1891, **18**, 5.
[3] Arch. f. Hygiene 1885, **3**, 39.

Weigelt'schen Versuche über die Giftigkeit von Cyankalium hier ebenfalls Platz finden.

Hiernach ist Cyankalium schon in Mengen von 0,005—0,01 g für 1 l Wasser im Stande, in kurzer oder längerer Zeit Forellen wie Schleien dem Tode nahe zu bringen; auffallender Weise aber erholen sich die Thiere, wenn sie nach Ablauf der Widerstandsdauer in fliessendes Wasser übergeführt werden.

Ebenso giftig erweist sich die Karbolsäure für Fische; die Grenze ihrer Schädlichkeit liegt für Forellen zwischen 0,005—0,01 g, für Schleien zwischen 0,01—0,05 g Karbolsäure in 1 l Wasser.

Nach den von Frl. Plehn ausgeführten Versuchen wird man, wie Br. Hofer[1]) berichtet, die Grenze, bei welcher die Karbolsäure schädlich auf Fische wirkt, für Forellen zwischen 0,006—0,01 g für 1 l zu setzen haben, für die übrigen Fische (Barbe, Rothauge, Aitel, Barsch, Karpfen, Aal, Karausche, Schleie) auf 0,01 g für 1 l, selbst wenn auch einzelne Fische sich an derartige Gehaltsmengen gewöhnen.

Die mikroskopische Untersuchung der Haut und der Kiemen ergab bei keinem der an den Wirkungen der Karbolsäure eingegangenen Fische irgend eine sichtbare Veränderung, sodass auf mikroskopischem Wege nicht der geringste Anhalt für die vorhergegangene Todesursache gewonnen werden kann.

Hiernach ist die Karbolsäure als ein direktes Nervengift für Fische zu betrachten und stimmte damit auch das Verhalten der Fische überein, welche während des Aufenthaltes in dem karbolsäurehaltigen Wasser zuerst immer und ohne Ausnahme unregelmässig zuckende nervöse Bewegungen aufwiesen, diesen Reizzustand dann überwanden, dabei offenbar schlaffer wurden und sich dem Aufenthalt in dem karbolsäurehaltigen Wasser selbst anpassen konnten; letzteres wäre bei einer Verletzung oder Zerstörung an Haut und Kiemen durch die Karbolsäure nicht zu verstehen.

Nach den Versuchen von C. Weigelt wurden in theerhaltigem Wasser sowohl bei einem Gehalt von 10 g wie 0,2 g für 1 l Wasser Schleien stark geschädigt; während aber in einer Lösung von 10 g in 1 l nach 16 Minuten bei einer Schleie Seitenlage eintrat, hielt eine andere in einer Lösung von 0,2 g in 1 l 28 Stunden aus, ohne sich auf die Seite zu legen.

Rhodanammonium äusserte in einer Menge von 0,1 g für 1 l und bei einstündiger Einwirkung keine schädliche Wirkung auf Forellen. Ueber die Wirkung von kohlensaurem Ammonium auf Fische siehe S. 36 und über die von Schwefelcalcium weiter unten unter „Abgänge von Soda- und Potasche-Fabriken" etc. S. 486.

H. Kämmerer[2]) hat die Schädlichkeit von Gassperrwasser für Fische geprüft, welches in 1 l 1 ccm leichte Theeröle, 0,5 g Naphtalin, ferner Ammoniak, Rhodanverbindungen, Acetylen und Kohlenoxyd enthielt, und hat

---

[1]) Allg. Fischerei-Ztg. 1899, **24**, 52.
[2]) Chem.-Ztg. 1889, **13**, 761.

gefunden, dass selbst sehr geringe Beimengungen davon im Wasser für Fische giftig wirken; wahrscheinlich liegt der Grund für diese giftige Wirkung des Gassperrwassers in dem Vorhandensein eines Cyanürs oder Isocyanürs.

Hundeshagen und Philip (l. c.) prüften auch die Schädlichker der Abwässer einer Generatorgas-Anlage (von der Vorlage, dem Schrubber und Wascher vergl. S. 361) auf ihre Schädlichkeit für Fische mit folgendem Ergebniss:

Fische (Weissfische, Goldfische, junge Karpfen, Barben) wurden in dem unverdünnten Gemisch dieser 3 Wässer nach $1—1\frac{1}{2}$ Stunden krank, jedoch genügte eine Verdünnung mit nur 3—4 Theilen Wasser, um die giftige Wirkung des Abwassers so weit abzuschwächen, dass die Mehrzahl der Fische es mehrere Tage in diesem verdünnten Wasser aushalten konnte. Hiernach könnten derartig schwache, bei der Vergasung von Anthracit zur Darstellung von Dowson-Gas entstehende Gaswässer in einen einigermassen starken Wasserlauf unbedenklich für die Fischzucht abgelassen werden.

Hervorgehoben mag noch ferner werden, dass ein Gaswasser unter Umständen durch Eindringen in den Erdboden auch benachbarte Brunnen zu vergiften bezw. zu verderben im Stande ist.

So fand Ferd. Fischer[1]) in einem ca. 300 m von einer Gasanstalt entfernten Brunnenwasser folgende Bestandtheile in 1 l:

Organische Stoffe mg	Chlor mg	Schwefel-säure (SO_3) mg	Salpeter-säure (N_2O_5) mg	Salpetrige Säure (N_2O_3) mg	Ammoniak (NH_3) mg	Kalk (CaO) mg	Magnesia (MgO) mg	Härte
4108,4	440,2	991,6	2,3	0,0	81,6	906,1	136,2	109°,7

Ferner ergaben sich etwa 300 mg Rhodanammonium.

Das Wasser war weisslich trübe, roch eigenthümlich nach Leuchtgas und hatte einen sehr unangenehmen Geschmack.

Dass ein solches Wasser ungeniessbar und für jegliche häusliche Zwecke unverwendbar ist, braucht kaum hervorgehoben zu werden.

3. Reinigung bezw. Unschädlichmachung.

a) Gaskalk und Eisenoxyd.

Der Gaskalk als solcher darf nicht frisch zur Düngung verwendet werden; ob es gelingt, ihn durch vorheriges jahrelanges Kompostiren (d. h. Durchsetzen mit Erde, Stroh und sonstigen organischen Abfällen) unschädlich zu machen, d. h. die schädlichen Bestandtheile wie Schwefel

---

[1]) Dingler's Polytechn. Journ. 1874, **114**, 85.

und Rhodanverbindungen sowie Theererzeugnisse zur Oxydation zu bringen, ist bis jetzt noch nicht direkt nachgewiesen, indess nicht unwahrscheinlich. Man hat ferner empfohlen, den Gaskalk zum Enthaaren der Häute in den Gerbereien, zu Desinfektionen, zu Mörtel oder Farben zu benutzen.

G. Robertson Hislop in Paisley hat vorgeschlagen, den Gaskalk zur Gewinnung von Schwefel zu benutzen (Engl. P. 2730 vom 10. Juni 1882).

Der Gaskalk wird mit Theer oder Koks gemischt und erhitzt. Die calcinirte Masse wird mit Wasser gelöscht. Wenn durch Reduktion von Calciumsulfat viel Sulfit zugegen ist, so kommt die Masse in den ersten Gasreiniger, wo durch die im Gas enthaltene Kohlensäure das Sulfit zersetzt wird. Der Schwefelwasserstoff wird dann durch Eisenoxyd beseitigt. Auch Gips soll in dieser Weise behandelt werden, wobei dann das Sulfit durch die Kohlensäure von Ofengasen zersetzt werden soll.

Wo eine derartige Verwendungsweise nicht möglich ist, bleibt nichts anderes übrig, als ihn so aufzuschütten, dass die durchdringenden Regenwässer nicht in das Grundwasser bezw. in die Wasserläufe gelangen.

Statt des Kalkes wird in den letzten Jahren auch vielfach Ferrihydroxyd zur Reinigung des Steinkohlengases angewendet. Für die Aufarbeitung des verbrauchten Eisenoxyds sind eine Reihe Verfahren in Vorschlag gebracht:

1. Verfahren von G. W. Valentin, London, zur Darstellung von Berliner-Blau (Patent vom 12. Novbr. 1874 No. 3908).

Eisenoxydhydrat, das zum Reinigen von Leuchtgas verwendet war, wird, nach Auswaschen mit Wasser, mit Magnesiumkarbonat oder mit Kreide bei höherer Temperatur behandelt und die Masse mit Wasser ausgezogen. Der lichtgelbe, etwas alkalische Auszug enthält Ferrocyanmagnesium oder Ferrocyancalcium und setzt auf Zugabe von etwas Säure und einem Eisensalze ein schönes Berliner-Blau ab.

2. Verfahren von F. W. B. Mohr, London (Patent vom 20. Mai 1876 No. 2147).

Die Eisenoxyd-Rückstände werden erst mit heissem Wasser ausgelaugt, um die löslichen Ammoniumsalze fortzuschaffen, und dann mit koncentrirter Aetznatronlösung behandelt. Die letzterhaltene Lösung wird, nach dem Abziehen von den unlöslichen Theilen, mittelst Salzsäure schwach ausgesäuert, um einen Theil des Schwefels abzuscheiden und nachher mit einem Eisenoxydulsalze und einem Oxydationsmittel, etwa Chlorkalk, versetzt, um Berliner-Blau zu gewinnen.

3. Verfahren von F. Wirth, Frankfurt a. M. (G. T. Gerlach, Kalk bei Köln), Patent vom 26. Sept. 1876 No. 3756.

Das ausgenutzte Eisenoxyd wird fein gemahlen, erst mit Wasser, dann mit Aetznatronlösung ausgezogen; aus dem letzteren Auszug werden durch Zusatz von Säure, bis zur schwach sauren Reaktion, Schwefel und Cyanide niedergeschlagen und der vom Niederschlage abgezogenen, nöthigenfalls filtrirten Lösung wird Eisenchlorid zugefügt.

Aus dem nach dem zweiten Auszug verbleibenden Rückstand wird der Schwefel durch Destillation in eisernen oder thönernen Retorten in einem Strome überhitzten Wasserdampfes abgeschieden. Die ausgelaugte und entschwefelte Masse wird durch Erhitzen unter Luftzutritt in Colcothar übergeführt.

4. Verfahren von J. H. Johnsen, London (H. Grüneberg, Kalk bei Köln), Patent vom 9. Sept. 1876 No. 3551.

Nach Ausziehen des ausgenutzten Eisenoxyds mit Wasser und Alkali wird mit Salzsäure behandelt, um Theile des Schwefels abzuscheiden, und nachher mittelst Eisensalzes und Chlorkalkes auf Berliner-Blau verarbeitet.

5. Verfahren von Will. Virgo Wilson in London (Engl. P. No. 314 vom 24. Jan. 1878).

Die Ferrocyanverbindungen aus den Rückständen der Leuchtgasreinigung werden, wie gewöhnlich, mit Kalk ausgezogen und mit Eisensalz gefällt. Die Erfindung besteht darin, dass der getrocknete Niederschlag mit Petroleum oder Benzol behandelt wird, um theerige Unreinigkeiten zu entfernen.

6. Verfahren von H. Kunheim in Berlin und H. Zimmermann in Wesseling bei Köln (D.R.P. 26884 vom 6. Juli 1883).

Die Behandlung der Gasreinigungswässer mit Kalkmilch liefert eine schlechte Ausbeute, die mit überschüssiger Aetzalkalilauge ist nicht wirthschaftlich.

Die Verfasser verfahren so, dass sie die vorher entschwefelten und event. durch wässerige Auslaugung von den löslichen Ammoniumsalzen befreiten Massen im lufttrockenen Zustande mit pulverförmigem Aetzkalk vermischen.

Die lockere Mischung wird in einem geschlossenen Apparat auf 40—100⁰ erwärmt, um das nicht in löslicher Verbindung vorhandene Ammoniak auszutreiben. Dann wird die Masse einer geregelten Auslaugung mit Wasser unterworfen. Die event. infolge der Anwesenheit von Ammoniak alkalisch reagirende Ferrocyancalciumlauge wird genau neutralisirt und dann zum Sieden erhitzt, wobei schwer lösliches Ferrocyancalciumammonium, $Ca(NH_4)_2 Fe Cy_6$, ausfällt. Dieser Körper wird durch Behandlung mit Aetzkalk in geschlossenen Gefässen zersetzt.

Unter Entweichung von Ammoniak erhält man reine Ferrocyancalciumlauge, welche auf Berliner-Blau verarbeitet werden kann. Um Blutlaugensalz zu gewinnen, wird die Lauge eingedampft und mit soviel Chlorkalium versetzt, dass Ferrocyancalciumkalium, $Ca K_2 Fe Cy_6$, ausfällt.

Dieses Doppelcyanür wird durch Kochen mit Kaliumkarbonat in Blutlaugensalz übergeführt. Auf diese Weise ist die Hälfte des bisher verwendeten Kaliumkarbonats durch das viel billigere Chlorkalium ersetzt. Auch kann man in diesem Verfahren das Kaliumkarbonat durch Natriumkarbonat ersetzen.

b) Gaswasser.

Der Kgl. Preuss. Ministerialerlass vom 15. Mai 1895 sagt über die Verunreinigung des Erdreichs und der Gewässer durch die bei der Destillation der Kohlen und bei dem Gasreinigungsverfahren erzeugten Gaswässer sowie über die Unschädlichmachung derselben Folgendes:

Nach dem Abkühlen des Gases in Kondensationsvorrichtungen erfolgt dessen Reinigung theils durch Kalk, theils durch ein Gemenge von Eisenoxyd mit Sägespänen oder ähnlichen lockeren Stoffen (Gaming'sche Masse). Das Gaswasser enthält Ammoniak, auch Schwefel- und Cyanverbindungen, die, wenn jenes in das Erdreich versenkt wird, auf weite Entfernungen hin die Brunnen verseuchen, auch den Pflanzenwuchs schädigen können. Es ist daher geboten, das Versenken des Gaswassers in das Erdreich unbedingt zu untersagen und dagegen die Bedingung zu stellen, alle diese überdies mehr oder weniger widrig riechenden Flüssigkeiten und Abwässer in wasserdichten, bedeckt ge-

haltenen Behältern anzusammeln. Es empfiehlt sich dabei, die Beseitigung dieser Flüssigkeiten von dem Grundstücke unter Aufsicht zu stellen.

Anlagen zur Verarbeitung der Gaswässer erfordern als chemische Fabriken eine
besondere Genehmigung, zu deren Ertheilung der Bezirksausschuss zuständig ist.

Ebenso bedenklich werden in vorgenanntem Erlass die Abwässer von
der Bereitung von Steinkohlen- bezw. Braunkohlentheer, Asphalt-
kochereien, von der Gewinnung von Photogen, Solaröl, Schmieröl, Paraf-
fin etc. angesehen. Es heisst in dem Erlass:

Grosse Uebelstände rufen die bei den vorerwähnten Betrieben in grosser Menge
abfallenden, sehr übelriechenden und schädlichen Abwässer und die Massen kohlenreicher
feiner Aschen hervor, die leicht wieder in Gluth gerathen oder vom Winde leicht auf
grosse Entfernungen verweht werden. Zum Theil lassen sich beide Uebelstände mit-
einander bekämpfen.

Die die öffentlichen Gewässer bis zur Unbrauchbarkeit verderbenden, ammoniakalischen Theerwässer, die sauren Waschwässer aus den Mischhäusern und die aus den
Destillationen und Paraffinpressräumen stammenden Wässer müssen möglichst vollständig vernichtet werden, was theils durch Verbrennen mit der durch Benutzung zum
Löschen von Koks, durch Versumpfen in den umfangreichen Aschenhalden und durch
vorsichtiges Einleiten in bergmännische Brüche und alte Tagebaue geschehen kann.

Das Ablagern von Asche und Koks in ungelöschtem Zustande ist auf Plätzen
ausserhalb der Fabrik und auf freien Halden oder zum Ausfüllen von Brüchen nur dann
zu gestatten, wenn es in grossen Entfernungen von öffentlichen Wegen geschieht. Auch
müssen solche Halden und Brüche mit Mauern, Umzäunungen oder Gräben umzogen werden.

Das Gaswasser als solches dürfte bis jetzt wohl von keiner Gasfabrik mehr oder nur noch äusserst selten zum Abfluss gelangen, indem es,
wie bereits bemerkt, allgemein zur Gewinnung von Ammoniak verwendet
wird. Um so gefährlicher aber ist das abgekochte Gaswasser, weil sich
hierin gerade die schädlichen Bestandtheile anhäufen. Eine weitere Verwendung hierfür giebt es nicht, und in den meisten Fällen dürfte es den
natürlichen Wasserläufen zugeführt werden. Geschieht die Zuführung je
nach der Menge des Wassers in den es aufnehmenden Bach oder Fluss, in
einer stetig langsamen Weise, so dass sich in dem vermischten Bach- oder
Flusswasser nicht mehr mit Sicherheit qualitativ Rhodan und Phenol nachweisen lässt, so dürfte gegen die Einführung in die natürlichen Wasserläufe
nichts zu erinnern sein. Ist eine derartige Gelegenheit nicht vorhanden, so
kann man das abgekochte Gaswasser nur dadurch beseitigen und unschädlich machen, dass man es entweder in cementirten und bedeckten Gruben,
deren Abzüge mit einem Schornsteine in Verbindung stehen, eintrocknen
oder durch Torf, Sägespäne, verbrauchte Lohe etc. aufsaugen lässt, letztere
Masse trocknet, presst und als Brennstoff benutzt.

Henry Bower in Philadelphia empfiehlt die Darstellung von Eisen-
ferrocyanid neben der von Ammoniak aus Gaswasser (Engl. P. 2918 vom
20. Juni 1882).

Das im Gaswasser enthaltene Cyanammonium wird durch Zusatz von bestimmten
Mengen Eisen oder Eisensalz in Ferrocyanammonium umgewandelt; oder das Gaswasser
wird durch eine Schicht Eisenspäne filtrirt. Die Flüssigkeit wird dann mit Kalk versetzt, das Ammonium abdestillirt und aus der Lösung wird nach dem Absetzen und
Neutralisiren Berliner-Blau gefällt.

Nach C. F. **Wolfram** in Augsburg (D.R.P. 40215 v. 14. November 1886 Kl. 75) wird zur gleichzeitigen Verarbeitung der ausgebrauchten Gasreinigungsmasse und des Gaswassers der Gasfabriken zunächst die Gasreinigungsmasse mit verdünnter Schwefelsäure oder Salzsäure ausgezogen. Hierdurch wird das Rhodanammonium entfernt, während das Ferrocyanammonium in der Art zersetzt wird, dass Ammoniumsulfat in Lösung geht und unlösliche Ferrocyanwasserstoffsäure abgeschieden wird.

Die saure Flüssigkeit wird mit Eisenocker oder anderem Eisenoxyd neutralisirt, vom Rückstand abgegossen und zum Ammoniakwasser gesetzt. Hierdurch fällt ein Niederschlag, welcher ungefähr $30^0/_0$ durch Schwefelkohlenstoff ausziehbaren Schwefel neben basisch schwefelsaurem Eisenoxyd und Berliner-Blau enthält, aus. Derselbe wird nach dem Ausziehen des Schwefels wieder der Reinigungsmasse zugesetzt. Das entschwefelte Ammoniakwasser giebt beim Abdestilliren eines Fünftels den grössten Theil des kohlensauren Ammoniaks ab; die verbleibenden vier Fünftel kann man wieder durch die Gaswascher leiten, worauf sich nach mehrfacher Wiederholung dieses Vorganges das Eindampfen und Verarbeiten auf Ammoniumsulfat und Rhodanammonium lohnt. Der ausgewaschene Rückstand der Gasreinigungsmasse wird zur Gewinnung des Schwefels mit Schwefelkohlenstoff ausgezogen und stellt dann ein Gemisch von Ferrocyanwasserstoffsäure und Berliner-Blau dar, aus welchem ungefähr $30—40^0/_0$ des letzteren gewonnen werden könenn.

II. Abwasser von Acetylen-Fabriken.

Bei der Zersetzung des Calciumkarbids durch Wasser nach der Gleichung:

$$CaC_2 + 2\,H_2O = Ca(OH)_2 + C_2H_2$$

entsteht flüchtiges Acetylen- und Calciumhydroxyd als Rückstand. Das aus letzterem gebildete Abwasser muss daher bei stark alkalischer Reaktion vorwiegend aus Calciumhydroxyd neben etwaigen Verunreinigungen des Calciumkarbids bestehen.

Wir fanden z. B. in einem solchen Abwasser für 1 l:

Gesammt-rückstand	Organische Stoffe + Hydratwasser (Glühverlust)	Unorganische Stoffe (Glührückstand)	Thonerde etc.	Kalk	Kohle
82,465 g	15,600 g	66,865 g	5,300 g	55,250 g	1,140 g

Für gewöhnlich aber wird man den Rückstand von der Acetylenbereitung nicht in die Flüsse ablassen, da er durch Versickernlassen oder künstliches Trocknen vom überschüssigen Wasser befreit leicht zu Kalkpulver verarbeitet werden kann, welches sich zweckmässig zur Düngung verwenden lässt. Wir fanden in dem solcherweise entwässerten Kalkschlamm einer Acetylenfabrik:

Wasser	Kalk	Magnesia	Schwefelsäure	Kohle + Kohlensäure + chemisch gebundenes Wasser
40,22 %	41,39 %	0,23 %	0,37 %	17,79 %

Dass kalkhaltiges Abwasser in einem fliessenden Gewässer nach verschiedenen Richtungen schädlich wirken kann, ist bereits Bd. I, S. 366 und Bd. II, S. 197 gezeigt worden.

III. Abwasser aus Braunkohlengruben und von der Braunkohlenschwelerei.

Das Abwasser aus Braunkohlengruben ist durchweg ähnlich wie das aus Moorgegenden mehr oder weniger braun gefärbt und enthält auch mitunter mehr oder weniger flockige Schwebestoffe — ich fand in einem Wasser 81,8 mg organische und 6,0 mg unorganische Schwebestoffe.

Zwei andere von Schwebestoffen fast freie Abwässer aus Braunkohlengruben ergaben für 1 l:

| No. | Organische Stoffe (Glühverlust) | Unorgan. Stoffe (Glührückstand) | Zur Oxydation erforderlicher Sauerstoff in | | Organischer +Ammoniak-Stickstoff | Chlor |
			saurer	alkalischer Lösung		
1	136,0 mg	455,5 mg	12,8 mg	16,4 mg	7,7 mg	14,2 mg
2	87,0 „	182,5 „	14,0 „	17,6 „	4,6 „	10,6 „

Das Abwasser erzeugte mit dem Abwasser einer Ortschaft, worin sich eine grössere Brauerei und Mälzerei befanden, flockige Niederschläge, welche zur völligen Verschlammung eines an dem die Abwässer aufnehmenden Bache gelegenen Mühlenteiches führten. Unter Umständen enthält das Abwasser aus Braunkohlengruben auch namhafte Mengen Eisensulfat (vergl. weiter unten S. 447).

Schlimmer aber noch als das Braunkohlengrubenwasser scheint das Abwasser der Braunkohlenschwelerei zu sein.

Eine von letzterem untersuchte Probe ergab für 1 l:

| Schwebestoffe | | Gelöste Stoffe | | Zur Oxydation erforderlicher Sauerstoff |
Organische	Unorganische	Organische (Glühverlust)	Unorganische (Glührückstand)	
180,0 mg	18,0 mg	362,4 mg	276,0 mg	1072,0 mg

Das Wasser war stark braun gefärbt, trübe durch ölige Bestandtheile und roch stark nach Theerdestillationsstoffen.

Da in dem Abwasser ähnliche Bestandtheile wie bei der trocknen Destillation von Steinkohle vorkommen, so vergl. über die schädlichen Wirkungen eines solchen Abwassers unter „Abgänge aus Gasfabriken" S. 362 bis 370. Auch der Kgl. Preuss. Ministerialerlass vom 15. Mai 1895 betrachtet diese Abwässer als gleichartig (vergl. S. 373).

Eine Reinigung des Schwelerei-Abwassers dürfte kaum oder nur mit grossen Kosten möglich sein.

Durch Zusatz von saurem schwefligsaurem Calcium und etwas Kalkmilch wird das Wasser unter Absetzung eines Bodensatzes nach einiger Zeit fast klar und farblos; wird solcherweise behandeltes Wasser noch durch Knochenkohle filtrirt, so wird es ganz hell, aber nicht geruchlos; das ohne Zusatz von schwefligsaurem Calcium durch Knochenkohle filtrirte Wasser bleibt noch schwach trübe und bräunlich gefärbt, hat aber bedeutend von den öligen Destillationsstoffen verloren, indem z. B. gegenüber dem ungereinigten Wasser 1 l des durch Knochenkohle filtrirten Wassers zur Oxydation an Sauerstoff erforderte:

1. Mit Zusatz von schwefligsaurem Kalk . . . 280,0 mg
2. Ohne   „   „   „   „   . . . 200,0 „

Der grössere Verbrauch von Chamäleon bei der mit saurem schwefligsaurem Calcium versetzten Probe rührt von überschüssiger schwefliger Säure her.

Ebensowenig hat auf den A. Riebeck'schen Montanwerken in Halle a. d. S. die Reinigung der Abwässer der Paraffinfabrik nach dem Gerson'schen Verfahren (vergl. I. Bd. S. 417) einen Erfolg gehabt.

IV. Abwasser aus Steinkohlengruben, von Salinen etc. mit hohem Gehalt an Chlornatrium.

1. Zusammensetzung.

Die Abwässer der Steinkohlengruben sind durchweg durch einen hohen Gehalt an Kochsalz ausgezeichnet; mitunter enthalten sie auch schwefelsaures Eisenoxydul und freie Schwefelsäure, worüber weiter unten unter Abwasser aus Schwefelkiesgruben S. 445 zu vergleichen ist, ferner auch grössere Mengen von Calcium-, Baryum-, Strontium- und Magnesiumchlorid.

Ebenso sind die Soolwässer und Mutterlaugen von Salzsiedereien durch einen hohen Gehalt an Kochsalz bezw. an Chlorcalcium und Chlormagnesium ausgezeichnet. Wenngleich die Soolwässer auf Kochsalz und die Mutterlaugen bei günstiger Zusammensetzung auf Badesalz verarbeitet werden, so kommt es doch vor, dass sie besonders dann, wenn sie direkt für Badezwecke dienen, nach dem Gebrauch in die natürlichen Wasserläufe abgelassen werden, sodass sie hier ebenfalls Erwähnung finden müssen.

a) Steinkohlen-Grubenwasser.

Die Zusammensetzung der Abwässer von Steinkohlengruben erhellt aus folgenden an der hiesigen Versuchsstation für 1 l ausgeführten Analysen:

Grubenwasser	Schwebestoffe (Eisenoxyd)	Abdampfrückstand	Kalk	Magnesia	Schwefelsäure	Chlor
	g	g	g	g	mg	g
1. Vom Piesberge bei Osnabrück:						
a) 1876	0,215	5,880	0,692	—	0,706	2,803
b) 1882. I. Abfluss	0,058	16,026	0,778	—	0,735	8,618
II. „	0,170	14,862	0,884	0,216	0,976	7,872
2. Zeche Westfalia bei Dortmund . . .	—	1,958	0,384	0,046	0,097	0,856
3. Andere Zeche „ „ . . .	—	3,414	0,281	0,111	0,013	1,533
4. Zeche Borussia a) „	0,038	6,152	0,233	0,119	0,466	2,496
b)	0,019	4,920	0,196	0,117	0,709	1,883

Grubenwasser	Schwebestoffe (Eisenoxydul)	Abdampfrückstand	Kalk	Magnesia	Schwefelsäure	Chlor
	g	g	g	g	g	g
5. Zeche von Holzwickede	0,042	1,327	0,114	0,091	0,732	0,023
6. „ Consolidation bei Schalke	—	60,360	4,224	1,272	0,007	32,623
7. „ Centrum I bei Wattenscheid	—	14,740	0,725	0,211	—	7,029
8. „ Mathias Stinnes bei Carnap	—	33,493	1,529	—	0,241	18,921
9. „ in Langendreer	—	21,870	1,280	0,436	Spur	13,281
10. „ „Vereinigte Germania“ in Marten						
Probe a)	—	3,480	0,244	0,080	0,775	1,024
Probe b)	—	3,835	0,222	0,086	1,036	1,042
11. Zeche „Franziska“ Tiefbau	—	1,152	0,095	0,070	0,390	0,140
12. „ Königsborn a)	—	15,510	0,6640	0,2270	0,2610	8,5840
b)	—	10,625	0,4000	0,1242	0,2127	5,5462
13. „ Massen						
Aus dem Wasserschacht a)	—	4,1690	0,2780	0,1260	0,3170	2,0180
b)	—	0,7175	0,1400	0,0153	0,1063	0,1595
Mergelwasser a)	—	0,4100	0,1330	Spur	0,0310	0,0280
b)	—	0,4625	0,1500	0,0198	0,1029	0,0266

In einigen der vorstehenden Proben wurde auch Kali und Natron bestimmt und berechnete sich darnach folgender Gehalt an Salzen für 1 l:

Grubenwasser	Chlornatrium	Chlorkalium	Chlormagnesium	Chlorcalcium	Schwefelsaures Calcium	Kohlensaures Calcium	Schwefelsaures Magnesium
	g	g	g	g	g	g	g
No. 1 (a und b im Mittel)	13,592	—	—	—	0,749	0,883	0,648
No. 6	44,129	1,182	3,017	4,750	0,012	3,250	—
No. 9	18,212	wenig	1,035	2,314	—	0,309	—
No. 10 a)	1,698	„	—	—	0,294	0,219	0,240
b)	1,717	„	—	—	0,485	0,039	0,259
No. 11	0,235	—	—	—	—	9,169	0,175

Bei No. 11 berechnete sich ferner 0,443 g Natriumsulfat, 0,052 g Kaliumsulfat und 0,024 Magnesiumkarbonat.

Ferner ergaben für 1 l:

Grubenwasser von Zeche	Chlornatrium	Chlorcalcium	Chlormagnesium	Kaliumsulfat	Magnesiumsulfat	Schwebestoffe
	g	g	g	g	g	g
14. Prosper I	32,135	3,481	1,283	0,284	0,387	0,0764
15. „ II	23,834	2,354	0,790	0,328 (KCl)	0,705	0,1670
16. Levin	65,949	11,056	3,736	0,659	—	0,0646

Grubenwasser von Zeche	Chlor-natrium	Chlor-calcium	Chlor-magnesium	Kalium-sulfat	Mag-nesium-sulfat	Schwebe-stoffe
	g	g	g	g	g	g
17. Neu-Köln	4,139	0,275	0,031	(K$_2$SO$_4$) 0,055	0,165	0,0410
18. Wolfsbank	4,179	0,077	0,004	(KCl) 0,517	0,321	0,222
19. Carolus Magnus	4,598	0,477	0,182	0,448	0,134	—
20. Emscherthalschacht	25,401	2,347	1,179	—	0,051	0,009
21. Gneisenau	12,027	1,562	0,873	0,164	0,019	—
22. Mathias Stinnes	33,244	3,631	1,735	0,664	0,258	—
23. König Ludwig	25,733	2,904	1,079	—	0,042	—
24. General Blumenthal	21,900	2,853	1,065	(K$_2$SO$_4$) 0,269	—	—
25. Schlägel und Eisen	25,232	3,469	1,244	0,269	—	—
26. Von der Heidt	23,582	3,330	1,1850	—	0,168	—
27. Graf Schwerin	6,3120	1,0080	0,189	—	1,256	—
28. Schamrock	22,369	3,598	1,161	—	0,084	—

Ausführliche Analysen von Grubenwässern verschiedener Kohlenzechen führte auch F. Muck in Bochum aus, und zwar mit folgendem Ergebniss für 1 l:

Laufende No.	Namen der Zechen etc.	Natron	Kalk	Magnesia	Chlor	Schwefel-säure	Gebundene Kohlensäure
		g	g	g	g	g	g
1	Engelsburg	0,10115	0,10875	0,03474	0	0,12154	0,12360
2	Maria Anna I	0,17176	0,11776	0,11100	0	0,45970	0,08365
	„ „ II	0,19263	0,14672	0,10883	0	0,58232	0,11123
3	Prinz-Regent	0,29223	0,10950	0,08027	0	0,47382	0,12106
4	General	0,41030	0,19150	0,11500	0	0,91620	0,06620
5	Herm. Liborius	0,67621	0,05376	0,04522	0,42073	0,37288	0,06700
6	Präsident I	0,28524	0,21235	0,05700	0,22479	0,27811	0,13950
	„ II	0,12823	0,11751	0,03531	0,03782	0,15553	0,11331
7	Friederika	0,23706	0,10685	0,06252	0,03619	0,28910	0,14073
8	Pluto	8,43203	0,79744	0,55710	11,58814	0,03296	0,01053
9	Centrum I	7,21881	0,84672	0,27676	9,44457	0,11468	0,17076
	„ II	—	—	—	0,28927	—	—
10	Constantin	5,36177	0,64512	0,25370	6,13386	0,08961	0,73668
11	Unser Fritz	4,84382	0,35728	0,19280	6,03265	0,06441	0,16029
12	Königsgrube	4,00827	0,56090	0,22920	5,24150	0,20140	0,17452
13	Hannover I Grubenw.	0,01156	0,19320	0,05800	1,36971	0,13596	0,00279
	„ I Mergelw.	0,14324	0,17920	0,04324	0,23481	0,04102	0,12160
	„ II „	1,60613	0,10620	0,05118	1,72475	0,16343	0,11884
14	Hannibal I	1,30240	0,110888	0,05261	1,37554	0,08961	0,09304
15	Carolinenglück	—	—	—	0,55579	—	—

Daraus berechnet sich:

Laufende No.	Namen der Zechen etc.	Chlor-natrium	Chlor-mag-nesium	Chlor-calcium	Schwefel-saures Natrium	Schwefel-saures Magne-sium	Schwefel-saures Calcium	Kohlen-saures Calcium	Kohlen-saures Mag-nesium	Kohlen-saures Natrium	Mineral-Bestand-theile im ganzen	Chloride
		g	g	g	g	g	g	g	g	g	g	g
1	Engelsburg . . .	0	0	0	0,21960	0	0	0,19420	0,07295	0,01190	0,49865	0
2	Maria Anna I . .	0	0	0	0,39333	0,33300	0,02742	0,19012	0	ger. Menge	0,94387	0
	„ „ II . .	0	0	0	0,44112	0,32649	0,01240	0,25230	0	„	1,03281	0
3	Prinz Regent . .	0	0	0	0,66921	0,14526	0	0,19553	0,06688	Spur	1,07688	0
4	General	0	0	0	0,93960	0,34500	0,25820	0,151140	0	„	1,69420	0
5	Herm. Liborius . .	0,60348	0	0	0,66186	0	0	0,09496	0,09496	0,02426	1,47952	0,60
6	Präsident I . . .	0,36459	0	0	0,20310	0	0,27820	0,17460	0,11970	Spur	1,14019	0,42
	„ II . . .	0,06234	0	0	0,21794	0	0,05569	0,16889	0,07415	ger. Menge	0,57901	
7	Friederika	0,05965	0	0	0,47049	0	0,04087	0,16075	0,13129	vorhanden	,0,86305	0,06
8	Pluto	15,90112	1,32199	1,50721	0	0	0,05603	0,02394	0	0	18,81029	18,72
9	Centrum I	13,61323	0,65675	0,58928	0	0	0,19495	0,38800	0	0	15,44221	14,85
	„ II . . .	0,91628	—	—	—	—	—	—	—	—	—	
10	Constantin	10,11122	0	0	0	0	0,15233	1,04000	0,53277	0	11,83632	10,11
11	Unser Fritz . . .	9,13447	0,45751	0,21375	0	0	0,10945	0,36430	0	0	10,27948	9,80
12	Königsgrube . . .	7,55880	0,54389	0,39048	0	0	0,34360	0,39678	0	0	9,23355	8,50
13	Hannov. I Grubenw.	1,90760	0,13763	0,15587	0	0	0,23113	0,00634	0	0	2,43857	5,41
	„ I Mergelw.	0,27012	0,09487	0	0	0	0,06971	0,26860	0,00684	0	0,71014	
	„ II „	2,84344	0	0	0,22527	0,05628	0	0,18964	0,06808	0	3,38271	
14	Hannibal I	2,45606	0	0	0	0	0,13777	0,08600	0,11048	0	2,79031	2,45
15	Carolinenglück . .	0,91628	—	—	—	—	—	—	—	—	—	0,91

In welcher Weise das Steinkohlen-Grubenwasser die natürlichen Wasserläufe unter Umständen verändert, möge aus folgenden Untersuchungen des Verfassers erhellen, wobei zu bemerken ist, dass die Emscher den grössten Theil der Grubenwässer aus dem westfälischen Kohlengebiet aufnimmt.

Wasserlauf	Schwebestoffe (Eisenoxyd)	Abdampfrückstand	Kalk	Magnesia	Schwefelsäure	Chlor	Dem Chlor entspricht Chlornatrium
	g	g	g	g	g	g	g
1. Hase-Wasser bei Osnabrück 1876							
a) Unvermischt	—	0,597	—	—	—	0,115	0,199
b) Vermischt mit Grubenwasser vom Piesberg	—	1,256	—	—	—	0,557	0,918
2. Hase-Wasser bei Osnabrück 1882							
a) Unvermischt	0,010	0,616	0,129	—	0,099	0,126	0,207
b) Vermischt mit Grubenwasser vom Piesberg	0,031	3,025	0.243	0,057	0,237	1,439	2,373
3. Baumbach nach Aufnahme von Grubenwasser 1883	—	30,185	1,516	—	0,088	16,400	27,038
4. Hüllerbach nach Aufnahme von Grubenwasser 1883	—	3,256	0,274	—	0,281	1,543	2,543
5. Kleine Emscher nach Aufnahme von Grubenwasser 1883	—	4,195	0,342	—	0,281	2,093	3,449
6. Grosse Emscher nach Aufnahme von Grubenwasser 1883	—	1,569	0,216	—	0,192	0,659	1,087

Für die letzten 4 Bachwässer fand F. Muck zu einer anderen Zeit (1881) folgenden Gehalt für 1 l:

Wasserlauf	Gesammt-Mineralstoffe	Chlornatrium	Chlorcalcium	Chlormagnesium	Schwefelsaures Calcium	Kohlensaures Calcium
	g	g	g	g	g	g
1. Baumbach vermischt mit Grubenwasser	16,597	13,528	2,084	0,820	0,164	0,00
2. Hüllerbach „ „ „	2,286	1,889	0,00	0,188	0,399	0,109
3. Kleine Emscher „ „ „	3,534	2,676	0,041	0,231	0,372	0,215
4. Grosse „ „ „ „	2,832	2,201	0,070	0,178	0,345	0,037

b) Soolwässer und Mutterlaugen.

Die Zusammensetzung von Soolwässern und Mutterlaugen ist im allgemeinen nach zahlreich vorliegenden Analysen bekannt, indess mögen hier nur einige von mir selbst ausgeführte Analysen von Soolwässern und Mutterlaugen aus dem westfälischen Gebiete mitgetheilt werden; sie ergaben für 1 l:

Bestandtheile	1. Von Gottesgabe bei Rheine			2. Von Werl			3. Von Westernkotten	
	$2^1/_2$ % Soole	9 % Soole	Mutter-lauge	Rohsoole	Natürliche Mutter-lauge	Concentr. Mutter-lauge	Soole	Mutter-lauge
	g	g	g	g	g	g	g	g
Bromkalium . . .	—	0,0563	1,902	0,0144	1,9115	3,3754	0,0303	0,5564
Jodkalium	—	—	0,0088	0,00059	0,0053	0,0137	0,00028	0,00212
Chlorkalium . . .	0,0183	0,4611	10,821	1,7791	54,5854	84,5523	1,3644	35,7204
Chlornatrium . .	25,7140	83,5360	164,682	68,5812	51,0635	46,2596	77,9662	238,0399
Chlorlithium . . .	—	—	2,288	0,0716	4,7009	8,9833	0,0423	1,1719
Chlorcalcium . . .	0,6025	2,7214	119,636	4,2532	245,8802	382,8287	2,3371	51,2847
Chlorstrontium . .	0,0458	0,2172	8,589	0,0744	2,7302	4,6457	0,1188	1,0673
Chlormagnesium .	0,2634	1,2406	37,192	—	101,3113	157,9836	0,2415	1,1070
Magnesiumsulfat .	—	—	119,636	1,4436	0,2760	0,9285	0,6108	0,9672
Calciumsulfat . .	—	—	—	0,3474	—	—	1,4076	—
Calciumkarbonat .	—	—	—	1,2669	—	—	1,8750	—
Calciumnitrat . .	—	—	0,309	—	1,8966	3,2891	—	—
Magnesiumkarbonat	—	—	—	—	—	—	0,2133	—
Ammoniumnitrat .	0,0021	0,0669	—	—	—	—	0,0234	0,1074
Ammoniumkarbonat	—	—	—	—	—	—	—	0,0962
Kieselerde	—	—	—	0,0230	0,0030	0,0600	—	—
Im ganzen	26,6461	88,2995	345,668	77,8874	464,3939	693,3429	86,2310	330,1205
Spec. Gewicht . .	1,0196	1,0602	—	1,0550	1,4280	1,8009	1,0594	1,2132

Wenn ein derartiges Soolwasser oder die Mutterlaugen in die öffentlichen Wasserläufe gelangen, so müssen sie selbstverständlich denselben ebenso wie die Steinkohlen-Grubenwässer einen erhöhten Gehalt an den sie kennzeichnenden Bestandtheilen mittheilen. So ergab ein Bachwasser bei Sassendorf nach einer Probenahme am 23. Juni 1881 für 1 l:

Bestandtheile	1. Reines Bachwasser	2. Abwasser		3. Bachwasser nach Aufnahme der beiden Abwässer unter 2.
		a) von 5000 bis 7000 Soolbädern	b) Mutterlauge von 8 Siedereien enthaltend	
	g	g	g	g
Abdampfrückstand	0,329	46,226	541,400	1,686
Darin: Chlor	0,011	24,822	226,944	0,886
Chlor = Kochsalz	0,019	40,922	374,144	1,462
Ferner:				
Kalk	0,088	1,090	89,467	0,169
Magnesia	Spur	0,259	0,976	0,025
Schwefelsäure	0,005	0,671	0,263	0,036

In einem anderen Falle ergoss sich das Wasser der Thermalquelle bei Werne in den Hornebach. Derselbe veränderte sich durch Aufnahme des Soolwassers nach einer am 19. Jan. 1876 vorgenommenen Untersuchung für 1 l wie folgt:

Bestandtheile	1. Soolwasser, an der Quelle entnommen g	2. Unvermischtes Hornebach- wasser vor Auf- nahme des Soolwasser g	3. Hornebach- wasser nach Auf- nahme des Soolwassers g
Trockener Abdampfrückstand	73,935	0,2838	0,8220
Darin: Chlor	41,0304	0,0127	0,8849
Schwefelsäure	0,7985	0,0230	0,0409
Eisenoxyd	0,0440	Spuren	Spuren
Kalk	2,5430	0,1275	0,1755
Magnesia	0,4777	0,0059	0,0185
Natron	25,9696	0,0149	0,5228
Kali	1,3757	0,0055	0,0231
Unlöslicher Rückstand	Spuren	0,0102	0,0086
Im ganzen	72,2389	0,1997	1,6743
Chlornatrium-Gehalt	66,0300	0,0380	1,3295

Bei geringerem Wasserstande des Hornebachs am 21. Juli 1876 ergaben sich für die Veränderung folgende Zahlen:

Abdampfrückstand	69,308	0,2944	13,094
Darin: Chlor	46,691	0,0248	7,677
Diesem entspricht Chlornatrium	67,0818	0,0409	12,657

Hieraus ist ersichtlich, dass ein Bach- oder Flusswasser durch Aufnahme von Steinkohlengrubenwässer, Soolwässer und Mutterlaugen unter Umständen einen hohen Gehalt an Chlornatrium sowie mehr oder weniger Chlorcalcium und Chlormagnesium annehmen kann, und fragt es sich, in welcher Weise diese Chloride nach den verschiedensten Richtungen hin nachtheilig sein können.

2. Schädlichkeit.

a) Für den Boden.

Wenn die vorstehenden Abwässer neben den Chloriden auch noch eine grössere oder geringere Menge Eisenoxydschlamm enthalten, so gilt von letzterem dasselbe, was unter Abschnitt „Abwasser aus Schwefelkiesgruben" S. 449 u. ff. gesagt ist, und sei auf diesen verwiesen.

Das Kochsalz, der vorwiegendste Bestandtheil dieser Abwässer, ist leicht löslich in Wasser und wird vom Boden nicht absorbirt; dass jedoch der Boden unter Umständen bei stauendem Grundwasser mehr oder weniger Kochsalz aufnehmen kann, ergiebt sich aus folgenden Untersuchungen:

a) Der Schlamm aus dem Bach, welcher das Grubenwasser der oben erwähnten Zeche Mathias Stinnes aufnimmt und zeitweise auf die nebenan liegenden Aecker bezw. den Waldboden geworfen wurde, ergab z. B. in der Trockensubstanz nach 3 verschiedenen Proben: $0,786\,^0/_0$, $4,853\,^0/_0$ und $6,298\,^0/_0$ Chlornatrium.

b) Der Boden vom Uferrande des Hornebaches, welcher das Soolwasser der Thermalquelle Werne aufnimmt, enthielt in wässerigem Auszuge:

$0,135\,^0/_0$ Chlor entsprechend $0,222\,^0/_0$ Chlornatrium

auf trocknen Boden berechnet, während sich in demselben entfernter vom Ufer nur Spuren von Chlornatrium im wässerigen Auszuge vorfanden.

c) Der Boden einer von Zechenabwasser verdorbenen Wiese in Kley bei Marten ergab gegenüber nicht verdorbenen Stellen der Wiese folgenden Gehalt auf geglühten Boden berechnet:

	1.	2.	
	Nicht verdorbener Boden	Verdorbener Boden	
Bestandtheile		I. Probe	II. Probe
	%	%	%
Chlor	0,054	0,266	0,121
Dem Chlor entspricht Chlornatrium	0,088	0,438	0,199
Schwefelsäure	0,072	0,215	0,179
Eisenoxyd	3,960	4,874	4,351

d) Aus dem Abflussgraben von Zeche Centrum I in Gunningfeld bei Wattenscheid war der Schlamm wiederholt auf eine nebenanliegende Wiese geworfen und zeigten die beworfenen Stellen nach eingetretener Trockenheit im Sommer verdorrte Graspflanzen. Boden und Pflanzen von diesen Stellen enthielten:

| | 1. | 2. |
Bestandtheile	Vom Uferrande weg, mit keinen oder verdorrten Pflanzen	Von entfernter und höher gelegenen Stellen der Wiese mit gesunden Pflanzen
1. Boden (in geglühtem Zustande).		
Chlor	1,056 %	0,009 %
Diesem entspricht Chlornatrium . . .	1,739 „	0,015 „
2. Gräser (Trockensubstanz).		
Chlor	2,059 „	0,823 „
Diesem entspricht Chlornatrium . . .	3,393 „	1,356 „

Durch die Uebertragung von Chlornatrium in den Boden gehen aber ausser der direkten Einverleibung von Chlornatrium eine Reihe Veränderungen mit den Bodenbestandtheilen vor sich.

F. Storp[1] fand, dass Gips in kochsalzhaltigem Wasser stärker löslich ist, als in Wasser ohne Kochsalz. Ebenso hat F. Storp die Löslichkeit von gefälltem Calciumkarbonat und Magnesit in einer Kochsalzlösung nachgewiesen. Offenbar beruht die Löslichkeit dieser kohlensauren Salze in Kochsalzlösung auf einer chemischen Umsetzung, indem sich kohlensaures Natrium und Chlorcalcium bezw. Chlormagnesium bilden.

Nach de Luna lösen 4200 Theile Wasser 1 Theil 3-basisch phosphorsauren Kalk, während dieselbe Wassermenge 10,50 mal so viel löst, wenn ihr 250 Theile Chlornatrium zugesetzt werden.

J. Fittbogen[2] prüfte den Einfluss einer Chlornatriumlösung auf Feldspathe und fand, dass aus 1 kg geschlämmtem Feldspath in 3 Jahren gelöst wurden:

Durch $2^1/_2$ l Wasser	Kali	Natron	Kalk	Magnesia	Schwefelsäure	Kieselsäure	Thonerde + Eisenoxyd
	g	g	g	g	g	g	g
1. Ohne Zusatz . . .	0,0196	0,0129	0,0111	0,0029	0,0017	0,0351	0,0027
2. Mit 0,2 Aequiv. NaCl	0,0682	5,979	0,0769	0,0150	0,1029	1,0396	0,0012

Noch stärker ist die Einwirkung des Kochsalzes auf Zeolithe, wie J. Lemberg[3] nachgewiesen hat; dabei tritt Natrium in das Silikat, während eine entsprechende Menge Kalium gelöst wird.

K. Eichhorn[4] hat festgestellt, dass bei der Einwirkung von Kochsalz auf den Boden zwischen den humussauren und den mineralsauren Salzen im Boden ein lebhafter Umtausch der Basen stattfindet, indem freie Humussäuren die mineralsauren Salze zersetzen und freie Mineralsäure abscheiden.

Dieselben Beziehungen fand F. Storp für die Chloride des Natriums, Calciums und Kaliums.

Die lösende Wirkung, welche Kochsalzlösungen auf die einzelnen Bodenbestandtheile ausüben, macht sich auch geltend, wenn dieselben auf die Gesammtmasse „Boden" einwirken.

So fand Eichhorn,[5] dass beim Auslaugen eines Bodens mit reinem Wasser und $^1/_{10}$ procentiger Kochsalzlösung folgende Mengen Nährstoffe auf einem preussischen Morgen bis 1 Fuss Tiefe berechnet in Lösung gingen:

	Schwefelsäure	Phosphorsäure	Kali	Kalk	Magnesia	Ammoniak
Durch reines Wasser .	117	36	134	149	45	10 Pfd.
Durch Kochsalzlösung .	130	27	171	315	82	12 „

---

[1] Landw. Jahrb. 1883, **12**, 804.
[2] Jahresber. f. Agr.-Chem. 1873, **16**, 7.
[3] Ebendort 1877, **20**, 36.
[4] Landw. Jahrb. 1875, **4**, 16; 1877, **6**, 958.
[5] Chem., Ackermann 1861, 28.

A. Frank[1]) und E. Peters[2]) finden dasselbe und haben auch für die Phosphorsäure ein grösseres Lösungsvermögen der Kochsalzlösung nachgewiesen; mit demselben Erfolge hat E. Heiden[3]) die lösende Wirkung des Kochsalzes auf die Bodenbestandtheile geprüft. Aehnliche Ergebnisse erhielt auch Th. Dietrich[4]) bei Einwirkung von verschiedenen Salzlösungen, darunter auch von Chlornatriumlösung auf Basalt und Ackerde.

Diese Versuche haben wir in der verschiedensten Weise wiederholt. Einmal wurden je 500 g sandiger Lehmboden mit 3 l Wasser allein und unter Zusatz von verschiedenen Mengen Chlornatrium unter öfterem Umschütteln stehen gelassen und dann die Lösung auf ihre Bestandtheile untersucht; in der einen Reihe hatte der Boden einen Zusatz von je 25 g Calciumkarbonat erhalten.

Das Ergebniss dieser Versuche für 1 l der Lösung war folgendes:

Wasser unter Zusatz von Kochsalz	Schwefelsäure g	Kalk g	Magnesia g	Chlor g	Kali g	Natron g
1. Gewöhnlicher Boden						
+ Brunnenwasser	0,0608	0,2190	0,0144	0,0453	0,0078	0,0423
+ „ + 0,5 g Chlornatrium	0,0614	0,2486	0,0166	0,3333	0,0090	0,2406
+ „ + 2,5 „ „	0,0676	0,3450	0,0219	1,5035	0,0098	1,1273
+ „ + 5,0 „ „	0,0707	0,4320	0,0285	3,0070	0,0127	2,3438
+ „ + 10,0 „ „	0,0840	0,5500	0,0387	5,9750	—	4,7262
2. Boden unter Zusatz von 25 g Calciumkarbonat						
+ Brunnenwasser	0,0999	0,2480	0,0210	0,0440	0,0077	0,0410
+ „ + 2,5 g Chlornatrium	0,1059	0,3640	0,0289	1,5176	0,0104	1,1596
+ „ + 5,0 „ „	0,1078	0,4548	0,0364	3,0212	0,0118	2,3509
+ „ + 10,0 „ „	0,1220	0,5836	0,0484	5,9927	—	4,7010

In ähnlicher Weise hat F. Storp an der hiesigen Versuchsstation einen dritten Versuch mit gewöhnlichem Boden durchgeführt:

			Chlorkalium	Chlornatrium		
Brunnenwasser + 0,1 g Chlornatrium . . .	0,0549	0,1226	0,0222	0,0978	—	—
„ + 0,2 „ „ . . .	0,0563	0,1278	0,0248	0,1872	—	—
„ + 0,3 „ „ . . .	0,0572	0,1344	0,0348	0,2544	—	—
„ + 0,4 „ „ . . .	0,0585	0,1434	0,0473	0,3301	—	—
„ + 0,5 „ „ . . .	0,0643	0,1500	0,1185	0,4010	—	—
„ + 0,6 „ „ . . .	—	0,2010	0,1681	0,4589	—	—

Aus vorstehenden Versuchen geht hervor, dass das Kochsalz lösend auf die Bodenbestandtheile bezw. Pflanzennährstoffe, besonders auf Kalk und Kali einwirkt und zwar um so mehr, je grösser die einwirkende Menge Chlornatrium ist. Auf diese Eigenschaft des Chlornatriums muss die indirekt düngende Wirkung desselben zurückgeführt werden. Letztere

---

1) Landw. Versuchsst. 1866, **8**, 45.
2) E. Heiden's Düngerlehre **2**, 1. Aufl. 492.
3) Ebendort **2**, 493.
4) Jahresber. f. Agr.-Chem. 1862/63, **5**, 13.

kann jedoch nur soweit gelten, als das Chlornatrium als solches im Boden verbleibt, und auch hier hat die Anwendung des Kochsalzes als Düngemittel eine Grenze, indem bei einem gewissen Gehalt, wie wir weiter unten sehen werden, die vortheilhafte Wirkung in eine schädliche umschlägt. Anders auch ist die Sache, wenn das Kochsalz nicht im Boden verbleibt, sondern im Rieselwasser gelöst den Boden durchsickert; alsdann werden unter Umständen die gelösten Nährstoffe mit dem Rieselwasser fortgeführt und ausgewaschen.

Um dieses nachzuweisen, haben wir durch einen lehmig-sandigen Boden kochsalzhaltiges Wasser mit steigenden Mengen Kochalz filtriren lassen und einerseits das durchfiltrirte Wasser, andererseits den rückständigen Boden auf Gehalt an Kali, Kalk, Magnesia etc. untersucht und gefunden:

	I. mg	II. mg	III. mg	IV. mg	V. mg	VI. mg
Chlornatrium in 1 l Wasser	100	200	300	400	500	600
Gelöst aus dem Boden durch 1 l kochsalzhaltiges Wasser						
Kalk	122,6	127,8	134,4	143,4	150,0	201,0
Kali	4,3	4,8	5,8	9,1	22,9	32,4

Aus dem rückständigen Boden wurde, nachdem derselbe 6 mal für 20 kg Boden mit je 20 l Wasser von verschiedenem Kochsalzgehalt in den einzelnen Reihen behandelt worden war, durch verdünnte Salzsäure (50 ccm $12\,^0/_0$ige Salzsäure $+$ 150 ccm Wasser) gelöst:

	I.	II.	III.	IV.	V.	VI.
Leitungswasser $+$ Zusatz für 1 l:	mg	mg	mg	mg	mg	mg
Chlornatrium	0	300	600	1000	2500	5000
Der Boden enthielt:	$^0/_0$	$^0/_0$	$^0/_0$	$^0/_0$	$^0/_0$	$^0/_0$
Glühverlust Humus $+$ chemisch gebundenes Wasser	4,07	4,12	3,76	3,87	4,06	4,13
Phosphorsäure	0,178	0,166	0,157	0,160	0,161	0,164
Schwefelsäure	0,040	0,037	0,037	0,036	0,038	0,035
Chlor	0,017	0,023	0,027	0,037	0,090	0,171
Kalk	0,475	0,446	0,396	0,383	0,348	0,303
Magnesia	0,167	0,139	0,104	0,099	0,097	0,092
Kali	0,075	0,074	0,066	0,058	(0,064)	(0,060)
Natron	0,056	0,085	0,101	0,132	0,230	0,299

Man sieht hieraus, dass ein Boden um so weniger leicht lösliche Pflanzennährstoffe behält, oder was dasselbe ist, um so mehr der Pflanzennährstoffe beraubt wird, je grösser die Mengen Chlornatrium sind, welche durch die Bodenschichten filtriren. Die Grenze, bei welcher diese bodenauswaschende Wirkung des Chlornatriums schon deutlich hervortritt, lässt sich nach vorstehenden Versuchen annähernd auf 500 mg oder 0,5 g für 1 l feststellen; d. h. ein Wasser empfiehlt sich nicht mehr zur Berieselung, wenn es grössere Mengen Chlornatrium als diese enthält. Die schädigende Wirkung kann alsdann nur dadurch wieder ausgeglichen werden, dass das Rieselwasser gleichzeitig grössere Mengen Kali, Kalk und Phosphorsäure enthält, welche als Ersatz dienen; denn die in Wasser gelösten Nährstoffe werden direkt von den Pflanzen aufgenommen (vergl. I. Bd. S. 280).

Auch wird selbstverständlich der Boden um so später an den basischen Pflanzennährstoffen verarmen, je reicher er an denselben ist.

Um zu sehen, ob die Lösung von Bodennährstoffen auch auftritt, wenn das kochsalzhaltige Wasser nicht durch nackten, sondern durch bewachsenen Boden filtrirt, haben wir natürliches Leitungswasser und kochsalzhaltiges Leitungswasser (1 g NaCl in 1 l) durch 4 verschiedene Wiesenböden versickern lassen, die sich in gemauerten Kästen von 1,23 m Breite, 3,00 m Länge und 1,60 m Tiefe — 0,5 m Kulturbodenschicht auf 1,0 m Kies und Sand — befanden.

Versuche von F. Storp ergaben in dem abrieselnden Wasser gegenüber dem auffliessenden Wasser eine Zunahme an:

	Kalk	Kali
bei reinem Leitungswasser	6,6 mg	0,6 mg
bei kochsalzhaltigem Leitungswasser	11,4 „	1,1 „

Weitere in Gemeinschaft mit E. Haselhoff[1]) ausgeführte Versuche lieferten folgende Ergebnisse:

1. Rieselung mit natürlichem Leitungswasser:

1 Liter enthält:	Kalk mg	Magnesia mg	Kali mg	Natron mg	Chlor mg	Salpetersäure mg	Schwefelsäure mg
Auffliessendes Wasser . . .	110,0	13,7	9,6	24,6	31,9	43,0	50,8
Drainwasser von:							
Moorboden	53,0	9,0	12,1	45,5	39,0	40,3	50,2
Kalkboden	109,0	9,7	10,1	31,2	31,9	45,9	56,8
Lehmboden	86,0	7,9	9,5	45,8	28,4	37,5	52,4
Sandboden	38,0	5,4	5,4	43,8	28,4	38,9	48,4

---

[1]) Landw. Jahrb. 1893, **22**, 845.

2. Rieselung mit kochsalzhaltigem Wasser:

1 Liter enthält:	Kalk	Mag- nesia	Kali	Natron	Chlor	Sal- peter- säure	Schwe- fel- säure
	mg	mg	mg	mg	mg	mg	mg
Auffliessendes Wasser . . .	104,0	11,5	7,7	473,4	546,1	42,3	50,4
Drainwasser von:							
Moorboden	131,0	27,4	10,6	237,0	411,8	24,8	42,7
Kalkboden	261,0	14,0	8,6	266,0	414,9	29,2	42,4
Lehmboden	219,0	11,5	11,9	233,8	438,4	24,8	39,4
Sandboden	151,0	13,0	7,9	168,3	336,9	30,6	38,4

Wir sehen, dass bei der Berieselung mit gewöhnlichem Wasser der Gehalt des Drainwassers an Kalk, Magnesia — an Kali wahrscheinlich wegen der vorhergegangenen Rieselung mit kalireicher Jauche nur zum Theil — besonders bei den kalkarmen Böden viel geringer ist, als in dem auffliessenden Wasser, dass diese Nährstoffe aber trotz vorhandener regelmässiger Bewurzelung und trotz lebhaften Wachsthums im abfliessenden Drainwasser bedeutend zunehmen, wenn dem Wasser 1 g Kochsalz für 1 l zugesetzt wurde. Man kann also nicht daran zweifeln, dass kochsalzhaltiges Wasser auch bei alten Wiesen — der Boden war 6 Jahre mit Gras bewachsen — lösend auf die Basen, besonders auf Kalk, Magnesia und auch Kali wirken und dieselben im Abriesel- oder Drainwasser mit wegführen wird.

Auf die lösende Wirkung von kochsalzhaltigem Wasser, besonders auch auf Calciumkarbonat, muss ohne Zweifel zurückgeführt werden, dass bei einem Bach oder Fluss, wenn deren Wasser grössere oder geringere Mengen Kochsalz mit sich führen, die Uferränder, welche mehr oder weniger Calciumkarbonat enthalten, mitunter stark angefressen werden und einstürzen.

Die schädliche Wirkung von kochsalzhaltigem Wasser auf den Boden tritt aber nicht allein bei der Berieselung hervor, sondern es genügt auch, dass ein Boden zeitweise oder vereinzelt mit kochsalzhaltigem Wasser überschwemmt wird. So ist bekannt, dass die Polders in der Nähe der See unfruchtbar werden, wenn sie mit Meerwasser überschwemmt werden.

G. Reinders[1] theilt Versuche über den Einfluss des Meerwassers auf den Boden mit, wonach ein Chlorgehalt von 0,25 %, löslich im Bodenwasser, schon schädliche Folgen hat und die Erde unfruchtbar macht, indem nur wenige Samen hierin keimen und sich entwickeln können.

Nach Adolf Mayer[2] ist die Menge, wobei schon eine schädliche Wirkung des Kochsalzes nach dieser Richtung im Boden anfängt, eine geringere als $\frac{1}{4}$ %. Er fand in mit Meerwasser überschwemmtem und be-

---

[1] Landw. Versuchsst. 1876, **19**, 190.
[2] Journ. f. Landw. 1879, **27**, 389 und Forsch. a. d. Gebiet der Agric.-Physik von Wollny 1879, **2**, 251.

schädigtem Reiderswolder-Polder in 0,3 m Tiefe in einem noch feuchten Zustande 0,06—0,09 % Chlornatrium und in 0,6 m Tiefe 0,07—0,29 % Chlornatrium.

Wir fanden in dem Boden einer Wiese an höher gelegenen, nicht verdorbenen, und an niedriger gelegenen verdorbenen Stellen, welche letztere wiederholt mit Zechenwasser von 3,11—4,11 g Chlornatrium in 1 l überschwemmt worden waren, folgenden Gehalt, auf geglühte Substanz berechnet:

	Boden von	
	nicht verdorbenen Stellen	verdorbenen Stellen
Chlor	0,054 %	0,266 %
oder Chlornatrium	0,088 „	0,438 „
Kalk	0,571 „	1,845 „

In einem anderen Falle war der Graswuchs einer Wiese, die an den niedrigen Stellen mit kochsalzhaltigem Bachwasser (in einem Falle 8,809 g Chlornatrium in 1 l) überfluthet wurde, immer mehr zurückgegangen; der Boden enthielt in der wasser- und humusfreien Substanz:

Boden von	Kalk %	Kali %	Natron %	Chlor %	Schwefelsäure %
a) Gesunden hochgelegenen Stellen, wohin das Wasser nicht gelangt war	0,507	0,146	0,043	0,030	0,052
b) Verdorbenen Stellen:					
1. häufig überfluthet	3,258	0,180	1,308	1,326	0,525
2. weniger häufig überfluthet	0,887	0,151	0,820	0,583	0,215
3. „ „ „	1,126	0,155	0,754	0,670	0,266

In einem weiteren Falle war der Boden durch den Rohrbruch einer Soolwasserleitung versalzen und ergab in der Trockensubstanz 0,379 und 0,776 % Chlor, gegenüber 0,036 bezw. 0,023 % Chlor im benachbarten, nicht beschädigten Boden.

Die Unfruchtbarkeit der verdorbenen Stellen, die an Kalk sogar reicher als die nicht verdorbenen Stellen der Wiesen waren, kann nicht so sehr in der Veränderung der chemischen als vielmehr der mechanischen Beschaffenheit beruhen, wie dieses A. Mayer auch für das Unfruchtbarwerden der Polder durch Ueberschwemmen mit kochsalzreichem Meerwasser annimmt.

Diese schädliche Wirkung des Chlornatriums im Polder beruht nach A. Mayer darin, dass Salzlösungen, welche in thonigen Massen keinerlei chemische Veränderungen erleiden, zu kapillaren Bewegungserscheinungen zwischen den Thontheilchen Veranlassung geben, deren Ergebniss bei dem Wiederausspülen des Salzes ein Zusammenschlämmen (Dichtschlämmen) des Thones ist. Infolgedessen wird der Boden schwer durchlässig, mühsam zu verarbeiten, lässt in der nassen Zeit nicht Luft genug zu den

Pflanzenwurzeln zutreten, neigt auch aus demselben Grunde zu schädlichen
Reduktions-Erscheinungen; in der trockenen Zeit zerreisst er in mächtige
Spalten, wodurch wiederum die Pflanzenwurzeln beschädigt werden. Auf
die Pflanzenwurzeln kann ein Chlornatriumgehalt im Boden unter Umständen
auch schon bei $^1/_4\,^0/_0$ und weniger nachtheilig wirken, denn im allgemeinen
gedeihen die Pflanzen nur bei gewissen Gehaltshöhen von Nährstofflösungen; in mehr als $^1/_2\,^0/_0$igen Lösungen machen sich schon gewöhnlich
Schädigungen geltend, auch wenn es sich um aufnehmbare Salze handelt;
umsomehr aber bei Chlornatrium, welches kein eigentlicher Pflanzennährstoff
ist, sondern gewissermassen den zufälligen Bestandtheilen der Pflanzenaschen
zugerechnet werden muss. So können Pflanzen im Frühjahr in einem salzhaltigen Boden gut aufgehen und gedeihen, während sie im Hochsommer
erheblich leiden und absterben. Im Winter und Frühjahr ist der Boden
wasserreich und wird das Chlornatrium mehr und mehr in den Untergrund
gewaschen. Im Sommer trocknet der Boden aus, es steigt viel Wasser
kapillar aus dem Untergrund nach oben, um zu verdunsten, und wird
einerseits das Chlornatrium wieder in die oberen Bodenschichten geführt,
andererseits bildet sich eine gehaltreiche Salzlösung, welche schädigend
auf die Pflanzenwurzeln wirkt und die Pflanze zum Absterben bringt.
Hiermit steht im Einklange, dass das Absterben von Pflanzen und
Bäumen an den Ufern der Bäche oder an Stellen, welche mit kochsalzhaltigem Wasser überschwemmt wurden, durchweg am meisten und
erst hervortritt, wenn der Boden im Sommer austrocknet, dass aber
keine schädlichen Wirkungen beobachtet werden, so lange er hinreichend
feucht ist.

Um dichtgeschlämmten Boden wieder fruchtbar zu machen, empfiehlt
A. Mayer:[1])

1. Den Boden auffrieren zu lassen, d. h. ihn vor Winter in
   rauhe Furchen zu legen, damit der Frost besser einwirken
   kann und die Salztheilchen den Winter über besser in den
   Untergrund gewaschen werden;
2. Anbau von bodenlockernden Pflanzen, z. B. Klee und sonstigen
   tiefwurzelnden Pflanzen;
3. Düngung mit ähnlich wirkenden Salzen, wie z. B. Chilisalpeter.

J. Swaving[2]) schliesst sich diesen Ausführungen von A. Mayer an,
sowohl was Ursache als Gegenmittel der Ueberschwemmung der Polder
mit Meerwasser anbelangt. Er empfiehlt ausser Wiesenbau für überschwemmte Böden folgende Feldfrüchte: Zuckerrüben, Kohlsaat, Winter-
gerste (Düngung mit Superphosphat und Chilisalpeter), Luzerne (mit Super-
phosphat-Düngung).

---

[1]) Journ. f. Landw. 1879, **27**, 389.
[2]) Landw. Versuchsst. 1899, **51**, 463.

b) **Schädlichkeit für die Pflanzen.**

α) Für den Keimvorgang.

Die Angaben über die Schädlichkeit des Chlornatriums auf die Keimung der Samen lauten sehr verschieden. Tautphöus[1]) findet, dass viele Samen (Weizen, Roggen, Mais, Bohnen und Erbsen) schon bei einem Gehalt des Wassers von 0,5 $^0/_0$ Chlornatrium in ihrer Keimfähigkeit eine Beeinträchtigung erfahren; nur Rapssamen keimte in 2 $^0/_0$ iger Chlornatriumlösung so gut wie in destillirtem Wasser. J. Nessler[2]) dagegen theilt mit, dass bereits eine 0,5 $^0/_0$ ige Chlornatriumlösung nachtheilig auf keimende Raps- und Kleesamen einwirkt, dass Weizen dagegen noch in 1 $^0/_0$ iger Lösung keimt. Nach Versuchen von Fleischer[3]) liess eine 11 $^0/_0$ ige Chlornatriumlösung Distel-, Gerste-, Buchweizen- und Runkelsamen so gut fortkommen, wie destillirtes Wasser; theilweise blieben Weizen, Lein, Raps und Mais aus.

F. Storp (l. c.) fand bei Versuchen mit Gerste, dass das Chlornatrium in ganz verdünnten Lösungen (0,1 $^0/_0$) anscheinend auf den Keimvorgang eine günstige Wirkung ausübt, bei stärkerem Gehalt drückt es aber den Procentsatz der keimenden Körner mehr und mehr herab und verlangsamt den Verlauf der Keimung. Dasselbe Ergebniss macht sich geltend in einem Boden, der, wie vorhin angegeben ist, mit kochsalzhaltigem Wasser berieselt wurde.

Zu ähnlichen Ergebnissen gelangte M. Jarius.[4]) Er liess die verschiedensten Samen (Erbsen, Wicken, Mais, Gerste, Hafer, Roggen, Weizen, Raps, Rübsen, Rothklee) in destillirtem und salzhaltigem Wasser (Chlornatrium, Chlorkalium, Kaliumnitrat, Ammoniumsulfat von je 0,2 $^0/_0$, 0,4 $^0/_0$, 1,0 $^0/_0$ und 2,0 $^0/_0$ Gehalt) keimen und fand, dass 1) 0,2—0,4 $^0/_0$ ige Salzlösungen im allgemeinen eine günstige Wirkung auf die Keimung hervorrufen, indem sie die letztere beschleunigen und eine üppigere Sprossentwicklung bewirken; dass dagegen 2) 1 $^0/_0$ ige und besonders 2 $^0/_0$ ige Salzlösungen den Verlauf der Keimung hemmen, dieselbe hinausschieben oder ganz vereiteln; 3) der schädigende Einfluss sich steigert und der günstige sich verringert um so mehr, je beschränkter der Sauerstoffzutritt ist; 4) die günstige Wirkung sich am meisten bei den Leguminosen, der schädigende Einfluss am wenigsten bei den Gramineen äussert.

β) Für die wachsenden Pflanzen.

Wenn ein mehr oder weniger kochsalzreiches Wasser über eine Wiese rieselt oder dieselbe zeitweise überschwemmt, so gehen nach kürzerer oder längerer Zeit die besseren Gräser und Kräuterpflanzen ein, es tritt Atriplex

---

[1]) Ueber die Keimung der Samen bei verschiedener Beschaffenheit derselben. Inaug.-Dissert. München 1876.
[2]) Baden. landw. Wochenbl. 1877, No. 6.
[3]) Nobbe: Samenkunde 1876, 269.
[4]) Landw. Versuchsst. 1885, **32**, 149.

hastata als leitende Salzpflanze auf und an und in den Gräben erscheint Glyceria fluitans. Weiter sterben, wenn derartige Gewächse an den Uferrändern oder an den überschwemmten Stellen stehen, der Reihe nach ab: Sträucher, Nadelhölzer, Weiden, Pappeln, Erlen, Buchen, Eichen und zuletzt die Ulme, die am längsten aushält. Aus diesen mehrfach gemachten Beobachtungen kann schon geschlossen werden, dass kochsalzhaltiges Wasser direkt schädlich für die wachsenden Pflanzen wirkt.

Zum Nachweis der Schädlichkeit von Chlornatrium für wachsende Pflanzen wurden einerseits Gras, Sträucher und Bäume, die in Töpfe eingepflanzt waren, mit Kochsalzlösungen von verschiedenem Gehalt begossen, andererseits Pflanzen in wässerigen Lösungen, denen man ausser den Pflanzennährstoffen steigende Mengen Kochsalz zusetzte, gezogen.

Versuche in ersterer Richtung sind zuerst von H. Bardeleben[1]) ausgeführt; derselbe fand, dass 5 g Kochsalz in 1 l dem Graswuchs unbedingt schaden. Versuche, welche ich mit einer Deutzia-Art und sogen. wilden Obstbäumen ausführte, ergaben, dass die Wirkung des Kochsalzes eine um so nachtheiligere ist, in je grösserer Gehaltsmenge es den Pflanzen verabreicht wird, und dass die Pflanzen um so empfindlicher gegen erhöhte Kochsalzmengen sind, je stärker ihr Wachsthum ist. Bei den zarten Sträuchern (Deutzia) übte schon ein Gehalt von 1 g Kochsalz in 1 l einen entschieden nachtheiligen Einfluss aus, der nach kürzerer oder längerer Zeit die Pflanzen zum Absterben brachte. Die Obstbäumchen sind wegen ihres langsameren Wachsthums nicht so empfindlich, jedoch ist auch hier ein Gehalt von 5 g Kochsalz in 1 l, ähnlich wie bei den Versuchen von H. Bardeleben mit Gräsern, von schädlichem Einfluss, der schliesslich mit dem Tode der Pflanzen bezw. Bäume endigt. Liegt der Gehalt unter dieser Grenze, so können die Pflanzen sich mehr oder minder längere Zeit erhalten und eine erhebliche Menge Chlor in sich anhäufen, bis sie schliesslich erliegen. Ist der Kochsalzgehalt höher, so kommen die Pflanzen verhältnissmässig rasch zum Absterben, ohne dass die Asche den Chlorgehalt angenommen hat, den dieselbe bei minder gehaltreichen, längere Zeit verabreichten Lösungen zeigt.

F. Storp (l. c.) stellte Versuche bei 3—4jährigen Eichen, 2jährigen Fichten (Einzelpflanze) und 1jährigen Fichten (Büschelpflanze) an und zwar in der Weise, dass diese in Töpfe gepflanzten Bäumchen mit Wasser begossen wurden, welches für 1 l 0,1—0,6 g Chlornatrium enthielt; dabei wurden beim jedesmaligen Begiessen nur 100 ccm Flüssigkeit für je 1 Topf gebraucht, welche genügten, den Boden feucht zu erhalten. Da nichts abfloss, so wurde die Bodenlösung immer gehaltreicher sowohl an Nährstoffen, wie an Chlornatrium. Die Versuche begannen anfangs Juni; zu Anfang August, als der Boden in den mit 0,6 g bezw. 0,4 g Chlornatrium für 1 l begossenen Reihen durch das Begiessen $2^1/_2$ bezw. 1 g Chlornatrium aufgenommen hatte und etwa 0,1 bezw. $0,064^0/_0$ Chlornatrium enthielt, wurden die Fichten roth-

---

1) Ber. d. Königl. Prov.-Gewerbeschule zu Bochum 1868.

spitzig. Das Absterben der Nadeln ging von Tag zu Tag weiter, bis dieselben schliesslich ganz braun wurden und abfielen. In der folgenden Zeit bis zum Mai des nächsten Jahres wurden diese Pflanzen mit destillirtem Wasser begossen und die schädlichen Stoffe auf diese Weise ausgewaschen. Das im Frühjahr erfolgte kräftige Treiben der fast als abgestorben erschienenen Pflanzen bewies, dass die Folgen einer Chlornatrium-Beschädigung rechtzeitig gehoben werden können. In der Reihe, bei welcher eine Lösung von 0,2 g Kochsalz im Liter zum Begiessen verwendet wurde, zeigten sich etwa 4 Wochen später wie in den vorhergehenden Reihen nach einer Zuführung von 1,26 g Kochsalz ebenfalls die Krankheitserscheinungen. In den Reihen, in denen die Pflanzen mit Wasser mit 0,1 g Kochsalz im Liter begossen wurden, entwickelten sich in dem ersten Versuchsjahr die Pflanzen gesund und kräftig, im Sommer des folgenden Jahres aber zeigten sich in der einen Reihe allmählich dieselben krankhaften Erscheinungen.

Die Eichen hatten auch bei diesem Versuche ihre von anderer Seite schon bemerkte hohe Widerstandsfähigkeit gegen schädliche Einflüsse bewiesen. Sie zeigten, wenn man von der Entwicklung längerer Triebe, die einige Eichen der Reihe I auszeichneten, absah, keinerlei deutliche Unterschiede.

Bei der grossen Aehnlichkeit der Lebensbedingungen unserer Kulturpflanzen konnte man jedoch annehmen, dass bei Fortsetzung dieser Versuche schliesslich auch die Eichen nicht mehr der schädlichen Wirkung des Chlornatriums widerstanden haben würden.

Weitere Versuche von F. Wohltmann[1]) bestätigen die schädliche Wirkung des Chlornatriums für Grasflächen. Hiernach wirkt ein Wasser mit einem Gehalt von 0,5—1,0 g Kochsalz in 1 l schon beträchtlich schädlich, wenn es in Mengen, die einer täglichen Regenhöhe von 3—4 mm entsprechen, zufliesst, und zwar um so schädlicher, je geringer die meteorischen Niederschläge sind und je mehr Wasser während und gleich nach der Flössung verdunstet. Starke Regenfälle vermögen infolge ihrer auswaschenden und wasserverdünnenden Wirkung den Nachtheil zu vermindern oder aufzuheben. Letzteres ist aber nicht mehr der Fall, wenn die zugeführten salzhaltigen Wassermengen grösser, als angegeben, sind. Steigt der Salzgehalt auf 5—10 g in 1 l, so ist der Schaden nicht nur der Menge, sondern auch der Beschaffenheit nach bedeutend.

Ferner hat F. Storp (l. c.), um die direkte Einwirkung von Chlornatrium auf die Entwicklung der Pflanzen zu ermitteln, Wasserkulturversuche mit Gerste und Gräsern ausgeführt; der Chlornatriumgehalt stieg von 0,2—0,6 g in 1 l theils bei gleichbleibendem Nährstoffgehalt, theils bei Abnahme des Nährstoffgehaltes und Zunahme des Chlornatriums in der Lösung. Nach diesen Versuchen scheint der höhere Chlornatriumgehalt der Lösungen allein bei gleichbleibendem Nährstoffgehalt keinen wesentlich schädlichen Einfluss auf die Entwicklung der Pflanzen ausgeübt zu haben; sehr deutlich tritt dieser jedoch da hervor (sowohl in Menge als Beschaffen-

---

[1]) Der Landwirth, Schles. landw. Ztg. 1895, **81**, 481.

heit der Ernte), wo gleichzeitig mit der Zunahme des Chlornatriumgehaltes der Lösung ihr Gehalt an eigentlichen Nährstoffen abnimmt.

Alle diese Ergebnisse bestehen nur da zu Recht, wo Bäume und Gräser direkt im Bach- oder Stauwasser mit Chlornatriumgehalt stehen oder wo chlornatriumhaltiges Wasser durch Anstauung im Boden zur Verdunstung gelangt, sodass die Salzlösung bei wieder eintretendem Regen immer gehaltreicher wird. Dieses kommt zwar für gewöhnlich bei Berieselung von Wiesen nicht vor, dass aber solche Fälle möglich sind, zeigen folgende thatsächlichen Vorkommnisse, welche der Prüfung seitens unserer Versuchsstation unterlegen haben.

Das Gras von durch Ueberfluthung mit durch Salzwasser verunreinigtem Bachwasser verdorbenen Stellen einer Wiese enthielt gegenüber gesunden Stellen in der wasser- und sandfreien Substanz:

Gras	Rein-asche %	Kali %	Natron %	Chlor %	Oder in Procenten der Asche	
					Natron %	Chlor %
a) Gesundes Gras von Stellen, wohin kein Wasser gelangt war	14,44	1,058	0,113	0,124	0,78	0,86
b) Verdorbenes Gras von Boden:						
1. In der Nähe des Baches, öfters überfluthet	22,58	0,692	2,322	2,618	10,28	11,59
2. Entfernter vom Bach, weniger oft überfluthet	21,88	1,055	2,409	2,600	11,01	11,89
3. Entfernter vom Bach, weniger oft überflutet	18,06	0,728	1,405	1,605	7,78	8,88

Pappeln, welche an demselben Bache standen und im Absterben begriffen waren, ergaben gegenüber gesunden Pappeln folgenden Gehalt in der Asche, auf wasser- und sandfreie Substanz berechnet:

Theile der Pappeln	Rein-asche %	Kali %	Natron %	Chlor %	Schwe-felsäure %	Oder in Procenten der Asche	
						Natron %	Chlor %
1. Blätter von gesunden Pappeln .	13,85	0,860	0,099	0,162	1,266	0,71	1,17
„ „ kranken „ .	11,24	0,264	0,392	0,656	0,530	3,48	5,84
2. Zweige von gesunden „ .	5,98	0,297	0,085	0,026	0,072	1,42	0,42
„ „ kranken „ .	7,20	0,638	0,450	0,277	0,124	6,25	3,85
„ „ „ „ .	6,97	0,455	0,532	0,362	0,085	7,63	5,19
3. Wurzeln von gesunden „ .	4,52	0,574	0,016	0,005	0,108	0,34	0,11
„ „ kranken „ .	6,74	0,339	1,212	0,719	0,467	18,01	10,65

Die in der Nähe eines Rohrbruches der Soolwasserleitung an der Provinzialstrasse Hamm-Königsborn erkrankten bezw. im Absterben begriffenen Bäume enthielten gegenüber gesunden Bäumen an derselben Strasse in der wasser- und sandfreien Substanz:

Bäume	Blätter		Zweige		Oder in Procenten der Asche	
	Reinasche	Chlor	Reinasche	Chlor	Blätter Chlor	Zweige Chlor
	%	%	%	%	%	%
1. Apfelbaum, gesund .	5,50	0,14	4,43	0,038	2,54	0,86
„ krank . .	7,77	1,08	6,52	0,367	13,90	5,63
2. Linde, gesund . . .	7,57	0,48	6,07	0,062	6,33	1,02
„ krank	7,49	1,19	5,93	0,352	15,89	5,93
3. Kastanie, gesund . .	6,36	0,41	4,94	0,073	6,45	1,48
„ krank . . .	7,56	2,12	6,26	0,708	28,04	11,31

In allen Fällen hatten die erkrankten oder im Absterben begriffenen Bäume und Pflanzen erheblich mehr Chlor und Natron in der Asche und Trockensubstanz als die gesunden Gegenproben. Man darf hieraus jedoch nicht schliessen, dass, wenn Pflanzen oder Bäume in anderen Fällen obigen Gehalt an Chlor und Natron erreicht haben, dieselben als durch Chlornatrium verdorben zu bezeichnen sind. Abgesehen davon, dass es noch andere Ursachen für die Erkrankung geben kann, können Pflanzen und Bäume auch schon bei einem geringeren Gehalt an Chlornatrium erkrankt sein, während ihnen ein höherer Gehalt nicht schädlich gewesen wäre. Die direkte schädliche Wirkung des Chlornatriums hängt wesentlich davon ab, ob die Pflanzen- oder Baumwurzeln dauernd in dem chlornatriumreichen Wasser stehen oder der Boden zeitweise austrocknet. Durchweg treten die nachtheiligen Wirkungen um so schneller und bei einem um so niedrigeren Gehalt eines Bodens an Chlornatrium auf, je öfter und je mehr derselbe austrocknet (vergl. S. 392).

Um festzustellen, wie sich der Ernteertrag auf Böden herausstellt, welche mit chlornatriumhaltigem Wasser berieselt wurden, haben wir die mit 72 l Wasser unter Zusatz von verschiedenen Mengen Kochsalz behandelten Böden in Thontöpfe gefüllt, welche ca. 5 kg Boden fassten und letzteren mit Grassamen (Gemisch von englischem und französischem Raygras sowie Timotheegras) besät.

Die Ergebnisse sind kurz folgende:

	I.	II.	III.	IV.	V.	VI.
Boden behandelt mit	0,0	0,1	0,2	0,4	0,6	0,8 g NaCl in 1 l
Ernteertrag	23,00	15,33	16,2	13,52	15,65	12,45 g

Eine vollständige Aschenanalyse der geernteten Pflanzenmasse der Reihe I und VI ergab, dass die minderwerthigen Aschenbestandtheile in der Pflanze nämlich SiO_2, Na_2O und Cl in Reihe VI zugenommen hatten, während die werthvolleren Bestandtheile alle, zum Theil sogar eine erhebliche Abnahme erfahren hatten. Beachtenswerth war die Abnahme des Proteïns (von 10,75 %/0 auf 6,75 %/0), der Phosphorsäure (von 6,91 %/0 auf 6,19 %/0), der Schwefelsäure (von 9,61 %/0 auf 6,82 %/0) und des Kalkes (von 11,71 %/0 auf 10,83 %/0);

die Abnahme des Kalis war verhältnissmässig geringer (von 21,21 $^0/_0$ auf 20,16 $^0/_0$), jedenfalls deshalb, weil das Kali noch nicht im sogen. Minimum vorhanden gewesen war bezw. durch das vorhandene Chlornatrium aus den Silikaten löslich gemacht worden war. Aus dem Kohlensäuregehalt der Asche war zu schliessen, dass die Basicität der Asche in Reihe VI wesentlich geringer war als diejenige der Asche in Reihe I, ein Umstand, der nicht ohne Bedeutung zu sein scheint für den Rückschluss von der Beschaffenheit der Asche auf die der Pflanzen[1]) und daher bemerkt zu werden verdient.

Menge wie Beschaffenheit der Ernte nehmen also auf den mit stärkeren Chlornatriumlösungen ausgewaschenen Böden immer mehr ab und bestätigen so die Schädlichkeit der auslaugenden Wirkung solcher Lösungen.

Diese Versuche wurden weiter noch in der Weise geprüft, dass der Boden, welcher sechsmal mit je 40 l Wasser unter Zusatz von wechselnden Mengen Kochsalz für je 20 kg Boden begossen war, in derselben Weise wie oben mit Gras bestellt und die Ernte ermittelt wurde.

Die Ergebnisse für die Gesammternte von je 3 Töpfen waren folgende:

	I. mg	II. mg	III. mg	IV. mg	V. mg	VI. mg
Zusatz von Kochsalz zu dem Leitungswasser für 1 l	0	300	600	1000	2500	5000
	g	g	g	g	g	g
Gesammternte an Pflanzen-Trockensubstanz	27,867	25,947	17,577	15,221	9,718	10,429
Darin: Rohproteïn	2,575	2,558	1,740	1,719	1,578	1,638
Fett (Aetherauszug)	1,151	1,087	0,886	0,702	0,543	0,604
N-freie Extraktstoffe	12,835	11,542	7,694	6,555	4,085	4,650
Rohfaser	7,949	7,519	5,074	4,393	2,311	2,402
Reinasche	3,467	3,241	2,183	1,852	1,201	1,235
Kali	1,217	1,136	0,749	?	0,405	0,421
Natron	?	0,037	0,051	0,136	0,147	0,191
Kalk	0,488	0,380	0,355	0,209	0,101	0,089
Schwefelsäure	0,184	0,199	0,112	0,098	0,057	0,062
Phosphorsäure	0,322	0,317	0,220	0,222	0,154	0,155

Da die Unterschiede in dem Pflanzenwuchs der einzelnen Reihen auch äusserlich sehr hervortraten, habe ich die Versuchstöpfe photographiren lassen, und giebt die Abbildung 20 auf Seite 399 eine Veranschaulichung der beobachteten Verhältnisse.

Diese letzteren Versuche lassen die Einwirkung des Chlornatriums auf Boden und Pflanzen noch deutlicher hervortreten als die ersten Versuche. Wir sehen, dass ganz entsprechend dem Verhalten, wonach durch kochsalzhaltiges Wasser der Boden an Kali, Kalk und sonstigen Nährstoffen ausgewaschen wird, auch der Ernteertrag ein entsprechend niedriger ist. Ohne Zweifel muss ein grosser Theil dieser Wirkung darauf zurückgeführt werden,

---

[1]) Siehe hierzu: A. Mayer: Landw. Versuchsst. 1881, **26**, 101 u. 346 und Haubner: Archiv für Thierheilkunde 1878, 108/9 und 134.

a) Boden mit gewöhnlichem Brunnen-(Leitungs-)Wasser behandelt.
b) Boden mit gewöhnlichem Brunnen-(Leitungs-)Wasser behandelt unter Zusatz von 300 mg Kochsalz in 1 l.
c) Desgl. desgl. desgl. „ „ „ 600 „ „ „ „
d) Desgl. desgl. desgl. „ „ „ 1000 „ „ „ „
e) Desgl. desgl. desgl. „ „ „ 2500 „ „ „ „
f) Desgl. desgl. desgl. „ „ „ 5000 „ „ „ „

Fig. 20.

Wachsthum von Gräsern in mit Kochsalz behandeltem Boden.

dass ein Theil des Chlornatriums in dem Boden verblieb, da der berieselte Boden einfach abtropfen gelassen und an der Luft trocken gemacht wurde. Jedoch haben wir mit Absicht diese Versuchsform gewählt, weil der schädliche Einfluss des chlornatriumhaltigen Wassers meistens bei der Berieselung von Wiesen hervortritt; diese pflegt man aber nach der Berieselung einfach abzustellen, so dass ein Theil des Chlornatriums als solches in der Bodenlösung verbleibt und nur nach und nach durch Regenwasser, wie in den Versuchen durch destillirtes Wasser, in tiefere Schichten gewaschen wird.

Als auffallend mag noch hervorgehoben werden, dass in dem Boden, welcher mit 1 g und mehr Kochsalz für 1 l behandelt worden war, anfänglich kaum ein Samen oder gar keine Samen keimten, sondern erst vereinzelte Pflanzen aufgingen, nachdem durch wiederholtes Begiessen mit destillirtem Wasser zum Ersatz des verdunsteten Wassers, das Chlornatrium mehr und mehr in den Untergrund gewaschen war. Diese vereinzelten Pflanzen entwickelten sich später meistens um so üppiger und überflügelten die einzelnen Individuen in den Normaltöpfen.

Wenngleich diese Versuche noch mit einigen Mängeln behaftet sein mögen, so folgt doch das mit Sicherheit aus denselben, dass ein kochsalzhaltiges Wasser durch seine Fähigkeit, Bodennährstoffe auszulaugen, für Zwecke der Wiesenberieselung schon eine bedenkliche Beschaffenheit annimmt, wenn es mehr als 500 mg Chlornatrium in 1 l enthält, und dass ein Wasser mit mehr als 1000 mg (oder 1 g) Chlornatrium für 1 l, abgesehen davon, dass eine Nährsalzlösung von 1 auf Tausend den Pflanzen überhaupt nicht zusagt, nicht mehr mit Vortheil zur Berieselung zu verwenden ist. —

Im Anschluss hieran mag erwähnt sein, dass das dem Natrium nahestehende, allerdings nur spärlich verbreitete Lithium für Pflanzen noch schädlicher ist als Natrium. Joh. Gaunersdorfer[1]) hat gefunden, dass Lithiumsalze (Lithiumsulfat), welche mitunter zu pflanzenphysiologischen Versuchen benutzt werden, um das Saftsteigen der Pflanzen zu verfolgen, schon in Mengen von 0,2 g in 1 l die Entwicklung der meisten Pflanzen nachtheilig beeinflussen.

c) Schädlichkeit in gewerblicher Hinsicht.

Ein stark chlornatriumhaltiges Wasser ist weder zum Waschen oder Bleichen, noch als Kesselspeisewasser zu verwenden, denn bei der Wäsche ist die Möglichkeit der Bildung von harter Seife nicht ausgeschlossen und als Kesselspeisewasser bewirkt es ein schnelleres Rosten und Oxydiren von Eisen- und Kupfertheilen. Desgleichen ist ein chlornatriumreiches Wasser unbrauchbar für Zuckerfabriken zur Diffusion, indem es die Ausbeute an

---

[1]) Landw. Versuchsst. 1887, **34**, 171.

Zucker verringert. Wenn mir hierüber auch keine direkten Beobachtungen bekannt sind, so möchte ich doch annehmen, dass ein Wasser, welches mehr als 200—300 mg Chlornatrium in 1 l enthält, nach diesen Richtungen schon mehr oder weniger schädlich wirken kann.

d) Schädlichkeit in gesundheitlicher Hinsicht.

Dem Kochsalz wohnt an sich natürlich bis zu einer gewissen Grenze keine schädliche Wirkung für Menschen und Thiere inne, im Gegentheil ist es sogar von förderlichem Einfluss auf die Ernährung, besonders auf die Verdauung; indess kann Kochsalz nur bis zu einem bestimmten Grade in wässeriger Lösung aufgenommen werden, wenn das Wasser noch seinen Zweck, den Durst zu stillen, erfüllen soll. Ein Wasser, welches 5 g Chlornatrium in 1 l enthält, schmeckt für den Menschen schon zu salzig, während es vielleicht von Thieren noch genossen werden kann.

Nach Beobachtungen und Untersuchungen, welche F. Muck hierüber angestellt hat, wurde ein Wasser, welches aus einem Gemisch von Steinkohlen-Grubenwasser und süssem Bachwasser bestand, und sich in Tümpeln auf Weiden befand, noch bei einem Gehalt von 1,3 bezw. 2,2 bezw. 2,5 bezw. 3,11 g Kochsalz in 1 l gern und ohne Schaden von Thieren genommen und dürften derartige Mengen Kochsalz also für ein Wasser zur Viehtränke noch zulässig sein.

Ich selbst habe gefunden, dass ein mit Steinkohlen-Grubenwasser vermischtes Teich- oder Grabenwasser auf Gut Rotthausen bei Gelsenkirchen, welches 3,405 g Abdampfrückstand mit 1,597 g Chlor (entsprechend 2,633 g Chlornatrium) enthielt, noch unbeschadet als Viehtränke benutzt wurde. Jedoch dürfte bei 3,0—4,0 g Chlornatrium in 1 l auch für Vieh die Grenze des Zulässigen erreicht sein, besonders für trächtiges Vieh, wo salzreiches Wasser bei gleichzeitigem Vorhandensein von Magnesiumsalzen leicht Diarrhöen und Abortus bewirken kann.

Süsswasserfische vertragen noch grössere Mengen Chlornatrium. v. d. Marck fand, dass in dem Wasser der Emscher bei Oberhausen bei 3,5 g Chloriden in 1 l noch Hechte, Barsche, Weissfische und Aale gut gediehen; auch giebt die deutsche Ostsee-Expedition an, dass in der Nähe der Insel Rügen in einem Wasser mit 7,5 g Salzgehalt im Liter echte Süsswasserfische (darunter Barsche und Zander) aufs beste fortkommen. Ich selbst fand, dass in einem Schlossteiche, dessen Wasser 6,945 g Salze mit 5,876 g Chloriden enthielt, Karpfen noch gut gediehen; die Untersuchung dieser Fische ergab in der Trockensubstanz 20,04 $^0/_0$ Gesammtmineralstoffe mit 0,198 $^0/_0$ Chlor.

Die sonstigen Angaben über die Grenzen der Schädlichkeit von Chlornatrium für Süsswasserfische lauten verschieden. Nach L. Grandeau[1]) bewirkten 10 g Chlornatrium in 1 l Wasser bei einer Temperatur von 20° C.

---

[1]) L. Grandeau: La soudière de Dieuze etc. Paris 1872.

für Schleien in 5 Stunden den Tod. Dagegen fand C. Weigelt,[1] dass
10 g Chlornatrium in 1 l bei 6—20° Wassertemperatur und einer Aussetzungsdauer bis zu 21 Stunden für Forellen und Schleien noch nicht
schädlich wirkten; Ch. Richet[2] giebt die giftige Menge des Chlornatriums
für Fische zu 24 g in 1 l an.

H. de Varigny und Paul Bert[3] haben Versuche über den Einfluss,
welchen die Salze des Meerwassers auf die Süsswasserthiere ausüben,
ausgeführt.

Nach den Versuchen H. de Varigny's übte eine Lösung von schwefelsaurem Magnesium, deren Gehalt dem im Meerwasser herrschenden Verhältniss entsprach, welche also 2,2 g Magnesiumsulfat in 1 l enthielt, keinen
schädlichen Einfluss auf die Entwicklung der Froscheier und der Kaulquappen
aus. Die in einer solchen Flüssigkeit ausgeschlüpften Kaulquappen gediehen
sogar noch in einer Lösung, deren Gehalt an schwefelsaurem Magnesium
nach und nach auf 4 g für 1 l gebracht war. Ebensowenig liess sich beim
Chlorkalium und Chlormagnesium unter ähnlichen Verhältnissen ein schädlicher Einfluss wahrnehmen. Von ersterem enthält das Meerwasser 0,7 g,
von letzterem etwa 3,5 g in 1 l; es wirkten aber selbst Lösungen, welche
3 g Chlorkalium bezw. 4 g Chlormagnesium enthielten, nicht nachtheilig auf
die Entwicklung der Eier und der Kaulquappen. Dagegen vernichtete eine
Chlornatriumlösung schon bei einem weit geringeren Gehalt, als er im
Meerwasser, welches davon 20—25 g für 1 l enthält, vorhanden ist, die
Lebensthätigkeit der Froscheier und der Kaulquappen. Die letzteren starben
bei einem Alter von 10—20 Tagen noch in einer aus gleichen Theilen Süsswasser und Meerwasser bestehenden Lösung, während sie bei einem Alter
von 5—6 Wochen zwar nicht darin zu Grunde gingen, aber in ihrer Entwicklung kaum bemerkbare Fortschritte machten.

P. Bert hat bereits 1871 derartige Versuche angestellt und ist im
wesentlichen zu gleichen Ergebnissen gelangt; auch er fand, dass das
Chlornatrium und Chlormagnesium stärker wirkten als äquivalente Mengen
der schwefelsauren Salze; ferner dass die Menge der im Meerwasser enthaltenen Chloride hinreichte, den Tod der Süsswasserthiere in 30—40 Minuten
herbeizuführen. In einer Lösung, welche das gesammte, in einem gleichen
Volumen Meerwasser enthaltene Magnesium als Chlorid enthielt, starben
Ellritzen innerhalb 45 Minuten; in einer Lösung, welche das sämmtliche
in einem gleichen Volumen Meerwasser enthaltene Chlor in Verbindung mit
Natrium enthielt, trat der Tod der genannten Fische schon in 25 Minuten ein.

Bert hat ferner gefunden, dass der Tod bei denjenigen Thieren, deren
Körper mit einem schützenden Schleim überzogen ist, infolge einer exos-
motischen Wirkung auf die Kiemen eintritt; es zeigt sich dort ein Undurch-
sichtigwerden des Epithels, sowie eine Störung in dem Luftkreislauf. Bei
den Thieren ohne Schleimüberzug, wie Fröschen, Kaulquappen etc., hat

<hr>

[1] Arch. f. Hygiene 1885, **3**, 39.
[2] Compt. rend. **97**, 1004.
[3] Compt. rend. **97**, 55 u. 131; ref. Centrbl. f. Agr.-Chem. 1883, **12**, 652.

die Exosmose eine Austrocknung des Körpers zur Folge, so dass das Thier $1/4$—$1/3$ seines Gewichtes verliert; man kann sogar einen Frosch schon dadurch tödten, dass man einen seiner Füsse in Meerwasser taucht. Ein ausgewachsener, völlig unbeschädigter Aal vermag lange Zeit im Meerwasser zu leben; wenn aber der schützende Schleim von irgend einer Stelle seines Körpers entfernt wird, stirbt er in wenigen Stunden.

Bert ermittelte ferner den Einfluss der Temperatur und der Körpergrösse auf die Widerstandsfähigkeit der Thiere und fand, in Uebereinstimmung mit C. Weigelt, dass diese um so kleiner wird, je höher die Temperatur des Wassers ist, und dass grössere Thiere widerstandsfähiger sind, als kleinere. Von Fischen erwiesen sich besonders der Aal, ferner der Salm und der Stichling widerstandsfähig, während der Uklei sich überaus empfindlich zeigte.

Bert hat sich dann weiter mit der wichtigen Frage der Anpassung beschäftigt und ist hier zu besonders werthvollen Ergebnissen gelangt. Durch ganz allmählichen, auf viele Tage vertheilten Zusatz von Meerwasser zum Süsswasser erzielte er zunächst bei Fischen, Kaulquappen, Krustaceen etc. und sogar bei Conferven eine sogen. „halbe Anpassung", worunter die Erscheinung verstanden ist, dass die Thiere (oder Pflanzen) in einer, während ihres Aufenthalts darin, allmählich hergestellten Salz-Süsswassermischung am Leben bleiben, während sie schnell zu Grunde gehen, wenn sie unmittelbar, nachdem sie aus dem süssen Wasser herausgenommen sind, in diese Mischung gebracht werden. Es wurde später aber auch eine „ganze Anpassung" erzielt, und zwar wurden diese Versuche mit den zu den Krustaceen gehörenden Wasserflöhen ausgeführt. Dieselben hatten sich durch längeren Aufenthalt in einer Flüssigkeit, deren Salzgehalt einem zur Hälfte mit Süsswasser verdünnten Meerwasser entsprach, dem neuen Aufenthalt so angepasst, dass sie zu Grunde gingen, als sie in Süsswasser, ihre ursprüngliche Heimath, zurückversetzt wurden. Bei diesen Thieren beobachtete Bert noch eine weitere, höchst auffällige Erscheinung: Als das Süsswasser, in welchem sie lebten, verhältnissmässig schnell, d. h. binnen wenigen Tagen, soweit mit Salz versetzt war, dass sein Gehalt daran dem einer Mischung von 2 Theilen Süsswasser mit 1 Theil Meerwasser entsprach, gingen die Thiere sämmtlich zu Grunde. Nach einigen Tagen aber zeigten sich neue Wasserflöhe, welche den Eiern der gestorbenen entschlüpft waren, so dass hier eine Anpassung, nicht des Individuums, sondern der Species stattgehabt hatte. Diese in Salzwasser zur Welt gekommenen Wasserflöhe unterschieden sich nur durch ihre Grösse von den gestorbenen, sonst waren, auch mit Hülfe des Mikroskops, keine unterscheidenden Merkmale wahrzunehmen.

Die Süsswasser-Infusorien (Paramecien, Kolpoden, Vorticellinen, Diatomeen) und die Conferven zeigten sich vollkommen widerstandsfähig gegenüber einem Salzgehalte des Wassers, bei welchem die Fische und Krustaceen schon zu Grunde gingen.

Im allgemeinen wirkt ein Salzgehalt des Wassers, welcher dem einer Mischung von 2 Theilen Süsswasser und 1 Theil Meerwasser entspricht, auf die Süsswasserfische tödtlich. Eine Anpassung derselben an einen Salzgehalt, welcher den einer Mischung von gleichen Theilen Meer- und Süsswasser um ein Geringes übertrifft, lässt sich leicht erzielen. Darüber hinaus wird die Erreichung einer Anpassung sehr schwierig; man darf den Salzgehalt des Wassers nur sehr langsam, in 1 Tag nur um etwa 0,1 g für 1 l steigern.

Nach den in Gemeinschaft mit E. Haselhoff[1]) hier ausgeführten Versuchen äussern 13,332 g Chlornatrium in 1 l Wasser bei 14—16° C. auf 100 g schwere Karpfen nach 6 Tagen noch keinerlei nachtheilige Einwirkung, 15,184 g Chlornatrium in 1 l aber bewirkten bei einem 150 g schweren Karpfen nach 40 Stunden den Tod. Grössere Mengen wirken noch schneller tödtlich; man darf jedenfalls bei allmählicher Anpassung 15 g Chlornatrium in 1 l Wasser als die Schädlichkeitsgrenze für Süsswasserfische annehmen.

3. Reinigung.

Eine Reinigung chloridehaltiger Wässer von ihrem hauptsächlichsten Bestandtheil, dem Chlornatrium, ist nur dann möglich, wenn dasselbe so reich an Chlornatrium ist, dass es sich auf Kochsalz verarbeiten lässt. Dieser Fall tritt aber bei den Grubenwässern der Kohlenzechen nicht ein, und so bleibt nichts anderes übrig, als dieselben den natürlichen Wasserläufen zuzuführen. In vielen Fällen lässt sich die Verunreinigung der Bäche dadurch einschränken, dass die Grubenwässer, wie es z. B. im Kreise Bochum s. Z. beabsichtigt war, in einen Sammelabfluss zusammengeleitet und einem grösseren Flusse zugeführt werden. Eine von dem Gesammtabfluss der Grubenwässer des Bochumer Steinkohlengruben-Gebietes ausgeführte Untersuchung ergab für 1 l:

Schwebe-stoffe g	Lösliche organ. Stoffe g	Chlor-natrium g	Chlor-kalium g	Chlor-calcium g	Mag-nesium-sulfat g	Calcium-sulfat g	Calcium-nitrat g
0,0225	0,0853	2,5695	0,0655	0,5190	0,2457	0,0674	0,0076

Ein solches Wasser dürfte wenigstens zur Viehtränke noch zulässig und für die Fischzucht nicht schädlich sein.

Schlammtheile, wie Eisenoxyd, Kohle etc., in den Grubenwässern lassen sich durch zweckentsprechende Klärvorrichtungen beseitigen.

In einzelnen Fällen wird das Steinkohlengrubenwasser auch für Bade-kurzwecke verwendet. Selbstverständlich wird dadurch ihre Schädlichkeit für die das Bade-Abwasser aufnehmenden Flussläufe nicht aufgehoben, da es durch die Verwendung zum Baden keine wesentliche Veränderung in seiner Zusammensetzung erleidet.

---

[1]) Landw. Jahrb. 1897, **26**, 99.

V. Abwasser aus Chlorkaliumfabriken, Salzsiedereien etc. mit hohem Gehalt an Chlorcalcium und Chlormagnesium.

1. Zusammensetzung.

Die Abwässer der Chlorkaliumfabriken (bei Stassfurt, Aschersleben, Bernburg und anderswo), der Salzsiedereien, Ammoniaksoda- und Chlorkalk-Fabriken etc. enthalten eine grosse Menge Chloride, besonders Chlorcalcium oder wie erstere Chlormagnesium. K. Kraut[1]) giebt an, dass unter Berücksichtigung der Verhältnisse der neueren Werke in Stassfurt täglich 40 000 Ctr. Rohsalz verarbeitet werden und von der Verarbeitung als Abfall in die Flüsse gelangen:

	Bei Verarbeitung von 40 000 Ctr. oder 54 000 Ctr.		40 000 Ctr. oder 54 000 Ctr.	
	In einem Tage		In der Sekunde	
Chlormagnesium . .	8008 Ctr.	10 811 Ctr.	4,634 kg	6,256 kg
Chlornatrium	344 „	464 „	0,200 „	0,270 „
Chlorkalium	328 „	443 „	0,192 „	0,259 „
Schwefelsaures Magnesium	892 „	1204 „	0,516 „	0,697 „

Diese Salzwässer ergiessen sich durch verschiedene Nebenflüsse schliesslich sämmtlich in die Elbe, und wird seitens der Stadt Magdeburg, welche das Elbewasser als Leitungswasser benutzt, gegen die Ablassung der Abwässer in die Elbe Einsprache erhoben, indem geltend gemacht wird, dass durch dieselben der Gehalt des Elbewassers an Chloriden unter Umständen bei sehr niedrigem Wasserstande in gefahrdrohender Weise erhöht wird.[2]) K. Kraut weist jedoch nach, dass die Verunreinigung der Elbe durch diese Salze unter gewöhnlichen Wasserverhältnissen keine bedenkliche ist; indem er bei dem niedrigsten Wasserstande von 0,37 m die Wassermenge zu 128 cbm für 1 Sek. und bei mittlerem Wasserstande von 1,78 m dieselbe zu 330 cbm für 1 Sek. annimmt, findet er, dass durch die Aufnahme

---

[1]) Welche Bedeutung hat der Zufluss der Effluvien der Chlorkaliumfabriken bei Stassfurt, Aschersleben und Bernburg für den Gebrauch des Elbewassers. Darmstadt. (Als Manuskript gedruckt.)

[2]) Vergl. Vortrag von Schreiber: Tageblatt der Naturforscher und Aerzte in Magdeburg 1884, 276.

der obigen Salzmengen der Gehalt des Elbewassers nur um folgende Mengen
Salze für 1 l zunimmt:

	Niedrigster Wasserstand		Mittlerer Wasserstand	
Bei Verarbeitung von . . .	40 000 Ctr.	54 000 Ctr.	40 000 Ctr.	54 000 Ctr.
	mg	mg	mg	mg
Chlormagnesium . . um	36,22	48,90	14,05	18,97
Chlornatrium . . . „	1,56	2,10	0,60	0,82
Chlorkalium. . . . „	1,50	2,03	0,58	0,79
Schwefelsaures Magnesium . . . . . „	4,04	5,45	1,56	2,11

oder bei mittlerem Wasserstande und einer Verarbeitung von 40 000 Ctr.
in 1 Tag um 11,13 mg Chlor, 6,44 mg Magnesia ($= 0,901^{0}$ Härte) und
1,04 mg Schwefelsäure. Bei mittlerem Wasserstande und gleichmässiger
Vertheilung würde also eine tägliche Verarbeitung von 44 400 Ctr.[1]) Rohsalz
erforderlich sein, um die Härte des Elbewassers um einen Grad zu erhöhen;
dazu aber kommt, dass die Abwässer, die bei Stassfurt, Aschersleben und
Bernburg abfliessen, nicht unverändert bis Magdeburg gelangen. K. Kraut
ist daher der Ansicht, dass die Annahme, „im Elbewasser habe eine rapide
Zunahme des Chlorgehalts und der Härte infolge des kolossalen Auf-
schwungs der Kaliindustrie in den letzten Jahren stattgefunden und diese
Industrie gefährde die Verwendbarkeit des Elbewassers zu wirthschaftlichen
und gewerblichen Zwecken", nicht berechtigt ist; wenn dieses der Fall wäre,
so müsste auch mit dem Auf- oder Rückgang der Chlorkaliumfabriken eine
Zu- bezw. Abnahme des Chlors im Elbewasser verbunden sein; dieses ist
aber nach den angestellten Untersuchungen nicht der Fall. So betrug:

	Menge des verarbeiteten Rohsalzes:			
	42 000 Ctr. für 1 Tag		34 000 Ctr. für 1 Tag	
	13. Mai 1878	30. Nov. 1879	18. Juni 1878	30. Sept. 1879
Wasserstand der Elbe	1,8 m	2,00 m	1,09 m	1,10 m
Chlorgehalt des Elbewassers für 1 l . .	70,0 mg	93,3 mg	140,0 mg	220,0 mg

Desgleichen wurden für den mittleren Chlorgehalt im Elbewasser und
die verarbeiteten Mengen Rohsalz in den Jahren 1879—1883 gefunden:

	1879	1880	1881	1882	1883
Verarbeitete Menge Rohsalz für 1 Tag	34 000	29 000	41 000	60 000	53 000 Ctr.
Mittlerer Chlorgehalt des Elbewassers für 1 l	150,2	112,0	118,0	240,0[2])	141,8

---

[1]) Indem K. Kraut eine Verarbeitung von 70 000 Ctr. Rohsalz und einen täglichen Abgang von 14 500 Ctr. Chlormagnesium annimmt, berechnet sich die Zunahme
von Chlormagnesium im Elbewasser bei mittlerem Wasserstande zu 25,5 mg in 1 l.

[2]) Nach einer einzigen Angabe des Magistrats, während K. Kraut am 28. Juni
1882 im Magdeburger Leitungswasser bei 1,34 m Wasserstand 127,2 mg Chlor in
1 l fand.

Wir sehen hieraus, dass einerseits bei einer Abnahme der verarbeiteten Menge Rohsalz eine Zunahme an Chlor im Elbewasser stattgefunden hat, dass andererseits wenigstens der Chlorgehalt des Elbewassers nicht verhältnissmässig steigt und fällt mit der Menge des verarbeiteten Rohsalzes. Es ist daher anzunehmen, dass der Chlorgehalt des Elbewassers nicht allein von den Chlorkaliumfabriken herrühren kann, sondern hierzu auch andere Zuflüsse beitragen müssen. So erinnert K. Kraut daran, dass nicht weniger wie 300 Zuckerfabriken Böhmens und Sachsens und verschiedene andere gewerbliche Werke ihre Schmutzwässer in die Elbe entsenden. Als auffallend auch (vergl. I. Bd. S. 15) muss hervorgehoben werden, dass die Abwässer von den Chlorkaliumfabriken in Stassfurt, Aschersleben und Bernburg, nachdem sie mehrere Meilen geflossen sind, bei Magdeburg noch nicht gleichmässig im Elbewasser vertheilt sind, indem die linksseitige Elbe weniger Chloride führt als die rechtsseitige; ein Beweis dafür, dass mitunter verunreinigende Abwässer grössere Strecken mit dem Bachwasser zusammenfliessen können, ehe sie sich gleichmässig mit demselben gemischt haben.

Wenn somit die obigen Abwässer für die Elbe keine wesentlichen Verunreinigungen hervorrufen, so ist dieses doch bei kleineren Bächen mit geringeren Wassermengen nicht zu bezweifeln; so nimmt die Eine bei Aschersleben die Abwässer des neuen Alkaliwerkes auf und ergiesst sich mit denselben in die Wipper. Die dadurch für die beiden Bachwässer bewirkten Veränderungen erhellen aus folgender Untersuchung von Weinling[1]); derselbe fand in 1 l:

Wasser	Kalk mg	Chlor mg	Schwefel-säure mg	Magnesia mg
1. Abwässer vom neuen Alkaliwerk in Aschersleben	—	110670,0	10472,0	54013,0
2. Eine vor Aufnahme der Abwässer . . .	144,1	35,1	92,0	44,1
3. Wipper vor Aufnahme der Eine	131,7	112,7	92,7	46,8
4 Wipper nach Aufnahme der Eine mit den Abwässern	164,6	4096,4	453,2	2112,0
5. Wipper desgl. einige Meilen weiter unterhalb	131,6	1544,2	303,1	725,4
6. Wipper desgl. noch weiter unterhalb . .	129,3	630,6	123,6	322,8

H. Focke[2]) untersuchte das Bodewasser ober- und unterhalb des Zuflusses der Abwässer des Kaliwerkes Douglashall und fand für 1 l:

---

[1]) Chem.-Ztg. 1883, **7**, 1301.
[2]) Repert. d. analyt. Chem. 1887, **7**, 287.

Bode- wasser	Trocken- rückstand bei 130° mg	Glüh- verlust (or- ganische Sub- stanz) mg	Chlor mg	Schwe- fel- säure mg	Kiesel- säure mg	Eisen- oxyd u. Thon- erde mg	Kalk mg	Magne- sia mg	Kali mg	Natron mg
Oberhalb ⎱des Zu- Unterhalb⎰-flusses	390,0 752,0	27,0 152,0	49,0 161,0	42,0 132,0	19,0 14,0	4,0 2,0	92,0 130,0	17,0 58,0	7,0 15,0	43,0 106,0

Man sieht hieraus, dass kleinere Bäche durch dieses Abwasser mitunter in ihrer Zusammensetzung erhebliche Veränderungen erleiden.

Dass dieselben auch durch die Abwässer aus Salzsiedereien, die, wie z. B. in der Mutterlauge, vorwiegend Chlorcalcium ablassen, verunreinigt werden können, habe ich bereits an einem Falle unter „Chlornatriumhaltigen Abwässern" S. 383 gezeigt.

Ausserdem werden noch mehr oder weniger stark chlorcalciumhaltige Abwässer in den Industrien gewonnen, in welchen Salzsäure zur Fabrikation angewendet und die nicht ausgenutzte freie Salzsäure durch Kalk neutralisirt wird.

Dieses ist z. B. der Fall bei der Gewinnung des Kupfers auf nassem Wege. So verwendet man in der Stadtberger-Hütte bei Stadtberge in Westf. zur Auslaugung des Kupfers aus dem Kieselschiefer und Thonschiefer, welche das Kupfer in den Kluftflächen als Kupferkarbonat und im Innern als fein vertheiltes Schwefelkupfer enthalten, Salzsäure.

Nach einer Mittheilung von Rentzing in Niedermarsberg werden dort jährlich ca. 50 000 Ctr. rohe Salzsäure auf ca. 800 000—900 000 Ctr. Erze zum Auslaugen des Kupfers benutzt.

Die Erze werden auf 2—3 mm zerkleinert, alsdann mehrmals mit verdünnter Salzsäure angefeuchtet, in 4—5 m hohe Haufen aufgeschichtet und dann 3—4 Wochen der Einwirkung der Luft ausgesetzt. Nach dieser Zeit ist der grösste Theil des Kupfers in die Chlorverbindungen desselben umgewandelt, und werden alsdann die Erze in die Laugekästen gebracht, um anfangs mit Mutterlauge, dann unter Zusatz von säurehaltiger Mutterlauge und zuletzt mit verdünnter roher Salzsäure behandelt zu werden. Nach 14—16 Tagen ist der Kupfergehalt der Erze bis auf 0,25% herabgegangen. Nachdem die Erze mit Mutterlauge abgewaschen sind, werden sie auf die Halden gebracht. Diese bilden ganze Berge bis zu 23 m Höhe und nehmen einen Flächenraum von mehr als 6 ha ein.

Die atmosphärischen Niederschläge und durchsickernden Wässer nehmen aus diesen Halden fortwährend Kupfer auf und liefern täglich ca. 245 cbm kupfer- und eisenhaltige Haldenwässer, aus denen jährlich ca. 2000 Ctr. Kupfer gewonnen werden.

Diese Haldenwässer werden aufgefangen und mittelst Rohrleitungen in Rührwerke geleitet, in denen durch Eisenabfälle (Blechschnitzel) das Kupfer niedergeschlagen wird. Die eisenhaltige Flüssigkeit wird in tiefer gelegene Rührwerke geleitet und in diesen mit Kalkmilch behandelt. Alsdann gelangt der ganze Inhalt in die Klärbehälter und wird die Flüssigkeit nach vollständigem Absetzen der festen Bestandtheile dem Hintergraben zugeführt, um sich unterhalb der Hütte mit dem Wasser der Glinde zu vereinigen. Die Glinde führt für 1 Minute 33,2 cbm und aus dem Klärbehälter fliessen in 1 Minute 1,4 cbm chlorcalciumhaltige Wässer ab, welche sich mit diesen 33,2 cbm vereinigen und welche zur Rieselzeit den Wiesen zugeführt werden.

Die Zusammensetzung dieses Abwassers, und die Beeinflussung der Zusammensetzung des Wassers der Glinde durch dasselbe erhellt aus folgenden Analysen für 1 l:

Wasser	Ge-sammt-Ab-dampf-rück-stand mg	Kalk mg	Mag-nesia mg	Kali mg	Natron mg	Chlor mg	Schwe-fel-säure mg	Sal-peter-säure mg
1. Aus der Glinde vor Auf-nahme der Abwässer der Stadtberger Hütte	297,2	122,5	27,5	.9,2	3,8	8,8	31,7	26,0
2. Abwasser der Stadtberger Hütte	10221,7	4935,0	70,0	19,6	59,9	6298,8	236,9	10,7
3. Aus der Glinde nach Auf-nahme der Abwässer der Stadtberger Hüttte	492,0	172,0	35,0	10,1	5,6	88,7	35,2	19,9

Auf Salze umgerechnet, würde das Abwasser No. 2 in 1 l enthalten:

Kalium-sulfat mg	Natrium-sulfat mg	Magnesium-sulfat mg	Calcium-sulfat mg	Calcium-nitrat mg	Chlor-calcium mg
36,5	137,2	210,0	4,6	16,2	9817,2

Das Glindewasser nimmt nach obigen Zahlen allerdings durch die Aufnahme dieses Abwassers einen höheren Gehalt an Chlorcalcium etc. an, indess ist die wirkliche Menge nicht sehr wesentlich und kann in diesem Falle wohl keine nachtheiligen Wirkungen äussern, wie denn auch das mit dem Abwasser vermischte Glindewasser seit ca. 20 Jahren zur Bewässerung benutzt worden ist, ohne dass sich bis jetzt Nachtheile bemerkbar gemacht haben.

In der Flüssigkeit, welche aus Kesseln, in denen das bei der Ammoniaksodafabrikation erhaltene Chlorammonium durch Kalk zersetzt wird, abfliesst, fanden wir in 1 l:

Probe	Schwebe-stoffe g	Chlor-natrium g	Chlor-calcium g	Natrium-sulfat g	Magne-siumsulfat g	Freien Kalk g	Reaktion
No. 1 . . .	—	65,59	37,68	0,43	0,54	5,31	stark alkal.
„ 2 . . .	—	76,40	37,42	0,43	0,56	3,96	„ „
„ 3 . . .	Calcium-karbonat 23,78	80,06	56,03	—	1,02	—	neutral

In dem Abwasser von Schutthalden einer Ammoniakfabrik waren enthalten:

Probe	Schwebe-stoffe g	Chlor-natrium g	Chlor-calcium g	Natrium-sulfat g	Magne-siumsulfat g	Freien Kalk g	Reaktion
„ 4 . . .	—	17,125	6,786	Kalium-sulfat 0,312	0,363	Calcium-sulfat 0,325	alkalisch

K. W. Jurisch findet folgende Durchschnittszusammensetzung von 12 Abwasser-proben einer nach Solway's Verfahren gebauten Ammoniaksodafabrik für 1 l:

Ca(OH)$_2$	CaCO$_3$	Freies NH$_3$	NH$_4$Cl	CaCl$_2$	NaCl	Wasser, Sand, Thon
21,990 g	13,467 g	0,365 g	0,597 g	49,048 g	59,818 g	941,434 g

Da diese, sowie frühere Ausführungen des Analytikers (K. W. Jurisch) von H. Schreib bemängelt werden, so beschränke ich mich hier auf die Angabe der Litteratur:

K. W. Jurisch, Zeitschr. f. angew. Chem. 1898; 130, 318, 415, 628.
H. Schreib,   „   „   „   „   1898; 274, 363, 528.
G. Lunge,   „   „   „   „   1898; 488.

2. Schädlichkeit.

Was die schädlichen Wirkungen dieser beiden Arten Abwässer anbelangt, so mögen dieselben, bei dem gleichen Verhalten von Chlormagnesium und Chlorcalcium hier zusammen behandelt werden.

a) Schädlichkeit für den Boden.

Die Wirkungen von Abwasser mit mehr oder weniger Chlormagnesium und Chlorcalcium auf den Boden sind ganz ähnlich denen eines chlornatriumhaltigen Wassers.

Wir haben[1]) nämlich Boden mit je 3 l destillirtem Wasser übergossen und letzterem einmal gar nichts, dann verschiedene Mengen (0,5, 1,0 und 1,5 g für 1 l) Chlormagnesium und Chlorcalcium zugesetzt; der Boden blieb mit den Salzlösungen bei gewöhnlicher Zimmertemperatur von Juli—November in Berührung und wurde fast jeden Tag mit denselben durchgeschüttelt. Es wurde für die 3 l der überstehenden Lösung gefunden:

Chlormagnesium-Reihe.

Zusatz von MgCl$_2$	0	0,5	1,0	1,5 g für 1 l
In den 3 l Lösung:				
Chlor . . . . . . 0,0213 g		0,5751 g	1,1076 g	1,6293 g
Kali . . . . . . 0,0009 „		0,0284 „	0,0560 „	0,0876 „
Kalk . . . . . 0,2376 „		0,4500 „	0,5718 „	0,6738 „
Magnesia . . . 0,0333 „		0,1828 „	0,3909 „	0,5663 „

Chlorcalcium-Reihe.

Zusatz von CaCl$_2$	0	0,5	1,0	1,5 g für 1 l
In den 3 l Lösung:				
Chlor . . . . . . 0,0213 g		0,6921 g	1,4715 g	1,7040 g
Kali . . . . . . 0,0009 „		0,0066 „	0,0128 „	0,0153 „
Kalk . . . . . 0,2378 „		0,5592 „	0,8712 „	1,2288 „
Magnesia . . . 0,0333 „		0,0636 „	0,0768 „	0,0828 „

---

[1]) Die Untersuchungen wurden vom Verf. in Gemeinschaft mit C. Böhmer, Ed. Schmid, H. v. Peter, A. J. Swaving und A. Schulte im Hofe ausgeführt.

Untersucht man den rückständigen Boden, so findet man in demselben nach Behandlung mit Chlormagnesium entsprechend weniger Kali und Kalk und nach der Behandlung mit Chlorcalcium weniger Kali und Magnesia.

So wurde ein magerer Sandboden und ein mittelschwerer Lehmboden 10 mal mit verschieden starken Lösungen von Chlorcalcium und Chlormagnesium behandelt, einmal mit destillirtem Wasser nachgewaschen und der rückständige Boden an der Luft getrocknet.

Je 100 g des lufttrocknen Bodens wurden dann gleichmässig $^1/_2$ Stunde mit verdünnter Salzsäure (100 ccm koncentrirte Salzsäure und 200 ccm Wasser) gekocht, die Lösung auf 1000 ccm aufgefüllt und in abgemessenen Theilen des Filtrats, Kalk, Magnesia, Kali und Phosphorsäure bestimmt, die Untersuchung ergab in der salzsauren Lösung auf geglühten Boden berechnet:

1. Behandlung mit Chlormagnesium.

	Sandboden				Lehmboden			
Zusatz von MgCl$_2$ für 1 l ..	g 0	g 0,5	g 1,0	g 1,5	g 0	g 0,5	g 1,0	g 1,5
In der salzsauren Lösung des Bodens:	%	%	%	%	%	%	%	%
Kalk	0,175	0,151	0,136	0,140	0,694	0,526	0,415	0,325
Magnesia	0,056	0,077	0,087	0,090	0,160	0,278	0,334	0,386
Kali	0,025	0,021	0,022	0,020	0,086	0,113	0,111	0,123
Phosphorsäure	0,074	0,077	0,077	0,074	0,078	0,079	0,077	0,079
Chlor (durch Wasser gelöst)	0,010	0,009	0,008	0,013	0,009	0,036	0,037	0,039

2. Behandlung mit Chlorcalcium.

	Sandboden				Lehmboden			
Zusatz von CaCl$_2$ für 1 l . . .	g 0	g 0,5	g 1,0	g 1,5	g 0	g 0,5	g 1,0	g 1,5
In der salzsauren Lösung des Bodens:	%	%	%	%	%	%	%	%
Kalk	0,175	0,196	0,201	0,198	0,694	0,799	0,838	0,912
Magnesia	0,056	0,052	0,048	0,045	0,160	0,159	0,154	0,169
Kali	0,025	0,022	0,017	0,021	0,086	0,095	0,089	0,106
Phosphorsäure	0,074	0,075	0,078	0,071	0,078	0,072	0,074	0,072
Chlor (durch Wasser gelöst)	0,010	0,029	0,031	0,028	0,009	0,028	0,026	0,026

Man sieht hieraus, dass sich Chlormagnesium und Chlorcalcium in ähnlicher Weise gegen den Boden verhalten wie Chlornatrium; sie wirken lösend auf die Bestandtheile des Bodens, indem die Basen vom Boden absorbirt werden und dafür eine entsprechende Menge anderer Basen aus dem Boden in Lösung geht, also Kalk und Kali bei Einwirkung von Chlormagnesium, dagegen Magnesia und Kali bei Einwirkung von Chlorcalcium auf den Boden. Die umsetzende Wirkung des Chlormagnesiums ist aber viel stärker, als die des Chlorcalciums. Das macht sich nicht nur geltend für die Ergebnisse, welche durch Untersuchung der auf dem Boden gestandenen Salzlösungen erhalten sind, sondern auch für den rückständigen Boden, welcher mehrmals mit Lösungen dieser Chloride behandelt war.

Zwar ist die verdünnte Salzsäure als Reagens für die Bestimmung der im Boden befindlichen, leicht löslichen Pflanzennährstoffe sehr wenig zuverlässig und massgebend, indess sehen wir, dass sowohl der magere Sandboden als der gehaltreichere Lehmboden nach wiederholter Behandlung derselben mit Chlormagnesium-Lösungen an Kalk nicht unerheblich und umso mehr abgenommen hat, je grössere Mengen Chlormagnesium auf den Boden eingewirkt haben. Bei Chlorcalcium macht sich die Abnahme an Magnesia in dem rückständigen Boden nicht oder nur unbedeutend geltend, weil es an sich schwächer als Chlormagnesium einwirkt und weil die angewendete Salzsäure als Lösungsmittel diese geringen Unterschiede nicht hervortreten lässt.

Für Kali macht sich nur beim Sandboden eine schwache Abnahme in dem salzsauren Auszuge geltend; bei dem Lehmboden sehen wir dagegen sogar eine mit der angewendeten Menge der Chloride schwach ansteigende Zunahme.

Da in den Salzlösungen selbst eine der Menge der einwirkenden Chloride entsprechende grössere Menge Kali ist, als in der wässerigen Lösung des Bodens ohne Zusatz von Chloriden, so kann man hieraus nur schliessen, dass diese Chloride, besonders Chlormagnesium, zwar lösend auf das Kali des Bodens wirken und solches wegführen, dass sie aber andererseits dasselbe aus den Silikaten aufschliessen und in leicht lösliche Form überführen.

Das stimmt auch vollständig, wie wir gleich sehen werden, mit dem Ergebniss überein, welches für die in dem Boden gewachsenen Pflanzen und deren Gehalt an Kali gefunden wurde.

Dieselben Wirkungen dieser Chloride treten ein, wenn man Lösungen von je 1 g Chlorcalcium und Chlormagnesium in 1 l Wasser durch Boden filtriren lässt, welcher mit Pflanzen bestanden ist.

Versuche, welche von mir in Gemeinschaft mit E. Haselhoff[1]) auf der bereits (S. 389) erwähnten kleinen Wiesenanlage nach dieser Richtung hin durchgeführt wurden, lieferten folgendes Ergebniss:

	Kalk	Mag- nesia	Kali	Natron	Chlor	Salpeter- säure	Schwe- felsäure
	mg	mg	mg	mg	mg	mg	mg

1. Rieselung mit Wasser, dem für 1 l 1 g Chlorcalcium zugesetzt war.

	Kalk	Mag- nesia	Kali	Natron	Chlor	Salpeter- säure	Schwe- felsäure
Auffliessendes Wasser . .	371,0	12,2	7,3	22,3	425,5	32,1	40,5
Drainwasser von:							
Moorboden . . .	196,0	43,9	22,2	225,4[2])	539,0[2])	16,1	41,7
Kalkboden	293,0	19,4	12,0	231,6	500,0	24,8	36,9
Lehmboden . . .	286,0	18,7	13,7	986,0	489,3	16,1	36,9
Sandboden	230,0	22,3	12,1	215,6	581,5	20,4	40,1

[1]) Landw. Jahrb. 1893, **22**, 847.

[2]) Der hohe Natron- und zum Theil auch der hohe Chlorgehalt sind auf die vorhergehende Rieselung mit kochsalzhaltigem Wasser zurückzuführen.

	Kalk	Mag-nesia	Kali	Natron	Chlor	Salpeter-säure	Schwe-felsäure
	mg	mg	mg	mg	mg	mg	mg

2. Rieselung mit Wasser, dem für 1 l 1 g Chlormagnesium zugesetzt war.

Auffliessendes Wasser . .	180,0	231,8	7,3	22,7	488,4	39,4	53,5
Drainwasser von:							
Moorboden. . . .	386,0[2])	62,6	12,7	121,2[1])	673,7[1])	20,4	44,9
Kalkboden. . . .	550,0	34,2	14,3	88,7	716,3	24,8	51,8
Lehmboden . . .	488,0	31,0	11,6	101,5	624,1	21,9	47,0
Sandboden. . . .	509,0	52,0	14,1	121,7	822,7	24,8	48,4

b) Schädlichkeit für die Pflanzen.

Man pflegt bis jetzt dem Chlormagnesium und dem Chlorcalcium besonders giftige Wirkungen auf die Pflanzen zuzuschreiben. Um dieses zu prüfen, haben wir mit beiden Chloriden ähnliche Versuche wie mit Chlornatrium angestellt.

Der in der oben angegebenen Weise mit Salzlösungen behandelte Sand- und Lehmboden wurde in Töpfe gefüllt und mit Grassamen besäet. Auch hier zeigte sich im allgemeinen, dass die Samen in den Reihen, deren Boden mit Salzlösungen behandelt war, viel unregelmässiger und spärlicher keimten, dass die gekeimten Pflanzen in der ersten Wachsthumszeit vom 1. Juli bis 8. August, an welchem Tage die erste Ernte genommen wurde, eine geringere Entwickelung zeigten, als in dem nur mit destillirtem Wasser behandelten Boden; in der 2. Wachsthumszeit vom 8. August bis 25. September, wo die zweite Ernte genommen wurde, war die Entwickelung bei den mit Salzlösungen behandelten Reihen jedoch durchweg eine um so üppigere, sodass mit Ausnahme der Chlormagnesium-Reihe bei Sandboden die Gesammternte bei letzteren, wie nachstehende Zahlen zeigen, sogar eine grössere war, als in dem nicht mit Salzlösungen behandelten Boden.

Ueber die in den einzelnen Reihen erzielte Grasernte und deren Gehalt an Mineralstoffen giebt nachstehende Tabelle Aufschluss, wobei noch zu bemerken ist, dass der Boden in den einzelnen Reihen stets auf demselben Feuchtigkeitsgrad — nämlich ca. $60\,^0/_0$ seiner wasserhaltenden Kraft — gehalten wurde:

1. Chlormagnesium-Reihe.

	Sandboden				Lehmboden			
	g	g	g	g	g	g	g	g
Zusatz von MgCl$_2$ für 1 l .	0	0,5	1,0	2,0	0	0,5	1,0	2,0
Wasser- u. sandfreie Gesammternte	23,369	21,871	18,290	18,778	17,473	23,237	19,687	30,045
	$^0/_0$	$^0/_0$	$^0/_0$	$^0/_0$	$^0/_0$	$^0/_0$	$^0/_0$	$^0/_0$
Darin: Reinasche	12,60	12,35	13,35	13,23	14,58	14,57	14,67	14,19
In letzterer: Kalk	2,057	1,260	1,023	0,975	2,178	1,184	1,240	1,046
Magnesia . .	0,858	1,301	1,352	1,377	0,861	1,204	1,273	1,356
Kali	3,197	3,601	4,397	4,803	4,694	4,869	5,693	5,777
Phosphorsäure .	0,787	0,873	0,903	0,750	0,981	1,160	1,166	0,947

[1]) Der hohe Kalk-, Chlor- und Natrongehalt rührt zum Theil von den vorhergehenden Rieselungen mit chlornatrium- und chlorcalciumhaltigen Wässern her.

2. Chlorcalcium-Reihe:

	Sandboden				Lehmboden			
Zusatz von CaCl$_2$ für 1 l . .	g 0	g 0,5	g 1,0	g 2,0	g 0	g 0,5	g 1,0	g 2,0
Wasser- u. sandfreie Gesammt- ernte	23,369	24,861	23,541	27,380	17,437	31,644	17,670	26,008
	%	%	%	%	%	%	%	%
Darin: Reinasche	12,60	12,95	12,15	12,77	14,58	13,06	11,72	11,94
In letzterer: Kalk	2,057	2,519	2,654	2,865	2,178	2,379	2,644	2,809
Magnesia . . .	0,858	0,746	0,707	0,666	0,861	0,626	0,572	0,519
Kali	3,197	3,138	3,571	3,652	4,694	—	4,802	5,005
Phosphorsäure .	0,787	0,764	0,723	0,733	0,981	0,879	1,059	0,907

Oder indem Reinasche, Kalk, Magnesia, Kali und Phosphorsäure auf die wirklich geerntete Pflanzensubstanz umgerechnet werden, wurden von dieser aus dem Boden aufgenommen:

1. Chlormagnesium-Reihe.

	Sandboden				Lehmboden			
Zusatz von MgCl$_2$ für 1 l . .	g 0	g 0,5	g 1,0	g 1,5	g 0	g 0,5	g 1,0	g 1,5
Reinasche	2,944	2,701	2,442	2,484	2,548	3,386	2,888	4,263
Kalk	0,481	0,276	0,187	0,183	0,381	0,275	0,244	0,314
Magnesia	0,201	0,285	0,247	0,258	0,150	0,280	0,251	0,407
Kali	0,747	0,788	0,804	0,902	0,818	1,131	1,121	1,736
Phosphorsäure	0,184	0,191	0,165	0,141	0,171	0,270	0,230	0,294

2. Chlorcalcium-Reihe.

	Sandboden				Lehmboden			
Zusatz von CaCl$_2$ für 1 l .	g 0	g 0,5	g 1,0	g 1,5	g 0	g 0,5	g 1,0	g 1,5
Reinasche	2,944	3,219	2,860	3,496	2,542	4,133	2,071	3,105
Kalk	0,481	0,626	0,625	0,784	0,381	0,453	0,467	0,731
Magnesia	0,201	0,185	0,166	0,182	0,150	0,198	0,101	0,136
Kali	0,743	0,780	0,841	1,000	0,818	—	0,849	1,302
Phosphorsäure	0,184	0,190	0,170	0,201	0,171	0,278	0,187	0,236

Aus diesen Versuchen geht zunächst hervor, dass in den Fällen, in welchen der Boden mit Chlormagnesium behandelt war, die Pflanzentrockensubstanz entsprechend ärmer an Kalk und reicher an Magnesia ist, während nach der Behandlung mit Chlorcalcium umgekehrt der Kalk entsprechend zu- und die Magnesia abgenommen hat.

Bei Kali dagegen finden wir, dass dasselbe sowohl procentig wie absolut nach der Behandlung mit den Salzlösungen eine Zunahme erfahren hat, und diese Zunahme ist bei den Chlormagnesium-Reihen eine stärkere, wie bei den Chlorcalcium-Reihen. Es kann dieses befremden, da, wie wir gesehen haben, das Chlormagnesium stärker lösend auf das Kali im Boden wirkt, als Chlorcalcium, dass man daher gerade in den Chlormagnesium-Reihen viel weniger Kali als in den Chlorcalcium-Reihen erwarten sollte.

Nicht minder befremdend kann erscheinen, dass in den Böden nach Behandlung derselben mit den Salzlösungen, also trotz der grösseren Auswaschung von Nährstoffen, in 5 Fällen eine höhere Ernte erzielt wurde, als in den Böden, welche nur mit gewöhnlichem Wasser ohne Zusatz der Chloride behandelt waren.

Beide Thatsachen finden aber ihre ungezwungene Erklärung, wenn man annimmt, und die übereinstimmenden Zahlen sowohl bei dem Boden, wie den darin gewachsenen Pflanzen, drängen zu dieser Annahme, nämlich, dass Chlormagnesium und Chlorcalcium einerseits, wie Chlornatrium eine bodenauswaschende, andererseits aber wie Eisenvitriol eine aufschliessende und indirekt düngende Wirkung besitzen.

Eine Bestätigung hierfür finden wir in anderen Versuchen, bei denen die Ernte an Pflanzensubstanz in der Reihe, in welcher die beiden Salze durch einmaliges Nachwaschen mit destillirtem Wasser wieder zum grössten Theile aus dem Boden entfernt wurden, etwas geringer war, als in der Normalreihe, deren Boden nicht mit Salzlösungen behandelt war, während in der Reihe, in welcher die Salzlösung, soweit sie nicht von selbst aus dem Boden abtropfte, im Boden verblieb und mit diesem an der Luft austrocknete, die Ernte an Pflanzensubstanz durchweg eine grössere ist, als in der Normalreihe. Hier muss daher wohl die noch vorhandene grössere Menge Chlormagnesium bezw. Chlorcalcium im Boden eine entsprechend grössere lösende Wirkung auf die Bodennährstoffe, besonders auf kalihaltige Silikate ausgeübt haben.

Noch mehr tritt dieses bei den Versuchen im Jahre 1885 hervor. Hier hatte bei dem mageren Sandboden die Behandlung mit Chlormagnesium eine Verringerung der Ernte zur Folge gehabt, während bei Behandlung desselben mit Chlorcalcium keine Verminderung, sondern eher eine Erhöhung der Ernte hervortrat. Da, wie wir gesehen haben, Chlormagnesium stärker lösend auf die Bodennährstoffe, besonders auf Kali wirkt, als Chlorcalcium, so konnte bei dem an sich mageren Sandboden die bodenauswaschende Wirkung des Chlormagnesiums in den angewendeten Mengen nicht durch die aufschliessende und indirekt düngende Wirkung ersetzt werden, während dieses bei dem nicht so stark einwirkenden Chlorcalcium in den angewendeten Mengen der Fall war.

Bei dem an Nährstoffen reicheren Lehmboden macht sich für die angewendeten Mengen die bodenauswaschende Wirkung von beiden Chloriden noch garnicht geltend, indem hier in dem mit denselben behandelten Boden mehr Pflanzensubstanz geerntet wurde, als in der Normalreihe. Im Durchschnitt der 3 Reihen ist auch hier in dem mit Chlorcalcium behandelten Boden etwas mehr geerntet, als in dem mit Chlormagnesium behandelten, nämlich:

Normalreihe	Chlormagnesium-Reihe	Chlorcalcium-Reihe
17,47 g	24,32 g	25,11 g

Bei dem reicheren Lehmboden haben die angewendeten Mengen Chloride nicht so stark auswaschend gewirkt, dass eine Ertragsverminderung bewirkt wurde; die auswaschende Wirkung der Salzmengen ist durch die aufschliessende übertroffen, infolgedessen sogar eine Ertragserhöhung eingetreten ist.

Wir finden ferner in den Versuchen von 1885, dass eine Behandlung mit 0,5 g Chloride für 1 l entweder keine erhebliche Verminderung (wie bei Sandboden in der Chlormagnesium-Reihe) oder wie in den anderen Reihen eine Erhöhung der Ernte bewirkt hat, dass letztere bei Behandlung mit 1,0 g Chloride für 1 l wieder sinkt, während sie bei Behandlung mit 1,5 g für 1 l wieder steigt.

Ich würde auf diesen Umstand bei der Mangelhaftigkeit dieser bisherigen Versuche kein Gewicht legen, wenn diese Beziehung nicht übereinstimmend in allen 4 Reihen hervorträte.

Das findet aber wieder seine Erklärung in der Annahme, dass Chlorcalcium und Chlormagnesium neben der auswaschenden auch eine aufschliessende Wirkung auf die Bodenbestandtheile ausüben. Bei Einwirkung von 0,5 g Chloride findet noch keine so starke auswaschende Wirkung statt, dass sie auf die Ertragsfähigkeit des Bodens Einfluss hat, bei Einwirkung von 1,0 g Chloride für 1 l ist die auswaschende Wirkung grösser als die aufschliessende und erniedrigt den Ernteertrag, während bei Anwendung einer grösseren Menge Chloride, wie 1,5 g für 1 l, die auswaschende Wirkung durch die aufschliessende Wirkung übertroffen wird und wieder eine Erhöhung des Ernteertrages zur Folge hat.

Dieses alles versteht sich, wohl bemerkt, nur für die von uns angewendeten Mengen Chloride, die wir auf den Boden einwirken liessen. Bei fortgesetzter Einwirkung sind andere Ergebnisss zu erwarten.

Denn, da grössere Mengen Chlorcalcium und Chlormagnesium, wie wir gesehen haben, auch grössere Mengen Kali und Magnesia bezw. Kalk aus dem Boden lösen und wegführen, so ist einleuchtend, dass bei fortgesetzter Einwirkung, wie z. B. bei der Berieselung, um so mehr von diesen Nährstoffen mit der Zeit ausgewaschen und fortgeführt werden müssen, je mehr ein Wasser an diesen Chloriden enthält. Wenn daher auch bei Berieselung mit chlorcalcium- und chlormagnesiumhaltigem Wasser anfänglich infolge der aufschliessenden und indirekt düngenden Wirkung der beiden Chloride gerade wie bei Ferrosulfat — vergl. Abwässer aus Schwefelkiesgruben — trotz der Auswaschung von Kali und Magnesia bezw. Kalk sogar eine Ertragserhöhung eintritt, so muss doch bei fortgesetzter Berieselung mit einem an diesen Chloriden reichen Bachwasser ein Zeitpunkt eintreten, wo der Boden an den wichtigsten Nährstoffen, an Kali, an Kalk bezw. an Magnesia erschöpft ist und völlig ertraglos wird.

Es kann allerdings nach den bisherigen Versuchen angenommen werden, dass Chlorcalcium und Chlormagnesium nach dieser Richtung nicht so schädlich wirken, wie Chlornatrium, und vielleicht schon aus dem Grunde nicht so schädlich, weil sich die Basen Kalk und Magnesia bis zu einer gewissen Grenze physiologisch im Lebensvorgang der Pflanzen gegenseitig vertreten können.

Wir haben die Wirkung von Chlormagnesium und Chlorcalcium in ähnlicher Weise wie bei Chlornatrium auch in wässeriger Lösung (Wasserkulturen) auf Pflanzen festzustellen gesucht und gefunden, dass 2,0 g derselben in 1 l neben den sonstigen Pflanzennährstoffen (in Lösungen von 0,5 g auf 1 l) bei Gräsern wenigstens keine Erkrankungen zur Folge hatten; bei Gerste missglückten die Versuche, weil dieselbe frühzeitig von Rost befallen wurde und auch die Pflanzen in den Normalreihen erkrankten.

Dass aber grössere Mengen nachtheilig für Pflanzen sein können, beweist eine Beobachtung von E. Jensch,[1] wonach Himbeeren und Erdbeeren, die auf einem mit Chlorcalcium durchtränkten Boden gewachsen waren, zwar auffallend gross, aber von hellstrahlender Farbe und schnell vergänglich waren, indem sie gleichzeitig nachhaltig nach Chlorcalcium schmeckten. In den frisch gepflückten Früchten wurde gefunden:

	Wasser %	Asche %	Chlor %
1. Himbeeren:			
a) gesund	82,59	0,88	—
b) krank vom trockenen Standort	88,48	1,96	0,20
c) „ „ feuchten „	91,65	1,52	0,13
2. Erdbeeren:			
a) gesund	87,97	0,72	—
b) krank	92,84	1,24	0,04

Rich. Hindorf[2] kommt auf Grund seiner Versuche zu dem Schluss, dass Lösungen von Chlorcalcium und Chlormagnesium bis zu $^1/_5\,^0/_0$, d. h. 2,0 g für 1 l, die Keimfähigkeit der Samen beförderten, dass der Höchstgehalt bei $^1/_2\,^0/_0$, d. h. 5,0 g für 1 l, liegt, dass grössere Mengen die Keimung benachtheiligen. Aehnliche Beziehungen stellten sich bei Bodenkulturversuchen heraus; Mengen von Chlormagnesium bis zu etwa 2500 kg, von Chlorcalcium bis zu etwa 3500 kg für 1 ha übten noch keine nachtheilige Wirkung aus; geringere Mengen wirkten sogar günstig, grössere Mengen aber schädlich. Chlorkalium ruft eine ähnliche schädliche Wirkung hervor; der Grund hierfür liegt in dem Chlorgehalt. Bei den Chloriden äussert sich früher und in geringeren Mengen eine schädliche Wirkung, als bei den Sulfaten.

Diese Beziehungen gelten natürlich zunächst nur für die Aufbringung der Chloride in fester Form auf den Boden; bei der Berieselung, wo die Chloride fortgesetzt durch den Boden filtriren, liegen die Verhältnisse anders und kann auch hier, ähnlich wie beim Chlornatrium, eine Menge von 0,5 g dieser Chloride ($CaCl_2$ und $MgCl_2$) in 1 l auf die Dauer nachtheilig wirken, und

---

[1] Zeitschr. f. angew. Chem. 1894, 111.
[2] Sechster Bericht d. landw. Inst. Halle von J. Kühn 1886, 135.

sind jedenfalls Wässer mit 1,0 g dieser Chloride im Liter auf die Dauer für die Berieselung zu verwerfen, wenn auch im Anfang derselben eine günstige Wirkung auftreten sollte.

c) Schädlichkeit in gewerblicher Hinsicht.

Bezüglich der Schädlichkeit in gewerblicher Hinsicht ist hervorzuheben, dass ein an Chlorcalcium und Chlormagnesium reiches Bachwasser wegen der Möglichkeit der Bildung harter Seife (fettsaures Calcium oder Magnesium) nicht als Waschwasser, auch wegen seiner bleibenden Härte nicht als Speisewasser für Dampfkessel benutzt werden kann, und dass es auch zur Diffusion in Zuckerfabriken unbrauchbar ist, da die Salze das Krystallisationsvermögen des Zuckers beeinträchtigen, d. h. melassebildend wirken.

Besonders das Chlormagnesium kann wegen seiner leichten Zersetzlichkeit die Kesselwandungen angreifen (vergl. I. Bd. S. 95).

d) Schädlichkeit in gesundheitlicher Hinsicht.

Ob und wie weit Chlorcalcium bezw. Chlormagnesium im Wasser als Tränke für Thiere schädlich sind, darüber sind Verf. bis jetzt keine Beobachtungen bekannt geworden, jedoch ist anzunehmen, dass von denselben eine viel geringere Menge zulässig sein wird, als vom Chlornatrium, weil sie nicht wie dieses eine diätetische Wirkung besitzen; allein schon wegen des laugigen Nachgeschmackes des Chlorcalciums und wegen der abführenden Wirkung der Magnesiumsalze dürften diese Chloride in geringerer Menge nachtheilig wirken, als das Chlornatrium.

Nach Versuchen von Pappenheim[1]) verräth sich Chlorcalcium bei einer Menge von 0,5—1,0 g ($CaCl_2$) in 1 l Wasser durch den Geschmack. M. Rubner findet diese Grenze erst bei 1,0 g; bei 0,5 g Chlorcalcium ($CaCl_2$) ist noch kein auffallender Geschmack vorhanden, aber nach dem Trinken ein geringer Nachgeschmack zu bemerken, der noch mehr hervortritt, wenn man nach dem Trinken des chlorcalciumhaltigen Wassers einen Schluck reinen Trinkwassers nimmt; 0,46—0,925 g Chlormagnesium ($MgCl_2$) in 1 l machten das Wasser wegen des bitteren Nachgeschmackes ungeniessbar; selbst 0,0463 g $MgCl_2$ in 1 l zeigten nach M. Rubner noch deutlichen Nachgeschmack, während Landolt den bitteren Geschmack der Magnesiumsalze bei 1,5—1,6 g in 1 l noch nicht wahrnehmen konnte.

Wenn somit für diese Frage offenbar der verschiedene Geschmackssinn der Menschen entscheidend ist, so gehören doch nur verhältnissmässig geringe Mengen dieser Chloride (Chlorcalcium und Chlormagnesium) dazu, um dem Wasser einen eigenartigen Geschmack zu ertheilen. Auch machen sich die Sulfate dieser Basen im Wasser für den Geschmack weniger geltend, als die Chloride.

---

[1]) Vergl. F. Fischer: Zeitschr. f. angew. Chemie 1899, 80.

Ueber die Schädlichkeit des Chlorcalciums bezw. Chlormagnesiums für Fische liegen ebenfalls Beobachtungen mit verschiedenem Ergebniss vor.

Ch. Richet[1]) findet die tödtliche Menge für Fische bei 2,4 g Chlorcalcium und 1,5 g Chlormagnesium für 1 l Wasser bei 48 stündiger Einwirkung. L. Grandeau[2]) hat beobachtet, dass erst eine Lösung von 10 g Chlorcalcium für 1 l bei 20° Wassertemperatur Schleien nach etwa 5 Stunden den Tod bringt. Nach C. Weigelt[3]) ist die Widerstandsdauer bei einer höheren Temperatur geringer als bei einer niedrigeren Temperatur; während z. B. Schleien und Forellen 10 g Chlorcalcium in 1 l bei 6° Wassertemperatur und 15—18 stündigem Aufenthalt vertrugen, starb in einem Falle eine Schleie bei 20° Wassertemperatur nach einem Aufenthalt von 3 Stunden 5 Minuten in diesem Wasser. Im allgemeinen muss nach C. Weigelt's Versuchen die Grenze der Schädlichkeit bei 5,0 g Chlorcalcium für 1 l angenommen werden. Nach meinen in Gemeinschaft mit E. Haselhoff[4]) ausgeführten Versuchen liegt die Grenze der Schädlichkeit beider Chloride für 7—10° Wassertemperatur bei 6—7 g Chlorcalcium ($CaCl_2$) oder Chlormagnesium ($MgCl_2$) in 1 l.

3. *Reinigung.*

Eine Reinigung und Unschädlichmachung dieser Art Abwässer ist, wenn sie nicht bei genügendem Gehalt eine direkte technische Verwendung finden können, schwer zu ermöglichen.

Nach den früher angegebenen Verfahren soll aus den Rückständen theils Salzsäure, theils Chlor gewonnen werden; die Richtung verfolgen die vier folgenden Verfahren:

a) Verfahren von Ernest Solvey in Brüssel (Engl. P. 838 vom 25. Febr. 1880).

Eine Mischung von Chlorcalcium und Thon wird mittelst Wasserdampfes bezw. Luft in einer Art Kugelofen zersetzt. Im unteren verengten Theil desselben, der von dem Feuer direkt bestrichen wird, sammelt sich die Masse nach der Zersetzung. Hier tritt der Wasserdampf bezw. die Luft ein, eine vorherige Erhitzung derselben wird überflüssig. Das bei diesem Verfahren gewonnene Kalksilikataluminat giebt, mit einer geringen Menge Kalkpulver gemengt und damit gebrannt, einen guten Cement. Dazu ist nöthig, dass die Zersetzung bei möglichst niedriger Temperatur ausgeführt wird. (Engl. P. 840 vom 25. Februar 1880.)

b) Verfahren W. Eschelmann in Mannheim (D.R.P. 17058 vom 17. Juli 1881).

Beim Erhitzen von Chlorcalcium mit Magnesiumsulfat bei Gegenwart von Wasser bildet sich ein basisches Calciummagnesiumsulfat und Salzsäure:

$$CaCl_2 + MgSO_4 + H_2O = MgOCaSO_4 + 2HCl.$$

---

[1]) Compt. rend. **97**, 1004.

[2]) L. Grandeau: La soudière de Dieuze etc. Paris 1872.

[3]) Arch. f. Hygiene 1885, **3**, 39.

[4]) Landw. Jahrb. 1897, **26**, 101.

Die gesammten Stoffe werden gemahlen, gemischt, mit Wasser zu einem Brei angemacht und dann mässiger Glühhitze ausgesetzt. Man kann zu diesem Verfahren auch Chlormagnesium und Magnesiumsulfat anwenden:

$$MgCl_2 + MgSO_4 + H_2O = MgO.MgSO_4 + 2HCl.$$

Dagegen findet zwischen Chlorcalcium und Calciumsulfat keine Reaktion statt. Der basische Rückstand kann infolge seines Magnesiagehaltes zum Freimachen des Ammoniaks aus den Salmiaklaugen der Ammoniaksodafabrikation benutzt werden. Es bildet sich dann wieder neutrales Calcium- bezw. Magnesiumsulfat und Chlorcalcium, welche Mischung nur einfach eingedampft und wieder erhitzt zu werden braucht, um wieder eine entsprechende Menge Salzsäure zu liefern. Das basische Magnesiumsulfat kann auch durch Kochen mit Wasser in Magnesiumsulfat und Magnesia zerlegt werden.

c) Verfahren von Ch. Taquet[1] zur Gewinnung des Chlors aus den Chlorcalciumrückständen der Ammoniaksodafabrikation:

Die Rückstände werden mit reiner Kieselsäure und Mangansuperoxyd erhitzt; die Zersetzung erfolgt nach der Gleichung:

$$CaCl_2 + MnO_2 + 2SiO_2 = 2Cl + CaSiO_3 + MnSiO_3.$$

Die Eindampfung der Chlorcalciumlaugen wird in einer gusseisernen Pfanne bis zum Erscheinen krystallinischer Chlorcalciumhäutchen bewirkt. Alsdann lässt man die gehaltreiche Flüssigkeit in ein anderes Gefäss laufen, um dieselbe völlig zur Trockne zu bringen. 500 kg Chlorcalcium werden gepulvert, mit ungefähr 450 kg gepulvertem Mangansuperoxyd und 550 kg Kieselsäure gemischt. Diese Mischung wird alsdann auf einer Platte aus feuerfesten Steinen ausgebreitet und bis zur Rothgluth erhitzt. Das Chlor entweicht in eine aus feuerfesten Steinen hergestellte Kammer, kühlt sich in einem Kühlgefässe ab und gelangt in einen Steintrog, welcher Wasser und Mangansuperoxyd enthält; so bildet sich gleichzeitig Chlor und Salzsäure:

$$2CaCl_2 + H_2O + MnO_2 + 3SiO_2 = 2Cl + 2HCl + MnSiO_3 + 2CaSiO_2.$$

Indem nun das Gemisch beider Gase auf Mangansuperoxyd einwirkt, zersetzt sich die Salzsäure in Chlor und bildet Manganchlorür nach der Formel:

$$MnO_2 + 4HCl = MnCl_2 + 2H_2O + 2Cl.$$

Das so erhaltene Chlor geht durch ein Rohr in einen mit Chlorcalcium gefüllten Thurm, um es dann in bekannter Weise zur Bildung von Chlorkalk zu verwenden.

d) Darstellung von Chlor aus Chlormagnesium von W. Weldon:[2]

Das Chlormagnesium wird durch Mischen mit Magnesia in Oxychlorid umgewandelt und aus letzterem das Chlor durch Behandeln mit Luft bei bestimmter Temperatur ausgetrieben. Um die Temperatur unverändert halten zu können, wird ein nach Art eines Backofens gebauter Zersetzungsapparat verwendet. Derselbe besteht aus mehreren senkrechten Kammern mit sehr dichten Scheidewänden; letztere werden beim Durchleiten von Feuerungsgasen auf die nöthige Temperatur gebracht; dann wird das Oxychlorid in die Kammern eingefüllt und an Stelle der Verbrennungsgase Luft durch dieselbe geleitet, wobei eine Mischung von Chlor, Salzsäure, Stickstoff und überschüssiger Luft entweicht. Es ist möglich, allen Sauerstoff der Luft durch Chlor zu ersetzen. Nach des Erfinders Ansicht soll es aber vortheilhafter sein, nur etwa die Hälfte in Chlor umzuwandeln.

Während man beim alten Weldon'schen Verfahren auf 100 Theile in der Salzsäure vorhandenen Chlors nur 30 Theile als Chlorgas erhielt und die anderen 70 Theile als Chlorcalcium verloren gingen, erhält man bei dem neuen Verfahren auf 100 Theile Chlor im Chlormagnesium 50 Theile als freies Chlor und 50 Theile als Salzsäure. Bei

---

[1] Polyt. Journ. **256**, 274 und Chem. Centrbl. 1885, 511.
[2] Ebendort **256**, 368 und ebendort 1885, 511.

dem Trennen der Mischung von Salzsäure und Chlorgas wird das Gas genügend abgekühlt, um gleich zur Darstellung von Chlorkalk dienen zu können. Das Chlor kann, da es mit Stickstoff und Luft verdünnt ist, nicht in gewöhnlichen Chlorkalkkammern verwendet werden. Nach dem Erfinder ist dieses aber eher als Vortheil zu betrachten, da das gewöhnliche Verfahren zur Darstellung von Chlorkalk mangelhaft ist, viele Verluste mit sich bringt und schon lange durch eine mechanische Vorrichtung ersetzt sein sollte. Gehaltreiches Chlorgas lässt sich aber in mechanischen Apparaten nicht verwenden, da die bei der Absorption entwickelte Wärme zu bedeutend ist.

In Salindres soll eine mechanische Chlorkalkkammer für verdünntes Chlorgas in Betrieb sein, welche nach Art eines Drehofens gebaut ist. Dieselbe soll fast allen Verlust an Chlor vermeiden, und der Chlorkalk soll, weil er bei niederer Temperatur dargestellt ist, beständiger sein und sich besser halten als der nach dem gewöhnlichen Verfahren erhaltene Chlorkalk. Der Apparat soll auch mit Vortheil zur Absorption des bis jetzt beim Oeffnen der Chlorkalkkammern verloren gehenden Chlors Verwendung finden.

Die Gewinnung von Chlor aus Chlormagnesium ist seit der Auffindung der Stassfurter Kalisalzlager eine Frage von der grössten Wichtigkeit, und der Erfolg des oben beschriebenen Vorganges würde jedenfalls eine Umwälzung dieser chemischen Industrie zur Folge haben. Bis jetzt war es aber immer ein bedeutender Nachtheil, wenn ein Verfahren verdünntes Chlorgas lieferte. Dies zeigte sich besonders bei Deacon's Chlorprocess. Trotz jahrelanger unermüdlicher Versuche konnten zuletzt nur die sehr kostspieligen, aus Schiefertafeln gebauten Etagenkammern zur Darstellung von Chlorkalk aus verdünntem Chlor verwendet werden. Die Angabe Weldon's, dass das verdünnte Chlor kein Nachtheil sei, muss daher jedenfalls durch die Praxis noch weitere Bestätigung finden und vor der Hand nur mit Vorsicht aufgenommen werden.

e) H. Schreib[1] will die Ablaugen der Ammoniaksodafabrikation auf Chlorcalcium verarbeiten, welches als Mittel zur Kälteerzeugung vortheilhaft Verwendung finden könnte. Derselbe berechnet, dass durch Verdampfen von 1 cbm Ablauge 110 kg $CaCl_2 + 6H_2O$ und 55 kg NaCl erhalten werden, und dass die Unkosten hierfür 2,23 Mark betragen.

f) Nach einem anderen Vorschlage zersetzt H. Schreib[2] die Chlorcalciumlaugen mit Schwefelsäure oder Sulfaten (Bisulfat von der Salpetersäurefabrikation); der gefällte Gips kann als Füllmasse bei der Papierfabrikation, zum Anstreichen von Pappe etc. dienen.

g) Das Verfahren von Thowald Schmidt[3] durch Zusatz einer gehaltreichen Lösung von getrocknetem und verbranntem Seetang zu der gehaltreichen Lösung von Chlorcalcium und Chlornatrium die Sulfate des Kaliums, Natriums und Magnesiums des Seetangs zu zersetzen und Calciumsulfat und Magnesiumhydroxyd auszuscheiden und in solcher Form zu fällen, dass sie in der Papierfabrikation als Füllstoff oder als Fällungsmittel bei der Reinigung von Schmutzwässern dienen können, dürfte nach G. Lunge[3] kaum wirkliche Anwendung gefunden haben und auch überhaupt nur für ganz örtliche Verhältnisse geeignet sein.

h) Richardson[4] will durch Zusatz von Ammoniumsulfat zu den Chlorcalciumlaugen Gips ausfällen und durch Eindampfen und Auskrystallisiren das Chlorammonium gewinnen.

i) Webster[5] versetzt die Chlorcalciumlauge mit gelöschtem Kalk oder Calciumkarbonat, verdampft den entstehenden Brei zur Trockne, schmilzt den Rückstand, giesst ihn in Blöcke und verwendet ihn als Flussmittel bei metallurgischen Arbeiten.

---

[1] Chem.-Ztg. 1889, **13**, 1181.
[2] Ebendort 1890, **14**, 494.
[3] G. Lunge: Handbuch der Soda-Industrie 1896, 111.
[4] Ebendort, 112; ref. n. Engl. Patent No. 10418, 1884.
[5] Ebendort, 112; ref. n. Engl. Patent No. 12344, 1885.

VI. Abwasser mit einem Gehalt an Chlorbaryum.

Zuweilen tritt in den Abwässern von Steinkohlengruben Chlorbaryum in nicht unwesentlichen Mengen auf. E. Jensch[1]) fand in den krustigen Absätzen der Grubenwasserrinnen der Lythandragrube bei Morgenroth in O.-S. im Jahre 1888/1889 einen geringen Barytgehalt von etwa $1,1\,^0/_0$. Wir untersuchten mehrere schwefelsäurefreie Grubenwässer aus dem westfälischen Steinohlengebiet (Herne, Recklinghausen, Gladbeck No. 1—4 und aus der Gegend von Brilon 5 und 6) mit folgendem Ergebniss für 1 l Wasser.

Bestandtheile	1.	2.	3.	4.	5.	6.	7.
	g	g	g	g	g	g	g
Freie Kohlensäure . . .	0,204	0,055	0,139	—	—	—	—
Calciumbikarbonat . .	—	0,254	—	—	—	—	—
Natriumbikarbonat . .	0,070	0,050	0,019	—	—	—	—
Chlorbaryum	1,450	0,027	1,049	1,360	1,244	1,201	0,193
Chlorstrontium	0,911	0,595	0,753	0,693	0,830	0,692	0,678
Chlorcalcium	12,980	2,257	10,918	11,564	10,824	9,679	6,401
Chlormagnesium . . .	1,581	0,985	2,982	3,762	1,370	1,092	1,711
Chlorkalium	1,798	0,829	1,685⎞	82,215	79,504	75,414	38,384
Chlornatrium	53,442	28,239	84,001⎠				
Dem Chlorbaryum entspricht:							
Baryum	0,956	0,018	0,685	0,888	0,812	0,784	0,126

Der Gehalt der Abässer an Chlorbaryum und Chlorstrontium erklärt sich daraus, dass die unmittelbar unter und über der Kohlenschicht lagernden Gebirgsschichten der Devon-, Dyas- und Triasformation vielfach baryt- und strontianhaltig sind; daraus erklärt sich auch das nicht seltene Vorkommen von Schwerspath auf den Verwerfungsklüften der Steinkohle, nämlich durch Umsetzung sulfathaltiger Wässer (aus oxydirtem Schwefelkies) mit den barythaltigen Gebirgsschichten. Mitunter enthalten Grubenwasser nach F. Kessler[2]) gleichzeitig Chlorstrontium und Strontiumsulfat

---

[1]) Zeitschr. f. angew. Chem. 1894, 508.
[2]) F. Muck: Grundzüge und Ziele der Steinkohlenchemie 1881, 71.

und erzeugt darin sowohl Chlorbaryum als Schwefelsäure einen Niederschlag.

Das Baryum kommt im Boden und in den Pflanzen weiter verbreitet vor, als man gewöhnlich annimmt. Schon C. W. Scheele[1]) hat im Jahre 1788 auf den Barytgehalt der Pflanzen aufmerksam gemacht. Vor etwa 40 Jahren hat Forchhammer[2]) in einer Reihe von Gesteinen verschiedener Herkunft und in der Asche verschiedener Holzarten wie der Buche, Föhre, Eiche, Birke Baryt nachgewiesen, ebenso 1855 Boedeker und Eckard[3]) in der Asche von Buchenholz und im Buntsandstein, worin diese Buche gewachsen war. Knop[4]) hat im Nilschlamm $0,017{-}0,021\,^0/_0$ Baryt nachgewiesen, und Dworzak[5]) hat auch in dem im Nilschlamm gewachsenen Weizen Baryt gefunden, nämlich $0,089\,^0/_0$ in der Asche der Blätter einschliesslich der Aehren und $0,026\,^0/_0$ in der Asche der Stengel. Neuerdings hat A. Jonscher[6]) $0,91\,^0/_0$ Baryt in einem Paprikapulver nachgewiesen und ist nicht ausgeschlossen, dass dieser Gehalt an Baryt auf einen Gehalt des Bodens an Baryumsalzen zurückzuführen ist. Dass thatsächlich die auf barythaltigem Boden gewachsenen Pflanzen ebenfalls Baryum enthalten, dafür bringt R. Hornberger[7]) den sicheren Beweis; derselbe fand in den Aschen von 15 verschiedenen Stammholztheilen zweier 102- bezw. 105 jähriger Rothbuchen $0,57{-}1,20\,^0/_0$ Baryt; ebenso konnte derselbe in dem Buntsandstein, von welchem die Rothbuchen stammten, Baryt nachweisen. Auch R. Kobert[8]) weist in seinem Lehrbuche der Intoxikationen darauf hin, dass Baryt von den Pflanzen aufgenommen werden kann.

E. Haselhoff[9]) hat durch Wasserkulturversuche ebenfalls die Aufnahme des Baryums durch die Pflanzen (Mais und Bohnen) nachgewiesen.

Nach R. Kobert[10]) können die Pflanzen Baryum ohne Nachtheil für den Pflanzenorganismus aufnehmen. Die löslichen Baryumsalze sind aber nach den obigen Wasserkulturversuchen von E. Haselhoff ein äusserst starkes Gift für die Pflanzen; schon 10 mg Baryum in Form von Baryumnitrat für 1 l Wasser verursachten in kurzer Zeit ein Zurückgehen in dem Wachsthum der Pflanzen.

In den Pflanzen wurden je nach dem Baryumnitratgehalt der Nährlösung in der sandfreien Trockensubstanz $0,029{-}0,110\,^0/_0$ Baryumoxyd neben $0,963{-}1,723\,^0/_0$ Kalk gefunden.

---

[1]) Opuscula Chemica et Physica. Lips. 1788, **1**, 258; siehe Landw. Versuchsst. 1899, **51**, 477.

[2]) Poggend. Ann. 1855, **95**, 60; siehe Landw. Versuchsst. 1899, **51**, 477.

[3]) Ann. d. Chemie u. Pharm. 1856, **100**, 294; s. Landw. Versuchsst. 1899, **51**, 477.

[4]) Landw. Versuchsst. **17**, 65; 1899, **51**, 478.

[5]) Ebendort **17**, 398; 1899, **51**, 478.

[6]) Chem.-Ztg. 1899, **23**, 433.

[7]) Landw. Versuchsst. 1899, **51**, 473.

[8]) Chem.-Ztg. 1899, **23**, 491.

[9]) Landw. Jahrb. 1895, **24**, 962.

[10]) Chem.-Ztg. 1899, **23**, 491.

Für Menschen und Thiere sind die löslichen Baryumsalze sehr giftig. Bei Versuchen mit Fischen (Karpfen, Schleien und Goldorfen), welche ich in Gemeinschaft mit E. Haselhoff[1]) ausführte, wurden sehr verschiedenartige Ergebnisse erhalten; während in einigen Fällen Karpfen und Schleien bei 9,4—38,1 mg Chlorbaryum in 1 l Wasser von 10—18,7° C. in 20 bis 80 Stunden erkrankten bezw. eingingen, konnten Goldorfen bei einem Gehalt von 64,3—241,2 mg Chlorbaryum für 1 l Wasser 3—8 Tage leben, ohne dass irgend welche äusserliche Krankheitserscheinungen eintraten. Anscheinend verhalten sich die Fische gegen das Chlorbaryum individuell verschieden und können sich dieselben in gewisser Hinsicht an dasselbe anpassen. Vielleicht besitzen die Fische je nach Art und Individualität die Fähigkeit, das Chlorbaryum unschädlich zu machen, indem sich dieses etwa mit löslichen Sulfaten, z. B. mit Magnesium- oder Kaliumsulfat zu Magnesium- oder Kaliumchlorid und unlöslichem, unschädlichem Baryumsulfat umsetzt und die Fische eine um so grössere Menge Chlorbaryum vertragen können, je grösser der Vorrath an löslichen Sulfaten in ihrem Organismus ist.

Im allgemeinen dürften die löslichen Baryumsalze für Fischereiwässer weniger Bedeutung haben, weil sich aus den darin stets vorhandenen Sulfaten unlösliches Baryumsulfat bilden wird, welches unschädlich ist.

---

[1]) Landw. Jahrb. 1897, **26**, 105.

VII. Abwasser mit einem Gehalt an Chlorstrontium und Abwasser aus Cölestin- und Strontianitgruben.

Dass Grubenwässer neben Chlorbaryum mehr oder weniger Chlorstrontium enthalten, ist schon vorstehend S. 422 gezeigt. Die Mutterlaugen von Salinen weisen ebenfalls nach S. 383 mitunter einen hohen Gehalt an Chlorstrontium auf.

Ferner kommt in dem Abwasser aus Cölestingruben bezw. von der Cölestinwäsche Strontium aber als Sulfat vor.

Die Zusammensetzung eines Abwassers von der Cölestinwäsche und die Verunreinigung eines Baches durch dasselbe zeigen folgende Zahlen:

1 l enthält:	Schwebe-stoffe mg	Gelöste Stoffe				
		Abdampf-rückstand mg	Strontian mg	Kalk mg	Magnesia mg	Schwefel-säure mg
Abwasser von der Cölestin-wäsche	72,5	380,0	72,5	73,7	36,5	92,6
Bachwasser vor Aufnahme des Abwassers	0	245,0	0	70,7	35,2	14,7
nach Aufnahme des Abwassers	wenig	291,5	12,5	71,1	35,8	40,7

Man könnte auch in den Abwässern aus Strontianitgruben, wie sie in Westfalen vielfach im Betriebe sind, Strontium als Karbonat vermuthen. Dieses ist aber nicht der Fall.

Die Abwässer aus Strontianitgruben sehen zwar sehr schlammig aus, aber die Schlammbestandtheile bestehen nur aus aufgeschlämmtem Thon und kohlensaurem Kalk. Die diese Abwässer aufnehmenden Bäche bekommen dementsprechend ein mehr oder weniger schlammiges Aussehen, ohne dadurch eine besondere schädliche Beschaffenheit anzunehmen.

So wurde von mir gefunden in 1 l:

Bestandtheile	1. Abwasser aus der Strontianitgrube mg	2. Reines Wasser aus dem Ahrenhorster Bach vor Aufnahme des Abwassers mg	3. Wasser aus dem Ahrenhorster Bach nach Aufnahme desselben mg
Abdampfrückstand (trocken)	1082,0	594,8	650,4
Darin: Schwebestoffe	264,0	8,0	10,0
Gelöst: Kalk	208,0	73,6	78,0
Chlor	35,5	127,6	118,0
Schwefelsäure	70,4	37,0	54,8
Organische Stoffe	140,6	165,9	153,2

In einem andern Falle jedoch hatte ein solches Wasser auffallender Weise eine schwach alkalische Reaktion und ergab folgende Zusammensetzung für 1 l:

Schwefelsaures Calcium	Schwefelsaures Natrium	Chlornatrium	Kohlensaures Natrium
125,1 mg	118,9 mg	476,7 mg	418,7 mg

Der aus dem Wasser ausgeschiedene Schlamm enthielt im lufttrocknen Zustande 3,29 $^0/_0$ kohlensaures Strontium; gelöst im Wasser konnten nur Spuren von Strontian wie auch nur geringe Mengen Magnesia und Kali nachgewiesen werden.

Der Umstand, dass hier das Wasser, wie unter Umständen überhaupt Wasser aus Mergelschichten, bei alkalischer Reaktion geringe Mengen kohlensaures Natrium enthält, dürfte es für manche Nutzungszwecke eines Bachwassers, besonders zur Viehtränke, ungeeignet machen.

Um den Einfluss von Strontium auf das Pflanzenwachsthum festzustellen, hat E. Haselhoff[1]) Boden- und Wasserkulturversuche ausgeführt, welche folgende Schlussfolgerungen ergeben haben:

1. Das Strontium in Form löslicher Salze wirkt nicht schädlich auf die Pflanzenentwicklung.
2. Dasselbe wird von der Pflanze aufgenommen und scheint bei der Ernährung die Stelle des Kalkes vertreten zu können.
3. Diese Ersetzung des Kalkes durch Strontian bei der Pflanzenernährung scheint aber erst dann einzutreten, wenn der Vorrath an Kalk und anderen Nährstoffen nicht mehr zum Aufbau der Pflanze ausreicht.

Auch in den Thierkörper bezw. in die Knochen desselben trat nach des Verf.'s Versuchen[3]) bei Verabreichung von Strontiumsalzen in einer kalkarmen Nahrung Strontium ein; jedoch erlagen die Thiere (Kaninchen) den Versuchen, so dass hier eine wirkliche Vertretung des Kalkes durch Strontian noch nicht erwiesen ist.

Ueber die Wirkung von chlorstrontiumhaltigem Wasser auf Fische habe ich in Gemeinschaft mit E. Haselhoff[2]) Versuche angestellt, nach denen die Grenze der schädlichen Wirkung des Chlorstrontiums bei 145 bis 147 mg ($SrCl_2$) für 1 l Wasser liegt; diese Grenze kann jedoch durch allmähliche Steigerung der Gaben bis auf 181—233 mg Chlorstrontium ($SrCl_2$) für 1 l ausgedehnt werden, ohne dass eine bleibende nachtheilige Wirkung hervortritt.

---

1) Landw. Jahrb. 1893, **22**, 851.
2) Ebendort 1897, **26**, 103.
3) Erster Bericht d. Versuchsstation Münster 1878, 120.

VIII. Abwasser aus Zinkblende-Gruben und von Zinkblende-Pochwerken mit einem Gehalt an Zinksulfat.

1. Zusammensetzung.

Die Zinkblende (Schwefelzink) wird bei Zutritt von Sauerstoff und Wasser ähnlich wie der Schwefelkies oxydirt, indem sich nach der Gleichung:

$$ZnS + O_4 + 7\,H_2O = ZnSO_4 + 7\,H_2O$$

schwefelsaures Zink bildet. Die Abwässer aus Zinkblendebergwerken bezw. von deren Pochwerken sind daher durchweg durch einen grösseren oder geringeren Gehalt an schwefelsaurem Zink ausgezeichnet. So wurde in den Abwässern der Zinkblendebergwerke in Gevelinghausen bei Olsberg bezw. bei Brilon in der Zeit von 1878 bis 1893 für 1 l gefunden:

Bestandtheile	Grube Juno mg	Pluto mg	Königsquelle mg	Andere Quelle mg	Halde mg	Pochwerk mg	Blei- u. Zinkerzgrube bei Brilon mg
Abdampfrückstand	352,0—550,0	—	602,0—1250,0	164,0—184,0	1068,0	139,6	494,0
Zinkoxyd	21,5—139,0	52,5	121,3— 322,0	9,5— 16,5	143,0	17,6	125,5
Kalk	57,0— 80,0	84,0	68,9— 175,0	37,0— 40,0	85,0	31,8	92,5
Magnesia	23,0— 38,8	31,0	23,5— 48,6	12,6— 13,5	32,8	6,6	—
Schwefelsäure . .	108,0—221,0	85,8	319,6— 612,3	34,1— 52,5	—	27,3	145,7
Chlor	7,1— 11,6	10,0	7,1— 14,2	5,3— 7,1	17,7	—	35,4
Chloralkalien . .	24,8— 31,0	—	24,6— 28,0	11,0— 21,0	—	—	—

Die Schwankungen im Gehalt dieser Abwässer an Zink bezw. Zinksulfat hängen mit der Grösse und Art des Grubenbetriebes zusammen, insofern, als bald mehr, bald weniger zinkblendeführende Schichten aufgeschlossen und der Einwirkung von Luft und Wasser dargeboten werden.

2. Schädlichkeit.

Das Abwasser der vorstehenden Berg- und Pochwerke im Elpethal fliesst theils in den Elpe-, theils in den Hormecke-Bach, und liess sich in beiden nach der Aufnahme dieser Abwässer Zinkoxyd in Mengen von 2,0 bis 7,5 mg für 1 l nachweisen.

Das Elpe- und Hormecke-Bachwasser aber wurde zur Berieselung benutzt. Bis vor etwa 20 oder 25 Jahren — die Gruben sind seit Anfang der 50er Jahre im Betrieb — hat man mit dem durch Grubenwasser verunreinigten Bachwasser ohne sichtbaren Schaden die Wiesen berieselt; seit dieser Zeit aber sind angeblich die Wiesen immer mehr und mehr in ihren Erträgen zurückgegangen und zeigen an einzelnen Stellen nunmehr ein spärliches Pflanzenwachsthum. Ueberall da, wo das Pflanzenwachsthum verkümmert und verdorben war, liess sich mehr oder weniger Zink in dem Boden nachweisen ($0,130\,^0/_0$—$0,964\,^0/_0$ Zinkoxyd im lufttrocknen Boden), während in dem Boden mit gesundem Pflanzenwachsthum, an höher gelegenen Stellen, wohin das Wasser nicht gekommen war, kein Zink nachgewiesen werden konnte. Letzteres kann daher den verdorbenen Wiesen nur durch das Rieselwasser, sei es in Form von Erz als Schwefelzink, sei es in Form von in Wasser gelöstem Zinksulfat, zugeführt sein.

Diesem Befunde entsprechend zeigte auch das Gras von den verdorbenen Wiesen mehr oder weniger Zink in den Aschen, während dieses wiederum im Gras von Boden mit gesunden Pflanzen fehlte. So wurde z. B. in dem Grase bezw. Heu von den verdorbenen Wiesen $0,056$—$0,136\,^0/_0$ Zinkoxyd (auf Trockensubstanz berechnet) oder $1,04$—$2,78\,^0/_0$ Zinkoxyd in Procenten der Asche gefunden.

In derselben Weise wurde verkrüppeltes Holz von einem früheren Fusswege nach den Gruben untersucht und in der Trockensubstanz gefunden bei Buchen $0,037\,^0/_0$, bei Ahorn $0,060\,^0/_0$ Zinkoxyd.

In der sogen. „Erzblume" Arabis Halleri oder petraea fanden wir in 3 dort von verschiedenen Stellen entnommenen Proben in der Trockensubstanz $1,469$—$2,683\,^0/_0$ Zinkoxyd oder $11,27$—$21,04\,^0/_0$ Zinkoxyd in Procenten der Asche.

Diese thatsächlichen Vorkommnisse haben dem Verfasser Veranlassung gegeben, durch Versuche festzustellen, ob und inwieweit Zinksalze für Boden und Pflanzen schädlich sind.

a) Schädlichkeit für den Boden.

Schon v. Gorup-Besanez[1] hat im Jahre 1863 darauf hingewiesen, dass Zinkoxyd aus löslichen Zinksalzen vom Boden absorbirt wird. Freitag[2] hat diese Ermittelung durch einen quantitativen Versuch erweitert,

---

[1] Ann. d. Chem. u. Pharm., **127**, 263.
[2] Mittheilungen d. Königl. landw. Akademie Poppelsdorf, 1868, **1**, 97.

indem er die durch einen Boden filtrirte, von Zinkoxyd freie Lösung untersuchte und fand, dass die durchfiltrirte Lösung die gesammte an Zink gebundene Schwefelsäure, ferner Kalk, Thonerde, Magnesia, Natron und Kali enthielt; nämlich:

Wasser	Zinkoxyd mg	Schwefel- säure mg	Thonerde mg	Kalk mg	Magnesia mg	Natron mg	Kali mg
Vor der Filtration	0,101	0,100	—	—	—	—	—
Nach „ „	0	0,108	0,018	0,022	0,006	0,021	0,008

In derselben Weise fand alsdann Verfasser, dass aus Zinksulfat vom Boden Zink absorbirt wird und an Stelle des absorbirten Zinks umsomehr andere Basen (Kalk, Magnesia, Kali etc.) in Lösung gehen, je mehr Zinksulfat auf den Boden eingewirkt hatte.

So wurde in 3 Versuchen je 1 kg Boden mit 2 l Wasser, welchem verschiedene Mengen Zinksulfat zugesetzt waren, in Flaschen angesetzt, öfters umgeschüttelt und nach einigen Tagen ein Theil der überstehenden Flüssigkeit abfiltrirt. In letzterer liessen sich nach ein- bis zweitägigem Stehen nur mehr Spuren von Zinkoxyd nachweisen, aber gegenüber Wasser ohne Zinksulfat je nach dem Gehalt des Wassers an Zinksulfat entsprechend grössere Mengen anderer Basen (Kalk, Magnesia, Kali).

Zu demselben Ergebniss gelangte F. Storp.[1]) Letzterer laugte eine grössere Menge Boden in derselben Weise, wie dieses bei dem betreffenden Kochsalzversuche S. 387 geschehen ist, durch verschiedene Zinksulfat-Lösungen (je 72 l) aus und ermittelte die im Boden zurückbleibenden Bestandtheile, welche in Salzsäure löslich waren. Diesen letzteren Versuch habe ich nochmals bei gewöhnlichem lehmigsandigem Feldboden wiederholt, indem hier 20 kg des Bodens in ein unten mit grobem Sand und Siebsatz versehenes Fass gefüllt, hierauf 40 l Brunnenwasser gegeben und stets gehörig umgerührt wurde. Nach dem Absetzen des Bodens wurde das Wasser durch ein unten am Fass befindliches, vorher mit Quetschhahn verschlossenes Rohr abgelassen, so dass das Wasser ähnlich, wie bei der Berieselung durch den Boden filtriren musste. Diese Behandlung wurde in jeder Reihe 6 mal wiederholt und einmal gewöhnliches Leitungswasser für sich, dann in den 4 anderen Reihen unter Zusatz von steigenden Mengen Zinksulfat angewendet. Der so behandelte Boden wurde an der Luft getrocknet, gehörig gemischt, verrieben und von demselben je 50 g $^1/_2$ Stunde mit verdünnter Salzsäure (50 ccm Salzsäure und 150 ccm Wasser) gekocht, auf 1000 ccm gebracht und von dem Filtrat entsprechende Theile zur Bestimmung der einzelnen Bestandtheile benutzt. Der wasserfreie Boden hatte hiernach in den einzelnen Reihen folgenden Gehalt an in Salzsäure löslichen Mineralstoffen:

---

[1]) Landw. Jahrb. 1883, **12**, 827.

Reihe	I. mg	II. mg	III. mg	IV. mg	V. mg
Leitungswasser + Zusatz für 1 l:					
Zinkoxyd in Form von Zinksulfat	0	100	200	400	800
Der Boden enthielt:	%	%	%	%	%
Glühverlust	4,07	4,29	4,39	4,30	4,28
Phosphorsäure	0,178	0,193	0,199	0,198	0,195
Schwefelsäure	0,040	0,038	0,046	0,055	0,098
Zinkoxyd	0	0,122	0,251	0,399	0,497
Kalk	0,475	0,454	0,399	0,329	0,228
Magnesia	0,167	0,159	0,121	0,112	0,107
Kali	0,075	0,054	0,054	0,048	0,024

Aus diesen Versuchen geht hervor, dass das Zinksulfat dem Boden gegenüber sich gerade so verhält wie andere Salze, z. B. Kalium- und Calciumsulfat, d. h. es wird das Zinkoxyd ebenso wie Kali und Kalk vom Boden absorbirt und an seiner Stelle geht eine entsprechende Menge anderer Basen in Lösung, während der so behandelte Boden entsprechend ärmer an diesen Basen wird.

F. Storp[1] ermittelte weiter die Einwirkung des Zinksulfats auf die wichtigsten Boden-Gemengtheile und fand Folgendes:

a) Zinksulfat wirkt auf die Karbonate des Calciums und des Magnesiums nach folgender Gleichung:

$$\mathrm{ZnSO_4 + CaCO_3 = CaSO_4 + ZnCO_3}$$

Dieses Ergebniss stimmt vollständig mit einer Beobachtung, welche Mohnheim[2] in einem vor 80—100 Jahren abgebauten, dann mit Kalksteinen zugeworfenen Schachte am Herrenberg bei Nieren machte. Er fand im Untertheile des Schachtes zwischen einer Menge schöner Gipskrystalle Eisenspath-haltige Zinkspathkrystalle in der Form von Kalkspath-Rhomboëdern. Diese Erscheinung lässt sich nur so erklären, dass sich im Laufe der 80 Jahre durch Oxydation der in den Gruben vorhandenen Zinkblende und des Eisenkieses Zink- und Eisensulfat bildeten und dass diese Salze mit dem Kalkspath unter Beibehaltung von dessen Form die Basen tauschten, infolgedessen einerseits die Pseudomorphose Zinkeisenspath nach Kalkspath entstand, andererseits der entstehende Gips in nächster Nähe auskrystallisirte.

Auch Bischof (1851) und später A. Baumann stellten fest, dass sich Zinksulfat mit kohlensaurem Calcium und kohlensaurem Magnesium verhältnissmässig leicht umsetzt.

β) Die Einwirkung von Zinksulfat auf Calciumphosphat scheint nach folgender Gleichung zu verlaufen:

$$\mathrm{3\,ZnSO_4 + Ca_3(PO_4)_2 = Zn_2\,Ca(PO_4)_2 + 2\,CaSO_4 + ZnSO_4}$$

[1] Landw. Jahrb. 1883, **12**, 827.
[2] Bischof, Lehrbuch d. Chem. u. physikal. Geologie 1851.

γ) Die Einwirkung von Zinksulfat auf krystallinische Silikate (Zeolithe, Feldspath) gehen im allgemeinen sehr langsam vor sich; immerhin lassen die mitgetheilten Versuche die kräftige Einwirkung des Zinksulfats auf die Silikate die Lösung von Kalk, Magnesia und Kali und die Absorption von Zinkoxyd deutlich erkennen.

δ) Einwirkung auf die Humusverbindungen des Bodens.

Einen ausserordentlich nachtheiligen Einfluss übt das Zinksulfat auf die organischen Reste des Bodens aus, indem es deren Zersetzung hemmt oder gar völlig verhindert, und so den Umlauf und die Verzinsung der in ihnen aufgespeicherten werthvollen Stoffe für längere Zeit unmöglich macht.

Reuss hat in dieser Richtung einige auffällige Beobachtungen gemacht. Derselbe fand in Wald-Abtheilungen, die vom Flugstaube von Rösthütten getroffen wurden, völlig unzersetzte Fichtennadeln fusshoch aufgehäuft, und dabei zeigten sogar die untersten, unmittelbar auf dem Boden liegenden Schichten noch keine Verwesungserscheinungen.

F. Storp hat nachgewiesen, dass zwischen freier Humussäure und schwefelsaurem Zink eine kräftige Umsetzung unter Bildung von humussaurem Zink und freier Schwefelsäure stattfindet.

Hiermit stimmen Untersuchungen von A. Baumann[1]) überein, welcher festzustellen suchte, in welcher Form das Zinkoxyd im Boden niedergeschlagen wird.

Auch er findet, dass es vorwiegend die Humusstoffe des Bodens sind, welche das Zink absorbiren.

Die grossen Verschiedenheiten der Bodenarten in Bezug auf ihr Absorptions-Vermögen für Zinksalz lassen auch keinen Zweifel darüber, dass es, wie wir weiter unten sehen werden, ganz von der Beschaffenheit des Bodens abhängt, ob Zinksulfat im Boden schädlich wirken kann oder nicht.

Abgesehen aber von der Ablagerung von Zink im Boden und von einer direkten schädlichen Wirkung desselben auf die Pflanzen, beruht die schädliche Wirkung des Zinksulfats bei der Berieselung, wenn solches in ein zur Berieselung benutztes Bachwasser gelangt, darin, dass es ähnlich wie Ferrosulfat (vergl. folgenden Abschnitt) oder Chlornatrium (S. 386—390) den Boden auswäscht und seiner wichtigsten Pflanzennährstoffe beraubt. Wir haben nachgewiesen, dass schon verhältnismässig geringe Mengen Zinksulfat in einem Wasser, nämlich 50 mg Zinkoxyd für 1 l entsprechend, genügen, um eine solche Wirkung hervorzurufen.

In Gemeinschaft mit E. Haselhoff habe ich[2]) ähnlich wie bei Kochsalz die dort schon erwähnten 4 Versuchswiesenböden einmal mit gewöhnlichem Wasser, dann mit Wasser unter Zusatz von 0,34 g Zinksulfat für 1 l Wasser berieselt; die Ergebnisse dieser Versuche waren folgende:

---

[1]) Landw. Versuchsstationen 1885, **31**, 1 u. 33.
[2]) Landw. Jahrb. 1893, **22** 848.

(Jeder Kasten erhielt 1485 l Wasser. Gefallene Regenmenge von 11,2 mm = 42,0 l für 1 Kasten; Verdünnung 2,8 %.)

1 l enthielt:	Zink-oxyd mg	Kalk mg	Mag-nesia mg	Kali mg	Natron mg	Chlor mg	Salpeter-säure mg	Schwefel-säure mg
Auffliessendes Wasser	96,5	104,0	10,6	6,3	23,4	31,9	37,7	173,0
Drainwasser von:								
Moorboden	Spur	130,0	25,6	6,9	29,6	70,9	25,1	154,9
Kalkboden	„	182,5	29,5	8,3	35,4	63,8	30,7	143,9
Lehmboden . . .	„	165,0	16,9	7,1	38,7	63,8	26,5	130,3
Sandboden	„	150,0	15,5	7,5	26,7	70,9	27,9	157,4

Wir sehen hier also eine erhebliche Zunahme an Basen, besonders an Kalk auftreten, und zwar um so mehr, je reicher der Boden an Kalk ist. Es kann daher nicht daran gezweifelt werden, dass auch bei bewachsenen Wiesen durch Benutzung von zinksulfathaltigem Rieselwasser die basischen Bodennährstoffe allmählich aus dem Boden ausgewaschen werden.

b) Schädlichkeit für die Pflanzen.

α) Für die Keimung.

Ueber die Wirkung des Zinksulfats auf die Keimung hat F. Storp Versuche mit den Samen von Klee, Gerste und Mais ausgeführt; dieselben haben ergeben, dass in Mengen von 0,35—1,4 g Zinksulfat = 0,1—0,4 g Zinkoxyd für 1 l im Dunkeln auf den Verlauf der Keimung entweder gar nicht oder doch nur wenig schädlich einwirkt. Dagegen wird es sofort zum heftigen und schnellwirkenden Gifte, wenn die Keime dem Lichte ausgesetzt werden.

Letzterer Umstand liess die giftige Wirkung, die das Zinksulfat auch auf die weiter entwickelten Pflanzen haben musste, schon bestimmt voraussehen; jedoch stellte F. Storp hierüber noch weitere Versuche an, indem er das Wasserkulturverfahren anwendete.

β) Für wachsende Pflanzen.

Das Zink ist vielfach in quantitativ bestimmbaren Mengen in gesunden und normal entwickelten Pflanzen nachgewiesen worden. So fand Risse ausser in der sogen. Erzblume und dem Zinkveilchen (vergl. auch S. 428) in der Asche von:

Thlaspi alpestre	Viola tricolor var. calaminaria	Armeria vulgaris	Silene inflata
21,30 %	4,28 %	6,27 %	2,66 % Zinkoxyd.

Forchhammer hat das Zinkoxyd spurenweise in Stämmen von Buchen, Birken und Föhren und in der Asche von Meerespflanzen, besonders von Zostera marina und Fucus vesiculosus (z. B. in der Asche der ersteren

0,045 %) nachgewiesen; ebenso fanden Lechartier und Bellamy das Zink im menschlichen Körper, im Muskelfleisch von Wiederkäuern und in Hühnereiern; ferner unter Anwendung aller bei der Analyse gebotenen Vorsichtsmassregeln, welche jede Täuschung ausschliessen, in Weizen, Gerste, Mais, Bohnen und Wicken.

E. Jensch[1]) beobachtete, dass sich auf den Halden des metallarmen, nicht verbreitungsfähigen lettigen, sogen. weissen Galmeis in Oberschlesien innerhalb weniger Jahre eine Flora (bestehend aus Taraxacum officinale Web., Capsella bursa pastoris Much., Plantago lanceolata L., Tussilago Farfara L. und Polygonum aviculare L.) einstellte, die in der Asche in Procenten derselben $11,13-14,96\,\%$ Zinkoxyd enthielt; der Boden der Halden, auf dem die Pflanzen gewachsen waren, hatte einen Gehalt von $15,25-17,73\,\%$ Zinkoxyd.

Wenngleich somit das Zink als solches ziemlich weit im Pflanzen- und Thierreich verbreitet zu sein scheint, kann doch nach vielfach angestellten Versuchen kein Zweifel darüber bestehen, dass dasselbe für die Pflanzen, wenn es denselben in Form eines löslichen Salzes dargeboten wird, selbst in geringen Mengen äusserst giftig wirkt.

Freitag (1. c.) führte Wasserkultur-Versuche in der Weise aus, dass in einer Lösung, die 3 g Nährsalze enthielt, Mais und Bohnenpflanzen gezogen wurden, bis sie starke Wurzeln mit zahlreichen Nebenwurzeln gebildet hatten; die Pflanzen wurden alsdann 48 Stunden lang in die Zinksulfatlösung eingelegt, hierauf wieder in die normale Nährlösung ohne Zink zurückgebracht und darin längere Zeit belassen; dann kamen sie wieder auf 48 Stunden in die Zinksulfat-Lösung, wieder zurück in die Nährlösung u. s. w., bis ein schädlicher Einfluss bemerkbar wurde.

Freitag zieht aus diesen Versuchen den Schluss, dass eine Lösung, welche 200 mg Zinksulfat im Liter enthält, sicher den Tod der Pflanze bewirkt, während bei 40 mg in 1 l kein störender Einfluss des Zinksulfats auf das Gedeihen der Pflanze zu bemerken ist. Jedoch kann gegen diese Schlussfolgerung Freitag's geltend gemacht werden, dass das abwechselnde Herausnehmen und Einsetzen in die Normal- und Zinksulfatlösung einen störenden Einfluss ausübten, welcher die Annahme der Niedrigstgrenze von 40 mg Zinksulfat in 1 l nicht gerechtfertigt erscheinen lässt. Thatsächlich sind von anderen Versuchsanstellern viel geringere Grenzwerthe für die Giftigkeit des Zinksulfats im Wasser gefunden. So theilen F. Storp und C. Krauch (1. c.) Wasserkulturversuche mit Gras, Gerste und Weidenpflanzen mit, nach denen das Zinksulfat, wenn es den Pflanzen in einer Menge von 50 mg für 1 l verabreicht wird, in kurzer Zeit den Tod der Pflanzen herbeiführte. F. Nobbe, P. Baessler und H. Will[2]) ermittelten den Einfluss von salpetersaurem Zink neben dem von salpetersaurem Blei und arsenigsaurem Kalium in wässeriger Lösung auf die Pflanzen, indem sie verschiedene

---

[1]) Zeitschr. f. angew. Chem. 1894, 14.
[2]) Landw. Versuchsstationen 1884, **30**, 381 u. 410.

Pflanzen in 3 1-Cylindern wachsen liessen und steigende Mengen der genannten Salze zur Nährstofflösung zufügten; später wurde auch noch der
Einfluss von kohlensaurem Zink und kohlensaurem Blei in wässeriger Lösung
auf die Pflanzen geprüft. Die Versuche ergaben, dass im allgemeinen entsprechend den zugesetzten Mengen Zink und Blei in die Pflanzen übergegangen waren und dass von den Pflanzen unter sonst gleichen Verhältnissen
mehr Zink als Blei aufgenommen worden war; Blei sowohl wie Zink wirkten
auch dann noch auf Pflanzen nachtheilig, wenn sie in so geringen Gaben
angewendet wurden, dass die Pflanzen äusserlich gesund erschienen. Die
schädliche Wirkung machte sich auch dann noch in der Herabsetzung der
Massenerzeugung bemerkbar; schon 2,0—3,3 mg Zink in Form eines löslichen Salzes beeinflussten das Längenwachsthum nachtheilig. Bei starken
Gaben, wie 1000 mg Zink in 1 l, traten auch äusserlich Missbildungen ein,
welche in einer Welkung und Krümmung der Internodien bestanden.

A. Baumann[1]) fand durch ähnliche Versuche die Grenze der aus-
nahmlosen Schädlichkeit bei 5,0 mg Zink in Form von Zinksulfat für 1 l,
während sich die verschiedenen Pflanzen bezüglich der Schnelligkeit der
Wirkung verschieden verhielten und 1 mg Zink oder 4,4 mg Zinksulfat für
1 l Wasser für alle Pflanzen unschädlich war.

Was die Art und Weise der giftigen Wirkung der Zinksalze
anbelangt, so nimmt A. Baumann an, dass das Zink auf das Protoplasma
selbst ohne Einwirkung ist, dass ihm auch bei dem Vorgang der Zell-
bildung, bei der Umwandlung und Fortleitung der Reservestoffe des Samens,
beim Wachsthum der Zelle, bei der Leitung des Wassers, der Transpiration
keine schädliche Wirkung zukommt, sondern dass, weil dasselbe nur bei
chlorophyllführenden Pflanzen eine Wachsthumsstörung hervorruft, die
Ursache der schädlichen Wirkung in einer Zerstörung des Chlorophyll-
farbstoffes beruhen muss und dass der Tod der Pflanzen durch die
hierdurch hervorgerufene Störung der Assimilations-Thätigkeit hervorgerufen wird.

Während nach vorstehenden Versuchen über die Giftigkeit löslicher
Zinksalze für die Pflanzen kein Zweifel bestehen kann, sind die Ansichten
über die Wirkung des Zinks im Boden sehr verschieden.

v. Gorup-Besanez[2]) zog Hirse, Buchweizen, Erbsen und Roggen in
Holzkisten, die 30,7 cbm Erde fassten und mit 30 g des Metallgiftes innig
vermischt waren. Die Pflanzen gediehen sämmtlich mit Ausnahme von
Hirse gut und normal, und konnte bei den in dem Zinkboden gewachsenen
Pflanzen Zink nicht nachgewiesen werden.

J. Nessler dahingegen veröffentlichte in den 60er Jahren Untersuchungen über die nachtheiligen Wirkungen von Messingstaub, aus denen
hervorgeht, dass auch unlösliche Zinkverbindungen giftig wirken. Knop[3])

---

[1]) Ebendort 1885, **31**, 1.
[2]) Ann. d. Chem. u. Pharm., **127**, 243.
[3]) Landw. Versuchsst., **1**, 9.

wiederum zog Kleepflanzen in einem Versuchsboden, dem er kohlensaures Zink zugesetzt hatte, konnte aber in denselben Zink mit Sicherheit nicht nachweisen. Weitere Vegetations-Versuche mit Perl-Mais, den er in einer mit Zinkkarbonat versetzten Nährstofflösung wachsen liess, führten Knop[1] jedoch, ähnlich wie Nobbe, zu dem Schluss, dass die Aufnehmbarkeit des kohlensauren Zinks und seine giftige Wirkung als erwiesen angesehen werden muss.

Freitag hat während der Jahre 1866 und 1867 ebenfalls Versuche über die Wirkung von Zinkkarbonat angestellt, indem er Boden mit 0,2 $^0/_0$ Zinkkarbonat vermischte und darin Mais, Hafer, Weizen und Roggen wachsen liess. Die Pflanzen entwickelten sich auf dem Zinkboden ebenso gut, wie die in der Nähe auf zinkfreiem Boden gewachsenen Pflanzen, und konnte kein Unterschied zwischen diesen und normalen Pflanzen wahrgenommen werden.

Auch konnten entgegen den Beobachtungen von v. Gorup und Knop in den Pflanzen deutliche Mengen Zink nachgewiesen werden, nämlich auf 100 Theile Trockensubstanz:

	Blätter		Stengeltheile	
Bei Mais	0,042	bezw.	0,040	Theile Zinkoxyd
„ Hafer	0,033	„	0,035	„ „
„ Weizen . . .	0,039	„	0,037	„ „
„ Roggen . . .	0,035	„	0,039	„ „

Dann zog Freitag später Sommerweizen, Hafer und Erbsen in Töpfen, gefüllt mit einem Boden, welchem 1,2 und 5$^0/_0$ Zinkweiss zugemischt waren, beobachtete ebenfalls ein normales Wachsthum und konnte in den Pflanzen ähnliche Mengen Zinkoxyd, wie vorhin, nachweisen. Auch Pappenheim,[2] der sich einen Boden aus 1 Theil Zinkweiss und 10 Theilen Gartenerde herstellte und darin Erbsen, Bohnen und Roggen wachsen liess, konnte eine schädliche Einwirkung des Zinks nicht beobachten.

Holdefleiss[3] giebt an, dass in einem Boden, der durch Abfälle und Schlamm von Zinkhütten verunreinigt worden war und 2 $^0/_0$ Zink enthielt, ein normales Wachsthum von Klee und Gras beobachtet wurde.

E. Reichardt[3] theilt mit, dass in seinem Laboratorium ein Oleanderstrauch, welcher in einem sehr kalkhaltigen Boden wuchs, aus Versehen mit einer grossen Menge Chlorzinklösung begossen worden sei; der Strauch habe zwar alsbald seine Blätter abgeworfen, sei aber nach kurzer Zeit wieder vollständig gesundet und habe in späteren Jahren, trotzdem seine Blätter jedes Jahr deutlich nachweisbare Mengen Zink enthielten, eine vollständig normale Weiterentwicklung im Zinkboden genommen.

Entgegen diesen Angaben haben wir durch mehrfache Versuche festgestellt, dass in einem Boden, der mehrmals mit verschiedenen Mengen Zink-

---

[1] Erster Bericht d. landw. Instituts Leipzig, Berlin 1875.

[2] Vergl. Schweder u. Reuss: Beschädigungen der Vegetation durch Rauch. Berlin 1883.

[3] Chem.-Ztg. 1882, 6, 1260 und Landw. Versuchsstationen 1883, 28, 472.

sulfat in wässeriger Lösung behandelt war, eine entschiedene schädliche
Wirkung für Gräser statt hatte. Der oben S. 429 erwähnte mit verschiedenen
Mengen Zinksulfat berieselte Boden wurde an der Luft abgetrocknet, dann
in Steinguttöpfe von 15 cm Durchmesser und 30 cm Höhe gefüllt und in denselben am 22. Juni ein Grasgemisch von englischem, italienischem, französischem Raygras und Timotheegras besäet. Die am 10. September und am
16. November gewonnene Ernte lieferte folgende Ergebnisse:

Reihe:	I.	II.	III.	IV.	V.
	mg	mg	mg	mg	mg
Zusatz von Zinkoxyd (ZnO) i. Form von Zinksulfat für 1 l Leitungswasser	0	100	200	400	800
	g	g	g	g	g
Gesammternte an Pflanzen-Trocken-substanz	27,867	21,612	17,523	4,010	0,447
Darin: Rohproteïn	2,575	1,854	1,780	—	—
Fett + N-freie Extraktstoffe	13,986	10,898	8,319	—	—
Rohfaser	7,949	5,831	4,575	—	—
Reinasche	3,467	3,029	2,849	0,579	—
Kali	1,217	0,759	0,657	0,090	—
Kalk	0,488	0,365	0,235	—	—
Zinkoxyd	0	0,041	0,089	0,029	—
Schwefelsäure	0,184	0,275	0,306	0,067	—
Phosphorsäure	0,322	0,308	0,235	0,041	—

Da die Unterschiede bei den Pflanzen der einzelnen Reihen auch äusserlich sehr
auffällig hervortraten, habe ich die einzelnen Töpfe mit Pflanzen photographiren lassen
und lasse die Abbildungen hier folgen (vergl. nebenstehend Fig. 21 S. 437).

Wir sehen aus diesen Versuchen, dass das Pflanzenwachsthum in dem
Boden ein um so abnormeres und dürftigeres ist, je grösser die Mengen
Zinksulfat waren, mit welchen der Boden behandelt worden war bezw.
welche denselben durchrieselt hatten. Mag nun auch ein Theil dieser schädlichen Wirkung darauf zurückzuführen sein, dass bei den grösseren angewendeten Mengen Zinksulfat noch ein Procentantheil desselben als solches
im Boden vorhanden war und auf diese Weise schädlich wirkte, so ist dieses
doch in den Reihen, welche nur mit geringeren Mengen Zinksulfat berieselt
wurden, bei der grossen Absorptionsfähigkeit des Zinkoxyds durch den
Boden nicht möglich, und sieht man, dass wenigstens unter Umständen das
im Boden unlöslich gewordene, d. h. absorbirte Zinkoxyd auch sehr nachtheilig für die Pflanzen wirken kann.

Die in den vorstehenden Versuchen hervortretenden Widersprüche
über das Verhalten der Pflanzen gegen das im Boden befindliche
Zink hat A. Baumann (l. c.) durch eingehende Untersuchungen aufgeklärt.

Derselbe wählte (l. c.) zu seinen Versuchen einen Sand- und Kalkboden; in annähernd gleich grossen Blumentöpfen, welche ca. 1000 g Boden fassten, wurde eine gleich
grosse Menge des betreffenden Bodens eingewogen und in demselben die Samen,
nachdem sie 24 Stunden in destillirtem Wasser zum Quellen gelegen hatten, eingesät.
Je ein Topf des Kalk- und Sandbodens wurde täglich mit 50 ccm destillirtem Wasser
begossen (in diesen Töpfen wuchsen die „Kontrollpflanzen"); zwei weitere eben solche

a) Boden mit gewöhnlichem Brunnen-(Leitungs-)Wasser behandelt.
b) Boden mit gewöhnlichem Brunnen-(Leitungs-)Wasser behandelt unter Zusatz von 0,355 g Zinksulfat = 100 mg ZnO in 1 l.
c) Desgl.   desgl.   desgl.   „   „   „   0,710 g   „   = 200 mg   „   „   „
d) Desgl.   desgl.   desgl.   „   „   „   1,420 g   „   = 400 mg   „   „   „
e) Desgl.   desgl.   desgl.   „   „   „   2,840 g   „   = 800 mg   „   „   „

Fig. 21.

Wachsthum von Gräsern in mit Zinksulfat behandeltem Boden.

Töpfe mit einer Lösung, welche 88,3 mg Zinksulfat = 20 mg Zink (Zn) in 1 l enthielt und zwei mit einer Lösung von 176,6 mg Zinksulfat = 40 mg Zink (Zn) in 1 l. Als Versuchspflanzen dienten Phleum pratense (Timotheegras), Avena arrhenatherum (französisches Raygras), Lolium perenne (englisches Raygras), Holcus lanatus (Honiggras), Pisum sativum (Zuckererbsen) und Brassica oleracea (Kohl).

Bei allen Pflanzen trat in dem mit Zinksulfat begossenen Sandboden nach anfänglich kräftiger Entwicklung bald eine Verfärbung des Blattgrüns auf, ein deutliches Zeichen für die schädliche Wirkung des Zinksulfates. Im Kalkboden dagegen wurde durch das Begiessen des Bodens mit Zinksulfatlösung das Wachsthum der Pflanzen gefördert, offenbar, weil das Zinksulfat durch seine Umsetzung im Boden Nährstoffe in Lösung brachte.

Die unschädliche Wirkung des Zinksulfats im Kalkboden, wie andererseits die schädliche Wirkung im Sandboden, beruht nach diesen und weiteren Versuchen Baumann's auf einer verschiedenen Absorption des Zinks durch die beiden Bodenarten, und erklären sich aus diesen Versuchen die vorstehend erwähnten, sich widersprechenden Beobachtungen über die Wirkungen des Zinks im Boden auf die Pflanzen.

Ist ein Boden sehr reich an Humus und enthält er viel kohlensauren Kalk, so wird das lösliche Zinksalz durch Umsetzung in unlösliches humussaures und kohlensaures Zink unschädlich gemacht; ist dagegen ein Boden arm an Humus bezw. Humussäure und arm an kohlensaurem Kalk so wird das lösliche Zinksalz mehr oder weniger sofort seine giftigen Wirkungen auf die Pflanzen äussern; auch kann kaum einem Zweifel unterliegen, dass das von Zeolithen absorbirte bezw. gebundene Zink bei der leichteren Löslichkeit der Zeolith-Verbindungen schädlich wirken muss, und dass andererseits auch auf kalk- und humusreichem Boden, wenn derselbe hinreichend lange dem Einfluss von zinkhaltigem Wasser ausgesetzt ist, dann eine schädliche Wirkung der löslichen Zinksalze hervortreten wird, wenn keine Humus- und Kalk-Verbindungen mehr vorhanden sind, welche das Zink als unlöslich und unschädlich niederschlagen.

Da das Schwefelzink sich verhältnissmässig rasch unter dem Einfluss von Sauerstoff und Wasser in schwefelsaures Zink umsetzt, so gilt von der Schädlichkeit des Schwefelzinks (Zinkblende), wenn solches gegebenen Falles als Flugstaub auf den Boden getragen wird, ganz dasselbe, was für das fertig gebildete Zinksulfat gesagt ist.

Nach einem Versuche mit einem kalkarmen Sandboden und einem kalkhaltigen Boden verhält sich Schwefelzink genau wie das Zinksulfat. Auch hier ist dann erst eine nachtheilige Wirkung zu erwarten, wenn die vorhandene Humussäure und der kohlensaure Kalk verbraucht sind, d. h. durch das gebildete Zinksulfat eine Umsetzung erfahren haben. In einem kalk- und humusarmen Boden dagegen muss das Schwefelzink alsbald in dem Maasse eine schädliche Wirkung äussern, als es sich im Boden zu Zinksulfat oxydirt.

Dass auch kohlensaures Zink unter Umständen im Boden eine schädliche Wirkung äussern kann, dürfte nach den obigen Versuchen von Nobbe und Knop kaum zu bezweifeln sein. Es hängt dieses jedenfalls ganz davon ab, ob durch Gegenwart löslicher anderer Salze oder durch reichliche Kohlensäurebildung Bedingungen vorhanden sind, welche das kohlensaure Zink in Lösung bringen.

c) Schädlichkeit in gewerblicher Hinsicht.

Die Schädlichkeit des zinksulfathaltigen Wassers in gewerblicher Hinsicht (zum Waschen, Bleichen, Kesselspeisen etc.) dürfte kaum in Betracht kommen, da im allgemeinen die Abflüsse aus Zinkblendegruben bezw. von deren Pochwerken nicht sehr zahlreich sind, andererseits dieselben durch Einfliessen in Bäche und Flüsse eine so hinreichende Verdünnung erfahren, dass eine nachtheilige Wirkung nicht mehr vorhanden sein dürfte.

d) Schädlichkeit in gesundheitlicher Hinsicht.

Anders ist es jedoch mit der Frage, ob das im Wasser gelöste Zinksulfat als solches oder das unter seinem Einfluss gewachsene Futter für Thiere bezw. Fische schädlich ist.

Geringe Mengen Zinksulfat bezw. in Wasser lösliche Zinksalze können ohne Nachtheil von Menschen und Thieren vertragen werden. Mylius[1] berichtet z. B., dass Wasser aus einem Gemeindebrunnen zu Wittendorf mit einem Gehalt von 7,0 mg Zinkoxyd auf 1 l seit etwa 100 Jahren ohne bemerkbare Nachtheile von Menschen und Thieren genossen worden ist. Eine gleiche Beobachtung hat C. Th. Morner[2] bei einem Trinkwasser gemacht, welches 8,0 mg Zink oder 15,0 mg Zinkkarbonat in 1 l enthielt. Da nach der Pharmakopöe als innerliche Höchstgabe 60 mg oder für den Tag 300 mg Zinksulfat zulässig sind, so mag sein, dass 7,0 mg Zinkoxyd in 1 l Wasser unschädlich für Menschen und Thiere sind, denn es müssten schon 4 l Wasser auf einmal getrunken werden, um die innerliche Höchstgabe zu erreichen.

Nach Mittheilungen, welche dem Verfasser gemacht wurden, wird auch das Bachwasser, welches das Abflusswasser aus den oben S. 427 erwähnten Zinkblendegruben aufnimmt und dadurch einen Gehalt von 2,0 bis 7,5 mg Zinkoxyd für 1 l annimmt, von Thieren (Pferden und Rindvieh) ohne beobachtete Nachtheile gern genossen.

Dagegen giebt Ch. Richet[3] an, dass 8,4 mg Zink in 1 l in Form von Zinkchlorid für Fische bereits nach 48 Stunden giftig wirkt. Ed. v. Raumer[4] hat erst bei einer Menge von 140,2 mg Zinksulfat für 1 l Wasser nach $2^1/_2$ Stunden bei Weissfischen tödtliche Wirkungen beobachtet.

Ich habe in Gemeinschaft mit E. Haselhoff[5] Versuche mit Zinksulfat

[1] Zeitschr. f. analyt. Chemie, **19**, 101.
[2] Archiv f. Hygiene 1898, **33**, 160.
[3] Compt. rend., **97**, 1004.
[4] Forschungsberichte über Lebensmittel etc. 1895, 17.
[5] Landw. Jahrb. 1897, **26**, 75.

in der Weise angestellt, dass verschiedene Mengen desselben allmählich zu
Brunnen-(bezw. Leitungs-)wasser, worin sich die Fische für gewöhnlich auf-
hielten, zugesetzt wurden. Infolge der Umsetzung des Zinksulfats mit dem
Calciumbikarbonat des Wassers entstand ein Niederschlag von Zinkkarbonat.
Wir fanden bei 2 Schleien (von 70 g Gewicht) die schädliche Grenze von
gelöstem Zink in Form von Zinksulfat bei 31,2 mg Zinkoxyd (ZnO) = rund
63 mg $ZnSO_4$ = 110 mg $ZnSO_4 + 7\,H_2O$ (Zinksulfat) für 1 l Wasser.

Was die Wirkung des auf zinkhaltigem Boden gewachsenen
Futters für Vieh anbelangt, so wird von Landwirthen, deren Wiesen
durch Berieseln mit zinksulfathaltigem Wasser verdorben wurden, geltend
gemacht, dass das Vieh das Heu solcher Wiesen verschmäht und dass
Milchkühe nach Fütterung eines solchen Heues in ihrer Milchergiebigkeit
zurückgehen.

In den Gegenden, welche in der Nähe von Zink- und Bleiberg-
werken durch Flugstaub und durch metallische und saure Dämpfe zu
leiden haben, beobachtet man eine besondere Krankheit des Rindviehs,
und wenngleich diese Abgänge im Rauch- und Flugstaub anderer und nur
ähnlicher Art sind, als die im Abwasser erwähnten Bestandtheile, so
mögen doch über diese Krankheitserscheinung die Ergebnisse der umfangreichen Untersuchungen und Versuche mitgetheilt werden, welche Haubner[1]
hierüber im Muldethal unweit Freiberg, wo 2 Zink- und Bleihütten liegen,
angestellt hat. Haubner hat dort festgestellt, dass das Rindvieh auf allen
den Gehöften, deren Fluren von dem Hüttenrauche getroffen werden, einer
Siechkrankheit verfällt, die früher oder später zum Tode führt. Diese
Siechkrankheit kommt dagegen auf den Gehöften oder in den Ortschaften
nicht vor, auf deren Fluren infolge ihrer Lage der Hüttenrauch sich nicht
ablagern kann; sie sticht sich je nach dem Grade der Einwirkung des
Hüttenrauches ab. In keinem Falle, wo von Hüttenrauch getroffenes Futter
verfüttert wird, lässt sich die Erhaltung der Selbstaufzucht ermöglichen.
Milchkühe geben nach dem Futter wenig und fettarme Milch; auch dauert
die Milchabsonderung nach dem Kalben eine kürzere Zeit an und schnappt
plötzlich ab, wie es dort heisst. Die durch das Hüttenrauchfutter veranlasste Siechkrankheit ist nach Haubner eine Krankheit eigener Art,
die sich mit keiner anderen Krankheit gleich stellen oder vergleichen
lässt. Es ist eine Vergiftungskrankheit und zählt zu den chronischen
Vergiftungen.

Die Siechkrankheit im allgemeinen zerfällt nach Haubner in folgende
Krankheitsarten:

α) Sogen. „Säurekrankheit", eine Art Knochenkrankheit (oder Markflüssigkeit), die durch die Einwirkung der Säure (schweflige oder
Schwefelsäure) auf die Futterpflanzen hervorgerufen wird;

β) „Lungentuberkulose" mit ihren Vorläufern, dem Tracheal- und
Bronchial-Katarrh und der käsigen Pneumonie;

---

[1] Archiv für wissensch. u. prakt. Thierheilkunde 1878, 97 u. 241.

γ) Entzündungszustände und Quetschungen im Magen und die Perforation des Labmagens.

Letztere beiden Krankheiten werden durch den Flugstaub hervorgerufen.

Die Symptome, unter denen die Säurekrankheit auftritt, sind folgende:

„Unter häufigen Durchfällen (mit saurer Reaktion) tritt zunächst die Bleichsucht und sog. Harthäutigkeit auf, die sichtbaren Schleimhäute und Conjunctiva werden auffällig blass; die Haut wird trocken, hart und sitzt fest auf, besonders am Rippengewölbe, ist dabei staubig, unrein; das Haar glanzlos, struppig, verwirrt; dazu kommt später Minderung der Fresslust, Nachlassen in der Milch und allmähliche Abmagerung; der Urin ist auffällig blass, klar, wasserhell, ohne Bodensatz und von saurer Reaktion; auch die frisch gemolkene Milch zeigt saure Reaktion. Hierzu gesellt sich eine eigenthümliche Stellung und Körperhaltung der Thiere; sie stehen mit gesenktem Kopf und Halse, können diese nicht mehr gehörig aufrichten, der Rücken ist gekrümmt, das Becken gesenkt; die Hinterschenkel nehmen in allen Gelenken eine mehr gerade, steile Stellung an, die sich zuerst im Fesselgelenke als eine steile köthenschüssige Stellung ausspricht; dann folgt auch das Sprung- und Hinterkniegelenk, so dass die Winkelung immer mehr sich mindert; später treten Erscheinungen hinzu, die ein Knochenleiden bekunden, z. B. zeitweilige Schmerzen in den Gelenken, die sich durch Steifheit und Schwerbeweglichkeit aussprechen; Auftreibung der Gelenke, insbesondere des Sprungknie- und Fesselgelenkes, und zuletzt Auftreten der Markflüssigkeit und Knochenbauchigkeit.

Abmagerung und Hinfälligkeit nehmen immer mehr zu, die Thiere liegen viel, können kaum von dem Lager sich erheben und verfallen schliesslich dem Tode.

Auch traten die Erscheinungen deutlicher bei Jungvieh als bei erwachsenem Vieh auf.“

Ganz ähnliche Beobachtungen sind in Cörne bei Dortmund, in der Nähe einer Zinkhütte, welche Zinkblende verarbeitet, gemacht worden. Auch hier traten alljährlich dieselben Erscheinungen beim Vieh hervor, wenn dasselbe im Sommer auf Weiden in der Nähe der Fabrik getrieben wurde. Fast regelmässig erlagen einzelne Stück der genannten Krankheit. Wenngleich angenommen werden musste, dass ein Haupttheil dieser Wirkungen auf die sauren Rauchgase entfiel, so ist doch anzunehmen, dass auch die Metallverbindungen im Rauch und im Flugstaub eine schädliche Mitwirkung äussern, und will ich bemerken, dass ich in dem Boden und in den Pflanzen derjenigen Weiden und Ackerstücke, auf welchen obige Beobachtungen bei Rindvieh in Cörne bei Dortmund gemacht worden sind, neben einer durchweg erhöhten Menge Schwefelsäure, auch deutliche und nicht unerhebliche Mengen Zinkoxyd gefunden habe; nämlich (in der Trockensubstanz):

	Schwefelsäure %	Zinkoxyd %
1. Boden.		
a) anscheinend gesund, von einer Weide östlich von der Hütte	0,224	geringe Spur
b) von einer verdorbenen Weide, unmittelbar an der Hütte	0,414	0,178
c) anscheinend gesund, von einem Roggenfelde östlich von der Hütte	0,057	geringe Spur
d) von zwei verdorbenen Roggenfeldern östlich von der Hütte	0,067 0,063	0,055 0,050
2. Pflanzen.		
Weidegras:		
a) von einer anscheinend gesunden Weide östlich von der Hütte	0,782	0,008
b) von der verdorbenen Weide unmittelbar an der Hütte	1,204	0,142
Roggen:		
a) von einem anscheinend gesunden Felde östlich von der Hütte	0,430	Spur
b) von zwei verdorbenen Roggenfeldern östlich von der Hütte	0,765 0,471	0,017 0,015

Ob in diesen Fällen auch das Zink als solches insofern Mitursache an den Krankheitserscheinungen ist, als es indirekt eine Veränderung in der Beschaffenheit der Pflanzensubstanz hervorruft, will ich dahingestellt sein lassen, indess ist dieses nach den unter Einwirkung von Ferrosulfat auf Boden und Pflanzen im folgenden Abschnitt S. 454 geltend gemachten Gründen nicht unwahrscheinlich.

3. Reinigung.

Eine Reinigung des zinksulfathaltigen Abwassers lässt sich in ähnlicher Weise, wie bei dem ferrosulfathaltigen Abwasser, bewirken, nämlich durch Kalkmilch, indem sich das Zinksulfat mit dem Kalkhydrat umsetzt nach folgender Gleichung:

$$(ZnSO_4 + 7H_2O) + Ca(OH)_2 = (CaSO_4 + 2H_2O) + Zn(OH)_2 + 5H_2O.$$

Zinksulfat $\quad+\quad$ Calciumhydroxyd $\quad=\quad$ Calciumsulfat $\quad+\quad$ Zinkhydroxyd.

Das sich hierbei abscheidende Zinkhydroxyd wird in Klärteichen niedergeschlagen.

Bei vorsichtigem und genauem Arbeiten ist es möglich, auf diese Weise alles Zink auszufällen; so fand ich für das Förderwasser des Stollens Juno bei Gevelinghausen vor und nach dem Reinigen mit Kalkwasser, nachdem das Wasser durch einen einfachen Klärteich gelaufen war, folgende Zusammensetzung für 1 l:

Stollenwasser	Abdampf-rückstand mg	Kalk mg	Magnesia mg	Zinkoxyd mg	Schwefel-säure mg
1. Natürliches	340,0	86,0	38,8	21,5	108,0
2. Mit Kalk gereinigtes	300,0	88,0	28,0	0	116,0

Der geringe Gehalt an Abdampfrückstand und der unbedeutend höhere Gehalt an Kalk, trotz des Kalkzusatzes, erklären sich daraus, dass durch letzteren mit dem Zinkhydroxyd auch Calcium- und Magnesium-Karbonat ausgefällt werden.

So schön der Erfolg der Beseitigung des Zinks in diesem Falle auch ist, so hat die praktische Ausführung doch nicht geringe Schwierigkeiten; es müssen nämlich stets genau äquivalente Mengen Kalk, einerseits nicht zu wenig, andererseits nicht zu viel Kalkmilch zugesetzt werden. In ersterem Falle würde nicht alles Zink ausgefällt, in letzterem Falle das die Abwässer aufnehmende Bachwasser dadurch in seiner natürlichen Beschaffenheit zu seinen Ungunsten verändert werden, dass das gelöste doppeltkohlensaure Calcium durch den überschüssigen Kalk in einfaches kohlensaures Calcium umgewandelt und als unlöslich niedergeschlagen werden würde; dann auch hat es seine Schwierigkeiten, das feinflockige gefällte Zinkhydroxyd in Klärteichen vollständig niederzuschlagen und zu beseitigen.

Nach den obigen Beobachtungen von A. Baumann über die schnelle Einwirkung von Humusverbindungen und von kohlensaurem Calcium auf Zinksulfat dürfte es, wenn die Abwasser-Mengen nicht gar zu gross sind, viel zweckmässiger sein, dieselben durch entsprechend grosse Filterschichten laufen zu lassen, welche aus wechselnden Lagen von Kalksteinstücken und Moorerde bestehen. Derartige Filterschichten würden beständig wirken, keiner fortwährenden Berücksichtigung bedürfen und nur von Zeit zu Zeit zu erneuern sein.

Handelt es sich darum, einen durch Zinksulfat verdorbenen Boden[1]) aufzubessern, so sind demselben solche Stoffe zuzuführen, welche sowohl das etwa vorhandene gelöste Zink unlöslich machen, als auch die Auflösung des unlöslichen verhindern. In dieser Hinsicht ist unter allen Umständen eine Mergelung oder Kälkung des betreffenden Bodens zu empfehlen, und wo es die Verhältnisse gestatten, kann man vielleicht auch nebenher noch

---

[1]) Soll durch die chemische Analyse entschieden werden, ob ein Boden, dessen Ertragsfähigkeit in auffälliger Weise zurückgegangen ist, durch zinkhaltige Abwässer verdorben wurde, so muss, wie A. Baumann (l. c.) richtig bemerkt, entweder eine gegen Kalk und Magnesia überwiegende Menge Zinkoxyd, eine Verringerung des Kaligehaltes oder eine, wenn auch geringe Menge eines in reinem oder kohlensäurehaltigem Wasser löslichen Zinksalzes sich nachweisen lassen. Keinenfalls kann der Nachweis, dass überhaupt Zinkoxyd bis zu 2 oder $4^0/_0$ vorhanden ist, allein genügen.

mit Moorerde nachhelfen, da sich auch der Humus bezw. die Humussäuren nach F. Storp und A. Baumann als besondere Absorptions-(Niederschlagungs-)Mittel bewährt haben.

Zur Nutzbarmachung des bei den Zinkblende-Röstöfen abfallenden Flugstaubes hat sich G. Krause[1]) ein Verfahren patentiren lassen, nach welchem dem Flugstaub das in Form von Sulfaten vorhandene Zink und Eisen durch Wasser entzogen wird und dann diese Metalle entweder direkt verwendet oder mit Soda oder einem anderen Karbonate gefällt werden, wobei ein künstlicher Galmei entsteht, der $45-50\,^0/_0$ Zink enthält, und, nachdem er durch Calciniren in eine kompakte Masse umgewandelt ist, wieder in die Zinkfabrikation geht.

---

[1]) Chem.-Ztg. 1881, **5**, 800.

IX. Abwasser aus Schwefelkiesgruben bezw. von Schwefelkieswäschereien, Steinkohlen-Gruben bezw. -Schutthalden, Berlinerblau-Fabriken etc. mit einem Gehalt an freier Schwefelsäure und Ferrosulfat.

1. Zusammensetzung.

Die Abwässer aus Schwefelkiesgruben und von Schwefelkieswäschereien enthalten freie Schwefelsäure und schwefelsaures Eisenoxydul, indem sich der Schwefelkies bei Zutritt von Sauerstoff und Wasser nach folgender Gleichung umsetzt:

$$FeS_2 + O_7 + 8H_2O = H_2SO_4 + FeSO_4 + 7H_2O$$

Von dieser Umsetzung geben einmal die in den Schwefelkiesgruben sich ansetzenden Krystalle von Ferrosulfat Zeugniss, andererseits auch die natürlich abfliessenden Grubenwässer. Wenn in dem Schwefelkies gleichzeitig Zinkblende vorkommt, so enthalten solche Abwässer auch Zinksulfat entsprechend der S. 427 gegebenen Umsetzungsgleichung.

Wir fanden z. B. in einigen solchen Abwässern für 1 l:

Abwasser von	Freie Schwefelsäure mg	Ferro- sulfat mg	Zink- sulfat mg	Calcium- sulfat mg	Magne- sium- sulfat mg	Chlor- alkalien mg	Kalium- sulfat mg	Schwebe- stoffe (Eisen- oxyd) mg
1. Schwefelkiesgruben in Meggen bei Grevenbrück .	621,0	2641,4	1930,4	966,6	1722,0	29,1	—	256,8
2. Schwefelkieswäscherei . .	187,1	1094,0	—	1066,3	508,2	92,6	—	—
3. Zeche Gottessegen bei Löttringhausen, I. Sohle 1887	215,7	504,3	—	265,1	281,4	127,8	11,8	0
4. Desgl. II. Sohle 1887 . .	182,8	448,6	—	282,3	307,2	464,4	65,5	188,0
5. Desgl. im Mittel mehrerer Proben	213,1	543,8	—	255,1	236,1	9,3	38,4	Natrium- sulfat 373,2
6. Desgl. Stollen „Dicke Bank" 1896	239,9	749,1	—	1117,1	602,1	163,0	—	—
7. Desgl. Tagesbruch im „Sunder" 1896	250,9	260,9	—	983,5	672,3	70,0	—	—
Steinkohlengruben:								Alumini- umsulfat
8. Ibbenbüren 1895	—	1431,8	—	1107,7	1066,0	173,7	—	507,9
9. Desgl.	215,0	1302,8	—	1323,5	1183,0	—	—	293,7
10. Desgl.	368,6	1560,7	—	891,8	949,0	—	—	305,0

Wenn solche freie Schwefelsäure und Ferrosulfat enthaltenden Abwässer an der Luft stehen oder fliessen, besonders wenn man Kalkmilch zusetzt, scheidet sich Eisenoxydulhydrat bezw. Eisenoxydhydrat in Flocken aus; für derartig veränderte Abwässer geben folgende Analysen von Abwässern der Schwefelkiesgruben in Meggen Aufschluss (a bedeutet das ursprüngliche, b das veränderte Wasser).

	I.		II.		III.	
1 l enthielt:	a	b	a	b	a	b
	mg	mg	mg	mg	mg	mg
Schwefelsäure	3462,0	2154,0	1737,5	1898,8	1678,2	4775,3
Eisenoxydul	631,8	—	114,3	—	79,2	—
Eisenoxyd	—	180,0	—	466,0	—	2870,0
Kalk	688,0	942,0	583,5	1055,0	888,8	2904,0
Magnesia	105,7	205,0	155,5	165,2	168,3	721,8
Chloralkalien	380,0	105,0	42,0	232,0	—	175,0

In Uebereinstimmung mit den obigen Analysen von Grubenwässern giebt Polek[1]) folgende Zusammensetzung für das Orze'sche Grubenwasser für 1 l:

Schwefelsäure mg	Chlor mg	Kieselsäure mg	Kali mg	Natron mg	Kalk mg	Magnesia mg	Eisenoxydul mg	Eisenoxyd mg	Manganoxyd, Thonerde mg	Freie Schwefelsäure mg
278,0	4,0	46,0	16,0	18,0	256,0	119,0	10,2[2])	229,0	102,0	152,0

Ferner fand H. Fleck[3]) für das Wasser vom Rothschönberger Stollen, bei dessen Einfluss in die Triebisch, welcher die Entwässerung der Freiberger Silberbergbaustrecken herbeiführt und für 1 Stunde 600 l Wasser liefert, sowie für das Förderwasser aus einem Braunkohlenschachte folgende Zusammensetzung für 1 l:

Silberbergbau-Abwasser:

Organische Stoffe	11,0 mg	Uebertrag . .	361,0 mg
Schwefelsaures Calcium . . .	260,0 „	Kohlensaures Magnesium . .	36,0 „
„ Eisenoxydul .	6,0 „	Salpetersaures „ . .	1,0 „
„ Zink	24,0 „	Kieselsaures „ . .	47,0 „
„ Magnesium .	60,0 „	Chlornatrium	36,0 „
	361,0 mg	Im ganzen	481,0 mg

---

¹) F. Fischer: Die Verwerthung der städtischen und Industrie-Abfallstoffe. Leipzig 1875, 120.
²) An Ort und Stelle 441 mg Ferrosulfat (FeSO₄).
³) 12. u. 13. Jahresber. d. kgl. chem. Centralstelle f. öffentliche Gesundheitspflege in Dresden 1884, 21.

Förderwasser aus einem Braunkohlenschacht:

Organische Stoffe . . . . . . 30,5 mg		Uebertrag . . 794,6 mg	
Schwefelsaures Calcium . . . 302,4 „		Schwefelsaures Ammonium . . 18,3 „	
„ Eisenoxydul . 261,6 „		Kieselsaures Natrium . . . . 41,9 „	
„ Manganoxydul 5,1 „		Kieselsäure . . . . 17,9 „	
„ Magnesium . 173,4 „		Chlornatrium . . . . 327,2 „	
„ Natrium . . . 21,6 „		Chlorkalium . . . . 82,4 „
794,6 mg		Im ganzen 1282,3 mg	

Auch Sickerwasser von Steinkohlen-Schutthalden kann unter Umständen namhafte Mengen Eisen- und Thonerdesulfat enthalten; so wurde von uns für 1 l gefunden:

Abwasser der Schutthalde von Zeche	Schwefelsäure g	Eisenoxydul g	Thonerde g	Kalk g	Magnesia g	Kali g	Natron g	Chlor g
1. Graf Schwerin (a)	23,248	1,080	8,952	—	—	—	—	0,482
1. Graf Schwerin (b)	7,113	3,455		0,523	0,107	—	—	0,304
2. Gottessegen 1896	2,237	5,175		0,505	0,008	0,030	0,170	0,025

In den weiteren Fällen handelte es sich bei Probe No. 1 um Abwasser aus Faulschiefer, Thon etc., welche am Rangirbahnhof in Herdecke zu Aufschüttungen benutzt waren, und bei Probe No. 2 um die Abwässer einer alten Schachtgrube (am Bahnhof Bochum), welche mit Steinkohlenasche, Rückständen von der Kohlenwäsche etc. vollgeschüttet war. Diese Abwässer enthielten für 1 l:

Probe	Freie Schwefelsäure mg	Ferrosulfat mg	Ferrisulfat mg	Aluminiumsulfat mg	Calciumsulfat mg	Magnesiumsulfat mg	Kaliumsulfat mg	Natriumsulfat mg	Chlornatrium mg
No. 1 . .	33,4	—	—	218,7	275,9	378,0	—	56,9	35,1
No. 2 (a)	101,5	549,1	270,0	569,7	1760,7	1204,2	33,5	23,3	133,2
No. 2 (b)	122,5	329,3	347,7	921,1	1493,5	907,2	29,4	15,9	128,2

Die letzteren Abwässer sind auch durch einen hohen Gehalt an Aluminiumsulfat neben Ferrosulfat ausgezeichnet und enthalten noch grössere Mengen freie Schwefelsäure. Da der Schutt der Kohlenzechen etc. viel Schwefelkies und Schwefel enthielt, so lässt sich die Entstehung dieser Verbindungen nur so erklären, dass durch Verwitterung des Schwefelkieses bezw. des Schwefels in der Kohle schwefelsaures Eisenoxydul und freie Schwefelsäure entstanden, welche letztere, durch Regenwasser aufgenommen, aus dem Alaunerde enthaltenden Schutt auch Thonerde auflöste.

2. Schädlichkeit.

Wenn vorstehende Abwässer mit einem Bach- oder Flusswasser zusammenfliessen, so wird durch das mehr oder weniger stets in letzterem vorhandene Calciumbikarbonat die freie Säure abgestumpft, es bildet sich Calciumsulfat, ein Vorgang, welcher für die Benutzung des Wassers zur Berieselung nicht als gleichgültig bezeichnet werden kann. Ferner wird zum Theil Eisenoxyd- oder Eisenoxyduloxydhydrat und Thonerdehydrat gebildet, welche sich ausscheiden und entweder auf dem Boden oder an den Ufern des fliessenden Gewässers sich als gelbrother bezw. weissgelber Schlamm ablagern oder die Gesteine, Uferränder bezw. die an denselben stehenden Pflanzen mit einer gleichen Schicht überziehen.

In welcher Weise derartige Abwässer die Zusammensetzung der natürlichen Wasserläufe zu verändern im Stande sind, mögen folgende Analysen von dem Wasser der Elspe und Lenne, welches obiges Abwasser aus den Schwefelkiesgruben in Meggen, und von dem Bachwasser, welches das Abwasser der Schlackenhalde der Zeche Graf Schwerin bezw. der Schutthalde und des Stollens der Zeche Gottessegen aufnimmt, zeigen:

Bestandtheile in 1 l	1874 Elspewasser		1876 Lennewasser		1883 Lennewasser		Bachwasser							
	vor Aufnahme des Grubenwassers	nach	vor Aufnahme des Grubenwassers	nach	vor Aufnahme des Grubenwassers	nach	vor Aufnahme des Abwassers der Schutthalde von GrafSchwerin	nach	vor Aufnahme d. Abwassers d. Schutthalde und des Stollens von GrafSchwerin	nach	vor Aufnahme d. Abwassers vom Stollen „Dicke Bank" (Zeche Gottessegen)	nach	vor Aufnahme d. Abwassers aus d. Tagesbruch im Sunder(Zeche Gottessegen)	nach
	mg	mg	mg	mg	mg	mg	mg	mg	mg	mg	mg	mg	mg	mg
Schwefelsäure . .	12,0	187,0	7,5	62,5	9,3	307,5	38,0	799,0	52,8	1290,0	22,3	1078,0	24,0	372,2
Thonerde + Eisenoxyd	Spur	28,7	0,0	14,0	0,0	38,8	0,0	185,0	Spur	270,0	5,0	167,5	2,5	17,5
Kalk	46,3	131,9	18,0	69,2	23,6	122,0	346,0	315,0	40,0	377,5	15,0	310,0	17,5	137,5
Magnesia	9,6	33,2	8,3	20,8	12,0	59,0	60,0	74,0	15,3	45,5	4,5	178,2	6,3	72,9
Chloralkalien . .	65,9	63,2	29,0	33,5	—	—	—	—	—	—	34,9	93,3	58,5	46,8

A. Polek findet die Veränderung des Birawkawassers durch die Aufnahme des Orze'schen Grubenwassers für 1 l wie folgt:

Birawkawasser	Schwefelsäure mg	Chlor mg	Eisenoxydul mg	Eisenoxyd mg	Kalk mg	Magnesia mg	Kali mg	Natron mg	Freie Schwefelsäure mg
Vor } Aufnahme des	5,0	8,0	—	3,0	29,9	5,0	1,0	5,0	—
Nach } Grubenwassers	209,0	—	11,0	6,0	79,0	25,0	2,0	8,0	29,0

a) Schädlichkeit für den Boden.

Die vorstehend angegebene Verunreinigung eines Flusswassers durch ein Abwasser, welches Eisensulfate und unter Umständen auch freie Schwefelsäure enthält, wird sich nach den verschiedensten Richtungen schädlich äussern.

Verfolgt man die Wasserläufe, welche das Abwasser von Schwefelkiesgruben oder Kieswäschereien aufnehmen, so bemerkt man, falls keine völlige Reinigung des Wassers vorgenommen ist, an den Ufern und in der Tiefe auf dem Boden der Bäche bezw. Flüsse eine grössere oder geringere Menge eines gelben aus Eisenoxyd- bezw. Eisenoxydoxydulhydrat bestehenden Schlammes.

Wird ein solches Wasser zur Berieselung benutzt, so schlägt sich einerseits das im Wasser schwebende Eisenoxyd auf den Boden nieder, andererseits wird das im Wasser gelöste schwefelsaure Eisenoxydul bei der Filtration durch den Boden oder durch den Sauerstoff der Luft in der Weise zersetzt, dass sich Eisenoxydhydrat bezw. Eisenoxydoxydulhydrat bezw. basisch schwefelsaures Eisenoxyd auf und in dem Boden niederschlägt, während die frei gewordene Schwefelsäure mit anderen Basen im Boden, z. B. mit Kalk, Magnesia oder Kali Verbindungen eingeht, die zum grössten Theil mit dem abfliessenden Rieselwasser fortgeführt werden. Enthält ein derartiges Schwefelkiesgrubenwasser gleichzeitig schwefelsaures Zinkoxyd, so wirkt letzteres (vergl. S. 430 u. f.) in der Weise, dass sich dasselbe mit anderen Salzen bezw. Silikaten umsetzt, indem Zinkoxyd absorbirt wird und eine entsprechende Menge anderer Basen, wie Kalk, Kali etc., an Schwefelsäure gebunden, an seine Stelle tritt, welche Salze ebenfalls als leicht löslich in Wasser vom Rieselwasser mit fortgeführt werden.

Als Beweis hierfür können folgende Untersuchungen dienen:

Im Elspe-Thal waren Ende der 60er und Anfang der 70er Jahre längere Zeit die Wiesen mit dem Elspe-Bachwasser berieselt, welches die Abwässer aus einem Theil der dort gelegenen Schwefelkiesgruben aufnimmt. Die damit berieselten und verdorbenen Wiesen zeigten gegenüber dem Grundgestein und gesunden Wiesen, welche nicht mit dem Abwasser berieselt waren, eine wesentlich erhöhte Menge an Schwefelsäure, Eisenoxydul und Eisenoxyd, besonders an solchen Stellen, wo infolge Unebenheiten das Wasser aufgestaut war.

So ergaben sich, auf wasser- und humusfreien (geglühten) Boden berechnet:

Boden	Schwefel-säure %	Eisenoxydul %	Eisenoxyd in Salzsäure löslich %	Gesammt-Eisenoxyd %
A. 1. Grundgestein von gesunden Stellen	0,118—0,244	3.382—3,749	3,223—3,597	—
2. Untergrund von gesunden Stellen	0,053	2,930	1,490	2,860
3. Mutterboden von gesunden Stellen	0,149	2,650	2,590	3,700
B. Boden von verdorbenen Stellen	0,290—0,441	1,754—4,810	9,184—17,944	—

In derselben Weise wurde für Wiesen im Lennethal, welche mit Lennewasser, welches die Elspe und das Abwasser anderer Schwefelkiesgruben aufnimmt, berieselt wurden, in der geglühten Substanz gefunden:

Boden berieselt mit	Schwefelsäure %	Eisenoxydul %	Eisenoxyd %	Zinkoxyd %
1. verunreinigtem Lennewasser	0,102—0,191	2,51—3,70	6,57—15,17	0,67—1,42
2. reinem Wasser eines Seitenbaches	0,013—0,064	1,03—2,53	3,17— 5,64	0—Spur

Man sieht hieraus, dass der Boden der mit derartig verunreinigtem Bachwasser berieselten und verdorbenen Wiesen erheblich mehr an allen das Abwasser kennzeichnenden Bestandtheilen (wie Schwefelsäure, Eisenoxydul, Eisenoxyd, Zinkoxyd) enthält, als der gesunde gleichartige Boden in unmittelbarer Nähe, welcher mit nicht verunreinigtem Wasser berieselt wurde. Es ist einleuchtend, dass der aufgetragene Schlamm von Eisenoxyd, indem er bei seiner feinen Vertheilung die Poren des Bodens verstopft, die Wiesen mit der Zeit allmählich ganz versauert und landwirthschaftliche Nutzpflanzen nicht mehr aufkommen lässt. Diese direkt versauernde Wirkung derartiger Abwässer auf den Boden wird indirekt noch dadurch unterstützt, dass durch die Aufnahme des schwefelsauren Eisenoxyduls bezw. der freien Schwefelsäure das im Wasser gelöste Calciumbikarbonat in schwefelsaures Calcium übergeführt wird, welches nicht die die Oxydationsvorgänge im Boden begünstigende Wirkung besitzt, wie das kohlensaure Calcium.

Nicht minder schädlich ist die bodenauswaschende Wirkung des Ferro- bezw. Zinksulfats.

Dieses geht aus der Untersuchung von Wiesen, die mit dem ferrosulfathaltigen Abwasser der Zeche Gottessegen berieselt worden waren, hervor; der Boden von berieselten und unberieselten Wiesen unterhalb dieses Abwassers enthielt, auf wasserfreie Substanz berechnet, in verdünnter Salzsäure lösliche Bestandtheile:

Boden	Thonerde %	Eisenoxyd %	Kalk %	Magnesia %	Kali %	Schwefelsäure %
1. Berieselt	1,39	7,62	0,219	0,376	0,083	0,270
2. Nicht berieselt	1,47	2,84	0,219	0,406	0,139	0,067

Wenn hier bei Kalk die Auswaschung nicht deutlich auftritt, so ist das wohl dem Umstande zuzuschreiben, dass man in letzter Zeit angefangen hatte, das Abwasser mit Kalkmilch zu reinigen, wodurch den Wiesen wieder eine erhöhte Menge Kalk zugeführt wurde.

Der Nachweis dieser bodenauswaschenden Wirkung des Ferrosulfats wurde von uns in der Weise geführt, dass je 0,5 kg und 1,5 kg Feldboden in Flaschen gefüllt und dazu 3 l theils destillirten, theils mit verschiedenen Mengen Ferrosulfat vermischten Wassers gesetzt wurden. Die Gemische blieben unter fast täglichem Umschütteln längere Zeit stehen, wurden dann filtrirt und in dem Filtrat Kalk, Magnesia und Schwefelsäure bestimmt; es ergab sich dabei Folgendes:

	Reihe . .	I.	II.	III.	IV.
Zusatz von Ferrosulfat für 1 l Wasser, entsprechend Eisenoxydul (FeO)		0,0 g	0,2 g	0,5 g	1,0 g
In der Bodenlösung für 3 l:					
Schwefelsäure		0,0720 g	0,5130 g	1,1680 g	2,1870 g
Kalk		0,2376 „	0,3246 „	0,5064 „	0,7644 „
Magnesia		0,0333 „	0,4240 „	0,0576 „	0,0684 „

Von Alkalien bezw. Kali wurde in diesem Falle nur sehr wenig gelöst, vermuthlich deshalb, weil bei dem höheren Kalkgehalt des Bodens die Einwirkung des Ferrosulfats durch das Calciumkarbonat erschöpft wurde.

Ferner haben wir je 50 kg eines lehmigsandigen Feldbodens in ein mit grobem Sand und Siebsatz versehenes Fass gefüllt und denselben 6 mal mit je 40 l Brunnenwasser einmal für sich allein und dann in 5 anderen Proben unter Zusatz von steigenden Mengen Ferrosulfat begossen, tüchtig umgerührt und dann das Wasser unten abfliessen lassen. Dem Brunnenwasser wurden in der zweiten Reihe 100 mg, in der dritten 200 mg, in der vierten 400 mg und in der fünften 800 mg Eisenoxydul in Form von Ferrosulfat auf 1 Liter zugesetzt. Nach dieser Behandlung wurde der Boden an der Luft abtrocknen gelassen und in der Weise untersucht, dass je 50 g des gut gemischten Bodens $^1/_2$ Stunde mit verdünnter Salzsäure (50 ccm Salzsäure, 150 ccm Wasser) gekocht und dann auf 1000 ccm gebracht wurden.

In abgemessenen Theilen des Filtrats wurden in üblicher Weise Kalk, Magnesia, Kali etc. bestimmt und für den wasserfreien Boden folgende Ergebnisse erhalten:

	I. mg	II. mg	III. mg	IV. mg	V. mg
Brunnenwasser + Zusatz für 1 l:					
FeO in Form von Ferrosulfat . .	0	100	200	400	800
Glühverlust (Humus + chemisch gebundenes Wasser)	% 4,07	% 4,17	% 4,17	% 4,23	% 4,17
Phosphorsäure	0,178	0,169	0,165	(0,181)	0,164
Schwefelsäure	0,040	0,042	0,045	0,054	0,087
Eisenoxydul	1,17	1,31	1,35	1,54	1,55
Eisenoxyd + Thonerde	2,33	2,66	2,69	2,93	2,96
Kalk	0,475	0,420	0,375	0,322	0,269
Magnesia	0,167	0,139	0,111	0,110	0,091
Kali	0,075	0,074	0,069	0,60	(0,066)

Man sieht hieraus, dass Ferrosulfat in ähnlicher Weise umsetzend auf die Bestandtheile des Bodens einwirkt, wie Zinksulfat etc., und dass der

Boden um so weniger der wichtigsten Pflanzennährstoffe, besonders Kalk, Magnesia und auch Kali enthält, je grösser die Mengen an Ferrosulfat in dem Wasser sind, womit er behandelt wird, während der Gehalt an Schwefelsäure und Eisenoxyd in demselben Maasse zunimmt. Es ist daher einleuchtend, dass ein Wasser, welches grössere Mengen Ferrosulfat — hier beginnt die Wirkung schon bei rund 400 mg $FeSO_4 + 7 H_2O$ — enthält, bei längerer und wiederholter Benutzung zur Berieselung in der Weise schädlich wirkt, dass es den Boden auswäscht und seiner wichtigsten Pflanzennährstoffe (besonders Kalk, Magnesia und Kali) beraubt.

Dass diese Auswaschung an Bodennährstoffen auch in einem mit Pflanzen bestandenen Boden vor sich geht, wurde von mir in Gemeinschaft mit E. Haselhoff[1]) durch folgenden Versuch auf der S. 389 beschriebenen kleinen Rieselanlage nachgewiesen, in welchem dem Leitungswasser 0,66 g Ferrosulfat $(FeSO_4 + 7 H_2O)$ für 1 l zugesetzt wurde:

Jeder Kasten erhielt 1485 l Wasser; während des Versuches gefallene Regenmenge 8,5 mm = 31,9 l für je 1 Kasten; Verdünnung 2,1 %.

1 l enthielt:	Eisen-oxydul mg	Kalk mg	Mag-nesia mg	Kali mg	Natron mg	Sal-peter-säure mg	Schwe-fel-säure mg
Auffliessendes Wasser	171,3	115,0	13,0	7,8	22,8	46,9	283,0
Drainwasser von:							
Moorboden	0	223,0	37,4	9,7	56,5	29,2	149,0
Kalkboden	0	262,0	28,1	10,0	89,0	30,7	176,5
Lehmboden	0	257,0	20,2	8,5	54,7	29,2	151,6
Sandboden	0	255,0	25,9	8,3	137,1	30,7	133,8

Wir sehen demnach infolge der lösenden Wirkung des Ferrosulfates eine Zunahme der basischen Nährstoffe im abrieselnden Wasser, und zwar an Kalk um so mehr, je mehr der Boden davon enthält.

b) Schädlichkeit für die Pflanzen.

Dass freie Schwefelsäure und Ferrosulfat schädlich, ja sogar giftig für Pflanzen sind, wird von keiner Seite bezweifelt und ist auch mehrfach festgestellt, so von M. Märcker,[2]) Alex. Müller[3]) u. a. m. A. B. Griffiths[4]) setzte zu einer normalen Nährstofflösung 0,05—0,20 % Ferrosulfat und beobachtete deren Wirkung gegen Pflanzen. Zunächst wurde Senfsamen auf Flanelllappen, die mit diesen Lösungen befeuchtet wurden, keimen gelassen; in Berührung mit der stärksten Lösung von 0,20 % Ferrosulfat keimte keine Pflanze, in den anderen Lösungen ent-

[1]) Landw. Jahrb. 1893, **22**, 845.
[2]) Zeitschr. d. landw. Centr.-Ver. d. Prov. Sachsen 1870, 70.
[3]) Landw. Centrbl. 1874, Heft 6, 367.
[4]) The Chem. News 1885, 165.

wickelten sie sich gut. Junge Kohlpflanzen wurden in $0,20\,^0/_0$iger Ferrosulfatlösung nach wenigen Tagen krank und starben nach einer Woche ab; versetzte man sie nach dreitägigem Aufenthalte in der Ferrosulfat-Lösung in reines Wasser, so erholten sie sich wieder, indem sie Ferrosulfat an letzeres abgaben.

Die kleinen Wasserpflanzen Spirogyra und Zygnema erlagen $0,20\,^0/_0$iger Ferrosulfatlösung ebenfalls, während sie in $0,15\,^0/_0$- und $0,10\,^0/_0$igen Lösungen gesund blieben.

J. Nessler[1]) beobachtete in einem Falle, in welchem Pflanzen in Töpfen in einem Vegetationshause vor Regen, aber nicht vor Sonne geschützt standen, einen schädlichen Einfluss des Ferrosulfates bei Zusätzen von 0,25 g zu 1700 g Erde; in einer anderen Versuchsreihe, in welcher die Töpfe in einem schwach beleuchteten Raume standen und die Erde etwas feuchter gehalten wurde, vertrugen die Pflanzen Zusätze von 2 g Ferrosulfat zu 1700 g Erde und sahen im allgemeinen um so schöner aus, je mehr Ferrosulfat den Pflanzen zugesetzt wurde. Keimpflänzchen gingen fast sämmtlich zu Grunde, wenn sie mit einer $1,5\text{—}2\,^0/_0$igen Lösung begossen wurden; enthielt die Lösung nur $1\,^0/_0$, so starben nur solche Pflanzen ab, welche von der Lösung unmittelbar betroffen wurden. Bei Feldversuchen wurde eine nachtheilige Einwirkung des Ferrosulfats nicht beobachtet.

O. Kellner[2]) begoss von 6 je 1 qm grossen Versuchsflächen, die durch hölzerne Rähmchen abgegrenzt waren, 5 Flächen mit Lösungen von 5, 10, 20, 40 und 60 g Ferrosulfat, die zu je 1 l gut zersetzter menschlicher Auswürfe zugesetzt waren; nachdem die löslichen Theile des Düngers versickert waren, wurden die Versuchsflächen mit Gerste besäet; aber weder das Aufgehen der Pflänzchen, noch das spätere Wachsthum liess eine Benachtheiligung durch das Ferrosulfat erkennen; ebensowenig war jedoch eine günstige Wirkung desselben zu erkennen.

Da nach anderen Versuchen das Ferrosulfat, wie wir gleich sehen werden, sogar düngend wirkt, so kommt es für die Frage der Schädlichkeit des Ferrosulfats für Pflanzen ganz darauf an, in welcher Weise dasselbe auf die Pflanzen einwirkt.

Dass das Ferrosulfat als solches in Lösung direkt giftig für Pflanzen wirkt, dürfte nach vorstehenden Versuchen kaum einem Zweifel unterliegen.

Im Boden jedoch bleibt es nicht lange als solches bestehen, es setzt sich mit anderen Salzen bezw. Bestandtheilen des Bodens um, indem sich, wie wir gesehen haben, Eisenoxydul- bezw. Eisenoxydoxydulhydrat ausscheidet und die Sulfate anderer Basen (vorwiegend von Kalk) bilden.

Die auf diese Weise dem Boden in erhöhter Menge zugeführten Bestandtheile: Schwefelsäure und Eisenoxydul machen sich auch im Gehalt der Pflanzen geltend.

---

[1]) Wochenbl. d. landw. Ver. im Grossh. Baden 1876, No. 6 u. 7; vergl. Centrbl. f. Agr.-Chem. 1877, **6**, 188.

[2]) Landw. Versuchsstationen 1886, **32**, 365.

So fand ich in Pflanzen von verdorbenen und gesunden Stellen der oben erwähnten Wiesen im Elspe - Thale folgende Mengen Eisenoxyd und Schwefelsäure:

A. Gras von Wiesen in 1000 Theilen Trockensubstanz:

	1a	1b	2a	2b
	Krank	Gesund	Krank	Gesund
Eisenoxyd	0,505 $^0/_{00}$	0,520 $^0/_{00}$	0,972 $^0/_{00}$	0,570 $^0/_{00}$
Schwefelsäure . .	4,045 „	3,474 „	7,314 „	4,654 „

B. Der entsprechende Boden, auf welchem diese Pflanzen gewachsen waren, enthielt in wasserfreiem Zustande:

	1a	1b	2a	2b
	Verdorben	Gesund	Verdorben	Gesund
Eisenoxydul . . .	2,633 $^0/_0$	1,243 $^0/_0$	4,81 $^0/_0$	2,93 $^0/_0$
Schwefelsäure . .	0,202 „	0,119 „	0,441 „	0,149 „

Wir sehen, dass die Pflanzen von verdorbenen Stellen der Wiesen, welche mehr Schwefelsäure und Eisenoxydul enthalten, auch reicher an diesen Bestandtheilen sind, als Pflanzen von gesunden Stellen, mit weniger Gehalt des Bodens an Schwefelsäure und Eisenoxydul.

Da durch derartige Grubenwässer dem Boden s a u e r e Salze zugeführt werden, die Pflanze aber nach A d o l f M a y e r[1]) b a s i s c h e Verbindungen und Salze für ihr Wachsthum verlangt, indem die Pflanzenaschen selbst basisch sind, so werden durch die Bestandtheile des sauren Abwassers fremde und störende Lebensbedingungen für die Pflanze geschaffen, welche auch Veränderungen in der natürlichen Beschaffenheit ihrer Verbindungen zur Folge haben müssen. Letztere müssen ganz selbstverständlich eine mehr und mehr s a u e r werdende Beschaffenheit annehmen, so dass die Pflanzen entweder ganz von den Thieren verschmäht werden oder doch bei weitem nicht den Futterwerth besitzen, wie Pflanzen von unverdorbenem und normalem Boden. Thatsächlich hat man in den Gegenden, welche unter dem Einfluss der Grubenwässer bei Meggen und Elspe litten, die Beobachtung gemacht, dass das Gras von den mit dem Grubenwasser enthaltenden Bach- wasser berieselten Wiesen schlecht nährte und dass Milchkühe in ihren Milcherträgen zurückgingen (vergl. S. 440). Dadurch, dass die saueren Abwässer keine normalen Pflanzen mehr aufkommen lassen, sammeln sich im Boden mehr und mehr saurer Humus und saure Verbindungen an, es verschwinden mehr und mehr die guten Wiesengräse und Futterpflanzen, um sogenannten saueren Gräsern, sowie Schachtelhalmen und Moosen, Platz zu machen, welche geringere Anforderungen an den Boden stellen, aber auch in land- wirthschaftlicher Hinsicht keine Nutzniessung gewähren.

Hierbei muss jedoch noch besonders hervorgehoben werden, dass die nachtheilige Wirkung eines Ferrosulfat enthaltenden Wassers u n t e r U m - s t ä n d e n e r s t n a c h l ä n g e r e r Z e i t äusserlich hervortreten kann.

---

[1]) Landw. Versuchsstationen 1880, **26**, 77.

Es kann mitunter im Anfange nach Berieselung mit einem nur Ferrosulfat enthaltenden Wasser sogar eine vortheilhafte Wirkung hervortreten. So besäeten wir den in vorstehenden Versuchen mit verschiedenen Mengen Ferrosulfat behandelten Boden, in Versuchstöpfen von 30 cm Höhe und 15 cm Durchmesser, mit Grassamen und ermittelten den Ernteertrag mit folgendem Ergebniss:

	I. mg	II. mg	III. mg	IV. mg	V. mg
Zusatz von FeO in Form von Ferrosulfat für 1 l Brunnenwasser	0	100	200	400	800
	g	g	g	·g	g
Gesammternte an Pflanzen-Trockensubstanz .	27,867	24,336	27,778	31,822	33,112
Darin: Rohproteïn:	2,575	2,231	2,658	2,920	3,188
Fett (Aetherauszug)	1,151	1,178	1,281	2,425	1,486
N-freie Extraktstoffe	12,835	12,066	13,717	16,718	16,293
Rohfaser	7,949	6,544	7,494	8,643	9,053
Reinasche	3,467	2,317	2,628	3,116	3,093
Kali	1,217	0,854	0,989	1,139	1,195
Kalk	0,488	0,384	0,421	0,514	0,536
Schwefelsäure	0,184	0,290	0,345	0,503	0,679
Phosphorsäure.	0,322	0,245	0,313	0,404	0,429

Das Pflanzenwachsthum in den einzelnen Reihen bot gegenüber den Chlornatrium und Zinksulfat-Reihen (siehe Fig. 20 S. 399 und Fig. 21 S. 437) nachstehendes Bild, Fig. 22 S. 456.

Die günstige Wirkung des Ferrosulfats, welche sich auch bei anderen Versuchen ergab, ist nur so zu erklären, dass die im Boden verbliebene Menge Ferrosulfat in Eisenoxyd und freie Schwefelsäure zerfallen ist, welche letztere wiederum lösend auf den Nährstoffvorrath des Bodens eingewirkt und solchen für die Pflanze aufgeschlossen hat.

Aus diesem Grunde ist sogar das Ferrosulfat als indirekt wirkendes Düngemittel empfohlen worden. A. Griffiths[1]) düngte z. B. eine Fläche von 1 ha mit $1^{1}/_{2}$ Ctr. Ferrosulfat, eine andere blieb ungedüngt; während bei Weizen auf beiden Flächen kein Unterschied hervortrat, wurden mit Ferrosulfat bei Rüben 190 Ctr., bei Bohnen 144 Ctr. für 1 ha mehr geerntet, als von dem nicht mit Ferrosulfat gedüngten Boden.

Marguerite[2]) beobachtete eine günstige Wirkung des Ferrosulfates auf Wiesen, Luzerne und Kartoffeln und zwar dann, wenn der Eisenoxydgehalt des Bodens geringer als $3{,}5—4{,}0\,^{0}/_{0}$ war, war derselbe höher als $4\,^{0}/_{0}$, so war die Wirkung einer Ferrosulfatdüngung gleich Null. Für Moose wirkte Ferrosulfat schädlich.

---

[1]) Journ. of the Chem. Soc. 1884, 71 u. 1885, 46.
[2]) Chem. Centrbl. 1889, **1**, 356.

a) Boden mit gewöhnlichem Brunnen-(Leitungs-)Wasser behandelt.
b) Boden mit gewöhnlichem Brunnen-(Leitungs-)Wasser behandelt unter Zusatz von 0,388 g Ferrosulfat $=$ 100 mg FeO in 1 l.
c) Desgl. desgl. desgl. „ „ „ 0,776 g „ $=$ 200 mg „ „ „
d) Desgl. desgl. desgl. „ „ „ 1,552 g „ $=$ 400 mg „ „ „
e) Desgl. desgl. desgl. „ „ „ 3,104 g „ $=$ 800 mg „ „ „

Fig. 22.

Wachsthum von Gräsern in mit Ferrosulfat behandeltem Boden.

Im Anschluss hieran sei auf die günstigen Ergebnisse verwiesen, welche Schultz[1]) bei der Verwendung von Ferrosulfat zur Vertilgung von Hederich erzielt hat.

Selbstverständlich dürfen diese Ergebnisse nicht auf die Wiesenberieselung übertragen werden.

Auch hier kann das in dem Rieselwasser vorhandene Ferrosulfat anfänglich lösend und düngend wirken und höhere Erträge zur Folge haben, trotzdem ein Auswaschen von Pflanzennährstoffen stattgefunden hat. Dieses hält aber nur so lange an, als noch Vorrath von aufschliessbaren Pflanzennährstoffen vorhanden ist; denn die fortwährend aufrieselnden Wassermengen mit Ferrosulfat müssen ebenso wie freie Schwefelsäure den Boden nach und nach an umsetzungsfähigen, löslichen Basen: Kalk, Magnesia, Kali, sowie an Phosphorsäure etc. erschöpfen, indem sie dieselben in dem Abrieselwasser wegführen, bis der Boden schliesslich mehr oder weniger ganz an aufnehmungsfähigen Nährstoffen verarmt ist und ganz ertraglos wird. Dieser Zeitpunkt tritt um so eher ein, je grösser die Mengen Ferrosulfat sind, welche den Boden durchrieseln, und je geringer der Vorrath an Pflanzennährstoffen im Boden ist und umgekehrt.

Also auch hier haben wir den Fall wie bei Chlornatrium, Chlormagnesium und Chlorcalcium, dass nämlich geringe Mengen Ferrosulfat, die als solche dem Boden einverleibt werden und in demselben verbleiben, günstig und düngend wirken, während grössere Mengen bei der Berieselung von schädlichem Einfluss sind, zumal wenn das Ferrosulfat, ohne sich umzusetzen, als solches in der Bodenlösung verbleibt.

c) Schädlichkeit in gewerblicher und gesundheitlicher Hinsicht.

Ein Wasser, welches freie Schwefelsäure oder schwefelsaures Eisenoxydul oder Eisenoxydschlamm enthält, ist selbstverständlich weder für häusliche Zwecke (z. B. zum Waschen, Spülen und Bleichen), noch zu industriellen Zwecken (z. B. als Kesselspeise-Wasser etc.) geeignet.

Ebensowenig kann ein solches als Tränkwasser für Vieh benutzt werden. Dass ein unter dem Einfluss dieser Abwässer gewachsenes Futter sogar nachtheilig auf Thiere, besonders bei Milchkühen wirkt, ist bereits vorhin erwähnt.

Die Schädlichkeit von freier Schwefelsäure und von Ferrosulfat auf Fische hat C. Weigelt[2]) durch eine Reihe von Versuchen zu ermitteln versucht.

Hiernach liegt für freie Schwefelsäure (H_2SO_4) die Grenze der Schädlichkeit bei 100 mg in 1 l, für Forellen beträgt je nach der Grösse derselben die Widerstandsdauer bei diesem Gehalt 2—6 Stunden, dagegen

---

[1]) Landw. Ztg. f. Westf. u. Lippe 1897, 329; 1898, 13; 1899, 1.
[2]) Archiv f. Hygiene 1885, **3**, 39. Ueber das Versuchsverfahren vergl. S. 49 Anm.

wird die Schleie hiervon selbst bei 18 stündiger Dauer in keiner Weise berührt. Bei weniger als 100 mg freier Schwefelsäure in 1 l wird auch die Forelle nicht mehr angegriffen. Nach unseren Versuchen liegt die Schädlichkeitsgrenze für Karpfen und Schleien bei 35—50 mg freier Schwefelsäure (H_2SO_4) in 1 l Wasser.

Ferrosulfat wirkt nach C. Weigelt in Mengen von 50 mg Ferrosulfat ($FeSO_4 + 7H_2O$) in 1 l auf Forellen und Aeschen nach 16 stündiger Einwirkung nicht dauernd schädlch; Lösungen von 5, 1,0 und 0,5 g Ferrosulfat ($FeSO_4 + 7H_2O$) für 1 l sind im Stande, Forellen in 3, bezw. 23 bezw. 24 Minuten an die Grenze der Widerstandsfähigkeit zu bringen. Bei einem Aufenthalt von 16 Stunden in einer Lösung von 100 mg Ferrosulfat in 1 l starb eine Forelle 40 Stunden nach Beginn des Versuches in fliessendem Wasser, wogegen selbst 18 stündiges Verweilen in dem Wasser von diesem Gehalt einer Schleie nicht schadete.

Nach den sonstigen Versuchen von C. Weigelt (vergl. die mit Eisenalaun S. 338 besitzen die Eisenoxydsalze eine specifisch akute Wirkung auf Fische, indem die Grenze der Schädlichkeit in Form von Eisenoxyd sogar bei 0,01—0,02 g Eisen (Fe) in 1 l liegt.

Bei Versuchen, welche ich in Gemeinschaft mit E. Haselhoff[1]) ausführte, wurde die Grenze der Schädlichkeit viel niedriger gefunden, nämlich bei 15—25 mg Ferrosulfat ($FeSO_4 + 7H_2O$) in 1 l; da in dem Wasser aber gleichzeitig infolge der Oxydation in der Schwebe 6,7—13,5 mg Eisenoxyd bezw. basisch-schwefelsaures Eisenoxyd für 1 l vorhanden waren, so können die schädlichen Wirkungen zum Theil auch letzteren Bestandtheilen mit zugeschrieben werden.

C. Weigelt ermittelte auch den Einfluss von ferrosulfathaltigem Wasser auf die Befruchtung und fand, dass bei einem Gehalt von 100 mg Ferrosulfat in 1 l nur 40,3 % der Eier befruchtet wurden, während ein Kontrollversuch in gewöhnlichem Wasser 51,5 % ergab; bei einem Gehalt von 500 mg Schwefelsäure (H_2SO_4) in 1 l wurden von 150 Eiern nur 3 befruchtet.

Auch die Versuche von Nitsche[2]) lassen bei einem Gehalt von 100 mg Ferrosulfat und 500 mg freier Schwefelsäure in 1 l einen schädlichen Einfluss auf die Befruchtung erkennen.

3. Reinigung.

Behufs Reinigung der, freie Schwefelsäure und Ferrosulfat bezw. Eisenoxydschlamm enthaltenden Abwässer müssen 3 Bedingungen erfüllt werden:

1. muss ein Neutralisationsmittel zur Bindung der freien Schwefelsäure und zur Abscheidung des Eisenoxyduls angewendet werden;

---

[1]) Landw. Jahrb. 1897, **26**, 75.
[2]) Vergl. C. Weigelt: Archiv f. Hygiene 1885, **3**, 82.

2. muss das Wasser zur Oxydation des Eisenoxyduls hinreichend mit Luftsauerstoff in Berührung gebracht werden;

3. muss dasselbe in Klärteichen oder durch Filtrirvorrichtungen vom Eisenoxydschlamm befreit werden.

Als Neutralisations- und Fällungsmittel wird allgemein Kalk verwendet, jedoch kann bei dem Gehalt des Wassers an freier Schwefelsäure der gebrannte Kalk nicht direkt zugesetzt werden, weil sich eine harte Kruste von schwefelsaurem Calcium um die Kalkstücke bilden würde; es muss der gebrannte Kalk vielmehr vorher mit reinem Wasser gelöscht werden.

Dass es möglich ist, die Wässer durch Kalk und Klärung mit Erfolg zu reinigen, ergiebt sich aus folgenden Untersuchungen:

Abwasser	Schwebe-stoffe (Eisen-oxyd) mg	Gelöste Stoffe						
		Ab-dampf-rück-stand mg	Schwe-fel-säure mg	Eisen-oxydul mg	Zink-oxyd mg	Kalk mg	Magne-sia mg	Chlor mg
I. a) Natürliches, aus der Schwefelkiesgrube Philippine .	256,8	9720,8	4697,0	1256,4	948,0	398,8	574,0	17,7
b) Gereinigtes, aus den Klärteichen	0	3176,0	1669,2	29,8	116,0	808,4	182,2	nicht bestimmt
II. a) Natürliches, aus der Grube Gottessegen am 9. Mai 1883	170,4	1584,0	846,4	60,5	—	180,0	89,1	14,2
b) Gereinigtes, aus den Klärteichen	22,0	1412,8	744,1	21,6	—	177,6	86,4	17,7
III. a) Natürliches, aus der Grube Gottessegen am 22. Mai 1883	186,0	1496,0	806,0	106,0	—	150,0	90,0	19,7
b) Gereinigtes, aus den Klärteichen	18,8	1320,0	700,4	0	—	274,0	75,5	14,2

Diese Zahlen beweisen, dass wenigstens die Möglichkeit vorliegt, diese Art Abwässer von den schädlichen Bestandtheilen zu reinigen; indess ist die praktische Ausführung, zumal bei grossen Mengen zu reinigender Wässer, mit manchen Schwierigkeiten verbunden und wird durchgehends nicht so gehandhabt, wie es sein müsste.

Schon der Umstand, dass die Abwässer Tag und Nacht fliessen, und deshalb zur Bedienung auch Tag und Nacht ein oder mehrere Arbeiter erforderlich sind, hat zur Folge, dass, wenn auch für gewöhnlich, so doch nicht immer, eine Reinigung vorgenommen wird. Für die Verunreinigung der Flüsse und Bäche und für die schädlichen Wirkungen der Abwässer bleibt es jedoch auf die Dauer gleich, ob die Reinigung gar nicht oder nur zeitweise nicht vorgenommen wird. Denn was nützt es dem Landwirth bei

Berieselung seiner Wiese, wenn er das Wasser bei Tage gereinigt, bei Nacht aber ungereinigt auf die Wiesen bekommt?

Aus dem Grunde dürfte es in solchen Fällen, wo man hinreichend weit von den öffentlichen Wasserläufen entfernt ist, und wo hinreichendes Gefälle und eine genügende Wegestrecke vorhanden ist, ebenso zweckmässig sein, das Wasser durch ein mit genügend weichen, leicht löslichen Kalksteinen ausgemauertes Gerinne zu leiten, dieses Gerinne mehrmals durch flache, ebenfalls mit Kalksteinen ausgemauerte Behälter oder Teiche zu unterbrechen und von letzteren das Wasser stufenartig in das unterhalb liegende Gerinne fallen zu lassen und so weiter.

Hierdurch wird einerseits die freie Schwefelsäure (durch das kohlensaure Calcium) neutralisirt, andererseits wird das Eisenoxydul durch die wiederholte Lüftung von einer Stufe zur andern in Oxyd übergeführt und scheidet sich als letzteres in dem flachen Behälter oder den Teichen aus, woraus es von Zeit zu Zeit ausgeworfen werden muss.

Selbstverständlich muss der Kalkstein zeitweise erneuert und das Gerinne häufig von den Ablagerungen gereinigt werden, aber wenn dieses geschieht, wenn weiter der Weg wie das Gefälle hinreichend gross genug sind im Verhältniss zu den zu reinigenden Abwässern, dann wird diese Art Einrichtung wenigstens beständig wirken und mehr erreichen lassen, als wenn das Wasser zeitweise vollständig mit Kalkmilch gereinigt wird, zeitweise aber gar nicht.

Der auf solche Weise ausgeworfene und gewonnene Eisenschlamm kann technisch als Eisenroth vielfache Verwendung finden. In andern Fällen ist auch die Möglichkeit gegeben, diese Abwässer ähnlich, wie die von den Drahtziehereien, auf Eisenvitriol zu verarbeiten. (Hierüber vergl. den folgenden Abschnitt).

Dass auch hier unter Umständen eine Selbstreinigung der Flüsse eintreten kann, bedarf kaum der Erwähnung; denn wenn das Bach- oder Flusswasser, welches diese Abwässer aufnimmt, hinreichend Calciumbikarbonat enthält, so wird nicht nur die Schwefelsäure nach und nach neutralisirt, sondern auch das Eisenoxydul ausgefällt. Hierdurch wird selbstverständlich die ursprüngliche Beschaffenheit des Bach- oder Flusswassers verändert, und ob diese Veränderung von nachtheiligem Einfluss ist, hängt von dem Zweck ab, dem das Wasser dienen soll. Für gewerbliche Zwecke und zum Tränken von Vieh dürfte die Umsetzung des Calciumkarbonats in Calciumsulfat keine wesentliche Bedeutung haben, wohl aber für die Fischzucht und für Rieselzwecke, wie schon oben S. 443 und 450 hervorgehoben ist (vergl. auch S. 462).

X. Abwasser aus Drahtziehereien.

1. Zusammensetzung.

Bei der Draht-Fabrikation wird der Draht in verdünnter Schwefelsäure oder Salzsäure gewaschen (gebeizt), und dann zur Neutralisation und Entfernung der Säure in Kalkbrei geworfen. Beim Waschen des Drahtes in Säure bildet sich schwefelsaures Eisenoxydul (neben etwas schwefelsaurem Eisenoxyd), oder wenn Salzsäure angewendet wird, Eisenchlorür (neben etwas Eisenchlorid). Die Schwefelsäure-Beize hat hiernach mehr oder weniger ganz die Zusammensetzung des vorhin erwähnten Schwefelkiesgrubenwassers. Sechs vom Verf. untersuchte Proben Abwässer dieser Art ergaben für 1 l:

Bestandtheile	Probe						
	1 mg	2 mg	3 mg	4 mg	5 mg	6 mg	7 mg
Eisenoxydul[1]	113,3	2686,0	167,6	115,8	2378,7	2074,5	351,0
Schwefelsäure	69,8	4146,0	92,9	100,2	3198,8	2522,7	418,1
Chlor	12,6	25,2	85,1	81,5	—	—	—
Kalk	30,0	4812,0	173,6	179,6	431,5	180,0	160,0
Magnesia	3,8	156,0	—	—	85,3	18,9	13,5
Chloralkalien	10,0	34,0	—	—	93,4	—	—
Unlöslicher Rückstand	46,4	619,8	—	—·	—	—	—

(Ueber die Zusammensetzung der Beize, wenn Salzsäure angewendet wird, habe ich bis jetzt keine Beobachtungen gemacht; jedoch kann dieselbe als ähnlich mit einer Salzsäure-Beize von der Verzinkerei angenommen werden, deren Zusammensetzung weiter unten folgt.) ·

Dass auch diese Abwässer die Flüsse stark verunreinigen können, mag daraus erhellen, dass beispielsweise die zahlreichen Drahtziehereien im Lenne-Thal durchschnittlich für 1 Tag 1 Doppelwaggon und mehr Schwefelsäure zur Reinigung des Drahtes benutzen, ohne dass meines Wissens dort die verbrauchte Beize irgendwie ausgenutzt und unschädlich gemacht wird,

---

[1] Zum Theil als unlösliches Eisenoxyd vorhanden.

sondern als solche oder mit dem Kalkbrei vermischt in die Lenne abgelassen wird.

Thatsächlich sieht man in den Abflusskanälen solcher Fabriken durchweg einen starken Schlamm abgelagert, und sind die Ufer der Bäche, welche solches Wasser aufnehmen, mit einem gelben Ueberzug von Eisenoxydhydrat überzogen. Zwei derartige, aus dem Vorheider-Bach bei Hamm entnommene Proben hatten folgende Zusammensetzung:

	Wasser	Eisen-oxydul	Eisen-oxyd	Kalk	Schwefel-säure	Unlöslicher Rückstand
1. Schlamm aus dem Bach	80,39 %	2,08 %	11,04 %	1,69 %	gering	4,27 %
2. Boden vom Ufer-rande	19,79 „	3,06 „	21,93 „	1,21 „	0,21 %	51,58 „

2. Schädlichkeit.

Bezüglich der schädlichen Wirkung dieser Abwässer kann ich mich ganz auf die Ausführungen im vorigen Abschnitt „Abwasser aus Schwefelkiesgruben" beziehen. Auch wenn dieselben keine freie Säure, sondern wie bei Probe 2 der vorstehenden Abwässer freien Kalk enthalten, muss eine schädliche Wirkung angenommen werden; denn die grosse Menge Eisenoxydhydratschlamm behält dadurch für alle die im vorigen Abschnitt aufgeführten Benutzungszwecke eines Wassers seine schädliche Beschaffenheit, und können Fische z. B. in einem Wasser, welches freien Kalk enthält (vergl. S. 197), ebensowenig fortkommen, als bei einem Gehalt an freier Säure; auch bewirkt der freie Kalk eine völlige Ausscheidung des im Wasser natürlich vorhandenen Kalkes, indem sich aus dem Calciumbikàrbonat Calciummonokarbonat bildet, das als unlöslich im Wasser niedergeschlagen wird. Für Berieselungszwecke wird daher ein Bachwasser, welchem freier Kalk zugeführt wird, unter Umständen mehr oder weniger ganz werthlos; auch die Fische bedürfen des kohlensauren Calciums im Wasser.

3. Reinigung.

Die Reinigung der Säurebeize wird, wenn überhaupt, so durch Neutralisation und Fällen mit Kalkmilch vorgenommen. Indess ist hervorzuheben, dass bei diesen Abwässern eine viel vollkommenere, ja gänzliche Unschädlichmachung dadurch ermöglicht ist, dass dieselben zur Darstellung von Ferrosulfat verwendet werden können. Das Puddlings-Walzwerk und die Drahtzieherei von Böcker & Comp. in Schalke theilt mir über die Art der Verarbeitung, die auch ohne Abbildung der Apparate und Gefässe verständlich ist, wörtlich Folgendes mit:

„Die ausgenutzte Schwefelsäure wird durch eine Pumpvorrichtung (wir gebrauchen einen Körting'schen Dampfstrahlapparat aus Hartblei, welcher ausser der bequemen

Handhabung noch den Vortheil bietet, dass er die gehobene Flüssigkeit erwärmt) in einen Behälter gepumpt, welcher mit Bleiplatten ausgefüttert ist, und im Verhältniss zu seinem kubischen Inhalte eine grosse Oberfläche hat, also ein ziemlich flaches Gefäss sein muss, damit bei der nun folgenden Erwärmung die Verdampfung schneller von statten geht. Der Behälter selbst besteht aus Holz und wird in einer gewissen Höhe über dem Flur aufgestellt, damit die nach der Verdampfung zurückbleibende Masse besser abgelassen werden kann. Die hineingepumpte Flüssigkeit wird mittelst Einblasens von Wasserdampf zum Sieden gebracht, mehrere Stunden in diesem Zustande erhalten, bis dieselbe auf 38° nach dem Säuremesser von Beaumé gestiegen ist, und dann zum Zweck des Krystallisirens in gewöhnliche Fässer von Holz geleitet, in welche man mehrere Streifen von Blei an darüberliegenden Stäben herunterhängen lässt. Wenn nach einigen Tagen die Fässer geleert werden, kann man sowohl von den Fasswänden, wie von den herabhängenden Bleistreifen die hellgrünen Eisenvitriolkrystalle mit leichter Mühe ablösen und sind dieselben ohne weitere Behandlungen fertig gestellt, so dass sie in den Handel gebracht werden können. Die noch in den Fässern zurückgebliebene Flüssigkeit wird von neuem in das Bleibecken gepumpt und auf dieselbe Art abgedampft; es ist auf diese Weise möglich, die ganze abgenutzte Schwefelsäure zu Ferrosulfat zu verarbeiten."

Dasselbe wird hauptsächlich in Färbereien zur Verwendung gebracht und wenn auch der dafür gezahlte Preis ein sehr niedriger ist, so wurden doch früher die Kosten des Verfahrens mindestens fünf- bis sechsfach gedeckt. Dagegen ist bei einem kleinen Betriebe sehr zu bezweifeln, ob der Erlös überhaupt nur die Kosten decken würde.

Nach O. Kaysser ist die Zusammensetzung des Schlammes aus den Abdampfgefässen folgende:

	Wasserlöslicher Theil	Säurelöslicher Theil
Eisenoxyd	16,55 %	53,70 %
Eisenoxydul	1,61 „	1,19 „
Schwefelsäure	21,91 „	1,09 „

In vielen Fällen ist also eine Reinigung dieser Abwässer durch Verarbeitung auf Eisenvitriol sehr wohl möglich.

Viel aber wird schon dadurch erreicht, dass die Beizlauge in richtiger Weise durch Kalkmilch neutralisirt und geklärt wird; dass ferner die geklärte Flüssigkeit nicht auf einmal, wie es meistens bei Nacht und Nebel mit der Beizlauge geschieht, sondern in einem beständigen und gleichmässigen langsamen Abfluss in die Bäche und Flüsse abgelassen wird.

Th. Terreil in London verarbeitet (nach dem Engl. Patent vom 4. April 1884) den Eisenvitriol auf schweflige Säure und rothes Eisenoxyd in folgender Weise:

Eisenvitriol wird mit $^1/_{10}$ seines Gewichtes an Schwefel gemischt und bis zur Entfernung des Krystallisationswassers getrocknet. Die Masse wird dann in einem Ofen erhitzt, in welchen die erforderliche Menge Luft eingelassen wird. Der Schwefel reducirt die Schwefelsäure des Vitriols zu schwefliger Säure, die oben in eine Bleikammer abzieht, während ein lebhaftes rothes Eisenoxyd zurückbleibt.

XI. Abwasser von Kiesabbränden.

Die Abwässer von Kiesabbränden können je nach dem zum Rösten verwendeten Rohstoff die Sulfate des Eisens, Zinks und Kupfers enthalten: hierzu gesellt sich bei Schwefelkies unter Umständen auch noch freie Schwefelsäure. So fand ich z. B. in dem von Schwefelkiesabbränden bezw. von einer Schwefelsäurefabrik abfliessenden Wasser für 1 l:

Ferrosulfat	Ferrisulfat	Calciumnitrat	Freie Schwefelsäure
0,361 g	8,324 g	0,864 g	5,002 g

Wenn das von den Lagerstellen der Abbrände abfliessende Regenwasser in den Boden sickert, so kann es ·die·umliegenden Brunnenwässer verderben. Auf solche Weise verunreinigtes ·Brunnenwasser ergab z. B. für 1 l:

In der Nähe von	Abdampf-rückstand (gelöste Stoffe) mg	Eisen-oxyd-schlamm in der Schwebe mg	Zinkoxyd mg	Kalk mg	Magnesia mg	Schwefel-säure mg	Chlor mg
1. Schwefelkies-Abbränden	780,4	337,0	0	179,0	45,7	220,0	91,2
2. Zinkblende- „	1345,6	0	23,4	215,0	48,2	347,5	204,1

Rapmund[1]) giebt an, dass in Nienburg a. d. Weser in der Nähe von Lagerstellen von Kiesabbränden überall in dem Brunnen- und Grundwasser Zink und zwar bis zu 100 mg Zinksulfat in 1 l gefunden wurde. Dass derartige Brunnenwässer mit Zinksulfat besonders bei Kindern unter Umständen bedenklich werden können, ist nach den früheren Angaben (S. 439) über die nach der Pharmakopöe zulässige Höchstgabe für Zinksulfat einleuchtend.

Das Ferro- und Ferrisulfat (und freie Schwefelsäure) setzt sich im Boden bezw. Wasser mit dem Calciumkarbonat um, indem sich Calciumsulfat bildet und Ferro- bezw. Ferrihydroxyd abgeschieden wird;

---

[1]) Tagebl. d. 57. Vers. deutscher Naturf. u. Aerzte in Magdeburg 1884, 277.

letzteres ist zwar nicht gesundheitsschädlich, macht aber bei einer Gehaltsmenge, wie in obiger Analyse, ein Brunnenwasser unbrauchbar für häusliche
Zwecke. Enthalten die Abwässer gleichzeitig freie Schwefelsäure, so kann
auch, wenn die Karbonate und freien Basen in den durchsickerten
Bodenschichten erschöpft sind, freie Schwefelsäure in dem Brunnenwasser
auftreten.

Auch das Zinksulfat erleidet anfänglich in den durchsickerten Bodenschichten eine Umsetzung, indem sich die schwefelsauren Salze anderer
Basen (besonders von Kalk) bilden, während kohlensaures und humussaures Zink etc. als unlöslich abgeschieden wird. Aber auch diese Umsetzung hört auf und das Zinksulfat geht als solches in das Grundwasser
über, wenn die Bodenschichten an genannten Basen und Humusverbindungen erschöpft sind (vergl. S. 428—432).

Enthalten die Schwefelkiesabbrände ferner gleichzeitig Kupferkies,
so bildet sich in derselben Weise bei Zutritt von Luft und Wasser Kupfersulfat, und dieses wirkt, wenn es in das Grund- und Brunnenwasser übergeht, noch nachtheiliger als Zinksulfat.

Die Kiesabbrände sollen daher so aufbewahrt werden, dass das durchsickernde oder abfliessende Regenwasser nicht in das Grundwasser gelangen
kann. Sind die Massen der aufgeschütteten Abbrände sehr gross und führen
die das abfliessende Regenwasser aufnehmenden öffentlichen Wasserläufe
nur geringe Wassermengen, so kann auch eine schädliche Verunreinigung
dieser statthaben, und gilt von der Schädlichkeit solcherweise verunreinigter
Wasserläufe dasselbe, was unter Abwasser aus Schwefelkiesgruben S. 446 bis
460 und aus Zinkblendegruben S. 428—444 gesagt ist.

Die Unschädlichmachung der Kiesabbrände anlangend, so können
diejenigen von reinem Schwefelkies auf metallisches Eisen verarbeitet
werden und die Kupferkies enthaltenden Abbrände dienen mit Vortheil
zur Verarbeitung auf Kupfer oder Kupfervitriol.

Für die zinkhaltigen Abbrände, die bis jetzt keine weitere Verwendung finden können, ist ebenfalls die Gewinnung von Zinkoxyd bezw. Zinksulfat vorgeschlagen. Bei der Abröstung von zinkblendehaltigem Schwefelkies — der von Meggen-Grevenbrück enthält z. B. 8—11$^0/_0$ Zink — und
bei der weiteren Lagerung der Abbrände bedecken sich die Halden mit
weissen Krusten von körnigem oder strahligfaserigem Gefüge, welche nach
B. Rosmann[1]) aus basischem Zinksulfat bestehen und in einer Probe
folgende Zusammensetzung ergaben:

Zinkoxyd	Schwefelsäure	Wasser	Unlöslicher Rückstand
70,2$^0/_0$	11,6$^0/_0$	6,4$^0/_0$	10,6$^0/_0$

(In dieser Verbindung entspricht das Zinksalz der Formel $\left\{ \begin{array}{l} 10\,ZnO \\ 2\,ZnSO_4 + 5\,H_2O \end{array} \right.$).

Auf der Königshütte in Oberschlesien werden die Abbrände durch Zusatz von Kochsalz einer chlorirenden Röstung unterworfen, wodurch die

---

[1]) Chem.-Ztg. 1886, **10**, 673.

Verbindungen des Schwefels an das Natrium geführt werden, also Natriumsulfat entsteht. Das in der Sulfatlauge enthaltene Zinksulfat wird durch Auskrystallisiren gewonnen, wie auch das Natriumsulfat nach genügender Anreicherung der Laugen zur Verwerthung gelangt. Die zurückbleibenden pulverförmigen oxydischen Massen werden nach dem Briquettirverfahren von Saltery mittelst Melasse, unter Verwendung von $1\,°/_0$ der letzteren, zur Darstellung von festen Ziegeln benutzt, welche die Last der Hohofenbeschickung zu ertragen fähig sind.

H. Riemann[1]) verwendet bei der chlorirenden Röstung von zinkhaltigen Kiesabbränden oder Erzen einen Zusatz von wasserfreiem und neutralem Ferrisulfat, welches durch Behandlung von Kiesabbränden mit Schwefelsäure in der Wärme, längeres Einwirkenlassen der Säure auf das Eisenoxyd in Haufenform und Erhitzen der Masse bis zur schwachen Rothgluth hergestellt wird. Durch diese Behandlung soll nahezu alles Zink in solche Verbindungen übergeführt werden, welche in Wasser allein löslich sind und eines Auswaschens mit verdünnter Schwefelsäure nicht bedürfen.

Auf einigen Oberharzer Hüttenwerken[2]) wird aus der bei der Entsilberung des Bleies durch Zink erhaltenen Blei-Zink-Silberlegirung das Zink zuerst durch Wasserdampf oxydirt und alsdann das Zinkoxyd durch Behandlung mit neutralem Ammoniumkarbonat in gelinder Wärme ausgezogen; indem das Ammoniumkarbonat durch Destillation wiedergewonnen wird, wird das zurückbleibende Zinkoxyd durch Glühen in Zinkweiss verwandelt und verwerthet.

Dieses Verfahren ist nach B. Rosmann (l. c.) bei den zinkhaltigen Kiesabbränden nicht anwendbar, weil sich bei der Behandlung mit Ammoniumkarbonat auch Ammoniumsulfat bildet, welches die Wiedergewinnung des Ammoniaks erschwert; um das Verfahren auch hier anwendbar zu machen, müssten die Kiesabbrände in Flammöfen mit oder ohne Kohlenpulver vor der Ausziehung mit neutralem Ammoniumkarbonat nochmals abgeröstet werden; aber es fragt sich, ob unter solchen Umständen bei einem Gehalt der Abbrände von $12-14\,°/_0$ Zink das Ausziehungsverfahren noch gewinnbringend ist.

In neuester Zeit hat man auch angefangen, aus den zinkhaltigen Kiesabbränden (wie denen von Meggen) das Zink auf elektrolytischem Wege abzuscheiden und zu gewinnen.

---

[1]) Chem.-Ztg. 1887, **11**, 225, D.R.P. 38072 vom 26. März 1886.
[2]) Th. Meyer: Chem.-Ztg. 1885, **9**, 1904.

XII. Abwasser aus Silberfabriken, Messinggiessereien, Knopffabriken etc. mit einem Gehalt an Kupfersulfat.

1. Zusammensetzung.

Bei der Silberbeize bezw. Wäsche (bezw. bei dem Verfahren der Schwefelsäurelaugerei) werden kupferhaltige Silberverbindungen mit verdünnter Schwefelsäure behandelt, wodurch alles Kupfer gelöst (und nachher auf Kupfersulfat) verarbeitet wird, während das Silber im unlöslichen Rückstand verbleibt.

In der Knopfindustrie werden die Knöpfe (bestehend aus Kupfer, Zink und Nickel in verschiedenen Legirungen) mit Schwefel-, Salpeter- und Salzsäure[1]) behufs Blankmachens gebeizt und enthalten die Beizflüssigkeiten neben freien Säuren die Salze dieser Metalle.

Ebenso wie hierbei finden sich kupfersulfathaltige Abwässer bei Messinggiessereien, Kupferwerken etc., wie nachfolgende Untersuchungen der hiesigen Versuchsstation zeigen; in 1 l Abwasser wurde gefunden:

Abwasser	Kupferoxyd g	Zinkoxyd g	Eisenoxydul g	Kalk g	Magnesia g	Schwefelsäure g	Salpetersäure g	Abdampfrückstand g
1. Von der Schwefelsäure-Laugerei einer Silberfabrik	0,871	—	0,271	0,325	—	11,094	—	20,217
2. Desgleichen der Knopfbeize	0,500	0,200	—	—	—	7,000	1,000	—
3. „ einer Messinggiesserei	25,700	7,075	1,148	0,800	0,153	65,989	2,242	103,107
4. Aus Kupferwerken, die Kupfersalze verarbeiten:			Eisenoxyd				Ammoniak	
a)	0,257	—	0,070	0,182	0,036	0,653	0,130	2,308
b)	0,079	—	0,058	0,214	0,038	0,794	0,012	1,720
c)	0,112	—	0,065	0,105	0,029	0,640	0,019	1,445

[1]) Die Knopfindustrie der Stadt Lüdenscheid i. Westf. verbraucht z. B. jährlich gegen 6—8000 Ctr. Schwefel-, Salpeter- und Salzsäure.

In Abwässern unterhalb von Messinggiessereien konnten wir bei Spuren von Kupfer häufig 13,0—20,0 mg Zinkoxyd in 1 l nachweisen. Da der Formsand aus Messinggiessereien nach 2 Proben:

Schwefelsäure	Kupferoxyd	Zinkoxyd
0,89 u. 0,88 %	0,088 %	1,339 u. 2,159 %

enthielt, so erklärt sich hieraus, dass das Abwasser aus denselben mehr Zink als Kupfer zu enthalten pflegt. Auch in dem aus diesen Abgängen gebildeten Bachschlamm fanden wir diese Bestandtheile nämlich auf geglühte Substanz berechnet:

Schwefelsäure	Kupferoxyd	Zinkoxyd	Kalk
0,389—3,376 %	0,062—0,462 %	0,140—0,379 %	1.545—5,185 %.

2. Schädlichkeit.

Ueber die Schädlichkeit derartiger Abwässer in landwirthschaftlicher, gewerblicher wie gesundheitlicher Hinsicht kann kein Zweifel sein.

In Lüdenscheid[1]) wurden seiner Zeit vor Einführung der Verarbeitung der Beizlaugen von der Knopfindustrie durch diese Abwässer gegen 40 Brunnen verdorben und der Rahmedebach so verunreinigt, dass darin keine Fische mehr vorkamen; auch Wiesen unterhalb der Stadt wurden vernichtet.

a) Schädlichkeit für den Boden.

Die Kupfersalze (Sulfat wie Nitrat) wirken in derselben Weise auf den Boden wie Zink- und Eisensalze; das Kupferoxyd wird vom Boden festgehalten, während an seiner Stelle eine entsprechende Menge anderer Basen (vorwiegend Kalk, Magnesia und Kali) an die frei gewordene Säure tritt. Letztere Salze werden dann aus dem Boden ausgewaschen, wenn das Wasser wie beim Berieseln von Wiesen durch den Boden filtrirt und abfliessen kann.

Um dieses nachzuweisen, liess E. Haselhoff[2]) durch je 25 kg eines lehmigsandigen Bodens 15mal je 25 l Wasser filtriren, welchem folgende Mengen Kupfersalze (3 Theile Kupfersulfat auf 1 Theil Kupfernitrat) zugesetzt waren, nämlich auf 1 l:

---

[1]) Terfloth: Das Beizen d. Metalle und die Denaturirung d. Beizflüssigkeit in Lüdenscheid 1883.
[2]) Landw. Jahrb. 1892, **21**, 263.

	I.	II.	III.	IV.
Kupfersalze	0	40 mg	100 mg	200 mg

In dem rückständigen Boden waren durch verdünnte Salzsäure löslich:

	I.	II.	III.	IV.
Kupferoxyd	—	0,031 $^0/_0$	0,054 $^0/_0$	0,103 $^0/_0$
Kalk	0,719 $^0/_0$	0,693 „	0,637 „	0,594 „
Magnesia	0,181 „	0,180 „	0,172 „	0,178 „
Kali	0,082 „	0,081 „	0,050 „	0,043 „

.Dass durch längere Benutzung von kupfersalzhaltigem Wasser zur Berieselung sich nicht unwesentliche Mengen Kupfer im Boden ansammeln können, zeigte eine Untersuchung von Wiesen bei Hemer, die regelrecht mit dem Oesebachwasser berieselt wurden, welches die Abwässer vieler Messinggiesseren aufnimmt. In dem wasser- und humusfreien Boden wurde gefunden:

Boden	Schwefelsäure $^0/_0$	Kupferoxyd $^0/_0$	Zinkoxyd $^0/_0$
1. Obergrund von nicht berieselten Wiesen .	0,051—0,066	0—Spur	0—0,057
2. „ „ berieselten Wiesen . . .	0,055—0,108	0,087—0,252	0,156—0,320
3. Untergrund „ „ „ . . .	0,035—0,039	0,021—0,027	0,048—0,081

Da die Metalloxyde sich vorwiegend im Obergrund der Wiesen befinden und nicht im Untergrund, so können dieselben nur durch das Rieselwasser zugeführt worden sein.

Dass auch bei mit Gras bestandenen Wiesen durch die Berieselung mit kupfersulfathaltigem Wasser Nährstoffe aus dem Boden ausgeführt werden, zeigt folgender Versuch, den ich in Gemeinschaft mit E. Haselhoff[1]) auf der bereits S. 389 beschriebenen kleinen Rieselanlage ausgeführt habe. Dem Rieselwasser wurden 0,22 g Kupfersulfat auf 1 l zugesetzt.

1 l Wasser enthielt:	Kupferoxyd mg	Kalk mg	Magnesia mg	Kali mg	Natron mg	Chlor mg	Salpetersäure mg	Schwefelsäure mg
Auffliessendes Wasser . . .	94,5	113,0	16,7	6,0	22,0	42,6	50,8	227,1
Drainwasser von:								
Moorboden	Spuren	132,0	32,8	7,0	36,5	63,8	33,5	169,4
Kalkboden	„	178,0	44,3	7,7	35,6	53,2	40,5	173,4
Lehmboden	„	161,0	28,4	6,9	35,6	48,6	30,7	157,1
Sandboden	„	137,0	18,0	7,1	24,2	42,6	36,3	168,2

Während bei der Berieselung mit reinem Leitungswasser durchweg eine mehr oder weniger starke Abnahme an den Bestandtheilen des Riesel-

---

1) Landw. Jahrb. 1893, **22**, 848.

wassers stattgefunden hatte, tritt hier unter dem Einfluss des Kupfersulfates eine Zunahme und Auswaschung von Basen, besonders von Kalk auf, und zwar letzteres um so stärker, je reicher der Boden an Kalk ist. Die Erschöpfung des Bodens wird daher um so rascher eintreten, je höher der Gehalt des Wassers an Kupfersalzen und je geringer der Vorrath des Bodens an umsetzungsfähigen Basen ist.

b) Schädlichkeit für die Pflanzen.

Ueber die Frage der Schädlichkeit der Kupfersalze bezw. über die Frage, ob Kupfer überhaupt von Pflanzen aufgenommen werden könne[1] bezw. aufgenommen werde, sind sehr verschiedene Ansichten[1] geäussert worden.

Schon De Candolle[2] (1832) und Forschammer[3] (1855) rechneten das Kupfer zu den von den Pflanzen aus dem Boden aufnehmbaren Metallen, und zwar solle dasselbe durch Alkalichloride löslich gemacht werden. v. Gorup-Besanez[4] konnte dagegen Kupfer in Pflanzen (Buchweizen, Erbsen, Roggen), die in einem mit Kupferkarbonat vermischten Boden gewachsen waren, nicht nachweisen, während Francis Phillips[5] dieser Nachweis (z. B. in Geranium, Colea, Ageratum, Achyranthes und Viola tricolor) unter gleichen Verhältnissen gelang.

Nach der Zeit ist in zahlreichen Pflanzen, die auf kupferhaltigem Boden gewachsen waren, Kupfer gefunden worden, so von Freitag,[6] K. B. Lehmann,[7] V. Vedrödi[8] u. A.

A. Tschirch (l. c.) weist auch durch Versuche nach, dass Kupfer von den Pflanzen aus dem Boden zwar aufgenommen wird, aber selbst nach starker Kupferung des Bodens — 4 g Kupfersulfat auf 2 qm Boden — nur in geringen Mengen; auch wirkte das Kupfer im Boden nicht schädlich, während nach Fr. Philipps (l. c.) grössere Mengen Kupfer giftige Wirkungen auf Pflanzen ausübten, indem die Ausbildung der Wurzeln gestört, die Lebensfähigkeit der Pflanzen gehemmt oder die Pflanzen auch ganz vernichtet wurden.

Dieser Widerspruch in den Ergebnissen und Schlussfolgerungen erklärt sich wohl ohne Zweifel in derselben Weise, wie beim Zinksulfat, von welchem auch bald schädliche, bald unschädliche Wirkungen im Boden beobachtet

---

[1] Vergl. A. Tschirch: Das Kupfer vom Standpunkt d. gerichtl. Chemie, Toxikologie u. Hygiene, Stuttgart 1893.

[2] Physiologie végétale 1832, **1**, 389.

[3] Poggendorff's Ann., **14**, 60; Jahrbuch der Chemie 1855, **8**, 987.

[4] Ann. d. Chem. u. Pharm. 1863, 243.

[5] Chem. News 1882, **44**, 224.

[6] Bot. Centrbl. 1882, **12**, 127.

[7] Archiv f. Hygiene 1896, **27**, 1.

[8] Chem.-Ztg. 1893, **17**, 1932.

worden sind (vergl. S. 434). Auch lösliche Kupfersalze werden ebenso wie Zinksalze im Boden dann nicht schädlich wirken, wenn sie alsbald in unlösliche Salze, z. B. kohlensaures oder humussaures Kupfer, umgewandelt werden.

Dass lösliche Kupfersalze für Pflanzen schädlich wirken, kann nach neueren, unten folgenden Versuchen nicht bezweifelt werden.

Da nämlich Kupfersalze ähnlich wie andere Metallsalze im Boden eine Umsetzung mit anderen Salzen erleiden und Nährstoffe aus dem Boden löslich machen, so müssen schon aus diesem Grunde, wenn die Kupfersalze in einem zur Berieselung benutzten Wasser enthalten sind, Nährstoffe aus dem Boden ausgewaschen werden und muss der Ernteertrag mit der Zeit abnehmen, und zwar um so mehr, je mehr Kupfersalze auf den Boden eingewirkt haben. Dieses beweist folgender Versuch, der in dem vorstehend mit Kupfersalzlösungen von verschiedener Gehaltsmenge behandelten Boden mit Gras, Gerste und Hafer angestellt wurde. Im Mittel zweier Versuchsreihen wurde für 1 Versuchsgefäss an Trockensubstanz geerntet:

	I.	II.	III.	IV.
Für 1 l Wasser: Kupfersalz . .	0	0,50 mg	100 mg	200 mg
Ernte an: Gras	16,22 g	15,47 g	(16,98 g)	14,03 g
„ „ Gerste	13,15 „	12,51 „	11,16 „	7,44 „
„ „ Hafer	17,07 „	15,71 „	15,09 „	10,01 „

Zu dieser Ertragsverminderung infolge Nährstoff-Entzuges kommt aber noch die direkt schädliche Wirkung der Knpfersalze, wenn solche im gelösten Zustande den Pflanzen dargeboten werden. Die von E. Haselhoff[1]) mit Kupfersalzen in Wasserkulturen ausgeführten Versuche haben nämlich ergeben, dass bei 10 mg Kupferoxyd (CuO) in 1 l Wasser in Form eines löslichen Salzes schädigende Wirkungen auftreten, dass 5 mg CuO in 1 l nicht bei allen Pflanzen durchgreifende schädliche Wirkungen äussern.

R. Otto[2]) beobachtete die schädliche Grenze bei 7,0 mg Kupferoxyd (CuO) in 1 l in Form von Kupfersulfat und fand weiter, dass die Wurzeln, die ebenso wie die oberirdischen Theile eine abnorme Entwicklung zeigen, höchstens eine Spur Kupfer aufnehmen.

Pflanzen jedoch, die auf mit kupfer- und zinkhaltigem Bachwasser berieselten Böden gewachsen sind, können in den oberirdischen Pflanzentheilen unter Umständen ziemlich erhebliche Mengen Kupfer und Zink ansammnln; so fanden wir in Gras, welches unter diesem Einfluss gewachsen war (auf wasser- und sandfreie Substanz berechnet):

	Kupferoxyd %	Zinkoxyd %	Schwefelsäure %
1. Gras bezw. Heu von verdorbenen Wiesen	0,062—0,172	0,065—0,206	0,74—1,22
2. Desgl. „ gesunden „	0,011	0,019	0,68

---

[1]) Landw. Jahrb. 1892, **21**, 263.
[2]) Zeitschr. f. Pflanzenkrankheiten 1893, **3**, 322.

Das Gras oder Heu von den durch kupfersalzhaltiges Rieselwasser verdorbenen Wiesen soll bei Thieren nachtheilige und ähnliche Wirkungen zeigen, wie das unter dem Einfluss von sauren Rauchgasen gewachsene Futter, was aus den früher (S. 440) angegebenen Gründen nicht unwahrscheinlich ist.

c) Schädlichkeit für die Fische.

C. Weigelt[1]) hat beobachtet, dass eine grosse Forelle bei einem Gehalt von 1 g Kupfersulfat ($CuSO_4 + 5H_2O$) in 1 l und bei $7,5^0$ Wassertemperatur sofort heftig nach Luft schnappte und nach 2 Minuten Seitenlage annahm; bei einem Gehalt von nur 0,1 g in 1 l und derselben Wassertemperatur trat bei einer anderen Forelle nach 7 Minuten Seitenlage ein.

Auf die Befruchtung wirkt das Kupfersulfat nach einem Versuch Weigelt's ebenfalls nachtheilig, indem bei einem Gehalt von 0,1 g Kupfersulfat in 1 l Wasser nur 9,1 $^0/_0$ Eier befruchtet wurden, während in einem Kontrollversuch mit reinem Wasser 51,5 $^0/_0$ befruchtete Eier sich ergaben. Nitsche fand, dass bei demselben Gehalt eines Wassers an Kupfersulfat nach 132 Tagen von 100 Eiern 66 abstarben, dagegen in einem gewöhnlichen reinen Wasser von 100 Eiern nur 43.

Nach den von mir in Gemeinschaft mit E. Haselhoff[2]) ausgeführten Versuchen sind schon weit geringere Mengen Kupfersulfat schädlich und können sogar wenige (10) mg Kupfersulfat ($CuSO_4 + 5H_2O$) für 1 l bei längerem Aufenthalt tödtlich auf Fische wirken, indem sich besonders an den Kiemen eine schleimig-gallertartige Masse absetzt.

3. Reinigung.

Wie bei anderen metallsulfathaltigen Abwässern könnte man auch bei diesen Abwässern von der Ausfällung des Kupfers, Zinks etc. als Hydroxyde eine Verbesserung oder Reinigung erwarten. Dieses Verfahren hat sich aber bei dieser Art Abwässer nicht bewährt. Dagegen hat ein Verfahren von Hoffmann — früher in Woklum — gute Erfolge aufzuweisen.

Die verbrauchten Beizflüssigkeiten von der Knopffabrikation werden mit Eisenabfällen in Bleipfannen solange gelinde erwärmt, bis sie auf 37^0 Bé. eingedampft sind. Hierbei scheidet sich das Kupfer als solches aus und kann als Cementkupfer verwerthet werden, während Ferro-, Zink-, Nickel- und Ammoniumsulfat — das Ammoniak des letzteren von einer theilweisen Reduktion der Salpetersäure herrührend — in Lösung bleiben. Man lässt aus dieser Lösung

---

[1]) Archiv f. Hygiene 1875, **3**, 39. Ueber die Versuchsverfahren vergl. Anm. S. 33 dieser Schrift.

[2]) Landw. Jahrb. 1897, **26**, 75.

das Ferrosulfat, welches die anderen Sulfate zum Theil mit einschliesst, aber darum doch technisch verwendet werden kann, in Holzfässern mit Querstäben auskrystallisiren und gewinnt unter Umständen auch je nach dem Gehalt Zink- und Nickelsulfat. Die nach dem Auskrystallisiren verbleibende Mutterlauge hat nur noch einen Gehalt von 26—28° Bé. und wird zur weiteren Verarbeitung mit neuen Mengen verbrauchter Beizflüssigkeit wieder auf die Bleipfanne gebracht.

Man kann die freie Säure der Beizflüssigkeit auch durch Auflösen von Kupferabfällen, Kupferhammerschlag oder dergl. abstumpfen und die Lösung auf Kupfersulfat verarbeiten; indess wird meistens Eisen zum Ausfällen des Kupfers vorgezogen. Bei Anwendung von Kupfer zum Abstumpfen der freien Säure wird die Salpetersäure in Stickoxyd übergeführt, welches sich verflüchtigt. Die Salzsäure der Beizflüssigkeit schadet angeblich bei dem Verfahren nicht, indem die Metalle mit ihr Chloride bilden, die als solche mit der Zeit abgeschieden werden können.

Nach diesen Versuchen würde sich also die Beizlauge der Knopfindustrie so verarbeiten lassen, dass von derselben nichts oder schliesslich nur eine geringe Menge Mutterlauge zum Abfluss gelangt.

Als sonstige Vorschläge zur Verarbeitung von Abfällen bezw. Abfalllaugen von der Kupfergewinnung mögen mitgetheilt werden (vergl. auch S. 408):

a) Verfahren und Einrichtung zur Aufarbeitung der bei der Kupfergewinnung durch Chlorirung entstehenden Mutterlaugen von E. de Cuyper in Peronnes-les-Binche. D.R.P. 53261 vom 1. Sept. 1889 und Zusatz-Patent 54131 vom 21. Dec. 1889.[1])

Die zur Sirupkonsistenz eingedampften Laugen werden verglüht, wobei das beim Eindampfen aus dem Eisenchlorür gebildete Eisenoxychlorid in Salzsäure, Chlor und Eisenoxyd zerlegt wird. Die in dem Glühofen zurückbleibende Schmelzmasse setzt sich zusammen aus Eisenoxyd, Zinkoxychlorür, Natriumsulfat und Natriumchlorid. Die letzteren drei löslichen Bestandtheile werden herausgelöst und aus der erhaltenen Lauge das Zink mittelst Natriumkarbonat gefällt. In dem Filtrat wird das Natriumchlorid durch Schwefelsäure in Sulfat übergeführt. Zum Abdampfen der ursprünglichen Chlorirungslaugen dient ein Ofen, bei welchem eine Beschleunigung des Vorganges dadurch erzielt wird, dass neben der durch ein Rührwerk erzeugten beständigen Bewegung der Lauge heisse Luft gegen letztere gedrückt wird.

Bei dem Verfahren des vorstehenden Hauptpatentes bildet das Natriumsulfat das der Menge nach wichtigste Erzeugniss in diesen Mutterlaugen. Um das Natriumsulfat zu gewinnen, wird die Lauge auf etwa 3° unter Null abgekühlt, bei welcher Temperatur das betreffende Salz vollkommen auskrystallisirt, während die vorhandenen Chlorverbindungen (Fe_2Cl_6, $ZnCl_2$, $NaCl$ etc.) bei 10° unter Null noch nicht erstarren sollen. Um letztere zu gewinnen, wird daher nach Entfernung des Natriumsulfates die Lauge vollständig eingedampft und der verbleibende Rückstand geglüht, so dass beim Lösen reines, festes Eisenoxyd zurückbleibt, während Chlorzink in Lösung geht und durch Kalkmilch gefällt wird.

---

[1]) Berichte der Deutschen chemischen Gesellschaft in Berlin 1891, **24**, Ref. 224 und 338.

b) Verfahren zur Verwerthung der Abfalllaugen der Kupferauslaugung von K. W. Jurisch.[1]) (D.R.P. 41737 vom 4. Febr. 1887. Kl. 40.)

Das Verfahren bezweckt die Gewinnung auch von Zink und Eisen aus den Abfalllaugen und besteht in Folgendem:

Enthält die Abfalllauge freie Säure, so wird sie zunächst in einem Gefäss mit Rührwerk, welches ähnlich dem Neutralisirer im Weldon-Process eingerichtet ist, unter Erhitzen mit Dampf durch Zufügen von kohlensaurem Kalk oder dem Eisenniederschlag einer vorhergehenden Behandlung von dem grössten Theile ihrer überschüssigen Säure befreit.

Ohne absetzen zu lassen, pumpt man den Inhalt des Neutralisirers in hoch aufgestellte Klärgefässe, aus denen die abgesetzte Lauge in Oxydationsthürme fliesst, welche ebenso ausgestattet sind, wie die Weldon'schen Oxydationsthürme.

Hier nun wird die Lauge durch Dampf erhitzt, indem man zugleich mit dem Einblasen von Luft beginnt. In dem Maasse als sich dadurch basisches Eisenoxydsalz abscheidet und eine demselben entsprechende Menge Säure frei wird, wird in kleinen Mengen und in möglichst guter Vertheilung Kalkmilch zugegeben, ohne jedoch jemals die Neutralisirung völlig zu erreichen. Häufig gezogene Muster müssen stets noch eine eben sichtbare Röthung auf neutralem Lackmuspapier hervorbringen. Es schadet gar nichts, wenn während des Blasens zeitweilig eine grössere Menge freier Säure auftritt. Das einmal gefällte basische Ferrisulfat wird dadurch nicht wieder aufgelöst, dagegen löst sich dabei Calciumkarbonat aus der Kalkmilch, und etwa gefälltes Zinkkarbonat.

Die Oxydation kann als beendigt angesehen werden, wenn eine abfiltrirte Probe bei nahezu neutraler Reaktion auf Lackmuspapier nur noch eine unbedeutende Menge Eisen enthält. Der hellbraune Schlamm fliesst dann in Klärgefässe ab, in denen sich der Eisenniederschlag von mehreren Behandlungen ansammeln kann. Diese Klärgefässe sind so aufgestellt, dass der Eisenoxydschlamm, zweckmässig nach vorhergehendem Waschen mit Wasser, freies Gefälle hat, um nach dem Neutralisirer abzufliessen, um dort, wie beschrieben, angereichert zu werden. Aus den hochstehenden Klärgefässen gelangt der Eisenschlamm in eine Filterpresse, und kann dann beliebig weiter verarbeitet werden.

Die klare Zinklauge aus den unteren Klärgefässen fliesst in einen Behälter mit Rührwerk, in welchem sie mit Dampf erhitzt und mit Kalkmilch gefällt wird. Es muss ein kleiner Ueberschuss an Kalk angewendet werden, so dass rothes Lackmuspapier deutlich gebläut wird. Hierdurch wird das Zink als Karbonat, mit Oxyd gemischt, niedergeschlagen. Der Schlamm fliesst in tiefstehende Klärgefässe, die in den Boden eingesenkt sein können. Die klare Lauge, welche im wesentlichen bloss noch Chlornatrium und Chlorcalcium enthält, steht dann zur etwaigen Kochsalzgewinnung zur Verfügung, während der Zinkniederschlag nach Entfernung der Lauge mit Wasser ausgekocht wird. Dies geschieht am besten mittelst eines Dampfgebläses in dem Klärgefäss selbst, um das Chlorcalcium, den Gips und Aetzkalk aufzulösen. Nach dem Absetzen und Entfernen des Waschwassers wird der Zinkniederschlag in eine Filterpresse gepumpt. Die Zinkkuchen werden dann in einer Muffel oder mit direktem, aber oxydirendem Feuer geröstet, und können mit Röstblende zusammen auf Zink verhüttet werden.

Es sind gegen dieses Verfahren verschiedene Einwände erhoben worden, welche Jurisch indess an genannter Stelle sämmtlich zu widerlegen sucht.

------

[1]) Berichte d. Deutschen chem. Gesellschaft 1888, **21**, Ref. 116 und Die chem. Industrie 1888, **11**, 3.

XIII. Abwasser aus Nickelfabriken.

In der Nähe eines Nickelwalzwerkes wurde ein Zurückgehen des Pflanzenwuchses auf Wiesen beobachtet. Die Untersuchung des Bodens ergab in 3 verschiedenen Proben (auf wasser- und humusfreie Substanz berechnet):

	1.	2.	3.
Kupferoxyd . .	0,63 %	0,89 %	2,05 %
Zinkoxyd . . .	0,95 „	0,83 „	0,60 „
Nickeloxyd . .	0,12 „	0,20 „	0,15 „

Da Nickel nur spärlich in der Natur verbreitet ist und unter normalen Verhältnissen im Boden nicht vorkommt, da auch Kupfer und Zink in vorstehenden Mengen nicht im natürlichen Boden vorgefunden werden, so konnte kaum bezweifelt werden, dass das im Wiesenboden nachgewiesene Nickel nebst den verhältnissmässig grossen Mengen Kupfer und Zink von dem benachbarten Nickelwalzwerk herrührte, dessen Abwasser — sei es nun von Schutt- oder Erzhalden, sei es von der Verarbeitung der Nickelerze auf nassem Wege — früher auf die Wiesen gelangt war, und dass die grössere Ansammlung der drei Metalle Kupfer, Zink und Nickel, die sämmtlich durch die Bodenagentien löslich gemacht werden können, eine mit der Zeit zunehmende Verschlechterung des Pflanzen-Wachsthums zur Folge gehabt hatte. Denn es ist anzunehmen, dass die Nickelsalze ebenso, wie dieses für die Kupfer- und Zinksalze nachgewiesen ist, für den Boden nachtheilig wirken.

Dass die Nickelsalze selbst in kleinen Mengen für Pflanzen schädlich sind, zeigen Wasserkulturversuche von E. Haselhoff,[1] wonach bei Pferdebohnen und Mais schon 2,5 mg Nickeloxydul (als Sulfat) in 1 l genügten, um die Entwickelung der Pflanzen zu hemmen, ja sogar um Pflanzen zum Absterben zu bringen.

Aehnliche Versuche von E. Haselhoff[2] mit Kobalt, welches das Nickel in der Natur sehr eng begleitet, ergaben, dass schon 2,0 mg Kobaltoxydul (in Form von Sulfat) in 1 l Nährlösung im Stande sind, das Wachsthum von Pferdebohnen und Mais zu stören bezw. zu vernichten.

---

[1] Landw. Jahrb. 1893, **22**, 862.
[2] Ebendort 1895, **24**, 959.

XIV. Abwasser aus Verzinkereien.

Bei der Verzinkung oder Verzinnerei wird das Eisenblech zur Entfernung jeglicher Oxyd- bezw. Oxydulschicht erst gedarrt und dann in eine Salzsäurebeize geworfen, welche so lange benutzt wird, bis die Salzsäure annähernd verbraucht ist. Eine solche von mir untersuchte, ausgenutzte Beizlauge enthielt in 1 l:

Schwebestoffe: Eisenschlamm	8,435 g
Gelöste Stoffe:	
Im ganzen einschl. Krystallwasser .	258,100 „
Chlor	120,62 „
Eisen in Form von Chlorür . . .	89,21 „
„ „ „ „ Chlorid . . .	3,24 „
Hieraus berechnet sich:	
Eisenchlorür	202,20 „
Eisenchlorid	9,39 „

so dass noch ca. 1,5 g freie Salzsäure für 1 l verbleiben.

Diese Beizlauge wurde nach dem Verbrauch auf die Schlackenhalden geschüttet und gelangte erst nach der Filtration durch diese in den Bach (Birnbach bei Geisweid). Wenngleich auf diese Weise eine Neutralisation der freien Salzsäure bewirkt und ein grosser Theil des Eisenchlorürs durch Zersetzung mit dem Kalk der Schlacke unter Abscheidung von Eisenoxydulhydrat zersetzt wurde, so gelangte doch noch ein Theil unzersetzt in das Bachwasser und bewirkte folgende Veränderungen desselben für 1 l:

	Unvermischtes Birnbachwasser:	Vermischtes Birnbachwasser nach Aufnahme des Abflusses:
Schwebestoffe (Eisenoxyd) . . .	0,0 mg	3,0 mg
Gelöst:		
Im ganzen (Abdampfrückstand) .	47,0 mg	99,0 mg
Chlor	5,0 „	21,0 „

Ueber die schädliche Wirkung eines Ferro- und Ferrichlorid enthaltenden Abwassers auf Boden und Pflanzen sowie in gewerblicher Hinsicht gilt in erhöhtem Maasse dasselbe, was von dem Abwasser aus Schwefelkiesgruben S. 449—460 gesagt ist. Jedenfalls dürfte freie Salzsäure und Eisenchlorür nicht minder schädlich für den Boden und das Pflanzenwachsthum sein, als freie Schwefelsäure und Ferrosulfat. Ueber die Wirkung des Eisenchlorürs auf Fische liegen bis jetzt keine Versuche vor, über die Wirkung von freier Salzsäure und Eisenchlorid auf Fische vergl. S. 496 und 497.

Die Abführung einer solchen Salzsäurebeize in die öffentlichen Wasserläufe ist daher nicht zu gestatten. Da die Beize fast ausschliesslich aus Eisenchlorür besteht, so kann dieselbe nach der Filtration auf letzteres verarbeitet und technisch für Färbereien etc. verwerthet werden.

XV. Abwasser von Soda- und Potasche-Fabriken mit einem Gehalt an Schwefelcalcium und Schwefelnatrium.

1. Zusammensetzung.

Bei der Herstellung der Soda nach dem Leblanc'schen Verfahren werden auf 1 t Alkali 1,5 t trockne Rückstände gewonnen, die ausser Schwefelcalcium und Calciumoxyd auch Schwefelnatrium, Schwefeleisen, Thonerde, Sand und Kohle etc. enthalten. Diese Rückstände pflegt man in Haufen aufzuschütten, und entwickelt sich daraus Schwefelwasserstoff bezw. schweflige Säure, wenn, wie es mitunter der Fall ist, der Haufen ins Glühen geräth. Durch Oxydation bilden sich aus dem Schwefelcalcium und Schwefelnatrium die unterschwefligsauren bezw. schwefligsauren Salze dieser Basen, während das Schwefeleisen in Eisenoxydhydrat und freien Schwefel zerfällt und ein Theil der Basen durch die Kohlensäure der Luft in kohlensaure Salze übergeführt wird. Die Zusammensetzung dieser Rückstände richtet sich daher ganz nach der Zeit sowie Art und Weise ihrer Lagerung. Richters[1]) findet für dieselben folgende procentige Zusammensetzung:

Schwefel-calcium $^0/_0$	Schwefeleisen $^0/_6$	Unterschwef-ligsaures Calcium $^0/_0$	Schweflig-saures Calcium $^0/_0$	Kohlensaures Calcium $^0/_0$	Schwefel-saures Calcium $^0/_0$	Calcium-oxyd (CaO) $^0/_0$
37,62	1,88	2,69	0,74	23,18	1,68	6,49

Die Auslaugungsrückstände der Rohsoda, die unter Verwendung des Kalkschlammes vom Kausticiren bezw. mit Kalkstein hergestellt sind, enthalten nach A. Chance:[2])

[1]) Die Verwerthung der Abfallstoffe von F. Fischer, Leipzig 1876, 134.

[2]) Journ. of the Soc. of Chem. Ind. 1888, 162, ref. Hans Benedikt: Die Abwässer der Fabriken. F. Enke, Stuttgart 1896, 385.

	Kalkschlamm		Kalkstein	
Kohle	6,90	3,84	8,46	7,21
Sand	1,06	0,61	1,34	0,98
Kieselsäure (gebunden)	1,37	1,73	1,29	1,27
Thonerde	0,87	0,87	0,91	1,16
Schwefeleisen	0,94	0,49	0,67	0,85
Schwefel (frei)	0,36	0,15	0,47	0,17
Schwefelcalcium	23,76	26,46	30,17	31,56
Calciumsulfit	Spur	—	Spur	—
Calciumkarbonat	28,29	24,16	19,88	25,15
Kalkhydrat	1,43	6,33	1,22	—
Natron	1,63	1,18	0,84	1,30
Magnesia	0,35	0,30	0,43	0,33
Wasser (bei 100°)	33,34	34,69	35,01	30,50

R. Hofmann[1]) untersuchte derartige Rückstände, in offenbar vorgeschrittener Verwitterung, mit folgendem Ergebniss:

Probe	Wasser %/0	Eisenoxyd + Thonerde %/0	Schwefelsaures Calcium %/0	Kohlensaures Calcium %/0	Schwefelsaures Natrium %/0	Kohlensaures Natrium %/0	Schwefelcalcium %/0	Sand %/0	Kohle %/0
No. 1 ..	10,00	3,400	2,441	48,143	3,800	7,205	7,205	3,001	14,400
No. 2 ..	13,04	—	51,59	18,28	5,11	—	Schwefel 7,98	—	3,99

Wir fanden in der Trockensubstanz derartiger Rückstände:

Zeit der Lagerung	Kalk	Magnesia	Schwefelsäure	Chlor
1. Kürzere Zeit gelagert ...	46,95 %/0	1,14 %/0	3,66 %/0	0,38 %/0
2. Längere „ „ ...	49,18 „	1,14 „	2,57 „	2,57 „

In vollständig verwittertem Zustande können daher diese Abgänge wegen des Gehaltes an schwefelsaurem und kohlensaurem Calcium mitunter als Düngemittel verwendet werden, indess sind die gewonnenen Mengen durchweg sehr gross und geben die Abwässer (durch Regenwasser) von den Schutthaufen nicht selten Veranlassung zur Verunreinigung der Flüsse.

Wir fanden in 1 l eines derartigen Abwassers von den Schutthalden:

---

[1]) Jahresbericht f. Agr.-Chem. 1861, **4**, 178 und 1866, **9**, 262.

Sodafabrik nach dem	Chlor-natrium	Chlor-calcium	Natrium-sulfat	Natrium-karbonat	Calcium-sulfat	Magne-sium-sulfat	Kalium-sulfat
	g	g	g	g	g	g	g
1. Ammoniak-Verfahren	17,125	6,786	—	—	0,325	0,363	0,312
2. Leblancsoda-Verfahren	3,331	—	0,398	6,545	0,298	0,016	0,080

Zu den schädlichen Bestandtheilen, nämlich dem Schwefelcalcium, Schwefelnatrium und freien Kalk gesellt sich unter Umständen ferner noch in geringer Menge Arsen, welches mehr oder weniger stets in der zur Verwendung gelangten Schwefelsäure etc. enthalten ist. Nach den vielen Untersuchungen von Smith[1]) enthält im Durchschnitt:

Schwefelkies	Rohe Schwefelsäure	Rohe Salzsäure	Rohes Natriumsulfat	Soda-Rückstände
1,649 % Arsen	1,051 % Arsen	0,691 % Arsen	0,029 % Arsen	0,442 % Arsen

E. Haselhoff[2]) findet den Gehalt der aus deutschen Kiesen hergestellten Schwefelsäure an arseniger Säure zu 0,100 %, der aus spanischen Kiesen hergestellten Schwefelsäure zu 0,253 %.

L. Grandeau[3]) untersuchte die Abgänge einer Sodafabrik in Dieuze, welche gleichzeitig mit einer Chlorkalkfabrik verbunden war. Die Fabrik verarbeitete beide Rückstände wie folgt:

Die Rückstände der Sodafabrikation wurden mit dem bei der Chlorkalkfabrikation erhaltenen Chlormangan nach Neutralisation mit Kalk befeuchtet und die Masse der Oxydation an der Luft überlassen; durch methodisches Auslaugen der Masse erhielt man die „Schwefelwässer" (sog. „eaux jaunes"), welche den Schwefel als Calciumoxysulfid, Calciumpolysulfid und als unterschwefligsaures Calcium enthielten.

Man neutralisirte das Chlormangan durch diese „Schwefelwässer" und gewann so einen grossen Theil des Schwefels wieder, indem gleichzeitig aus den Polysulfiden eine geringe Menge Schwefelwasserstoff entwickelt wurde. Eisen und Mangan wurden als Schwefelverbindungen gefällt, getrocknet und geglüht; zur Trennung des Mangansulfats vom Oxyd wurde mit Wasser ausgelaugt; indem man den Rückstand auf Natronsalpeter einwirken liess, erhielt man Salpetersäure oder salpetrige Säure, welche für die Fabrikation der Schwefelsäure verwendet wurde.

Das Natriumsulfat wurde durch Dekantation abgetrennt und krystallisiren gelassen, während das Manganoxyd in der Glasfabrikation Verwendung fand.

---

[1]) Dingler's polytechn. Journal 1871, **201**, 415 und 1873, **207**, 141.
[2]) Landw. Ztg. f. Westf. u. Lippe 1899, 251.
[3]) L. Grandeau: La soudière de Dieuze etc. Paris, Librairie agric. de la maison rustique 1872.

Bei dieser Aufarbeitung der Rückstände gelangten die Flüssigkeiten, welche von der Behandlung der „Schwefelwässer" (eaux jaunes) mit Chlormangan und nach Dekantation der Schwefelverbindungen von Eisen und Mangan erhalten wurden, zum Abfluss.

Der Schwefelgehalt dieses Abwassers war selbstverständlich grossen Schwankungen unterworfen, wie nicht minder die Verbindungen, in welchen derselbe vorhanden war. L. Grandeau fand in einer direkt aus dem Absatzbecken entnommenen Probe für 1 l 8,5240 g Schwefel und zwar in Form von:

Schwefelwasserstoff	Schwefelalkali	Hyposulfit	Schwefelsäure
0,0192 g	0,1645 g	7,2013 g	1,1390 g

In anderen Proben wurden 3,60—3,61 g Gesammt-Schwefel und 0,0191 bis 0,0193 g Schwefelwasserstoff in 1 l gefunden.

Die Zusammensetzung des Abwassers ergab sich nach 2 Proben für 1 l wie folgt:

	1. Direkt aus dem Absatzbecken entnommen g	2. Wie es (mit anderem Wasser verdünnt) abfliesst. g
Calciumsulfhydrat (Calciumhydrosulfid)	0,063	—
Schwefelcalcium	0,327	0,101
Unterschwefligsaures Calcium (Calciumhyposulfit)	16,603	2,516
Schwefelsaures Calcium	1,756	2,527
„ Natrium	3,220	8,219
„ Magnesium	—	3,215
Chlorcalcium	28,876	20,584
Chlormangan	27,670	17,542
Chlornatrium	—	11,120
Im ganzen	78,151	65,824

Das Wasser war von milchig trüber Beschaffenheit.

Wie dasselbe die Zusammensetzung eines Flusswassers zu verändern im Stande war, zeigte L. Grandeau an folgenden Analysen des Wassers der Seille vor und nach Aufnahme des Abwassers, wobei bemerkt werden muss, dass das Wasser der Seille einerseits wegen der natürlichen salzreichen Beschaffenheit des umliegenden Geländes und dann auch wegen Aufnahme des Abwassers einer Saline an sich sehr kochsalzreich bezw. salzreich war. L. Grandeau fand für 1 l:

	Wasser der Seille		Unterschied
	vor	nach	
	Aufnahme des vorstehenden Abwassers		
	g	g	g
Kieselerde	0,0305	0,0309	+ 0,0004
Thonerde + Eisenoxyd	0,0285	0,0480	+ 0,0205
Kohlensaures Calcium	0,3027	0,1927	— 0,1088
Schwefelsaures Calcium	0,1990	0,4520	+ 0,2530

<table>
<tr><td></td><td colspan="2" align="center">Wasser der Seille
vor   nach
Aufnahme des vorstehen-
den Abwassers</td><td align="center">Unterschied</td></tr>
<tr><td></td><td align="center">g</td><td align="center">g</td><td align="center">g</td></tr>
<tr><td>Kohlensaures Magnesium .</td><td>0,0200</td><td>0,0127</td><td>— 0,0075</td></tr>
<tr><td>Schwefelsaures Magnesium</td><td>0,2040</td><td>0,0305</td><td>— 0,1735</td></tr>
<tr><td>Chlornatrium . . . . .</td><td>2,2160</td><td>3,3800</td><td>+ 1,1640</td></tr>
<tr><td>Manganoxyd . . . . .</td><td>0,0065</td><td>0,0217</td><td>+ 0,0152</td></tr>
<tr><td>Schwefelsaures Natrium .</td><td>0,0175</td><td>0,0315</td><td>+ 0,0140</td></tr>
<tr><td>Organische Stoffe . . . .</td><td>0,3000</td><td>0,3020</td><td>+ 0,0020</td></tr>
<tr><td>Schwefelcalcium . . . .</td><td>0</td><td>0,0027</td><td>+ 0,0027</td></tr>
<tr><td>Calciumhyposulfit . . .</td><td>0</td><td>0,1130</td><td>+ 0,1130</td></tr>
<tr><td></td><td>3,3135</td><td>4,5777</td><td></td></tr>
</table>

Wir fanden bei Sodafabriken nach dem Ammoniakverfahren in 1 l:

	Direkt abfliessendes Fabrikabwasser	Bachwasser nach Aufnahme des Fabrikabwassers
Chlornatrium	7,080 g	1,097 g
Chlorcalcium	1,891 „	0,347 „
Calciumsulfat . . .	0,466 „	0,087 „
Calciumbikarbonat .	1,405 „	0,373 „

Die mehrerwähnte englische Kommission ermittelte für die Abwässer von diesen und Chlorkalkfabriken sowie für die Verunreinigung der Flüsse durch dieselben z. B. folgende Zahlen für 1 l:

| Art des Wassers | In der Schwebe | Gelöst: | | | | | | | | | Härte (Engl. Grade) | Eisen- und Manganoxyd |
| | | Gesammt | Organischer Kohlenstoff | Organischer Stickstoff | Ammoniak | Stickstoff als Nitrate u. Nitrite | Gesammt-Stickstoff | Chlor | Freie Salzsäure | Arsen | | |
	mg	mg	mg	mg	mg	mg	mg	mg	mg	mg	(Engl. Grade)	mg
1. Kanalwasser der chemischen Fabrik zu Widnes, wie es sich in den Mersey ergiesst	309,6	18900	205,09	7,55	6,42	0,24	13,08	6993,0	0	15,0	—	—
2. Kanalwasser der Seifen- und Sodafabrik zu Runcorn	—	3258,0	—	—	—	1,23	—	6378,8	5882,0	2,0	—	151,0
3. Honeypot-Bach durch Abwasser aus Sodafabriken verunreinigt	26,2	2342,0	24,43	10,81	16,16	7,02	31,14	992,8	274,4	0,32	—	—
4. Sankey-Bach· vor seinem Eintritt in St. Helens	20,6	308,0	11,74	0,79	0,11	1,23	2,11	31,3	0	0,05	15,9°	—
5. Derselbe nach seinem Austritt aus St. Helens	191,1	4072,0	14,43	2,24	3,50	1,01	6,13	1962,4	685,1	—	—	—

Art des Wassers	In der Schwebe mg	Gelöst:									Härte (Engl. Grade)	Eisen- und Mangan-oxyd mg
		Gesammt mg	Organischer Kohlenstoff mg	Organischer Stickstoff mg	Ammoniak mg	Stickstoff als Nitrate u. Nitrite mg	Gesammt-Stickstoff mg	Chlor mg	Freie Salzsäure mg	Arsen mg		
6. Derselbe vor seiner Vereinigung mit dem Sankey-(Schifffahrts-)Kanal . . .	—	2145,0	11,05	2,05	2,75	0,98	5,29	764,5	220,4	0	131⁰	99,0
7. Der Sankey-Kanal bei St. Helens . .	—	2392,0	5,31	0,63	2,66	3,81	6,63	2159,4	183,9	Spur	192⁰	444,0
8. Derselbe bei Warrington	—	1792,0	8,51	0,85	2,00	1,30	3,80	548,6	305,8	0	80⁰	205,0
9. Derselbe nach seiner Vereinigung mit d. Sankey-Bach . . .	—	1890,0	4,02	1,48	3,00	1,76	5,71	538,6	26,2	0	89⁰	124,0

In einer Schlammprobe aus dem Sankey-Schifffahrtskanal ergab sich 22,75 % freier Schwefel.

2. Schädlichkeit.

Ueber die Schädlichkeit verschiedener Bestandtheile dieser Art Abwässer, so des freien Kalkes vergl. I. Bd. S. 366 und II. Bd. S. 197, des Arsens vergl. S. 337 und 340, des Chlorcalciums (bei der Ammoniaksodafabrikation) vergl. S. 410—419, des Schwefelwasserstoffs vergl. S. 36.

Es erübrigt hier noch, die schädlichen Wirkungen von den Bestandtheilen „Schwefelcalcium und Schwefelnatrium" zu besprechen und zwar:

a) Schädlichkeit für den Boden und die Pflanzen.

In welcher Weise Abwasser von den Rückständen der Sodafabriken eine Veränderung im Boden hervorzurufen vermag, hat L. Grandeau (l. c.) mit dem obigen verunreinigten Seille-Wasser in Dieuze nachgewiesen. Hier hatte das verunreinigte Wasser Wiesen überschwemmt, und es fragte sich, ob der hiernach beobachtete Minderertrag von den Bestandtheilen des obigen Abwassers der Sodafabriken herrührte. L. Grandeau zog zu dem Zwecke je 1 kg Boden mit je 3 l Wasser aus, verdampfte diese zur Trockne, glühte und ermittelte den Gesammt-Rückstand wie folgt:

	Wiese Bier überschwemmt	Wiese Lesey O	Wiese Lesey P
		nicht überschwemmt	
Obergrund . . .	4,485 g	7,10 g	3,00 g
Untergrund . .	5,050 „	9,02 „	3,01 „

Die procentige Zusammensetzung dieses Rückstandes war folgende:

Bestandtheile	Wiese Bier Ueberschwemmt		Wiese Lesey O Nicht überschwemmt		Wiese Lesey P	
	Obergrund %	Untergrund %	Obergrund %	Untergrund %	Obergrund %	Untergrund %
Kohlensäure .	0,41	0,22	0,90	0,50	1,05	0,95
Schwefelsäure .	18,57	14,17	4,52	4,88	3,70	3,70
Chlor	30,20	33,15	54,22	41,83	34,44	47,38
Natron	31,31	31,13	38,50	43,50	38,82	28,08
Kalk	6,90	11,05	13,00	9,00	12,20	15,20
Magnesia . . .	10,10	9,90	0,51	3,48	0,40	6,28
Kali	Spur	Spur	Spur	Spur	Spur	Spur
Phosphorsäure .	3,50	0	0	0	0	0

Hiernach ist der mit dem Abwasser der Sodafabrik überschwemmte bezw. berieselte Boden durch eine grössere Menge Sulfate und Magnesiumsalze — und auffallender Weise auch durch einen Gehalt an löslicher Phosphorsäure — gegenüber den nicht überschwemmten Wiesen ausgezeichnet. Diese Verhältnisse liessen sich jedoch in den Pflanzen (bezw. dem Heu) von den Wiesen nicht nachweisen; der Boden ist dort, wie die Analysen zeigen, an sich so reich an Chlornatrium, dass Mindererträge bei trockener Witterung auch allein auf dieses zurückgeführt werden konnten.

Ueber die Schädlichkeit des Schwefelcalciums auf Pflanzen (Gerste) haben J. Fittbogen, R. Schiller und O. Foerster[1] eingehende Untersuchungen ausgeführt. Die Veranlassung zu diesen Versuchen gab die Beobachtung, dass Braunkohlenasche, welche zur Befestigung von Waldwegen benutzt war, eine nachtheilige Wirkung auf das Wachsthum der Bäume ausgeübt hatte. Die Braunkohlenasche hatte nach 2 Proben folgende procentige Zusammensetzung:

Braunkholenasche	Wasser %	Cal- cium- sulfat %	Cal- cium- karbonat %	Cal- cium- sulfid %	Eisen- oxyd + Thon- erde %	Kali %	Phos- phor- säure %	Sand + Thon %
1. Von Förderkohle	8,86	20,09	3,89	3,85	23,65	0,03	0,06	38,62
2. Von Grusskohle	1,75	14,45	7,84	2,74	24,61	0,03	0,09	48,73

[1] Landw. Jahrb. 1884, **13**, 755.

Bei der Behandlung der Aschen mit Wasser wurde das Calciumsulfid in Calciumhydrosulfid und Calciumhydroxyd gespalten nach der Gleichung:

$$2\,CaS + 2\,H_2O = Ca(HS)_2 + Ca(OH)_2.$$

Das Calciumhydroxyd ging an der Luft in kohlensaures Calcium über, in welche Verbindung auch das Calciumhydrosulfid unter Austritt von Schwefelwasserstoff übergeführt wurde:

$$Ca(HS)_2 + Ca(OH)_2 + 2\,CO_2 = 2\,Ca\,CO_3 + 2\,H_2S.$$

Der Schwefelwasserstoff endlich lieferte in Berührung mit dem atmosphärischen Sauerstoff fein vertheilten Schwefel und Wasser:

$$2\,H_2S + O_2 = 2\,H_2O + S_2.$$

Da aller Wahrscheinlichkeit nach die beobachtete schädliche Wirkung der Braunkohlenasche auf den Gehalt an Calciumsulfid zurückzuführen war, so wurden über das Verhalten des letzteren gegen Pflanzen verschiedene Versuche angestellt.

Zu den Versuchen diente als Wachsthumsmittel einmal reiner Quarzsand und ferner Gartenboden; je 1000 Theile der beiden Massen enthielten folgende, in heisser koncentrirter Salzsäure löslichen Bestandtheile:

Wachsthumsmittel	Kali	Natron	Kalk	Magnesia	Eisenoxyd	Phosphorsäure	Schwefelsäure	Kieselsäure
Quarzsand	0,0014	0,0298	0,0523	0,0228	0,3071	0,0096	0,0026	0,0350
Gartenboden	1,494	0,212	11,555	2,216	28,970	1,8440	0,5490	1,0080

Der Gartenboden bestand ferner aus 52,40 % Feinerde, 43,63 % Skelet und 3,40 % hygroskopischem Wasser.

Das den beiden Böden zuzusetzende Calciumsulfid kam in 4 Präparaten zur Anwendung, nämlich:

1. In Form der Asche aus Förderkohle mit 3,85 % Calciumsulfid.
2. Als fast reines Calciumsulfid mit 88,05 % CaS (dargestellt durch Ueberleiten von trocknem Schwefelwasserstoff über glühenden gebrannten Kalk, Präparat I.
3. Ein Gemisch von Präparat I mit so viel gebranntem und gelöschtem Kalk, als zur Bildung des Calciumoxysulfids ($2\,CaS$, CaO) erforderlich war; dieses Präparat II enthielt 29,81 % CaS = 41,4 Calciumoxysulfid.
4. Präparat III nach dem Verfahren von Leblanc durch Erhitzen von je 1 Theil Glaubersalz und Kreide mit $^3/_4$ Theile Steinkohle und Auswaschen der Schmelze hergestellt; der ungelöste Rückstand ergab 15,93 % Calciumsulfid = 22,12 % Calciumoxysulfid.

Zu den Versuchen dienten Töpfe von weissem Glase von 26 cm Höhe, 12—13 cm unterem und 15—16 cm oberem Durchmesser; auf den Boden der Töpfe kam erst eine Schicht von Quarzstücken in der Höhe von 2 cm, darauf der Quarzsand bezw. der Gartenboden in einer Menge von 4 kg.

Die Töpfe mit reinem Quarzsand erhielten folgende Nährstofflösung als Grunddüngung für den Topf:

$$10{,}2235 \text{ g } KCl,\ 0{,}096 \text{ g } MgSO_4,\ 1{,}312 \text{ g } Ca(NO_3)_2,\ 0{,}344 \text{ g } Ca_2H_2(PO_4)_2 + 4\,H_2O,$$
$$0{,}535 \text{ g } Fe(OH)_3.$$

Der an sich ertragsfähige Gartenboden erhielt keine Düngung.

Zwei Versuchsreihen blieben ohne schwefelcalciumhaltige Beigabe. In den übrigen Reihen wurden die oberen 2,5 kg der Füllung (entsprechend einer Bodenschicht von 10 cm Mächtigkeit) mit bestimmten Mengen der Braunkohlenasche bezw. eines der 3 Präparate vermischt.

Nach diesen Versuchen machte sich der schädliche Einfluss des Calciumsulfids schon bei der Keimung geltend, indem dasselbe die Keimung in einigen Töpfen ganz oder theilweise unterdrückt hatte.

Dann aber war sowohl in den Quarzsandtöpfen wie in dem Gartenboden durch die Gegenwart eines calciumsulfidhaltigen Zusatzes der Ertrag an oberirdischer Trockensubstanz ohne Ausnahme herabgedrückt und zwar im Quarzsand mehr wie im Gartenboden, was mit der während der Wachsthumszeit gemachten Beobachtung im Einklang stand, wonach die Pflanzen im Quarzsand von dem schädlichen Einfluss in weit höherem Grade betroffen schienen als die Gartenbodenpflanzen.

Dieses hatte darin seinen Grund, dass hier eine ständige Quelle von Schwefelwasserstoff vorhanden war, indem das dem Quarzsand als Dünger zugeführte Bicalciumphosphat nach weiter angestellten Versuchen das Calciumsulfid nach folgender Gleichung zu zerlegen im Stande ist:

$$CaS + Ca_2H_2(PO_4)_2 = Ca_3(PO_4)_2 + H_2S.$$

Bemerkenswerth ist ferner, dass das Präparat III (Rückstand von dem Leblanc-Soda-Process) bei gleichen zugesetzten Mengen Calciumsulfids in allen Reihen schädlicher gewirkt hat, als die Präparate I und II.

b) Schädlichkeit für Fische.

Die Schädlichkeit der Abgänge aus Sodafabriken für Fische wies Cas. Nienhaus-Meinau[1]) bei einer Sodafabrik in Wyhlen (Baden) in der Weise nach, dass er Fische (1 Barbe, 1 Alet, 2 Nasen und 5 Häsel) in einem Troge ungefähr 70 m unterhalb der Ausmündung des Leitungsrohres der Sodafabrik in dem Rheinstrom aussetzte. Der Versuch begann am 26. März nachmittags 3 Uhr; am 27. März nachmittags 3 Uhr waren noch alle Fische gesund und munter; am 29. März vormittags 11 Uhr waren jedoch die beiden Nasen todt, der Alet und 2 Häsel krank, die Barbe und 3 Häsel dagegen normal; die kranken Fische erholten sich in reinem Wasser wieder vollständig. Wenn er in das von Kalkhydrat milchig trübe, nicht filtrirte, direkt von der Fabrik abfliessende Wasser Fische einsetzte, so starben diese innerhalb 10 Minuten.

C. Weigelt[2]) untersuchte die Giftigkeit des Schwefelnatriums für Fische, und wenn die mit letzterem erzielten Ergebnisse auch nicht direkt auf

---

[1]) Cas. Nienhaus-Meinau: Bericht über die Verunreinigung des Rheines etc. Basel 1883, 9.

[2]) Archiv f. Hygiene 1885, **3**, 39. Ueber das Versuchsverfahren vergl. S. 33 Anm.

Schwefelcalcium übertragen werden dürfen, so sind dieselben bei dem annähernd gleichen Molekulargewicht ($Na_2S = 78$ und $CaS = 72$) nach C. Weigelt mit einander vergleichbar.

Nach diesen Versuchen war bei einer Temperatur des Wassers von 20^0 C. die Widerstandsdauer einer Schleie in einer Lösung von 0,1 g Schwefelnatrium (Na_2S) in 1 l 1 St. 20 Min., in einer solchen von 0,05 g Na_2S in 1 l = 2 St. 26 Min. Die Schleie des ersten Versuchs starb in reinem Wasser nach 6 Tagen, die des zweiten Versuchs erholte sich vollständig. Bei der niedrigen Temperatur von 8^0 C. war die Einwirkung eine entsprechend weniger starke; keines der beiden Thiere starb, dagegen legte sich die in $0,1^0/_{00}$ iger Lösung befindliche Schleie nach 9 St. 45 Min. auf die Seite.

Auffallend auch war bei der höheren Temperatur von 20^0 C. die Entfärbung der Versuchsfische, welche sich auch nach längerem Aufenthalt in reinem Wasser nicht verlor.

L. Grandeau[1]) hat in gleicher Weise schon 1870 die Schädlichkeit der bei den Abgängen der Sodafabrikation in Betracht kommenden Bestandtheile für Fische nachgewiesen, indem er theils das S. 480 erwähnte Abwasser direkt oder nach Verdünnen mit reinem Wasser verwendete, theils einem reinen Wasser die als giftig anzusehenden Bestandtheile (Schwefelcalcium, Calciumhyposulfit, Chlormangan etc.) zumischte. Zu den Versuchen dienten wegen ihrer grösseren Widerstandsfähigkeit ebenfalls Schleien von 70—90 g Gewicht. Auch wurden die Versuche ganz ähnlich wie die von C. Weigelt angestellt; die Schleien befanden sich vor dem Versuch in einem grösseren Behälter mit reinem Wasser, welches auf annähernd derselben Temperatur als das Versuchswasser gehalten wurde. Die Fische kamen aus ersterem in ein kleineres Gefäss von 10 l Inhalt mit dem betreffenden Versuchswasser, verblieben in diesem kürzere oder längere Zeit, wobei die Krankheitserscheinungen aufgeschrieben wurden. L. Grandeau zieht aus seinen Versuchen folgende Schlüsse:

1. Das Wasser der Seille übt vor Vermischung mit dem Abwasser der Sodafabrik keine schädliche Wirkung auf Fische aus.

2. Dasselbe hat nach Aufnahme der Abwässer an gewissen Tagen eine tödtliche Wirkung; die Fische werden scheintodt (asphyxirt), aber nicht vergiftet; sie erholen sich in einem reinen Wasser; die unter dem Einfluss erlegenen Fische sind essbar, wie Grandeau bei sich selbst feststellte.

3. Der eigentliche schädliche Bestandtheil dieses Abwassers ist das Schwefelcalcium; wenn die Menge desselben 0,016—0,039 g für 1 l nicht übersteigt und das Wasser sich hinreichend schnell erneuert, so ist die Asphyxie unvollständig und kann der Fisch gerettet werden; über diese Menge hinaus geht das Thier innerhalb kurzer Zeit zu Grunde.

---

[1]) L. Grandeau: La soudière de Dieuze etc. Paris 1872.

4. Das Calciumhyposulfit verursacht selbst in grossen Gaben nur ein vorübergehendes Unbehagen der Thiere; es ist nicht giftig.

5. Das Chlormangan erscheint weniger giftig als Chlornatrium und Chlorcalcium, jedoch kann eine grössere Menge dieses Salzes Fische tödten.

Letztere Schlussfolgerung Grandeau's scheint jedoch nach anderweitigen Versuchen nicht begründet zu sein (vergl. S. 496); über die Wirkung des Chlornatriums auf Süsswasserfische vergl. S. 401—404, über die des Chlorcalciums S. 419.

c) Verunreinigung von Brunnenwasser.

Wie durch die Rückstände von einer Soda- (und Schwefelsäure-) Fabrik auch die benachbarten Brunnen bezw. das Grundwasser verunreinigt werden können, haben G. Wolffhügel und E. Egger[1] durch Untersuchungen in München nachgewiesen. Die dort in der Landsbergerstrasse früher vorhandene Soda- und Schwefelsäurefabrik hatte ihre Rückstände in die daselbst befindlichen ausgebeuteten Sandgruben eingefüllt und aufgespeichert; sie gaben jedoch theils durch den Geruch nach Schwefelwasserstoff, theils durch die Verunreinigung des Bodens, welche das immerwährende Auslaugen dieser Massen durch die atmosphärischen Niederschläge im Gefolge hatte, Veranlassung zu Klagen seitens der benachbarten Anwohner.

In der That zeigte die erste Untersuchung im Jahre 1874 von G. Wolffhügel, dass die benachbarten Brunnen sämmtlich durch die Auslaugestoffe dieser Rückstände erheblich verunreinigt wurden. Infolgedessen wurde die Fabrik geschlossen, und lange ruhten die Klagen, bis sie endlich 1880 und 1881 wieder erhoben wurden; die in dieser Zeit von E. Egger vorgenommene Untersuchung ergab, dass die Verunreinigung einen viel weiteren Umfang angenommen hatte, als wie sie in den Untersuchungen von 1874 zu Tage getreten war.

Aus den vielen Analysen des benachbarten Brunnenwassers mögen nur folgende (nämlich die der am meisten verunreinigten Brunnen) hervorgehoben werden:

(Hierzu vergl. Tabelle umstehend S. 488.)

Wie nicht anders erwartet werden kann, ist es vorwiegend eine erhöhte Menge Schwefelsäure bezw. schwefelsaurer Salze etc., wodurch das Grundbezw. Brunnenwasser aus genannten Rückständen verunreinigt wird; die umstehende Untersuchung zeigt ferner, dass eine derartige Verunreinigung nicht nur einen grossen Umfang annehmen, sondern auch Jahre lang andauern kann.

---

[1] 1. u. 2. Bericht d. Untersuchungsstat. des Hygien. Inst. in München. München 1882, 53—59.

1 l Brunnenwasser enthielt:	Ab-dampf-rück-stand	Zur Oxyda-tion er-forder-licher Sauer-stoff	Chlor	Sal-peter-säure	Schwe-fel-säure	Kalk
	mg	mg	mg	mg	mg	mg
1874						
1. In der Fabrik	3230	5,7	229,0	55,7	1398,0	—
2. Desgl. nach dem Ausschöpfen des-selben	3800	2,8	269,8	113,2	1567,0	—
3. Friedenheim, Bahnwärterkaserne .	1630	2,4	218,8	190,5	249,6	—
4. Landsbergerstrasse No. 7	900	2,6	56,8	188,8	172,5	—
1830/81						
5. Ligsalzstrasse No. 1a	918	2,8	43,7	116,7	220,8	192,0
6. Schwanthalerhöhe No. 35	1120	8,5	94,0	186,1	154,5	180,6
etc. etc.						

3. Reinigung.

Zur Reinigung[1]) dieser Abgänge sind vorwiegend 3 Verfahren in Ge-brauch, die sämmtlich auf der Oxydation der Rückstände durch die Luft und der Darstellung löslicher Polysulfide, Hyposulfite und Sulfite des Cal-ciums bezw. Natriums beruhen und wobei als letztes Nebenerzeugniss eine neutrale Chlorcalciumlösung gewonnen wird, deren Verwerthung jedoch Schwierigkeit bereitet. Diese und sonstige Verfahren[2]) sind folgende:

a) **W. P. Hofmann** laugte die oxydirten Rückstände aus und brachte sie mit geklärter saurer Manganlösung zusammen.

Durch den Gehalt der letzteren an Salzsäure, freiem Chlor und Eisenchlorid zer-setzen sich die Schwefellaugen unter Schwefelausscheidung. Das sich entwickelnde Schwefelwasserstoffgas leitet man durch eine Holzfeuerung, um die sich bildende schweflige Säure für andere Laugen zu benutzen und das Calciumpolysulfid unter Schwefelausschei-dung in Calciumhyposulfit zu verwandeln, das man mit Natriumsulfat versetzt, um Natriumhyposulfit zu gewinnen. Die zurückbleibenden neutralen Manganbrühen werden noch anderweitig verwerthet.

b) **Max Schaffner** richtete zwei vollständig geschlossene und durch Röhren mit einander verbundene Zersetzungsgefässe von Gusseisen oder Stein ein, die mit den ausgelaugten oxydirten Rückständen gefüllt wurden.

Nach Zusatz von Salzsäure entwickelt sich aus den Polysulfiden Schwefelwasser-stoff, später aus den Hyposulfiten schweflige Säure; letztere wird in das zweite Zer-setzungsgefäss geleitet, wo sie die Polysulfide unter Schwefelabscheidung in Hyposulfite verwandelt.

---

[1]) Ueber die Aufbereitung der Sodarückstände in Dieuze vergl. S. 479.
[2]) H. Eulenberg: Handbuch der Gewerbe-Hygiene. Berlin 1876, 677.

Die aus dem ersten Gefässe abgezogene Lauge besteht aus einer neutralen Chlor-calciumlösung, in der sich allmählich ein unreiner Schwefel absetzt. Nun setzt man Salzsäure zu der mit schwefliger Säure schon behandelten Lösung, um die Hyposulfite unter Schwefelabscheidung und Entwicklung von schwefliger Säure zu zersetzen, während letztere in das erste mit frischer Lauge angefüllte Gefäss geleitet wird, um Polysulfide unter Abscheidung von Schwefel wieder in Hyposulfite zu verwandeln. Schwefel-wasserstoff tritt nur bei dem ersten Zusatz von Salzsäure auf, der bei starker Ent-wicklung abgelassen wird; die schweflige Säure wird von dem einen Zersetzungsgefäss in das andere übergeführt, wozu man gegen Ende der Behandlung heissen Wasserdampf benutzt.

Der arsenhaltige Schwefel wird in gusseisernen, mit Rührwerk versehenen Kesseln unter Zusatz von Kalkmilch mittelst Wasserdampfes von $1\,^3/_4$ Atmosphären Spannung geschmolzen. Das überschüssige Calciumhydroxyd verwandelt sich in Calciumsulfid und dieses mit dem Arsensulfid in Calciumsulfoarsenit. Während Gips in der wässerigen Flüssigkeit schwebend ist, wird der angesammelte Schwefel abgelassen und in Formen gegossen.

Das Schaffner'sche Verfahren wurde in den meisten Fabriken, und für die Reinigung des arsenhaltigen Schwefels damals (d. h. bis 1876) in allen Fabriken in der beschriebenen Weise ausgeführt.

c) Mond befördert die Oxydation der Lauge durch Einpressen von Luft mittelst eines Ventilators.

Infolge der Erhitzung (bis 94^0 C.) entwickeln sich viele Wasserdämpfe, die meist Schwefelwasserstoff mit fortführen, namentlich wenn die Sodarückstände arm an Aetz-kalk sind. In einem besonderen Falle lagen die Auslaugekästen im Freien und ver-ursachten hierdurch den Anliegern die grösste Belästigung. Die Entwicklung dieser unangenehmen Gase hört erst auf, wenn die Oxydation bis zu einem gewissen Grade vorgeschritten ist.

Die Zersetzung in einem mit Blei ausgefütterten Bottich geschieht ebenfalls durch Salzsäure; zur Ableitung der Gase ist er mit einem zum Schornstein führenden Ab-leitungsrohr, sowie mit einer Stopfbüchse zur Aufnahme eines Rührwerkes versehen. Ein-geleiteter Wasserdampf muss die Temperatur auf $40-60^0$ C. erhalten. Nur bei einem richtigen Verhältniss der Hyposulfite zu den Polysulfiden (1 : 2) soll sich kein Schwefel-wasserstoff entwickeln; meistens werden aber die einen oder anderen vorwalten, und wird daher fast immer Schwefelwasserstoff oder schweflige Säure auftreten.

In einigen Fabriken lässt man die Lauge nur bis auf $^1/_3$ der ganzen Bottichhöhe in die Absatzkästen ablaufen, indem man den Rest bei einem neuen Zusatz der Lauge benutzt, um durch die vorhandene schweflige Säure den auftretenden Schwefelwasser-stoff zu zersetzen. In den Absatzkästen schlägt sich der Schwefel nieder; die zurück-bleibende Lauge ist Chlorcalcium.

Eine sehr gute Uebersicht der verschiedenen Verfahren der technischen Ver-werthung dieser Rückstände hat auch Tiemann (Wiener Ausstellung Heft 20 S. 469) geliefert.

d) Verfahren von Hugo Bornträger zur Darstellung von arsenfreier und selenfreier Schwefelsäure aus den Sodarückständen (D.R.P. 15757 vom 8. März 1881).

Die Sodarückstände des Leblanc'schen Verfahrens werden mit Wasser unter 5—6 Atmosphären Druck ausgelaugt. Die Schwefellauge kommt in einen mit Rührwerk versehenen Behälter mit gemahlenen Kiesabbränden zusammen. Hier bildet sich Schwefel-eisen. Wenn keine Reaktion auf die Schwefellaugen mehr stattfindet, so kommt die Masse auf eine Reihe Filter. Der Schlamm wird im Kiesofen getrocknet und dann in den heissen Etagen desselben geröstet. Die abgeröstete Masse dient wiederum zur Zer-setzung der Sodarückstandlaugen.

e) **Verfahren vom Verein chemischer Fabriken in Mannheim zur Darstellung von Schwefelnatrium aus Sodarückständen** (D.R.P. 20947 vom 24. März 1882).

Frischer Sodaschlamm wird mit der dem Schwefelcalcium äquivalenten Menge Natriumsulfat und wenig Wasser einem Dampfdruck von 5 Atmosphären ausgesetzt. Es entsteht Gips und Schwefelnatrium, welches letztere ausgelaugt wird.

f) **Verfahren von Carl Opl in Hruschau (Oesterr. Schlesien) zur Wiedergewinnung des Schwefels aus Sodarückständen** (D.R.P. 23142 vom 8. Oktober 1882).

In die zu einem Brei angerührten Sodarückstände wird Schwefelwasserstoff eingeleitet. Man wendet hierzu eiserne Apparate mit Rührwerk an, in welche vermittelst Luftpumpen Schwefelwasserstoff eingedrückt wird. Die von dem Calciumkarbonat getrennte Lauge besteht aus Calciumsulfhydrat und kann auf Schwefel, unterschwefligsaure Salze oder Schwefelwasserstoff verarbeitet werden. Man kann das Schwefelwasserstoffgas auch in statu nascendi einwirken lassen, indem man auf in Wasser schwebende Sodarückstände, Kohlensäure oder eine andere Säure einwirken lässt, jedoch nur in dem Maasse, als der entwickelte Schwefelwasserstoff von noch vorhandenen Rückständen bezw. Schwefelcalcium aufgenommen werden kann.

g) **Verfahren von Weldon in Burstow zur Gewinnung von Schwefel aus Sodarückständen** (Engl. P. 100 vom 8. Januar 1883).

Sodarückstände werden mit Wasser unter Druck erhitzt, wobei angeblich folgende Reaktion eintritt:

$$2\,CaS + 2\,H_2O = Ca(OH)_2 + Ca(SH)_2.\,\cdot$$

Die Lösung des Sulfhydrats wird in innige Berührung mit Luft gebracht und aus der Lösung der Calciumsulfide und des Calciumthiosulfats wird der Schwefel durch Salzsäure gefällt. Die Erhitzung der Sodarückstände mit Wasser soll bei einem Druck von 3—6 Atmosphären erfolgen. Zur Behandlung der zu oxydirenden Lauge mit Luft wird Anwendung eines Dampfinjektors und Erwärmung empfohlen.

h) **Verfahren von James Mactear in Glasgow** (Engl. P. 5545 vom 22. November 1882).

Die mit Wasser angerührten Sodarückstände werden unter Druck und Anwendung von Wärme mit Kohlensäure aus beliebiger Quelle behandelt. Es bildet sich kohlensaures Calcium und Schwefelwasserstoff, der mit den unabsorbierten Gasen in mit Rührwerk versehene Gefässe oder Rieselthürme geleitet wird, wo derselbe bei Gegenwart von Chlorcalciumlösung oder Wasser mit schwefliger Säure zersetzt wird.

Das kohlensaure Calcium, das noch mit Kohlenstücken und anderen Stoffen gemischt ist, soll zu Cement verwendet werden.

i) **Verfahren von Grouven in Leipzig** (D.R.P. 29848 vom 30. Mai 1884).

„Frische oder alte Rückstände werden mit etwa $10\,^0/_0$ Sägemehl und $10-20\,^0/_0$ warmem Wasser in einer Knetmaschine zu einem gleichmässigem Teige verarbeitet und in Drainrohrpressen zu Röhren kleinen Kalibers gepresst, welche in einem Trockenschuppen einige Tage der Einwirkung des Sauerstoffs der Luft ausgesetzt bleiben. Hierauf werden sie in grobe Stücke zerbrochen und in von aussen ringsum stark geheizten Retorten mit glühendem Wasserdampfe behandelt. An Stelle von Sägemehl lassen sich auch entsprechend zerkleinerte Abfälle von Kohlen, Torf, Moos, Nadelstreu, Hanf- und Lohrückstände verwenden.“

k) Verfahren von Josiah Wyckliffe-Kynaston in Liverpool zur Darstellung von Schwefel und Calciumsulfit aus den Rückständen der Alkalien-Industrie (D.R P. 34825 vom 10. März 1885).

Die Alkalirückstände werden mit einer Lösung von Magnesiumchlorid (von 1,2 bis 1,225 spec. Gewicht) erhitzt. Dabei tritt folgende Reaktion ein:

$$CaS + MgCl_2 + 2H_2O = H_2S + CaCl_2 + Mg(OH)_2.$$

Es entwickelt sich also Schwefelwasserstoff, während ein Gemisch von Calciumchlorid, Magnesiumhydroxyd, überschüssig zugesetztem Magnesiumchlorid und etwas Calciumkarbonat in Wasser gelöst, bezw. schwebend bleibt, das von den groben, unlöslichen Bestandtheilen abgelassen wird. In diese Flüssigkeit wird schwefelige Säure eingeleitet, bis alles Calcium als Sulfit gefällt ist.

$$CaCl_2 + Mg(OH)_2 + SO_2 = CaSO_3 + MgCl_2 + H_2O.$$

Das Calciumsulfit wird abfiltrirt und gewaschen und dann zur Hälfte mit Wasser angerührt. Man leitet den früher gewonnenen Schwefelwasserstoff ein und lässt zu gleicher Zeit am Boden des Gefässes Salzsäure eintreten:

$$CaSO_3 + 2H_2S + 2HCl = CaCl_2 + 3S + 3H_2O.$$

Dadurch, dass die schweflige Säure im Entstehungszustande wirkt, soll eine Bildung von Thionsäure nicht eintreten, wodurch sonst bei der Zersetzung von Schwefelwasserstoff mit schwefliger Säure Verluste entstehen. Der Rest des Calciumsulfits wird auf Bisulfit verarbeitet.

l) Verfahren von C. Wigg[1]) zur Verwerthung von Alkali- und Kupferrückständen (Engl. P. 5620 vom 7. Mai 1885).

Die Rückstände vom Leblanc-Soda-Process werden mit Salzsäure zersetzt. Der sich entwickelnde Schwefelwasserstoff wird mit Ammoniak behandelt, wobei sich Ammoniumsulfid bildet. Dieses fügt man zu den Abfalllaugen, die bei der Gewinnung von Kupfer auf nassem Wege gewonnen werden, hinzu und fällt so Schwefeleisen aus, während Chlornatrium, schwefelsaures Natrium, Ammoniumsalze und freies Ammoniak in Lösung bleiben. Die Lösung wird mit Ammoniak und Kohlensäure behandelt und so auf Soda verarbeitet. Das Schwefeleisen wird durch Rösten in Eisenoxd umgewandelt.

m) Bei dem Verfahren von J. und J. Hargreaves und T. Robison[2]) in der Behandlung von Alkalirückständen (Engl. P. 1371 vom 30. Januar 1888) betreffen die Neuerungen folgende 4 Behandlungen:

α) Die Rückstände werden mit Chlorcalcium behandelt, wodurch die Natriumsalze löslich gemacht werden, so dass man sie auswaschen kann. Der Rückstand wird dann mit Thon gemischt, in Ziegel geformt und mittelst überhitzten Dampfes in einer Reihe von Kammern zersetzt. Es entweicht Schwefelwasserstoff, der für irgend welche Zwecke nutzbar gemacht wird, während man die hinterbleibende Masse weiter erhitzt behufs Erzeugung von Cement.

β) Für Rückstände, welche bereits an der Luft oxydirt sind, ändert man die Behandlung. Die löslichen Natriumsalze werden durch Waschen entfernt; der Rückstand wird mit Thon gemischt und reducirt, indem man ihn mit kohlenstoffhaltigen Stoffen erhitzt oder vor oder während des Ueberleitens von überhitztem Dampf mit reducirend wirkenden Gasen behandelt.

γ) Frische Alkalirückstände kann man mit Kohlensäure behandeln. Hierzu dient eine Kammer oder eine Reihe von Kammern, in denen die Rückstände mittelst mechanischer Vorrichtungen in Bewegung gehalten werden, während die Gase in umgekehrter Richtung eintreten. Hierbei wird Schwefelwasserstoff entwickelt.

---

[1]) Bericht d. chem. Gesellsch., 1887, **20**, Ref. 28.
[2]) Chem.-Ztg. 1889, **13**, 800.

δ) Mit Kohlensäure behandelte Rückstände werden gewaschen, worauf man mit Thon mischt und im überhitzten Dampf auf ungefähr 1500° F. (815° C.) erhitzt. Hierbei entweicht Kohlensäure, welche bei einer weiteren Behandlung zum Karbonisiren verwendet wird. Den Rückstand röstet man behufs Gewinnung von Cement in einem sich drehenden Ofen.

n) **Neuerung zu dem Verfahren zur Verwerthung der Rückstände des Leblanc-Soda-Processes** unter Gewinnung von Schwefelwasserstoff nach Patent 33255, von John Leith[1] (D.R.P. No. 57642 vom 7. November 1890).

Der bei dem Schwefelammonium-Sodaprocess des Patentes No. 33255 entweichende Schwefelwasserstoff wird auf mit Wasser angerührte Rückstände des Leblanc-Processes einwirken gelassen, wodurch das Schwefelcalcium der letzteren in Calciumhydrosulfid verwandelt und in Lösung gebracht wird. Diese Calciumsulfhydratlauge dient sodann zur Zersetzung der bei genanntem Schwefelammonium-Sodaprocess abfallenden Chlorammoniumlauge in der Wärme. Hierbei entstehen neben Chlorcalciumlauge Schwefelwasserstoff und Schwefelammonium, welche beiden Gase durch Verdichtung von einander geschieden werden. Das Schwefelammonium kehrt in den Reaktionsapparat des Schwefelammonium-Sodaprocesses zurück, während der Schwefelwasserstoff nach dem Waschen mit Kochsalzlauge nach einem Gasometer geleitet wird.

o) **Das Verfahren von A. M. und J. F. Chance**[2] **zur Gewinnung von Schwefel aus Sodarückständen** (Engl. P. No. 8666, 1887).[3]

Der Sodarückstand wird mit Wasser zu einem dünnen Brei angemacht, den man zur Entfernung der gröberen Theile durch ein Sieb gehen lässt, und wird in diesem Zustande in hohe Cylinder eingeführt, durch welche Kalkofengase hindurchgepumpt werden. Eine Batterie von 7 Cylindern von 4,5 m Höhe und 1,8 m Durchmesser genügt zur Behandlung des Rückstandes von der wöchentlichen Verarbeitung von 300 t Sulfat. Die Cylinder besitzen ein Netz von Verbindungsröhren und Hähnen, welche eine beliebige Führung des Gasstromes gestatten. In dem ersten Gefässe wird die Kohlensäure zunächst den freien Kalk sättigen und dann den Schwefelwasserstoff nach folgenden Gleichungen austreiben:

$$2\,CaS + CO_2 + H_2O = CaCO_3 + Ca(SH)_2$$
$$Ca(SH)_2 + CO_2 + H_2O = CaCO_3 + 2\,H_2S.$$

Der Schwefelwasserstoff trifft, indem er in weitere Gefässe fortgetrieben wird, auf neuen Sodarückstand und wird dort unter Bildung von Calciumsulfhydrat absorbirt:

$$CaS + H_2S = Ca(SH)_2$$

so dass zunächst die entweichenden Gase nur Spuren von Kohlensäure und Schwefelwasserstoff enthalten.

Der Vortheil dieses Verfahrens von Chance besteht darin, dass die Procentigkeit des Schwefelwasserstoffs beständig ist, wodurch erst das auf die Formel:

$$H_2S + O = H_2O + S$$

gegründete Verfahren nutzbringend ausgeführt werden kann. Dabei wird Schwefelwasserstoff, d. h. das bei der Behandlung des Sodarückstandes erhaltene Gemenge von Schwefelwasserstoff mit anderen Gasen mit einer ganz genau geregelten Menge Luft im Verhältniss von $H_2S + O$ gemengt; die Gase werden unter den Rost eines kreis-

---

[1] Chem.-Ztg. 1891, **15**, 1128.

[2] Zeitschr. f. angew. Chemie 1888, 332.

[3] Dieses Verfahren behandeln auch folgende Aufsätze:
    a) Ueber die Wiedergewinnung des Schwefels im Leblanc-Sodaverfahren von G. Lunge: Zeitschr. f. angew. Chemie 1888, 187.
    b) Die Gewinnung des Schwefels aus Sodarückstand vermittelst Kalkofengase. Zeitschr. f. angew. Chemie 1888, 246.

runden, mit feuerfesten Steinen gefütterten Schachtes geleitet. Auf dem Rost liegt zunächst eine Schicht von Ziegelbrocken, darüber eine solche von Eisenoxyd. Letzteres wird durch die Reaktion selbst auf dunkele Rothgluth erhitzt und vermittelt in diesem Zustande die fast vollständig glatte Verbrennung von Schwefelwasserstoff und Schwefel-dampf. Diese Dämpfe gelangen erst in eine kleine Ziegelkammer und dann aus dieser in eine grosse Kammer. Die erstere wird bald so heiss, dass der sublimirende Schwefel schmilzt und in diesem Zustande abgelassen werden kann. Sehr viel Schwefel gelangt jedoch in Dampfform in die grössere Ziegelkammer, in deren vorderem Theile Schwefelblumen, in deren hinterem Theile Wasser sich verdichten.

Die bei Anwendung dieses Verfahrens entfallenden Abwässer enthalten im Mittel von 4 Analysen für 1 l:[1])

Alkalinität als Na_2O im $HNaCO_3$) g	Karbonate von Ca und Mg als $CaCO_3$ g	Gesammt-Schwefel g	Schwefel als SO_3 g	Schwefel als Hyposulfit g	Schwefel als Sulfuret g	Kieselsäure g	Eisenoxyd + Thonerde g
7,4257	1,7215	0,5514	0,0125	0,1423	0	0,0775	Spur

p) **Reinigen von Sodalauge.** J. F. Chance.[2]) E. P. 5920 vom 14. Mai 1885:

Zur Entfernung der Sulfide aus der Sodalauge des Leblanc-Processes wird die Lauge mit einer Mischung von Eisenoxyd oder Eisenkarbonat und Calciumhydroxyd oder Calciumkarbonat gut durchgerührt. Die Mischung bereitet man zweckmässig durch Fällen von Eisenchlorid mit einem Ueberschuss von Calciumhydroxyd oder Calciumhydroxyd und Calciumkarbonat. Die von dem unlöslichen Schwefeleisen getrennte Sodalauge wird dann auf Alkalihydroxyd oder -karbonat in bekannter Weise verarbeitet.

Aehnlich wie die Rückstände von der Sodafabrikation verhalten sich die der Potaschefabrikation nach dem Leblanc-Verfahren aus Chlorkalium. Diese Rückstände haben eine ähnliche Zusammensetzung wie bei der Sodafabrikation und unterscheiden sich nur dadurch von denselben, dass sie statt des Natrons eine entsprechende Menge des werthvolleren Kalis enthalten; aus dem Grunde besitzen dieselben in verwittertem Zustande einen höheren Düngewerth. So fand ich folgende procentige Zusammensetzung für die Rückstände dieser Art:

Schwefelsaures Calcium %	Schwefelcalcium %	Kohlensaures Calcium %	Freier Kalk %	Schwefelsaures Kalium %	Kali %	Sand %	Wasserverlust %
29,43	3,11	12,02	24,52	8,52	4,61	13,09	9,31

Dieser Abfall von der Schalker chemischen Fabrik wird in der Umgegend von Schalke von Landwirthen mit Vortheil zur Düngung verwendet.

---

[1]) Journ. of the Soc. of Chem. Ind. 1888, 162; ref. Hans Benedikt: Die Abwässer der Fabriken. Stuttgart, F. Enke 1896, 386.

[2]) Berichte der Deutschen chem. Gesellsch., 1887, **20**, Ref. 28.

XVI. Abwasser von Schlackenhalden.

Das Abwasser von Schlackenhalden (durchsickerndes Regenwasser) hat unter Umständen eine ähnliche Zusammensetzung wie das von den Rückständen der Sodafabriken.

So ergab das von der Schlackenhalde des Hörder Eisenwerkes abfliessende Wasser folgende Zusammensetzung für 1 l:

Abdampfrückstand g	Schwefelsäure g	Schwefel g	Kalk g	Magnesia g	Kali g	Natron g
6,594	0,276	2,028	1,198	0,009	1,797	0,26

Das Wasser enthält daher vorwiegend Schwefelcalcium und Schwefelkalium oder die Hydrosulfidverbindungen derselben; die entsprechenden Schlackensteine ergaben nach einer entnommenen Probe:

	Eisenoxyd + Thonerde + Mangan	Schwefelsäure	Schwefel	Kalk	Magnesia
a) Unverwittert . . .	11,85 %	0,29 %	4,95 %	20,20 %	1,57 %
b) Verwittert	8,80 „	0,45 „	3,49 „	21,25 „	1,75 „

Das Abwasser von den Schlackenhalden hatte eine stark alkalische Reaktion. Trotzdem konnte man mitten in den Tümpeln oder Gräben, worin sich das Wasser ansammelte, Grashügel von anscheinend üppigem Wachsthum wahrnehmen; dort aber, wo das Wasser zur Verdunstung gelangt war, war jegliches Pflanzenwachsthum verschwunden (gleichsam verbrannt), indem sich Boden und Pflanzen mit einer weissen Schicht von schwefelsaurem und kohlensaurem Calcium überzogen hatten.

Diese letztere Erscheinung trat auch auf einer Wiese hervor, auf welche das Abwasser der Schlackenhalde gelangt und die Pflanzen eingegangen waren. In dem Boden solcher verdorbener Stellen fand ich mehr Schwefelsäure als in dem Boden mit normalen Pflanzen, nämlich auf wasserfreien Boden berechnet:

	Schwefelsäure löslich durch		Schwefel
	Wasser	Salzsäure	
1. Verdorbener Boden der Wiese . .	0,133 %	0,158 %	0,022 %
2. Nicht verdorbener Boden der Wiese	0,058 „	0,083 „	0,019 „

Die Ursache des Eingehens der **Gräser auf** der Wiese kann hiernach kaum zweifelhaft sein. Indem **die Schwefel-** oder Hydrosulfidverbindungen der Basen: Kalk und Kali **beim** Verdunsten des Wassers an den Pflanzen oder in den obersten Bodenschichten oxydirt werden, äussern sie dieselben schädlichen Wirkungen auf das Pflanzenleben, wie alle Schwefelverbindungen und wie **wir** sie im vorigen Abschnitt S. 482 bereits kennen gelernt haben. Auch kann das Absterben der Pflanzen in diesem Falle zum Theil daran liegen, **dass** anfänglich das Abasser infolge der Verdunstung eine so starke alkalische Beschaffenheit annahm, dass dieselbe von den Pflanzenwurzeln nicht mehr vertragen wurde.

XVII. Abwasser von der Steinkohlenwäsche.

Um die geförderten Steinkohlen von Gangart, Schwefelkies und feinem Grus zu befreien, werden sie gewaschen. Enthält die Kohle viel Schwefelkies, so können durch Oxydation desselben freie Schwefelsäure und Ferrosulfat in das Waschwasser übergehen, und gilt von solchen Waschwässern alsdann dasselbe, was von den Abwässern aus Schwefelkiesgruben S. 448 bis 458 gesagt worden ist. Mehr jedoch als diese Bestandtheile kann der Gehalt dieser Waschwässer an feinem schwebenden Kohlenschlamm zur Verunreinigung der Flüsse beitragen; so fand ich in einem solchen Abwasser für 1 l:

Feine Kohlentheilchen in der Schwebe	Feiner Sand + Thon	Gesammte gelöste Stoffe	Chlornatrium
7,596 g	5,563 g	0,609 g	0,124 g

Dass ein derartiges Abwasser, wenn es auf Wiesen und Aecker gelangt, den Boden verschlammt und unter Umständen ganz ertraglos macht, braucht kaum hervorgehoben zu werden. Bezüglich der Schädlichkeit für die Fischzucht dürfte ganz dasselbe gelten, was im I. Bd. S. 82—92 von der „Braunsteintrübe" gesagt ist.

Die Abfuhr dieser Waschwässer in die öffentlichen Wasserläufe kommt aber in der letzten Zeit kaum mehr vor, da man dieselben von den schwebenden Schlammstoffen in zweckentsprechenden Klärteichen durch Absetzenlassen reinigt und fortwährend wieder benutzt, während der abgesetzte Schlamm zur Kokerei dient.

XVIII. Abwasser von der Chlorkalkfabrikation.

Bei der Chlorkalkfabrikation, die durchweg mit der Sodafabrikation nach dem Leblanc'schen Verfahren verbunden ist, werden grosse Mengen Chlormanganflüssigkeiten gewonnen, die im Durchschnitt nach F. Fischer[1] folgende procentige Zusammensetzung besitzen:

Man- ganchlorür $(MnCl_2)$	Eisenchlorid (Fe_2Cl_6)	Chlorbaryum $(BaCl_2)$	Freies Chlor	Chlor- wasserstoff- säure	Wasser
22,00 %	5,50 %	1,06 %	0,09 %	6,80 %	64,55 %

nebst Chlornickel, Chlorkobalt, Chlorcalcium, Chlormagnesium, Chloraluminium.

Ferner wurden von der englischen Kommission darin 150 mg Arsen in 1 l gefunden.

Durch diese Abgänge gehen in England ca. 47,5 %, nach anderen Angaben sogar mehr als die Hälfte der gesammten gewonnenen Salzsäure verloren und werden Bäche, Schiffahrtskanäle dadurch so stark sauer, dass die Schleusen etc. ganz aus Holz angefertigt werden müssen.

Die grosse Schädlichkeit dieser Abgangsflüssigkeiten kann keinem Zweifel unterliegen.

Ueber die Schädlichkeit von Chlorkalk als solchem auf die Fischzucht vergl. S. 292; über die von Salzsäure, Manganchlorür und Eisenchlorid hat C. Weigelt[2] folgende Ergebnisse erhalten:

Hiernach wirken 0,1 g Salzsäure, 1,0 g Manganchlorür und 1,0 g Eisenchlorid in 1 l schon entschieden nachtheilig auf Forellen, während die Schleie gegen diese wie gegen sonstige Agentien nicht so empfindlich ist. C. Weigelt schätzt die Grenze der Schädlichkeit von Eisenchlorid auf 10—20 mg für 1 l.

---

[1] F. Fischer: Die Verwerthung d. städtischen u. Industrie-Abfallstoffe. Leipzig 1875, 132.

[2] Archiv f. Hygiene 1885, **3**, 39.

C. H. Richter[1]) fand die giftige Gabe von Eisenchlorid für Fische zu 14 mg in 1 l, die des Manganchlorürs zu 300 mg, die des Chlornickels zu 125 mg in 1 l binnen 24 Stunden.

Ueber die Wirkung des Manganchlorürs nach den Versuchen Grandeau's vergl. S. 487.

Nitsche-Tharand[2]) untersuchte den Einfluss von freier Salzsäure auf die Befruchtung und fand, dass von 100 Eiern abstarben nach Verlauf von Tagen:

Gehalt für 1 l	1	3	5	7	9	11	13	15	17	19	22 Tage
Salzsäure 1,0 g	99	99	99	99	99	99	99	99	99	99	99
„ 0,5 g	12	12	12	12	20	27	36	46	50	59	70
Kontrollversuch mit reinem Wasser	0	0	0	0	0	0	0	0	0	0	0

Bei 1,0 g Salzsäure in 1 l starb das letzte Ei am 25. Tage, bei 0,5 g Salzsäure in 1 l das letzte Ei am 35. Tage ab; bei dem Kontrollversuch mit gewöhnlichem Wasser wurden erst am 33. Tage 2 Eier abgestorben vorgefunden.

Hiernach erweist sich freie Salzsäure ebenso wie freie Schwefelsäure (vergl. S. 457) schon bei einem Gehalt von 0,5 g für 1 l als durchaus schädlich für die Befruchtung der Fischeier.

Zur Unschädlichmachung dieser Abgänge ist empfohlen, dieselben mit Kalk zu fällen und an der Luft oxydiren zu lassen. Arrot & Sussex fällen mit Kreide, schmelzen den Niederschlag mit Soda und scheiden aus der Lösung das Mangansuperoxyd durch Kohlensäure ab oder dampfen die Laugen ein und glühen.

Vielfach Eingang in die Technik hat das Regenerations-Verfahren von A. W. Hofmann gefunden, welches darin besteht, dass die Laugen mit einer Lösung der Sodarückstände gefällt und der Niederschlag mit salpetersaurem Natrium oxydirt wird (vergl. S. 479 u. 488).

Ausserdem werden sie mit Vortheil verwendet: zur Desinfektion (vergl. S. 190), zum Reinigen von Leuchtgas, zur Konservirung des Holzes, zur Darstellung von Farben, zur Extraktion des Kupfers aus den Kiesabbränden und zur Verwendung in der Glasindustrie etc.

---

[1]) Comptes rendus, **97**, 1004—1006.
[2]) Vergl. C. Weigelt: Archiv f. Hygiene 1885, **3**, 82.

XIX. Abwasser von Bleichereien.

—

Zum Bleichen des Leinens, der Papierstoffe etc. wird durchweg Chlorkalk verwendet; dabei werden die Stoffe zuerst in eine dünne Chlorkalklösung gelegt und darin einige Zeit bei gewöhnlicher oder erhöhter Temperatur liegen gelassen, alsdann folgt das Säurebad, indem man den Chlorkalk durch Salzsäure oder Schwefelsäure zersetzt, wodurch infolge des sich entwickelnden Chlors der eigentliche Bleichvorgang eintritt. Für das Abwasser einer solchen Chlorkalk‑Bleicherei fand ich folgenden Gehalt in 1 l:

Schwebestoffe				Gelöste Stoffe				Dem Chlor entspricht unterchlorigsaures Calcium
Im ganzen	Eisenoxyd + Thonerde	Kalk	Magnesia	Im ganzen	Kalk	Schwefelsäure	Chlor	
mg	mg	mg	mg	mg	mg	mg	mg	mg
3036,4	118,0	1489,2	397,2	4615,2	2510.0	27,1	1553,0	3130,0

Das Wasser war milchig trübe und von einer schwach alkalischen Reaktion.

Die aus dem Säurebad entnommenen gebleichten Zeuge werden zur Entfernung der Säure in eine Soda- oder Aetznatronlösung geworfen und längere Zeit mit Wasser gewaschen. Ist zur Chlorentwicklung Schwefelsäure verwendet, so entsteht schwefelsaures Natrium, welches in das Abwasser übergeht. H. Fleck[1]) fand für die Zusammensetzung eines solchen Abwassers in 1 l:

Abdampfrückstand	Fett	Freie Säure	Schwefelsaures Natrium	Schwefelsaures Calcium	Chlornatrium
620,2 mg	23,4 mg	14,6 mg	363,1 mg	96,2 mg	48,5 mg

Ein Wasser von letzterer Zusammensetzung kann wohl kaum irgendwie schädlich wirken, wenngleich es weder zum Trinken noch zum Spülen geeignet ist. Anders jedoch ist es, wenn das Abwasser wie nach der ersten Untersuchung noch mehr oder weniger unterchlorige Säure bezw. freie Säure enthält.

Ueber die Schädlichkeit des Chlorkalkes für Fische vgl. S. 292. Dass ein derartiges Abwasser auch für Pflanzen, wenn es zur Berieselung verwendet wird, nachtheilig wirkt, kann keinem Zweifel unterliegen; denn die bleichende und zerstörende Wirkung des Chlors bezw. der unterchlorigen Säure auf Pflanzen ist bekannt.

---

[1]) 12. u. 13. Jahresbericht etc. 1884, 20.

Was die Reinigung dieser Abwässer anbelangt, so können die Abgänge der Laugen und des Säurebades mit einander vereinigt werden, wodurch sie sich gegenseitig unschädlich machen, indem Neutralisation eintritt Genügt die Lauge nicht, so ist die vollständige Neutralisation durch Kalkmilch zu bewirken und sollen die Abwässer erst in thunlichst drainirten Stau- und Klärbecken gesammelt und einige Zeit sich selbst überlassen werden, damit noch etwa vorhandene unterchlorige Säure sich unter Bildung von Chlorcalcium zersetzt und nur das durchfiltrirte Chlorcalcium bezw. schwefelsaure Calcium bezw. schwefelsaure Natrium zum Abfluss gelangt.

Inwieweit Chlorcalcium nachtheilig wirken kann, ist bereits S. 410 bis 419 auseinandergesetzt.

XX. Abgänge von der Fabrikation des Blutlaugensalzes.

Bei der Fabrikation des Blutlaugensalzes aus thierischen Stoffen (Harn, Blut, Wollstaub), Potasche, Eisen erhält man aus der Schmelze einen löslichen und unlöslichen Theil; nachdem aus dem löslichen Theil das Blutlaugensalz durch Krystallisation gewonnen ist, verbleibt in der Mutterlauge noch Schwefelkalium, welches bei hinreichender Menge auf unterschwefligsaure Salze verarbeitet wird; ferner Chlorkalium, das durch Abdampfen gewonnen wird und bei der Glas- und Alaunfabrikation Verwendung findet. Der unlösliche Theil, die sogen. Schwärze, kann wegen seines Gehaltes an Pflanzennährstoffen durch Kompostiren mit Erde zur Düngung verwendet werden. J. Nessler[1] fand in diesen Abgängen 12,00 $^0/_0$ Kali und nach dem Auslaugen 3,8 $^0/_0$ Kali. C. Karmrodt[2] findet die procentige Zusammensetzung in frischem Zustande (I) und nach mehrmonatlichem Liegen an der Luft (II) wie folgt:

	I	II
Kali (und wenig Natron)	12,0 $^0/_0$	10,6 $^0/_0$
Magnesia	1,2 „	1,3 „
Kalk	18,1 „	19,0 „
Eisenoxydul (und etwas Oxyd)	8,0 „	— „
Eisenoxyd (und etwas Oxydul)	— „	14,2 „
Mangan, Kupfer etc.	0,5 „	nicht bestimmt
Schwefeleisen (Phosphoreisen u. Kohlenstoffeisen)	4,3 „	Spuren
Lösliche Kieselsäure (u. etwas Thonerde)	3,3 „	4,5 $^0/_0$
Unlösliche Kieselsäure, Sand und Thon	22,0 „	21,9 „
Kohle (stickstoffhaltig)	11,0 „	10,0 „
Schwefelsäure	1,0 „	5,9 „
Phosphorsäure	5,6 „	6,4 „
Schwefel, Chlor, Cyanverbindungen und Kohlensäure	11,0 „	6,2 „

[1] Bericht der Versuchsstation Karlsruhe 1870, 121.
[2] Zeitschr. d. landw. Vereins f. Rheinpreussen 1864, 419.

XXI. Abwasser aus Galvanisir-Anstalten.

Die galvanischen Bäder werden meistens durch die Vermischung einer Metallsalzlösung mit einer Cyankaliumlösung bereitet; z. B. bei der galvanischen Versilberung wird meistens Cyansilber und Cyankalium, bei der Vergoldung eine Mischung von Goldchlorid und Cyankalium verwendet. Infolgedessen enthält das Abwasser solcher Anstalten mehr oder weniger Cyankalium; wir fanden z. B. in 1 l solchen Abwassers:

Gesammt-rückstand g	Organische Stoffe (Glühverlust) g	Unorganische Stoffe (Glührückstand) g	Kupferoxyd g	Natron g	Kali g	Cyan g
10,483	4,150	6,333	0,036	2,137	3,003	2,627

Das Abwasser war stark bräunlich trübe und von alkalischer Beschaffenheit.

Bei der starken Giftigkeit der Cyansalze für Menschen und Thiere (vergl. S. 369) ist anzunehmen, dass dieselben, wenngleich darüber noch keine Versuche vorliegen, sich auch für Pflanzen nicht wirkungslos verhalten.

Die leichte Zersetzlichkeit der Cyansalze an der Luft und im Wasser dürfte dem Unschädlichwerden dieser Art Abwässer zu gute kommen.

XXII. Abwasser aus Dynamitfabriken.

Das zur Dynamit-Fabrikation verwendete Glycerintrinitrat $C_3H_5(NO_3)_3$ (Nitroglycerin) wird bekanntlich in der Weise gewonnen, dass man Glycerin in ein abgekühltes Gemisch von Schwefelsäure und Salpetersäure tröpfeln lässt. Hierbei setzt sich in der Ruhe das Glycerintrinitrat als ölige Flüssigkeit ab; um die Säuren zu entfernen, lässt man das Gemisch in die 10—20 fache Menge Wasser fliessen.

Das erste säurereiche Waschwasser kann zum Aufschliessen von Phosphaten in den Düngerfabriken verwendet werden, während die letzteren säureärmeren Abwässer meistens zum Ablauf gelangen.

Wir fanden in einem durch Abwasser aus einer Dynamitfabrik verunreinigten Bachwasser folgende Bestandtheile für 1 l:

Bachwasser:		Eisenoxyd + Thonerde mg	Kalk mg	Magnesia mg	Schwefel-säure mg	Salpeter-säure mg	Chlor mg
Vor	Aufnahme des	—	23,8	wenig	5,1	wenig	7,1
Nach	Abwassers	55,0	116,3	19,8	449,3	422,6	7,1

Dass freie Mineralsäuren in vorstehender Menge ein Wasser zu jeglichem Nutzungszweck unbrauchbar machen, ist bereits an verschiedenen Stellen der vorliegenden Schrift begründet (vergl. u. A. S. 457, 496 u. 497).

Sachregister.

S.

Z.

Verlag von Julius Springer in Berlin N.

Die Untersuchung des Wassers.

Ein Leitfaden zum Gebrauch im Laboratorium für Aerzte, Apotheker und Studirende.

Von

Dr. W. Ohlmüller,

Regierungsrath und Mitglied des Kaiserlichen Gesundheitsamtes.

Zweite durchgesehene Auflage.

Mit 75 Textabbildungen und einer Lichtdrucktafel.

In Leinwand geb. Preis M. 5,—.

Mikroskopische Wasseranalyse.

Anleitung zur Untersuchung des Wassers

mit

besonderer Berücksichtigung von Trink- und Abwasser.

Von

Dr. C. Mez,

Professor an der Universität zu Breslau.

Mit 8 lithographirten Tafeln und in den Text gedruckten Abbildungen.

Preis M. 20,—; in Leinwand gebunden M. 21,60.

Das Wasser,

seine Verwendung, Reinigung und Beurtheilung

mit besonderer Berücksichtigung der gewerblichen Abwässer.

Von

Dr. Ferdinand Fischer.

Zweite umgearbeitete Auflage.

Mit in den Text gedruckten Abbildungen.

(z. Zt. vergriffen.)

Die Abfallwässer und ihre Reinigung.

Eine kritische Darlegung

der in Betracht kommenden Verfahren.

Von

Dr. B. Burckhardt,

Stabsarzt im III. Bat. Inf.-Rgts. v. Voigts-Rhetz (3. Hannov.) No. 79.

Preis M. 2,—.

Zeitschrift für Untersuchung der Nahrungs- und Genussmittel
sowie der Gebrauchsgegenstände.

Herausgegeben von

Dr. K. v. Buchka, Dr. A. Hilger und **Dr. J. König.**

Zugleich Organ der freien Vereinigung bayerischer Vertreter der angewandten Chemie.

Preis des Jahrganges von 12 Heften M. 20,—.

Die Zeitschrift erscheint monatlich in Heften von 64—72 Seiten. Sie bringt, geleitet und unterstützt von den bedeutendsten Fachgenossen, Originalarbeiten aus dem Gesammtgebiete der Nahrungsmittelchemie, sowie der forensen Chemie und berichtet über die in anderen Zeitschriften veröffentlichten einschlägigen Arbeiten, über die Fortschritte auf verwandten Gebieten, über die Thätigkeit der Untersuchungsanstalten u. s. w. Auch die bezüglichen gesetzlichen Bestimmungen und Verordnungen finden Aufnahme.

Zu beziehen durch jede Buchhandlung.